STEM@COOKBOOK

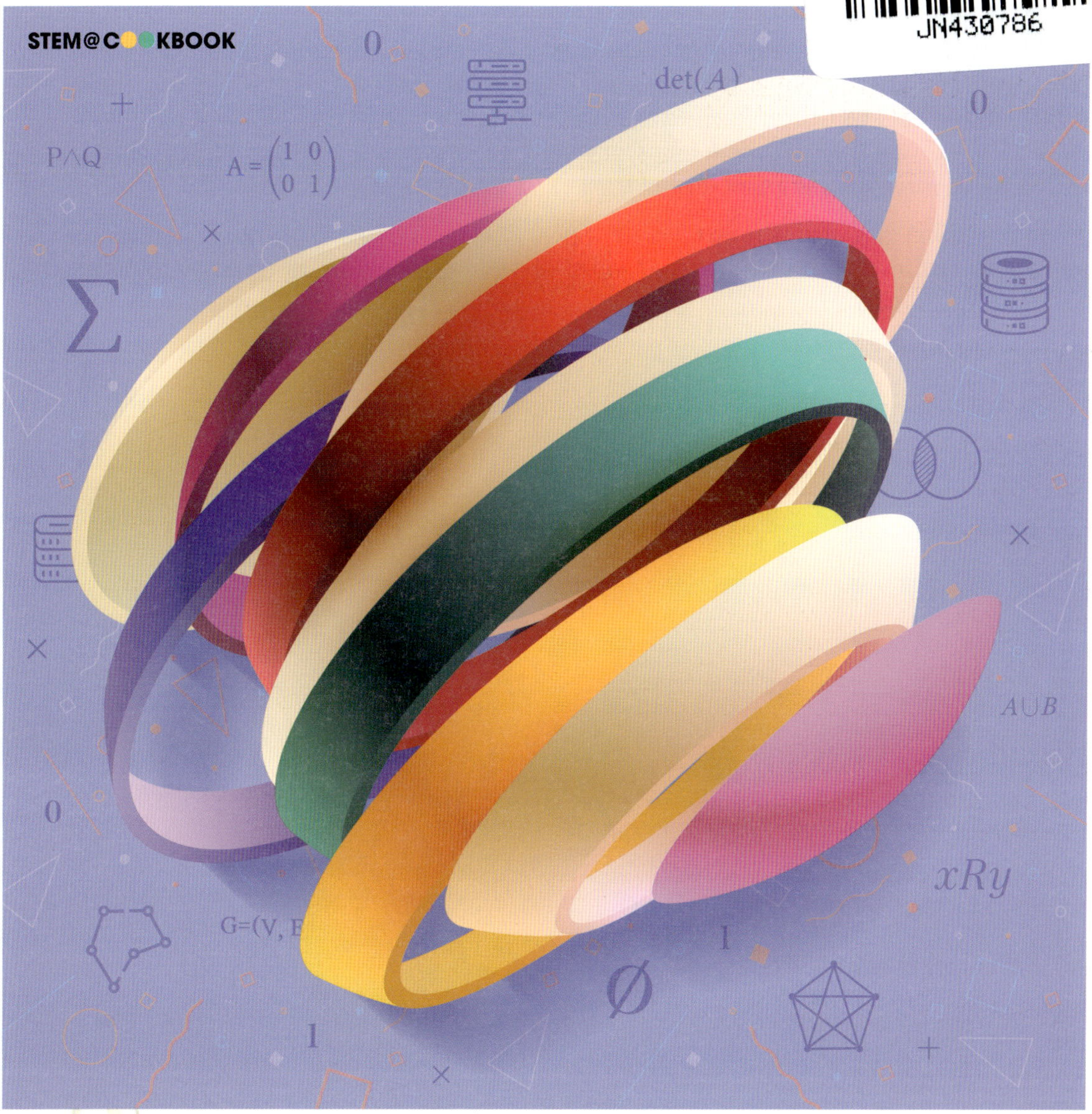

AI 시대의

이산수학 with 파이썬

박두순 지음

한빛아카데미
Hanbit Academy, Inc.

지은이 **박두순** parkds777@gmail.com

고려대학교 수학과를 졸업하였고, 동 대학교 대학원에서 병렬 컴파일러 개발 연구로 박사 학위를 취득하였다. 미국 일리노이대학교 어바나-샴페인의 슈퍼컴퓨터센터와 콜로라도대학교 덴버캠퍼스 컴퓨터학과, 고려대학교에서 객원교수를 지냈다. 1985년부터 2022년까지 순천향대학교 전산학과(현 컴퓨터 소프트웨어공학과) 교수로 재직하였고, 한국정보처리학회 회장, 순천향대학교 대학원장, 순천향대학교 도서관장, 공과대학 학장, 전산정보원 원장, 웰니스코칭 ITRC 센터장, 4단계 BK21 빅데이터 혁신인재 교육연구단 단장 등을 역임하였다. 현재는 순천향대학교 컴퓨터 소프트웨어공학과 석좌교수로 이산수학, 컴파일러 등을 강의하고 있으며, 국내외 컴퓨터 분야의 발전에 일조하고 있다.

관심 연구 분야는 빅데이터 컴퓨팅, 데이터 마이닝, 병렬처리, 컴파일러, 이산수학이다. 주요 저서로는 『이산수학 이해』(정익사, 2010), 『빅데이터 컴퓨팅 기술』(한빛아카데미, 2014), 『내공 있는 프로그래머로 길러주는 컴파일러의 이해(증보판)』(한빛아카데미, 2020), 『컴파일러구성』(한국방송통신대학교출판문화원, 2023) 등이 있다.

AI 시대의 이산수학 with 파이썬

초판발행 2024년 6월 28일
2쇄발행 2025년 3월 19일

지은이 박두순 / **펴낸이** 전태호
펴낸곳 한빛아카데미(주) / **주소** 서울시 서대문구 연희로2길 62 한빛아카데미(주) 2층
전화 02-336-7112 / **팩스** 02-336-7199
등록 2013년 1월 14일 제2017-000063호 / **ISBN** 979-11-5664-041-7 93410

총괄·책임편집 김은정 / **기획·편집** 조우리 / **진행** 조우리
디자인 김재석, 최연희 / **전산편집** 백지선 / **제작** 박성우, 김정우
영업 김호철, 김태진, 김성삼, 이정훈, 임현기, 이성훈, 김주성, 심지연

이 책에 대한 의견이나 오탈자 및 잘못된 내용은 출판사 홈페이지나 아래 이메일로 알려주십시오.
파본은 구매처에서 교환하실 수 있습니다. 책값은 뒤표지에 표시되어 있습니다.
홈페이지 www.hanbit.co.kr / **이메일** question@hanbit.co.kr

Published by HANBIT Academy, Inc. Printed in Korea

지은이 머리말

2019년 초판 발행 이후 많은 분이 주신 격려와 피드백을 바탕으로, 이번 개정판에서는 초판에서 다소 설명이 부족했던 부분을 많이 보완하여 이산수학을 보다 쉽고 완전하게 이해할 수 있도록 재구성했다. 특히 '자연수와 행렬'이라는 새로운 장을 추가했으며, 예제와 연습문제의 많은 부분을 수정하고 보완했다. 이 책의 장점인 프로그래밍 실습의 경우 C 프로그램은 초판 문제를 유지했지만, 파이썬 프로그램은 문제 유형을 다양하게 추가했다. 책 안에 코드 일부분이 수록되어 있고, 전체 코드는 장별로 QR 코드 및 온라인 학습자용 자료를 통해 확인할 수 있다.

이 책은 ACM과 IEEE에서 추천하는 2023년 컴퓨터 교육과정의 이산수학 내용을 최대로 반영했다. 다만 그대로 반영한다면 3학점짜리 3~4과목 분량 정도로 많은 시간이 필요하겠지만, 국내 대부분 대학교에서는 이산수학을 한 학기 과목으로 강의하기 때문에 이러한 부분을 고려하여 내용을 구성했다. 그럼에도 한 학기에 다루기에는 내용이 많을 수 있으므로 각 장의 내용을 선택적으로 학습하길 추천한다.

많은 학생이 수학을 단지 공식을 빠르게 외워 문제 푸는 것으로 생각하며 어려워한다. 그러나 수학은 단순히 기술이 아니라, 수학적 논리와 문제 해결 방법을 제공하는 학문이다. 컴퓨터의 모든 분야에서는 현실 세계의 문제를 해결하기 위해 수학적 논리와 사고를 필요로 한다. 그래서 이 책을 집필하면서 학생들이 이산수학에 흥미를 느끼고, 수학적 논리와 사고를 기를 수 있도록 힘썼다. 이산수학의 전형적인 문제인 마술카드, 한붓그리기인 오일러 그래프, 비둘기 집의 원리, 하노이 탑 등을 통해 학생들이 수학이 마냥 어려운 것이 아니라 한 번 도전해볼 만하다는 생각을 하길 바란다. 이 책의 특징을 정리하면 다음과 같다.

- 컴퓨터를 공부하는 데 필요한 이산수학의 필수 내용을 설명한다.
- 정의를 통해 개념을 설명하고, 예제를 통해 그 개념을 이해하고 적용할 수 있다.
- 파이썬과 C 언어 프로그래밍 실습을 통해 이산수학 개념을 확실히 이해할 수 있다.

이 책은 컴퓨터학과를 비롯한 관련 학과, 수학과의 학부 과정, 그리고 컴퓨터를 처음 배우는 대학원 초년생이 학습하기에 적합하다. 정의와 예제를 중심으로 구성했으므로 예제를 많이 풀면 학습에 큰 도움이 될 것이다. 이 책의 오류를 줄이기 위해 최대한 노력했으나 완벽하지 못한 부분이 있을 수 있으리라 생각한다. 이 부분에 대해 의견을 주면 적극적으로 보완하고자 한다. 끝으로 이 책의 프로그래밍 실습 부분을 담당한 순천향대학교 PL 연구실의 일홈존 학생에게 고마움을 표하며, 이 책을 출판해주신 한빛아카데미㈜ 전태호 대표님과 직원 여러분에게 감사드린다.

지은이 **박두순**

미리보기

누구를 위한 책인가

이 책은 컴퓨터를 공부하는 학생들이 꼭 알아두어야 할 이산수학 내용 위주로 목차를 구성했다. 이산수학의 기본 개념부터 자세히 다루므로 수학 기초가 부족한 학생들도 쉽게 이해할 수 있다.

이 책을 시작하려면

수학은 논리이다. 이제까지 다룬 수학 개념을 억지로 적용하려고 하기보다는, 논리적인 개념들을 다룬 흥미진진한 수학 이야기나 일상에 담긴 수학 내용 등을 많이 살펴보기를 권한다.

이 책의 구성요소

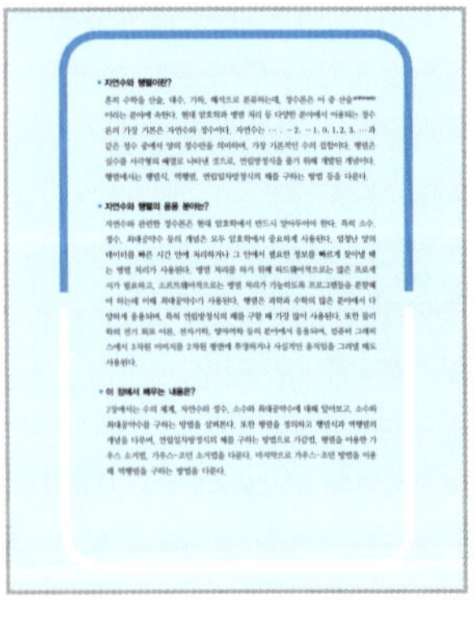

미리보기

해당 장에서 무엇을 다루는지, 왜 배워야 하는지, 어디에 응용되는지를 보여준다.

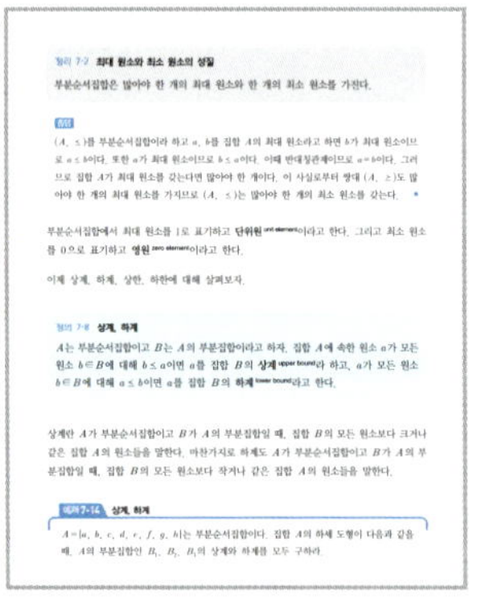

정의 / 정리

중요한 핵심 개념을 정의하고, 정리를 통해 해당 주제에서 기억해두어야 할 공식과 증명 과정을 보여준다.

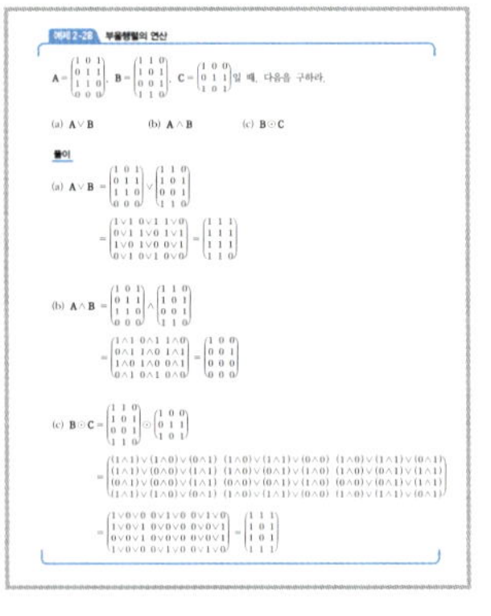

예제

본문에서 다룬 개념을 적용한 문제와 상세한 풀이를 담았다.

이 책의 구성

❶ 이산수학을 위한 기본 개념(1장), 자연수와 행렬(2장)

1장에서는 이산수학이 무엇인지 살펴보고 이산수학의 교육과정을 알아본 후 이산수학의 전형적인 문제를 살펴본다. 2장에서는 자연수를 비롯한 수 체계와 소수, 최대공약수를 다룬다. 또한 행렬의 기본 개념과 행렬식, 연립일차방정식과 역행렬을 살펴본다.

❷ 수학적 모델과 논리(3장), 집합(4장)

3장에서는 수학적 모델과 논리적 추론을 다룬다. 또한 여러 증명 기술과 프로그램 검증 방법을 살펴본다. 4장에서는 이산수학의 가장 기본 개념인 집합을 다루고, 집합의 연산과 대수적 성질을 살펴본다.

❸ 관계(5장), 함수(6장), 부분순서관계와 부울대수(7장)

5장에서는 집합의 원소들 사이의 관계를 다루고, 6장에서는 연계된 함수를 다룬다. 7장에서는 관계 중 부분순서관계와 부울대수를 알아본다.

❹ 그래프(8장), 트리(9장)

8장에서는 그래프의 기본 개념을 이해하고 여러 가지 그래프를 살펴본다. 9장에서는 트리의 기본 개념을 이해하고 레이블을 갖는 트리와 최소 스패닝 트리 등을 살펴본다.

❺ 경우의 수 세기와 확률(10장)

10장에서는 세기의 기본 원리와 확률을 다룬다. 또한 이를 응용한 이항정리와 다항정리도 살펴본다.

❻ 점화 관계와 알고리즘(11장)

11장에서는 점화 관계와 알고리즘을 다룬다. 그리고 알고리즘과 의사코드를 포함해 여러 알고리즘을 살펴본다.

❼ 형식 언어와 오토마타(12장)

12장에서는 형식 언어와 오토마타를 다룬다. 그리고 형식 언어를 만들기 위한 형식 문법과 형식 언어를 표현하는 문법의 표기법을 살펴본다.

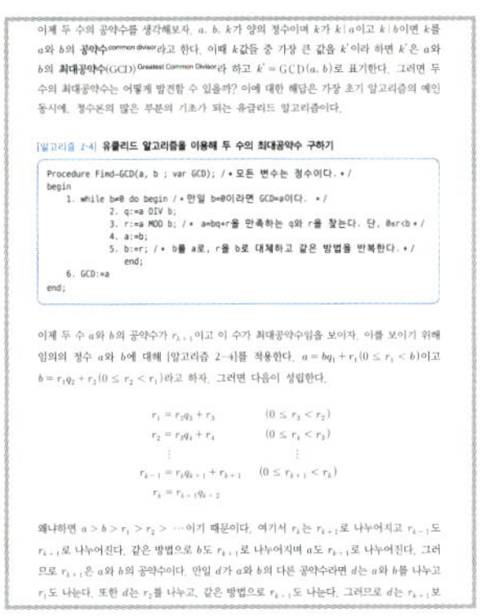

알고리즘

본문에서 다룬 개념과 연계된 알고리즘을 보여준다.

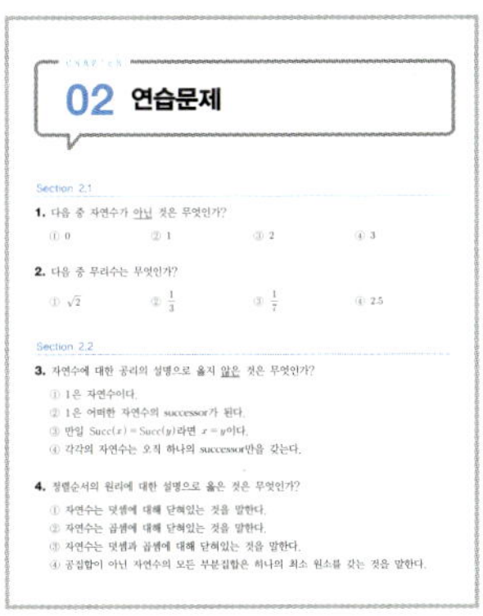

연습문제

해당 장이 끝날 때마다 본문에서 익힌 내용을 객관식/주관식 문제를 통해 정리한다.

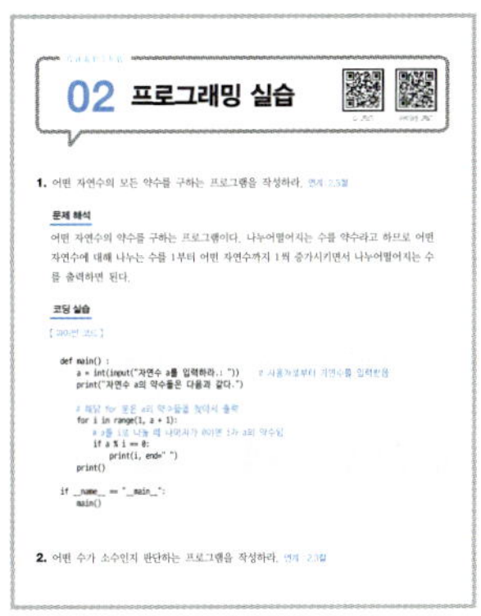

프로그래밍 실습

본문에서 다룬 개념을 확인하는 프로그래밍 문제를 제공한다. 문제를 해석한 다음 파이썬과 C로 각각 코딩 실습을 한다. 전체 코드는 QR 코드로 제공한다.

강의 및 학습 보조자료와 참고문헌

강의 및 학습 보조자료

- **강의자용** : 강의 보조자료 다운로드
  한빛출판네트워크(http://www.hanbit.co.kr) 접속 → [교수전용] 클릭 →
  [강의자료] 클릭 → 도서명 검색

- **학습자용** : 공개용 정답 및 소스코드 다운로드
  한빛출판네트워크(http://www.hanbit.co.kr) 접속 → [고객센터] 클릭 →
  [자료실] 클릭 → 도서명 검색

참고문헌

- 김대수(2010), 『이산수학 Express』, 생능출판사.
- 박두순, 황종선(2010), 『이산수학 이해』, 정익사.
- 박두순(2021), 『컴파일러의 이해』, 한빛아카데미.
- 박주미(2017), 『컴퓨팅 사고력을 키우는 이산수학(개정판)』, 한빛아카데미.
- 황종선, 박두순(1997), 『이산 구조론(개정판)』, 정익사.
- ACM, IEEE Computer Society, AAAI(2023), Computer Science Curricula 2023.
- Bernard Kolman, Sharon Cutler Ross, Robert C. Busby(2002), 『이산수학(4판)』(김선경 외, 번역), 한산.
- Kenneth H.Rosen(2012), 『이산수학(7판)』(공은배 외, 번역), 한국맥그로힐.
- Peter Linz(2017), 『형식언어와 오토마타(6판)』(김응모 외, 번역), 도서출판 홍릉.
- Richard Johnsonbaugh(2004), 『이산수학(6판)』(강흥식 외, 번역), 한티미디어.

목차

CHAPTER 04 집합

CHAPTER 05 관계

CHAPTER 06 함수

CHAPTER 07 부분순서관계와 부울대수

CHAPTER 08 그래프

CHAPTER 09 트리

CHAPTER 10 경우의 수 세기와 확률

CHAPTER 11 점화 관계와 알고리즘

CHAPTER 12 형식 언어와 오토마타

CHAPTER

01

이산수학을 위한 기본 개념

Basic Concepts for Discrete Mathematics

Contents

■ 이산수학을 왜 배워야 하는가?

수학은 자연과학, 공학, 인문, 사회과학 분야 등 다양한 분야에서 기초 학문으로 사용된다. 수학은 단순히 기술을 가르치는 학문이 아니라 수학적 논리와 문제 해결 방법을 제공한다. 그러므로 컴퓨터 분야에서 이산수학을 배우는 이유는 컴퓨터를 공부할 때 반드시 필요한 이산수학적 사고와 내용을 이해하기 위함이다. 이산수학을 배우는 이유를 좀 더 구체적으로 나열하면 다음과 같다.

❶ 수학적 논리와 이산수학의 기초를 익혀 현실 세계에 대한 문제 해결력을 향상시킨다.

❷ 컴퓨터 분야에서 가장 기본이 되는 자료구조, 알고리즘, 운영체제, 프로그래밍 언어, 데이터베이스, 컴퓨터 시스템, 컴퓨터 네트워크, 암호학 등에 필요한 수학 개념을 확립한다.

❸ 수학 개념을 다양한 응용 분야에 적용할 수 있는 능력을 함양한다.

■ 이산수학의 응용 분야는?

이산수학의 응용 분야는 자료구조, 알고리즘, 운영체제, 프로그래밍 언어, 데이터베이스 설계, 컴퓨터 구조, 컴퓨터 네트워크, 컴파일러 설계, 암호와 보안, 소셜 네트워크 분석, 빅데이터 컴퓨팅, 병렬처리 등 컴퓨터의 모든 분야라고 할 수 있다. 이산수학에서 다루는 전형적인 문제로는 마술카드, 비둘기 집의 원리, 하노이 탑 등이 있다.

■ 이 장에서 배우는 내용은?

1장에서는 이산수학이란 무엇인지 살펴보고, 2023년 ACM과 IEEE에서 추천하는 이산수학의 교육과정을 알아본다. 또한 이산수학의 전형적인 문제인 마술카드를 통해 이산수학에 대한 흥미를 유발한다.

SECTION
1.1 이산수학이란?

우리는 흔히 수학을 매우 어렵고 재미없다고 생각한다. 그러나 수학은 단순히 공식을 암기하여 문제를 푸는 것이 아니라, 수학적 논리를 바탕으로 문제 해결 방법을 찾아내는 학문이다. 예를 들어 수학은 'A 지점에서 B 지점까지 갈 수 있는 가장 빠른 방법은?', '복권에 당첨될 확률은?' 등과 같은 실생활 문제에 대한 현실적인 해결 방법을 제공하므로 조금 더 우리에게 친숙한 부분이 있다. 본격적으로 이산수학에 대해 알아보기 전에, 이산수학의 전형적인 예인 '한붓그리기'와 '마술카드(1.3절)'를 통해 수학이 우리가 생각한 것만큼 어렵고 재미없는 학문이 아님을 알아보고자 한다.

먼저 오일러의 한붓그리기를 살펴보자. **한붓그리기**는 붓에 먹물을 묻혀서 선이 끊어지지 않게 표현하는 작업이다. 아마도 어릴 적에 한번쯤 게임을 하면서 그려봤을 것이다. 한붓그리기의 시초는 18세기 동프로이센의 수도 쾨니히스베르크(현재는 칼리닌그라드)의 다리 건너기 문제로 시작된다. 이 도시는 [그림 1-1]과 같이 2개의 섬을 포함한 4개의 지역(A, B, C, D)과 7개의 다리(a, b, c, d, e, f, g)로 만들어져 있었다.

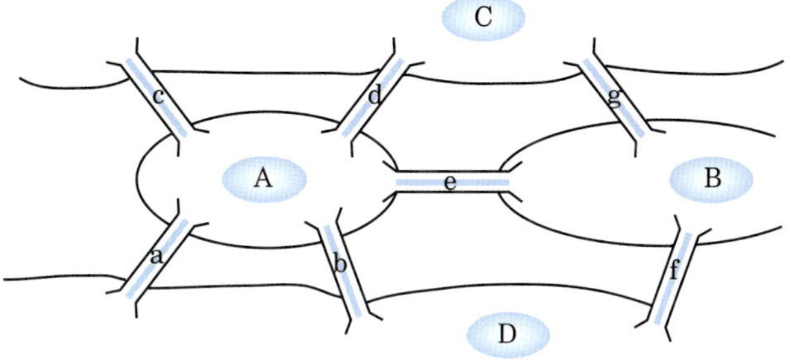

[그림 1-1] 쾨니히스베르크 도시의 도식화

쾨니히스베르크 도시의 사람들은 항상 다음과 같은 질문을 생각하고 있었다.

> "A, B, C, D 지역 중 어느 한 위치에서 시작하여 각각의 다리를 오직 한 번씩만 건너서 7개의 다리를 모두 지나 원래 시작점으로 다시 돌아올 수 없을까?"

이 도시의 사람들은 수없이 많은 시도를 하다가 그 당시 유명한 수학자인 오일러에게 질문을 했다. 오일러는 이 문제를 [그림 1-2]와 같이 표현해서 해결했고, 이것이 그래프 이론의 시초인 오일러 그래프이다.[1] 그리고 이러한 방법을 한붓그리기라고 한다.

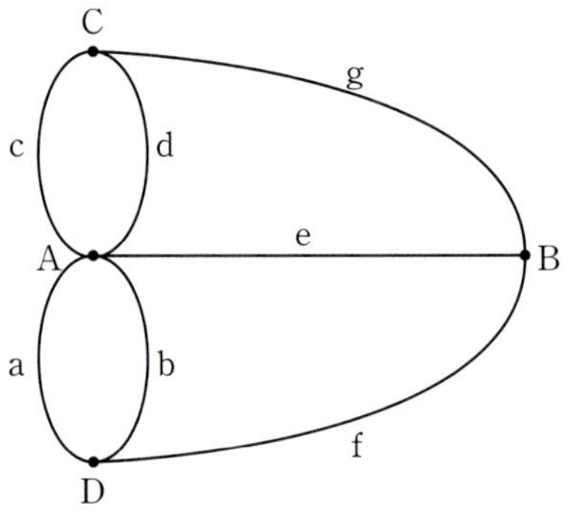

[그림 1-2] **오일러 그래프 표현**

오일러는 오일러 그래프가 되기 위한 필요충분조건으로 그래프의 모든 정점들이 짝수의 차수를 가져야 된다는 사실을 밝혔다. [그림 1-2]의 그래프는 차수[2]가 짝수가 아닌 정점들을 포함하므로 오일러 그래프가 아니다. 즉 A, B, C, D 지역 중 어느 한 위치에서 시작하여 각각의 다리를 오직 한 번씩만 건너서 7개의 다리를 모두 지나 원래 시작점으로 다시 돌아오는 방법은 없다.

그런데 쾨니히스베르크 도시의 사람들은 왜 이와 같은 현실적인 문제에 대해 당시 유명한 수학자인 오일러에게 질문할 생각을 했을까? 아마도 쾨니히스베르크 도시의 사람들은 수학이 단순히 어려운 문제를 계산하는 학문이 아니라, 현실 세계의 문제를 엄밀한 논리에 근거하여 규칙을 발견함으로써 해결하는 학문으로 생각하고 수학자에게 질문해야겠다는 현명한 생각을 하지 않았을까 싶다. 그리고 오일러는 유명한 수학자답게 주어진 현실 문제를 그림을 그려서 표현함으로써 해결했다. 결국은 이 문제를 해결하기 위해 현재 컴퓨터 분야에서 가장 많이 사용되는 그래프 이론이 탄생했다.

수학은 어려운 부분도 있지만 오일러 그래프처럼 현실 세계의 다양한 문제를 해결하는 재미도 있다. 또 다른 예로 최근 많은 사람들이 관심을 갖는 '소셜 네트워크 서비스(SNS)에서 영향력 있는 사람은 어떻게 찾을 수 있을까?', '어떤 사람과 나는 몇 다리 건너 아는 관계일까?' 등의 흥미로운 주제들도 존재한다. 이와 같은 문제는 그래프와 관계행렬을 이용하면 쉽게 해결할 수 있다. 사람 사이의 관계에 대한 내용은 5장에서, 영향력 있는 사람을 찾는 방법은 8장에서 자세히 살펴보자.

1 그래프에 대한 자세한 내용은 8장에서 설명한다.
2 무향 그래프에서 정점의 차수는 해당 정점에 연결된 간선의 개수이다.

이산수학의 개념

이제 이산수학이 무엇인지에 대해 살펴보자. 이산수학은 '이산'과 '수학'이 연합된 개념이다.

여기서 **이산** discrete은 연속 continuous이라는 개념과 비교되는 개념으로서, 서로 떨어져 있어서 구별될 수 있는 부분들로 이루어진 것을 말한다. 이렇게 '이산'과 '연속'의 개념으로 나누는 이유는 컴퓨터에서 어떠한 형태의 자료를 취급하느냐에 따라서 디지털 컴퓨터 digital computer와 아날로그 컴퓨터 analog computer로 구별하기 때문이다.

한편, **수학** mathematics이란 수학적 대상의 성질들을 연구하는 학문이다. 여기서 수학적 대상이란 존재하는 것과 존재하지 않는 모든 추상적인 것을 말한다. 즉 지금까지의 의미를 종합했을 때 **이산수학** discrete mathematics이란 서로 구별될 수 있는 이산수학적 대상의 성질을 연구하는 학문이다.

아직 이산수학이 무엇인지 잘 이해되지는 않을 것이다. 좀 더 쉽게 이해하기 위해 세는 것 counting에 대해 생각해보자. 무엇인가를 셀 때는 1개, 2개, 3개, … 와 같이 자연수를 사용한다. 자연수는 서로 떨어져 있는 수이므로 이산수학적 대상이다. 즉 자연수의 성질을 연구하는 것은 이산수학의 한 부분이다. 수를 세는 과정은 사실 쉽지 않다. 물론 1부터 10까지의 자연수처럼 작은 수는 아주 쉽게 셀 수 있다. 그런데 만약 우리가 태어나서 죽을 때까지 계속 수를 센다면 얼마나 셀 수 있을까? 1초당 5개의 자연수를 셀 수 있고, 100살까지 산다고 가정해보자. 그러면 5(개) × 60(초) × 60(분) × 24(시간) × 365(일) × 100(년)이 될 것이다. 이 값은 15,768,000,000이다. 아주 많이 셀 수 있을 것 같지만 이 정도의 수밖에 세지 못한다. 따라서 수를 세는 것은 쉬워 보이지만 수가 크다면 그렇게 쉽지는 않다.

또한 이산수학에서는 증명을 다뤄야 한다. **증명** proof이란 어떤 명제나 주장이 참인지 혹은 거짓인지를 밝혀내는 것이다. 어떤 새로운 이론을 제시한다면 그 이론이 옳음을 보여야 하는데, 이때 사용하는 방법이 증명이다. 수학에서의 증명은 새로운 이론을 개발하고 문제를 해결하는 핵심 도구이며, 증명된 유명한 명제의 예로는 피타고라스 정리가 있다. 수학교육의 주요 목적 중 하나는 논리적 추론 능력을 기르는 것으로, 이때 증명이 큰 역할을 한다. 명제를 증명할 때는 정의, 공리 등이 필요하며, 이를 이용해 증명하려면 증명 규칙이라는 **논리** logic가 필요하다.

SECTION 1.2 이산수학 교육과정

ACM과 IEEE에서 추천하는 대학교 컴퓨터과학의 교육과정은 1978년 처음 개발되었으며, 최근에는 2013년과 2023년에 보고서로 나왔다. 두 교육과정을 간단히 비교하면 지식영역 knowledge area이 2013년에는 18개, 2023년에는 17개이고 지식영역의 명칭이 일부 변경되었다. 또한 교육과정에서 이산수학의 명칭이 2013년의 이산구조(DS) Discrete Structure에서 2023년의 수학과 통계의 기초(MSF) Mathematical and Statistical Foundations로 변경되었다.

컴퓨터과학에서는 수학의 기초가 필요함을 계속해서 강조하고 있다. 이 사실은 교육과정에서도 확인할 수 있다. 이산수학의 2023년 교육과정을 보면 2013년 교육과정에서 다룬 교육 내용을 거의 수정하지 않았는데, 인공지능, 머신러닝, 로봇공학, 네이터과학, 양자 컴퓨팅 등의 분야에서 필요한 수학으로서 기초 미분적분학, 선형대수학, 통계학 등을 교육과정에 포함했다. 또한 대학원에 진학하거나 취업하는 경우에도 기초 미분적분학, 미분적분학, 선형대수학, 확률, 통계 과목의 수강을 요구하고 있다.

다른 분야에서 필요한 수학을 제외한 2023년 이산수학 교육과정은 다음과 같이 6개의 DS 항목으로 구성되어 있으며, 각 항목의 오른쪽에 관련 있는 이 책의 장과 절을 표기했다. 각 항목에 해당하는 세부적인 주제는 [표 1-1]과 같다.

- DS1 : 집합 sets, 관계 relations, 함수 functions – 4장, 5장, 6장, 7장
- DS2 : 기본 논리 basic logic – 3.1절, 3.2절
- DS3 : 증명 기술 proof techniques – 3.2절, 3.3절
- DS4 : 세기의 기본 basics of counting – 10장, 11.1절
- DS5 : 그래프 graphs, 트리 trees – 8장, 9장
- DS6 : 이산 확률 discrete probability – 10.4절

[표 1-1] ACM과 IEEE에서 추천하는 이산수학 교육과정 (계속)

항목	주제
DS1(집합, 관계, 함수)	■ 집합 • 벤 다이어그램Venn diagrams • 합집합union, 교집합intersection, 여집합complement • 곱집합cartesian products • 멱집합power sets • 유한집합finite sets의 크기 ■ 관계 • 반사reflexivity관계, 대칭symmetry관계, 추이transitivity관계 • 동치equivalence관계, 부분순서partial orders관계 ■ 함수 • 전사함수surjections, 단사함수injections, 전단사함수bijections • 역inverses함수, 합성composition함수
DS2(기본 논리)	■ 명제 논리propositional logic ■ 논리 연산자logical connectives ■ 진리표truth tables ■ 정규형normal forms • 논리곱conjunctive, 논리합disjunctive ■ 논리식의 유효성validity of well-formed formula ■ 논리적 추론 규칙propositional inference rule • 전건 긍정modus ponens, 후건 부정modus tollens ■ 술어 논리predicate logic • 전체 한정자universal quantification, 존재 한정자existential quantification ■ 명제 논리와 술어 논리의 제한
DS3(증명 기술)	■ 논리 함축implication, 논리적 동치equivalence, 역converse, 이inverse, 대우contrapositive, 부정negation, 배리법contradiction ■ 수학적 증명의 구조 ■ 직접 증명direct proofs ■ 반례counter example에 의한 증명 ■ 배리법에 의한 증명 ■ 자연수 초과에 대한 귀납법induction over natural numbers, 수학적 귀납법structural induction ■ 재귀적 정의recursive mathematical definitions ■ 정렬순서 원리well ordering principle

[표 1-1] ACM과 IEEE에서 추천하는 이산수학 교육과정

항목	주제
DS4(세기의 기본)	■ 세기의 원리 • 집합의 크기 set cardinality, 세기 counting • 합과 곱의 법칙 sum and product rule • 포함배제의 원리 inclusion-exclusion principle • 등차수열 arithmetic progression, 등비수열 geometric progression ■ 비둘기 집의 원리 pigeonhole principle ■ 순열 permutations 과 조합 combinations • 기본 정의 • 파스칼 항등식 Pascal's identity • 이항정리 binomial theorem ■ 점화 관계 recurrence relations • 피보나치 수열과 같은 간단한 점화 관계 • 다른 예 ■ 나머지 연산 modular arithmetic
DS5(그래프, 트리)	■ 트리 • 성질 • 탐방 전략 traversal strategies ■ 무향 그래프 undirected graph ■ 유향 그래프 directed graph ■ 가중치 그래프 weighted graph ■ 스패닝 트리 spanning trees ■ 그래프 동형 graph isomorphism
DS6(이산 확률)	■ 유한 확률 공간, 사건 ■ 확률과 확률 측도의 공리 ■ 조건부 확률 conditional probability, 베이지안 정리 Bayes' theorem ■ 독립 independence ■ 정숫값 확률변수 integer random variables (베르누이 Bernoulli, 이항 binomial) ■ 기대치 expectation ■ 분산 variance ■ 조건부 독립 conditional independence

2023년 컴퓨터과학의 교육과정에서 추천하는 이산수학의 내용은 3학점짜리 3~4과목 정도의 분량으로 매우 넓고 다양하다. 이 책에서는 이러한 이산수학의 내용을 최대한 담으려고 노력했다. 또한 컴퓨터 분야를 공부할 때 꼭 알아두어야 할 이산수학의 내용을 계층적인 구조로 만들어 구성했다.

SECTION 1.3 이산수학의 전형적인 문제 : 마술카드

이산수학의 전형적인 문제로 2진법과 다양한 경우의 수에 관한 **마술카드**magic card, 경우의 수를 세는 문제로 단순하지만 다양한 문제에 적용할 수 있는 **비둘기 집의 원리**pigeonhole principle(9장 참조), 점화 관계의 대표적인 내용으로 귀납적 사고의 중요성을 알아보는 **하노이 탑**tower of Hanoi(10장 참조) 등이 있다. 단순한 수학 문제가 아니라 현실 세계에 존재하는 문제들을 다양한 기하학적 방법과 대수학적 방법으로 생각해보고 수학 문제를 재미있게 해결해보자. 이 절에서는 마술카드에 대해 살펴본다.[3]

[그림 1-3]과 같이 1부터 7까지의 숫자가 적힌 세 장의 카드 A, B, C가 있다. 이제 1부터 7까지의 숫자 중 한 숫자를 마음속으로 정한다. 카드를 A, B, C 순서대로 한 장씩 보면서, 만약 마음속으로 생각한 숫자가 카드에 있으면 'Yes', 없으면 'No'라고 답한다. 세 장의 카드에 대해 모두 답을 하면 마음속으로 생각한 숫자가 나타난다.

[그림 1-3] 마술카드의 예 : 카드가 세 장인 경우

예를 들어 마음속으로 숫자 5를 생각해보자. 그러면 A 카드를 보여줄 때 Yes라고 답하고, B 카드를 보여줄 때 No라고 답하며, C 카드를 보여줄 때 Yes라고 답할 것이다. 답을 종합하면 마음속으로 생각한 숫자가 5임을 알 수 있다. 이것이 바로 마술카드이다.

3 비둘기 집의 원리는 10.1절에서, 하노이 탑은 11.1절에서 자세히 살펴본다.

그런데 마음속으로 생각한 숫자가 5라는 것은 어떻게 알아냈을까? 혹시 카드가 너무 간단해서 외웠을까? 그렇다면 조금 더 복잡한 카드로 해보자.

[그림 1-4]와 같이 1부터 31까지의 숫자가 적힌 다섯 장의 카드 A, B, C, D, E가 있다고 하자. 1부터 31까지의 숫자 중 한 숫자를 마음속으로 정한다. 카드를 A, B, C, D, E 순서대로 한 장씩 보면서, 만약 마음속으로 생각한 숫자가 카드에 있으면 'Yes', 없으면 'No'라고 답한다. 다섯 장의 카드에 대해 모두 답을 하면 마음속으로 생각한 숫자가 나타날 것이다. 복잡한 카드의 경우에도 마음속으로 생각한 숫자가 정확하게 나타나므로 외워서 얻은 결과는 아님을 알 수 있다.

[그림 1-4] 마술카드의 예 : 카드가 다섯 장인 경우

마치 속임수를 쓴 것처럼 다른 사람이 생각한 마음속의 숫자를 정확히 알아맞혔기 때문에 원리를 알아낸다면 누구나 이 놀라운 마술을 펼칠 수 있다. 세 장과 다섯 장의 카드 마술을 보면서 마술카드에 대한 궁금증이 계속 생겼을 것이다. 그렇다면 이런 마술카드는 어떻게 만들고, 마음속으로 생각한 숫자는 어떻게 알아낼 수 있을까?

먼저 마음속으로 생각한 숫자를 어떻게 알아냈는지 알아보자. 앞서 살펴본 세 장의 카드에 대해 생각해보면 우리는 세 장의 카드에 대해 각각 Yes, No, Yes라고 연속적으로 답했다. 여기서 한 장의 카드를 보여줄 때 답할 수 있는 경우는 Yes와 No 두 가지이다. Yes를 1,

No를 0이라고 한다면 세 장의 카드에 대해 Yes, No, Yes라고 답했으므로 101로 표현할 수 있다. 이때 2진수 101을 10진수로 변환하면 $1\times2^0+0\times2^1+1\times2^2=5$이다. 이것이 바로 우리가 마음속으로 생각한 숫자이다.

같은 방법으로 다섯 장의 카드에 대해서도 생각해보자. 마음속으로 생각한 숫자가 21이라고 할 때, A 카드부터 E 카드까지 다섯 장의 카드를 살펴보면 A 카드에는 21이 있으므로 Yes, B 카드에는 21이 없으므로 No, C 카드에는 21이 있으므로 Yes, D 카드에는 21이 없으므로 No, E 카드에 21이 있으므로 Yes라고 답할 것이다. 즉 Yes, No, Yes, No, Yes라고 답했으므로 10101로 표현할 수 있다. 마찬가지로 2진수 10101을 10진수로 변환하면 $1\times2^0+0\times2^1+1\times2^2+0\times2^3+1\times2^4=21$이다. 다시 말해 카드를 보여줄 때마다 답한 Yes와 No를 각각 1, 0으로 표현하면 2진수가 되고, 이 수를 10진수로 변환하면 마음속으로 생각한 숫자가 나타난다. 이로써 마음속으로 생각한 숫자를 알아내는 방법을 확인했다.

이제 마술카드의 원리를 생각해보자. 우리는 Yes와 No의 2가지 경우의 수를 세 장의 카드에 대해 연속적으로 물어봤다. 즉 Yes와 No의 2가지 경우의 수가 연속하여 3번 독립적으로 반복됨을 의미하므로, 이때 나타날 수 있는 전체 경우의 수는 $2\times2\times2=8$가지이다.

따라서 8가지 경우의 수에 0부터 7까지의 수를 대응시켜보자. 즉 Yes를 숫자 1, No를 숫자 0으로 표현하면 [표 1-2]를 얻을 수 있다.

[표 1-2] 마음속으로 생각한 8개의 숫자를 대응시킨 세 장의 카드

마음속으로 생각한 숫자	세 장의 카드		
	C	B	A
0	0	0	0
1	0	0	1
2	0	1	0
3	0	1	1
4	1	0	0
5	1	0	1
6	1	1	0
7	1	1	1

[표 1-2]를 보면 2진수를 3비트bit로 표현하는 방법이다. 예를 들어 A 카드에는 있고, B 카드에는 없고, C 카드에도 없으면 001이므로 마음속으로 생각한 숫자는 1이다. 또한 A 카드에도 있고, B 카드에도 있고, C 카드에도 있으면 111이므로 마음속으로 생각한 숫자는 7임

을 알 수 있다. 이때 [표 1-2]의 첫 번째 줄에 있는 숫자 0은 카드에는 사용하지 않지만 세 장의 카드 모두에 대해 마음속으로 생각한 숫자가 없다고 대답한 경우를 의미한다.

만약 마음속으로 5를 생각했다면 A 카드와 C 카드에는 1이 있고, B 카드에는 0이 있는 경우인 101이다. 즉 카드가 세 장인 경우 마음속으로 생각한 숫자를 알아맞히는 방법은 3개의 비트로 표현한 2진수를 10진수로 변환하는 것이다.

원리를 알았으니 이제 [표 1-2]의 2진수를 10진수로 변환하는 진법 변환을 간단한 식으로 표현해보자. Yes를 숫자 1, No를 숫자 0으로 표현한다면 마음속으로 생각한 숫자를 계산하는 식은 다음과 같다.

$$A \times 2^0 + B \times 2^1 + C \times 2^2$$

앞에서 설명한 바와 같이 만약 마음속으로 5를 생각했다면 A 카드와 C 카드에는 1이 있고, B 카드에는 0이 있으므로 다음과 같이 계산된다.

$$1 \times 2^0 + 0 \times 2^1 + 1 \times 2^2 = 5$$

따라서 우리가 마음속으로 생각한 숫자를 알아맞힐 수가 있었다. 그러므로 **마술카드는 진법 변환을 이용한 것**이다.

이로부터 마술카드의 식을 일반화하면 카드가 n장인 경우 2^n개의 숫자를 분류할 수 있다. 앞서 설명했듯이 숫자 0은 모든 카드에 대해 마음속으로 생각한 숫자가 없는 경우를 의미한다. 즉 0을 포함해서 1부터 2^n-1까지의 숫자로 만들어진 마술카드로부터 마음속으로 생각한 숫자를 알아맞힐 수 있다.

예제 1-1 **마술카드 : 비트로 표현할 수 있는 경우의 수**

1부터 31까지의 숫자로 만들어진 마술카드를 만들려면 모두 몇 장의 카드가 필요한지 구하라.

풀이

1부터 31까지의 숫자에다가 0을 포함하면 32개의 숫자를 분류하는 것이므로 $2^n=32$로부터 n을 계산하면 된다. 따라서 $n=5$이므로 5장의 카드가 필요하다.

이제 각각의 카드에 어떤 숫자를 나열해야 하는지 생각해보자. 앞서 설명한 세 장의 카드를 생각해보자. A, B, C 카드에 [그림 1-3]과는 다르게 [그림 1-5]와 같은 숫자를 나열해보자.

A 카드 B 카드 C 카드

[그림 1-5] 마술카드의 또 다른 예

A 카드에는 1, 2, 3, 4를, B 카드에는 2, 3, 5, 6을, C 카드에는 4, 5, 6, 7을 나열했다. [그림 1-3]에서와 같이 [그림 1-5]에서도 마음속으로 생각한 숫자를 5로 생각해보자. A 카드에는 없고, B 카드에는 있고, C 카드에도 있다. 따라서 $0\times2^0+1\times2^1+1\times2^2=6$이다. 마음속으로 생각한 숫자와 다르다. 그러므로 지금과 같이 카드에 임의의 숫자를 나열하여 마술카드를 만들 수는 없다. 그렇다면 각 카드에는 어떤 숫자를 나열해야 할까? 이에 대한 해결 방법은 [표 1-2]에서 찾을 수 있다.

앞에서 각 카드를 보여줄 때 카드에 마음속으로 생각한 숫자가 있으면 Yes(1로 표현), 없으면 No(0으로 표현)라고 답했다. 그렇다면 [표 1-2]에서 1이 있는 자리에는 마음속으로 생각한 숫자가 있고, 0이 있는 자리에는 마음속으로 생각한 숫자가 없다는 의미이다. 그러므로 카드에 나타나야 하는 숫자는 A 카드의 경우 1이 있는 1, 3, 5, 7이고, B 카드의 경우 1이 있는 2, 3, 6, 7이며, C 카드의 경우 1이 있는 4, 5, 6, 7이다. 이 카드는 [그림 1-3]에서 마술카드로 사용한 카드와 똑같음을 알 수 있다. 다시 말해 [표 1-2]와 같이 카드가 세 장이라면 3비트이므로, 마술카드에 있는 숫자의 개수는 3비트에 0과 1을 넣을 수 있는 경우의 수인 8가지이다. 따라서 [표 1-2]처럼 8가지 경우의 수에 숫자를 나열한 다음, 각 카드에서 1이 있는 숫자를 나열하면 마술카드를 만들 수 있다.

예제 1-2 마술카드 : 진법 변환 방법

[예제 1-1]에 있는 다섯 장의 카드를 만들고 각 카드에 들어가야 하는 숫자를 나열하라. 그리고 그 카드를 이용해 마음속으로 생각한 숫자가 맞는지 확인하라.

풀이

다섯 장의 카드로 0부터 31까지의 숫자를 알아낼 수 있는 표를 만들면 다음과 같다.

마음속으로 생각한 숫자	다섯 장의 카드				
	E	D	C	B	A
0	0	0	0	0	0
1	0	0	0	0	1
2	0	0	0	1	0
3	0	0	0	1	1
4	0	0	1	0	0
5	0	0	1	0	1
6	0	0	1	1	0
7	0	0	1	1	1
8	0	1	0	0	0
9	0	1	0	0	1
10	0	1	0	1	0
11	0	1	0	1	1
12	0	1	1	0	0
13	0	1	1	0	1
14	0	1	1	1	0
15	0	1	1	1	1
16	1	0	0	0	0
17	1	0	0	0	1
18	1	0	0	1	0
19	1	0	0	1	1
20	1	0	1	0	0
21	1	0	1	0	1
22	1	0	1	1	0
23	1	0	1	1	1
24	1	1	0	0	0
25	1	1	0	0	1
26	1	1	0	1	0
27	1	1	0	1	1
28	1	1	1	0	0
29	1	1	1	0	1
30	1	1	1	1	0
31	1	1	1	1	1

다음으로 5장의 카드 A, B, C, D, E에 나열해야 하는 숫자들은 표에서 1이 있는 숫자들을 나열하면 된다. 따라서 5장의 카드는 다음과 같다.

A 카드

B 카드

C 카드

D 카드

E 카드

[그림 1-4]에서 사용한 다섯 장의 카드와 같음을 알 수 있다.

이제 이 카드가 잘 만들어졌는지를 확인하기 위해 마음속으로 숫자 21을 생각해보자. A 카드에는 있고, B 카드에는 없고, C 카드에는 있고, D 카드에는 없고, E 카드에는 있다. 따라서 다음과 같다.

$$1 \times 2^0 + 0 \times 2^1 + 1 \times 2^2 + 0 \times 2^3 + 1 \times 2^4 = 1 + 4 + 16 = 21$$

그러므로 마술카드가 잘 만들어졌음을 확인할 수 있다.

마술카드가 겉으로는 정말 신비로운 마술처럼 보였지만 자세히 살펴보니 2진수를 10진수로 바꾸는 진법 변환과 여러 비트에 0과 1을 표기하는 2진법이라는 수학적 원리가 숨겨져 있음을 알 수 있었다. 이렇게 간단하고 흥미로운 원리부터 시작한다면 수학도 한 번 해볼 만하지 않은가?

CHAPTER

01 연습문제

Section 1.1

1. 이산수학에 대한 설명으로 옳은 것은 무엇인가?

① 이산수학적 대상의 성질을 연구하는 학문이다.
② 디지털 컴퓨터digital computer의 개념을 연구하는 학문이다.
③ 존재하는 것과 존재하지 않는 모든 추상적인 것을 말한다.
④ 아날로그 컴퓨터analog computer의 개념을 연구하는 학문이다.

2. 이산수학적 시스템이 중요한 이유가 무엇이라고 생각하는지 설명하라.

3. 이신수힉의 어떤 개념이 컴퓨터의 어떤 분야에 응용되고 있는지 설명하라.

4. 다음 무향 그래프가 오일러 그래프인지 판단하라.

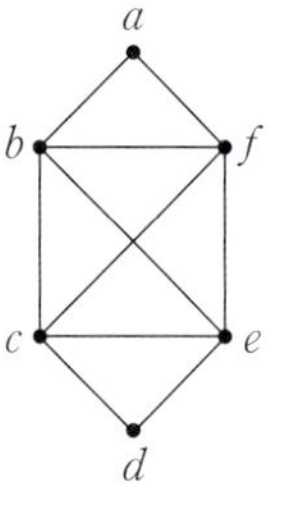

Section 1.3

5. 1부터 63까지의 숫자 중 마음속으로 생각한 숫자를 알아낼 수 있는 마술카드를 만들고, 마술사가 된 것처럼 다른 사람이 마음속으로 생각한 숫자를 맞혀보아라.

6. 2진수 $(10011)_2$를 10진수로 변환하라.

CHAPTER

01 프로그래밍 실습

C 코드 파이썬 코드

1. 어떤 무향 그래프가 오일러 그래프인지 아닌지를 판단하는 프로그램을 작성하고, [그림 1-2]의 그래프가 오일러 그래프인지 확인하라. 연계 : 1.1절

문제 해석

오일러 그래프가 되려면 각 정점의 차수가 어떤 조건을 만족해야 하는지를 확인해야 한다. 이에 따라 주어진 무향 그래프의 정점의 수와 각 정점의 차수를 입력하고, 모든 정점의 차수가 짝수인지를 판단하는 프로그램을 작성하면 된다. 짝수는 2의 배수임을 착안하자. 8장 '그래프'에서는 각 정점의 차수를 직접 구하는 프로그램을 작성할 것이다.

코딩 실습

【 파이썬 코드 】

```
n = int(input("정점의 수를 입력하라.: "))   # 정점의 수

isEulerGraph = True

# 각 정점의 차수를 입력받기
for i in range(1,n + 1):
    print("정점",i,"의 차수를 입력하라.: ",end = "")
    degree = int(input())    # 차수의 수

    # 차수가 홀수이면 해당 그래프는 오일러 그래프가 아니다
    if degree % 2 == 1:
        isEulerGraph = False

if isEulerGraph:
    print("\n오일러 그래프이다!")
else:
    print("\n오일러 그래프가 아니다!")
```

2. 2진수를 10진수로 변환하는 프로그램을 작성하라. 연계 : 1.1절

문제 해석

2진수의 길이가 큰 정수에서도 계산할 수 있도록 자료형을 문자열로 한다. 그러면 0과 1로 이루어진 긴 문자열을 입력할 수 있다. 2진수의 맨 오른쪽 끝에 있는 수부터 하나씩 계산을 진행한다. 초깃값을 multiplier=1이라 놓고 가장 오른쪽 비트 값을 읽은 다음 binary 값을 multiplier 값과 곱해서 answer 값에 저장한다. multiplier 값에 2를 곱한 값을 새로운

multiplier 값으로 저장한다. 그런 다음 읽은 비트의 왼쪽 비트 값을 읽고, 그 값과 multiplier 값을 곱해서 answer 값에 저장한다. multiplier 값에 2를 곱한 값을 새로운 multiplier 값으로 저장한다. 같은 방법으로 계속 진행한다.

코딩 실습

【 파이썬 코드 】

```
# addStrings 함수가 두 개의 문자열로 표현된 값을 더해서 반환
def addStrings(num1: str, num2: str) -> str:
    res = []                    # 반환될 결괏값

    carry = 0                   # 받아올림수를 위한 변수
    p1 = len(num1) - 1          # 첫 번째 문자열을 위한 인덱스 변수
    p2 = len(num2) - 1          # 두 번째 문자열을 위한 인덱스 변수

    while p1 >= 0 or p2 >= 0:
        x1 = ord(num1[p1]) - ord('0') if p1 >= 0 else 0    # num1의 p1번째 문자를 정수로
                                                             x1에 저장
        x2 = ord(num2[p2]) - ord('0') if p2 >= 0 else 0    # num2의 p2번째 문자를 정수로
                                                             x2에 저장
        value = (x1 + x2 + carry) % 10    # x1+x2+carry에서의 받아올림수를 제외한 값
        carry = (x1 + x2 + carry) // 10   # x1+x2+carry에서의 받아올림수
        res.append(value)                 # 결괏값 끝에 value를 추가
        p1 -= 1
        p2 -= 1

    # 받아올림수가 0이 아닐 때 결괏값 끝에 추가
    if carry:
        res.append(carry)

    # 결괏값을 역순으로 문자열로 바꾸고 반환
    return ''.join(str(x) for x in res[::-1])


# multiply 함수가 두 개의 문자열로 표현된 값을 곱해서 반환
def multiply(num1: str, num2: str) -> str:
    if num1 == "0" or num2 == "0":
        return "0"

    N = len(num1) + len(num2)          # 결과의 길이를 위한 변수
    answer = [0] * N                   # N개의 0으로 초기화된 배열
    first_number = num1[::-1]          # num1을 역순으로 저장
    second_number = num2[::-1]         # num2를 역순으로 저장

    # 해당 이중 for 문은 두 개의 정수에 대한 곱하기를 처리
    for place2, digit2 in enumerate(second_number):
        for place1, digit1 in enumerate(first_number):
            # second_number[place2]*first_number[place1]의 결과가 저장될 answer의 인덱스값
            num_zeros = place1 + place2

            carry = answer[num_zeros]    # 기존 answer[num_zeros]의 값을 받아올림수로 저장
            multiplication = int(digit1) * int(digit2) + carry

            answer[num_zeros] = multiplication % 10    # multiplication에서의 받아올림수를
                                                         제외한 값
```

```
            answer[num_zeros + 1] += multiplication // 10

    if answer[-1] == 0:    # answer 안에 0인 원소들을 제거
        answer.pop()

    return ''.join(str(digit) for digit in reversed(answer))    # answer을 역순으로 바꾸고
                                                                  문자열형으로 반환

def main():
    binary = input("2진수를 입력하시오: ")
    binary = binary[::-1]                  # 이진수(문자열)를 역순으로 변경
    answer = "0"
    multiplier = "1"                       # 각 비트를 곱하기 위한 변수

    for b in binary:
        if b == '1':      # 비트가 1일 때만 answer과 multiplier 값을 더함
            answer = addStrings(answer, multiplier)
        multiplier = multiply(multiplier, "2")    # 매번 multiplier 값에 2를 곱함

    print("10진수: ", answer)    # 계산된 결과인 10진수를 출력


if __name__ == "__main__":        # main 함수 호출
    main()
```

3. [예제 1-1]에서 살펴본 1부터 31까지의 숫자로 마음속으로 생각한 숫자를 알아내는 마술카드 문제를 프로그래밍해보자. 연계: 1.3절

문제 해석

마음속으로 1부터 31까지의 숫자를 먼저 생각한다. 그다음 다섯 장의 카드가 한 장씩 나타나면서 그 카드에 내가 생각한 숫자가 있는지 없는지를 답한다. 다섯 장의 카드에 대해 모두 답하면 내가 생각한 숫자가 화면에 나타나도록 한다. 이 프로그램이 이해가 되었다면 이번에는 n장의 카드를 입력으로 받아 처리하는 프로그램으로 확장해서 작성한다.

좀 더 어려운 내용을 원한다면 카드의 장수를 늘려서 실행 시간 스택stack 오버플로우overflow를 발생시키고 카드가 몇 장에서 오버플로우가 발생했는지 확인한다. 또한 오버플로우를 해결하는 방법들을 찾아서 적용한다. 그래서 몇 장까지의 카드가 가능한지도 확인한다. 정적 할당으로도 해보고 동적 할당으로도 프로그램을 작성해서 비교하라. 마지막 단계는 우리가 사용하는 카드처럼 예쁘게 만들어보는 것을 추천한다. C 언어를 가지고 카드를 예쁘게 만드는 작업은 매우 어렵다.

코딩 실습

【 파이썬 코드 】

```
from __future__ import print_function

from sys import stdin
import time                # sleep 함수를 포함한 라이브러리

def printf(str, *args):
    print(str % args, end='')

# my_opening 함수는 처음으로 화면에 안내를 출력
def my_opening():
    printf("# 지금부터 여러분을 신비한 마술의 세계로 초대한다.\n\n\n")
    printf("1 - 31의 숫자 중 마음에 드는 숫자를 생각하라. \n\n")

# my_card 함수가 index번째 카드에 있는 숫자들을 화면에 출력해 사용자부터 0이나 1을 입력받음
def my_card(index):
    cardname = chr(ord('A') + index - 1)

    while True:
        printf("   --------- %s 카드 ---------\n" % cardname )
        # 해당 for 문은 index번째 카드에 있는 숫자들을 출력
        for i in range(0, 4):
            for j in range(0, 4):
                printf("%7d" % card[index-1][4*i + j])
            printf("\n")
        printf("   --------------------------\n")
        printf("\n\n")
        printf("%s 카드에 생각한 숫자가 있다면 YES(1번), 없다면 NO(0번)를 선택하라. : \n" %
cardname)
        result = int(stdin.readline())    # 사용자가 생각한 숫자가 index번째 카드에 있으면
                                            1을, 아니면 0을 입력하면 그것을 a에 저장
        printf("\n\n")
        if result>-1 and result<2:        # 사용자가 입력한 문자가 0이나 1이면 a를 반환하고,
                                            잘못된 입력이면 다시 index번째 카드를 출력
            return result

# my_res 함수는 사용자가 생각한 숫자를 출력
def my_res(a,b,c,d,e):
    '''2진수를 10진수로 변환하는 것처럼 사용자로부터 얻은 a,b,c,d,e에 대해 계산을 진행, 즉
    a,b,c,d,e 비트열이라고 가정해 이를 10진수로 변경하면 사용자가 생각한 숫자가 나타남'''
    res = (e*2*2*2*2) + (d*2*2*2) + (c*2*2) + (b*2) + (a)
    printf("당신이 마음에 드는 숫자는 %d이다.\n\n\n" % res);
    printf("신기하지 않은가?\n");

# 5개의 카드를 위한 2차원 배열 정의 및 초기화
card = [
    [1,3,5,7,9,11,13,15,17,19,21,23,25,27,29,31],
    [2,3,6,7,10,11,14,15,18,19,22,23,26,27,30,31],
    [4,5,6,7,12,13,14,15,20,21,22,23,28,29,30,31],
    [8,9,10,11,12,13,14,15,24,25,26,27,28,29,30,31],
    [16,17,18,19,20,21,22,23,24,25,26,27,28,29,30,31]
    ]

my_opening()
    # 이 함수로 화면에 안내를 출력
```

CHAPTER

02

자연수와 행렬

Natural Number and Matrix

Contents

자연수와 행렬이란?

흔히 수학을 산술, 대수, 기하, 해석으로 분류하는데, 정수론은 이 중 산술[arithmetic]이라는 분야에 속한다. 현대 암호학과 병렬 처리 등 다양한 분야에서 이용되는 정수론의 가장 기본은 자연수와 정수이다. 자연수는 $\cdots, -2, -1, 0, 1, 2, 3, \cdots$과 같은 정수 중에서 양의 정수만을 의미하며, 가장 기본적인 수의 집합이다. 행렬은 실수를 사각형의 배열로 나타낸 것으로, 연립방정식을 풀기 위해 개발된 개념이다. 행렬에서는 행렬식, 역행렬, 연립일차방정식의 해를 구하는 방법 등을 다룬다.

자연수와 행렬의 응용 분야는?

자연수와 관련한 정수론은 현대 암호학에서 반드시 알아두어야 한다. 특히 소수, 정수, 최대공약수 등의 개념은 모두 암호학에서 중요하게 사용된다. 엄청난 양의 데이터를 빠른 시간 안에 처리하거나 그 안에서 필요한 정보를 빠르게 찾아낼 때는 병렬 처리가 사용된다. 병렬 처리를 하기 위해 하드웨어적으로는 많은 프로세서가 필요하고, 소프트웨어적으로는 병렬 처리가 가능하도록 프로그램들을 분할해야 하는데 이때 최대공약수가 사용된다. 행렬은 과학과 수학의 많은 분야에서 다양하게 응용되며, 특히 연립방정식의 해를 구할 때 가장 많이 사용된다. 또한 물리학의 전기 회로 이론, 전자기학, 양자역학 등의 분야에서 응용되며, 컴퓨터 그래픽스에서 3차원 이미지를 2차원 평면에 투영하거나 사실적인 움직임을 그려낼 때도 사용된다.

이 장에서 배우는 내용은?

2장에서는 수의 체계, 자연수와 정수, 소수와 최대공약수에 대해 알아보고, 소수와 최대공약수를 구하는 방법을 살펴본다. 또한 행렬을 정의하고 행렬식과 역행렬의 개념을 다루며, 연립일차방정식의 해를 구하는 방법으로 가감법, 행렬을 이용한 가우스 소거법, 가우스-조던 소거법을 다룬다. 마지막으로 가우스-조던 방법을 이용해 역행렬을 구하는 방법을 다룬다.

SECTION

2.1 수 체계

수는 형태에 따라 다양하게 분류할 수 있는데, 이러한 분류를 수 체계라고 한다. 수 체계는 기본적으로 갖춰야 할 성질이 몇 가지 있다. 먼저 덧셈과 곱셈이라는 연산이 잘 정의되어야 well-defined 하며 원소의 수가 무한해야 한다. 그리고 덧셈과 곱셈에 대해 각각 교환법칙과 결합법칙이 성립해야 하며, 덧셈과 곱셈 사이에는 분배법칙이 성립해야 한다.

인류가 발전하면서 수 체계는 더 다양해졌다. 자연수는 물건의 수를 세기 위해 처음으로 만든 수이다. 여기서 자연수에 음수와 0을 포함한 정수 개념이 나왔고, 정수와 정수의 나눗셈을 통해 유리수 개념이 나왔다. 그런데 분수로 표현할 수 없는 무리수가 등장했고, 이에 따라 유리수에 무리수를 포함한 실수 개념이 등장했다. 또한 대수방정식의 해를 찾는 과정에서 실수에 허수를 포함한 복소수 개념이 등장했다. 이와 같은 수들에 대해 수 체계를 정리하면 [그림 2-1]과 같다.

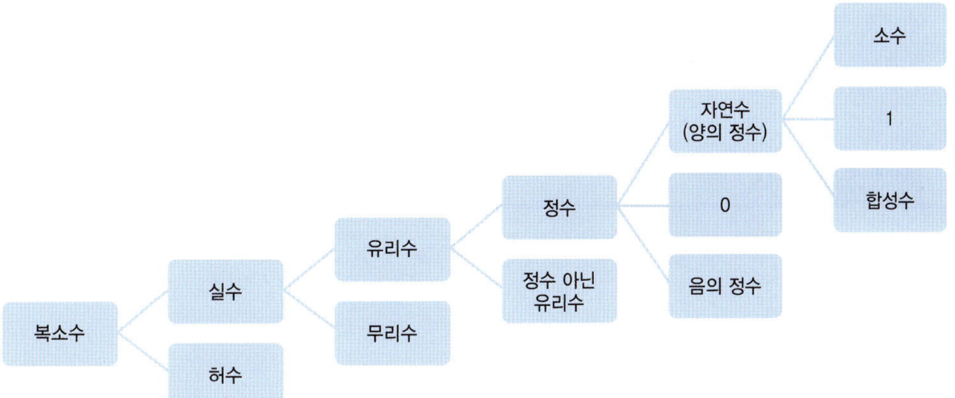

[그림 2-1] 수의 체계

현대수학에서는 자연수가 모든 수의 시작이다. 즉 자연수로부터 차곡차곡 쌓아 올라가 정수, 유리수, 실수, 복소수 순으로 수 체계가 형성된다.

정의 2-1 자연수

자연수natural number는 가장 기본적인 수의 집합으로, 정수 1, 2, 3, 4, ⋯ 중에서 양의 정수만을 의미한다. 자연수는 보통 $\mathbb{N}$으로 표기하고, 양의 정수라는 의미에서 $\mathbb{Z}^+$로 표기하기도 한다.

자연수에 대한 자세한 내용은 2.2절에서 다룬다.

예제 2-1 자연수

다음 중 자연수를 골라라.

① $\frac{5}{3}$ ② $\frac{1}{2}$ ③ $\frac{1}{3}$ ④ 7

풀이

자연수는 양의 정수이므로 ④번이다.

정의 2-2 정수

정수integer는 양의 정수, 음의 정수, 0으로 이루어진 수의 집합이며 $\mathbb{Z}$로 표기한다. 양의 정수는 자연수이고 음의 정수는 $\{\cdots, -3, -2, -1\}$이다. 즉 0은 양의 정수도 음의 정수도 아닌 정수이다.

예제 2-2 정수

다음 중 정수가 아닌 수를 골라라.

① 0 ② 1 ③ -1 ④ $\frac{1}{4}$

풀이

정수는 양의 정수, 0, 음의 정수로 이루어져 있으므로 ④번이다.

정의 2-3 유리수

정수 $p, q\ (q \neq 0)$에 대해 $\frac{p}{q}$ 형태로 나타낼 수 있는 수의 집합을 **유리수**rational number라 하고 $\mathbb{Q}$로 표기한다.

예제 2-3 유리수

다음 중 유리수가 아닌 수를 골라라.

① $\sqrt{2}$ ② 2 ③ $\frac{3}{5}$ ④ $\frac{1}{7}$

풀이

$\sqrt{2}$를 실수로 나타내면 1.414213562373095 ⋯로 소수부가 무작위로 나열되어 있으므로 유리수가 아니다. 정수 2와 분수 형태 $\frac{3}{5}$, $\frac{1}{7}$은 유리수이다. 특히 $\frac{1}{7}=0.1428571428571\cdots$ 과 같이 소수부가 규칙적으로 반복되는 형태의 수는 유리수임을 기억하자. 그러므로 유리수가 아닌 수는 ①번이다.

정의 2-4 무리수

무리수irrational number는 실수 중에서 유리수를 제외한 수들의 집합이며 $\mathbb{I}$로 표기한다.

유리수와 무리수는 소수점으로 정수부와 소수부가 구분되는 실수로 표현할 수 있고, 소수부의 형태에 따라 유리수와 무리수를 구분할 수 있다. 소수부의 숫자가 유한하거나 무한히 나열되어도 일정한 규칙으로 반복되면 유리수이고, 소수부의 숫자가 일정한 규칙 없이 무작위로 나열되면 무리수이다.

예를 들어 $\frac{1}{2}$을 실수로 표현한 0.5는 소수부가 유한하므로 유리수이다. 또한 $\frac{1}{3}$을 실수로 표현한 0.33333 ⋯은 소수부에서 3이 규칙적으로 반복되므로 유리수이다. 그러나 $\sqrt{2}$를 실수로 표현한 1.414213562373095 ⋯는 소수부가 무작위로 나열되어 있으므로 무리수이다.

예제 2-4 무리수

다음 중 무리수를 골라라.

① π ② $\frac{1}{5}$ ③ $\frac{2}{9}$ ④ $\frac{1}{3}$

풀이

π를 실수로 표현한 3.141592653589793238 ⋯은 소수부가 무작위로 나열되어 있으므로 무리수이다. $\frac{1}{5}$은 소수부가 유한하므로 유리수이고, $\frac{2}{9}$와 $\frac{1}{3}$은 소수부가 규칙적으로 순환하므로 유리수이다. 그러므로 무리수는 ①번이다.

정의 2-5 실수

실수real number는 유리수와 무리수로 이루어진 수의 집합이며 $\mathbb{R}$로 표기한다. 실수는 제곱해서 0보다 크거나 같은 수가 나오는 수이다.

실수는 실제 현존하는 수라는 의미이다. 거리, 시간과 같이 우리가 일상에서 접하는 수는 모두 실수이다. 쉽게 생각하면 수직선 위에 점을 찍을 수 있는 수는 모두 실수이다. 따라서 수직선 위에 어느 점을 찍더라도 유리수 혹은 무리수이다.

정의 2-6 복소수

복소수complex number는 실수와 허수로 이루어진 수의 집합이며, $z = a + bi$ $(a, b \in \mathbb{R},$ $i = \sqrt{-1})$로 표현한다.

실수 계수를 갖는 방정식 중에는 해가 없는 경우가 있다. 대표적인 예가 $x^2 + 1 = 0$이다. 이와 같은 방정식도 해를 가질 수 있도록 실수 체계를 확장한 것이 바로 복소수이다. 즉 $i^2 = -1$을 만족하는 허수 i를 포함하는 수 체계를 의미한다. 복소수의 덧셈과 뺄셈은 실수 부분은 실수 부분끼리, 허수 부분은 허수 부분끼리 각각 연산하면 된다. 예를 들어 복소수의 덧셈은 a, b, c, d가 실수일 때, $(a + bi) + (c + di) = (a + c) + (b + d)i$이다. 반면에 복소수의 곱셈은 곱셈 공식을 이용해 전개한다. 예를 들어 다음과 같다.

$$\begin{aligned}(2+3i)(4+5i) &= 8 + 10i + 12i + 15i^2 \\ &= 8 + 22i - 15 \quad (\because\ i^2 = -1) \\ &= -7 + 22i\end{aligned}$$

예제 2-5 복소수

두 복소수 $2+5i$와 $4+3i$의 합과 곱을 구하라.

풀이

복소수의 합 : $(2+5i)+(4+3i) = (2+4)+(5+3)i = 6+8i$

복소수의 곱 : $(2+5i)(4+3i) = 8+6i+20i+15i^2 = 8+26i-15 = -7+26i$

SECTION
2.2 자연수와 정수

이 절에서는 컴퓨터 분야 중 현대 암호학과 병렬 처리 등의 다양한 분야에서 이용되는 정수론의 가장 기본인 자연수와 정수의 성질에 대해 알아보고, 정렬순서 원리와 소수에 대해 살펴본다.

정수론number theory이란 원칙적으로 정수의 성질을 연구하는 분야이다. 정수론의 연구 주제는 크게 두 가지로 나눌 수 있는데, 하나는 소수에 대한 연구이고 다른 하나는 방정식의 정수해에 대한 연구이다. 현대 암호학은 주로 정수론에서 다루는 수학적인 성질을 바탕으로 하기에, 암호화 알고리즘을 이해하고 구현하기 위해서는 정수론에 대한 이해가 필요하다. 예를 들어 대표적인 비대칭키 알고리즘인 RSA의 경우, 정수론의 이산 로그discrete logarithm 문제를 바탕으로 한다. 그러므로 소수의 성질과 나머지mod 연산 등 정수론의 기본적인 사항을 알고 있어야 알고리즘을 이해할 수 있다. 여기서는 수학을 전공하지 않은 컴퓨터 프로그래머가 꼭 알아야만 하는 기본적인 정수론만을 다룬다.

이미 2.1절에서 자연수와 정수에 대한 수 체계를 정의했다. 여기서는 자연수와 정수의 간단한 성질들을 살펴보자. 자연수란 정확하게 무엇인가? 729라는 수를 통해 살펴보자. '729란 무엇인가?'라고 질문했을 때, 100이 7개, 10이 2개, 1이 9개라고 바로 대답하기 위해서는 이미 1, 2, 7, 9, 10, 100의 의미와 덧셈, 곱셈에 대한 개념을 알고 있어야 한다. 만약 그런 의미와 개념을 모른다면 1, 2, 7, 9, 10, 100과 덧셈, 곱셈 등의 개념을 다시 정의해야 하므로 정의해야 할 내용이 너무 많고 매우 복잡하다.

그렇다면 어떤 방법으로 729를 설명하면 좋을까? 729를 '728보다 하나 더 큰 수'라고 정의해보자. 이 정의는 어떻게 보면 매우 어리석은 대답처럼 보인다. 그리고 바로 '그러면 728은 무엇인가?'라고 되물을 것이다. 이 경우에도 마찬가지로 728은 '727보다 하나 더 큰 수'라고 대답할 것이다. 이와 같이 숫자를 하나씩 줄여가며 재귀적으로 정의하면 2는 '1보다 하나 더 큰 수'라는 정의에 도달할 것이다. 이렇게 함으로써 1과 덧셈(+)의 두 가지 개념으로 729를 설명했다. 즉 1과 덧셈 개념만 정의하면 729를 정의할 수 있다. 어리석은 대답처럼 보였지만 아주 간단한 방법으로 자연수 729를 정의했다. 이러한 방법을 자연수에 대한 공리적인 접근 방식이라고 하고, 공리적인 방법은 **기본항**과 **공리**axiom[1]들을 가지고 정의한다.

자연수에 대한 공리들은 이탈리아 수학자인 주세페 페아노Giuseppe Peano에 의해 개발되었다. 페아노는 기본항으로 '1', 'successor', '자연수'만을 사용했다. 예컨대 'x의 successor'는 '$\text{Succ}(x)$'로 표기하고 $x+1$을 뜻한다. 이렇게 하여 페아노는 '1'과 '+'를 이용해 자연수에 대한 공리들을 제시했다.

자연수에 대한 공리

❶ 1은 자연수이다.
❷ 각 자연수는 오직 하나의 successor만을 갖는다.
❸ 1은 어떠한 자연수의 successor가 아니다.
❹ 만약 $\text{Succ}(x)=\text{Succ}(y)$이면 $x=y$이다.
❺ 만약 M이 다음을 만족하는 자연수들의 부분집합이면, M은 모든 자연수들의 집합이다.
  (1) $1 \in M$
  (2) $x \in M \Rightarrow \text{Succ}(x) \in M$

자연수에 대한 공리로부터 1이 가장 작은 자연수이고 1, 2, 3, ⋯이 자연수임을 알 수 있다. 공리 ❺는 수학적 귀납법으로 (1)로부터 $p(1)$이 참이고, (2)로부터 모든 n에 대해 $p(n)$이 참이면 $p(n+1)$도 참이 된다. 이로부터 다음과 같이 서술할 수 있다.

$$\begin{array}{lcl} p(1)\text{이 참} & & \\ p(1)\text{이 참} & \Rightarrow & p(2)\text{도 참} \\ p(2)\text{가 참} & \Rightarrow & p(3)\text{도 참} \\ & \vdots & \end{array}$$

그러면 '$p(1)$이 참'이라는 것과 '$p(1)$이 참$\Rightarrow p(2)$도 참'으로부터 $p(2)$가 참이 된다.[2] 같은 방법으로 '$p(2)$가 참'이므로 '$p(2)$가 참$\Rightarrow p(3)$도 참'으로부터 $p(3)$이 참이 된다. 이와 같은 방법으로 모든 n에 대해 $p(n)$이 참이 된다. 결국 공리 ❺의 (1)과 (2)로부터 1, 2, 3, ⋯은 모두 자연수가 된다.

자연수에 대한 성질을 알아보기 전에 **닫힘 성질**closure property에 대해 알아보자. '집합 A가 연산 $*$에 대해 닫혀있다closed'는 것은 A의 임의의 원소 a, b에 대해 $a*b$ 역시 A의 원소가 된다는 의미이다. 5장에서는 **폐포**closure라는 개념을 설명할 것이다. 여기서 닫힘closure과 폐포closure를 같이 언급하는 이유는 두 용어의 영어 표현이 같아서 혼돈을 일으킬 우려가 있기

1 3장에서 다시 설명하겠지만 공리란 참이라고 가정한 최초의 명제이다.
2 2장에서 설명할 전건 긍정 규칙에 의한 결과이다.

때문이다. 닫힘은 닫혀있는 속성을 의미하고, 폐포는 닫힘 관계를 만드는 어댑터 역할이라고 할 수 있다.

자연수는 덧셈과 곱셈에 대해 닫혀있다. 즉 두 자연수의 합과 곱은 다시 자연수가 된다. 그러나 자연수는 뺄셈과 나눗셈에 대해서는 닫혀있지 않다. 예를 들면 $7-9$나 $7/9$은 자연수가 아니다. 자연수에서 닫힘 성질을 만족하는 연산자 $+$와 $\times$에 대해 성립하는 몇 가지 성질을 알아보자.

정리 2-1 자연수에 대한 성질

a, b, c를 자연수라 하면 다음과 같은 성질들을 만족한다.

(1) $a+b=b+a$ **덧셈의 교환법칙**
(2) $a\times b=b\times a$ **곱셈의 교환법칙**
(3) $a+(b+c)=(a+b)+c$ **덧셈의 결합법칙**
(4) $a\times(b\times c)=(a\times b)\times c$ **곱셈의 결합법칙**
(5) $a\times(b+c)=(a\times b)+(a\times c)$ **분배법칙**

증명 생략

자연수뿐만 아니라 집합 등 우리가 앞으로 정의할 많은 개념에 대해서도 어떤 연산자가 닫힘 성질을 만족하는지 확인해야 한다. 여기서 자연수에 대해 닫힘 성질을 만족하는 $+$(덧셈), $\times$(곱셈) 연산에 대해 알아보자. 그런 다음 닫힘 성질을 만족하는 연산자에 대해 각각 교환법칙, 결합법칙, 분배법칙 등이 성립하는지를 알아본다. 마지막으로는 각 연산자에 대한 항등원이 무엇인지 확인한다.

이제 항등원을 찾아보자. 집합 X가 어떤 연산에 대해 닫혀있는 경우 집합 X의 임의의 원소 a와 원소 e를 연산한 결과가 a가 될 때, e를 그 연산에 대한 **항등원**identity element이라 한다. 자연수에서 곱셈 연산자의 항등원은 임의의 자연수 a에 대해 $a\times k=a$를 만족하는 자연수 k이다. 그래서 곱셈 연산자의 항등원은 1이다. 그렇다면 자연수에서 덧셈 연산자의 항등원은 무엇일까? 예를 들어 $1+k=1$을 만족하기 위해서는 k가 0이어야 한다. 그런데 0은 자연수가 아니다. 그러므로 자연수에서 덧셈 연산자의 항등원은 존재하지 않는다.

지금까지 자연수의 성질에 대해 살펴봤다. 이제 자연수와 관련해 많이 사용되는 정렬순서 원리를 알아보자. 여기서는 자연수에 대한 정렬순서 원리를 설명한다.

정리 2-2 정렬순서 원리

정렬순서 원리well-ordering principle란 공집합이 아닌 자연수 집합의 모든 부분집합은 최소 원소least element를 갖는다는 것이다.

증명 생략

자연수에 대한 정렬순서 원리는 임의의 자연수 집합의 원소 사이에는 순서가 잘 정해져 있어서 순서에 따른 정렬을 갖고, 이에 따라 최소 원소가 존재한다는 의미이다.

어떤 원소들이 **순서관계**order relation를 가지려면 다음을 만족해야 한다.[3]

- 두 원소 x, y가 다르다면 $x > y$이거나 $x < y$이다.
- 임의의 x에 대해 $x > x$와 $x < x$는 성립하지 않는다.
- $x > y$이고 $y > z$이면 $x > z$이다.

예제 2-6 정렬순서 원리

자연수의 부분집합 $A = \{1, 2, 3, 4, 5\}$와 실수의 부분집합 $B = (0, 1] = \{x \mid 0 < x \leq 1\}$에 대해 정렬순서 원리가 성립하는지 설명하라.

풀이

자연수의 부분집합 $A = \{1, 2, 3, 4, 5\}$의 공집합이 아닌 임의의 부분집합들은 모두 최소 원소를 가지므로 정렬순서 원리를 만족한다. 실수의 부분집합 $B = (0, 1] = \{x \mid 0 < x \leq 1\}$의 공집합이 아닌 임의의 부분집합 $(0.1, 0.2] = \{x \mid 0.1 < x \leq 0.2\}$는 최소 원소를 갖지 않으므로 정렬순서 원리를 만족하지 않는다.

이제 정수에 대한 성질을 알아보자. 여기서는 간단한 정수의 성질과 정수의 나누기, 소수, 최대공약수 등을 다룬다. 정수는 자연수$(1, 2, 3, \cdots)$와 이들의 음수$(-1, -2, -3, \cdots)$ 그리고 0으로 이루어진 수 체계이다. 정수는 자연수와 마찬가지로 셀 수 있는 무한집합이며 덧셈, 뺄셈, 곱셈에 대해 닫혀있다.

만일 두 정수 n과 m에 대해 n이 0이 아니라면 직선 위에 n의 정수배들을 점으로 찍어 표시할 수 있고 m을 직선 위의 어디에든 놓을 수 있다. [그림 2-2]는 $n > 0$일 때의 전형적인 예이다.

3 최소 원소와 순서관계에 대해서는 6장에서 자세히 다룬다.

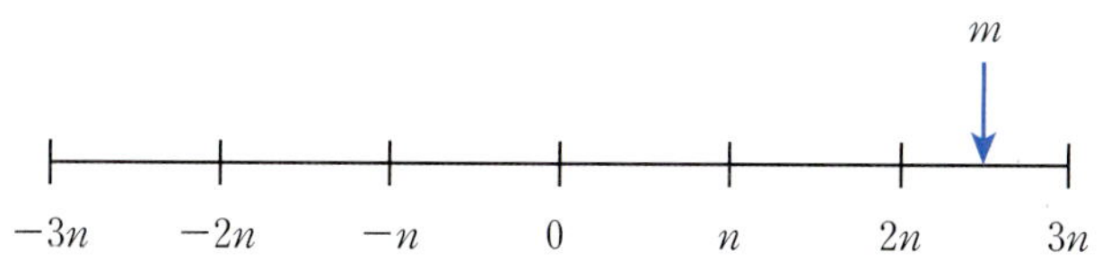

[그림 2-2] 정수의 표현

이 경우에 연속적인 점들 사이의 거리는 n의 절댓값인 $|n|$이다. 만일 m이 n의 배수라면 $m = qn + r$이라고 쓰며 $r = 0$이다. 만일 m이 n의 배수가 아니라면 $m = qn + r$이라고 쓰며 $0 < r < |n|$이다. 따라서 모든 두 정수 m, n에 대해 $m = qn + r$이며 $0 \le r < |n|$으로 표현할 수 있다.

예제 2-7 정수의 표현 (1)

두 정수 m, n에 대해 $m = qn + r$이며 $0 \le r < |n|$으로 표현할 수 있다. $n = 3$이고 $m = 14$인 경우에 대해 두 정수를 위와 같이 표현하라.

풀이

$n = 3$이고 $m = 14$일 때 $m = qn + r$을 만족하는 표현 방법에는 여러 가지가 있다. 먼저 $14 = 4 \times 3 + 2$와 같이 표현한다면 이 경우에 $q = 4$, $r = 2$이다. 따라서 r은 $0 \le r < 3$을 만족하므로 두 정수의 표현에 맞다. 한편, $14 = (-2) \times 3 + 20$과 같이 표현해도 식은 성립한다. 이 경우에 $q = -2$, $r = 20$이다. 그런데 r이 $0 \le r < 3$을 만족하지 않으므로 두 정수의 표현에 맞지 않다.

지금까지 살펴본 바와 같이 두 정수 m과 $n(\ne 0)$에 대해 $m = qn + r$로 표현할 수 있으며, 여기서 q는 정수이고 $0 \le r < |n|$이다. 이때 $r = 0$이라면 m은 n의 배수이고 $n \mid m$으로 표기하며 n은 m을 **나눈다**divide고 한다. 만일 $r \ne 0$이라면 m은 n의 배수가 아니고 $n \nmid m$으로 표기하며 n은 m을 나누지 못한다고 한다.

예제 2-8 정수의 표현 (2)

두 정수 $m = 10$, $n = 5$의 배수 관계를 표현하라.

풀이

$m = qn + r$에서 $10 = 2 \times 5$이다. 따라서 10은 5의 배수이고, 5는 10을 나눈다고 하며 $5 \mid 10$으로 표기한다.

예제 2-9 정수의 표현 (3)

두 정수 $m=12$, $n=5$의 배수 관계를 표현하라.

풀이

$m=qn+r$에서 $12=2\times5+2$이다. 따라서 12는 5의 배수가 아니고, 5는 12를 나누지 못한다고 하며 $5\nmid12$로 표기한다.

예제 2-10 정수의 성질

a, b, c를 정수라 할 때, 다음과 같은 성질이 성립함을 보여라.

(a) 만일 $a\mid b$이고 $a\mid c$이면 $a\mid(b\pm c)$이다.
(b) 만일 $a\mid b$ 혹은 $a\mid c$이면 $a\mid bc$이다.
(c) 만일 $a\mid b$이고 $b\mid c$이면 $a\mid c$이다.

풀이

(a) $a\mid b$이고 $a\mid c$라면 어떤 정수 k_1, k_2에 대해 $b=k_1a$, $c=k_2a$로 쓸 수 있다. 그러면 $b\pm c=(k_1\pm k_2)a$이다. 그러므로 $a\mid(b\pm c)$이다.

(b) (a)에서와 같이 $b=k_1a$ 혹은 $c=k_2a$이다. 그러면 $bc=k_1ac=(k_1c)a$ ($\because$ 곱셈의 교환법칙) 혹은 $bc=k_2ab=$ $(k_2b)a$($\because$ 곱셈의 교환법칙)이다. 그러므로 $a\mid bc$이다.

(c) 위와 같은 방법으로 $b=k_1a$, $c=k_2b$이다. 그러면 $c=k_2b=k_2(k_1a)=(k_2k_1)a$ ($\because$ 곱셈의 결합법칙)이다. 그러므로 $a\mid c$이다.

SECTION 2.3 소수와 최대공약수

우리는 정수에서 나눈다는 개념을 공부했다. 나누어짐을 바탕으로 한 중요한 개념으로 소수와 최대공약수가 있다. 먼저 **소수**prime number는 **약수**divisor(나누어떨어지는 수)로 1과 자기 자신만을 갖는 1보다 큰 정수이다. 소수는 현대 암호 시스템에서 필수로 알아야 하는 개념이다. 또한 소수가 아닌 1보다 큰 양의 정수를 **합성수**composite number라고 한다.

소수에 관한 내용 중 알아야 할 내용은 어떤 자연수가 주어질 때 그 수가 소수인지 아닌지 판별하는 것이다. 만약 어떤 자연수가 작은 수일 경우에는 **시행착오**trial and error 접근 방법으로 소수인지 아닌지 판별할 수 있다. 예를 들어 29가 소수인지 판단하라고 하면 29를 2로부터 시작해서 3, 5로 계속 나눠 볼 수가 있다. 29가 나누어떨어지는 수가 1과 자기 자신밖에 없으므로 29는 소수이다. 만약 $2^{42}-1$이 소수이냐고 물어보면 시행착오 방법으로는 어렵다. 그래서 큰 수에 대해서는 시행착오 방법이 실용적이지 못하다. 현재까지 어떤 수가 소수인지 빠른 시간 안에 계산할 수 있는 만족할 만한 알고리즘은 찾지 못했다. 하지만 큰 수에 대해 소수인지 빠른 시간 안에 판별해야 할 필요는 있다.

먼저 어떤 자연수를 입력으로 주면 그 자연수가 소수인지 아닌지 판별하는 알고리즘을 찾아보자. 소수를 구하기 위해서는 약수를 먼저 알아야 한다. 그래서 먼저 약수를 구하는 알고리즘인 [알고리즘 2-1]을 살펴보고, 소수를 구하는 알고리즘을 구해보자.

[알고리즘 2-1] 약수를 구하는 알고리즘

```
begin
  Input N
  D←1
  while D<sqrt(N) do
    if mod(N, D) = 0 then /* mod(N, D)는 N을 D로 나눈 나머지를 뜻한다. */
      output D and N/D
      D←D+1
    end
end
```

예제 2-11 약수 구하기

[알고리즘 2-1]을 이용해 14의 약수를 구하라.

풀이

```
N=14
D←1
mod(N, D) = 0
1과 14 출력
D←2
mod(N, D) = 0
2와 7 출력
D←3
mod(N, D) ≠ 0
D←4
```

그러므로 14의 약수는 1, 2, 7, 14이다.

다음으로 어떤 양의 정수가 소수인지 아닌지 판별하는 알고리즘을 생각해보자. [알고리즘 2-2]는 양의 정수 m이 소수인지 아닌지 판별하는 알고리즘으로, 만약 m이 소수이면 결과는 true, m이 소수가 아니라면 결과는 false이다.

[알고리즘 2-2] 어떤 양의 정수가 소수인지 아닌지 판별하는 알고리즘

[입력] 양의 정수 m
[출력] m이 소수이면 true, m이 소수가 아니면 false

```
procedure is-prim(m)
   for i = 2 to m do
       if m mod i = 0 && m != i then // i divides m
       return(false)
   return(true)
end is-prime
```

예제 2-12 소수 판별하기

[알고리즘 2-2]를 이용해 11이 소수인지 아닌지 판별하라.

풀이

```
m = 11
i←2
11 mod 2 = 0 && m != 2
i←3
11 mod 3 = 0 && m != 3
i←4
11 mod 4 = 0 && m != 4
```

```
i ← 5
11 mod 5 = 0 && m != 5
i ← 6
11 mod 6 = 0 && m != 6
i ← 7
11 mod 7 = 0 && m != 7
i ← 8
11 mod 8 = 0 && m != 8
i ← 9
11 mod 9 = 0 && m != 9
i ← 10
11 mod 10 = 0 && m != 10
i ← 11
11 mod 11 = 0 && m != 11
return(true)
```

따라서 11은 소수이다.

다음으로 에라토스테네스의 체에 대해 설명한다. 에라토스테네스Eratosthenes는 고대 그리스의 수학자이자 천문학자로서, 소수를 발견하는 방법으로 에라토스테네스의 체를 고안하였다. **에라토스테네스의 체**sieve는 자연수 n을 입력으로 주면 n보다 작은 소수 p를 모두 구하는 방법이다. 즉 주어진 자연수에 대해 그 자연수보다 작은 소수를 모두 찾는 방법이다.

[알고리즘 2-3] 에라토스테네스의 체를 이용해 소수를 구하는 알고리즘

- **1단계** : 1부터 n까지의 수 중에서 1을 지우고 p를 2로 놓는다.
- **2단계** : p를 남기고 n보다 작은 p의 배수를 모두 지운다.
- **3단계** : 아직 지워지지 않은 수 중에서 p보다 큰 최소의 수를 새로운 p로 놓는다.
- **4단계** : [2단계]로 돌아간다.

예제 2-13 에라토스테네스의 체를 이용해 소수 구하기

에라토스테네스의 체를 이용해 소수를 구하는 [알고리즘 2-3]을 적용하여 50보다 작은 소수를 구하라.

풀이

- 1단계 : $p=2$
- 2단계 : 2, 3, 5, 7, 9, 11, 13, 15, 17, 19, 21, 23, 25, 27, 29, 31, 33, 35, 37, 39, 41, 43, 45, 47, 49
- 3단계 : $p=3$
- 2단계 : 2, 3, 5, 7, 11, 13, 17, 19, 23, 25, 29, 31, 35, 37, 41, 43, 47, 49
- 3단계 : $p=5$
- 2단계 : 2, 3, 5, 7, 11, 13, 17, 19, 23, 29, 31, 37, 41, 43, 47, 49
- 3단계 : $p=7$

- 2단계 : 2, 3, 5, 7, 11, 13, 17, 19, 23, 29, 31, 37, 41, 43, 47
- 3단계 : $p=11$
- 2단계 : 2, 3, 5, 7, 11, 13, 17, 19, 23, 29, 31, 37, 41, 43, 47
- 3단계 : $p=13$
- 2단계 : 2, 3, 5, 7, 11, 13, 17, 19, 23, 29, 31, 37, 41, 43, 47
- 3단계 : $p=17$
- 2단계 : 2, 3, 5, 7, 11, 13, 17, 19, 23, 29, 31, 37, 41, 43, 47
- 3단계 : $p=19$
- 2단계 : 2, 3, 5, 7, 11, 13, 17, 19, 23, 29, 31, 37, 41, 43, 47
- 3단계 : $p=23$
- 2단계 : 2, 3, 5, 7, 11, 13, 17, 19, 23, 29, 31, 37, 41, 43, 47
- 3단계 : $p=29$
- 2단계 : 2, 3, 5, 7, 11, 13, 17, 19, 23, 29, 31, 37, 41, 43, 47
- 3단계 : $p=31$
- 2단계 : 2, 3, 5, 7, 11, 13, 17, 19, 23, 29, 31, 37, 41, 43, 47
- 3단계 : $p=37$
- 2단계 : 2, 3, 5, 7, 11, 13, 17, 19, 23, 29, 31, 37, 41, 43, 47
- 3단계 : $p=41$
- 2단계 : 2, 3, 5, 7, 11, 13, 17, 19, 23, 29, 31, 37, 41, 43, 47
- 3단계 : $p=43$
- 2단계 : 2, 3, 5, 7, 11, 13, 17, 19, 23, 29, 31, 37, 41, 43, 47
- 3단계 : $p=47$
- 2단계 : 2, 3, 5, 7, 11, 13, 17, 19, 23, 29, 31, 37, 41, 43, 47

따라서 50보다 작은 소수는 2, 3, 5, 7, 11, 13, 17, 19, 23, 29, 31, 37, 41, 43, 47이다.

소수와 관련하여 많은 사람들이 관심을 가지고 있는 주제는 바로 가장 큰 소수를 찾는 것이다. 이 문제에 대한 답은 컴퓨터를 이용해 GIMPS Great Internet Mersenne Prime Search에서 계속 찾고 있다. GIMPS는 인터넷을 통해 무료로 다운로드할 수 있는 Prime95와 MPrime과 같은 특별한 소프트웨어를 사용하여 메르센 소수를 찾는 사람들의 공동 프로젝트로, 6만 명 이상이 참여하고 있다. 메르센 수 $M(n)$은 2^n-1의 형태인 수를 말하며, **메르센 소수** Mersenne prime number는 메르센 수 중 소수를 가리킨다. 2017년 기준으로 의미 있는 메르센 소수로는 2008년 8월 23일 UCLA 수학과의 에드슨 스미스 Edson Smith가 발견한 47번째 메르센 소수[4]가 있다. 이는 1,000만 자릿수를 넘어가는 수로 12,978,189자릿수를 차지하는 $2^{43112609}-1$이다. 그리고 2017년 12월 26일 공학자인 조나단 페이스 Jonathan Pace가 발견한 50번째 메르센 소수로 23,249,425자릿수를 차지하는 $2^{77232917}-1$이 있다. 현재까지 알려진 가장 큰 메르센 소수는 2018년 12월 패트릭 라로쉬 Patrick Laroche가 발견한 51번째 메르센 소수로 24,862,048자릿수를 차지하는 $2^{82589933}-1$이다.

4 발견 당시에는 45번째 메르센 소수로 알려졌다.

이제 두 수의 공약수를 생각해보자. a, b, k가 양의 정수이며 k가 $k \mid a$이고 $k \mid b$이면 k를 a와 b의 **공약수**common divisor라고 한다. 이때 k값들 중 가장 큰 값을 k'이라 하면 k'은 a와 b의 **최대공약수**(GCD) Greatest Common Divisor라 하고 $k' = \mathrm{GCD}(a, b)$로 표기한다. 그러면 두 수의 최대공약수는 어떻게 발견할 수 있을까? 이에 대한 해답은 가장 초기 알고리즘의 예인 동시에, 정수론의 많은 부분의 기초가 되는 **유클리드 알고리즘**Euclidean algorithm이다.

[알고리즘 2-4] 유클리드 알고리즘을 이용해 두 수의 최대공약수 구하기

```
Procedure Find-GCD(a, b ; var GCD); /* 모든 변수는 정수이다. */
begin
    1. while b≠0 do begin /* 만일 b=0이라면 GCD=a이다. */
              2. q:=a DIV b;
              3. r:=a MOD b; /* a=bq+r을 만족하는 q와 r을 찾는다. 단, 0≤r<b */
              4. a:=b;
              5. b:=r; /* b를 a로, r을 b로 대체하고 같은 방법을 반복한다. */
                 end;
    6. GCD:=a
end;
```

이제 두 수 a와 b의 공약수가 r_{k+1}이고 이 수가 최대공약수임을 보이자. 이를 보이기 위해 임의의 정수 a와 b에 대해 [알고리즘 2-4]를 적용한다. $a = bq_1 + r_1 (0 \le r_1 < b)$이고 $b = r_1 q_2 + r_2 (0 \le r_2 < r_1)$라고 하자. 그러면 다음이 성립한다.

$$
\begin{aligned}
r_1 &= r_2 q_3 + r_3 && (0 \le r_3 < r_2) \\
r_2 &= r_3 q_4 + r_4 && (0 \le r_4 < r_3) \\
&\vdots && \vdots \\
r_{k-1} &= r_k q_{k+1} + r_{k+1} && (0 \le r_{k+1} < r_k) \\
r_k &= r_{k+1} q_{k+2}
\end{aligned}
$$

왜냐하면 $a > b > r_1 > r_2 > \cdots$이기 때문이다. 여기서 r_k는 r_{k+1}로 나누어지고 r_{k-1}도 r_{k+1}로 나누어진다. 같은 방법으로 b도 r_{k+1}로 나누어지며 a도 r_{k+1}로 나누어진다. 그러므로 r_{k+1}은 a와 b의 공약수이다. 만일 d가 a와 b의 다른 공약수라면 d는 a와 b를 나누고 r_1도 나눈다. 또한 d는 r_2를 나누고, 같은 방법으로 r_{k+1}도 나눈다. 그러므로 d는 r_{k+1}보다 작다. 따라서 r_{k+1}이 a와 b의 최대공약수이다.

예제 2-14 최대공약수 구하기

[알고리즘 2-4]를 이용해 190과 34의 최대공약수를 구하라.

풀이

```
1. 34≠0
2. q := 190 DIV 34=5
3. r := 190 MOD 34=20
4. a := 34
5. b := 20
1. 20≠0
2. q := 34 DIV 20=1
3. r := 34 MOD 20=14
4. a := 20
5. b := 14
1. 14≠0
2. q := 20 DIV 14=1
3. r := 20 MOD 14=6
4. a := 14
5. b := 6
1. 6≠0
2. q :=14 DIV 6=2
3. r:=14 MOD 6=2
4. a := 6
5. b := 2
1. 2≠0
2. q := 6 DIV 2=3
3. r := 6 MOD 2=0
4. a := 2
5. b := 0
1. b=0
6. GCD := 2
```

따라서 190과 34의 최대공약수는 2이다.

SECTION 2.4 행렬의 개념과 행렬식

종종 서로 다른 적당한 항목들을 군group으로 나타내는 것이 편리할 때가 있다. 다음과 같은 예를 생각해보자. 어떤 사장님이 구두, 샌들, 부츠를 파는 신발 가게를 운영하고 있다. 가게에 신발이 입고될 때마다 가게 문에서 가게 안쪽으로 휙휙 던져서 신발을 진열한다고 하자. 어떤 손님이 가게에 와서 "구두 좀 보여주세요."라고 할 때, 사장님이 손님에게 "저도 구두가 어디 있는지 잘 모르니 손님이 안에 들어가서 찾아보세요."라고 한다면 손님들은 구두를 사지 않을 것이다. 반면에, 다른 구두 가게에서는 신발이 입고되면 [표 2-1]과 같이 신발들을 군으로 정리해서 배열로 보여준다고 하자. 이와 같이 신발을 진열하면 누구나 쉽게 신발 종류에 따른 가격을 알 수 있을 것이다. 또한 손님들이 앞의 가게에서보다 훨씬 많은 신발을 구매할 것이다.

[표 2-1] 군으로 정리한 신발 배열 (단위 : 만 원)

종류 \ 크기	250	255	260	265	270
구두	10.00	10.50	11.00	12.00	13.00
샌들	8.50	9.00	9.50	10.00	10.50
부츠	12.50	14.00	15.00	16.00	16.50

이처럼 물건들을 행과 열로 나열하는 것을 행렬이라고 한다. 행렬은 기본적으로 연립방정식을 풀기 위해 개발된 개념으로서, 수, 문자, 함수 등을 네모꼴 괄호 안에 배열한 것을 말한다. 행렬의 각 성분은 복소수여도 되지만 이 책에서는 실수로 한정한다. 행렬의 각 성분은 **스칼라** scalar라고 한다. 스칼라란 크기와 방향을 가지는 벡터와 대비되는 개념으로, 크기만 있고 방향을 가지지 않는 양을 말한다. 같은 반의 학생 수, 전자가 가지는 전하량, 길이, 에너지 등이 스칼라량이다. 컴퓨터에서 방대한 자료에 대해 동일한 연산을 수행하는 경우 행렬이 매우 유용하게 사용된다. 이제 행렬을 정의하고 행렬의 여러 가지 종류와 성질에 대해 알아보자.

정의 2-7 행렬

행렬matrix A는 실수를 사각형의 배열로 나타낸 것이다(단, m과 n은 양의 정수).

$$\mathrm{A} = \begin{pmatrix} a_{11} & a_{12} & a_{13} & \cdots & a_{1n} \\ a_{21} & a_{22} & a_{23} & \cdots & a_{2n} \\ & & & \vdots & \\ a_{m1} & a_{m2} & a_{m3} & \cdots & a_{mn} \end{pmatrix}$$

각각이 n쌍으로 구성된 m개의 수평 성분 $(a_{i1}\ a_{i2}\ a_{i3} \cdots\ a_{in})$(단, $1 \le i \le m$)을 행렬 A의 **행**row이라고 한다. 또한 다음과 같이 각각이 m쌍으로 구성된 n개의 수직 성분을 행렬 A의 **열**column이라고 한다.

$$\begin{pmatrix} a_{1j} \\ a_{2j} \\ a_{3j} \\ \vdots \\ a_{mj} \end{pmatrix} \text{(단, } 1 \le j \le n)$$

일반적으로 행렬의 기호는 영어 알파벳 대문자로 표현한다. 행렬 A를 $\mathrm{A} = (a_{ij})$로도 표현하는데, 여기서 성분 a_{ij}는 i행 j열 성분을 나타낸다. 또한 A를 $m \times n$ 행렬이라고 하며 m by n 행렬로 읽는다. 예를 들어 다음과 같은 행렬 A가 있다고 하자.

$$\mathrm{A} = (a_{ij}) = \begin{pmatrix} 1 & 2 & 3 \\ 6 & 5 & 4 \\ 7 & 8 & 9 \\ 9 & 5 & 3 \end{pmatrix}$$

행렬 A는 4개의 행과 3개의 열로 구성되어 있다. 이 행렬은 4×3 행렬이라고 하며, 2행 3열 성분은 4이다.

예제 2-15 행렬의 개념

행렬 A에 대해 다음을 구하라.

$$\mathrm{A} = \begin{pmatrix} 1 & 2 & 4 & 4 \\ 3 & 2 & 5 & 3 \\ 5 & 6 & 7 & 2 \\ 9 & 5 & 3 & 8 \end{pmatrix}$$

(a) 3행　(b) 2열　(c) a_{43}　(d) a_{14}

풀이

(a) $(5\ 6\ 7\ 2)$ (b) $\begin{pmatrix}2\\2\\6\\5\end{pmatrix}$ (c) $a_{43}=3$ (d) $a_{14}=4$

두 행렬 $\mathrm{A}=(a_{ij})$와 $\mathrm{B}=(b_{ij})$가 $m\times n$ 행렬이고 대응하는 성분이 모두 같으면 A와 B는 **같다**고 하거나 **상등**이라 하고 $\mathrm{A}=\mathrm{B}$로 표기한다.

예제 2-16 두 행렬의 같음

$\mathrm{A}=\begin{pmatrix}a+b & a-b\\ c+d & c-d\end{pmatrix}$, $\mathrm{B}=\begin{pmatrix}10 & 6\\ 8 & 2\end{pmatrix}$라고 하자. $\mathrm{A}=\mathrm{B}$일 때 a, b, c, d를 구하라.

풀이

$\mathrm{A}=\mathrm{B}$일 때 두 행렬의 대응하는 성분이 모두 같다는 정의에 의해 다음이 성립한다.

$$a+b=10,\ a-b=6,\ c+d=8,\ c-d=2$$

따라서 $a=8$, $b=2$, $c=5$, $d=-3$이다.

행렬에서 가능한 연산은 합, 차, 스칼라곱, 곱이다. 먼저 행렬의 합부터 설명한다.

정의 2-8 행렬의 합

행렬 A와 B의 크기가 같다면 두 행렬 A와 B의 **합**은 $\mathrm{A}+\mathrm{B}$로 표기하고 $\mathrm{A}+\mathrm{B}=(a_{ij})+(b_{ij})=(a_{ij}+b_{ij})$이다. 즉 대응하는 성분끼리의 합을 구하면 이 값이 $\mathrm{A}+\mathrm{B}$의 i행 j열 성분이 된다.

예제 2-17 행렬의 합

$\mathrm{A}=\begin{pmatrix}3 & 4\\ 5 & 0\end{pmatrix}$, $\mathrm{B}=\begin{pmatrix}7 & 5\\ 4 & -3\end{pmatrix}$일 때, 두 행렬의 합 $\mathrm{A}+\mathrm{B}$를 구하라.

풀이

두 행렬의 합을 구하면 다음과 같다.

$$\mathrm{A}+\mathrm{B}=\begin{pmatrix}3+7 & 4+5\\ 5+4 & 0-3\end{pmatrix}=\begin{pmatrix}10 & 9\\ 9 & -3\end{pmatrix}$$

각 성분이 0인 행렬을 **영행렬** zero matrix이라 하고 **0**으로 표기한다. 예를 들면 다음과 같다.

$$\begin{pmatrix} 0 & 0 \\ 0 & 0 \end{pmatrix}, \begin{pmatrix} 0 & 0 & 0 \\ 0 & 0 & 0 \end{pmatrix}, \begin{pmatrix} 0 & 0 & 0 \\ 0 & 0 & 0 \\ 0 & 0 & 0 \end{pmatrix}$$

이제 행렬의 합에 관한 성질을 알아보자.

정리 2-3 행렬의 합에 관한 성질

행렬의 합에 대해 다음과 같은 법칙이 성립한다.

(1) $\mathrm{A}+\mathrm{B}=\mathrm{B}+\mathrm{A}$ **합의 교환법칙**

(2) $(\mathrm{A}+\mathrm{B})+\mathrm{C}=\mathrm{A}+(\mathrm{B}+\mathrm{C})$ **합의 결합법칙**

(3) $\mathrm{A}+\mathbf{0}=\mathbf{0}+\mathrm{A}=\mathrm{A}$ **합의 항등법칙**

증명 생략

예제 2-18 행렬의 합에 관한 성질

$\mathrm{A}=\begin{pmatrix} 3 & 4 & -1 \\ 5 & 0 & -2 \\ 4 & 5 & 3 \end{pmatrix}$, $\mathrm{B}=\begin{pmatrix} 5 & 6 & 7 \\ 2 & 3 & 4 \\ 1 & 8 & 9 \end{pmatrix}$일 때, $\mathrm{A}+\mathrm{B}$와 $\mathrm{B}+\mathrm{A}$를 구하라.

풀이

$\mathrm{A}+\mathrm{B}$와 $\mathrm{B}+\mathrm{A}$를 구하면 다음과 같다.

$$\mathrm{A}+\mathrm{B}=\begin{pmatrix} 3+5 & 4+6 & -1+7 \\ 5+2 & 0+3 & -2+4 \\ 4+1 & 5+8 & 3+9 \end{pmatrix}=\begin{pmatrix} 8 & 10 & 6 \\ 7 & 3 & 2 \\ 5 & 13 & 12 \end{pmatrix}$$

$$\mathrm{B}+\mathrm{A}=\begin{pmatrix} 5+3 & 6+4 & 7+(-1) \\ 2+5 & 3+0 & 4+(-2) \\ 1+4 & 8+5 & 9+3 \end{pmatrix}=\begin{pmatrix} 8 & 10 & 6 \\ 7 & 3 & 2 \\ 5 & 13 & 12 \end{pmatrix}$$

$\mathrm{A}+\mathrm{B}=\mathrm{B}+\mathrm{A}$이므로 행렬의 합에 대한 교환법칙이 성립한다.

정의 2-9 행렬의 스칼라곱

c가 실수이고 A가 $m\times n$ 행렬일 때, 다음과 같은 스칼라(실수)와 행렬의 곱을 행렬의 **스칼라곱** scalar multiplication이라고 한다.

$$c\cdot\mathrm{A}=c\cdot(a_{ij})=(c\times a_{ij})$$

예제 2-19 **행렬의 스칼라곱**

$A=\begin{pmatrix}5 & -3 & 6\\ 4 & 7 & 1\end{pmatrix}$이고 $c=3$일 때, 행렬의 스칼라곱 $c\cdot A$를 구하라.

풀이

$$c\cdot A=3\cdot\begin{pmatrix}5 & -3 & 6\\ 4 & 7 & 1\end{pmatrix}$$
$$=\begin{pmatrix}3\times5 & 3\times(-3) & 3\times6\\ 3\times4 & 3\times7 & 3\times1\end{pmatrix}=\begin{pmatrix}15 & -9 & 18\\ 12 & 21 & 3\end{pmatrix}$$

이제 행렬의 곱에 대해 설명한다. 두 행렬 A와 B가 있을 때, 두 행렬의 곱 AB를 계산하기 위해서는 A의 열의 개수와 B의 행의 개수가 같아야 한다. 만약 A의 열의 개수와 B의 행의 개수가 다르다면 두 행렬의 곱은 계산할 수 없다. 두 행렬의 곱은 AB 혹은 A · B로 표기한다.

정의 2-10 **행렬의 곱**

$A=(a_{ij})$는 $m\times p$ 행렬이고 $B=(b_{ij})$는 $p\times n$ 행렬이라고 하자. 그러면 두 행렬 A와 B의 곱 AB는 다음을 만족하는 $m\times n$ 행렬 $C=(c_{ij})$가 된다.

$$c_{ij}=a_{i1}b_{1j}+a_{i2}b_{2j}+\cdots+a_{ip}b_{pj}\ (\text{단, } 1\le i\le m,\ 1\le j\le n)$$

즉 행렬의 곱 AB는 다음과 같다.

$$AB=\begin{pmatrix}a_{11} & a_{12} & a_{13} & \cdots & a_{1p}\\ a_{21} & a_{22} & a_{23} & \cdots & a_{2p}\\ & & \vdots & & \\ a_{i1} & a_{i2} & a_{i3} & \cdots & a_{ip}\\ & & \vdots & & \\ a_{m1} & a_{m2} & a_{m3} & \cdots & a_{mp}\end{pmatrix}\begin{pmatrix}b_{11} & b_{12} & b_{13} & \cdots & b_{1j} & \cdots & b_{1n}\\ b_{21} & b_{22} & b_{23} & \cdots & b_{2j} & \cdots & b_{2n}\\ & & & & \vdots & & \vdots\\ b_{p1} & b_{p2} & b_{p3} & \cdots & b_{pj} & \cdots & b_{pn}\end{pmatrix}$$
$$=\begin{pmatrix}c_{11} & c_{12} & c_{13} & \cdots & c_{1n}\\ c_{21} & c_{22} & c_{23} & \cdots & c_{2n}\\ & & \vdots & & \\ & \cdots & c_{ij} & \cdots & \\ & & \vdots & & \\ c_{m1} & c_{m2} & c_{m3} & \cdots & c_{mn}\end{pmatrix}$$

예제 2-20 행렬의 곱 (1)

$A=\begin{pmatrix}2 & 3\\ 2 & 4\\ 5 & 3\end{pmatrix}$, $B=\begin{pmatrix}4 & 3 & -2\\ 2 & 3 & 1\end{pmatrix}$일 때, 두 행렬의 곱 AB를 구하라.

풀이

A가 3×2 행렬이고, B가 2×3 행렬이므로 행렬의 곱을 계산할 수 있고, 결과는 다음과 같은 3×3 행렬이다.

$$\begin{aligned} AB &= \begin{pmatrix}2 & 3\\ 2 & 4\\ 5 & 3\end{pmatrix}\cdot\begin{pmatrix}4 & 3 & -2\\ 2 & 3 & 1\end{pmatrix} \\ &= \begin{pmatrix}2\times 4+3\times 2 & 2\times 3+3\times 3 & 2\times(-2)+3\times 1\\ 2\times 4+4\times 2 & 2\times 3+4\times 3 & 2\times(-2)+4\times 1\\ 5\times 4+3\times 2 & 5\times 3+3\times 3 & 5\times(-2)+3\times 1\end{pmatrix} \\ &= \begin{pmatrix}14 & 15 & -1\\ 16 & 18 & 0\\ 26 & 24 & -7\end{pmatrix}\end{aligned}$$

예제 2-21 행렬의 곱 (2)

$A=\begin{pmatrix}2 & 3 & -4\\ 1 & 2 & 3\end{pmatrix}$, $B=\begin{pmatrix}5 & 7 & 8\\ 4 & 6 & 1\end{pmatrix}$일 때, 두 행렬 곱 AB를 구하라.

풀이

A가 2×3 행렬이고, B가 2×3 행렬이다. 따라서 A의 열의 개수는 3개이고 B의 행의 개수는 2개이므로 행렬의 곱을 계산할 수 없다.

예제 2-22 행렬의 곱 (3)

$A=\begin{pmatrix}2 & 3\\ 4 & -1\end{pmatrix}$, $B=\begin{pmatrix}2 & 1\\ 2 & -3\end{pmatrix}$일 때, 두 행렬의 곱 AB와 BA를 구하라.

풀이

$$AB=\begin{pmatrix}2\times 2+3\times 2 & 2\times 1+3\times(-3)\\ 4\times 2+(-1)\times 2 & 4\times 1+(-1)\times(-3)\end{pmatrix}=\begin{pmatrix}10 & -7\\ 6 & 7\end{pmatrix}$$

$$BA=\begin{pmatrix}2\times 2+1\times 4 & 2\times 3+1\times(-1)\\ 2\times 2+(-3)\times 4 & 2\times 3+(-3)\times(-1)\end{pmatrix}=\begin{pmatrix}8 & 5\\ -8 & 9\end{pmatrix}$$

[예제 2-22]의 결과를 보면 두 행렬의 곱 AB와 BA의 값이 같지 않음을 알 수 있다. 즉 행렬의 곱에 대한 교환법칙은 성립하지 않는다.

다음으로 행렬의 곱에 관한 성질을 알아보자.

정리 2-4 행렬의 곱에 관한 성질

행렬의 곱에 대해 다음과 같은 법칙이 성립한다.

(1) $A \cdot (B \cdot C) = (A \cdot B) \cdot C$ **곱의 결합법칙**

(2) $A \cdot (B + C) = A \cdot B + A \cdot C$ **곱의 분배법칙**

(3) $(A + B) \cdot C = A \cdot C + B \cdot C$ **곱의 분배법칙**

증명 생략

행렬의 종류

행과 열의 수가 n으로 동일한 행렬을 n차 **정방행렬**square matrix이라고 하며, 이때 행(혹은 열)의 개수를 **정방행렬의 차수**라고 한다. n차 정방행렬에서 대각선상에 위치한 성분, 즉 a_{ii} $(i = 1, 2, 3, \cdots, n)$를 **주대각 성분**main diagonal component이라고 한다. 정방행렬에는 여러 가지 특수한 성질을 갖는 행렬이 다양하게 존재하는데, 이를 정리하면 [표 2-2]와 같다.

[표 2-2] 행렬의 기호와 성질

명칭	기호	성질
대각행렬	D	$i \neq j$에 대해 $a_{ij}=0$인 행렬
단위행렬	I	$a_{ij}=1(i=1, 2, \cdots, n)$, $a_{ij}=0(i \neq j)$
스칼라행렬		$a_{ii}=c(i=1, 2, \cdots, n)$, $a_{ij}=0(i \neq j)$
전치행렬		$a_{ij}^{T}=a_{ji}(1 \leq i \leq m, 1 \leq j \leq n)$
대칭행렬		$A=A^{T}$ 혹은 $a_{ij}=a_{ji}(1 \leq i, j \leq n)$
상삼각행렬	U	$i > j$에 대해 $a_{ij}=0$
하삼각행렬	L	$j > i$에 대해 $a_{ij}=0$
띠행렬		$\lvert i-j \rvert > k$(띠 폭)이면 $a_{ij}=0$
특이행렬		$\det(A)=0$
정칙행렬		$\det(A) \neq 0$
역행렬	A^{-1}	$AA^{-1}=A^{-1}A=I$
직교행렬		$A^{-1}=A^{T}$
부울행렬		행렬의 성분이 모두 0이거나 1인 행렬

정방행렬에서 주대각 성분을 제외한 나머지 성분off-diagonal이 모두 0인 행렬을 **대각행렬**diagonal matrix이라고 한다. 대각행렬의 예는 다음과 같다.

$$\begin{pmatrix} 2 & 0 \\ 0 & 3 \end{pmatrix}, \quad \begin{pmatrix} 2 & 0 & 0 \\ 0 & 3 & 0 \\ 0 & 0 & 4 \end{pmatrix}$$

단위행렬identity matrix 또는 **항등행렬**은 주대각 성분이 모두 1이고, 주대각 성분을 제외한 나머지 성분이 모두 0인 정방행렬이다. 예를 들어 다음 행렬은 단위행렬이다.

$$\begin{pmatrix} 1 & 0 \\ 0 & 1 \end{pmatrix}, \quad \begin{pmatrix} 1 & 0 & 0 \\ 0 & 1 & 0 \\ 0 & 0 & 1 \end{pmatrix}$$

스칼라행렬scalar matrix은 주대각 성분이 모두 같은 값을 갖는 대각행렬이다. 예를 들어 다음 행렬은 스칼라행렬이다.

$$\begin{pmatrix} 3 & 0 \\ 0 & 3 \end{pmatrix}, \quad \begin{pmatrix} 5 & 0 & 0 \\ 0 & 5 & 0 \\ 0 & 0 & 5 \end{pmatrix}$$

A가 임의의 $m \times n$ 행렬일 때, A의 **전치행렬**transpose matrix은 A의 행과 열을 바꾸어서 얻은 $n \times m$ 행렬이고 A^{T}로 표기한다.

예제 2-23 전치행렬

행렬 $\mathrm{A} = \begin{pmatrix} 3 & 4 \\ 5 & 1 \end{pmatrix}$, $\mathrm{B} = \begin{pmatrix} 1 & 3 & 5 \\ 2 & 4 & 6 \end{pmatrix}$에 대해 두 행렬의 전치행렬을 구하라.

풀이

각 행렬에서 행과 열을 바꾸어 구하면 다음과 같다.

$$\mathrm{A}^{\mathrm{T}} = \begin{pmatrix} 3 & 5 \\ 4 & 1 \end{pmatrix}, \quad \mathrm{B}^{\mathrm{T}} = \begin{pmatrix} 1 & 2 \\ 3 & 4 \\ 5 & 6 \end{pmatrix}$$

자신과 자신의 전치행렬이 똑같은 정방행렬을 **대칭행렬**symmetric matrix이라 한다. 즉 행렬 A가 대칭행렬이면 $\mathrm{A} = \mathrm{A}^{\mathrm{T}}$를 만족한다.

예제 2-24 대칭행렬

행렬 $A=\begin{pmatrix}1&2\\2&4\end{pmatrix}$, $B=\begin{pmatrix}1&2&3\\2&4&5\\3&5&6\end{pmatrix}$이 대칭행렬인지 아닌지 판단하라.

풀이

대칭행렬인지 알아보기 위해, 먼저 각 행렬에서 행과 열을 바꾸어 전치행렬을 구한다.

$$A^{T}=\begin{pmatrix}1&2\\2&4\end{pmatrix},\ B^{T}=\begin{pmatrix}1&2&3\\2&4&5\\3&5&6\end{pmatrix}$$

그러면 $A=A^{T}$, $B=B^{T}$를 만족하므로, 행렬 A와 B는 모두 대칭행렬이다.

주대각 성분의 아래쪽에 있는 모든 성분이 0인 정방행렬을 **상삼각행렬** upper triangular matrix이라 한다. 또한 주대각 성분의 위쪽에 있는 모든 성분이 0인 행렬을 **하삼각행렬** lower triangular matrix이라 한다. 상삼각행렬과 하삼각행렬을 통칭하여 **삼각행렬** triangular matrix이라고 한다. 다음 행렬은 상삼각행렬이다.

$$\begin{pmatrix}3&5\\0&4\end{pmatrix},\quad \begin{pmatrix}5&6&7\\0&8&9\\0&0&3\end{pmatrix}$$

또한 다음 행렬은 하삼각행렬이다.

$$\begin{pmatrix}3&0\\5&4\end{pmatrix},\quad \begin{pmatrix}5&0&0\\6&7&0\\8&9&3\end{pmatrix}$$

띠행렬 band matrix이란 주대각 성분과 평행한 몇 줄만 0이 아닌 성분을 갖고, 이외의 모든 성분은 0인 행렬이다. 예를 들어 다음 행렬은 주대각 성분과 평행한 몇 줄(╲으로 표기)만 0이 아닌 성분을 갖는 띠행렬이다.

$$\begin{pmatrix}5&4&0\\6&7&2\\0&9&3\end{pmatrix},\quad \begin{pmatrix}1&2&5&0&0&0&0&0\\3&4&7&8&0&0&0&0\\9&1&4&5&6&0&0&0\\0&3&4&6&5&7&0&0\\0&0&1&7&5&4&8&0\\0&0&0&2&8&6&3&9\\0&0&0&0&3&9&8&2\\0&0&0&0&0&4&1&7\end{pmatrix}$$

특이행렬singular matrix A란 역행렬이 존재하지 않는 행렬로, $\det(A)=0$인 행렬이다. 다음 행렬 A는 $\det(A)=0$을 만족하므로 특이행렬이다.

$$A=\begin{pmatrix}1&4&0\\2&5&0\\3&6&0\end{pmatrix}$$

정칙행렬non-singular matrix A란 역행렬이 존재하는 행렬로 $\det(A)\neq 0$인 행렬이다. 다음 행렬 A는 $\det(A)\neq 0$이므로 정칙행렬이다.

$$A=\begin{pmatrix}1&3\\2&4\end{pmatrix}$$

이제 역행렬에 대해 알아보자. 정방행렬 A에 대해 $AB=BA=I$를 만족하는 정방행렬 B가 존재할 때 A는 **가역**invertible이라 하고, B를 A의 **역행렬**inverse matrix이라 하며 A^{-1}로 표기한다. 가역이란 역행렬이 존재한다는 의미이다.

예제 2-25 역행렬

행렬 $B=\begin{pmatrix}4&-7\\-1&2\end{pmatrix}$가 행렬 $A=\begin{pmatrix}2&7\\1&4\end{pmatrix}$의 역행렬임을 보여라.

풀이

$AB=BA=I$임을 보이면 된다.

$$\begin{aligned}AB&=\begin{pmatrix}2&7\\1&4\end{pmatrix}\begin{pmatrix}4&-7\\-1&2\end{pmatrix}\\&=\begin{pmatrix}2\times4+7\times(-1)&2\times(-7)+7\times2\\1\times4+4\times(-1)&1\times(-7)+4\times2\end{pmatrix}\\&=\begin{pmatrix}1&0\\0&1\end{pmatrix}=I\end{aligned}$$

$$\begin{aligned}BA&=\begin{pmatrix}4&-7\\-1&2\end{pmatrix}\begin{pmatrix}2&7\\1&4\end{pmatrix}\\&=\begin{pmatrix}4\times2+(-7)\times1&4\times7+(-7)\times4\\(-1)\times2+2\times1&(-1)\times7+2\times4\end{pmatrix}\\&=\begin{pmatrix}1&0\\0&1\end{pmatrix}=I\end{aligned}$$

그러므로 행렬 B는 행렬 A의 역행렬이다.

2차 정방행렬의 역행렬은 [정리 2-5]와 같이 간단히 구할 수 있다.

정리 2-5 2차 정방행렬의 역행렬

2차 정방행렬 $\mathrm{A}=\begin{pmatrix} a & b \\ c & d \end{pmatrix}$에 대해 $\det(\mathrm{A})=ad-bc\neq 0$이면 가역이고, A의 역행렬은 다음과 같다.

$$\mathrm{A}^{-1}=\frac{1}{ad-bc}\begin{pmatrix} d & -b \\ -c & a \end{pmatrix}$$

증명 생략

예제 2-26 2차 정방행렬의 역행렬

[정리 2-5]를 이용해 [예제 2-25]의 행렬 $\mathrm{A}=\begin{pmatrix} 2 & 7 \\ 1 & 4 \end{pmatrix}$의 역행렬을 구하라.

풀이

$\mathrm{A}^{-1}=\frac{1}{ad-bc}\begin{pmatrix} d & -b \\ -c & a \end{pmatrix}$이므로 다음과 같다.

$$\mathrm{A}^{-1}=\frac{1}{2\times 4-7\times 1}\begin{pmatrix} 4 & -7 \\ -1 & 2 \end{pmatrix}=\begin{pmatrix} 4 & -7 \\ -1 & 2 \end{pmatrix}=\mathrm{B}$$

이 결과는 [예제 2-25]의 결과와 같다.

연립방정식의 일반해를 구하는 것과 역행렬을 구하는 것에 대한 내용은 2.5절에서 좀 더 자세하게 다룬다.

직교행렬 orthogonal matrix이란 $\mathrm{A}^{-1}=\mathrm{A}^{\mathrm{T}}$를 만족하는 행렬이다.

예제 2-27 직교행렬

행렬 $\mathrm{A}=\begin{pmatrix} 2 & 1 \\ 3 & 2 \end{pmatrix}$가 직교행렬인지 확인하라.

풀이

직교행렬은 $\mathrm{A}^{-1}=\mathrm{A}^{\mathrm{T}}$를 만족하므로 우선 전치행렬부터 구해보자. 전치행렬은 행과 열을 바꾸면 되므로 A의 전치행렬 A^{T}는 다음과 같다.

$$\mathrm{A}^{\mathrm{T}}=\begin{pmatrix} 2 & 3 \\ 1 & 2 \end{pmatrix}$$

[정리 2-5]를 이용해 A의 역행렬을 구하면 다음과 같다.

$$\begin{aligned}\mathrm{A}^{-1} &= \frac{1}{ad-bc}\begin{pmatrix} d & -b \\ -c & a \end{pmatrix} \\ &= \frac{1}{2\times 2-1\times 3}\begin{pmatrix} 2 & -1 \\ -3 & 2 \end{pmatrix} = \begin{pmatrix} 2 & -1 \\ -3 & 2 \end{pmatrix}\end{aligned}$$

그러면 $\mathrm{A}^{-1} \neq \mathrm{A}^{\mathrm{T}}$이므로 A는 직교행렬이 아니다.

부울행렬Boolean matrix은 행렬의 성분이 0이거나 1인 $m\times n$ 행렬이다. 부울행렬의 연산과 부울 연산은 다르다. 부울 연산은 논리 연산으로 3장에서 자세히 다룬다. 부울행렬에서 사용하는 연산자는 접합, 교합, 부울곱의 세 가지이다.

정의 2-11 접합, 교합, 부울곱

$\mathrm{A} = (a_{ij})$와 $\mathrm{B} = (b_{ij})$를 $m\times n$ 부울행렬이라고 하자.

(1) $\mathrm{A} \vee \mathrm{B} = \mathrm{C} = (c_{ij})$

A와 B의 **접합**join이라고 하며 다음과 같이 정의한다.

$$(c_{ij}) = \begin{cases} 1, & a_{ij} = 1 \text{ 혹은 } b_{ij} = 1\text{인 경우} \\ 0, & a_{ij}\text{와 } b_{ij}\text{가 모두 0인 경우} \end{cases}$$

(2) $\mathrm{A} \wedge \mathrm{B} = \mathrm{D} = (d_{ij})$

A와 B의 **교합**meet이라고 하며 다음과 같이 정의한다.

$$(d_{ij}) = \begin{cases} 1, & a_{ij}\text{와 } b_{ij}\text{가 모두 1인 경우} \\ 0, & a_{ij} = 0 \text{ 혹은 } b_{ij} = 0\text{인 경우} \end{cases}$$

(3) $\mathrm{E} \odot \mathrm{F} = \mathrm{G} = (g_{ij})$

E와 F의 **부울곱**Boolean product이라고 한다. 행렬 $\mathrm{E} = (e_{ik})$가 $m\times p$ 부울행렬이고 $\mathrm{F} = (f_{kj})$가 $p\times n$ 부울행렬이면 E와 F의 부울곱은 $m\times n$ 부울행렬이 되고, 다음과 같이 정의한다.

$$(g_{ij}) = \begin{cases} 1, & \text{어떤 } k(1 \leq k \leq p)\text{에 대해 } a_{ik} = 1,\ b_{kj} = 1\text{인 경우} \\ 0, & \text{그 외의 경우} \end{cases}$$

여기서 주의할 점은 접합과 교합 연산은 두 행렬 A와 B의 크기가 같은 경우에만 연산할 수 있고, 부울곱은 행렬의 곱과 같이 행렬 A의 열의 크기와 행렬 B의 행의 크기가 같은 경우에만 연산할 수 있다는 것이다.

예제 2-28 부울행렬의 연산

$A=\begin{pmatrix}1&0&1\\0&1&1\\1&1&0\\0&0&0\end{pmatrix}$, $B=\begin{pmatrix}1&1&0\\1&0&1\\0&0&1\\1&1&0\end{pmatrix}$, $C=\begin{pmatrix}1&0&0\\0&1&1\\1&0&1\end{pmatrix}$일 때, 다음을 구하라.

(a) $A\vee B$　　(b) $A\wedge B$　　(c) $B\odot C$

풀이

(a)
$$A\vee B=\begin{pmatrix}1&0&1\\0&1&1\\1&1&0\\0&0&0\end{pmatrix}\vee\begin{pmatrix}1&1&0\\1&0&1\\0&0&1\\1&1&0\end{pmatrix}$$
$$=\begin{pmatrix}1\vee1&0\vee1&1\vee0\\0\vee1&1\vee0&1\vee1\\1\vee0&1\vee0&0\vee1\\0\vee1&0\vee1&0\vee0\end{pmatrix}=\begin{pmatrix}1&1&1\\1&1&1\\1&1&1\\1&1&0\end{pmatrix}$$

(b)
$$A\wedge B=\begin{pmatrix}1&0&1\\0&1&1\\1&1&0\\0&0&0\end{pmatrix}\wedge\begin{pmatrix}1&1&0\\1&0&1\\0&0&1\\1&1&0\end{pmatrix}$$
$$=\begin{pmatrix}1\wedge1&0\wedge1&1\wedge0\\0\wedge1&1\wedge0&1\wedge1\\1\wedge0&1\wedge0&0\wedge1\\0\wedge1&0\wedge1&0\wedge0\end{pmatrix}=\begin{pmatrix}1&0&0\\0&0&1\\0&0&0\\0&0&0\end{pmatrix}$$

(c)
$$B\odot C=\begin{pmatrix}1&1&0\\1&0&1\\0&0&1\\1&1&0\end{pmatrix}\odot\begin{pmatrix}1&0&0\\0&1&1\\1&0&1\end{pmatrix}$$
$$=\begin{pmatrix}(1\wedge1)\vee(1\wedge0)\vee(0\wedge1)&(1\wedge0)\vee(1\wedge1)\vee(0\wedge0)&(1\wedge0)\vee(1\wedge1)\vee(0\wedge1)\\(1\wedge1)\vee(0\wedge0)\vee(1\wedge1)&(1\wedge0)\vee(0\wedge1)\vee(1\wedge0)&(1\wedge0)\vee(0\wedge1)\vee(1\wedge1)\\(0\wedge1)\vee(0\wedge0)\vee(1\wedge1)&(0\wedge0)\vee(0\wedge1)\vee(1\wedge0)&(0\wedge0)\vee(0\wedge1)\vee(1\wedge1)\\(1\wedge1)\vee(1\wedge0)\vee(0\wedge1)&(1\wedge0)\vee(1\wedge1)\vee(0\wedge0)&(1\wedge0)\vee(1\wedge1)\vee(0\wedge1)\end{pmatrix}$$
$$=\begin{pmatrix}1\vee0\vee0&0\vee1\vee0&0\vee1\vee0\\1\vee0\vee1&0\vee0\vee0&0\vee0\vee1\\0\vee0\vee1&0\vee0\vee0&0\vee0\vee1\\1\vee0\vee0&0\vee1\vee0&0\vee1\vee0\end{pmatrix}=\begin{pmatrix}1&1&1\\1&0&1\\1&0&1\\1&1&1\end{pmatrix}$$

부울행렬의 연산자 접합, 교합, 부울곱에 관한 성질을 알아보자.

정리 2-6 부울행렬의 성질

A, B, C가 부울행렬일 때 다음 성질이 성립한다.

(1) $A \vee B = B \vee A$, $A \wedge B = B \wedge A$ **교환법칙**

(2) $(A \vee B) \vee C = A \vee (B \vee C)$ **결합법칙**

$(A \wedge B) \wedge C = A \wedge (B \wedge C)$

(3) $A \wedge (B \vee C) = (A \wedge B) \vee (A \wedge C)$ **분배법칙**

$A \vee (B \wedge C) = (A \vee B) \wedge (A \vee C)$

(4) $A \odot (B \odot C) = (A \odot B) \odot C$ **결합법칙**

증명 생략

부울행렬에서도 부울곱에 대한 교환법칙은 일반 행렬의 곱과 같이 성립하지 않는다. 다음으로 정방행렬에 고유한 수치를 대응시키는 행렬식에 대해 알아보자.

정의 2-12 행렬식

행렬 A의 **행렬식**determinant이란 정방행렬 A에 고유한 수치를 대응시키는 것을 말하며, A의 행렬식을 $|A|$ 또는 $\det(A)$로 표기한다. 2×2 행렬의 행렬식은 다음과 같이 정의한다.

$$\det\begin{pmatrix} a_{11} & a_{12} \\ a_{21} & a_{22} \end{pmatrix} = a_{11}a_{22} - a_{12}a_{21}$$

행렬과 행렬식은 전혀 다른 개념이므로 확실하게 구분해야 한다. 또한 표기도 명확하게 구분해야 한다.

예제 2-29 행렬식 계산

행렬 $\begin{pmatrix} 2 & 3 \\ 4 & 7 \end{pmatrix}$의 행렬식을 구하라.

풀이

[정의 2-12]를 이용해 행렬식을 구하면 다음과 같다.

$$\det\begin{pmatrix} 2 & 3 \\ 4 & 7 \end{pmatrix} = 2 \times 7 - 3 \times 4 = 2$$

행렬식에 대해 조금 더 알아보자. 일반적인 행렬의 행렬식은 **사루스 법칙**rule of Sarrus으로 구할 수 있다. 사루스 법칙으로 3×3 행렬의 행렬식을 구하면 다음과 같다.

$$\begin{vmatrix} a_{11} & a_{12} & a_{13} \\ a_{21} & a_{22} & a_{23} \\ a_{31} & a_{32} & a_{33} \end{vmatrix}$$
$$= a_{11}a_{22}a_{33} + a_{12}a_{23}a_{31} + a_{13}a_{21}a_{32} - a_{13}a_{22}a_{31} - a_{12}a_{21}a_{33} - a_{11}a_{23}a_{32}$$

행렬식의 계산을 그림으로 표현하면 다음과 같다.

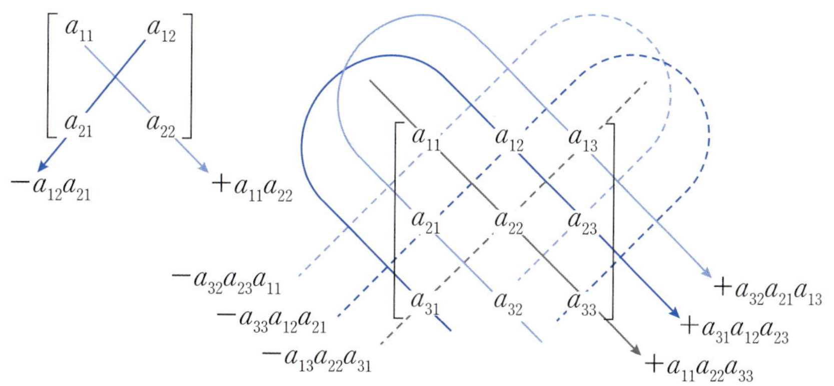

[그림 2-3] **행렬식 계산의 그림 표현**

예제 2-30 사루스 법칙을 이용한 행렬식 계산

행렬 $\begin{pmatrix} 5 & 2 & 0 \\ 3 & 7 & 2 \\ 0 & 1 & 3 \end{pmatrix}$의 행렬식을 구하라.

풀이

사루스 법칙을 이용하면 다음과 같이 구할 수 있다.

$$\det\begin{pmatrix} 5 & 2 & 0 \\ 3 & 7 & 2 \\ 0 & 1 & 3 \end{pmatrix} = 5\times7\times3 + 2\times2\times0 + 0\times3\times1 - 0\times7\times0 - 2\times3\times3 - 5\times2\times1$$
$$= 105 + 0 + 0 - 0 - 18 - 10 = 77$$

여기서 행렬식에 관한 몇 가지 성질을 살펴보자.

- 행렬 $\mathbf{A}$의 각 성분의 행과 열이 바뀌어도 $\det(\mathbf{A})$는 변하지 않는다.

$$\begin{vmatrix} a & b \\ c & d \end{vmatrix} = \begin{vmatrix} a & c \\ b & d \end{vmatrix} = ad - bc$$

- 행렬식에서 두 개의 행이나 열을 서로 바꾸면 부호만 변한다.

$$\begin{vmatrix} a & b & c \\ d & e & f \\ g & h & i \end{vmatrix} = -\begin{vmatrix} d & e & f \\ a & b & c \\ g & h & i \end{vmatrix}$$

- 행렬 A가 서로 비례하는 두 개의 행 또는 열을 갖는 정방행렬이면 $\det(\mathrm{A})=0$이다.

$$\begin{vmatrix} a & b & c \\ 2a & 2b & 2c \\ d & e & f \end{vmatrix} = (2abf+2bcd+2ace)-(2bcd+2abf+2ace)=0$$

- 행렬식에서 특정 행이나 열의 각 성분이 두 수의 합일 때, 두 행렬식의 합으로 나눌 수 있다.

$$\begin{vmatrix} a & b & c \\ d+j & e+k & f+l \\ g & h & i \end{vmatrix} = \begin{vmatrix} a & b & c \\ d & e & f \\ g & h & i \end{vmatrix} + \begin{vmatrix} a & b & c \\ j & k & l \\ g & h & i \end{vmatrix}$$

간단한 행렬의 행렬식은 사루스 법칙을 이용해 손으로 쉽게 계산할 수 있지만, 행렬의 크기가 크면 손으로 계산하기 어렵다. 그래서 행렬의 크기가 큰 행렬의 행렬식은 프로그램화하여 컴퓨터로 계산할 수 있다. 이 경우에 사루스 법칙을 이용해 컴퓨터로 행렬식을 계산할 수는 있지만, 2×2 행렬부터 3×3 행렬, 4×4 행렬 등 모든 크기의 행렬에 대한 사루스 법칙을 함수로 만들어야 계산할 수 있다. 결국 사루스 법칙을 함수로 만들어서 컴퓨터로 행렬식을 계산하기는 어렵다. 이러한 문제점을 해결하기 위해 소행렬식과 여인수를 이용해 행렬식을 계산하는 방법을 설명한다.

먼저 소행렬과 소행렬식의 개념을 설명하고, 여인수의 개념과 여인수 전개를 이용한 행렬식 계산에 대해 알아본다.

정의 2-13 소행렬

n차 정방행렬 A의 **소행렬**minor matrix M_{ij}는 행렬 A에서 i행과 j열을 제거해서 만든 $(n-1)$차 정방행렬이다.

예제 2-31 소행렬 계산

3차 정방행렬 A가 다음과 같을 때, A의 소행렬 M_{13}와 M_{22}를 구하라.

$$\mathrm{A}=\begin{pmatrix} 1 & 2 & 3 \\ 8 & 6 & 4 \\ 7 & 5 & 9 \end{pmatrix}$$

풀이

행렬 $\mathbf{A}$에서 1행과 3열을 제거해서 만든 소행렬 $\mathbf{M}_{13}$는 다음과 같다.

$$\mathbf{M}_{13} = \begin{pmatrix} 8 & 6 \\ 7 & 5 \end{pmatrix}$$

마찬가지로 행렬 $\mathbf{A}$에서 2행과 2열을 제거해서 만든 소행렬 $\mathbf{M}_{22}$는 다음과 같다.

$$\mathbf{M}_{22} = \begin{pmatrix} 1 & 3 \\ 7 & 9 \end{pmatrix}$$

정의 2-14 소행렬식

n차 정방행렬 $\mathbf{A}$의 **소행렬식**minor $\det(\mathbf{M}_{ij})$는 행렬 $\mathbf{A}$에서 i행과 j열을 제거해서 만든 소행렬 $\mathbf{M}_{ij}$의 행렬식이다.

예제 2-32 소행렬식 계산

[예제 2-31]의 3차 정방행렬 $\mathbf{A}$에 대해, $\mathbf{A}$의 소행렬식 $\det(\mathbf{M}_{13})$와 $\det(\mathbf{M}_{22})$를 구하라.

풀이

행렬 $\mathbf{A}$에서 1행과 3열을 제거해서 만든 소행렬 $\mathbf{M}_{13}$의 소행렬식 $\det(\mathbf{M}_{13})$는 다음과 같다.

$$\det(\mathbf{M}_{13}) = \det\begin{pmatrix} 8 & 6 \\ 7 & 5 \end{pmatrix} = -2$$

마찬가지로 행렬 $\mathbf{A}$에서 2행과 2열을 제거해서 만든 소행렬 $\mathbf{M}_{22}$의 소행렬식 $\det(\mathbf{M}_{22})$는 다음과 같다.

$$\det(\mathbf{M}_{22}) = \det\begin{pmatrix} 1 & 3 \\ 7 & 9 \end{pmatrix} = -12$$

정의 2-15 여인수

n차 정방행렬 $\mathbf{A}$에서 성분 a_{ij}에 대한 **여인수**cofactor는 그 성분의 소행렬식에 부호를 붙인 값을 말한다. 즉 a_{ij}에 대한 여인수는 $A_{ij} = (-1)^{i+j}\det(\mathbf{M}_{ij})$이다. 부호는 다음과 같이 붙인다.

$$\begin{vmatrix} + & - & + & \cdots \\ - & + & - & \cdots \\ + & - & + & \cdots \\ \vdots & \vdots & \vdots & \end{vmatrix}$$

예제 2-33 **여인수 계산**

[예제 2-31]의 3차 정방행렬 A에 대해, A의 1행 3열 성분 a_{13}에 대한 여인수를 구하라.

풀이

$A_{13} = (-1)^{1+3}\det(\mathbf{M}_{13}) = \det\begin{pmatrix} 8 & 6 \\ 7 & 5 \end{pmatrix} = -2$

3×3 이상의 행렬에 대한 행렬식은 **여인수 전개**cofactor expansion를 통해 구한다. 여인수 전개는 소행렬식과 여인수를 이용해 계산한다.

정의 2-16 **여인수 전개를 이용한 행렬식 계산**

여인수 전개를 이용한 행렬식 계산은 어떤 행이나 어떤 열을 기준으로 해서 전개할 수 있다. 먼저 i행에 대해 여인수 전개하면 행렬 A의 행렬식은 다음과 같다.

$$\det(\mathbf{A}) = a_{i1}A_{i1} + a_{i2}A_{i2} + \cdots + a_{in}A_{in}$$

같은 방법으로 j열에 대해 여인수 전개하면 행렬 A의 행렬식은 다음과 같다.

$$\det(\mathbf{A}) = a_{1i}A_{1j} + a_{2j}A_{2j} + \cdots + a_{nj}A_{nj}$$

예제 2-34 **여인수 전개를 이용한 행렬식 계산**

다음 행렬 A의 행렬식을 여인수 전개를 이용해 계산하라.

$$\mathrm{A} = \begin{pmatrix} 1 & 2 & 3 \\ 8 & 6 & 4 \\ 7 & 5 & 9 \end{pmatrix}$$

풀이

1행을 기준으로 여인수를 전개하면 다음과 같다.

$$\begin{aligned} \det(\mathbf{A}) &= \begin{vmatrix} 1 & 2 & 3 \\ 8 & 6 & 4 \\ 7 & 5 & 9 \end{vmatrix} \\ &= 1\times\left(+\begin{vmatrix} 6 & 4 \\ 5 & 9 \end{vmatrix}\right) + 2\times\left(-\begin{vmatrix} 8 & 4 \\ 7 & 9 \end{vmatrix}\right) + 3\times\left(+\begin{vmatrix} 8 & 6 \\ 7 & 5 \end{vmatrix}\right) \\ &= 34 - 88 - 6 = -60 \end{aligned}$$

SECTION 2.5 연립일차방정식과 역행렬

이 절에서는 연립일차방정식의 해를 구하는 방법과 역행렬을 구하는 방법에 대해 설명한다. 연립방정식을 풀기 위해 도입된 개념인 행렬을 이용해 연립일차방정식의 해를 구하는 방법을 먼저 설명한다. 어떤 문제가 주어질 때 이 문제에 대한 해를 구하기 위해 문제를 수식으로 나타내면 하나 이상의 미지수unknown value를 포함하는 방정식의 형태로 표현할 수 있다. 이때 미지수의 차수가 1차이면 일차방정식 또는 선형방정식이라고 한다.

정의 2-17 일차방정식(선형방정식)

$a_1, a_2, \cdots, a_n, b$가 실수일 때, 다음과 같이 표현되는 방정식을 **일차방정식**linear equation 또는 **선형방정식**이라고 한다.

$$a_1x_1 + a_2x_2 + \cdots + a_nx_n = b$$

이때 $a_1, a_2, \cdots, a_n$은 계수, b는 상수이고 $x_1, x_2, \cdots, x_n$은 미지수이다.

일차방정식에서 미지수가 n개이면 **n원일차방정식**이라 하고, 일차방정식을 유한개 모아놓은 방정식을 연립일차방정식이라고 한다.

정의 2-18 연립일차방정식

m개의 n원일차방정식들로 구성된 방정식을 **연립일차방정식**system of linear equations이라고 한다.

$$\begin{cases} a_{11}x_1 + a_{12}x_2 + \cdots + a_{1n}x_n = b_1 \\ a_{21}x_1 + a_{22}x_2 + \cdots + a_{2n}x_n = b_2 \\ \qquad \vdots \qquad\qquad\qquad\qquad\quad \vdots \\ a_{m1}x_1 + a_{m2}x_2 + \cdots + a_{mn}x_n = b_m \end{cases}$$

예제 2-35 **연립일차방정식**

다음 방정식을 어떤 방정식이라고 하는지 설명하라.

$$\begin{cases} x_1+2x_2+3x_3=4 \\ 2x_1+4x_2+5x_3=7 \\ 3x_1+4x_2+7x_3=6 \end{cases}$$

풀이

미지수의 차수가 1차이고 미지수가 x_1, x_2, x_3으로 총 3개이므로 3원연립일차방정식이다.

연립일차방정식에 포함된 n개의 미지수 각각에 어떤 값을 대입했을 때, 각 방정식이 모두 성립한다면 그 값을 연립일차방정식의 해라고 한다. 연립방정식의 해를 구하는 방법으로 직접 해를 구하는 **가우스 소거법** Gauss elimination과 **가우스-조던 소거법** Gauss-Jordan elimination이 있고, 반복적으로 해를 구하는 **야코비 방법** Jacobi method과 **가우스-자이델 방법** Gauss-Seidel method이 있다. 여기서는 연립방정식의 해를 직접 구하는 방법만 간단하게 설명한다.

이제 행렬을 이용해 연립일차방정식의 해를 구하는 방법을 알아보기 위해 다음과 같은 연립일차방정식을 행렬로 표현해보자.

$$\begin{cases} a_{11}x_1 + a_{12}x_2 + \cdots + a_{1n}x_n = b_1 \\ a_{21}x_1 + a_{22}x_2 + \cdots + a_{2n}x_n = b_2 \\ \qquad\qquad\qquad \vdots \qquad\qquad\qquad \vdots \\ a_{m1}x_1 + a_{m2}x_2 + \cdots + a_{mn}x_n = b_m \end{cases}$$

이를 위해 행렬 $\mathbf{A}$, $\mathbf{X}$, $\mathbf{B}$를 다음과 같이 두자.

$$\mathbf{A} = \begin{pmatrix} a_{11} & a_{12} & \cdots & a_{1n} \\ a_{21} & a_{22} & \cdots & a_{2n} \\ & & \vdots & \\ a_{m1} & a_{m2} & \cdots & a_{mn} \end{pmatrix}, \quad \mathbf{X} = \begin{pmatrix} x_1 \\ x_2 \\ \vdots \\ x_n \end{pmatrix}, \quad \mathbf{B} = \begin{pmatrix} b_1 \\ b_2 \\ \vdots \\ b_m \end{pmatrix}$$

그러면 주어진 연립일차방정식은 다음과 같이 $\mathbf{AX}=\mathbf{B}$로 나타낼 수 있다.

$$\begin{pmatrix} a_{11} & a_{12} & \cdots & a_{1n} \\ a_{21} & a_{22} & \cdots & a_{2n} \\ & & \vdots & \\ a_{m1} & a_{m2} & \cdots & a_{mn} \end{pmatrix} \begin{pmatrix} x_1 \\ x_2 \\ \vdots \\ x_n \end{pmatrix} = \begin{pmatrix} b_1 \\ b_2 \\ \vdots \\ b_m \end{pmatrix}$$

이때 행렬 $\mathbf{A}$를 $m \times n$ **계수행렬** coefficient matrix, 행렬 $\mathbf{X}$를 $n \times 1$ **미지수행렬** unknown value matrix, 행렬 $\mathbf{B}$를 $m \times 1$ **상수행렬** constant matrix이라고 한다.

예제 2-36 **계수행렬, 미지수행렬, 상수행렬**

다음 연립일차방정식의 계수행렬, 미지수행렬, 상수행렬을 구하라.

$$\begin{cases} 2x_1 + 3x_2 + 5x_3 = 7 \\ 4x_1 + 5x_2 + 6x_3 = 6 \\ 8x_1 + 7x_2 + 8x_3 = 5 \end{cases}$$

풀이

주어진 연립일차방정식을 $AX = B$로 표현하면 계수행렬은 $A = \begin{pmatrix} 2 & 3 & 5 \\ 4 & 5 & 6 \\ 8 & 7 & 8 \end{pmatrix}$, 미지수행렬은 $X = \begin{pmatrix} x_1 \\ x_2 \\ x_3 \end{pmatrix}$, 상수행렬은 $B = \begin{pmatrix} 7 \\ 6 \\ 5 \end{pmatrix}$ 이다.

연립일차방정식의 해를 구할 때 주로 가감법을 이용한다. 가감법은 직접 미지수를 제거하여 해를 구하는 방법이다. 이 방법은 지금까지 연립방정식의 해를 구할 때 사용한 방법처럼 두 방정식을 서로 더하거나 빼서 미지수의 개수를 줄여가며 해를 구하는 방법이다. 즉 연립방정식에서 소거할 미지수에 대한 계수의 최소공배수를 구하고, 계수의 절댓값이 같아지도록 각 식에 적당한 수를 곱한다. 그다음 계수의 부호가 같으면 두 식을 서로 빼고, 계수의 부호가 다르면 두 식을 더해서 미지수를 제거한다. 또한 다른 방법으로 연립일차방정식을 행렬로 표현한 후 행렬을 이용해 해를 구할 수도 있다. 이 방법을 좀 더 정리한 방법이 바로 가우스 소거법과 가우스-조던 소거법이다.

다음 예제에서 가감법과 행렬을 이용한 방법으로 연립일차방정식의 해를 구해보자.

예제 2-37 **연립일차방정식의 해**

가감법과 행렬을 이용해 [예제 2-36]의 연립일차방정식의 해를 구하라.

풀이

(1) **가감법**

$$\begin{cases} 2x_1 + 3x_2 + 5x_3 = 7 & \cdots ① \\ 4x_1 + 5x_2 + 6x_3 = 6 & \cdots ② \\ 8x_1 + 7x_2 + 8x_3 = 5 & \cdots ③ \end{cases}$$

식 ①과 ②를 이용하여 미지수 x_1을 제거하기 위해 ①$\times 2 -$②를 계산하면 다음과 같다.

$$x_2 + 4x_3 = 8 \qquad \cdots ④$$

같은 방법으로 식 ①과 ③을 이용해 미지수 x_1을 제거하기 위해 ①$\times 4 -$③을 계산하면 다음과 같다.

$$5x_2 + 12x_3 = 23 \qquad \cdots ⑤$$

식 ④와 ⑤를 이용해 x_2를 제거하기 위해 ④×5−⑤를 계산하면 다음과 같다.

$$8x_3 = 7 \qquad \cdots ⑥$$

위 계산에서 나온 식을 다시 정리하면 다음과 같은 식 ①, ④, ⑥이다.

$$\begin{cases} 2x_1 + 3x_2 + 5x_3 = 7 & \cdots ① \\ \quad\quad x_2 + 4x_3 = 8 & \cdots ④ \\ \quad\quad\quad\quad 8x_3 = 17 & \cdots ⑥ \end{cases}$$

식 ⑥의 $8x_3 = 7$로부터 $x_3 = \frac{17}{8}$을 얻고, 이 결과를 식 ④에 대입하면 $x_2 + 4x_3 = 8$로부터 $x_2 = -\frac{1}{2}$을 얻는다. 마지막으로 이 결과를 식 ①에 대입하면 $2x_1 + 3x_2 + 5x_3 = 7$로부터 $x_1 = -\frac{17}{16}$을 얻는다. 이와 같이 x_3를 먼저 구하고, 이 결과를 이용해 x_2를 구한 다음, 마지막으로 x_2와 x_3를 이용해 x_1을 구하는 방법을 **후진 대입법**backward substitution이라고 한다. 이 방법은 말 그대로 아래에서 위로 올라가는 연산 과정을 통해 값을 대입하며 해를 구하는 것이다.

(2) **행렬을 이용한 방법**

주어진 연립일차방정식을 AX = B로 표현하면 계수행렬, 미지수행렬, 상수행렬은 다음과 같다.

$$A = \begin{pmatrix} 2 & 3 & 5 \\ 4 & 5 & 6 \\ 8 & 7 & 8 \end{pmatrix}, \quad X = \begin{pmatrix} x_1 \\ x_2 \\ x_3 \end{pmatrix}, \quad B = \begin{pmatrix} 7 \\ 6 \\ 5 \end{pmatrix}$$

가감법으로 미지수를 계속 제거하여 행렬 A를 상삼각행렬로 변환하고, 후진 대입법을 이용해 해를 구하는 방법이다. 이를 위해 먼저 가감법으로 행렬 A를 상삼각행렬로 변환해보자. 행렬 A의 2행 1열 성분을 0으로 만들기 위해 (1행)×2−(2행)을 계산하여 다음과 같이 새로운 2행을 만든다. 이때 주의할 점은 가감법을 적용할 때 상수행렬의 값도 함께 변환해야 한다는 것이다.

$$A = \begin{pmatrix} 2 & 3 & 5 \\ 0 & 1 & 4 \\ 8 & 7 & 8 \end{pmatrix}, \quad X = \begin{pmatrix} x_1 \\ x_2 \\ x_3 \end{pmatrix}, \quad B = \begin{pmatrix} 7 \\ 8 \\ 5 \end{pmatrix}$$

행렬 A의 3행 1열 성분을 0으로 만들기 위해 (1행)×4−(3행)을 계산하여 다음과 같이 새로운 3행을 만든다.

$$A = \begin{pmatrix} 2 & 3 & 5 \\ 0 & 1 & 4 \\ 0 & 5 & 12 \end{pmatrix}, \quad X = \begin{pmatrix} x_1 \\ x_2 \\ x_3 \end{pmatrix}, \quad B = \begin{pmatrix} 7 \\ 8 \\ 23 \end{pmatrix}$$

행렬 A의 3행 2열 성분을 0으로 만들기 위해 (2행)×5−(3행)을 계산하여 다음과 같이 새로운 3행을 만든다.

$$\mathrm{A}=\begin{pmatrix}2&3&5\\0&1&4\\0&0&8\end{pmatrix},\quad \mathrm{X}=\begin{pmatrix}x_1\\x_2\\x_3\end{pmatrix},\quad \mathrm{B}=\begin{pmatrix}7\\8\\17\end{pmatrix}$$

행렬 A가 상삼각행렬이므로 x_3를 먼저 구하고 x_3를 이용해 x_2를 구한 다음, x_3와 x_2를 이용해 x_1을 구하면 된다. 그러면 $x_3=\frac{17}{8}$, $x_2=-\frac{1}{2}$, $x_1=-\frac{17}{16}$이다. 따라서 가감법을 이용해 구한 결과와 같음을 확인할 수 있다.

행렬을 이용해 연립방정식의 해를 구하는 방법을 조금 더 정리하면 가우스 소거법 혹은 가우스-조던 소거법이 된다. 두 방법을 설명하기 위해 확대행렬을 먼저 정의해보자.

정의 2-19 확대행렬

계수행렬 A의 오른쪽에 상수행렬을 추가하여 만든 행렬을 **확대행렬**augmented matrix이라고 한다.

[정의 2−18]에 있는 연립일차방정식의 계수행렬 A와 상수행렬 B를 확대행렬로 표현하면 다음과 같다.

$$\left(\begin{array}{cccc|c}a_{11}&a_{12}&\cdots&a_{1n}&b_1\\a_{21}&a_{22}&\cdots&a_{2n}&b_2\\&&\vdots&&\vdots\\a_{m1}&a_{m2}&\cdots&a_{mn}&b_m\end{array}\right)$$

예제 2-38 연립일차방정식과 확대행렬

주어진 문항에 대해 연립일차방정식은 확대행렬로, 확대행렬은 연립일차방정식으로 표현하라.

(a) $\begin{cases}3x_2+4x_3+5x_4=6\\3x_1-4x_2+5x_3-6x_4=7\\4x_1+5x_2+7x_4=8\\5x_1+7x_3-8x_4=9\end{cases}$

(b) $\left(\begin{array}{cccc|c}1&2&3&4&5\\3&5&7&0&11\\5&6&7&8&9\\2&0&4&6&10\end{array}\right)$

풀이

(a) 계수행렬은 $\mathrm{A}=\begin{pmatrix}0&3&4&5\\3&-4&5&-6\\4&5&0&7\\5&0&7&-8\end{pmatrix}$, 미지수행렬은 $\mathrm{X}=\begin{pmatrix}x_1\\x_2\\x_3\\x_4\end{pmatrix}$, 상수행렬은 $\mathrm{B}=\begin{pmatrix}6\\7\\8\\9\end{pmatrix}$이므로

확대행렬은 $\left(\begin{array}{cccc|c} 0 & 3 & 4 & 5 & 6 \\ 3 & -4 & 5 & -6 & 7 \\ 4 & 5 & 0 & 7 & 8 \\ 5 & 0 & 7 & -8 & 9 \end{array}\right)$이다.

(b) 계수행렬은 $A=\begin{pmatrix} 1 & 2 & 3 & 4 \\ 3 & 5 & 7 & 0 \\ 5 & 6 & 7 & 8 \\ 2 & 0 & 4 & 6 \end{pmatrix}$, 미지수행렬은 $X=\begin{pmatrix} x_1 \\ x_2 \\ x_3 \\ x_4 \end{pmatrix}$, 상수행렬은 $B=\begin{pmatrix} 5 \\ 11 \\ 9 \\ 10 \end{pmatrix}$이므로

$AX=B$로 나타내면 $\begin{pmatrix} 1 & 2 & 3 & 4 \\ 3 & 5 & 7 & 0 \\ 5 & 6 & 7 & 8 \\ 2 & 0 & 4 & 6 \end{pmatrix}\begin{pmatrix} x_1 \\ x_2 \\ x_3 \\ x_4 \end{pmatrix}=\begin{pmatrix} 5 \\ 11 \\ 9 \\ 10 \end{pmatrix}$이다. 이 식을 연립일차방정식으로 표현하면 다음과 같다.

$$\begin{cases} x_1+2x_2+3x_3+4x_4=5 \\ 3x_1+5x_2+7x_3 \qquad\quad =11 \\ 5x_1+6x_2+7x_3+8x_4=9 \\ 2x_1 \qquad\quad +4x_3+6x_4=10 \end{cases}$$

이제 연립일차방정식의 해를 구하는 방법 중 가우스 소거법과 가우스-조던 소거법에 대해 살펴보자. 가우스 소거법은 정방행렬을 가우스 행렬로 변환하고, 가우스 행렬에 후진 대입법을 적용하여 연립방정식의 해를 구하는 방법이다. 가우스-조던 소거법은 가우스 소거법을 좀 더 개선한 방법으로, 확대행렬과 행 연산을 이용하여 역행렬을 구할 때도 사용된다. 가우스 소거법에서 연산을 조금 더 진행하면 가우스-조던 소거법이므로 두 방법은 매우 비슷하다.

가우스 소거법

먼저 가우스 행렬과 가우스 소거법의 기본 행 연산 알고리즘을 살펴보고, 가우스 소거법에 대해 설명한다.

정의 2-20 가우스 행렬

계수행렬의 주대각 성분을 모두 1로 만들면서, 주대각 성분의 아래쪽에 있는 모든 성분이 0이 되도록 하고, 주대각 성분의 위쪽에 있는 모든 성분은 계수들로 남겨놓은 형태의 확대행렬을 **가우스 행렬**Gauss matrix이라고 한다.

$$\left(\begin{array}{cccc|c} 1 & a_{12} & \cdots & a_{1n} & c_1 \\ 0 & 1 & \cdots & a_{2n} & c_2 \\ \vdots & & \vdots & \vdots & \vdots \\ 0 & 0 & \cdots & 1 & c_m \end{array}\right)$$

가우스 소거법 Gauss elimination은 주어진 연립일차방정식을 확대행렬로 만들고, [알고리즘 2-5]의 3가지 기본 행 연산을 반복해서 적용하여 가우스 행렬로 만든 다음, 후진 대입법을 적용하여 해를 구하는 방법이다.

[알고리즘 2-5] 기본 행 연산

1. 두 행을 교환한다.
2. 한 행에 0이 아닌 스칼라곱을 한다.
3. 스칼라곱을 한 행과 다른 행을 더해 성분을 0으로 만든다.

예제 2-39 가우스 소거법

가우스 소거법을 이용해 다음 연립일차방정식의 해를 구하라.

$$\begin{cases} x+2y+\ \ 3z=1 \\ x+3y+\ \ 6z=1 \\ 2x+6y+13z=5 \end{cases}$$

풀이

주어진 연립일차방정식을 확대행렬로 나타내면 다음과 같다.

$$\left(\begin{array}{ccc|c} 1 & 2 & 3 & 1 \\ 1 & 3 & 6 & 1 \\ 2 & 6 & 13 & 5 \end{array}\right)$$

이제 [알고리즘 2-5]를 적용하여 확대행렬을 가우스 행렬로 만들면 된다.

1) 우선 2행 1열 성분을 0으로 만들기 위해 (1행)×(−1)+(2행)을 계산하여 다음과 같이 새로운 2행을 만든다.

$$\left(\begin{array}{ccc|c} 1 & 2 & 3 & 1 \\ 1 & 3 & 6 & 1 \\ 2 & 6 & 13 & 5 \end{array}\right) \Rightarrow \left(\begin{array}{ccc|c} 1 & 2 & 3 & 1 \\ 0 & 1 & 3 & 0 \\ 2 & 6 & 13 & 5 \end{array}\right)$$

2) 다음으로 3행 1열 성분을 0으로 만들기 위해 (1행)×(−2)+(3행)을 계산하여 다음과 같이 새로운 3행을 만든다.

$$\left(\begin{array}{ccc|c} 1 & 2 & 3 & 1 \\ 0 & 1 & 3 & 0 \\ 2 & 6 & 13 & 5 \end{array}\right) \Rightarrow \left(\begin{array}{ccc|c} 1 & 2 & 3 & 1 \\ 0 & 1 & 3 & 0 \\ 0 & 2 & 7 & 3 \end{array}\right)$$

3) 다음으로 3행 2열 성분을 0으로 만들기 위해 (2행)×(−2)+(3행)을 계산하여 다음과 같이 새로운 3행을 만든다.

$$\left(\begin{array}{ccc|c} 1 & 2 & 3 & 1 \\ 0 & 1 & 3 & 0 \\ 0 & 2 & 7 & 3 \end{array}\right) \Rightarrow \left(\begin{array}{ccc|c} 1 & 2 & 3 & 1 \\ 0 & 1 & 3 & 0 \\ 0 & 0 & 1 & 3 \end{array}\right)$$

최종적으로 만들어진 행렬이 가우스 행렬이다. 가우스 행렬에 후진 대입법을 적용하여 미지수 x, y, z를 구할 수 있다. 이와 관련한 이해를 돕기 위해 가우스 행렬을 다시 연립일차방정식으로 나타내면 다음과 같다.

$$\begin{cases} x+2y+3z=1 \\ \quad\;\; y+3z=0 \\ \qquad\quad z=3 \end{cases}$$

이 연립일차방정식을 후진 대입법으로 풀기 위해서는 처음에 z를 구하고 z를 이용해 y를 구한 다음, y와 z를 이용해 x를 구하면 된다. 즉 $z=3$이므로 $y+3z=0$에 대입하면 $y=-9$이다. 그리고 $x+2y+3z=1$에 $z=3$과 $y=-9$를 대입하면 $x=10$이다. 그러므로 주어진 연립일차방정식의 해는 $x=10, y=-9, z=3$이다.

가우스-조던 소거법

가우스-조던 소거법 Gauss-Jordan elimination은 가우스 소거법으로 구한 가우스 행렬에 조금 더 연산을 수행하여 확대행렬 중 계수 부분을 모두 단위행렬 형태로 만들어 연립일차방정식의 해를 구하는 방법이다. 가우스-조던 소거법을 적용한 최종 확대행렬은 다음과 같은 형태이다.

$$\left(\begin{array}{cccc|c} 1 & 0 & \cdots & 0 & c_1 \\ 0 & 1 & \cdots & 0 & c_2 \\ \vdots & & \vdots & \vdots & \vdots \\ 0 & 0 & \cdots & 1 & c_m \end{array}\right)$$

이 행렬로부터 연립일차방정식의 해를 바로 구할 수 있다.

예제 2-40 가우스-조던 소거법

가우스-조던 소거법을 이용해 [예제 2-39]의 연립일차방정식의 해를 구하라.

풀이

[예제 2-39]에서 가우스 소거법을 이용해 다음 연립일차방정식에 대한 가우스 행렬까지 구했다.

$$\begin{cases} x+2y+\;\,3z=1 \\ x+3y+\;\,6z=1 \\ 2x+6y+13z=5 \end{cases}$$

가우스 행렬은 $\left(\begin{array}{ccc|c} 1 & 2 & 3 & 1 \\ 0 & 1 & 3 & 0 \\ 0 & 0 & 1 & 3 \end{array}\right)$이다. 이제 1행 2열 성분, 1행 3열 성분, 2행 3열 성분을 모두 0으로 변환하면 된다.

1) 1행 2열 성분을 0으로 만들기 위해 (2행)×(−2)+(1행)을 계산하여 다음과 같이 새로운 1행을 만든다.

$$\left(\begin{array}{ccc|c} 1 & 2 & 3 & 1 \\ 0 & 1 & 3 & 0 \\ 0 & 0 & 1 & 3 \end{array}\right) \Rightarrow \left(\begin{array}{ccc|c} 1 & 0 & -3 & 1 \\ 0 & 1 & 3 & 0 \\ 0 & 0 & 1 & 3 \end{array}\right)$$

2) 1행 3열 성분을 0으로 만들기 위해 (3행)×3+(1행)을 계산하여 다음과 같이 새로운 1행을 만든다.

$$\left(\begin{array}{ccc|c} 1 & 0 & -3 & 1 \\ 0 & 1 & 3 & 0 \\ 0 & 0 & 1 & 3 \end{array}\right) \Rightarrow \left(\begin{array}{ccc|c} 1 & 0 & 0 & 10 \\ 0 & 1 & 3 & 0 \\ 0 & 0 & 1 & 3 \end{array}\right)$$

3) 2행 3열 성분을 0으로 만들기 위해 (3행)×(−3)+(2행)을 계산하여 다음과 같이 새로운 2행을 만든다.

$$\left(\begin{array}{ccc|c} 1 & 0 & 0 & 10 \\ 0 & 1 & 3 & 0 \\ 0 & 0 & 1 & 3 \end{array}\right) \Rightarrow \left(\begin{array}{ccc|c} 1 & 0 & 0 & 10 \\ 0 & 1 & 0 & -9 \\ 0 & 0 & 1 & 3 \end{array}\right)$$

최종적으로 만들어진 확대행렬에서 계수행렬은 $\mathrm{A}=\begin{pmatrix} 1 & 0 & 0 \\ 0 & 1 & 0 \\ 0 & 0 & 1 \end{pmatrix}$, 미지수행렬은 $\mathrm{X}=\begin{pmatrix} x \\ y \\ z \end{pmatrix}$, 상수행렬은 $\mathrm{B}=\begin{pmatrix} 10 \\ -9 \\ 3 \end{pmatrix}$이므로, 이를 이용해 해를 구하면 $x=10,\ y=-9,\ z=3$이다.

이 결과는 [예제 2-39]의 가우스 소거법을 이용한 결과와 동일하다.

예제 2-41 가우스-조던 소거법

가우스-조던 소거법을 이용해 다음 연립일차방정식의 해를 구하라.

$$\begin{cases} 3x+2y-3z=1 \\ -x-5y+z=4 \\ 2x-y-4z=-3 \end{cases}$$

풀이

주어진 연립일차방정식을 확대행렬로 표현하면 다음과 같다.

$$\left(\begin{array}{ccc|c} 3 & 2 & -3 & 1 \\ -1 & -5 & 1 & 4 \\ 2 & -1 & -4 & -3 \end{array}\right)$$

가우스-조던 소거법은 주대각 성분을 제외한 나머지 성분을 모두 0으로 만든 다음, 주대각 성분을 모두 1로 만들면 된다.

1) 확대행렬의 2행 1열 성분을 0으로 만들기 위해 (1행)+(2행)×3을 계산하여 다음과 같이 새로운 2행을 만든다.

$$\left(\begin{array}{rrr|r} 3 & 2 & -3 & 1 \\ -1 & -5 & 1 & 4 \\ 2 & -1 & -4 & -3 \end{array}\right) \Rightarrow \left(\begin{array}{rrr|r} 3 & 2 & -3 & 1 \\ 0 & -13 & 0 & 13 \\ 2 & -1 & -4 & -3 \end{array}\right)$$

2) 3행 1열 성분을 0으로 만들기 위해 (1행)×2+(3행)×(−3)을 계산하여 다음과 같이 새로운 3행을 만든다.

$$\left(\begin{array}{rrr|r} 3 & 2 & -3 & 1 \\ 0 & -13 & 0 & 13 \\ 2 & -1 & -4 & -3 \end{array}\right) \Rightarrow \left(\begin{array}{rrr|r} 3 & 2 & -3 & 1 \\ 0 & -13 & 0 & 13 \\ 0 & 7 & 6 & 11 \end{array}\right)$$

3) 3행 2열 성분을 0으로 만들기 위해 (2행)×7+(3행)×13을 계산하여 다음과 같이 새로운 3행을 만든다.

$$\left(\begin{array}{rrr|r} 3 & 2 & -3 & 1 \\ 0 & -13 & 0 & 13 \\ 0 & 7 & 6 & 11 \end{array}\right) \Rightarrow \left(\begin{array}{rrr|r} 3 & 2 & -3 & 1 \\ 0 & -13 & 0 & 13 \\ 0 & 7 & 78 & 234 \end{array}\right)$$

4) 1행 2열 성분을 0으로 만들기 위해 (1행)×13+(2행)×2를 계산하여 다음과 같이 새로운 1행을 만든다.

$$\left(\begin{array}{rrr|r} 3 & 2 & -3 & 1 \\ 0 & -13 & 0 & 13 \\ 0 & 7 & 78 & 234 \end{array}\right) \Rightarrow \left(\begin{array}{rrr|r} 39 & 0 & -39 & 39 \\ 0 & -13 & 0 & 13 \\ 0 & 0 & 78 & 234 \end{array}\right)$$

5) 1행 3열 성분을 0으로 만들기 위해 (1행)×2+(3행)을 계산하여 다음과 같이 새로운 1행을 만든다.

$$\left(\begin{array}{rrr|r} 39 & 0 & -39 & 39 \\ 0 & -13 & 0 & 13 \\ 0 & 0 & 78 & 234 \end{array}\right) \Rightarrow \left(\begin{array}{rrr|r} 78 & 0 & 0 & 312 \\ 0 & -13 & 0 & 13 \\ 0 & 0 & 78 & 234 \end{array}\right)$$

6) 마지막으로 주대각 성분을 1로 만들어보자. 이는 주대각 성분의 값으로 각 행을 나누어 주면 된다.

$$\left(\begin{array}{rrr|r} 78 & 0 & 0 & 312 \\ 0 & -13 & 0 & 13 \\ 0 & 0 & 78 & 234 \end{array}\right) \Rightarrow \left(\begin{array}{rrr|r} 1 & 0 & 0 & 4 \\ 0 & 1 & 0 & -1 \\ 0 & 0 & 1 & 3 \end{array}\right)$$

최종적으로 만들어진 확대행렬에서 계수행렬은 $\mathrm{A}=\begin{pmatrix} 1 & 0 & 0 \\ 0 & 1 & 0 \\ 0 & 0 & 1 \end{pmatrix}$, 미지수행렬은 $\mathrm{X}=\begin{pmatrix} x \\ y \\ z \end{pmatrix}$, 상수행렬은 $\mathrm{B}=\begin{pmatrix} 4 \\ -1 \\ 3 \end{pmatrix}$이므로 이를 이용해 해를 구하면 $x=4, y=-1, z=3$이다.

가우스-조던 소거법을 이용한 역행렬 계산

확대행렬의 왼쪽 부분에는 주어진 행렬을, 오른쪽 부분에는 단위행렬을 놓고 확대행렬의 왼쪽 부분이 단위행렬 형태가 될 때까지 가우스-조던 소거법을 수행하면 확대행렬의 오른쪽 부분이 주어진 행렬의 역행렬이 된다. 즉 확대행렬 $(\mathbf{A} \mid \mathbf{I})$에 기본 행 연산을 적용하여 $(\mathbf{I} \mid \mathbf{A}^{-1})$의 형태로 나타내서 행렬 $\mathbf{A}$의 역행렬을 구할 수 있다. 이를 행렬 연산으로 표현하면 다음과 같다.

$$(\mathbf{A} \mid \mathbf{I}) \Rightarrow (\mathbf{A}\mathbf{A}^{-1} \mid \mathbf{I}\mathbf{A}^{-1}) \Rightarrow (\mathbf{I} \mid \mathbf{A}^{-1})$$

예제 2-42 가우스-조던 소거법을 이용한 역행렬 계산

가우스-조던 소거법을 이용해 행렬 $\mathbf{A} = \begin{pmatrix} 3 & 5 \\ 2 & 3 \end{pmatrix}$의 역행렬을 구하라.

풀이

먼저 확대행렬을 만든다.

$$\left(\begin{array}{cc|cc} 3 & 5 & 1 & 0 \\ 2 & 3 & 0 & 1 \end{array}\right)$$

1) 1행 1열 성분을 1로 만들기 위해 (1행)$\times \frac{1}{3}$을 계산하여 다음과 같이 새로운 1행을 만든다.

$$\left(\begin{array}{cc|cc} 1 & \frac{5}{3} & \frac{1}{3} & 0 \\ 2 & 3 & 0 & 1 \end{array}\right)$$

2) 2행 1열 성분을 0으로 만들기 위해 (1행)$\times(-2)+$(2행)을 계산하여 다음과 같이 새로운 2행을 만든다.

$$\left(\begin{array}{cc|cc} 1 & \frac{5}{3} & \frac{1}{3} & 0 \\ 0 & -\frac{1}{3} & -\frac{2}{3} & 1 \end{array}\right)$$

3) 2행 2열 성분을 1로 만들기 위해 (2행)$\times(-3)$을 계산하여 다음과 같이 새로운 2행을 만든다.

$$\left(\begin{array}{cc|cc} 1 & \frac{5}{3} & \frac{1}{3} & 0 \\ 0 & 1 & 2 & -3 \end{array}\right)$$

4) 1행 2열 성분을 0으로 만들기 위해 (2행)$\times\left(-\frac{5}{3}\right)$+(1행)을 계산하여 다음과 같이 새로운 1행을 만든다.

$$\left(\begin{array}{cc|cc} 1 & 0 & -3 & 5 \\ 0 & 1 & 2 & -3 \end{array}\right)$$

따라서 행렬 A의 역행렬은 $A^{-1}=\begin{pmatrix} -3 & 5 \\ 2 & -3 \end{pmatrix}$이다.

MATLAB이나 다른 패키지를 이용해 역행렬을 구하면 행렬이 작을 때는 문제가 없지만 행렬이 커지면 우리가 생각한 결과가 안 나올 수도 있다. 그 이유를 각자 생각해보자.

이번에는 2.4절에서 살펴본 식 $AB=BA=I$를 이용해 연립방정식으로 역행렬을 구해보자.

예제 2-43 연립방정식을 이용한 역행렬 계산

연립방정식을 이용해 [예제 2-42]에서 살펴본 행렬 $A=\begin{pmatrix} 3 & 5 \\ 2 & 3 \end{pmatrix}$의 역행렬을 구하라.

풀이

행렬 A의 역행렬을 A^{-1}라고 할 때 $A \cdot A^{-1}=I$이다. 그러므로 $A^{-1}=\begin{pmatrix} x & y \\ z & w \end{pmatrix}$라고 하면 다음과 같이 나타낼 수 있다.

$$\begin{pmatrix} 3 & 5 \\ 2 & 3 \end{pmatrix}\begin{pmatrix} x & y \\ z & w \end{pmatrix}=\begin{pmatrix} 1 & 0 \\ 0 & 1 \end{pmatrix}$$

위 행렬을 계산하면 다음과 같다.

$$\begin{pmatrix} 3x+5z & 3y+5w \\ 2x+3z & 2y+3w \end{pmatrix}=\begin{pmatrix} 1 & 0 \\ 0 & 1 \end{pmatrix}$$

이 식을 연립방정식 형태로 표현하면 다음과 같다.

$$\begin{cases} 3x+5z=1 \\ 3y+5w=0 \\ 2x+3z=0 \\ 2y+3w=1 \end{cases}$$

이 연립방정식을 만족하는 x, y, z, w를 구하면 역행렬 A^{-1}를 구할 수 있다. 연립방정식의 해를 직접 구해보면 $x=-3$, $y=5$, $z=2$, $w=-3$이므로 구하고자 하는 역행렬은 다음과 같다.

$$A^{-1}=\begin{pmatrix} -3 & 5 \\ 2 & -3 \end{pmatrix}$$

이 결과는 [예제 2-42]에서 구한 결과와 같다.

CHAPTER

02 연습문제

Section 2.1

1. 다음 중 자연수가 아닌 것은 무엇인가?

① 0　　② 1　　③ 2　　④ 3

2. 다음 중 무리수는 무엇인가?

① $\sqrt{2}$　　② $\frac{1}{3}$　　③ $\frac{1}{7}$　　④ 2.5

Section 2.2

3. 자연수에 대한 공리의 설명으로 옳지 않은 것은 무엇인가?

① 1은 자연수이다.
② 1은 어떠한 자연수의 successor가 된다.
③ 만일 $\mathrm{Succ}(x)=\mathrm{Succ}(y)$라면 $x=y$이다.
④ 각각의 자연수는 오직 하나의 successor만을 갖는다.

4. 정렬순서의 원리에 대한 설명으로 옳은 것은 무엇인가?

① 자연수는 덧셈에 대해 닫혀있는 것을 말한다.
② 자연수는 곱셈에 대해 닫혀있는 것을 말한다.
③ 자연수는 덧셈과 곱셈에 대해 닫혀있는 것을 말한다.
④ 공집합이 아닌 자연수의 모든 부분집합은 하나의 최소 원소를 갖는 것을 말한다.

Section 2.3

5. 다음 중 소수는 무엇인가?

① 241　　② 671　　③ 1111　　④ 54321

6. 다음의 수가 소수인지 판정하라.

(a) 29　　(b) 337　　(c) 667

7. 에라토스테네스의 체를 이용해 100보다 작은 소수를 모두 구하라.

8. 다음 중 두 수 16과 28의 최대공약수는 무엇인가?

① 1 ② 2 ③ 4 ④ 8

9. [알고리즘 2-4]를 이용해 다음 두 수의 최대공약수를 구하라.

(a) 382, 24 (b) 1922, 2018

Section 2.4

10. $A=\begin{pmatrix} a-b & c-d \\ c & 8 \end{pmatrix}$, $B=\begin{pmatrix} 4 & 6 \\ a-d & a+b \end{pmatrix}$일 때, A=B가 되기 위한 a, b, c, d를 구하라.

① $a=6$, $b=2$, $c=6$, $d=0$

② $a=8$, $b=4$, $c=2$, $d=6$

③ $a=4$, $b=0$, $c=2$, $d=6$

④ $a=6$, $b=4$, $c=6$, $d=0$

11. 행렬 A, B, C, **0**(영행렬)에 관한 내용 중 옳지 않은 것은 무엇인가?

① $A+\mathbf{0}=A$ ② $\mathbf{0}+A=\mathbf{0}$

③ $A+B=B+A$ ④ $(A+B)+C=A+(B+C)$

12. 행렬 A, B, C에 관한 내용 중 옳지 않은 것은 무엇인가?

① $A\cdot B=B\cdot A$ ② $(A+B)\cdot C=A\cdot C+B\cdot C$

③ $A\cdot(B\cdot C)=(A\cdot B)\cdot C$ ④ $A\cdot(B+C)=A\cdot B+A\cdot C$

13. 행렬 $A=\begin{pmatrix} 1 & 2 & 3 \\ 4 & 5 & 6 \\ 7 & 8 & 9 \end{pmatrix}$의 전치행렬은 무엇인가?

① $\begin{pmatrix} 1 & 4 & 7 \\ 2 & 5 & 8 \\ 3 & 6 & 9 \end{pmatrix}$ ② $\begin{pmatrix} 4 & 5 & 6 \\ 1 & 2 & 3 \\ 7 & 8 & 9 \end{pmatrix}$ ③ $\begin{pmatrix} 1 & 5 & 8 \\ 2 & 4 & 7 \\ 3 & 6 & 9 \end{pmatrix}$ ④ $\begin{pmatrix} 2 & 1 & 3 \\ 5 & 4 & 6 \\ 7 & 8 & 9 \end{pmatrix}$

14. $ad-bc\neq 0$일 때, 행렬 $A=\begin{pmatrix} a & b \\ c & d \end{pmatrix}$의 역행렬은 무엇인가?

① $\begin{pmatrix} a & c \\ b & d \end{pmatrix}$ ② $\begin{pmatrix} d & -b \\ -c & a \end{pmatrix}$

③ $\dfrac{1}{bc-ad}\begin{pmatrix} a & b \\ c & d \end{pmatrix}$ ④ $\dfrac{1}{ad-bc}\begin{pmatrix} d & -b \\ -c & a \end{pmatrix}$

15. 행렬 $A=\begin{pmatrix} \cos x & \sin x \\ -\sin x & \cos x \end{pmatrix}$의 역행렬은 무엇인가?

① A^T ② **0**(영행렬) ③ I(단위행렬) ④ A

16. 다음 행렬에 관한 설명 중 옳지 않은 것은 무엇인가?

① 특이행렬은 $\det|\mathrm{A}|=0$인 행렬이다.
② 띠행렬은 $|i-j|\geq \ell$이면 $a_{ij}=0$인 행렬이다.
③ 상삼각행렬은 $i>j$에 대해 $a_{ij}=0$인 행렬이다.
④ 역행렬은 $\mathrm{A}\cdot\mathrm{A}^{-1}=\mathrm{A}^{\mathrm{T}}\cdot\mathrm{A}=\mathrm{I}$를 만족하는 행렬이다.

17. 다음 행렬에 대한 설명 중 옳지 않은 것은 무엇인가?

① 직교행렬은 $\mathrm{A}=\mathrm{A}^{\mathrm{T}}$인 행렬이다.
② 대각행렬은 $i\neq j$에 대해 $a_{ij}=0$인 행렬이다.
③ 대칭행렬은 $a_{ij}=a_{ji}(1\leq i,\ j\leq n)$인 행렬이다.
④ 단위행렬은 $a_{ii}=1(i=1,\ 2,\ \cdots,\ n)$이고 $a_{ij}=0(i\neq j)$인 행렬이다.

18. 행렬 $\begin{pmatrix}1&2&3\\0&4&5\\0&0&6\end{pmatrix}$은 다음 중 어떤 행렬인가?

① 직교행렬 ② 상삼각행렬 ③ 전치행렬 ④ 띠행렬

19. 다음 행렬식에 관한 성질 중 옳지 않은 것은 무엇인가?

① 두 행이나 열을 서로 바꾸면 부호만 변한다.
② 두 행이 같거나 비례하면 행렬식의 값은 0이다.
③ 각 원소의 행과 열을 바꾸어도 행렬식의 값은 변하지 않는다.
④ 임의의 정방행렬의 행렬식과 그 정방행렬의 전치행렬의 행렬식은 서로 다르다.

20. 부울행렬에 관한 설명 중 옳지 않은 것은 무엇인가?

① $\mathrm{A}\vee\mathrm{B}=\mathrm{B}\vee\mathrm{A}$
② $\mathrm{A}\wedge\mathrm{B}=\mathrm{B}\wedge\mathrm{A}$
③ $\mathrm{A}\vee(\mathrm{B}\vee\mathrm{C})=(\mathrm{A}\vee\mathrm{B})\vee\mathrm{C}$
④ $\mathrm{A}\vee(\mathrm{B}\wedge\mathrm{C})\neq(\mathrm{A}\vee\mathrm{B})\wedge(\mathrm{A}\vee\mathrm{C})$

21. 행렬 $\mathrm{A}=\begin{pmatrix}1&1&1\\0&1&1\\0&0&1\end{pmatrix}$이 부울행렬일 때, $\mathrm{A}\wedge\mathrm{A}^2$은 무엇인가?

① $\begin{pmatrix}1&1&1\\0&1&1\\0&0&1\end{pmatrix}$ ② $\begin{pmatrix}1&0&1\\0&1&1\\0&0&1\end{pmatrix}$ ③ $\begin{pmatrix}1&0&1\\0&1&0\\1&0&1\end{pmatrix}$ ④ $\begin{pmatrix}1&1&1\\1&1&1\\1&0&1\end{pmatrix}$

22. 다음 중 행렬식 $\begin{vmatrix}2&7&4\\0&5&1\\1&0&3\end{vmatrix}$의 값은 무엇인가?

① -8 ② 7 ③ 17 ④ 18

23. 행렬식 $\begin{vmatrix} a_{11} & a_{12} & a_{13} \\ a_{21} & a_{22} & a_{23} \\ a_{31} & a_{32} & a_{33} \end{vmatrix}$에서 성분 a_{21}의 소행렬식은 무엇인가?

① $\begin{vmatrix} a_{12} & a_{13} \\ a_{32} & a_{33} \end{vmatrix}$ ② $\begin{vmatrix} a_{22} & a_{23} \\ a_{32} & a_{33} \end{vmatrix}$ ③ $\begin{vmatrix} a_{12} & a_{13} \\ a_{22} & a_{23} \end{vmatrix}$ ④ $\begin{vmatrix} a_{11} & a_{12} \\ a_{31} & a_{32} \end{vmatrix}$

24. 다음 행렬에 대해 주어진 계산이 가능한지 판단하고, 가능하다면 값을 구하라.

$$A=\begin{pmatrix} 2 & 1 & 3 \\ 4 & 1 & -2 \end{pmatrix} \quad B=\begin{pmatrix} 0 & 1 \\ 1 & 2 \\ 2 & 3 \end{pmatrix} \quad C=\begin{pmatrix} 1 & -2 & 3 \\ 4 & 2 & 5 \\ 3 & 1 & 2 \end{pmatrix}$$

$$D=\begin{pmatrix} -3 & 2 \\ 4 & 1 \end{pmatrix} \quad E=\begin{pmatrix} 3 & 2 & -1 \\ 5 & 4 & -3 \\ 0 & 1 & 2 \end{pmatrix} \quad F=\begin{pmatrix} -2 & 3 \\ 4 & 5 \end{pmatrix}$$

(a) $C+E$
(b) $A \cdot B$, $B \cdot A$
(c) $3D-2F$
(d) $A \cdot B+D \cdot F$
(e) $A \cdot (C+E)$, $A \cdot C+A \cdot E$
(f) $E \cdot F+2A$
(g) $(-3)(2E)$, $(-6)E$
(h) $2F+6F$, $8F$
(i) A^T, $(A^T)^T$
(j) $(C+E)^T$, C^T+E^T
(k) $(A \cdot B)^T$, $B^T \cdot A^T$
(l) $(3D+2F)^T$
(m) (B^T+C)
(n) $A^T \cdot (D+F)$
(o) $(B^T+A) \cdot C$
(p) $(D^T+E) \cdot F$

25. $A=\begin{pmatrix} a+2b & 2a-b \\ 2c+d & c-2d \end{pmatrix}$, $B=\begin{pmatrix} 4 & -2 \\ 4 & -3 \end{pmatrix}$이라 하자. $A=B$일 때 a, b, c, d를 구하라.

26. [정리 2-3], [정리 2-4], [정리 2-6]이 성립함을 보여라.

27. 행렬 A와 B가 다음과 같을 때, $A \vee B$, $A \wedge B$, $A \odot B$를 구하라.

(a) $A=\begin{pmatrix} 1 & 0 \\ 0 & 1 \end{pmatrix}$, $B=\begin{pmatrix} 1 & 1 \\ 0 & 1 \end{pmatrix}$
(b) $A=\begin{pmatrix} 1 & 0 & 0 \\ 0 & 1 & 1 \\ 1 & 0 & 0 \end{pmatrix}$, $B=\begin{pmatrix} 1 & 1 & 1 \\ 0 & 0 & 1 \\ 1 & 0 & 1 \end{pmatrix}$
(c) $A=\begin{pmatrix} 1 & 1 \\ 1 & 1 \end{pmatrix}$, $B=\begin{pmatrix} 0 & 0 \\ 0 & 0 \end{pmatrix}$
(d) $A=\begin{pmatrix} 1 & 0 & 0 \\ 0 & 0 & 1 \\ 1 & 0 & 1 \end{pmatrix}$, $B=\begin{pmatrix} 1 & 1 & 1 \\ 1 & 1 & 1 \\ 1 & 0 & 0 \end{pmatrix}$

28. $A \vee A=A$이고 $A \wedge A=A$임을 보여라.

29. 다음 행렬의 행렬식을 구하라.

(a) $\begin{pmatrix} 0 & 2 \\ 1 & 4 \end{pmatrix}$ (b) $\begin{pmatrix} 2 & 1 \\ 8 & 4 \end{pmatrix}$

(c) $\begin{pmatrix} 2 & 6 & 5 \\ 0 & 3 & 2 \\ 4 & 12 & 1 \end{pmatrix}$ (d) $\begin{pmatrix} 1 & 3 & 2 \\ 2 & 6 & 7 \\ 1 & 2 & 4 \end{pmatrix}$

Section 2.5

30. 다음 연립방정식에 대해 계수행렬, 미지수행렬, 상수행렬을 구하라.

$$\begin{cases} 5x_1 + 3x_2 + 4x_3 + 5x_4 = 6 \\ 3x_1 - 4x_2 + 5x_3 - 6x_4 = 7 \\ 4x_1 + 5x_2 - 6x_3 + 7x_4 = 8 \\ 5x_1 + 6x_2 + 7x_3 - 8x_4 = 9 \end{cases}$$

31. 가감법과 가우스 소거법을 각각 이용해 다음 연립일차방정식의 해를 구하라.

$$\begin{cases} x_1 + x_2 + x_3 = 6 \\ x_1 - x_2 + x_3 = 2 \\ 4x_1 + x_2 - x_3 = 8 \end{cases}$$

32. 가우스-조던 소거법을 이용해 [연습문제 31]에서 살펴본 연립일차방정식의 해를 구하라.

33. [정리 2-5]와 가우스-조던 소거법을 각각 이용해 행렬 $A = \begin{pmatrix} 5 & 6 \\ 3 & 4 \end{pmatrix}$의 역행렬을 구하라.

CHAPTER

02 프로그래밍 실습

C 코드 파이썬 코드

1. 어떤 자연수의 모든 약수를 구하는 프로그램을 작성하라. 연계 : 2.3절

문제 해석

어떤 자연수의 약수를 구하는 프로그램이다. 나누어떨어지는 수를 약수라고 하므로 어떤 자연수에 대해 나누는 수를 1부터 어떤 자연수까지 1씩 증가시키면서 나누어떨어지는 수를 출력하면 된다.

코딩 실습

【 파이썬 코드 】

```
def main() :
    a = int(input("자연수 a를 입력하라.: "))     # 사용자로부터 자연수를 입력받음
    print("자연수 a의 약수들은 다음과 같다.")

    # 해당 for 문은 a의 약수들을 찾아서 출력
    for i in range(1, a + 1):
        # a를 i로 나눌 때 나머지가 0이면 i가 a의 약수임
        if a % i == 0:
            print(i, end=" ")
    print()

if __name__ == "__main__":
    main()
```

2. 어떤 수가 소수인지 판단하는 프로그램을 작성하라. 연계 : 2.3절

문제 해석

소수인지 판단하는 것은 아주 쉬운 문제이다. 1부터 1씩 증가시키면서 수를 나눠보면 된다. 이 문제에 대한 프로그램을 작성한 후 큰 수에 대해 소수인지 판단하는 프로그램을 작성해보기 바란다. 방법은 크게 두 가지가 있다. 첫 번째는 자료형들을 찾고 그 자료형 안에서 가장 큰 값을 찾는 것이다. 이 경우에도 '반복문에서 나누는 수를 어디까지 나눌 것인가?', '1씩 증가시켜서 나눌 것인가?', '아니면 소수로 나눠볼 것인가?' 등등 여러 가지를 시도해볼 수 있다. 두 번째는 어떤 자료형의 값을 벗어나는 큰 수에 대해 소수인지 판단하는 것이다. 이 방법은 매우 어렵고 복잡하다. 현재 암호화에서는 500자리 이상의 소수를 찾아서 이용하고 있다. 그러므로 500자리 이상인 수가 소수인지를 가능한 빨리 판단하는 것이 중요하다.

코딩 실습

【 파이썬 코드 】

```
import math                       # ceil과 sqrt 함수를 포함한 패키지
# isPrime 함수가 주어진 number가 소수인지 확인
def isPrime(number) -> bool:

    if number < 2:                # 정수 1은 소수도 아니고 합성수도 아님
        return False
    if number == 2:               # 정수 2는 소수
        return True
    if number % 2 == 0:           # 정수 2를 제외한 모든 짝수가 소수가 아님
        return False
    # 3부터 sqrt(number)까지의 정수들로 number를 나누면서 소수인지 확인
    for i in range(3, math.ceil((math.sqrt(number))), 2):
        if number % i == 0:       # number의 약수가 있으면 number는 소수가 아님
            return False
    return True                   # number는 소수
```

3. 에라토스테네스의 체를 이용해 소수를 구하는 프로그램을 작성하라. 연계 : 2.3절

문제 해석

에라토스테네스의 체 알고리즘을 구현하면 된다. number를 입력으로 받아서 number보다 작은 모든 소수를 출력한다. 배열의 첫 번째 원소인 2를 p에 대입하고 p의 배수들이 있는 위치에 0을 대입한다. 다음으로 이 과정을 0이 아닌 배열의 나머지 원소들에 대해 반복한다. 그리고 이 프로그램에는 반복을 일찍 멈출 수 있는 또 다른 조건이 있다. 그 조건은 바로 p^2이 number보다 크면 반복을 더 이상 할 필요가 없다는 것이다. 마지막으로 배열의 0이 아닌 원소들을 모두 출력한다.

코딩 실습

【 파이썬 코드 】

```
def main():
    # 사용자로부터 정수를 입력받음
    number = int(input("어떤 정수까지의 소수들을 알고 싶은가? "))

    # 소수값들을 저장하기 위한 배열 정의
    array = list(range(2, number + 1))
    for i in range(2, number):
        if array[i - 2]:
            if array[i - 2] ** 2 > number:
                break
            else:
                factor = array[i - 2]
                # factor의 배수들을 array에서 제거
                while factor * i <= number:
                    if array[(factor * i) - 2]:
                        array[(factor * i) - 2] = 0
```

4. 다음의 두 3×3 행렬 A, B에 대해 행렬의 합과 곱을 구하는 프로그램을 작성하라. 연계 : 2.4절

$$A = \begin{pmatrix} 2 & 0 & 3 \\ 2 & 5 & 3 \\ 1 & 0 & 8 \end{pmatrix}, \quad B = \begin{pmatrix} 2 & 4 & 3 \\ 2 & 5 & 6 \\ 1 & 0 & 5 \end{pmatrix}$$

문제 해석

두 행렬의 합과 곱을 구하는 프로그램이다. 두 행렬의 합은 대응하는 원소끼리 더하면 되고, 두 행렬의 곱은 행렬의 곱 정의에 있는 대로 계산하면 된다. 단지 여기서는 3×3 행렬에 대한 합과 곱을 구한다. 이 계산을 수행하고 나면 행렬의 크기인 n값을 받아서 처리하는 프로그램을 작성한다.

코딩 실습

【 파이썬 코드 】

```
# matrixout 함수가 정방행렬 mx를 출력
def matrixout(mx, size):
    print("\u250c              \u2510")
    for i in range(0, size):
        print("¦ ", end = "")
        for j in range(0, size):
            print("%2d" % mx[i][j], end = " ")
        print(" ¦")
    print("\u2514              \u2518")
a = [[2,0,3],[2,5,3],[1,0,8]]        # 정방행렬 A
b = [[2,4,3],[2,5,6],[1,0,5]]        # 정방행렬 B
c = [[0,0,0],[0,0,0],[0,0,0]]        # 정방행렬 C
d = [[0,0,0],[0,0,0],[0,0,0]]        # 정방행렬 D
print("행렬 A : ")
matrixout(a, 3)                      # 정방행렬 A를 출력
print()
print("행렬 B : ")                   # 정방행렬 B를 출력
matrixout(b, 3)
print()
print("A + B: ")
# 정방행렬 A와 B의 합을 행렬 C에 저장하고 C를 출력
for i in range(0,3):
    for j in range(0,3):
        c[i][j] = a[i][j] + b[i][j]
matrixout(c, 3)
```

5. 행렬의 곱을 계산할 때 내포된 제어 변수를 바꾸어도 행렬의 곱이 같아지는 결과를 보여라. 참고로 C 언어는 행 우선을 가지는 프로그램 언어이다. 연계 : 2.4절

문제 해석

이 프로그램에서는 내포된 제어 변수 i, j, k의 위치를 바꾸어가며 행렬의 곱을 계산해볼 수 있다. 이 경우에 6가지 방법에 대한 결과를 볼 수 있고, 각 결과가 같은지 확인할 수

있다. 행렬의 곱에 대한 초깃값 문제만 고려한다면 쉽게 구현할 수 있을 것이다.

만약 이 프로그램을 완성했다면 행 우선으로 저장된 C 언어를 가지고 내포된 제어 변수의 위치가 어떻게 되었을 때 접근 시간이 줄어들어 실행 시간이 짧아지는지를 실행 시간 비교를 통해 확인해보면 좋을 것이다.

코딩 실습

【 파이썬 코드 】

```
from __future__ import print_function
from sys import stdin

def printf(str, *args):
    print(str % args, end='')

# matrixout 함수가 정방행렬 mx를 출력
def matrixout(mx, size):
    print("\u250c                  \u2510")
    for i in range(0, size):
        print("¦ ", end = "")


        for j in range(0, size):
            print("%3d" % mx[i][j], end = " ")
        print(" ¦")
    print("\u2514                  \u2518")

arr_1 = [[1,2,3,4],[4,3,2,1],[2,5,7,9],[6,3,2,1]]  # 정방행렬 arr_1
arr_2 = [[1,5,6,7],[8,3,1,7],[6,2,8,3],[9,2,1,2]]  # 정방행렬 arr_2

# 정방행렬 arr_1을 출력
printf("행렬 A : \n")
matrixout(arr_1, 4)

printf("\n\n")

# 정방행렬 arr_2를 출력
printf("행렬 B : \n")
matrixout(arr_2, 4)

printf("\n\n")

# 정방행렬 res를 0으로 초기화
res = [[0 for _ in range(4)] for _ in range(4)]

# 삼중 for 문은 (i, j, k 순으로) 정방행렬 arr_1과 arr_2를 곱함
printf("A x B (i,j,k 순으로) : \n")
for i in range(0, 4):
    for j in range(0, 4):
        for k in range(0, 4):
            res[i][j] += arr_1[i][k] * arr_2[k][j]
```

6. 두 3×3 부울행렬을 입력으로 받아 접합, 교합, 부울곱 연산을 계산하는 프로그램을 작성하고, [연습문제 27]의 (b)와 (d)를 입력하여 결과를 구하라. 연계 : 2.4절

문제 해석

3×3 부울행렬에 대한 접합, 교합, 부울곱 연산을 계산하는 프로그램을 작성하고, [연습문제 27]의 (b)와 (d)에 대한 입력을 수행하여 결과를 출력하자. 부울행렬만 이해하면 프로그램은 쉽다. 이 행렬에 대해 max를 조정하여 $n \times n$ 행렬에 대해 수행하도록 수정해보자.

코딩 실습

【 파이썬 코드 】

```
from __future__ import print_function
from sys import stdin

def printf(str, *args):
    print(str % args, end='')

# print_matrix 함수가 부울행렬 x를 출력
def print_matrix(x):
    print("\u250c       \u2510")
    for i in range(0, maxvalue):
        print("¦",end = "")
        for j in range(0, maxvalue):
            printf("%2d" % x[i][j])
        print(" ¦",end = "")
        printf("\n")
    print("\u2514       \u2518")

# mat_compute 함수가 a와 b에 대해 접합, 교합, 부울곱 계산
def mat_compute(a, b):
# 접합, 교합, 부울곱 계산을 위해 삼중 for 문 사용
    for i in range(0, maxvalue):
        for j in range(0, maxvalue):
            for k in range(0, maxvalue):
                c[i][j] = a[i][j] and b[i][j]       # 접합
                d[i][j] = a[i][j] or b[i][j]        # 교합
                # 부울곱
                if k == 0:
                    e[i][j] = a[i][k] * b[k][j]
                else:
                    e[i][j] = e[i][j] or (a[i][k] and b[k][j])

maxvalue = 3                 # 정방행렬의 크기를 위한 변수

# mat_compute 함수에서 보조 공간으로 쓰일 부울행렬 정의 및 초기화
c = [[False for _ in range(maxvalue)] for _ in range(maxvalue)]
d = [[False for _ in range(maxvalue)] for _ in range(maxvalue)]
e = [[False for _ in range(maxvalue)] for _ in range(maxvalue)]

# 사용자가 입력할 부울행렬 2개 정의
a = [[False for _ in range(maxvalue)] for _ in range(maxvalue)]
b = [[False for _ in range(maxvalue)] for _ in range(maxvalue)]
```

7. $n \times m$ 행렬의 역행렬을 구하는 프로그램을 작성하고, 다음 3×3 행렬의 역행렬을 구하라.

연계 : 2.5절

$$\begin{pmatrix} 2 & 3 & -1 \\ 4 & 4 & -3 \\ -2 & 3 & -1 \end{pmatrix}$$

문제 해석

어떤 행렬이 주어질 때 그 행렬의 역행렬을 구하는 프로그램이다. 역행렬을 구하는 방법은 여러 가지가 있다. 이 프로그램에서 소개하는 방법은 주어진 행렬의 크기가 고정된 경우에 역행렬을 구하는 방법이다. 연립일차방정식을 이용해 역행렬을 구하는 것이 일반적인 방법이기는 하나, 오차 전파 error propagation 문제가 항상 발생하므로 어떻게 오차 전파를 줄일 것인가를 고려해야 한다. 연립방정식을 이용해 역행렬을 구하는 방법 중 가우스 소거법이 많이 사용되는데, 이 또한 오차를 감수해야 한다. 피봇팅 pivoting을 이용하면 오차를 줄일 수 있다. 다른 방법에 관심이 있다면 수치해석학 numerical analysis을 참고하기 바란다. 또한 역행렬을 수식으로 푸는 방법은 선형대수학 linear algebra 책을 참고하면 된다. 그리고 MATLAB을 이용해 역행렬을 구하고 오차를 비교해보는 것도 좋을 것이다.

이 프로그램은 두 행렬을 2차원 배열로 선언하고, 행렬 출력을 위한 procedure matrixout을 선언한다. 다음으로 입력을 읽고 행렬식을 구한다. 그리고 역행렬을 구하면 된다.

코딩 실습

【 파이썬 코드 】

```
from __future__ import print_function
from sys import stdin

def printf(str, *args):
    print(str % args, end='')

# matrixout 함수가 정방행렬 mx를 출력
def matrixout(mx, size):
    blanks = size * 7 + 2

    print("\u250c", end = "")
    for i in range(0,blanks):
        print(" ", end = "")
    print("\u2510")

    for i in range(0, size):
        print("¦ ", end = "")
        for j in range(0, size):
            print("% 1.3f" % mx[i][j], end = " ")
        print(" ¦")

    print("\u2514", end = "")
    for i in range(0,blanks):
        print(" ", end = "")
    print("\u2518")
```

```python
# transposeMatrix 함수가 정방행렬 m의 전치행렬을 반환
def transposeMatrix(m):
    result = [[m[j][i] for j in range (len (m))] for i in range (len (m[0]))]
    return result

# getMatrixMinor 함수가 성분 (i,j)에 대한 소행렬식을 반환
def getMatrixMinor(m,i,j):
    minor_matrix = [row[:j] + row[j+1:] for row in (m[:i]+m[i+1:])]
    return minor_matrix

# getMatrixDeternminant 재귀함수가 m에 대한 행렬식을 반환
def getMatrixDeternminant(m):
    # 2x2 행렬일 경우(기초 단계) :
    if len(m) == 2:
        return m[0][0]*m[1][1]-m[0][1]*m[1][0]
    determinant = 0
    for c in range(len(m)):
        determinant += ((-1)**c)*m[0][c]*getMatrixDeternminant(getMatrixMinor(m,0,c))
    return determinant

# is_zero 함수가 행렬 m의 행렬식이 0인지 아닌지 알려줌
def is_zero(m, k):
    determinant = getMatrixDeternminant(m)     # 행렬식을 계산하는 함수 호출
    if(determinant==0):    # 행렬식이 0일 때 안내를 출력하고 프로그램을 멈춤
        print('오류! 해당 행렬의 행렬식은 0이다.')
        print('역행렬 계산은 불가능하다!')
        return 0

# getMatrixInverse 함수가 정방행렬 m의 역행렬을 반환
def getMatrixInverse(m):
    determinant = getMatrixDeternminant(m)  # 행렬식을 계산하는 함수 호출
    # 차수가 2인 정방행렬의 역행렬을 계산해서 반환
    if len(m) == 2:
        return [[m[1][1]/determinant, -1*m[0][1]/determinant],
                [-1*m[1][0]/determinant, m[0][0]/determinant]]

    # m의 각 성분에 대한 여인수를 계산
    cofactors = []    # 여인수들을 저장한 임시 행렬
    for r in range(len(m)):
        cofactorRow = []
        for c in range(len(m)):
            minor = getMatrixMinor(m,r,c)
            cofactorRow.append(((-1)**(r+c)) * getMatrixDeternminant(minor))
        cofactors.append(cofactorRow)

    # 여인수들로 이루어진 cofactors 정방행렬의 전치행렬을 Disjoint에 대입
    Disjoint = transposeMatrix(cofactors)

    # Disjoint의 각 성분의 값을 행렬식 값으로 나눔
    for r in range(len(Disjoint)):
        for c in range(len(Disjoint)):
            Disjoint[r][c] = Disjoint[r][c]/determinant

    return Disjoint    # 역행렬 반환
```

8. 가우스-조던 방법을 이용해 3×3 행렬의 역행렬을 구하는 프로그램을 작성하고, 다음 행렬에 적용하라. 연계: 2.5절

$$\begin{pmatrix} 2 & 0 & 3 \\ 2 & 5 & 3 \\ 1 & 0 & 8 \end{pmatrix}$$

문제 해석

주어진 정방행렬을 A라고 할 때 A의 역행렬을 계산한다. 일단 행렬 A를 초기화하고 A에 대해 (A | I)로 이루어진 확대행렬도 초기화한다. 다음으로 확대행렬을 통해 가우스-조던 소거법을 적용하면서 역행렬을 구한다. 마지막으로 행렬 A의 역행렬을 출력한다.

코딩 실습

【 파이썬 코드 】

```
# matrixout 함수가 차수가 size인 정방행렬 mx를 출력
def matrixout(mx, size, is_inverse):
    blanks = size * 7 + 2

    print("\u250c", end = "")
    for i in range(0,blanks):
        print(" ", end = "")
    print("\u2510")

    if(is_inverse == True):    # 역행렬 부분만 출력
        for i in range(0, size):
            print("¦ ", end = "")
            for j in range(0, size):
                print("% 1.3f" % mx[i][j + 3], end = " ")
            print(" ¦")
    else:                      # 원본 행렬 부분만 출력
        for i in range(0, size):
            print("¦ ", end = "")
            for j in range(0, size):
                print("% 1.3f" % mx[i][j], end = " ")
            print(" ¦")

    print("\u2514", end = "")
    for i in range(0,blanks):
        print(" ", end = "")
    print("\u2518")

# 차수가 k인 정방행렬을 정의하고 정숫값으로 초기화
# 최종적으로 a를 단위행렬로 만듦
a = [[2,0,3,1,0,0],[2,5,3,0,1,0],[1,0,8,0,0,1]]
n = 3 # 행렬의 차수

# 초기화된 행렬 a를 출력
print("행렬 A : \n")
matrixout(a, n, False)
```

9. 가우스-조던 소거법을 이용해 다음 연립일차방정식의 해를 구하는 프로그램을 작성하라.

연계 : 2.5절

$$\begin{cases} 2x_1 + 3x_2 + 5x_3 = 7 \\ 4x_1 + 5x_2 + 6x_3 = 6 \\ 8x_1 + 7x_2 + 8x_3 = 5 \end{cases}$$

문제 해석

연립일차방정식의 해를 구하는 프로그램으로, 연립일차방정식을 확대행렬 a로 나타낸다(단, a의 행과 열의 개수는 각각 3개, 4개이다). 가우스-조던 소거법을 적용하여 마지막에 주어진 행렬을 단위행렬로 만들면 된다. 네 번째 열의 성분들이 연립일차방정식의 해가 된다.

코딩 실습

【 파이썬 코드 】

```
# 다음과 같은 연립일차방정식에 대해 확대행렬을 a로 정의하고 초기화
# 2x₁ + 3x₂ + 5x₃ = 7
# 4x₁ + 5x₂ + 6x₃ = 6
# 8x₁ + 7x₂ + 8x₃ = 5
a = [[2,3,5,7],[4,5,6,6],[8,7,8,5]]
x = ["x\u2081","x\u2082","x\u2083"]
n = 3    # 행렬의 차수

# 연립일차방정식을 출력
print("연립일차방정식 : ")
for i in range(0,3):
    print(' ', a[i][0],x[0], " + ", a[i][1], x[1], " + ", a[i][2], x[2], " = ", a[i][3], sep
= '')

# 연립일차방정식을 행렬 형태로 출력
print()
print("연립일차방정식의 행렬 표현 : ")
print(" \u250c                  \u2510")
for i in range(0,3):
  print(" │", end = "")
  for j in range(0,3):
    print("%3.f" % a[i][j], end = " ")
  print(" │ ", a[i][3], " │ ")
print(" \u2514                  \u2518")
```

CHAPTER

03

수학적 모델과 논리

Mathematical Model and Logic

Contents

■ 수학적 모델과 논리란?

수학적 모델을 개발하는 과정을 수학적 모델링이라고 한다. 수학적 모델링을 하는 단계에서는 논리적 추론이 필요하다. 논리logic는 추론에 대한 연구로, 특히 추론 중에서도 진위valid 추론과 관련이 있다. 논리는 모든 수학적 추론의 기본이며 컴퓨터 프로그래밍, 알고리즘, 인공지능 등의 모든 컴퓨터 관련 분야에서 사용된다.

한편, 논리적 추론으로부터 얻은 결론인 명제가 참임을 밝히는 과정을 증명이라고 한다. 컴퓨터 프로그램을 작성할 때 가장 중요한 부분이 바로 검증이다. 컴퓨터 프로그램이 모든 가능한 입력값에 대해 항상 올바른 출력을 생성한다는 사실을 증명하거나 알고리즘이 항상 올바른 결과를 산출함을 보이고자 할 때, 어떤 시스템의 안전성을 확증할 때 등의 다양한 경우에 증명의 역할이 중요하다.

■ 논리적 추론의 응용 분야는?

논리적 추론 개념을 응용할 수 있는 분야로는 지식 베이스 시스템과 인공지능(AI) Artificial Intelligence이 있다. 지식 베이스 시스템은 전문가 시스템에 대한 구성 요소의 하나로, 인공지능 에이전트agent가 사용될 분야에 관한 지적 활동과 경험을 통해 축적한 전문 지식, 그리고 문제 해결에 필요한 사실과 규칙 등이 저장되어 있는 데이터베이스 시스템이다.

이때 전문가 시스템은 정규 논리 개념을 응용하여 기계가 전문가의 전문 지식을 추론해 전문가와 동등한 수준에서 문제를 해결할 수 있도록 하는 것을 말한다. 전문가 시스템은 의료 진단medical diagnosis, 논리 분석logic analysis, 음성 이해speech understanding, 화학, 수학 등의 분야에서 중요하게 사용된다.

■ 이 장에서 배우는 내용은?

3장에서는 자연과학, 공학, 사회과학에서 많이 사용되는 수학적 모델과 논리적 추론, 수학적 귀납법과 프로그램 검증을 다룬다. 그리고 데이터베이스와 인공지능의 응용인 지식 베이스 시스템에 대해 살펴본다.

SECTION 3.1 수학적 모델

수학적 모델mathematical model이란 수학적 기호와 수식을 사용하여 표현한 시스템을 말한다. 수학적 모델링은 수학적 모델을 개발하는 과정으로, 어떤 시스템에서 일어나는 현상을 이해하거나 예측하기 위해 수학적 방법으로 해결해가는 과정이다. 수학적 모델링은 16~17세기부터 천체 운동 등의 자연 현상을 이해하기 위해 사용되었고, 현대 사회에서는 데이터의 축적과 학문 간 융합으로 사회과학, 자연과학, 의학, 공학 등의 다양한 분야에서 그 수요가 급진적으로 증가하고 있다. 수학적 모델을 구성하기 위해서는 수학적 모델로 나타낼 현상이나 과정이 있어야 하고, 객체objects들의 중요한 성질을 표현하기 위한 수학적 구조도 있어야 한다. 그리고 현상 혹은 과정과 수학적 구조 사이를 대응mapping시키기 위한 대응관계가 필요하다. 수학적 모델의 구성은 [그림 3-1]과 같다.

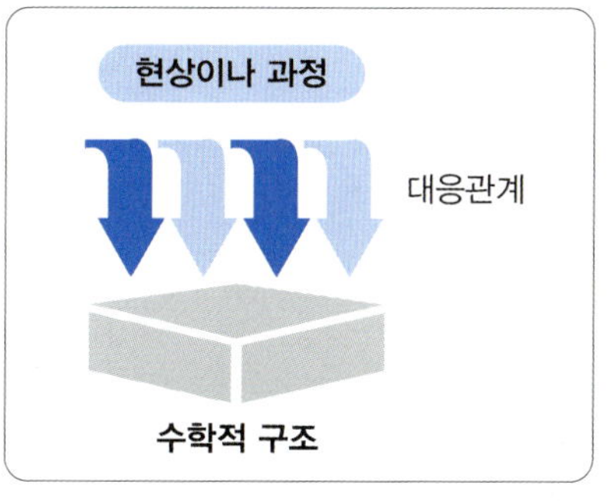

[그림 3-1] 수학적 모델의 구성

수학적 모델을 이해하기 위해 간단한 예를 살펴보자. 어느 날 사랑이와 마음이는 서점에 가서 정가가 12,000원인 책 세 권을 샀다. 이때 사랑이는 마음이가 내는 돈의 $\frac{1}{3}$을 내기로 했다. 그러면 사랑이는 책 값으로 얼마를 지불해야 할까? 이런 현실 문제를 수학적 모델로 바꾸어 보자. 사랑이가 내는 돈을 x라 하면 마음이가 내는 돈은 $3x$이다. 또한 책 세 권의 값은 36,000원이므로 $x+3x=36,000$이라는 수학적 구조를 만들 수 있다. 그러면 이 수학적 구조로부터 $4x=36,000$이므로 $x=9,000$이라는 해를 얻는다. 이와 같이 현실 세계에 존재하는 문제를 수학적 구조로 바꾸면 현실 세계의 문제에 대한 해를 쉽게 얻을 수 있다.

그렇다면 수학적 모델링을 하는 이유는 무엇일까? 첫째로 정보들이 비유된 형태로 표현되므로 정보들 간의 관계를 쉽게 알 수 있다. 예를 들어 인척 간의 관계인 촌수를 그냥 텍스트 형태로 설명하는 것보다 그래프와 같이 기하학적으로 나타내면 촌수 관계를 훨씬 더 쉽게 알 수 있다. 둘째로 정보들이 수학적인 구조로 변환되므로 어떤 계산을 하기가 편리하다. 셋째로 정보를 조사하거나 예측할 때 사용할 수 있다. 컴퓨터 시뮬레이션은 조사와 예측을 할 때 사용한다.

수학적 모델을 만드는 단계에서는 매우 깊은 사고와 통찰력 및 독창력이 필요하다. 이때 정의를 통해 용어의 뜻을 정하고, 수학적 이론의 기본이 되는 공리를 설정한다. 다음으로 주어진 공리로부터 논리적 추론 방법을 이용해 어떤 결론을 유도한다. 이렇게 귀결된 성질 혹은 직관을 통해 얻은 성질로부터 정리를 만들 수 있는데, 이러한 결론이나 정리를 증명하기 위해 논리의 법칙과 수학적 증명 방법을 사용한다. 정리가 증명되면 이를 처음의 수학적 대상에 응용하여 문제의 해답을 얻는 데 사용하기로 하며, 또 다른 정리의 기본 성질로 사용하기도 한다. 다음 절에서 이들에 대해 좀 더 자세히 살펴보자.

SECTION 3.2 논리적 추론

논리 규칙은 수학적 표현의 의미를 정확하게 기술할 수 있게 하므로 논리적 추론을 할 때 반드시 필요하다. 논리적 추론을 하기 위해 필요한 정의부터 살펴보자. 일반적으로 새로운 분야를 접할 때 그 분야에서 통용되는 용어의 뜻을 명확히 알아야만 그 분야에 잘 적용할 수 있다. 용어의 뜻을 명확히 하기 위해 사용되는 것이 **정의**definition이다.

용어를 정의하는 방법으로는 크게 두 가지가 있다. 첫 번째는 특별한 수학적 의미를 갖고 있지 않은 일반적인 용어에 대해 정의하지 않고 사용하는 것으로, 이를 **무정의 용어**라고 한다. 두 번째는 무정의 용어를 사용해 정의하거나 이미 정의된 다른 용어를 사용해 정의하는 것이다. 무정의 용어와 정의된 용어가 준비되면 이들 용어를 사용하여 문장을 만들 수 있다. **문장**statement에는 직관적 추론에 의해 참 또는 거짓인지를 명확히 구별할 수 있는 문장과 그렇지 못한 문장이 있다. 먼저 이러한 문장과 관련한 명제부터 살펴보자. 명제는 수학적 논리를 구성하는 가장 기본 단위이다.

정의 3-1 명제

명제proposition란 객관적인 기준으로 참(T)True이나 거짓(F)False 중 단 하나만 갖는 문장을 말하며, 보통 대문자 P, Q, R, … 로 표기한다. 특히 명제의 내용이 참이 되는 명제를 **참 명제**라 하고, 거짓이 되는 명제를 **거짓 명제**라 한다.

예제 3-1 명제 판단

다음 문장이 명제인지 아닌지 판별하고, 명제라면 참 명제인지 거짓 명제인지 설명하라.

(a) 8은 짝수이다.
(b) 15는 소수prime number이다.
(c) 한국 대학은 좋은 대학이다.
(d) $3 \times 7 = 24$이다.

풀이

(a) 8은 객관적 기준으로 짝수이므로 참 명제이다.
(b) 15는 객관적 기준으로 소수가 아니므로 거짓 명제이다.
(c) '한국 대학은 좋은 대학이다'는 개인의 기준에 따라 달라질 수 있으므로 명제가 아니다.
(d) 3×7은 객관적 기준으로 21이므로 거짓 명제이다.

여기서 참과 거짓을 명제의 **진릿값**truth value이라 하며, 각각 T(또는 1), F(또는 0)로 표기한다. 따라서 명제 P는 T 또는 F 중 어느 하나만을 그 진릿값으로 가진다. 또한 **명제 변수**propositional variable란 진릿값이 아직 밝혀지지 않은 임의의 명제를 말하고, 이들 역시 P, Q, R, … 로 표기한다.

정의 3-2 공리

공리axiom란 참이라고 가정한 최초의 명제이다.

이제 주어진 멍세를 합성하여 새로운 명제를 만들어보자. 이렇게 만들어진 새로운 명제들을 **합성명제**compound proposition라 하고, 주어진 명제를 합성하기 위해 **논리 연산**logical operation을 한다. 논리 연산을 하기 위해서는 논리곱, 논리합, 부정, 배타적 논리합, 논리 함축, 논리적 동치 등과 같은 논리 연산자를 이용한다.

논리 연산과 합성명제

임의의 두 명제 P, Q가 '∧'으로 결합되었을 때의 합성명제는 **논리곱**conjunction(AND, ∧)이라 하고 P∧Q로 표기하며, 'P and Q' 혹은 'P와 Q의 논리곱'이라 읽는다. '∨'으로 결합되었을 때의 합성명제는 **논리합**disjunction(OR, ∨)이라 하고 P∨Q로 표기하며, 'P or Q' 혹은 'P와 Q의 논리합'이라 읽는다. 그리고 임의의 명제 P가 '¬'으로 결합되었을 때는 **부정**negation(NOT, ¬)이라 하고 ¬P로 표기하며, 'negation P' 혹은 'P의 부정'이라 읽는다. 또한 '⊕'으로 결합되었을 때는 **배타적 논리합**exclusive or(XOR, ⊕)이라 하고 P⊕Q로 표기하며, 'P exclusive or Q' 혹은 'P와 Q의 배타적 논리합'이라 읽는다.

임의의 두 명제 P, Q가 '→'로 결합되었을 때는 **논리 함축**implication(→)이라 하고 P→Q로 표기하며, 'P implies Q' 혹은 'P와 Q의 논리 함축'이라 읽는다. 논리 함축 P→Q에서 P를 **가정**hypothesis이라 하고 Q를 **결론**conclusion이라고 한다. 논리 함축 P→Q는 'P이면 Q이다 if P, then Q' 혹은 'P는 Q의 충분조건이다 P is a sufficient condition for Q' 혹은 'Q는 P의 필요조건이다 Q is a necessary condition for P'와 같이 여러 가지 방법으로 표현할 수 있다.

마지막으로 임의의 두 명제 P, Q가 '⇔'로 결합되었을 때는 **논리적 동치**logical equivalence(⇔)라 하고 P ⇔ Q로 표기하며, 'P logical equivalence Q' 혹은 'P와 Q의 논리적 동치'라 읽는다. 논리적 동치 P ⇔ Q는 'P는 Q의 필요충분조건이다 P is a necessary and sufficient condition for Q, P if and only if Q, P iff Q'와 같이 표현할 수도 있다.

합성명제에 대한 결과는 모든 가능한 명제 변수에 대해 진릿값들을 진리표를 이용해 표시한다. **진리표**truth table란 논리 연산에 대한 연산표로 참과 거짓을 나타내는 변수인 0과 1의 모든 가능한 조합과 이들 각각에 대한 관련 함수의 값을 0과 1(거짓과 참)로 나타내는 진리함수의 표이다.

이제 앞에서 정의한 논리 연산에 대해 예제를 통해 진리표를 계산해보자. 연산 우선순위는 괄호를 이용하고, 일반적인 연산자 우선순위는 NOT > AND > OR의 순서이다.

논리곱

임의의 명제 P와 Q에 대해 논리곱의 진릿값은 P와 Q가 모두 참일 경우에만 참이고, 그렇지 않으면 거짓이다. 명제 P와 Q의 논리곱 P∧Q의 진리표는 [표 3-1]과 같다.

[표 3-1] 논리곱을 나타내는 진리표

P	Q	P∧Q
T	T	T
T	F	F
F	T	F
F	F	F

예제 3-2 논리곱

명제 P와 Q가 다음과 같을 때, 논리곱 P∧Q를 구하라.

P : 5는 소수이다.
Q : 4+6 > 8이다.

풀이

논리곱 P∧Q : 5는 소수이고, 4+6 > 8이다.
논리곱 P∧Q는 P가 참이고 Q도 참이므로 참인 명제이다.

논리합

임의의 명제 P와 Q에 대해 논리합의 진릿값은 P와 Q가 모두 거짓일 경우에만 거짓이고, 그렇지 않으면 참이다. 명제 P와 Q의 논리합 $P \lor Q$의 진리표는 [표 3-2]와 같다.

[표 3-2] 논리합을 나타내는 진리표

P	Q	$P \lor Q$
T	T	T
T	F	T
F	T	T
F	F	F

예제 3-3 논리합

명제 P와 Q가 다음과 같을 때, 논리합 $P \lor Q$를 구하라.

P : 7은 홀수이다.
Q : $2+4>7$이다.

풀이

논리합 $P \lor Q$: 7은 홀수이거나 $2+4>7$이다.
논리합 $P \lor Q$는 P가 참이고 Q가 거짓이므로 참인 명제이다.

다음으로 합성명제에 대한 진리표를 만들어보자. 합성명제에 대한 진리표를 만들기 위해서는 합성명제에서 사용한 명제 변수가 몇 개인지를 알아야 한다. 만약 명제 변수가 2개라면 두 명제의 조합은 총 $2^2=4$가지이고, 명제 변수가 3개라면 총 $2^3=8$가지이다. 연산자 우선순위는 앞에서 정의한 순서이다.

예제 3-4 논리합과 논리곱을 가진 합성명제의 진리표

합성명제 $(P \land Q) \lor (P \lor Q)$의 진리표를 구하라.

풀이

명제 변수가 2개이므로 두 명제의 조합은 총 4가지이다. 따라서 4가지 경우의 명제 P, Q에 대해 우선순위에 따라 진리표를 나타내면 다음과 같다.

P	Q	$P \land Q$	$P \lor Q$	$(P \land Q) \lor (P \lor Q)$
T	T	T	T	T
T	F	F	T	T
F	T	F	T	T
F	F	F	F	F

부정

임의의 명제 P에 대해 P의 부정의 진릿값은 P의 진릿값의 반대이다. 명제 P의 부정 ¬P의 진리표는 [표 3-3]과 같다.

[표 3-3] 부정을 나타내는 진리표

P	¬P
T	F
F	T

예제 3-5 부정

명제 P와 Q가 다음과 같을 때, ¬P와 ¬Q를 구하라.

P : 9는 정수이다.
Q : $5+6>9$이다.

풀이

명제 ¬P : 9는 정수가 아니다.
명제 ¬Q : $5+6 \le 9$이다.

예제 3-6 논리합, 논리곱, 부정을 가진 합성명제의 진리표

합성명제 ¬(P∧Q)∨(¬P∨Q)의 진리표를 구하라.

풀이

명제 변수가 2개이므로 두 명제의 조합은 총 4가지이다. 따라서 명제 P, Q에 대해 우선순위에 따라 진리표를 나타내면 다음과 같다.

P	Q	P∧Q	¬(P∧Q)	¬P	¬P∨Q	¬(P∧Q)∨(¬P∨Q)
T	T	T	F	F	T	T
T	F	F	T	F	F	T
F	T	F	T	T	T	T
F	F	F	T	T	T	T

배타적 논리합

임의의 명제 P와 Q에 대해 배타적 논리합의 진릿값은 P와 Q 중 어느 하나만 참일 경우에 참이고, 모두 거짓이거나 모두 참일 경우에는 거짓이다. 명제 P와 Q의 배타적 논리합 $P \oplus Q$의 진리표는 [표 3-4]와 같다.

[표 3-4] 배타적 논리합을 나타내는 진리표

P	Q	$P \oplus Q$
T	T	F
T	F	T
F	T	T
F	F	F

예제 3-7 논리합, 논리곱, 부정, 배타적 논리합을 가진 합성명제의 진리표

합성명제 $\neg(P \vee Q) \oplus (\neg P \wedge Q)$의 진리표를 구하라.

풀이

명제 변수가 2개이므로 두 명제의 조합은 총 4가지이다. 따라서 명제 P, Q에 대해 우선순위에 따라 진리표를 나타내면 다음과 같다.

P	Q	$P \vee Q$	$\neg(P \vee Q)$	$\neg P$	$\neg P \wedge Q$	$\neg(P \vee Q) \oplus (\neg P \wedge Q)$
T	T	T	F	F	F	F
T	F	T	F	F	F	F
F	T	T	F	T	T	T
F	F	F	T	T	F	T

논리 함축

임의의 명제 P와 Q에 대해 논리 함축 $P \rightarrow Q$의 진릿값은 P가 참이고 Q가 거짓일 경우에만 거짓이고, 그 이외의 경우에는 모두 참이다. 명제 P와 Q의 논리 함축 $P \rightarrow Q$의 진리표는 [표 3-5]와 같다.

[표 3-5] 논리 함축을 나타내는 진리표

P	Q	$P \rightarrow Q$
T	T	T
T	F	F
F	T	T
F	F	T

예제 3-8 논리합, 논리곱, 부정, 논리 함축을 가진 합성명제의 진리표

합성명제 $\neg(P \vee Q) \rightarrow (\neg P \wedge Q)$의 진리표를 구하라.

풀이

명제 변수가 2개이므로 두 명제의 조합은 총 4가지이다. 따라서 명제 P, Q에 대해 우선순위에 따라 진리표를 나타내면 다음과 같다.

P	Q	$P \vee Q$	$\neg(P \vee Q)$	$\neg P$	$\neg P \wedge Q$	$\neg(P \vee Q) \rightarrow (\neg P \wedge Q)$
T	T	T	F	F	F	T
T	F	T	F	F	F	T
F	T	T	F	T	T	T
F	F	F	T	T	F	F

수학적 논리에서의 논리 함축은 자연 언어에서의 의미와는 상당한 차이가 있다. 자연 언어에서 '오늘 비가 오면, 야구 경기는 연기한다.'라는 것은 가정과 결론 사이의 인과 관계를 나타내지만, 논리 함축 $P \rightarrow Q$에서는 명제 P와 명제 Q가 서로 연관이 없을지라도 임의의 두 명제에 대해 $P \rightarrow Q$를 계산할 수 있다. 왜냐하면 합성명제에서는 명제의 의미나 구조와 관계없이 오직 명제들의 진릿값만을 다루기 때문이다.

예제 3-9 논리 함축의 진릿값

명제 P와 Q가 다음과 같을 때, 논리 함축 $P \rightarrow Q$의 진릿값을 구하라.

P : $2+4=3$이다.
Q : $3+4=7$이다.

풀이

명제 P가 거짓(F)이고, 명제 Q가 참(T)이므로 논리 함축 $P \rightarrow Q$의 진릿값은 참(T)이다. 즉 $2+4=3$이면 $3+4=7$이 된다는 의미이다.

[예제 3–9]와 같이 자연 언어에서는 의미가 맞지 않지만 수학적 논리에서는 진릿값이 참이 되므로 수학적 논리의 논리 함축과 자연 언어에서의 의미는 상당한 차이가 있음을 알 수 있다.

논리 함축 $P \rightarrow Q$에 대해 역, 이, 대우 개념을 알아보자. 논리 함축 $P \rightarrow Q$에 대해 $Q \rightarrow P$를 **역**converse이라 하고, $\neg P \rightarrow \neg Q$를 **이**inverse라고 하며, $\neg Q \rightarrow \neg P$를 **대우**contrapositive라고 한다. 즉 역이란 명제의 가정과 결론에 대해 가정은 결론으로, 결론은 가정으로 위치를 바꾼 것을 말하고, 이는 위치는 그대로 둔 채 가정과 결론을 부정으로 만든 것을 말한다. 대우란 가정과 결론의 위치도 바꾸고 가정과 결론을 부정으로 바꾸는 것을 말한다. 명제가 참이면 대우도 반드시 참이 된다는 사실을 꼭 기억하자.

예제 3-10 **역, 이, 대우**

다음 명제에 대해 역, 이, 대우를 구하라.

'2가 짝수이면, 7은 5보다 크다.'

풀이

명제 P를 '2가 짝수이다.'라 하고, 명제 Q를 '7은 5보다 크다.'라고 하자.

- 역은 Q→P이므로 '7이 5보다 크다면, 2는 짝수이다.'이다.
- 이는 ¬P→¬Q이므로 '2가 홀수이면, 7은 5보다 작거나 같다.'이다.
- 대우는 ¬Q→¬P이므로 '7이 5보다 작거나 같으면, 2가 홀수이다.'이다.

논리적 동치

임의의 명제 P와 Q에 대해 논리적 동치 P⇔Q의 진릿값은 P와 Q가 모두 참이거나 모두 거짓일 경우에만 참이고, 그 외의 경우에는 모두 거짓이다. 논리적 동치 P⇔Q는 논리 함축 P→Q와 논리 함축 Q→P의 논리곱이다. 명제 P와 Q의 논리적 동치 P⇔Q의 진리표는 [표 3-6]과 같다.

[표 3-6] 논리적 동치를 나타내는 진리표

P	Q	P⇔Q
T	T	T
T	F	F
F	T	F
F	F	T

예제 3-11 **논리합, 논리곱, 부정, 논리적 동치를 가진 합성명제의 진리표**

합성명제 ¬(P∧Q)⇔(P∨¬Q)의 진리표를 구하라.

풀이

명제 변수가 2개이므로 두 명제의 조합은 총 4가지이다. 따라서 명제 P, Q에 대해 우선순위에 따라 진리표를 나타내면 다음과 같다.

P	Q	P∧Q	¬(P∧Q)	¬Q	P∨¬Q	¬(P∧Q)⇔(P∨¬Q)
T	T	T	F	F	T	F
T	F	F	T	T	T	T
F	T	F	T	F	F	F
F	F	F	T	T	T	T

앞서 논리적 동치 $P \Leftrightarrow Q$는 논리 함축 $P \rightarrow Q$와 논리 함축 $Q \rightarrow P$의 논리곱이라고 했다. 다음 예제를 통해 확인해보자.

예제 3-12 논리적 동치

논리 함축 $P \rightarrow Q$와 $Q \rightarrow P$의 논리곱에 대한 진리표를 작성하고, 논리적 동치 $P \Leftrightarrow Q$의 진리표와 비교하라.

풀이

명제 P와 Q에 대해 논리 함축 $P \rightarrow Q$와 $Q \rightarrow P$의 논리곱인 $(P \rightarrow Q) \wedge (Q \rightarrow P)$의 진리표를 작성하고, 논리적 동치 $P \Leftrightarrow Q$의 진리표를 작성하면 다음과 같다.

P	Q	$P \rightarrow Q$	$Q \rightarrow P$	$(P \rightarrow Q) \wedge (Q \rightarrow P)$	$P \Leftrightarrow Q$
T	T	T	T	T	T
T	F	F	T	F	F
F	T	T	F	F	F
F	F	T	T	T	T

진리표에서 볼 수 있듯이 $(P \rightarrow Q) \wedge (Q \rightarrow P)$의 진리표와 $P \Leftrightarrow Q$의 진리표는 결과가 같음을 알 수 있다.

이제까지 설명한 논리 연산들의 진리표를 정리하면 [표 3-7]과 같다.

[표 3-7] 논리 연산들의 진리표

P	Q	$P \wedge Q$	$P \vee Q$	$\neg P$	$P \oplus Q$	$P \rightarrow Q$	$P \Leftrightarrow Q$
T	T	T	T	F	F	T	T
T	F	F	T	F	T	F	F
F	T	F	T	T	T	T	F
F	F	F	F	T	F	T	T

여러 가지 논리 연산을 이용해 여러 가지 합성명제에 대한 진리표를 만들어보자.

예제 3-13 합성명제에 대한 진리표 만들기 (1)

합성명제 $((P \wedge Q) \vee \neg R) \rightarrow P$의 진리표를 작성하라.

풀이

명제 변수가 3개이므로 두 명제의 조합은 총 8가지이다. 따라서 명제 P, Q, R에 대해 우선순위에 따라 진리표를 작성하면 다음과 같다.

P Q R	P∧Q	¬R	(P∧Q)∨¬R	((P∧Q)∨¬R)→P
T T T	T	F	T	T
T T F	T	T	T	T
T F T	F	F	F	T
T F F	F	T	T	T
F T T	F	F	F	T
F T F	F	T	T	F
F F T	F	F	F	T
F F F	F	T	T	F

예제 3-14 합성명제에 대한 진리표 만들기 (2)

합성명제 $(P \vee Q) \rightarrow ((\neg P) \vee (Q \wedge R))$의 진리표를 작성하라.

풀이

명제 변수가 3개이므로 두 명제의 조합은 총 8가지이다. 따라서 명제 P, Q, R에 대해 우선순위에 따라 진리표를 작성하면 다음과 같다.

P Q R	P∨Q	¬P	Q∧R	(¬P)∨(Q∧R)	(P∨Q)→((¬P)∨(Q∧R))
T T T	T	F	T	T	T
T T F	T	F	F	F	F
T F T	T	F	F	F	F
T F F	T	F	F	F	F
F T T	T	T	T	T	T
F T F	T	T	F	T	T
F F T	F	T	F	T	T
F F F	F	T	F	T	T

명제의 종류

명제의 종류에 대해 알아보자. 명제의 종류에는 항진명제, 모순명제, 사건명제 등이 있다.

정의 3-3 항진명제

항진명제tautology는 항상 참의 진릿값을 가지는 명제이다.

예제 3-15 항진명제

합성명제 P∨(¬P)가 항진명제임을 보여라.

풀이

진리표를 만들면 다음과 같다.

P	¬P	P∨(¬P)
T	F	T
F	T	T

명제 변수 P에 대해 항상 참의 진릿값을 가지므로 항진명제이다.

정의 3-4 모순명제

모순명제contradiction는 항상 거짓의 진릿값을 가지는 명제이다.

예제 3-16 모순명제

합성명제 P∧(¬P)는 모순명제임을 보여라.

풀이

진리표를 만들면 다음과 같다.

P	¬P	P∧(¬P)
T	F	F
F	T	F

명제 변수 P에 대해 항상 거짓의 진릿값을 가지므로 모순명제이다.

항진명제도 아니고 모순명제도 아닌 명제를 **사건명제**contingency라 한다.

예제 3-17 사건명제

[예제 3-14]의 합성명제 (P∨Q) → ((¬P)∨(Q∧R))이 항진명제인지, 모순명제인지, 사건명제인지 판단하라.

풀이

진리표를 만들면 알 수 있다. 즉 [예제 3-14]에서 이미 작성한 진리표를 보면 항진명제도 아니고 모순명제도 아니므로 사건명제임을 알 수 있다.

우리가 논리적 추론을 할 때 복잡한 명제들을 간단히 나타내어 사용하는 경우도 있다. 이때 이용하는 방법 중 하나인 항등에 대해 알아보자.

항등

이미 앞에서 합성명제의 논리 연산자인 논리적 동치를 설명했다. 논리적 동치란 명제 변수 P와 Q가 똑같은 진릿값을 갖는 것을 의미하고, 논리적으로 동치인 명제를 **항등**identity이라고 한다. [표 3-8]은 항등을 나타낸 것이다.

[표 3-8] 항등

번호	항등 관계	설명
1	$P \Leftrightarrow (P \vee P)$	∨의 멱등법칙
2	$P \Leftrightarrow (P \wedge P)$	∧의 멱등법칙
3	$(P \vee Q) \Leftrightarrow (Q \vee P)$	∨의 교환법칙
4	$(P \wedge Q) \Leftrightarrow (Q \wedge P)$	∧의 교환법칙
5	$[(P \vee Q) \vee R] \Leftrightarrow [P \vee (Q \vee R)]$	∨의 결합법칙
6	$[(P \wedge Q) \wedge R] \Leftrightarrow [P \wedge (Q \wedge R)]$	∧의 결합법칙
7	$\neg(P \vee Q) \Leftrightarrow (\neg P \wedge \neg Q)$	드 모르간 법칙
8	$\neg(P \wedge Q) \Leftrightarrow (\neg P \vee \neg Q)$	드 모르간 법칙
9	$[P \wedge (Q \vee R)] \Leftrightarrow [(P \wedge Q) \vee (P \wedge R)]$	∧의 분배법칙
10	$[P \vee (Q \wedge R)] \Leftrightarrow [(P \vee Q) \wedge (P \vee R)]$	∨의 분배법칙
11	$(P \vee 1) \Leftrightarrow 1$	항등법칙
12	$(P \wedge 1) \Leftrightarrow P$	항등법칙
13	$(P \vee 0) \Leftrightarrow P$	항등법칙
14	$(P \wedge 0) \Leftrightarrow 0$	항등법칙
15	$(P \vee \neg P) \Leftrightarrow 1$	여법칙
16	$(P \wedge \neg P) \Leftrightarrow 0$	여법칙
17	$P \Leftrightarrow \neg(\neg P)$	이중 부정
18	$(P \rightarrow Q) \Leftrightarrow (\neg P \vee Q)$	논리 함축
19	$(P \Leftrightarrow Q) \Leftrightarrow [(P \rightarrow Q) \wedge (Q \rightarrow P)]$	논리적 동치
20	$(P \rightarrow Q) \Leftrightarrow (\neg Q \rightarrow \neg P)$	대우

예제 3-18 항등

항등을 이용해 다음 합성명제를 간단히 나타내라.

$$(A \rightarrow B) \wedge (A \rightarrow \neg B)$$

풀이

[표 3-8]의 항등을 이용해 간단히 나타내면 다음과 같다.

$$\begin{aligned}
& (A \rightarrow B) \wedge (A \rightarrow \neg B) & \\
\Leftrightarrow\ & (\neg A \vee B) \wedge (\neg A \vee \neg B) & (\because \text{18 논리적 함축}) \\
\Leftrightarrow\ & \neg A \vee (B \wedge \neg B) & (\because \text{10 } \vee \text{의 분배법칙}) \\
\Leftrightarrow\ & \neg A \vee 0 & (\because \text{16 여법칙}) \\
\Leftrightarrow\ & \neg A & (\because \text{13 항등법칙})
\end{aligned}$$

술어와 한정자

논리적 추론을 할 때 명제를 간단하고 쉽게 표현하는 것이 좋다. 명제를 간단하고 쉽게 표현하는 개념인 술어와 한정자에 대해 알아보자.

정의 3-5 술어

술어predicate란 한 객체의 성질이나 객체와 객체 사이의 관계를 표현하는 것을 말한다.

예를 들어 'x is tall.'이라는 문장에서 x는 변수라 하고 tall은 술어라고 한다. 이 문장은 술어의 특별한 표현 방법으로서 T(x)로 표현할 수 있다. 여기서 T를 술어라 하고, x를 **개별 변수**individual variable라고 한다. 개별 변수란 술어의 특별한 표현 방법에서 괄호 안에 나타나는 변수를 말한다. 'x and y are women.'이라는 문장은 W(x, y)로 표현할 수 있다. W는 술어이고, x와 y는 개별 변수이다. 일반적으로 P를 술어라고 하면 $P(x_1, x_2, \cdots, x_n)$에서 x_i $(i=1, 2, \cdots, n)$를 개별 변수라 하고, P는 n개의 **인수**argument를 갖는 술어라고 한다.

앞에서 설명한 명제와 술어 사이에 어떤 관계가 있는지 살펴보자. 하나의 술어는 명제로 바꿀 수가 있다. 이렇게 하기 위해서는 술어의 개별 변수를 한정시켜야 한다. 술어의 개별 변수를 한정시키는 방법에는 두 가지가 있다. 하나는 개별 변수를 한 개의 값으로 한정시키는 것이고, 다른 하나는 개별 변수를 그 변수의 한정자에 의해 한정시키는 것이다. 먼저 개별 변수를 한 개의 값으로 한정시키는 방법에 대해 알아보자.

예제 3-19 **술어를 명제로 바꾸기**

문장 '$x+y=7$'을 술어를 이용해 표현하면 $\mathrm{P}(x, y)$이다. 이를 명제로 바꿔라.

풀이

술어를 이용해 표현한 $\mathrm{P}(x, y)$는 명제가 아니다. 왜냐하면 참과 거짓 중 하나만을 가지지 못하기 때문이다. 이를 명제로 바꾸기 위해서는 술어 $\mathrm{P}(x, y)$가 참이나 거짓 중 하나를 가져야만 한다. 그러기 위해서는 개별 변수인 x와 y에 하나의 값을 대입해야 한다. 만약 $x=2$, $y=5$라고 하면 술어 $\mathrm{P}(2, 5)$는 참 명제가 되고, $x=3$, $y=6$이라고 하면 $\mathrm{P}(3, 6)$은 거짓 명제가 된다.

개별 변수를 하나의 값으로 한정시켜 술어를 명제로 바꾸었다. 술어를 명제로 바꾸는 또 다른 방법은 개별 변수를 그 변수의 한정자를 이용해 한정시키는 것이다. **한정자**quantifier란 어떤 명제 변수가 성립하는 범위를 한정하는 데 사용하는 것으로, 한정자에는 전체 한정자, 존재 한정자, 유일 한정자가 있다.

전체 한정자universal quantifier는 기호 $\forall$로 표기하고 '임의의' 혹은 '모든' 등으로 읽는다. 만약 $\mathrm{P}(x)$가 개별 변수 x를 인수로 갖는 술어라고 하면 명제 '$\forall x$, $\mathrm{P}(x)$'는 'x의 모든 값에 대해 명제 $\mathrm{P}(x)$는 참이다.'로 해석한다. 반대로 영역에 포함되는 원소 중 하나라도 명제가 거짓이면 그 명제는 거짓이다. 마찬가지로 **존재 한정자**existential quantifier는 기호 $\exists$로 표기하고 '어떤' 혹은 '적어도 하나에 대해'로 읽는다. 명제 '$\exists x$, $\mathrm{P}(x)$'는 '명제 $\mathrm{P}(x)$가 참이 되는 어떤 x가 존재한다.'로 해석한다. 하지만 영역에 포함되는 모든 원소에 대해 명제가 거짓이면 그 명제는 거짓이다. 또한 **유일 한정자**exist a unique quantifier는 기호 $\exists!$로 표기하고 '~에 대한 유일한 x가 존재한다.'로 읽는다. 명제 '$\exists! x$, $\mathrm{P}(x)$'는 '명제 $\mathrm{P}(x)$가 참이 되는 어떤 x가 유일하게 존재한다.'로 해석한다. 하지만 영역에 포함되는 원소 중 조건을 만족하는 원소가 없거나 두 개 이상이면 그 명제는 거짓이다.

예제 3-20 **한정자 (1)**

다음 명제들은 어떤 한정자에 의해 한정되어 있다. 각 한정자에 의해 명제가 참이 되도록 하는 한정자의 범위를 서술하라. 단, 한정자는 정수 범위 내에서 생각하라.

(a) $\forall x \forall y$, $[x+y>x]$ (b) $\exists x$, $[x>10+5]$ (c) $\exists! x$, $[0 \leq x < 1]$

풀이

(a) 전체 한정자에 의해 한정되어 있고, $x+y>x$를 만족하는 정수 범위가 x는 모든 정수이고 y는 양의 정수이면 참인 명제가 된다.

(b) 존재 한정자에 의해 한정되어 있고, x가 15보다 큰 정수들이 존재하므로 참인 명제가 된다.

(c) 유일 한정자에 의해 한정되어 있고, $0 \leq x < 1$을 만족하는 정수가 0으로 유일하므로 참인 명제가 된다.

예제 3-21 한정자 (2)

한정자의 범위가 '$1 \leq x < 4$, x는 양의 정수'이고 명제 $P(x)$가 $x^2 < 9$일 때, 다음 한정자에 대한 진릿값을 구하라.

(a) $\forall x$, $P(x)$　　(b) $\exists x$, $P(x)$　　(c) $\exists! x$, $P(x)$

풀이

한정자의 범위는 $x = 1, 2, 3$이다.

(a) $\forall x$, $P(x)$가 참이 되려면 한정자의 범위 내에 있는 모든 원소에 대해 $P(x)$가 참이어야 한다. $P(1) = 1 < 9$이므로 참이고 $P(2) = 4 < 9$이므로 참이지만, $P(3) = 9 < 9$는 거짓이다. 그러므로 $\forall x$, $P(x)$는 거짓이다.

(b) $\exists x$, $P(x)$가 참이 되려면 한정자의 범위 내에 있는 원소 중 하나라도 참이면 된다. $P(1) = 1 < 9$이므로 참이고 $P(2) = 4 < 9$이므로 참이다. 그러므로 $\exists x$, $P(x)$는 참이다.

(c) $\exists! x$, $P(x)$가 참이 되려면 한정자의 범위 내에 있는 원소 중 유일하게 하나만 참이어야 한다. $P(1) = 1 < 9$이므로 참이고 $P(2) = 4 < 9$이므로 참이므로 두 원소에 대해 참이다. 그러므로 $\exists! x$, $P(x)$는 거짓이다.

지금까지 살펴본 술어, 한정자, 논리 연산은 수학적인 문장에서 다음 예제와 같이 다양한 형태의 명제로 사용할 수 있다.

예제 3-22 한정자와 술어로 명제 표현하기

한정자의 범위는 정수이고 $N(x)$는 'x는 자연수', $E(x)$는 'x는 짝수', $O(x)$는 'x는 홀수', $P(x)$는 'x는 소수'라고 하자. 다음 명제들을 한정자와 술어를 이용해 표현하라.

(a) 짝수인 x가 존재한다.
(b) 모든 정수는 짝수이거나 홀수이다.
(c) 모든 소수는 자연수이다.
(d) 소수 중에서 짝수는 유일하다.

풀이

(a) $\exists x$, $[\mathrm{E}(x)]$

(b) $\forall x$, $[\mathrm{E}(x) \vee \mathrm{O}(x)]$

(c) $\forall x$, $[\mathrm{P}(x) \rightarrow \mathrm{N}(x)]$

(d) $\exists ! x$, $[\mathrm{E}(x) \wedge \mathrm{P}(x)]$

논리적 추론

이제 논리적 추론을 해보자. 논리적 추론은 인간의 추론 방법 중 가장 연구가 많이 진행되었다.

정의 3-6 논리적 추론

어떤 명제가 참인 것을 근거로 하여 다른 명제가 참임을 유도하는 것을 **논리적 추론**logical inference이라 하며, 이때 근거가 되는 명제를 **가정**hypothesis 또는 **전제**premise라 하고, 유도되는 명제를 **결론**conclusion이라 한다.

예제 3-23 가정과 결론

다음 명제들로부터 가정과 결론을 설명하라.

'만약 소크라테스가 사람이 아니라면 지구는 회전하지 않을 것이다. 만약 지구가 회전하지 않는다면 소금은 짜지 않을 것이다. 그러나 소금은 짜다. 그러므로 소크라테스는 사람이다.'

풀이

가정은 '소크라테스가 사람이 아니라면 지구는 회전하지 않을 것이다.'와 '지구가 회전하지 않는다면 소금은 짜지 않을 것이다.'와 '소금은 짜다.'이고, 결론은 '소크라테스는 사람이다.'이다.

논리적 추론을 할 때 가장 기본이 되는 법칙은 대체와 항진명제의 형태를 이용하는 것이다. 한 명제에 있는 어떤 표현을 그것과 똑같은 의미를 지닌 다른 표현으로 나타내는 것을 **대체**substitution라고 한다. 항진명제의 형태를 이용하는 여러 가지 추론의 법칙에는 [표 3-9]와 같은 예가 있다.

[표 3-9] 항진명제의 형태를 이용하는 추론의 법칙

추론의 법칙	항진명제의 형태	이름
P $\therefore\ P \lor Q$	$P \to (P \lor Q)$	**선언적 부가**disjunctive addition
$P \land Q$ $\therefore P$	$(P \land Q) \to P$	**단순화**simplication
P $P \to Q$ $\therefore\ Q$	$[P \land (P \to Q)] \to Q$	**전건 긍정**modus ponens
$\neg Q$ $P \to Q$ $\therefore\ \neg P$	$[\neg Q \land (P \to Q)] \to \neg P$	**후건 부정**modus tollen
$P \lor Q$ $\neg P$ $\therefore\ Q$	$[(P \lor Q) \land \neg P] \to Q$	**선언 삼단 논법**disjunctive syllogism
$P \to Q$ $Q \to R$ $\therefore\ P \to R$	$[(P \to Q) \land (Q \to R)] \to (P \to R)$	**가언 삼단 논법**hypothetical syllogism
P Q $\therefore\ P \land Q$	$(P \land Q) \to P \land Q$	**논리곱**conjunction

예제 3-24 항진명제의 형태를 이용해 추론하기 (1)

다음과 같은 명제들을 생각해보자. 앞의 3개 명제는 가정이고 마지막 명제는 결론이다. 여기서 가정이 참이면 결론이 참인지 아닌지를 결정하라.

'오늘이 화요일이면 나는 이산수학 또는 컴파일러 시험을 본다. 컴파일러 교수님이 편찮으시면 컴파일러 시험은 치르지 않을 것이다. 오늘은 화요일이고 컴파일러 교수님이 편찮으시다. 그러면 나는 이산수학 시험을 본다.'

풀이

여러 가지 풀이 방법이 있는데, 그중에서 한 가지만 소개한다. 우선 명제들을 다음과 같이 표현하자.

T : 오늘은 화요일이다.
D : 이산수학 시험을 본다.
C : 컴파일러 시험을 본다.
P : 컴파일러 교수님이 편찮으시다.

그러면 주어진 명제들은 다음과 같이 나타낼 수 있다.

[가정 1] $T \rightarrow D \vee C$
[가정 2] $P \rightarrow \neg C$
[가정 3] $T \wedge P$
[결론] D

가정 1, 2, 3이 참일 때 결론이 참인지 아닌지를 결정하면 된다. [표 3-9]의 추론의 법칙을 이용해 결론이 참인지 아닌지를 결정하자.

1. $T \wedge P$ (가정 3)
2. T (∵ 1번을 단순화)
3. $T \rightarrow D \vee C$ (가정 1)
4. $D \vee C$ (∵ 2번과 3번의 전건 긍정)
5. $P \wedge T$ (∵ 1번의 ∧에 대한 교환법칙)
6. P (∵ 5번을 단순화)
7. $P \rightarrow \neg C$ (가정 2)
8. $\neg C$ (∵ 6번과 7번의 전건 긍정)
9. D (∵ 4번과 8번의 선언 삼단 논법)

그러므로 결론은 참이다.

예제 3-25 항진명제의 형태를 이용해 추론하기 (2)

다음과 같은 명제들을 생각해보자. 앞의 3개 명제는 가정이고 마지막 명제는 결론이다. 여기서 가정이 참이라면 결론이 참인지 아닌지를 결정하라.

'마음이는 열심히 일한다. 만일 마음이가 열심히 일한다면 그는 우둔한 소년이다. 만일 마음이가 우둔한 소년이라면 그는 직업을 갖지 않을 것이다. 그래서 마음이는 직업을 갖지 않을 것이다.'

풀이

여러 가지 풀이 방법이 있는데, 그중에서 한 가지만 소개한다. 우선 명제들을 다음과 같이 표현하자.

W : 마음이는 열심히 일한다.
D : 마음이는 우둔한 소년이다.
J : 마음이는 직업을 가질 것이다.

그러면 주어진 명제들은 다음과 같이 나타낼 수 있다.

[가정 1] W
[가정 2] W → D
[가정 3] D → ㄱJ
[결론] ㄱJ

가정 1, 2, 3이 참일 때 결론이 참인지 아닌지를 결정하면 된다. [표 3-9]의 추론의 법칙을 이용해 결론이 참인지 아닌지를 결정하자.

1. W (가정 1)
2. W → D (가정 2)
3. D (∵ 1번과 2번의 전건 긍정)
4. D → ㄱJ (가정 3)
5. ㄱJ (∵ 3번과 4번의 전건 긍정)

그러므로 결론은 참이다.

SECTION

3.3 증명과 프로그램 검증

3.2절에서는 가정을 통해 결론을 이끌어내는 논리적 추론을 살펴보았다. 수학에서는 어떤 명제가 참임을 밝히는 과정을 증명이라고 한다. 이 절에서는 여러 가지 증명 기술과 증명 방법 중 가장 많이 사용하는 수학적 귀납법에 대해 설명한다. 그리고 프로그램 검증에 대해 설명한다.

정의 3-7 증명

증명proof이란 논리적 법칙을 이용해 가정으로부터 결론을 이끌어내는 것을 말한다. 이때 추론이 참이면 **진위 추론**valid inference이라 하고, 추론이 거짓이면 **허위 추론**fallacious inference이라 한다.

예제 3-26 진위 추론

다음 명제가 진위 추론임을 보여라.

'내가 공부를 한다면 나는 시험에 실패하지 않을 것이다. 내가 농구를 하지 않는다면 나는 공부를 할 것이다. 그러나 나는 시험에 실패했다. 그러므로 나는 농구를 했다.'

풀이

명제들을 다음과 같이 표현하자.

P : 나는 공부를 한다.
Q : 나는 시험에 실패한다.
R : 나는 농구를 한다.

그러면 주어진 명제들을 다음과 같이 나타낼 수 있다.

[가정 1] $P \rightarrow \neg Q$
[가정 2] $\neg R \rightarrow P$
[가정 3] Q
[결론] R

가정 1, 2, 3이 참일 때 결론이 참인지 아닌지를 결정하면 된다. [표 2-9]의 추론의 법칙을 이용해 결론이 참인지 아닌지를 결정하자.

1. $\neg R \rightarrow P$ (가정 2)
2. $P \rightarrow \neg Q$ (가정 1)
3. $\neg R \rightarrow \neg Q$ (∵ 1번과 2번의 가언 삼단 논법)
4. Q (가정 3)
5. R (∵ 3번과 4번의 후건 부정)

따라서 가정이 참이면 결론도 참이 되므로 진위 추론이다.

우리가 주로 다루는 증명 문제는 논리 함축 $P \rightarrow Q$를 증명하는 것이다. 증명 방법에는 크게 직접 증명법과 간접 증명법이 있다. 직접 증명법은 진리를 근거로 논리 함축 $P \rightarrow Q$를 직접 증명하는 것이고, 간접 증명법은 논리적 동치를 이용하거나 다른 특수한 방법으로 증명하는 것이다. 간접 증명법은 가정된 명제로부터 직접 결론을 이끌어내기가 쉽지 않은 경우에 간접적으로 결론이 참임을 이끌어내는 방법이다. 이제 $P \rightarrow Q$를 증명하는 공허한 증명법, 자명한 증명법, 직접 증명법, 간접 증명법에 대해 알아보자.

(1) P → Q의 공허한 증명법 vacuous proof

P가 거짓이라고 하면 $P \rightarrow Q$는 항상 참이므로, $P \rightarrow Q$가 참임을 보이기 위해 P가 거짓임을 보이는 방법이다.

예제 3-27 공허한 증명법

다음을 공허한 증명법에 따라 증명하라.

'만일 6이 소수라면, $6^2 = 30$이다.'

풀이

공허한 증명법에 따르면 $P \rightarrow Q$가 참임을 보이기 위해 P가 거짓임을 보이면 된다. 6이 소수라고 했는데 소수는 약수로 1과 자기 자신만을 가져야 한다. 그런데 6의 약수는 1, 2, 3, 6이므로 6은 소수가 아니다. 그러므로 '만일 6이 소수라면, $6^2 = 30$이다.'는 참이다.

(2) P → Q의 자명한 증명법 trivial proof

Q가 참이라고 하면 $P \rightarrow Q$는 참이다. 그래서 $P \rightarrow Q$가 참임을 보이기 위해 Q가 참임을 보이는 방법이다.

예제 3-28 **자명한 증명법**

다음을 자명한 증명법에 따라 증명하라.

'만일 오늘 비가 온다면, $6^2=36$이다.'

풀이

자명한 증명법에 따르면 P → Q가 참임을 보이기 위해 Q가 참임을 보이면 된다. $6^2=36$은 참이다. 그러므로 '만일 오늘 비가 온다면, $6^2=36$이다.'는 참이다.

(3) P → Q의 직접 증명법 direct proof

P가 참이라고 할 때 P → Q가 참이기 위해서는 Q도 참이어야 한다. 그래서 P가 참이라고 할 때 Q도 참임을 보이는 방법이다.

예제 3-29 **직접 증명법 (1)**

모든 자연수 n에 대해 n^3+n이 짝수임을 증명하라.

풀이

n이 자연수이므로 두 가지 경우로 나누어서 증명한다.

(1) n이 짝수인 경우

$n=2k$(k는 자연수)라 하면 다음과 같다.

$$n^3+n=(2k)^3+2k=8k^3+2k=2(4k^3+k)$$

그러므로 n^3+n은 2의 배수이다. 즉 짝수임을 알 수 있다.

(2) n이 홀수인 경우

$n=2k-1$(k는 자연수)이라 하면 다음과 같다.

$$\begin{aligned}n^3+n&=(2k-1)^3+2k-1=(8k^3-12k^2+6k-1)+(2k-1)\\&=8k^3-12k^2+8k-2=2(4k^3-6k^2+4k-1)\end{aligned}$$

그러므로 n^3+n은 2의 배수이다. 즉 짝수임을 알 수 있다.

따라서 (1)과 (2)에 의해 모든 자연수 n에 대해 n^3+n이 짝수이다.

예제 3-30 직접 증명법 (2)

만약 $6x+9y=101$이면, x 또는 y는 정수가 아님을 증명하라.

풀이

$P \to Q$의 직접 증명법에서는 P가 참이라고 가정하므로 $6x+9y=101$은 참이다. $6x+9y=101$은 $3(2x+3y)=101$로 나타낼 수 있다. 그런데 101이 3으로 나누어떨어지지 않으므로 $2x+3y$는 정수가 아니다. 그러므로 x 또는 y는 정수가 아니다.

(4) 간접 증명법 indirect proof

가정으로부터 추론에 의해 결론에 직접 도달하기 어려운 경우에 간접적으로 결론이 참임을 이끌어내는 방법으로 대우 증명법, 모순 증명법(배리법), 존재 증명법, 반례 증명법 등이 있다.

① 대우 증명법 proof by contraposition

$P \to Q$와 $\neg Q \to \neg P$가 논리적으로 동치이므로, $\neg Q \to \neg P$가 참임을 보임으로써 $P \to Q$가 참임을 보이는 방법이다.

정의 3-8 완전수

완전수 perfect number는 자기 자신을 제외한 모든 약수들의 합과 자기 자신이 같은 수이다.

예를 들어 6의 약수는 1, 2, 3, 6인데, 자기 자신을 제외하면 1, 2, 3이다. $1+2+3=6$이므로 6은 완전수이다.

예제 3-31 대우 증명법

'완전수는 소수가 아니다.'가 참임을 증명하라.

풀이

대우를 이용해 증명한다. 이 명제의 대우는 '소수는 완전수가 아니다.'이다. 그러므로 '완전수는 소수가 아니다.'가 참임을 증명하기 위해 '소수는 완전수가 아니다.'가 참임을 보이면 된다. q를 소수라고 하면 $q \geq 2$이고 q의 약수는 1과 q이다. 이때 q를 제외한 약수는 1밖에 없으므로 q를 제외한 약수의 합은 1이다. 따라서 q를 소수라고 가정하니 q는 완전수가 아니다. 그러므로 완전수는 소수가 아니다.

❷ 모순 증명법(배리법) proof by contradiction

$P \rightarrow Q$와 $\neg(P \wedge \neg Q)$가 동치임을 이용해 $(P \wedge \neg Q)$가 거짓임을 보임으로써, 주어진 명제가 참임을 보이는 방법이다. 즉 결론(Q)을 거짓이라고 가정하면 모순이 됨을 보이는 방법이다.

예제 3-32 모순 증명법 (1)

실수 a, b에 대해 $a+b-2>0$이면 $a>1$ 또는 $b>1$임을 증명하라.

풀이

가정(P) : $a+b-2>0$

결론(Q) : $(a>1) \vee (b>1)$

(1) 모순 증명법이므로 결론의 부정을 구하면 $\neg Q$: $(a \leq 1) \wedge (b \leq 1)$이다. 따라서 다음과 같다.

$$(a-1 \leq 0) \wedge (b-1 \leq 0)$$
$$a+b-2=(a-1)+(b-1) \leq 0$$

(2) 즉 $a+b-2 \leq 0$이므로 가정 $a+b-2>0$은 거짓이다.

(3) 따라서 주어진 명제는 참이다.

예제 3-33 모순 증명법 (2)

'가장 큰 소수 largest prime number 는 존재하지 않는다.'가 참임을 증명하라.

풀이

가장 큰 소수 q가 존재한다면 모든 소수는 1보다 크고 q보다 크지 않으므로 소수의 개수는 유한하다. 2부터 q까지의 소수를 곱한 것을 r이라 하면 $r=2\times3\times5\times7\times\cdots\times q$이다. 이때 $r+1$은 소수이다. 왜냐하면 $r+1$을 2부터 q까지의 어느 소수로 나누어도 나머지가 1이기 때문이다. 즉 1과 $r+1$을 제외한 어떠한 두 정수의 곱으로도 $r+1$을 나타낼 수 없다. $r>q$이고 $r+1$은 q보다 큰 소수이므로 q가 가장 큰 소수라는 전제는 거짓이다. 그러므로 주어진 명제는 참이다.

❸ 존재 증명법 existence proof

P(x)를 x라는 변수를 갖는 명제라고 할 때, P(x)가 참이 되는 x가 존재함을 보이는 것이다. 즉 $\exists x$, P(x)이다. 쉽게 설명하면 주어진 명제가 참이 되는 예를 찾아 증명하는 방법이다.

예제 3-34 존재 증명법 (1)

$a(a \neq 0)$, b가 실수이면 방정식 $ax+b=0$을 만족하는 실수 x가 존재함을 존재 증명법으로 보여라.

풀이

a가 0이 아니므로 방정식 $ax+b=0$의 양변을 a로 나누어 이항하면 $x=-\frac{b}{a}$이다. 즉 방정식을 만족하는 실수 x가 존재한다. 그러므로 명제는 참이다.

예제 3-35 존재 증명법 (2)

$x^2+y^2=z^2$을 만족하는 정수 x, y, z가 존재함을 보여라.

풀이

$x=3$, $y=4$, $z=5$라고 하면 다음이 성립한다.

$$x^2+y^2=3^2+4^2=9+16=25=5^2$$

그러므로 주어진 명제는 참이다.

❹ 반례 증명법 proof by counter-example

주어진 명제의 모순이 되는 예를 찾아 증명하는 방법이다.

예제 3-36 반례 증명법

다음 명제가 거짓임을 보여라.

'a가 소수이면 $a+3$도 소수이다.'

풀이

$a=3$인 경우 $3+3=6$이므로 소수가 아니다. 그러므로 주어진 명제는 거짓이다. 그리고 $a=3$을 이 명제의 반례라고 한다.

수학적 귀납법

새로운 결과를 얻기 위한 대표적인 논증 방법에는 연역법과 귀납법이 있다. **연역법**deduction은 일반적인 사실이나 원리들을 전제로 하여 추론을 통해 구체적인 새로운 사실을 이끌어내는 방법이다. 이 과정에서는 직접 보고 듣고 느끼는 등의 경험이 필요하지 않고 순수한 생각만 사용한다. 연역법의 가장 전형적인 예로 가언 삼단 논법이 있다. '소크라테스는 사람이다.', '사람은 죽는다.', 그러므로 '소크라테스는 죽는다.'이다. 즉 가정으로부터 결론을 이끌어내는 추론이다. **귀납법**induction은 연역법과는 정반대의 방식이다. 개별적인 사실들을 종합하여 일반적인 원리를 도출해내는 것으로, 관찰과 실험에 기반을 둔 가설로부터 귀납 추론을 통해 일반적인 규칙을 입증하는 것이다. 여기에서는 귀납법 중 수학적 귀납법에 대해 설명한다.[1]

정의 3-9 수학적 귀납법

수학적 귀납법mathematical induction은 k를 어떤 정수라고 할 때, 어떤 명제 $\mathrm{P}(n)$이 $n \geq k$ (단, $n \in \mathbb{Z}$)인 모든 정수 n에 대해 참임을 보이기 위한 방법으로, 다음과 같이 증명하는 방법이다.

(1) $\mathrm{P}(k)$는 참이다.
(2) $n \geq k$인 모든 정수 n에 대해 $\mathrm{P}(n)$이 참이라고 가정하면 $\mathrm{P}(n+1)$도 참이다.

[정의 3-9]에서 (1)을 **기초 단계**라 하고, (2)를 **귀납적 단계**라고 한다. 기초 단계와 귀납적 단계가 성립함을 보이면 어떤 명제 $\mathrm{P}(n)$은 $n \geq k$인 모든 정수 n에 대해 참이 된다. 이와 같은 증명 방법을 수학적 귀납법이라고 한다. 기초 단계는 명제 $\mathrm{P}(n)$을 만족하는 가장 작은 조건값에 대해 명제 $\mathrm{P}(n)$이 성립함을 보이는 것이고, 귀납적 단계는 명제 $\mathrm{P}(n)$이 참이라고 할 때 명제 $\mathrm{P}(n+1)$도 참이 됨을 보이는 것이다.

예제 3-37 수학적 귀납법 (1)

수학적 귀납법을 이용해 다음이 성립함을 보여라.

$$1+3+5+\cdots+(2n-1)=n^2 \text{ (단, } n \geq 1\text{은 정수)}$$

풀이

$\mathrm{P}(n)$: $1+3+5+\cdots+(2n-1)=n^2$이라고 하자.

1 귀납적 정의(inductive definition)를 따르는 재귀법(recursion)에 대해서는 11.4절에서 자세히 설명한다.

(1) **기초 단계** : P(1)이 참임을 보인다.

$$(\text{좌변}) = 1, \quad (\text{우변}) = \frac{1(1+1)}{2} = 1^2 = 1$$

그러므로 P(1)은 참이다.

(2) **귀납적 단계** : $n \geq 1$에 대해 $P(n) : 1+3+5+ \cdots +(2n-1) = n^2$이 참이라고 할 때, $P(n+1)$이 참임을 보이는 방법이다.

$$\begin{aligned}(P(n+1)\text{의 좌변}) &= 1+3+5+ \cdots +(2n-1)+\{2(n+1)-1\} \\ &= n^2+\{2(n+1)-1\} \quad (\because \text{ 가정에서 } P(n)\text{이 참이므로}) \\ &= n^2+2n+1 \\ &= (n+1)^2 = (P(n+1)\text{의 우변})\end{aligned}$$

이로부터 $P(n)$이 참이면 $P(n+1)$도 참이 된다.

따라서 수학적 귀납법에 의해 $n \geq 1$인 모든 정수 n에 대해 $P(n)$은 참이다.

예제 3-38 수학적 귀납법 (2)

$n \geq 3$인 모든 정수 n에 대해 $n! > 2^{n-1}$임을 수학적 귀납법으로 보여라.

풀이

(1) **기초 단계** : $n \geq 3$이므로 n으로 놓을 수 있는 가장 작은 정수는 $n=3$이다.

$$(\text{좌변}) = n! = 3! = 6, \quad (\text{우변}) = 2^{n-1} = 2^2 = 4$$

그러므로 (좌변) > (우변)이다. 즉 $n=3$일 때 참이다.

(2) **귀납적 단계** : $n \geq 3$인 모든 정수 n에 대해 명제 $P(n)$인 $n! > 2^{n-1}$은 참이다. P $(n+1)$이 참임을 보이기 위해 $(n+1)! > 2^n$임을 보이면 된다.

$$\begin{aligned}(n+1)! &= (n+1) \cdot n! \\ &> (n+1) \cdot 2^{n-1} \quad (\because \text{ 가정에서 } P(n)\text{이 참이므로}) \\ &> 2 \cdot 2^{n-1} \quad (\because n \geq 3) \\ &> 2^n\end{aligned}$$

이로부터 $P(n)$이 참이면 $P(n+1)$도 참이 된다.

따라서 수학적 귀납법에 의해 $n \geq 3$인 모든 정수 n에 대해 $n! > 2^{n-1}$이다.

프로그램 검증

간단하게 컴퓨터 **프로그램 검증**program verification에 대해 알아보자. 우리는 어떤 문제를 해결하기 위해 프로그램을 작성한다. 이 프로그램이 항상 정확한 결과를 생성한다는 것을 어떻게 확신할 수 있는가? 프로그래머에게는 너무나도 어려운 문제이다. 프로그래머 입장에서는 최대한 검증을 해야만 한다. 하지만 원칙적으로 모든 프로그램의 정확성을 검증하는 방법은 존재하지 않는다.[2]

프로그램 검증은 소프트웨어 개발과 품질에 관한 부분이다. 소프트웨어의 품질이란 프로그램이 정상적으로 작동하고, 고객이 의도한 대로 요구사항을 올바르게 정의하며, 그 명시된 요구사항을 만족시키는 것을 말한다.

정확한 프로그램이 되기 위해서는 구문 에러syntax error를 포함하지 않아야 하고, 예상치 못하게 끝나서도 안 되며, 주어진 입력에 대해 정확한 결과를 도출해야만 한다. 즉 수학적 검증 방법들을 통해 프로그램의 결과가 정확한지, 프로그램이 정상 종료되는지, 변수들의 값이 어떻게 변하는지 등을 검증하는 것이다.

프로그램의 검증 방법에는 정적인 방법과 동적인 방법이 있다.

(1) 정적static인 방법

이 방법은 프로그램을 실행하지 않고 결함을 찾아내는 것으로, 여러 참여자들이 모여 프로그램을 검토하여 결함을 찾아내는 것이다. 수학적 귀납법을 포함하여 앞에서 설명한 추론 규칙과 증명 방법들을 사용하기도 한다. 또한 프로그램을 일련의 부프로그램들로 분할하고, 각 부프로그램들이 정확하다는 것을 보임으로써 프로그램의 정확성을 증명하는 유용한 추론 규칙들도 있다. 정적으로 에러를 검출하는 컴파일러는 프로그램 검증 도구 중 대표적인 것이다.

프로그램을 정적으로 검증하는 가장 기본적인 방법은 각각의 문장에 대한 기본 흐름도가 잘 되어 있는지 확인하는 것이다. 일반적으로 다음의 3가지 구조를 검증한다.

- **순차문**sequential statements : 명령들이 순차적으로 실행되는지?
- **조건문**conditional statements : 주어진 조건이 참인지 거짓인지에 따라 명령문을 선택하여 실행하는지?
- **반복문**repeated statements : 조건이 참인 동안 명령문을 반복 실행하는지?

이들에 대한 순서도는 [그림 3-2]와 같다.

2 이 사실은 앨런 튜링(Alan Turing)이 증명했다.

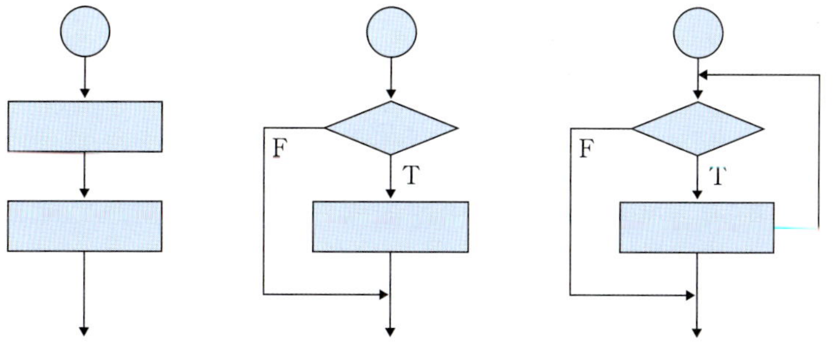

(a) 순차문　(b) 조건문　(c) 반복문

[그림 3-2] **순서도 표현**

특히 반복문에서 루프를 빠져나가는 문장과 goto와 같은 무조건 분기문을 사용할 경우에는 프로그램의 정확성을 검증하는 데 각별히 유의해야 한다. 일반적으로 소스 프로그램을 검토할 때의 체크 리스트는 다음과 같다.

- 요구사항 명세서에 기술된 기능은 충분히 코드에서 실행되는가?
- 요구사항 명세서에 기술되지 않은 추가적인 기능이 코드에서 실행되지는 않는가?
- 메소드 method 리턴값은 적절하게 사용되는가?
- 모든 지역/전역 변수가 사용 전에 초기화되는가?
- 메소드는 정확하게 호출되는가?

(2) 동적 dynamic 인 방법

이 방법은 소프트웨어를 실행하여 결함을 찾아내는 방법으로, 시험 데이터를 통해 테스팅하는 방법을 이용해 결함을 찾아내는 것이다. 요구사항 명세서나 설계서를 참조하면서 수행하는 **블랙박스 테스팅** black-box testing 은 로직에는 관심이 없고 단지 입력값과 출력값을 테스트하며, 주로 경계값들을 테스트한다. 소스 코드를 직접 참조하면서 수행하는 **화이트박스 테스팅** white-box testing 은 모든 코드가 한 번은 실행되도록 입력하는 문장의 범위 coverage 와 분기 branch, 조건 condition, 다중 조건 multiple condition 등을 주로 테스트한다.

예제 3-39 **프로그램 검증**

다음과 같이 1부터 n까지의 합을 구하는 프로그램의 정확성을 검증하라.

```
void sum0
  {
    int i, n, sum =0;
    scanf("%d", &n);
    for(i=1; i < n; i++)
      sum += i;
    printf("%d, %d", n, sum);
  }
```

풀이

sum의 초깃값이 0이고 for 문장을 한 번 수행하면 i=1의 값이 sum에 더해져서 sum=1이 된다. 여기서 for 문장을 한 번 더 수행하면 sum=1+2가 된다.

이와 같은 방법으로 n번을 수행하면 다음과 같다.

```
sum = 1
sum = 1+2
sum = 1+2+3
  ⋮
sum = 1+2+3 + … +(n-1)
sum = 1+2+3 + … +(n-1)+n
```

따라서 이 프로그램이 수학적 귀납법의 방식과 같이 1부터 n까지의 합을 정확하게 구한다는 것을 검증했다.

SECTION 3.4 응용 : 지식 베이스 시스템

지식 베이스 시스템knowledge-based system은 전문가 시스템의 구성 요소 중 하나로서, 인공지능 에이전트agent가 사용될 분야와 관련한 지적 활동과 경험을 통해 축적한 전문 지식, 그리고 문제 해결에 필요한 사실과 규칙 등이 저장되어 있는 데이터베이스 시스템이다. 이 분야는 논리 추론 개념을 응용할 수 있는 컴퓨터 분야이다.

인공지능의 개념은 2016년 세기의 대결이라는 이세돌과 알파고AlphaGo의 바둑으로 많은 사람들이 관심을 가지기 시작했다. **인공지능**(AI)Artificial Intelligence이란 인공적으로 만든 지능으로, 본능적이거나 자동적으로 행동하는 대신에 생각하고 이해하여 행동하는 능력이다. 인공지능이라는 용어는 존 매카시John McCarthy가 처음 제안했고, 사람의 생각과 관련한 활동으로 의사결정, 문제 해결, 학습 등의 활동을 자동화하는 것을 의미한다. 즉 인간처럼 사고하고 감지하며 행동하도록 설계된 기계이다.

수십 년 동안 인공지능 분야에 있는 로보틱스robotics, 게임 놀이game playing, 문제 해결problem solving, 자연어 처리natural language processing 및 패턴 인식pattern matching 등에 대한 연구가 많이 진전했다. 또한 최근에는 머신러닝과 딥러닝이 대세를 이루고 있다. **머신러닝**machine learning이란 인공지능의 한 분야로 알고리즘을 이용해 데이터를 분석하고, 분석을 통해 학습하며, 학습한 내용을 기반으로 판단이나 예측을 하는 분야이다. 머신러닝에서 가장 많이 설명하는 개인지 고양이인지를 구분하는 것은 개와 고양이에 대한 수많은 데이터를 주고 그 데이터를 통해 학습하여 나중에는 고양이와 개를 구분하는 것이다. 최근에는 인공지능, 검색, 맞춤형 광고, 음성 인식, 자율 운전 등에서 유의미한 결과를 얻고 있다. 머신러닝이 가장 많이 활용되는 분야는 스팸 메시지와 비 스팸 메시지의 분류, 사용자의 선호를 학습하여 추천하는 추천 시스템 구축, 게임이나 스포츠 등에서의 승률 예측 등이 있다. **딥러닝**deep learning은 머신러닝의 한 분야로, 뇌의 뉴런과 유사한 정보 입출력 계층을 활용해 데이터를 학습하는 분야이다. 병렬 연산에 최적화된 GPU Graphics Processing Unit의 등장으로 진정한 딥러닝이 등장했다. 딥러닝의 핵심은 분류를 통한 예측이다. 수많은 자료 속에서 패턴을 발견해 인간이 사물을 구분하듯이 컴퓨터가 자료를 분류하는 것으로 음성 인식, 이미지 인식, 번역 등에 사용되고 있다. 이러한 인공지능의 일부에 정규 논리formal logic 개념을 응용하여 기계가 전문가의 전문 지식을 추론하여 전문가와 동등한 수준에서 문제를 해결할 수 있도록 하는 것이 **전문가 시스템**expert system이다. 전문가 시스템은 의료 진단medical diagnosis, 논리 분석logic analysis, 음성 이해

speech understanding, 화학, 수학 등의 분야에서 주요하게 수행되고 있다.

전문가가 가진 전문 지식을 이용하고자 하는 시도를 처음 성공한 사람은 미국 스탠포드대학교의 에드워드 A. 파이겐바움 Edward A. Feigenbaum 교수이며, 가장 성공적인 작품은 MYCIN이다. MYCIN은 의사가 환자를 진찰한 결과와 검사 결과에 나온 세균명 등을 입력하면 병명을 결정하여 어떤 항생 물질을 얼마 정도 복용하면 좋을지 등의 치료법을 알려주는 전문가 시스템이다. 전문가 시스템은 사실들을 저장하는 **데이터베이스**, 추론 규칙을 가지고 있는 **지식 기반 시스템**, 그리고 사실들과 규칙으로부터 새로운 사실을 추론하는 **추론 기관** inference engine, 사용자들의 요구사항을 받는 **사용자 인터페이스** 등으로 구성되어 있다. 추론 기관은 전문가 시스템에게 문제를 풀 수 있는 능력을 부여한다. [그림 3-3]은 전문가 시스템의 구조이다.

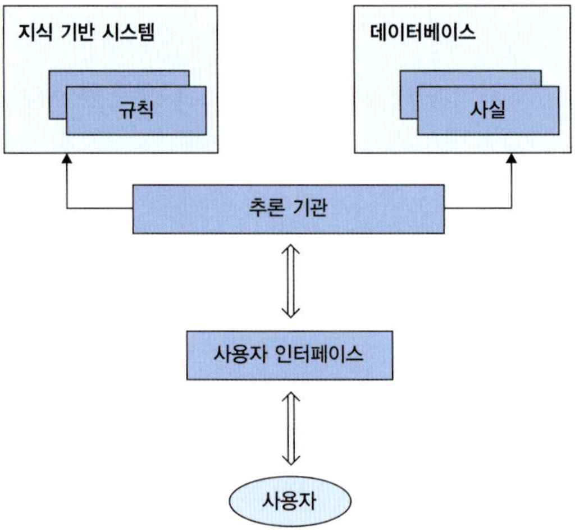

[그림 3-3] 전문가 시스템의 구조

[그림 3-3]에서 사용자가 추론 기관에 사용자의 요구사항을 전달하면 주어진 문제를 해결하기 위해 추론 기관은 지식 기반 시스템에 있는 규칙들과 사실들을 저장하고 있는 데이터베이스를 탐색하고, 새로운 사실들을 추론하고 제어한다. 그리고 이렇게 얻은 새로운 사실들을 사용자에게 다시 전달해주는 시스템이 전문가 시스템이다.

다음 예제를 통해 전문가 시스템 사용의 예를 살펴보자. 한 가족에 대해 간단한 전문가 시스템에서 사용되는 사실과 규칙들의 집합을 살펴볼 수 있다.

예제 3-40 지식 베이스 시스템

어떤 전문가 시스템에 다음과 같이 표현된 사실들이 있다고 하자.

- A는 F의 아버지이다.
- A는 G의 아버지이다.
- C는 F의 어머니이다.
- C는 G의 어머니이다.

- B는 A의 형이다.
- A는 C의 남편이다.
- A는 남자이다.
- B는 남자이다.
- C는 여자이다.
- D는 여자이다.
- D는 B의 아내이다.
- E는 F보다 나이가 더 많다.
- D는 E의 어머니이다.
- F는 여자이다.
- E는 남자이다.
- G는 여자이다.
- E는 G보다 나이가 더 많다.
- D는 A보다 나이가 더 많다.
- B는 D보다 나이가 더 많다.

그리고 다음과 같은 규칙을 갖는다.

1. 만일 X가 Y의 남편이라면 Y는 X의 아내이다.
2. 만일 X가 Y의 아내라면 Y는 X의 남편이다.
3. 만일 X가 Y의 아버지이거나 X가 Y의 어머니이고 Y가 여자라면 Y는 X의 딸이다.
4. 만일 X가 Y의 아버지이거나 X가 Y의 어머니라면 X는 Y의 부모이다.
5. 만일 X가 Y의 딸이고 Y가 Z의 형이라면 X는 Z의 조카이다.
6. 만일 X가 Y의 조카이고 Y가 남자라면 Y는 X의 삼촌이다.

기본 사실이나 추론 규칙들이 주어질 때, 전문가 시스템은 어떤 문제에 대해 대답할 수 있다. 이 전문가 시스템에서 대답할 수 없을 때에는 '모른다.'라고 대답한다고 가정하자. 이 전문가 시스템에서 다음 질문에 대한 답을 어떻게 할지 설명하라.

'B는 D의 남편인가?'

풀이

먼저 B와 D에 대한 사실들을 찾으면 다음과 같다.

- B는 A의 형이다.
- D는 B의 아내이다.
- D는 여자이다.
- D는 E의 어머니이다.
- B는 남자이다.
- B는 D보다 나이가 많다.

위와 같은 사실로 그 문제에 대한 대답을 직접 할 수는 없다. 그래서 추론을 해야만 한다. 추론 규칙에서 결론이 '~의 남편'인 것을 찾는다.

그것은 2번 추론 규칙이다. 2번에 따라 X가 Y의 아내라면 Y는 X의 남편이다. 따라서 'B는 D의 남편인가?'를 물어보고 있으니, 2번 규칙에 의하면 D는 B의 아내가 된다. 사실 중에 'D는 B의 아내'가 있으므로 B는 D의 남편이 된다. 그래서 대답은 '그렇다.'이다.

CHAPTER

03 연습문제

Section 3.1

1. 수학적 모델을 구성하는 구성 요소에 대한 설명으로 옳지 않은 것은 무엇인가?

① 수학적 모델이 되기 위한 현상이나 과정이 있어야 한다.
② 수학적 모델을 구성하기 위해서는 컴퓨터가 있어야 한다.
③ 객체들의 중요한 성질을 표현하기 위한 수학적 구조가 있어야 한다.
④ 현상 또는 과정과 수학적 구조를 대응시키기 위한 대응관계가 있어야 한다.

2. 수학적 모델을 만드는 이유에 대한 설명으로 옳지 않은 것은 무엇인가?

① 조사와 예측을 하기 위해 사용된다.
② 현실 세계의 문제를 자동적으로 풀 수 있다.
③ 어떤 계산을 하는 데 편리한 방법을 제공한다.
④ 현상이나 과정을 비유된 형태로 나타냄으로써 정보를 쉽게 알 수 있다.

3. 수학적 모델의 구성에 대해 설명하라.

4. 어떤 학교에서 학교 전체에 대한 전산망을 설치하려고 한다. 학교 전체의 건물은 6개로 구성되어 있다. 각 건물을 정점이라 하고, 각 정점들을 연결하는 간선을 가지고 정점들을 간선으로 연결하는 방법을 제안하라. 그리고 각 방법에 대한 장점과 단점을 논하라.

Section 3.2

5. 다음 문장 중에서 명제가 아닌 것은 무엇인가?

① 9는 홀수이다.
② 8은 소수이다.
③ 24는 정수이다.
④ 공부를 열심히 해야 한다.

6. 명제와 관련된 설명 중 옳지 않은 것은 무엇인가?

① 공리란 참이라고 가정한 최초의 명제이다.
② 사건이란 항상 거짓의 진릿값을 가지는 명제이다.
③ 항진명제란 항상 참의 진릿값을 가지는 명제이다.
④ 명제란 참이나 거짓 중 단 하나만 갖는 문장을 말한다.

7. 다음 중 항진명제가 아닌 것은 무엇인가?

① $P \lor \neg P$ ② $P \land \neg P$
③ $P \to P \lor Q$ ④ $P \land Q \to P$

8. '비가 오면 나는 외출하지 않겠다.'와 동치인 명제는 무엇인가?

① 내가 외출하면 비가 온다.
② 내가 외출하면 비가 오지 않는다.
③ 내가 외출하지 않으면 비가 온다.
④ 내가 외출하지 않으면 비가 오지 않는다.

9. 한 객체의 성질이나 객체와 객체 사이의 관계를 표현하는 것은 무엇인가?

① 추론 ② 술어
③ 전체 한정자 ④ 존재 한정자

10. 다음의 가정에서 추론되는 결론은 무엇인가?

가정 1 : 나는 뛰면 숨이 차다.
가정 2 : 나는 지금 숨이 차지 않는다.

① 나는 뛴다.
② 나는 숨이 차다.
③ 나는 뛰지 않는다.
④ 나는 숨이 차지 않는다.

11. 다음 추론에서 옳지 않은 것은 무엇인가?

① $P \to (P \lor Q)$ ② $(P \land (P \to Q)) \to Q$
③ $(\neg Q \land (P \to Q)) \to \neg P$ ④ $((P \to \neg Q) \land (Q \to R)) \to (P \to R)$

12. 진리표를 이용해 $P \Leftrightarrow Q$가 참이면 $P \to Q$와 $Q \to P$가 참임을 보여라. 또한 $P \to Q$와 $Q \to P$가 참이면 $P \Leftrightarrow Q$가 참임을 보여라.

13. 다음 명제들이 항진명제인지, 모순명제인지, 사건명제인지를 판단하라.

(a) $P \vee \neg P$
(b) $P \wedge \neg P$
(c) $P \rightarrow \neg(\neg P)$
(d) $\neg(P \wedge Q) \Leftrightarrow (\neg P \vee \neg Q)$
(e) $\neg(P \vee Q) \Leftrightarrow (\neg P \wedge \neg Q)$
(f) $(P \rightarrow Q) \Leftrightarrow (\neg Q \rightarrow \neg P)$
(g) $(P \rightarrow Q) \wedge (Q \rightarrow P)$
(h) $(P \wedge (Q \vee R)) \rightarrow ((P \wedge Q) \vee (P \wedge R))$
(i) $(P \wedge \neg Q) \rightarrow Q$
(j) $(P \vee \neg Q) \rightarrow Q$

14. 다음 명제의 역과 대우를 설명하라.

(a) 비가 오면 나는 외출하지 않겠다.
(b) 네가 외출하는 한 나는 집에 머무르겠다.
(c) 어떤 도움이 없으면 나는 일을 마칠 수 없다.

15. 항등을 이용해 다음을 $\wedge$과 $\neg$만으로 표현하라.

(a) $P \vee Q \vee \neg R$
(b) $P \vee ((\neg Q \wedge R) \rightarrow P)$
(c) $P \rightarrow (Q \rightarrow R)$

16. $x-y=z$를 $P(x, y, z)$로 표현할 때, 다음 명제를 술어와 한정자를 이용해 표현하라.

(a) 모든 x, y에 대해 $x-y=z$와 같이 되는 어떤 z가 존재한다.
(b) 어떤 정수로부터 0을 빼면 그 결과는 원래 정수이다.

17. 정수의 영역에서 $xy=z$는 $P(x, y, z)$로, $x=y$는 $E(x, y)$로, $x>y$는 $G(x, y)$로 표현할 때, 다음 명제들을 술어와 한정자를 이용해 표현하라.

(a) 만일 $y=1$이라면 모든 x에 대해 $xy=x$이다.
(b) $3x=6$일 필요충분조건은 $x=2$이다.
(c) $x \leq y$와 $y \leq x$는 $y=x$에 대한 충분조건이다.
(d) 만일 $x<y$이고 $z<0$이면 $xz>yz$이다.

18. 다음의 가정에서 추론되는 결론을 구하라.

(a) 나의 프로그램이 수행 중이면 나는 행복하다.
내가 행복하면 태양이 빛난다.
지금은 11시이므로 어둡다.
(b) 모든 삼각함수는 주기periodic함수이고 모든 주기함수는 연속함수이다.

19. 다음 명제가 참인지 거짓인지 결정하라.

'만약 2가 홀수이거나 소크라테스가 사람이 아니라면, 지구는 회전하지 않을 것이다. 만약 지구가 회전하지 않는다면, 소금은 짜지 않을 것이다. 그러나 소금은 짜다. 그러므로 소크라테스는 사람이다.'

20. 다음 명제가 참인지 거짓인지 결정하라.

'오후에는 해가 뜨지 않고, 어제보다 더 추웠다. 만일 해가 뜬다면 수영하러 갈 것이다. 만일 수영하러 가지 않는다면, 여행을 갈 것이다. 만일 여행을 간다면, 해가 져서 집에 있을 것이다. 그러므로 우리는 해가 져서 집에 있을 것이다.'

21. 다음을 고려해보자.

$$\forall x,\ (P(x) \lor Q(x)) \Leftrightarrow (\forall x,\ P(x) \lor \forall x,\ Q(x))$$

위의 논리적 동치를 다음과 같이 증명하려고 한다. 잘못된 부분을 지적하고 설명하라.

$$\begin{aligned}\forall x,\ (P(x) \lor Q(x)) &\Leftrightarrow \neg\exists x,\ \neg(P(x) \lor Q(x)) \\ &\Leftrightarrow \neg\exists x,\ (\neg P(x) \land \neg Q(x)) \\ &\Leftrightarrow \neg(\exists x,\ \neg P(x) \land \exists x,\ \neg Q(x)) \\ &\Leftrightarrow (\neg\exists x,\ \neg P(x) \lor \neg\exists x,\ \neg Q(x)) \\ &\Leftrightarrow \forall x,\ P(x) \lor \forall x,\ Q(x)\end{aligned}$$

Section 3.3

22. 다음 증명 방법에 대한 설명 중 옳지 <u>않은</u> 것은 무엇인가?

① 반례 증명법은 $\exists x,\ P(x)$가 참임을 보이는 방법이다.
② 배리법이란 P가 참임을 보이기 위해 $\neg$P가 거짓임을 보이는 것이다.
③ 명제 $P(x)$를 만족하는 참인 x가 존재함을 보이는 방법을 존재 증명법이라고 한다.
④ $P \to Q$의 대우를 이용하는 증명 방법은 $P \to Q$가 참임을 보이기 위해 $\neg Q \to \neg P$가 참임을 보이는 것을 말한다.

23. 다음 중 완전수는 무엇인가?

① 12　　② 27　　③ 357　　④ 496

24. 다음 증명 방법에 대한 설명 중 옳지 않은 것은 무엇인가?

① 모순 증명법이란 P가 참임을 보이기 위해 ¬P가 거짓임을 보이는 것이다.
② P → Q의 자명한 증명법이란 P → Q가 참임을 보이기 위해 Q가 참임을 보이는 것이다.
③ P → Q의 공허한 증명법이란 P → Q가 참임을 보이기 위해 P가 거짓임을 보이는 것이다.
④ P → Q의 직접 증명법이란 P가 참이라고 하면 P → Q가 참이 되게 하기 위해 Q도 참임을 보이는 것이다.

25. 다음 중 객체들의 연속을 정의하기 위해 사용되거나 명제가 참임을 증명하기 위해 사용되는 것은 무엇인가?

① 스택　② 시뮬레이션　③ 수학적 귀납법　④ 가우스 소거법

26. 정수의 집합 $\mathbb{Z}$가 있고 다음과 같은 5개의 정의와 성질이 있을 때, (a)~(h)를 증명 또는 반증하라.

- 정수 n이 짝수일 필요충분조건은 어떤 정수 k에 대해 $n=2k$인 것이다.
- 정수 n이 홀수일 필요충분조건은 어떤 정수 k에 대해 $n=2k+1$인 것이다.
- 0이 아닌 두 정수의 곱이 양수가 될 필요충분조건은 두 정수의 부호가 같은 것이다.
- 모든 정수의 쌍 x와 y에 대해 다음의 세 가지 관계 중 어느 한 가지만 만족한다.

$$x > y,\ x = y,\ x < y$$

- $x > y$이면 $x-y$가 양수이고, $x=y$이면 $x-y$가 0이며, $x<y$이면 $x-y$가 음수이다.

(a) 제곱이 홀수인 정수는 홀수이다.
(b) 짝수인 두 정수를 더하면 짝수이다.
(c) 합이 홀수가 되는 두 개의 홀수가 있다.
(d) 제곱이 짝수인 소수가 존재한다.
(e) x^2+1이 음수인 정수 x는 존재하지 않는다.
(f) 어떠한 두 정수 x, y에 대해서도 $x-y$ 또는 $y-x$는 음수가 아니다.
(g) $1=3$이면 어떠한 정수의 제곱도 음수이다.
(h) 어떠한 정수의 제곱도 음수이면 $1=1$이다.

27. 수학적 귀납법을 이용해 다음이 성립함을 증명하라.

(a) $2+4+6+\cdots+2n = n(n+1)$ (단, $n \ge 1$)

(b) $4+8+12+\cdots+4n = 2n(n+1)$ (단, $n \ge 1$)

(c) $1^2+2^2+3^2+\cdots+n^2 = \dfrac{n(n+1)(2n+1)}{6}$ (단, $n \ge 1$)

(d) $2+2^2+2^3+\cdots+2^n = 2^{n+1}-2$ (단, $n \ge 1$)

(e) $n < 2^n$ (단, $n > 1$)

(f) $1+2+3+ \cdots +n < \dfrac{(2n+1)^2}{8}$ (단, $n \geq 1$)

(g) $1+a+a^2+ \cdots +a^{n-1} = \dfrac{a^n-1}{a-1}$ (단, $n \geq 1$)

(h) $n! \geq 2^{n-1}$ (단, $n \geq 1$)

28. 수학적 귀납법을 이용해 다음을 증명하라.

$$\overline{\left(\bigcap_{k=1}^{n} A_k\right)} = \bigcup_{k=1}^{n} \overline{A_k}$$

29. A_1, A_2, $\cdots$, A_n과 B가 전체집합 U의 부분집합이라고 할 때, 수학적 귀납법을 이용해 다음을 증명하라.

(a) $\left(\bigcup_{k=1}^{n} A_k\right) \cap B = \bigcup_{k=1}^{n} (A_k \cap B)$

(b) $\left(\bigcap_{k=1}^{n} A_k\right) \cup B = \bigcap_{k=1}^{n} (A_k \cup B)$

30. 블랙박스 테스팅에 대해 간단히 설명하라.

31. 화이트박스 테스팅에 대해 간단히 설명하라.

Section 3.4

32. [예제 3-40]의 시스템에 대해 다음 질문의 답을 규칙에 따라 유도하라.

(a) 누가 A의 아내인가?

(b) 누가 E의 부모인가?

(c) 누가 F의 삼촌인가?

(d) 누가 A의 어머니인가?

33. [예제 3-40]의 시스템에 대해 'X는 Y의 사촌이다.'라고 하는 결론을 낼 수 있는 규칙들을 추가하라.

CHAPTER

03 프로그래밍 실습

C 코드 파이썬 코드

1. 명제 변수가 2개인 합성명제에 대해 진리표를 구하는 프로그램을 작성하라. 그리고 [예제 3-6]의 합성명제 ¬(P∧Q)∧(¬P∨Q)에 적용하라. 연계 : 3.2절

문제 해석

이 문제는 합성명제와 논리 연산자에 대해 이해하고, 이를 이용해 진리표를 만드는 프로그램이다. 명제 변수가 P, Q로 2개이므로 두 명제의 조합은 총 4가지이다. 따라서 명제 P, Q에 대해 우선순위에 따라 진리표를 나타낸다. 결과를 생성하기 위해서는 본문에서처럼 우선순위에 따라 하나씩 연산이 되도록 한다.

코딩 실습

【 파이썬 코드 】

```
EXP_SIZE = 60                    # 합성명제의 길이를 위한 상수
OPERATOR_NUMBER = 10             # 명제 변수의 개수를 위한 상수
MAX_SIZE_TABLE = 26              # 논리표의 크기를 위한 상수

size = 0                         # 연산자
keys = [''] * MAX_SIZE_TABLE     # 연산자를 저장하기 위한 문자형 배열
values = [0] * MAX_SIZE_TABLE    # 비연산자를 저장하기 위한 배열(0으로 초기화)
NUM_OF_OPERAND = 0               # 비연산자의 개수를 위한 변수
NUM_OF_OPERATOR = 0              # 연산자의 개수를 위한 변수

result_table = []                # 결과 논리표를 저장하기 위한 메모리 공간
expression_result = []           # 계산된 합성명제를 저장하기 위한 메모리 공간

class Operator:
    def __init__(self, c = "", headarrive = 0, next = None):
        self.op = [''] * EXP_SIZE
        self.HeadArrive = headarrive
        self.Next = next

    def Push(head, c):
        Temp = head
        if head.HeadArrive == 0:
            head.Next = None   # 스택의 탑 노드이므로 Next는 None(C 코드에서는 Null)
            head.HeadArrive = 1
            head.op = c
            return head   # 헤드값을 리턴
        else:
            while Temp.Next != None:   # 스택의 탑 노드까지 찾아감
                Temp = Temp.Next
```

2. 괄호를 사용하지 않고, 연산자 우선순위는 ¬이 가장 높고 나머지 연산자들의 우선순위는 모두 같다고 가정한다. 결합법칙은 왼쪽 결합법칙을 가지고, 명제 변수들의 개수와 논리 연산자들의 개수를 받아서 합성명제에 대한 진리표를 작성하는 프로그램을 작성하라. [예제 3-13]의 합성명제 $((P \wedge Q) \vee \neg R \rightarrow P)$에 대한 진리표가 어떻게 나오는지 확인하라. 만약 [예제 3-13]의 결과와 같다면 왜 그런지도 확인해보자. 연계 : 3.2절

문제 해석

이 문제는 합성명제와 논리 연산자에 대해 이해하고, 이를 이용해 진리표를 만드는 프로그램이다. 이때 괄호를 사용하지 않고, 우선순위와 결합법칙을 이용해 계산한다. 일반적인 합성명제를 받아서 그에 대한 진리표를 작성하면 너무 많은 명제 변수들과 논리 연산자로 인해 프로그램이 매우 복잡해진다. 이를 조금 쉽게 프로그래밍하기 위해 명제 변수의 개수(최대 3개)와 논리 연산자의 개수(최대 4개)를 받아서 처리하는 프로그램을 작성한다. 조금 어려운 문제이지만 우선순위표를 작성하면 나머지 부분은 동일하므로 쉽게 할 수 있을 것이다.

또한 이 문제를 처리한 후 현재 우리가 사용하는 논리 연산자의 우선순위와 결합법칙대로 작성해보자. 논리 연산자의 우선순위는 ¬(부정) > ∧(논리곱) > ∨(논리합) > →(논리 함축) > ⇔(논리적 동치)이고, ¬(부정)은 오른쪽 결합법칙을, 나머지 연산자들은 왼쪽 결합법칙을 갖는다.

코딩 실습

【 파이썬 코드 】

```
EXP_SIZE = 50                   # 합성명제의 길이를 위한 상수
OPERATOR_NUMBER = 10            # 명제 변수의 개수를 위한 상수
MAX_SIZE_TABLE = 26             # 논리표의 크기를 위한 상수

size = 0                        # 연산자
keys = [''] * MAX_SIZE_TABLE    # 연산자를 저장하기 위한 문자형 배열
values = [0] * MAX_SIZE_TABLE   # 비연산자를 저장하기 위한 배열(0으로 초기화)
NUM_OF_OPERAND = 0              # 비연산자의 개수를 위한 변수
NUM_OF_OPERATOR = 0             # 연산자의 개수를 위한 변수

result_table = []               # 결과 논리표를 저장하기 위한 메모리 공간
expression_result = []          # 계산된 합성명제를 저장하기 위한 메모리 공간

class Operator:
    def __init__(self, c = "", headarrive = 0, next = None):
        self.op = [''] * EXP_SIZE
        self.HeadArrive = headarrive
        self.Next = next

    def Push(head, c):
        Temp = head
        if head.HeadArrive == 0:
            head.Next = None    # 스택의 탑 노드이므로 Next는 None(C 코드에서는 Null)
```

```
            head.HeadArrive = 1
            head.op = c
            return head    # 헤드값을 리턴
        else:
            while Temp.Next != None:   # 스택의 탑으로 찾아감
                Temp = Temp.Next

            NewNode = Operator(c, 0)   # 새로운 노드를 할당
            Temp.Next = NewNode
            head.HeadArrive += 1
```

3. 어떤 수가 완전수인지 판단하는 프로그램을 작성하라. 연계 : 3.3절

문제 해석

어떤 수가 있을 때 그 수가 완전수인지 판별하는 프로그램이다. 따라서 이 문제는 완전수가 무엇인지 정확히 안다면 쉽게 해결할 수 있다. 완전수란 자기 자신을 제외한 모든 약수의 합이 원래의 수와 같아지는 수이다. 이 프로그램은 어떤 수를 입력으로 받지 않고 1부터 2,000까지의 수 중에서 완전수를 찾도록 한다.

코딩 실습

【 파이썬 코드 】

```
from __future__ import print_function
from sys import stdin

def printf(str, *args):
    print(str % args, end = '')

for i in range(1, 2001):
    Per_num = 0              # 배수들의 합을 위한 변수
    j = 1                    # 배수를 위한 변수
    # 반복문으로 i에 대한 배수들의 합을 계산
    while j < i:
        if(i % j) == 0:
            Per_num += j
        j += 1
    # 계산된 합과 i값이 같으면 완전수라고 출력
    if Per_num == i:
        printf("%5d 는 완전수이다!\n" % i)

stdin.readline()
```

CHAPTER

04

집합

Set

Contents

■ 집합이란?

수학의 거의 모든 내용은 집합과 명제로 표현되므로, 수학을 공부하는 데 집합론은 필수이다. 집합론은 무한이라는 개념을 연구 대상으로 하는 학문이고, 집합은 공통 성질을 가진 객체들의 모임을 의미한다. 집합은 현대 수학의 가장 중요한 개념으로, 수학의 모든 분야에서 기초가 될 뿐만 아니라 일상생활에서도 많이 사용된다. 집합 개념을 기반으로 하여 논리적 추론, 관계, 함수, 부울 대수, 그래프, 언어 등의 다른 이산수학 관련 개념을 정의할 수 있다.

■ 집합의 응용 분야는?

집합이란 개념은 19세기 말에 독일 수학자 게오르크 칸토어Georg Cantor가 최초로 제안했다. 집합론이 주목받기 시작한 것은 1957년 10월 소련(현 러시아)이 미국보다 먼저 최초의 인공위성인 스푸트니크Sputnik 1호를 발사하면서부터이다. 이 사건은 미국의 수학 교육에 큰 영향을 미쳐, 이후 미국에서는 과학 및 수학 교육의 혁신론이 주장되어 수학 교육의 현대화 작업이 이루어졌다. 현대 수학은 집합론을 기초로 하여 대수학, 위상수학, 기하학, 해석학으로 구성되어 있다. 컴퓨터 분야에서도 집합론은 매우 많이 사용되는데, 이는 처리 대상인 자료를 집합으로 명확하게 표현하면 컴퓨터가 자료를 처리하기에 편리하기 때문이다.

■ 이 장에서 배우는 내용은?

4장에서는 집합의 정의부터 시작하여 전반적인 집합의 개념, 종류 및 집합과 관련한 다양한 성질을 알아본다. 또한 주어진 집합에 관한 여러 가지 연산과 집합 연산에 언제나 적용할 수 있는 집합의 대수적 성질을 살펴본다.

SECTION 4.1 집합의 개념

집합은 수학의 모든 분야에서 가장 기초가 되는 개념으로, 집합의 정의는 다음과 같다.

정의 4-1 집합

집합set은 공통 성질을 가진 객체들의 모임으로서, 대문자 A, B, C, $\cdots$로 표기한다. 집합을 구성하는 객체를 **원소**element, member라고 하고, 소문자 a, b, c, $\cdots$로 표기한다. 'x가 집합 S의 원소이다.'라는 의미는 $x \in S$로 표기하고, 'x가 S의 원소가 아니다.'라는 의미는 $x \notin S$로 표기한다.

집합에 속한 원소의 기준은 명확하고 객관적이어야 한다. 예를 들어 잘생긴 사람들의 모임은 집합일까? 집합이 아니다. 왜냐하면 '잘생긴'이라는 기준은 사람마다 다를 수 있어 객관적이지 않기 때문이다. 반면에 컴퓨터소프트웨어학과 학생들의 모임은 집합이다. 왜냐하면 기준이 명확하고 객관적이기 때문이다.

예제 4-1 집합의 원소

집합 $S=\{2, 4, 6, 8\}$에 대해 4, 5, 6이 원소인지 아닌지 판단하라.

풀이

$S=\{2, 4, 6, 8\}$이면 4와 6은 집합 S의 원소이고 5는 집합 S의 원소가 아니다. 즉 $4 \in S$, $6 \in S$이고 $5 \notin S$이다.

집합을 표현하는 기본적인 방법에는 원소나열법과 조건제시법이 있다.

(1) 원소나열법

원소나열법은 집합에 속한 원소를 모두 나열해 표현하는 방법으로, 이때 중괄호 { }를 이용해 나열한다. 예를 들어 집합 S의 원소가 1, 2, 3, 4, 5일 때, 원소나열법으로 표현하면 $S=\{1, 2, 3, 4, 5\}$이다.

(2) 조건제시법

조건제시법은 집합에 속한 원소들의 공통적인 성질을 기술하여 집합을 표현하는 방법으로, 다음과 같이 나타낸다.

$$A = \{x \mid \mathrm{P}(x)\} \text{ (단, } \mathrm{P}(x)\text{는 명제)}$$

조건제시법은 '∣' 기호를 기준으로 왼쪽에는 원소를 표기하고, 오른쪽에는 원소들의 공통 성질이나 특징인 명제 P(x)를 넣는다. 예를 들면, [예제 4-1]을 다음과 같은 조건제시법으로 나타낼 수 있다.

$$S = \{x \mid x\text{는 자연수이고, } x\text{는 10보다 작은 짝수}\}$$

예제 4-2 집합의 표현

'python' 안의 문자들로 구성된 집합을 원소나열법과 조건제시법으로 나타내라.

풀이

원소나열법으로 나타내면 {p, y, t, h, o, n}이고, 조건제시법으로 나타내면 $\{x \mid x$는 'python' 안의 문자$\}$이다.

이미 2장에서 수의 체계에 대해 설명했다. 수의 체계는 집합에서도 계속 사용되니 다음과 같이 다시 정리한다.

1. $\mathbb{N} = \{x \mid x\text{는 자연수}\} = \{1, 2, 3, \cdots\}$
2. $\mathbb{Z} = \{x \mid x\text{는 정수}\} = \{\cdots, -2, -1, 0, 1, 2, \cdots\}$
3. $\mathbb{Q} = \{x \mid x\text{는 유리수}\} = \left\{\frac{a}{b}, a\text{와 } b\text{는 정수}, b \neq 0\right\}$
4. $\mathbb{R} = \{x \mid x\text{는 실수}\} = \{\text{유리수, 무리수}\}$
5. $\mathbb{C} = \{x \mid x\text{는 복소수}\} = \{a + bi, a\text{와 } b\text{는 실수}, i^2 = -1\}$

집합이 정의되면 집합의 크기를 말할 수 있다.

정의 4-2 집합의 크기

집합의 **크기**cardinality란 집합에 속한 원소의 개수를 의미하고 기수로 표기한다. **기수**cardinal number란 집합의 크기를 측정하기 위한 표준이 되는 수로서 자연수이다. 즉 집합의 크기는 자연수로 표현된다.

집합은 원소들의 모임이므로 0개 이상의 원소를 가지며 원소의 개수가 무한한 경우에는 집합의 크기를 무한대(∞)로 표기한다. 집합 A가 n개의 원소를 가진 **유한집합** finite set이라고 하면(단, $n \in \mathbb{N}$), n을 집합 A의 크기라 하고 $|A| = n$으로 표기한다.

예제 4-3 집합의 크기

[예제 4-2]에 있는 집합의 크기를 구하라.

풀이

집합에 속한 원소가 6개이므로, 집합의 크기는 $|S| = 6$이다.

다음으로 집합의 종류에 대해 알아보자. 집합의 종류를 결정하기 위한 측도는 집합이 셀 수 있느냐 혹은 셀 수 없느냐와, 유한이냐 무한이냐이다. 우선 '셀 수 있다'는 개념과 '셀 수 없다'는 개념에 대해 설명한다. **셀 수 있다** countable는 것은 이산의 개념으로, 자연수 집합과 1 : 1 대응이 되는 것을 말한다. 반면에, **셀 수 없다** uncountable는 것은 자연수 집합과 1 : 1 대응이 되지 않는 것을 말한다. 실수 집합은 셀 수 없는 집합이다.[1] 다음으로 어떤 집합이 유한이냐 혹은 무한이냐에 대해 설명한다. **유한** finite하다는 것은 원소의 개수가 유한한 집합을 나타내며, **무한** infinite하다는 것은 원소의 개수가 무한히 많은 집합을 나타낸다. 예를 들면 자연수 집합과 정수 집합은 무한집합이다. 여기서 가장 많이 혼동하는 개념은 무한집합을 셀 수 없는 집합으로 생각하는 것이다. '무한'과 '셀 수 없다'는 것은 전혀 다른 측도이다. 참고로 셀 수 없는 집합은 모두 무한집합이다.

두 가지 측도에 따라 집합의 종류를 분류하면 **셀 수 있는 유한집합** countably finite set, **셀 수 있는 무한집합** countably infinite set, **셀 수 없는 유한집합** uncountably finite set, **셀 수 없는 무한집합** uncountably infinite set으로 나눌 수 있다. 셀 수 없는 유한집합이란 집합의 종류로만 나누어 볼 수 있고 실제로 이런 집합은 존재하지 않는다.

예제 4-4 집합의 종류 (1)

[예제 4-1]에 있는 집합은 집합의 종류 중 어디에 속하는지 설명하라.

풀이

셀 수 있고 유한집합이므로 셀 수 있는 유한집합이다.

1 칸토어가 주대각선 논법(diagonal argument)을 사용하여 실수가 자연수보다 많음을 증명했다

예제 4-5 **집합의 종류 (2)**

다음 집합은 집합의 종류 중 어디에 속하는지 설명하라.

(a) $\mathbb{N}=\{x \mid x$는 자연수$\}$
(b) $\mathbb{R}=\{x \mid x$는 실수$\}$

풀이

(a) 집합 $\mathbb{N}$은 자연수 집합이므로 셀 수 있는 무한집합이다.

(b) 집합 $\mathbb{R}$은 실수 집합이므로 셀 수 없다. 셀 수 없는 집합은 모두 무한집합이므로 셀 수 없는 무한집합이다.

정수 집합 $\mathbb{Z}$는 셀 수 있는 집합일까? 자연수 집합과 1 : 1 대응이 되는지가 관건이다. 정수 집합 $\mathbb{Z}=\{\cdots, -2, -1, 0, 1, 2, \cdots\}$와 자연수 집합 $\mathbb{N}=\{1, 2, 3, \cdots\}$에서 음의 정수는 자연수 중 짝수로 대응시킨다. 짝수를 2로 나누고 음의 부호(−)를 붙이면, 즉 $-\left(\frac{\text{짝수}}{2}\right)$로 나타내면 음의 정수가 나옴을 확인할 수 있다. 0과 양의 정수는 자연수 중 홀수로 대응시킨다. 홀수에서 1을 빼고 2로 나누면, 즉 $\left(\frac{\text{홀수}-1}{2}\right)$로 나타내면 0과 양의 정수가 나옴을 확인할 수 있다. 따라서 정수 집합은 자연수 집합과 1 : 1 대응한다. 그러므로 정수 집합도 셀 수 있는 무한집합이다. 이 과정을 도식화하면 다음과 같다.

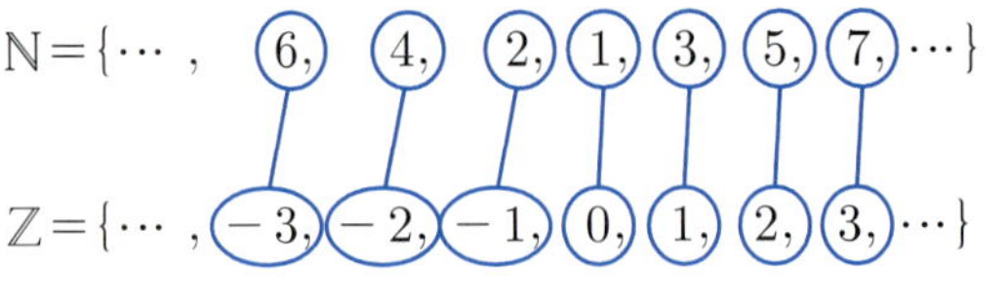

[그림 4-1] 자연수 집합과 정수 집합의 1 : 1 대응

예제 4-6 **집합의 종류 (3)**

다음 집합은 집합의 종류 중 어디에 속하는지 설명하라.

$$\mathbb{Q}=\{x \mid x\text{는 유리수}\}$$

풀이

유리수 $\frac{S}{P}$에서 S와 P는 정수이고 P는 0이 아니다. 그러므로 양의 유리수($\mathbb{Q}^+$)는 S축과 P축을 좌표로 하는 2차원 평면에 다음과 같이 표현할 수 있다.

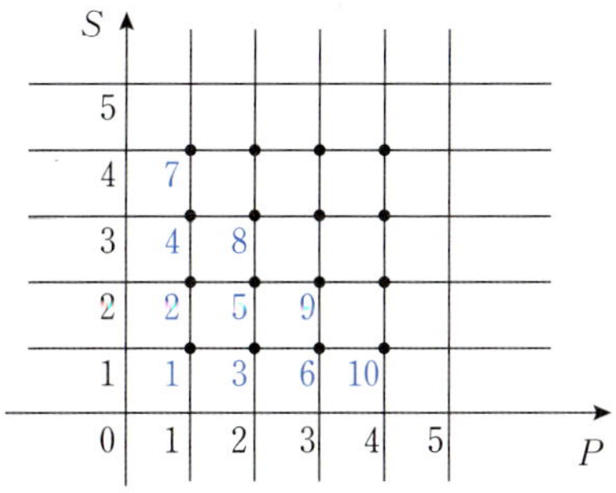

위 그림과 같이 모든 격자점에 별도의 색으로 나타낸 자연수 번호를 붙일 수 있으므로 양의 유리수 집합은 자연수 집합과 1:1 대응한다. 따라서 양의 유리수 집합은 셀 수 있는 무한집합이다. 이를 확장하면 유리수 집합은 $\mathbb{Q} = \mathbb{Q}^+ \cup \mathbb{Q}^- \cup \{0\}$이고 셀 수 있는 집합들의 합집합은 셀 수 있는 집합이므로, 유리수 집합은 셀 수 있는 무한집합이다.

집합론의 유한과 무한 개념에 대해 간단히 알아보자. 예를 들어 유한 개념의 경우 어느 호텔에 100개의 방이 있고, 100개의 방 모두에 사람이 차 있다고 할 때, 손님 10명이 추가로 오면 그 호텔에서는 더 이상 손님을 받을 수 없다는 의미이다. 반면에 무한 개념에서는 무한 개의 모든 방에 사람이 차 있다고 할 때, 손님 1,000명이 추가로 오면 각 방에 있는 모든 손님을 현재 묵고 있는 방의 호수에 1,000을 더한 방으로 옮긴다. 그러면 1호 손님은 1001호로, 2호 손님은 1002호로, 계속해서 모든 방의 손님들을 옮길 수 있고, 이에 따라 1호부터 1000호까지는 빈방이 된다. 그래서 새로운 손님 1,000명을 1호부터 1000호까지 배당하면 된다. 결국 현재 모든 방에 손님이 차 있을 때 새로운 손님을 추가로 할당할 수 있는 것이 바로 무한 개념이다.

집합의 성질 중 서로 다르게 표현된 객체의 모임이 실제로는 같은 집합이라고 주장하는 경우가 있으므로, 두 집합이 같다는 것이 어떤 의미인지 이해할 필요가 있다. **두 집합 A와 B가 같다(집합의 상등)**는 것은 두 집합이 같은 원소를 갖고 있다는 의미이고, $A = B$로 표기한다. 즉 집합 A에 있는 모든 원소는 집합 B에 있고, 집합 B에 있는 모든 원소는 집합 A에 있다는 것이다.

예제 4-7 **두 집합의 같음 (1)**

$A = \{1, 2, 3, 4, 5\}$와 $B = \{x \mid x\text{는 양의 정수이고, } x^2 < 30\}$이 같은지 설명하라.

풀이

$A = \{1, 2, 3, 4, 5\}$이고, $B = \{x \mid x\text{는 양의 정수이고, } x^2 < 30\}$을 만족하는 x를 모두 나열해 표현하면 $B = \{1, 2, 3, 4, 5\}$이므로 집합 A와 집합 B는 같다.

예제 4-8 **두 집합의 같음 (2)**

$A = \{C,\ C^{++},\ JAVA,\ 파이썬\}$, $B = \{파이썬,\ C^{++},\ JAVA,\ C\}$일 때, 두 집합이 같은지 설명하라.

풀이

두 집합 A와 B가 같으려면 집합 A에 있는 모든 원소가 집합 B에 있고, 집합 B에 있는 모든 원소가 집합 A에 있어야 한다. 집합 A에 있는 원소 중 C를 선택하면 집합 B에 존재한다. 집합 A에서 C++을 선택하면 집합 B에 존재한다. 집합 A에서 JAVA를 선택하면 집합 B에도 JAVA가 존재한다. 집합 A에서 파이썬을 선택하면 집합 B에도 파이썬이 존재하므로 집합 A에 있는 모든 원소가 집합 B에도 존재한다.

같은 방법으로 집합 B에 있는 원소인 파이썬, C++, JAVA, C를 각각 선택하면 모두 집합 A에 존재하므로 집합 B에 있는 모든 원소는 집합 A에도 존재한다.

그러므로 집합 A와 집합 B는 같다.

[예제 4-8]에서 집합 A와 집합 B가 같은 집합임을 확인했다. 그런데 원소들을 나열한 순서를 보면 집합 A와 집합 B는 다르다. 그러므로 집합의 원소는 순서에 상관없음을 알 수 있다. 즉 집합의 원소들은 순서를 갖지 않는다.

이번에는 두 집합 $A = \{1, 2, 3\}$과 $B = \{1, 1, 2, 3, 3\}$이 같은 집합인지 확인해보자. 집합 A의 모든 원소는 집합 B에 포함되고, 집합 B의 모든 원소는 집합 A에 포함된다. 그러므로 두 집합 A와 B는 같다. 이를 통해 하나의 집합에 같은 원소가 한 번 이상 중복되어도 아무런 문제가 없음을 알 수 있다.

부분집합

두 집합 A와 B가 같은지 판단할 때 집합 A의 모든 원소가 집합 B에 있고, 집합 B의 모든 원소가 집합 A에 있어야 한다. 이처럼 하나의 집합에 있는 모든 원소가 다른 집합에 있을 때 부분집합이라고 한다.

정의 4-3 **부분집합**

집합 A의 모든 원소가 집합 B의 원소이면 집합 A는 집합 B의 **부분집합**subset이라 하고, $A \subseteq B$로 표기한다. 만일 A가 B의 부분집합이 아니라면 $A \not\subseteq B$로 표기한다.

두 집합 A와 B의 관계는 '부분집합이다' 혹은 '부분집합이 아니다'로 나타낼 수 있다.

예제 4-9 부분집합 관계 표기 (1)

이미 앞에서 살펴본 집합 $\mathbb{N}$, $\mathbb{Z}$, $\mathbb{Q}$, $\mathbb{R}$, $\mathbb{C}$ 사이의 부분집합 관계를 나타내라.

풀이

$\mathbb{N}$, $\mathbb{Z}$, $\mathbb{Q}$, $\mathbb{R}$, $\mathbb{C}$ 사이의 부분집합 관계는 $\mathbb{N} \subseteq \mathbb{Z} \subseteq \mathbb{Q} \subseteq \mathbb{R} \subseteq \mathbb{C}$이다.

예제 4-10 부분집합 관계 표기 (2)

$A = \{1, 2, 3, 4, 5\}$, $B = \{2, 4, 6\}$, $C = \{1, 3, 4, 5\}$일 때, 두 집합 A와 B, B와 C, A와 C 사이의 부분집합 관계를 각각 나타내라.

풀이

$A \not\subseteq B$, $B \not\subseteq A$이고, $B \not\subseteq C$, $C \not\subseteq B$이며, $A \not\subseteq C$, $C \subseteq A$이다.

예제 4-11 집합과 원소 사이의 관계와 부분집합 관계 표기

A가 어떤 집합이고 $S = \{A, \{A\}\}$라 할 때, A와 S 사이의 포함관계, $\{A\}$와 S 사이의 관계, $\{\{A\}\}$와 S 사이의 관계, A와 S 사이의 부분집합 관계를 나타내라.

풀이

A와 $\{A\}$는 S의 원소이므로 $A \in S$이고 $\{A\} \in S$임을 알 수 있다. 그리고 S의 부분집합은 $\{A\}$와 $\{\{A\}\}$이므로 $\{A\} \subseteq S$, $\{\{A\}\} \subseteq S$이다. 즉 $A \in S$, $\{A\} \in S$, $\{A\} \subseteq S$, $\{\{A\}\} \subseteq S$이다. 이때 $\{A\}$는 S의 원소이기도 하고 S의 부분집합이기도 함을 알 수 있다. 그러나 $A \not\subseteq S$이다.

서로 다른 집합 사이의 부분집합 관계를 표현하기 위해 다이어그램을 사용할 수 있다. 이는 영국 논리학자 존 벤John Venn이 도입한 **벤 다이어그램**Venn diagram이다.

예제 4-12 벤 다이어그램을 이용한 부분집합 관계 표기

[예제 4-9]의 $\mathbb{N}$, $\mathbb{Z}$, $\mathbb{Q}$, $\mathbb{R}$, $\mathbb{C}$ 사이의 부분집합 관계를 벤 다이어그램으로 나타내라.

풀이

[예제 4-9]에서 $\mathbb{N} \subseteq \mathbb{Z} \subseteq \mathbb{Q} \subseteq \mathbb{R} \subseteq \mathbb{C}$임을 확인했다. 이 관계를 벤 다이어그램으로 나타내면 다음과 같다.

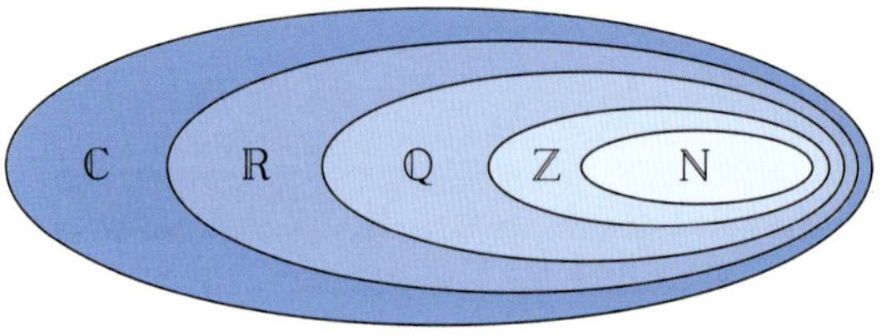

집합 A가 집합 B의 부분집합이지만 $A \neq B$일 때, 집합 A를 집합 B의 **진부분집합**proper subset이라 하고, $A \subset B$로 표기한다. 집합론의 응용에서 연구 대상이 되는 모든 집합은 어떤 일정한 집합의 부분집합이 된다. 이와 같은 일정한 집합을 **전체집합**universal set이라 하고, 보통 U로 표기한다. 반면에 하나의 원소도 가지지 않는 집합을 **공집합**empty set, null set이라 하고, $\varnothing$으로 표기한다. 공집합은 모든 집합의 부분집합이다.

예제 4-13 전체집합과 부분집합

전체집합 $U=\{x \mid x$는 정수이고, $-2 \leq x < 3\}$과 집합 $A=\{-2, -1, 0, 1\}$에 대해 전체집합 U와 집합 A 사이의 부분집합 관계를 나타내라.

풀이

$U=\{x \mid x$는 정수이고, $-2 \leq x < 3\}=\{-2, -1, 0, 1, 2\}$이고, $A=\{-2, -1, 0, 1\}$이므로 $A \subseteq U$이다.

예제 4-14 공집합

집합 $A=\{x \mid x$는 자연수이고, x는 1보다 작은 정수$\}$를 구하라.

풀이

1보다 작은 정수는 $0, -1, -2, \cdots$이므로, 집합 A를 만족하는 자연수는 존재하지 않는다. 그러므로 집합 A는 공집합이다.

공집합 $\varnothing$과 집합 $\{\varnothing\}$은 엄연히 다르다. $\{\varnothing\}$은 $\varnothing$이라는 하나의 원소를 갖는 집합으로 공집합이 아니다.

어떤 문제를 해결하기 위해 집합에 속한 원소들의 모든 조합을 고려하여 그 집합들이 특정 성질을 만족하는지 검토해야 하는 경우가 있다. 집합에 속한 원소들의 모든 조합인 멱집합을 생각해보자.

정의 4-4 멱집합

집합 A의 모든 부분집합을 모은 집합을 A의 **멱집합**power set이라 하고 $\mathscr{P}(A)$로 표기한다.

예제 4-15 멱집합

집합 $A=\{1, 2, 3\}$의 멱집합을 구하고, 멱집합의 원소 개수를 구하라.

풀이

A의 멱집합은 $\mathscr{P}(A)=\{\varnothing, \{1\}, \{2\}, \{3\}, \{1, 2\}, \{1, 3\}, \{2, 3\}, \{1, 2, 3\}\}$이다. 멱집합 $\mathscr{P}(A)$의 원소의 개수는 $2^{|A|}$이므로 $2^3=8$개이다.

지금까지 부분집합과 멱집합 개념을 살펴보았다. 이제 부분집합의 성질에 대해 알아보자.

정리 4-1 부분집합의 성질

집합 A, B, C에 대해 다음이 성립한다.

(1) 모든 집합 A에 대해 $A \subseteq A$이다.
(2) 모든 집합 A에 대해 $\varnothing \subseteq A \subseteq U$이다.
(3) $A \subseteq B$이고 $B \subseteq C$이면 $A \subseteq C$이다.
(4) $A=B$일 필요충분조건은 $A \subseteq B$이고 $B \subseteq A$이다.

증명

(1) A의 모든 원소 x에 대해 $x \in A$이므로 $A \subseteq A$이다.
(2) 만약 $\varnothing$이 A의 부분집합이 아니라면 $\varnothing$은 A의 부분집합이 아닌 원소를 적어도 하나 갖는다. 그런데 $\varnothing$은 하나의 원소도 갖지 않으므로 모순이다. 그러므로 $\varnothing$은 모든 집합 A의 부분집합이다.
(3) A의 모든 원소를 x라 하면 $x \in A$이다. 그런데 $A \subseteq B$이므로 $x \in B$이고 $B \subseteq C$이므로 $x \in C$이다. 그러므로 $A \subseteq C$이다.
(4) 생략 ■

SECTION 4.2

집합의 연산

집합의 연산은 두 개의 집합을 연산해서 결과 집합을 만드는 것이다. 집합에 대한 연산인 합집합, 교집합, 차집합, 여집합, 대칭 차집합 등에 대해 알아보고, 연산을 벤 다이어그램으로도 표기해보자.

(1) 합집합 : $A \cup B$

두 집합 A와 B의 **합집합**union은 A에 속하거나 또는 B에 속하는 모든 원소들의 집합이다. $A \cup B$로 표기하며, 'A union B' 혹은 'A와 B의 합집합'이라고 읽는다.

$$A \cup B = \{x \mid x \in A \text{ 또는 } x \in B\}$$

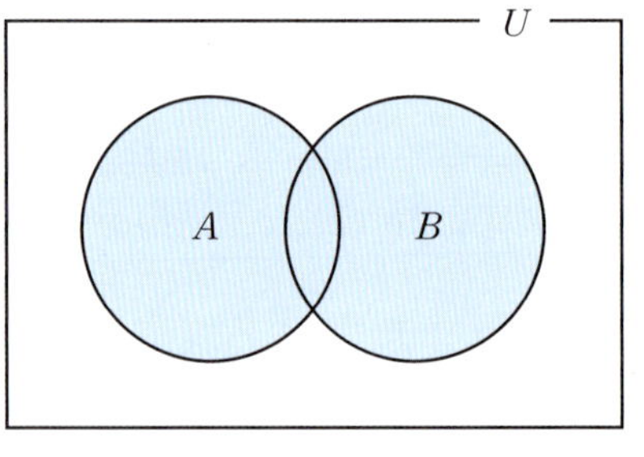

[그림 4-2] A와 B의 합집합

예제 4-16 합집합 연산 (1)

$A = \{a, c, e, f\}$, $B = \{b, d, e, g\}$일 때, $A \cup B$를 구하라.

풀이

집합 A와 B에 속하는 모든 원소를 적으면 된다. 이때 중복되는 원소는 한 번만 적는다.

$$A \cup B = \{a, b, c, d, e, f, g\}$$

예제 4-17 **합집합 연산 (2)**

$A_1=\{1, 2, 3\}$, $A_2=\{2, 3, 4\}$, $A_3=\{1, 2, 4, 5\}$일 때, $\bigcup_{i=1}^{3} A_i$를 구하라.

풀이

집합 A_1, A_2, A_3에 속하는 모든 원소를 중복 없이 적으면 된다.

$$\bigcup_{i=1}^{3} A_i = A_1 \cup A_2 \cup A_3 = \{1, 2, 3, 4, 5\}$$

(2) 교집합 : $A \cap B$

두 집합 A와 B의 **교집합**intersection은 A에도 속하고 B에도 속하는 모든 원소들의 집합이다. $A \cap B$로 표기하며, 'A intersection B' 혹은 'A와 B의 교집합'이라고 읽는다.

$$A \cap B = \{x \mid x \in A \text{이고 } x \in B\}$$

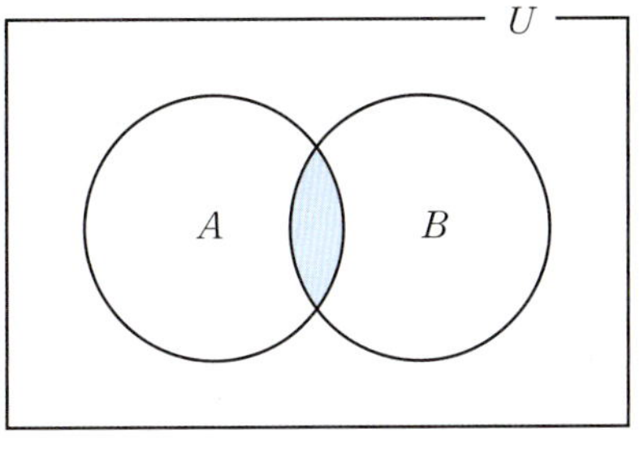

[그림 4-3] **A와 B의 교집합**

예제 4-18 **교집합 연산**

$A=\{a, b, c, d\}$, $B=\{b, d, e, f\}$, $C=\{a, c, g, h\}$일 때, $A \cap B$, $A \cap C$, $B \cap C$를 구하라.

풀이

두 집합 사이에 공통으로 들어간 원소들을 적으면 된다.

$$A \cap B = \{b, d\}$$
$$A \cap C = \{a, c\}$$
$$B \cap C = \varnothing$$

$B \cap C = \varnothing$과 같이 두 집합의 교집합이 $\varnothing$이면 두 집합은 **서로소**disjoint set라고 한다. 이번에는 두 개 이상의 집합으로 서로소의 개념을 확장해보자.

정의 4-5 상호 서로소

공집합이 아닌 집합 $A_1, A_2, \cdots, A_n$에서 임의의 두 집합이 모두 서로소이면 $A_1, A_2, \cdots, A_n$을 **상호 서로소**mutually disjoint라고 한다. 즉 $i, j = 1, 2, 3, \cdots, n$에 대해 $A_i \cap A_j = \varnothing$ (단, $i \neq j$)이다.

상호 서로소의 개념을 이용한 분할에 대해 간단히 알아보자.

정의 4-6 분할

집합 S의 **분할**partition은 다음을 만족하는 공집합이 아닌 S의 부분집합 $A_1, A_2, \cdots, A_n$의 모임이다. 즉 분할이란 어떤 집합을 공집합이 아닌 상호 서로소인 부분집합으로 나누는 것을 말한다.

(1) S는 S의 부분집합들의 합집합이다.

$$S = \bigcup_{i=1}^{n} A_i = A_1 \cup A_2 \cup \cdots \cup A_n$$

(2) 임의의 i, j에 대해 $A_i \cap A_j = \varnothing$ (단, $i \neq j$)이다. 즉 $A_1, A_2, \cdots, A_n$은 상호 서로소이다.

분할 내에 있는 부분집합을 **블록**block이라고 한다. [그림 4-4]는 7개의 블록으로 구성된 집합 S의 분할을 나타낸 그림이다.

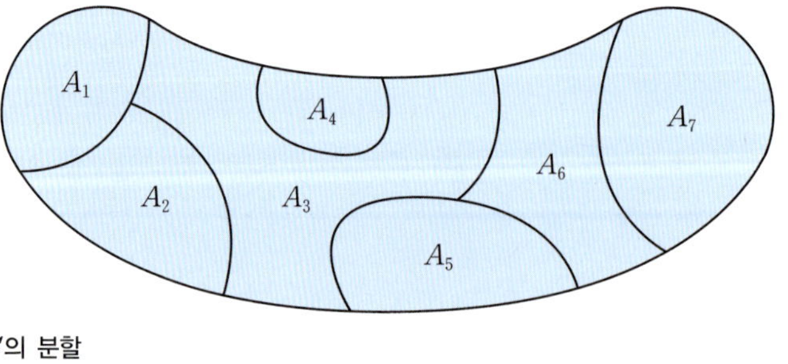

[그림 4-4] 집합 S의 분할

예제 4-19 **분할 판별 (1)**

$S=\{1, 2, 3, 4, 5, 6, 7, 8\}$이고 다음과 같은 S의 여러 부분집합이 있다고 할 때, $\{A_1, A_5\}$와 $\{A_3, A_4, A_5\}$가 각각 S의 분할인지 판별하라.

$$A_1=\{1, 2, 3, 4\}, \quad A_2=\{1, 3, 5, 6, 7, 8\}$$
$$A_3=\{1, 3, 5, 7\}, \quad A_4=\{2, 4\}, \quad A_5=\{6, 8\}$$

풀이

$\{A_1, A_5\}$는 S의 분할이 아니다. 왜냐하면 $A_1 \cup A_5=\{1, 2, 3, 4, 6, 8\} \neq S$이기 때문이다. $\{A_3, A_4, A_5\}$는 S의 분할이다. 왜냐하면 $A_3 \cup A_4 \cup A_5 = S$이고 다음이 성립하기 때문이다.

$$A_3 \cap A_4 = \varnothing, \quad A_4 \cap A_5 = \varnothing, \quad A_3 \cap A_5 = \varnothing$$

예제 4-20 **분할 판별 (2)**

S가 자연수 집합이고 A_1과 A_2는 각각 홀수 집합과 짝수 집합이라고 할 때, $\{A_1, A_2\}$가 S의 분할인지 판별하라.

풀이

홀수 집합과 짝수 집합의 합집합은 자연수 집합이고, 홀수 집합과 짝수 집합의 교집합은 공집합이므로 $\{A_1, A_2\}$는 S의 분할이다.

(3) 차집합 : $A-B$

두 집합 A와 B의 **차집합**difference은 A에는 속하고 B에는 속하는 않는 원소들의 집합이다. $A-B$로 표기하며, 'A difference B' 혹은 'A와 B의 차집합'이라고 읽는다.

$$A-B=\{x \mid x \in A \text{이고 } x \notin B\}$$

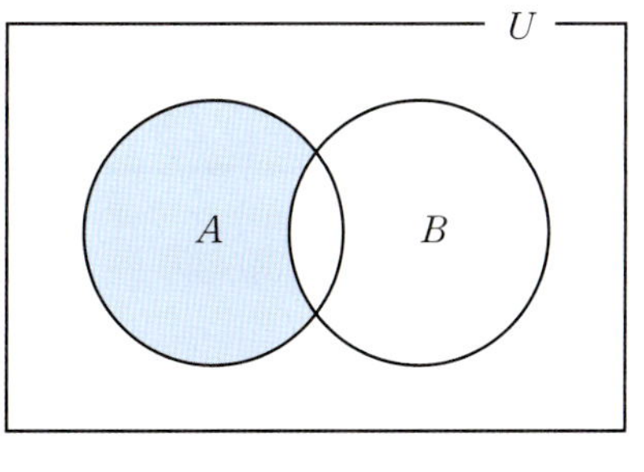

[그림 4-5] A와 B의 차집합

예제 4-21 **차집합 연산**

$A=\{1, 2, 3, 4, 5, 6\}$, $B=\{2, 4, 7, 8\}$일 때, $A-B$와 $B-A$를 구하라.

풀이

$A-B$는 집합 A에 있는 원소들 중 집합 B에 있는 원소들을 제거하면 된다. 반대로 $B-A$는 집합 B에 있는 원소들 중 집합 A에 있는 원소들을 제거하면 된다.

$$A-B=\{1, 3, 5, 6\}$$
$$B-A=\{7, 8\}$$

(4) 여집합 : $\overline{A}$

집합 A의 **여집합**complement은 전체집합 U에는 속하지만 집합 A에는 속하지 않는 원소들의 집합이다. $\overline{A}$로 표기하며, 'A의 complement' 혹은 'A의 여집합'이라고 읽는다.

$$\overline{A}=\{x \mid x \in U \text{이고 } x \notin A\}=U-A$$

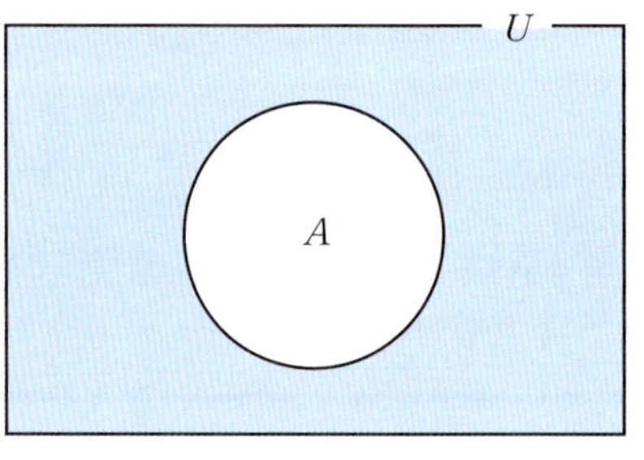

[그림 4-6] A의 여집합

예제 4-22 **여집합 연산**

$A=\{x \mid x$는 자연수이고, $x \geq 4\}$일 때, $\overline{A}$를 구하라.

풀이

집합 A에 속하지 않은 영역을 적으면 된다.

$$\overline{A} = \{x \mid x\text{는 자연수이고, } x < 4\} \text{ 혹은 } \{1, 2, 3\}$$

(5) 대칭 차집합 : $A \oplus B$

두 집합 A와 B의 **대칭 차집합**symmetric difference은 차집합 $A-B$에 속하거나 또는 $B-A$에 속하는 원소들의 집합이다. $A \oplus B$로 표기하며, 'A와 B의 symmetric difference' 혹은 'A와 B의 대칭 차집합'이라고 읽는다.

$$\begin{aligned} A \oplus B &= \{x \mid (x \in A \text{이고 } x \notin B) \text{ 또는 } (x \in B \text{이고 } x \notin A)\} \\ &= (A-B) \cup (B-A) \end{aligned}$$

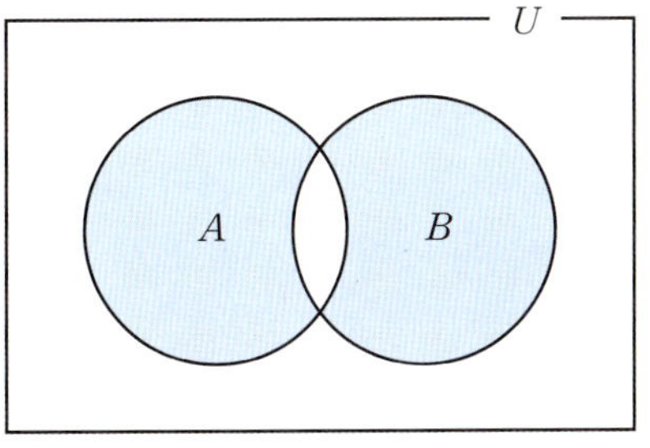

[그림 4-7] **A와 B의 대칭 차집합**

예제 4-23 **대칭 차집합 연산**

집합 A와 B가 [예제 4-21]과 같을 때 대칭 차집합 $A \oplus B$를 구하라.

풀이

$A-B$와 $B-A$를 구한 후에, 이 결과 집합들의 합집합을 구하면 된다.

$$\begin{aligned} A \oplus B &= (A-B) \cup (B-A) \\ &= \{1, 3, 5, 6\} \cup \{7, 8\} \\ &= \{1, 3, 5, 6, 7, 8\} \end{aligned}$$

SECTION 4.3 집합의 대수적 성질

집합의 대수적 성질을 다루기 전에, 4.1절에서 살펴본 두 집합이 같다는 개념을 증명해보자. 두 집합 A와 B가 같음을 증명하는 방법은 일반적으로 세 가지가 있다. 첫 번째는 벤 다이어그램을 이용하는 방법이고, 두 번째는 집합 A가 집합 B의 부분집합인 동시에 집합 B가 집합 A의 부분집합임을 보이는 것이다. 그리고 세 번째는 진리표를 이용해 똑같은 입력에 대해 두 집합 A와 B가 똑같은 결과가 보이는지 확인하는 방법이다. 이 중에서 가장 많이 사용하는 방법은 두 번째 방법으로, 각 집합이 다른 집합의 부분집합이 됨을 보이는 방법이다.

예를 들어 $\overline{A \cup B} = \overline{A} \cap \overline{B}$임을 증명해보자.

(1) 벤 다이어그램을 이용하는 방법

$\overline{A \cup B}$와 $\overline{A} \cap \overline{B}$의 벤 다이어그램을 그리면 [그림 4-8]과 같다. 벤 다이어그램을 통해 두 집합이 같음을 확인할 수 있다.

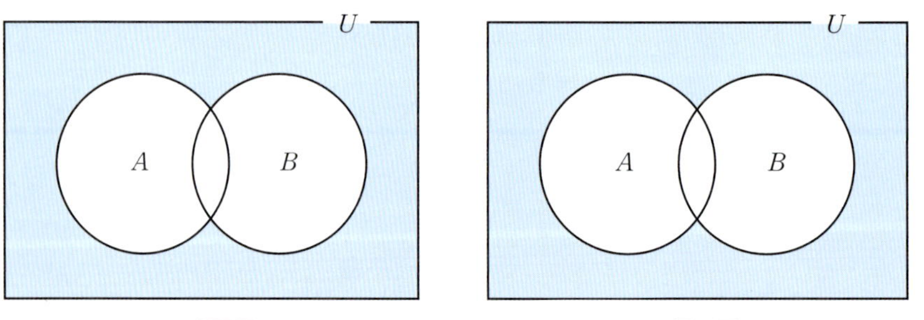

(a) $\overline{A \cup B}$ (b) $\overline{A} \cap \overline{B}$

[그림 4-8] $\overline{A \cup B}$와 $\overline{A} \cap \overline{B}$의 벤 다이어그램

(2) 각 집합이 다른 집합의 부분집합이 되는 것을 보이는 방법

각 집합이 다른 집합의 부분집합이 되는지를 확인하기 위해서는 다음이 성립함을 보이면 된다.

❶ $\overline{A \cup B} \subseteq \overline{A} \cap \overline{B}$

❷ $\overline{A \cup B} \supseteq \overline{A} \cap \overline{B}$

이를 증명해보자.

❶ $x \in \overline{A \cup B}$라고 하자. 그러면 $x \notin A \cup B$이므로 $x \notin A$이고 $x \notin B$이다(만일 $x \in A$ 혹은 $x \in B$라면 $x \in A \cup B$이기 때문이다). 따라서 $x \in \overline{A}$이고 $x \in \overline{B}$이다. 그러므로 $x \in \overline{A} \cap \overline{B}$이다.

❷ $x \in \overline{A} \cap \overline{B}$라고 하자. 그러면 $x \in \overline{A}$이고 $x \in \overline{B}$이므로 $x \notin A$이고 $x \notin B$이다. 따라서 $x \notin A \cup B$이다. 그러므로 $x \in \overline{A \cup B}$이다.

❶과 ❷에 의해 $\overline{A \cup B} = \overline{A} \cap \overline{B}$이다.

(3) 진리표를 이용하는 방법

집합 A, B에 대해 $\overline{A \cup B}$와 $\overline{A} \cap \overline{B}$의 진리표를 작성하면 [표 4-1]과 같다. 그러므로 $\overline{A \cup B} = \overline{A} \cap \overline{B}$임을 알 수 있다.

[표 4-1] $\overline{A \cup B}$와 $\overline{A} \cap \overline{B}$의 진리표

A	B	$A \cup B$	$\overline{A \cup B}$	$\overline{A}$	$\overline{B}$	$\overline{A} \cap \overline{B}$
F	F	F	T	T	T	T
F	T	T	F	T	F	F
T	F	T	F	F	T	F
T	T	T	F	F	F	F

이제 집합의 대수적 성질 중 쌍대성 원리에 대해 살펴보자. 쌍대성 원리는 어떤 수학적 대상이든지 대칭을 이루는 요소가 존재한다는 원리이다. 대칭을 이룬다는 것은 단순히 반대라는 의미만을 지니는 것은 아니고, 둘을 서로 교환하더라도 모든 정립된 시스템이 잘 작동한다는 뜻이다.

정의 4-7 쌍대성 원리

집합에 관한 명제에서 합집합($\cup$)은 교집합($\cap$)으로, 교집합($\cap$)은 합집합($\cup$)으로, 전체집합(U)은 공집합($\varnothing$)으로, 공집합($\varnothing$)은 전체집합(U)으로 바꾸는 것을 **쌍대성 원리** duality principle라고 한다. 바꾼 명제와 원래 명제는 서로 **쌍대**라고 한다.

집합의 대수적 성질과 쌍대 관계는 [정리 4-2]와 같다.

정리 4-2 집합의 대수적 성질과 쌍대 관계

다음과 같은 집합의 대수적 성질에서 왼쪽 등식과 오른쪽 등식은 서로 쌍대 관계이다.

집합의 대수적 성질	쌍대 관계	
교환법칙	$A \cup B = B \cup A$	$A \cap B = B \cap A$
결합법칙	$A \cup (B \cup C) = (A \cup B) \cup C$	$A \cap (B \cap C) = (A \cap B) \cap C$
분배법칙	$A \cap (B \cup C) = (A \cap B) \cup (A \cap C)$	$A \cup (B \cap C) = (A \cup B) \cap (A \cup C)$
멱등법칙	$A \cup A = A$	$A \cap A = A$
여법칙	$A \cup \overline{A} = U$ $\overline{\varnothing} = U$	$A \cap \overline{A} = \varnothing$ $\overline{U} = \varnothing$
드 모르간 법칙	$\overline{A \cup B} = \overline{A} \cap \overline{B}$	$\overline{A \cap B} = \overline{A} \cup \overline{B}$
항등법칙	$A \cup U = U$ $A \cup \varnothing = A$	$A \cap U = A$ $A \cap \varnothing = \varnothing$

증명 생략

집합의 대수적 성질에서 합집합의 항등원은 $\varnothing$이고, 교집합의 항등원은 전체집합 U이다.

다음으로 집합의 크기를 계산할 때 사용하는 포함배제의 원리에 대해 설명하고자 한다. 포함배제의 원리는 유한집합들의 합집합에 대해 원소의 개수를 세는 방법이다.

만약 집합 S가 S_1, S_2, $\cdots$, S_n으로 분할되어 있거나 상호 서로소라면 $|S| = |S_1| + |S_2| + \cdots + |S_n|$이다. 그러나 일반적으로 집합들은 상호 서로소가 아니다. 즉 상호 서로소가 아닌 집합 S에서 집합 S의 크기를 구하는 방법이 바로 **포함배제의 원리**inclusion-exclusion principle이다. [정리 4-3]과 [정리 4-4]는 각각 두 집합에 대한 포함배제의 원리와 세 집합에 대한 포함배제의 원리이다.

정리 4-3 두 집합에 대한 포함배제의 원리

두 집합 A와 B가 유한집합일 때, $A \cup B$의 집합의 크기는 다음과 같다.

$$|A \cup B| = |A| + |B| - |A \cap B|$$

증명

① $A \cap B = \varnothing$이라고 하면 $A \cup B$의 각 원소들은 집합 A 또는 집합 B에 속하지만 $A \cap B$에는 속하지 않는다.

② $A \cap B \neq \varnothing$ 이라고 하면 $A \cap B$의 각 원소들은 두 집합 A, B에 모두 속한다. 즉 $|A|+|B|$에는 $|A \cap B|$개의 원소가 두 번 중복하여 속한다. 그러므로 이 중복을 없애기 위해 $|A \cap B|$만큼 뺀다.

그러므로 ①, ②에 의해 $|A \cup B| = |A|+|B|-|A \cap B|$이다. ■

마찬가지로 유한개의 집합에 대해서도 확장시킬 수 있다. 여기서는 두 집합에 대한 [정리 4-3]을 세 집합에 대한 포함배제의 원리로 확장해보자.

정리 4-4 세 집합에 대한 포함배제의 원리

세 집합 A, B, C가 유한집합일 때, $A \cup B \cup C$의 집합의 크기는 다음과 같다.

$$|A \cup B \cup C| = |A|+|B|+|C|-|A \cap B|-|B \cap C|-|A \cap C|+|A \cap B \cap C|$$

증명

$|A \cup B \cup C|$

$= |A \cup (B \cup C)|$

$= |A|+|B \cup C|-|A \cap (B \cup C)|$ (∵ [정리 4-3])

$= |A|+|B|+|C|-|B \cap C|-|A \cap (B \cup C)|$ (∵ [정리 4-3])

$= |A|+|B|+|C|-|B \cap C|-|(A \cap B) \cup (A \cap C)|$ (∵ 분배법칙)

$= |A|+|B|+|C|-|B \cap C|-|A \cap B|-|A \cap C|+|(A \cap B) \cap (A \cap C)|$ (∵ [정리 4-3])

$= |A|+|B|+|C|-|A \cap B|-|B \cap C|-|A \cap C|+|(A \cap B \cap C)|$ (∵ 교환법칙과 멱등법칙)

■

예제 4-24 포함배제의 원리

회원이 154명인 스포츠클럽에서 회원들은 테니스, 배드민턴, 탁구를 한다. 회원 중 55명은 테니스를 하고, 79명은 배드민턴을 하며, 20명은 테니스와 배드민턴을 한다. 또한 34명은 탁구를 하고, 12명은 탁구와 테니스를 하며, 8명은 탁구와 배드민턴을 하고, 4명은 세 가지 운동을 모두 한다. 이때 아무 운동도 하지 않는 회원은 몇 명인지 구하라.

풀이

각 집합을 다음과 같이 정의하자.

S : 스포츠클럽 회원 전체의 집합

E : 적어도 하나의 운동을 하는 회원의 집합

T : 테니스를 하는 회원의 집합

B : 배트민턴을 하는 회원의 집합

P : 탁구를 하는 회원의 집합

그러면 적어도 하나의 운동이라도 하는 회원의 수는 다음과 같다.

$$\begin{aligned}|E| &= |T|+|B|+|P|-|T\cap B|-|T\cap P|-|B\cap P|+|T\cap B\cap P|\\ &= 55+79+34-20-12-8+4\\ &= 132\end{aligned}$$

따라서 아무 운동도 하지 않는 회원의 수는 다음과 같다.

$$|S|-|E| = 154-132 = 22(\text{명})$$

일반적으로 프로그래머는 컴퓨터 프로그램을 만드는 사람이다. 최근에는 프로그래머를 게임 프로그래머, 웹 프로그래머, 모바일 프로그래머, 보안 프로그래머 등으로 매우 다양하게 분류하기도 하지만, 전통적으로는 크게 시스템 프로그래머와 응용 프로그래머로 분류한다. 시스템 프로그래머는 컴퓨터를 작동하게 하고 컴퓨터 시스템의 구성 요소를 조정하며 하드웨어와 응용 소프트웨어 사이를 중재하는 기능을 하는 시스템 소프트웨어라는 프로그램을 개발하는 사람을 말한다. 대표적으로 운영체제[operating system]나 컴파일러[compiler]를 개발한다.

반면에, 응용 프로그래머는 우리 생활을 더욱 편리하고 즐겁게 만들어주는 다양한 소프트웨어를 개발하는 사람이다. 기업에서의 업무 처리를 편리하게 도와주는 회계관리 프로그램, 인사관리 프로그램, 전자결재 프로그램, 길 찾기 내비게이션 프로그램 등의 소프트웨어를 개발하기도 하고, 게임 같은 놀이용 소프트웨어를 개발하기도 한다.

CHAPTER

04 연습문제

Section 4.1

1. 집합에 대한 설명 중 옳지 <u>않은</u> 것은 무엇인가?

① 집합은 원소의 순서와 관계있다.
② 'x가 집합 S의 원소이다.'는 $x \in S$로 표기한다.
③ 기수란 집합의 크기를 측정하기 위한 표준이 되는 수이다.
④ '집합 A는 집합 B의 부분집합이다.'는 $A \subseteq B$로 표기한다.

2. 집합 $A = \{x \mid x$는 $[0, 1]$ 사이의 실수$\}$는 집합의 종류 중 어디에 속하는가?

① 셀 수 있는 유한집합　　② 셀 수 있는 무한집합
③ 셀 수 없는 유한집합　　④ 셀 수 없는 무한집합

3. 집합 $A = \{\{\varnothing\}, \{a, c\}, \{d, e, f\}\}$에 대한 설명 중 옳지 <u>않은</u> 것은 무엇인가?

① $\varnothing \subseteq A$　　② $\{\varnothing\} \in A$　　③ $\{\{\varnothing\}\} \in A$　　④ $\{d, e, f\} \in A$

4. 두 집합 A, B에 대해 $A = B$인 것은 무엇인가?

① $A = \varnothing$, $B = \{\varnothing\}$
② $A = \{\{5\}\}$, $B = \{5, \{5\}\}$
③ $A = \{x \mid x \in \mathbb{R},\ 0 \le x \le 1\}$, $B = \{0, 1\}$
④ $A = \{1, 3, 3, 3, 5, 5\}$, $B = \{1, 3, 5\}$

5. 집합 $A = \{a, c, d, e, f\}$의 부분집합은 모두 몇 개인가?

① 16　　② 32　　③ 64　　④ 128

6. 집합 $A = \{x \mid x \in \mathrm{N},\ 5 < x \le 9\}$의 멱집합의 원소 개수 $n(\mathscr{P}(A))$는 얼마인가?

① 8　　② 16　　③ 32　　④ 64

7. 집합 $A=\{0,\ \{0\}\}$의 멱집합은 무엇인가?

① $\{\varnothing,\ 0,\ \{0\}\}$　② $\{\{0\},\ \{\{0\}\},\ \{0,\ \{0\}\}\}$

③ $\{\varnothing,\ 0,\ \{0\},\ \{0,\ \{0\}\}\}$　④ $\{\varnothing,\ \{0\},\ \{\{0\}\},\ \{0,\ \{0\}\}\}$

8. 집합 $A=\{2, 3, a, \{b\}, c\}$에 대해 다음이 참인지 거짓인지 판단하라.

(a) $2 \in A$　(b) $3 \in A$

(c) $c \subseteq A$　(d) $\varnothing \in A$

(e) $\varnothing \subseteq A$　(f) $\{\varnothing\} \subseteq A$

(g) $\{b\} \in A$

9. 다음 집합들을 $\{x \mid \mathrm{P}(x)\}$의 형태인 조건제시법으로 나타내라.

(a) $S=\{2, 4, 6, 8, 10\}$　(b) $S=\{a, e, i, o, u\}$

(c) $S=\{-2, -1, 0, 1, 2\}$　(d) $S=\{1, 4, 9, 16, 25, 36\}$

10. 다음 집합의 원소를 모두 구하라.

(a) $A=\{x \mid x \in \mathbb{N},\ -7 \le x < 5\}$

(b) $B=\{x \mid x \in \mathbb{N},\ x$는 홀수이고 $7 < x \le 13\}$

(c) $C=\{x \mid x \in \mathbb{N},\ x+10=5\}$

11. $A=\{1, 2, 3, 4, 5\}$일 때, 다음 집합 중 A와 같은 집합은 무엇인가?

(a) $\{4, 1, 2, 3, 4, 5\}$　(b) $\{2, 3, 4\}$

(c) $\{1, 3, 4, 5, 1, 2, 3\}$　(d) $\{x \mid x$는 정수, $x^2 \le 25\}$

(e) $\{x \mid x$는 양의 정수, $x \le 5\}$　(f) $\{x \mid x$는 양의 실수, $x \le 5\}$

12. 다음 집합 중 공집합은 무엇인가?

(a) $\{x \mid x$는 실수, $x^2-1=0\}$　(b) $\{x \mid x$는 실수, $x^2+1=0\}$

(c) $\{x \mid x$는 실수, $x^2=-9\}$　(d) $\{x \mid x$는 실수, $x=2x+1\}$

(e) $\{x \mid x$는 실수, $x=x+1\}$

13. 집합 $A=\{3, 5\}$의 멱집합 $\mathscr{P}(A)$를 구하라.

14. [정리 4-1]의 (4)를 증명하라.

15. 다음 집합들이 각각 셀 수 있는 유한집합, 셀 수 있는 무한집합, 셀 수 없는 유한집합, 셀 수 없는 무한집합인지 중 무엇인지 결정하라.

(a) 자연수 중 3의 배수의 집합

(b) $\{x \mid x$는 정수, $-2^{10} \le x \le 2^{10}\}$

(c) a로 시작하는 모든 영어 문장의 집합

(d) [5, 7] 사이의 모든 실수들의 집합

16. 셀 수 있는 집합의 모든 부분집합은 유한하거나 셀 수 있음을 보여라.

17. 다음과 같은 집합에 대해 두 집합 사이에 부분집합 관계가 성립하는지 아닌지를 판단하여 □ 안에 표기하라. 부분집합 관계가 아닌 경우에는 ×라고 답하라.

$A=\{1\}$ $B=\{1, a, 2, b, c\}$ $C=\{b, c\}$

$D=\{a, b\}$ $E=\{1, a, 2, b, c, d\}$

(a) A □ B (b) $\varnothing$ □ A

(c) B □ C (d) C □ E

(e) D □ C (f) B □ E

18. $A=\{a, b, \varnothing, 2, 3, 4\}$의 멱집합의 원소 개수를 구하라.

① 8개 ② 16개 ③ 32개 ④ 64개

19. $A=\{x \mid x$는 실수$\}$일 때, A가 셀 수 없는 무한집합임을 보여라.

Section 4.2

20. $U=\{1, 2, 3, 4, 5, 6, 7, 8\}$, $A=\{1, 2, 3\}$, $B=\{3, 4, 5, 6\}$일 때, $A^c \cup B$는 무엇인가?

① $\{3, 5, 9\}$ ② $\{2, 4, 5, 6, 8\}$

③ $\{3, 5, 6, 7, 8, 9\}$ ④ $\{3, 4, 5, 6, 7, 8\}$

21. 정수를 원소로 가지는 집합 $A=\{-2, 3, a^2+2a+3\}$, $B=\{1, a+2, a^2+15, a^3+4a^2+1\}$에 대해 $A \cap B=\{3, 6\}$일 때, 상수 a의 값은 무엇인가?

① -1 ② 1 ③ -3 ④ 3

22. $U=\{a, b, c, d, e, f, g, h, i\}$의 두 부분집합 $A=\{b, c, e, g\}$와 $B=\{b, d, f, h\}$에 대해 $\overline{A}\cap\overline{B}$는 무엇인가?

① $\{a, d\}$ ② $\{a, i\}$
③ $\{a, d, e, i\}$ ④ $\{a, b, f, g, h, i\}$

23. $U=\{a, b, c, d, e, f, g, h, k\}$, $A=\{a, b, c, g\}$, $B=\{d, e, f, g\}$, $C=\{a, c, f\}$, $D=\{f, h, k\}$일 때, 다음을 계산하라.

(a) $A\cup B$ (b) $B\cup C$
(c) $B\cap D$ (d) $\overline{A}$
(e) $A-B$ (f) $C-B$
(g) $C\oplus D$ (h) $A\oplus C$
(i) $A\cup B\cup C$ (j) $A\cap B\cap C$
(k) $A\cap(B\cup C)$ (l) $(A\cup B)\cap C$
(m) $\overline{A\cup B}$ (n) $\overline{C\cap D}$

24. $U=\{x\mid x\in\mathbb{N}\}$, $A=\{x\mid x$는 $x^2-1=0$의 해$\}$, $B=\{-1, 4\}$일 때, 다음을 구하라.

(a) $\overline{A}$ (b) $\overline{B}$
(c) $\overline{A\cup B}$ (d) $\overline{A\cap B}$

25. 집합 U, A, B, C에 대해 다음을 구하라.

$U=\{$ALGOL, FORTRAN, BASIC, COBOL, Ada, PL/I, Pascal, LISP$\}$
$A=\{$ALGOL, BASIC, Ada$\}$
$B=\{$ALGOL, Ada, LISP$\}$
$C=\{$FORTRAN, Ada, BASIC, PL/I$\}$

(a) $B\cup C$ (b) $A\cap C$ (c) $\overline{C}\cap(A\cup B)$

26. 집합 A, B, C의 관계가 다음 벤 다이어그램과 같을 때, (a)~(d)의 집합을 벤 다이어그램으로 나타내라.

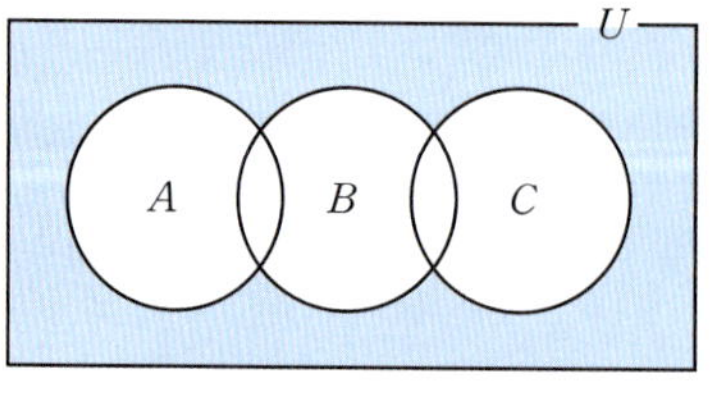

(a) $\overline{A}\cap(B\cup C)$ (b) $(\overline{A}\cap B)-C$
(c) $\overline{A}\cap\overline{B}\cap C$ (d) $A\oplus(B\cup C)$

27. 다음 벤 다이어그램에서 빗금 친 부분이 나타내는 집합의 식을 구하라.

(a) 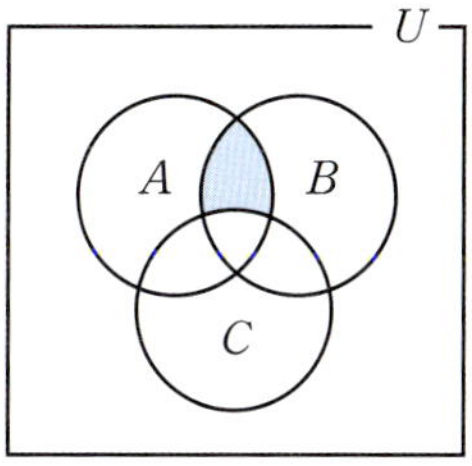

(b) 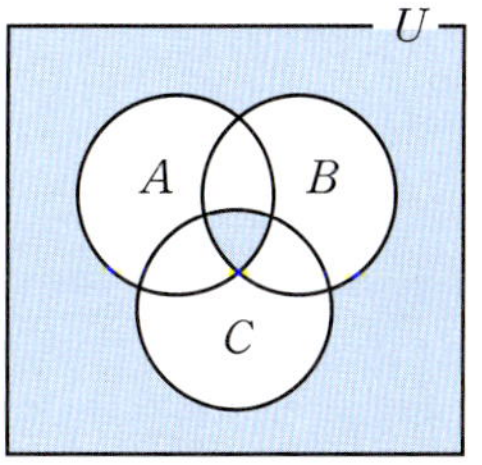

28. $S=\{1, 2, 3, 4, 5, 6, 7, 8, 9, 10\}$이고, S의 부분집합이 $A_1 = \{1, 2, 3, 4\}$, $A_2 = \{5, 6, 7\}$, $A_3 = \{4, 5, 7, 9\}$, $A_4 = \{4, 8, 10\}$, $A_5 = \{8, 9, 10\}$, $A_6 = \{1, 2, 3, 6, 8, 10\}$일 때, (a)~(d)가 각각 S의 분할인지 아닌지 판단하라.

(a) $\{A_1, A_2, A_5\}$ (b) $\{A_1, A_3, A_5\}$

(c) $\{A_3, A_6\}$ (d) $\{A_2, A_4, A_5\}$

Section 4.3

29. 다음 집합의 대수적 성질 중 옳지 않은 것은 무엇인가?

① $A\cap \overline{A} = U$ ② $A\cup \varnothing = A$

③ $\overline{(A\cup B)} = \overline{A}\cap \overline{B}$ ④ $A\cap U = A$

30. 다음 집합의 대수적 성질 중 옳지 않은 것은 무엇인가?

① $A-B=A\cap \overline{B}$ ② $A\cup (A\cap B)=A$

③ $A\cap (A\cup B)=\overline{A}$ ④ $A\cap (B-C)=(A\cap B)-(A\cap C)$

31. 어떤 회사에서 20명의 시스템 프로그래머와 65명의 응용 프로그래머를 고용하려고 한다. 이 중에서 15명은 작업을 모두 수행할 수 있는 프로그래머를 원한다. 이 회사는 몇 명의 프로그래머를 고용해야 하는가?

① 60명 ② 70명 ③ 85명 ④ 95명

32. 다음을 증명하라.

(a) $A\subseteq A\cup B$ (b) $A\cap B\subseteq A$

(c) $A-B=A\cap \overline{B}$ (d) $A\oplus B=B\oplus A$

(e) $\begin{cases} A\cup (A\cap B)=A \\ A\cap (A\cup B)=B \end{cases}$ (이 두 식을 흡수법칙이라고 한다.)

(f) $A\cap (B-C)=(A\cap B)-(A\cap C)$

33. 집합 A, B, C에 대해 다음이 성립하는 경우를 설명하라.

(a) $A \cup B = A \cup C$이고 $B \neq C$

(b) $A \cap B = A \cap C$

34. $A - B = A \cap \overline{B}$는 차집합을 교집합과 여집합으로 표현한 것이다. 두 집합의 합집합 $A \cup B$를 교집합의 여집합으로 표현하라.

35. 대칭 차집합에 관한 다음 성질을 증명하라.

(a) $A \oplus (B \oplus C) = (A \oplus B) \oplus C$

(b) $A \cap (B \oplus C) = (A \cap B) \oplus (A \cap C)$

36. 어떤 경우에 다음 집합의 대수적 성질이 성립하는지 설명하라.

(a) $A \cap B = A \cup B$

(b) $A \cap \varnothing = \varnothing$

(c) $\overline{A} \cup \varnothing = \varnothing$

(d) $A \cap U = A$

37. 999명의 시민에게 취미가 무엇인지 설문조사를 진행하여 다음과 같은 자료를 얻었다.

- 457명 : 체력 활동
- 435명 : 영화 감상
- 477명 : 독서
- 259명 : 체력 활동과 독서
- 150명 : 영화 감상과 독서
- 136명 : 영화 감상과 체력 활동
- 28명 : 체력 활동, 영화 감상, 독서를 모두 안 함

이 자료에 따라 다음을 구하라.

(a) 체력 활동, 영화 감상, 독서를 모두 취미로 가진 사람은 몇 명인가?

(b) 체력 활동과 독서만 취미로 가진 사람은 몇 명인가?

CHAPTER

04 프로그래밍 실습

C 코드 파이썬 코드

1. 입력으로 자연수 n이 주어질 때, 집합 $\{1, 2, 3, \cdots, n\}$의 멱집합을 생성하는 프로그램을 작성하라. 연계 : 4.1절

문제 해석

이 문제의 주안점은 멱집합의 개념을 아는 것이다. 전체집합이 1부터 n까지의 정수 집합으로 주어져 있으므로 이를 프로그램으로 구현하는 방법과 이 집합의 멱집합을 구하는 방법을 알아야 한다. 멱집합의 개수는 쉽게 구할 수 있지만 멱집합을 생성하는 일은 결코 쉽지만은 않을 것이다.

코딩 실습

【 파이썬 코드 】

```
# printPowerSet 함수가 멱집합을 계산하면서 출력
def printPowerSet(set,set_size):

  pow_set_size =  1 << set_size    # 2^{set_size}로 멱집합 크기 정의 및 초기화
  counter = 0
  j = 0
  print("P({", end = "")
  for i in range(0, set_size):
    if i == set_size - 1:
      print(i + 1, end = "")
    else:
      print(i + 1, end = ", ")
  print("}) = { \u2205", end = " ")

  for counter in range(1, pow_set_size):
    print(", { ", end = "")
    for j in range(0, set_size):
      if (counter & (1 << j)) > 0:
        print(set[j], end = ",")
    print("\b }", end = "")
  print("}")

# 사용자로부터 집합의 크기가 될 자연수를 입력받음
n = int(input("자연수 n을 입력하라.: "))
set = []    # 집합이 저장될 빈 배열 정의

print()
```

```
# set 배열을 1부터 n까지의 자연수들로 초기화
for i in range(0, n):
  set.append(str(i + 1))
printPowerSet(set, n)
print()
```

2. 전체집합이 1부터 100까지의 정수로 구성되어 있을 때, 임의의 두 집합의 합집합, 교집합, 차집합을 구하는 프로그램을 작성하라. 연계 : 4.2절

문제 해석

이 문제의 주안점은 집합의 개념을 아는 것이다. 프로그램을 작성하는 데 전체집합이 1부터 100까지의 정수 집합으로 주어져 있으므로 이를 프로그램으로 구현하는 방법과, 두 집합을 주었을 때 그 집합들의 합집합, 교집합, 차집합을 어떻게 연산해야 하는지를 알아야 한다. 우선 어떤 집합을 프로그램에서 표현한다면 배열의 형태로 취해서 표현하는 방법이 있고, bit 문자열의 형태로 표현하는 방법도 있다. 여기서는 배열의 형태를 취해서 연산한다.

이 문제를 프로그램화하는 방법은 배열을 이용해 집합을 표기하고, 집합은 세 집합(seta, setb, setc)과 십합 연산을 하기 위한 임시집합(temp)을 사용하는 것이다. 그리고 집합들을 출력하기 위한 함수가 주프로그램에서는 세 집합을 받아들이고, 그 집합들의 합집합, 교집합, 차집합을 구하는 연산을 하도록 프로그램화한다. 이 문제를 다루면서 여기에서 사용하지 않은 방법으로 구현하는 것과 파일로 입출력을 받아보는 것 등을 함께 해보면 좋을 것이다.

코딩 실습

【 파이썬 코드 】

```
from __future__ import print_function
from sys import stdin

def printf(str, *args):
    print(str % args, end='')

MAX = 100    # 집합의 최대 크기를 위한 상수

# setout 함수가 주어진 집합을 출력
def setout(A):
    count = 0
    if 1 not in A:
        print("\u2205")
        return
    printf("{")
    for i in range(1,MAX+1):
        if A[i] == 1:
            if count != 0:
```

```
            printf(",")
        printf("%3d"%i)
        count = 1

    printf(" }\n")

# Union 함수가 집합 A와 B의 합집합을 계산해서 출력
def Union(A, B):
    temp = [0 for _ in range(0,MAX+1)]
    for i in range(1, MAX+1):
        if A[i] == 1 or B[i] == 1:
            temp[i] = 1
        else:
            temp[i] = 0

    setout(temp)

# Inter 함수가 집합 A와 B의 교집합을 계산해서 출력
def Inter(A, B):
    temp = [0 for _ in range(0,MAX+1)]
    for i in range(1, MAX+1):
        if A[i] == 1 and B[i] == 1:
            temp[i] = 1
        else:
            temp[i] = 0

    setout(temp)

# Minus 함수가 집합 A와 B의 차집합(A-B)를 계산해서 출력
def Minus(A, B):
    temp = [0 for _ in range(0,MAX+1)]
    for i in range(1, MAX+1):
        if A[i] == 1 and B[i] == 0:
            temp[i] = 1
        else:
            temp[i] = 0

    setout(temp)

seta = [0 for _ in range(0,MAX+1)]    # 집합 A를 위한 0으로 초기화된 배열
setb = [0 for _ in range(0,MAX+1)]    # 집합 B를 위한 0으로 초기화된 배열

# 해당 프로그램에 대한 안내를 출력
print("\n\t\t\t\u250c----------------------------\u2510")
print("\t\t\t¦    집합 연산 프로그램     ¦")
print("\t\t\t\u2514---------------------------\u2518\n\n")
```

3. 전체집합 $U=\{x \mid x$는 영어 알파벳 소문자$\}$와 세 집합 $A=\{a, b, c, d, e, f, g, h, i, j\}$, $B=\{g, h, i, j, k, l, m, n\}$, $C=\{a, c, f, h, m, u, v, w\}$에 대해, 대칭 차집합 $A \oplus B$와 $B \oplus C$를 구하는 프로그램을 작성하라. 연계 : 4.2절

문제 해석

이 문제는 매우 간단한 문제로 대칭 차집합의 정의를 이용하면 된다. 집합 A와 집합 B가 주어질 때 대칭 차집합은 차집합 $A-B$와 $B-A$를 구한 다음, 두 집합의 합집합을 계산하면 구할 수 있다.

코딩 실습

【 파이썬 코드 】

```
U = range(97,123)    # 전체집합은 영어 알파벳 소문자 a~z (ASCII 코드 참조)
A = ['a', 'b', 'c', 'd', 'e', 'f', 'g', 'h', 'i', 'j']    # 집합 A 정의 및 초기화
B = ['g','h','i', 'j', 'k', 'l', 'm', 'n']                # 집합 B 정의 및 초기화
C = ['a','c', 'f', 'h', 'm', 'u', 'v', 'w']               # 집합 C 정의 및 초기화

# setout 함수가 집합을 출력
def setout(A):
    if len(A) == 0:
        print("\u2205")
        return
    print("{ ", end = "")
    for i in range(0,len(A)):
        if(i < len(A) - 1):
            print(chr(A[i]), ", ",  end = "", sep = "")
    print(chr(A[i]), "}\n")


print("U = ", end = "")
setout(U)

print("A = ", end = "")
setout(A)

print("B = ", end = "")
setout(B)

print("C = ", end = "")
setout(C)

# 집합 A와 B의 대칭 차집합 연산
print("A \u2295 B = {", end = " ")
for i in range(0,26):
    if not(chr(U[i]) in A and chr(U[i]) in B):
        print(chr(U[i]), end = ", ")
print("\b\b }")

# 집합 B와 C의 대칭 차집합 연산
print("B \u2295 C = {", end = " ")
for i in range(0,26):
    if not(chr(U[i]) in B and chr(U[i]) in C):
        print(chr(U[i]), end = ", ")
print("\b\b }")
```

CHAPTER

05

관계

Relation

Contents

관계란 무엇인가?

관계는 우리 일상생활에서 아주 많이 사용되는 개념이다. 주로 인간과 인간의 관계로 가족관계, 친구관계 등이 있다. 또한 'x는 y를 사랑한다.'고 하면 x와 y는 관계가 있는 것이다. 'x는 y의 형이다.'인 경우에도 x와 y는 관계가 있는 것이다. 이뿐만 아니라 'x는 y보다 크다.'고 하면 x와 y는 관계가 있는 것이다. 즉 관계란 일반적으로 원소와 원소 사이에 이루어진다. 두 집합에 있는 원소와 원소 사이의 관계를 이항관계라 하고, 세 집합에 있는 원소와 원소 사이의 관계를 삼항관계라고 한다.

관계의 응용 분야는?

페이스북과 같은 대부분의 소셜 네트워크 서비스에서는 사람들 사이의 관계를 이용해 친구 추천이나 공통 성질을 가진 군 등 여러 가지 필요한 정보들을 추출하여 활용한다. 근현대 수학의 중요한 개념인 함수도 이항관계의 특별한 경우이고, 컴퓨터에서 사용하는 개념인 부울대수도 이항관계에서 많은 제약 조건을 만족하는 개념이다. 또한 그래프도 관계를 표현하기 위한 개념이다.

이 장에서 배우는 내용은?

4장에서 집합을 정의하면서 집합과 원소 사이의 관계인 '원소 x는 집합 A의 원소이다.' 혹은 '원소 x는 집합 A의 원소가 아니다.'를 살펴보았다. 그리고 두 집합을 만들었을 때 집합과 집합 사이의 관계인 '집합 A는 집합 B의 부분집합이다.' 혹은 '집합 A는 집합 B의 부분집합이 아니다.'를 배웠다.

5장에서는 두 개 이상의 집합과 집합 사이에 있는 원소와 원소 사이의 관계에 대해 알아본다. 관계는 컴퓨터 이론뿐만 아니라 그 응용에 있어서도 매우 중요하다. 특히 관계들 중 가장 많이 사용되고 있는 이항관계의 개념과 관계의 성질에 대해 알아보자.

SECTION 5.1 곱집합

원소와 원소 사이의 관계를 설명하기에 앞서, 관계를 설명하는 데 필요한 개념인 순서쌍과 곱집합에 대해 먼저 살펴보자. 두 원소 사이의 관계를 표현하기 위해서는 두 원소를 표현하는 방법이 필요하고, 이를 순서쌍이라고 한다.

정의 5-1 순서쌍

순서쌍 ordered pair은 원소들을 표현하는 방법으로, 원소들 사이에 순서 order가 존재함을 의미한다. 일반적으로 순서쌍은 괄호를 이용해 표현하고 각 원소들을 콤마(,)로 구분한다. 순서쌍 (a, b)는 두 집합 각각에서 원소를 하나씩 뽑아 표현한 것으로, a는 첫 번째 원소이고 b는 두 번째 원소이다.

순서쌍은 순서를 고려하여 만든 쌍이므로 (a, b)와 (b, a)는 서로 다른 순서쌍이다. 순서쌍 (a, b, c)는 세 집합 각각에서 원소를 하나씩 뽑아 표현한 것으로, 첫 번째 원소는 a, 두 번째 원소는 b, 세 번째 원소는 c이다.

예제 5-1 순서쌍

생일은 태어난 달과 일의 순서쌍으로 나타낼 수 있고, 중고등학생들은 학년, 반, 출석 번호를 짝지은 순서쌍으로 나타낼 수 있다. 어떤 학생이 3학년 4반 27번이고 생일이 12월 25일이라고 할 때, 각각을 순서쌍으로 표현하라.

풀이

이 학생의 생일의 순서쌍은 $(12, 25)$이고, 학년, 반, 출석번호의 순서쌍은 $(3, 4, 27)$이다.

참고로 두 순서쌍이 같을 필요충분조건은 두 순서쌍의 첫 번째 원소와 두 번째 원소가 각각 서로 같아야 한다.

예제 5-2 **순서쌍이 같기 위한 조건**

다음 두 순서쌍이 같기 위한 x와 y의 값을 구하라.

$$(2x+1,\ 5),\quad (7,\ y+3)$$

풀이

두 순서쌍이 같기 위해서는 첫 번째 원소끼리, 두 번째 원소끼리 각각 서로 같아야 한다. 따라서 $2x+1=7$, $5=y+3$이어야 하므로 $x=3$, $y=2$이다.

순서쌍으로 표현된 집합들 사이에 관계를 만들기 위해서는 각 집합의 원소를 성분으로 하는 새로운 순서쌍들의 집합이 필요하다. 이런 새로운 순서쌍들의 집합을 곱집합이라고 한다.

정의 5-2 **곱집합**

곱집합cartesian product $A\times B$는 공집합이 아닌 임의의 두 집합 A, B에 대해 $a\in A$이고 $b\in B$인 모든 순서쌍 (a, b)들의 집합을 말한다.

$$A\times B=\{(a,\ b)\mid a\in A \text{이고 } b\in B\}$$

예제 5-3 **곱집합 계산 (1)**

두 집합 $A=\{1,\ 2,\ 3,\ 4\}$, $B=\{x,\ y\}$에 대해 곱집합 $A\times B$와 $B\times A$를 구하라.

풀이

$A\times B$는 집합 A에서 첫 번째 원소를 꺼내고 집합 B에서 두 번째 원소를 꺼내 만든 모든 순서쌍들의 집합이다.

$$A\times B=\{(1,\ x),\ (1,\ y),\ (2,\ x),\ (2,\ y),\ (3,\ x),\ (3,\ y),\ (4,\ x),\ (4,\ y)\}$$

마찬가지로 $B\times A$는 집합 B에서 첫 번째 원소를 꺼내고 집합 A에서 두 번째 원소를 꺼내 만든 모든 순서쌍들의 집합이다.

$$B\times A=\{(x,\ 1),\ (x,\ 2),\ (x,\ 3),\ (x,\ 4),\ (y,\ 1),\ (y,\ 2),\ (y,\ 3),\ (y,\ 4)\}$$

순서쌍이나 곱집합은 확장할 수 있다. 순서쌍 $(a,\ b,\ c)$는 3개의 집합에서 원소를 뽑아 표현한 것이고 곱집합 $A\times B\times C$는 3개의 집합 A, B, C에 대해 $a\in A$, $b\in B$, $c\in C$인 모든 순서쌍 $(a,\ b,\ c)$들의 집합을 말한다.

예제 5-4 곱집합 계산 (2)

한 소프트웨어 회사는 다음과 같이 언어(L), 메모리 용량(M), 운영체제(O)를 제공하고 있다. 이와 같이 표현되는 언어, 메모리 용량, 운영체제를 $L = \{C, P\}$, $M = \{256, 512\}$, $O = \{U, W\}$라 하자. 이때 곱집합 $L \times M \times O$를 나열하고 원소의 개수를 구하라.

- 언어 : C(C 언어), P(파이썬)
- 메모리 용량 : 256(256G), 512(512G)
- 운영체제 : U(UNIX), W(Windows)

풀이

$L \times M \times O$는 L에서 첫 번째 원소를, M에서 두 번째 원소를, O에서 세 번째 원소를 꺼내 만든 3개의 원소를 가진 모든 순서쌍들의 집합이다.

$$\begin{aligned} L \times M \times O = \{&(C, 256, U), (C, 256, W), (C, 512, U), (C, 512, W), \\ &(P, 256, U), (P, 256, W), (P, 512, U), (P, 512, W)\} \end{aligned}$$

따라서 곱집합 $L \times M \times O$의 원소의 개수는 8개이다.

곱집합도 집합이므로 앞에서 집합의 크기를 구한 방법으로 곱집합의 크기를 계산할 수 있다.

정리 5-1 곱집합의 크기

A와 B를 공집합이 아닌 유한집합이라고 할 때, A와 B의 곱집합의 **크기**cardinality는 $|A \times B| = |A| \times |B|$이다.

증명 생략

[정리 5-1]은 세 집합에 대한 곱집합의 크기로도 확장할 수 있다. 즉 $|A \times B \times C| = |A| \times |B| \times |C|$이다. 일반적으로 n개의 집합에 대한 곱집합의 크기는 다음과 같다.

$$|A_1 \times A_2 \times \cdots \times A_n| = |A_1| \times |A_2| \times \cdots \times |A_n|$$

예제 5-5 곱집합의 크기

[정리 5-1]을 이용해 [예제 5-3]의 곱집합 $A\times B$와 [예제 5-4]의 곱집합 $L\times M\times O$의 크기를 구하라.

풀이

[예제 5-3]의 곱집합의 크기는 $|A\times B|=|A|\times|B|=4\times 2=8$이다.
[예제 5-4]의 곱집합의 크기는 $|L\times M\times O|=|L|\times|M|\times|O|=2\times 2\times 2=8$이다.

곱집합의 개념은 유한개의 집합에 대해서도 확장할 수 있다. 어떤 집합 A_1, A_2, $\cdots$, A_n에 대해 $a_1\in A_1$, $a_2\in A_2$, $\cdots$, $a_n\in A_n$인 n차의 순서쌍 $(a_1, a_2, \cdots, a_n)$의 모임을 집합 A_1, A_2, $\cdots$, A_n의 곱집합이라 하고, $A_1\times A_2\times\cdots\times A_n$ 또는 $\prod_{i=1}^{n}A_i$로 표기한다. 만약 집합 A와 B가 같은 집합이라면 $A\times A$ 대신에 A^2으로 표기하며, 마찬가지로 $A\times A\times\cdots\times A$ 대신에 A^n으로 표기한다. 예를 들어 $\mathbb{R}^3$은 $\mathbb{R}\times\mathbb{R}\times\mathbb{R}$을 나타낸다.

SECTION

5.2 관계와 관계 표현

이 절에서는 관계 중 가장 많이 사용하는 이항관계를 정의하고, 이항관계를 표현하는 방법에 대해 살펴보자.

정의 5-3 이항관계

두 집합 A, B에 대해 집합 A에서 집합 B로 가는 관계를 **이항관계**binary relation라고 한다. 이항관계 R은 $A\times B$의 부분집합들이다. $x\in A$와 $y\in B$에 대해 $(x, y)\in R$이면 x는 y에 대해 R의 관계에 있다고 하고, $x\,R\,y$로 표기한다. 또한 $(x, y)\notin R$이면 x는 y에 대해 R의 관계가 없다고 하고, $x \not R\, y$로 표기한다.

예제 5-6 이항관계

$A=\{1, 2\}$, $B=\{a, b, c\}$라 하자. 이때 $R=\{(1, a), (1, b), (2, b), (2, c)\}$가 집합 A에서 집합 B로의 이항관계인지 확인하고, 원소들 간의 관계를 표현하라.

풀이

R이 집합 A에서 집합 B로의 이항관계인지 확인하기 위해서는 $R=\{(1, a), (1, b), (2, b), (2, c)\}$가 $A\times B$의 부분집합인지 확인하면 된다.

$$A\times B=\{(1, a), (1, b), (1, c), (2, a), (2, b), (2, c)\}$$

따라서 R은 $A\times B$의 부분집합이므로 집합 A에서 집합 B로의 이항관계이다. 원소들 간의 관계를 표현하면 $1\,R\,a$, $1\,R\,b$, $2\,R\,b$, $2\,R\,c$이다.

집합 A에서 집합 B로 가는 이항관계 R이 정의되면 관계 R의 정의역, 치역, 공역 등을 계산할 수 있다. 이는 함수에서도 사용된다. 관계 R의 **정의역**domain은 R에 속한 순서쌍에서 모든 첫 번째 원소의 집합이고, $\mathrm{Dom}(R)$로 표기한다. 그리고 관계 R의 **치역**range은 R에 속한 순서쌍에서 모든 두 번째 원소의 집합이고 $\mathrm{Ran}(R)$로 표기한다. 관계 R의 **공역**codomain은 집합 B의 전체 원소로서 치역은 공역의 부분집합이 된다. 만일 위의 관계에서 $A=B$이면, 즉 R이 집합 A에서 집합 A로 가는 관계($R \subseteq A \times A$)이면 R은 집합 A에 관한 관계라고 한다.

예제 5-7 관계 구하기 (1)

집합 $A = \{1, 2, 3, 4\}$에 관한 관계 R을 $aRb \Leftrightarrow a \leq b$로 정의할 때, 관계 R과 R의 정의역, 치역, 공역을 구하라.

풀이

집합 A에 관한 관계 R은 $a \leq b$를 만족하는 순서쌍 (a, b)이므로 다음과 같다.

$$R = \{(1, 1), (1, 2), (1, 3), (1, 4), (2, 2), (2, 3), (2, 4), (3, 3), (3, 4), (4, 4)\}$$

그리고 $\mathrm{Dom}(R) = \{1, 2, 3, 4\}$, $\mathrm{Ran}(R) = \{1, 2, 3, 4\}$, 공역 $= \{1, 2, 3, 4\}$이다.

예제 5-8 관계 구하기 (2)

$A = \{2, 3, 4, 7\}$, $B = \{2, 4, 5, 6\}$이다. 집합 A에서 집합 B로의 관계 R은 b가 a로 나누어떨어질 때 aRb이다. 이때 관계 R과 R의 정의역, 치역, 공역을 구하라.

풀이

R은 b가 a로 나누어떨어지는 순서쌍 (a, b)이므로 다음과 같다.

$$R = \{(2, 2), (2, 4), (2, 6), (3, 6), (4, 4)\}$$

그리고 $\mathrm{Dom}(R) = \{2, 3, 4\}$, $\mathrm{Ran}(R) = \{2, 4, 6\}$, 공역 $= \{2, 4, 5, 6\}$이다.

예제 5-9 관계 구하기 (3)

집합 $A = \{a\}$의 멱집합에 관한 관계를 $uRv \Leftrightarrow u \subseteq v$로 정의할 때, 관계 R과 R의 정의역, 치역, 공역을 구하라.

풀이

A의 멱집합은 $\mathscr{P}(A) = \{\varnothing, \{a\}\}$이다. 부분집합에 맞는 관계 R을 구하면 다음과 같다.

$$R = \{(\varnothing, \varnothing), (\varnothing, \{a\}), (\{a\}, \{a\})$$

그리고 $\mathrm{Dom}(R) = \{\varnothing, \{a\}\}$, $\mathrm{Ran}(R) = \{\varnothing, \{a\}\}$, 공역 $= \{\varnothing, \{a\}\}$이다.

이항관계를 확장하면 세 집합 A, B, C에 대한 삼항관계 R은 $A \times B \times C$의 부분집합들이고, $x \in A$, $y \in B$, $z \in C$에 대해 $(x, y, z) \in R$이면 R은 삼항관계에 있다고 한다. 이와 같은 관계는 n항관계까지 확장할 수 있다.

정의 5-4 n항관계

집합 $A_1, A_2, \cdots, A_n$에 대해 $A_1 \times A_2 \times \cdots \times A_n$의 부분집합 R을 **n항관계**n-ary relation라고 한다. $a_1 \in A_1$, $a_2 \in A_2$, $\cdots$, $a_n \in A_n$에 대해 $(a_1, a_2, \cdots, a_n) \in R$이면 R은 n항관계에 있다고 한다.

예제 5-10 4항관계

네 집합 $A = \{C, P\}$, $B = \{5, 6, 7\}$, $C = \{$이산수학, 컴파일러$\}$, $D = \{$한국, 미국$\}$에 대해 $A \times B \times C \times D$를 구하고, 다음 R이 관계인지 판단하라.

$R = \{$(C, 5, 이산수학, 한국), (C, 6, 이산수학, 미국),
(P, 5, 컴파일러, 한국), (P, 7, 컴파일러, 한국)$\}$

풀이

$A \times B \times C \times D = \{$(C, 5, 이산수학, 한국), (C, 5, 이산수학, 미국), (C, 5, 컴파일러, 한국),
(C, 5, 컴파일러, 미국), (C, 6, 이산수학, 한국), (C, 6, 이산수학, 미국),
(C, 6, 컴파일러, 한국), (C, 6, 컴파일러, 미국), (C, 7, 이산수학, 한국),
(C, 7, 이산수학, 미국), (C, 7, 컴파일러, 한국), (C, 7, 컴파일러, 미국),
(P, 5, 이산수학, 한국), (P, 5, 이산수학, 미국), (P, 5, 컴파일러, 한국),
(P, 5, 컴파일러, 미국), (P, 6, 이산수학, 한국), (P, 6, 이산수학, 미국),
(P, 6, 컴파일러, 한국), (P, 6, 컴파일러, 미국), (P, 7, 이산수학, 한국),
(P, 7, 이산수학, 미국), (P, 7, 컴파일러, 한국), (P, 7, 컴파일러, 미국)$\}$

R은 $A \times B \times C \times D$의 부분집합이므로 4항관계이다.

우리는 주로 이항관계를 다루므로 앞으로 관계라고 하면 이항관계를 말한다. 이제 자기 자신에서 자기 자신으로 가는 관계인 항등관계에 대해 알아보자.

정의 5-5 항등관계

A를 임의의 집합이라 하자. 이때 집합 A에 관한 관계 $R = \{(a, a) \mid$ 임의의 $a \in A\}$를 집합 A에 관한 **항등관계**identity relation라고 한다.

예제 5-11 항등관계

A를 정수 집합이라고 할 때, 집합 A에 관한 관계 $R=\{(x, x) \mid x$는 정수$\}$가 항등관계인지 판단하라.

풀이

집합 A에 있는 임의의 원소 x에 대해 순서쌍 (x, x)가 R의 원소이므로 항등관계이다.

관계 표현

관계는 일반적으로 순서쌍의 집합으로 표기하지만, 이 외에도 관계를 표현하는 방법인 화살표 그림, 관계행렬, 유향 그래프가 있다.

화살표 그림

화살표 그림arrow diagram은 서로 다른 두 개의 원에 각각 집합 A의 원소와 집합 B의 원소를 써넣은 후 $a \in A$와 $b \in B$가 관계가 있으면 a로부터 b로 화살표를 그리는 방법이다.

예제 5-12 화살표 그림 그리기

집합 $A=\{2, 3, 4, 7\}$에서 집합 $B=\{2, 3, 4, 5, 6\}$으로 가는 관계 $R=\{(2, 2), (2, 4), (2, 6), (3, 3), (3, 6), (4, 4)\}$를 화살표 그림으로 표현하라.

풀이

관계 $R=\{(2, 2), (2, 4), (2, 6), (3, 3), (3, 6), (4, 4)\}$에 대한 화살표 그림을 그리면 다음과 같다.

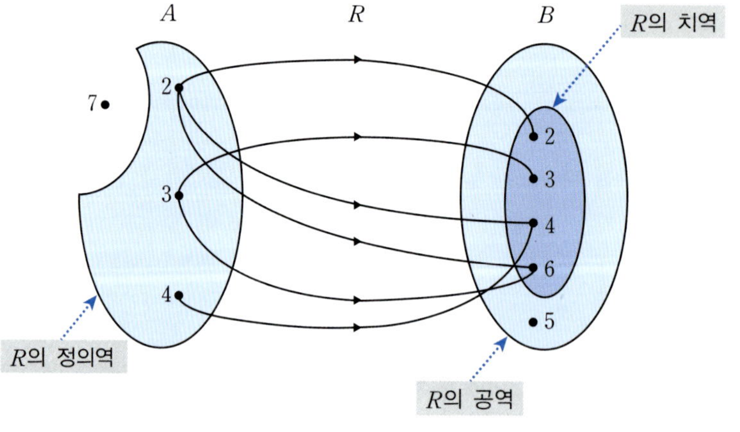

관계행렬

관계를 표현하는 또 다른 방법은 관계행렬을 이용하는 것이다.

정의 5-6 관계행렬

A와 B를 각각 m개, n개의 원소를 가진 유한집합이라고 하자. R을 집합 A에서 집합 B로의 관계라 할 때, 다음 정의에 의해 R을 $m \times n$ 행렬 $M_R=(m_{ij})$로 표기한다.

$$m_{ij}=\begin{cases}1, & (a_i,\ b_j)\in R \\ 0, & (a_i,\ b_j)\notin R\end{cases} \quad \text{단, } \begin{cases}i=1,\ 2,\ \cdots,\ m \\ j=1,\ 2,\ \cdots,\ n\end{cases}$$

이때 행렬 M_R을 R의 **관계행렬**relation matrix이라고 한다.

관계행렬은 2장에서 다룬 부울행렬이다. 관계가 있으면 1로, 관계가 없으면 0으로 표기한다. 관계행렬로 표현할 때 집합 A에서 집합 B로 가는 관계라고 하면 집합 A의 원소들을 열에 나열하고 집합 B의 원소들은 행에 나열한다.

예제 5-13 관계행렬 표현 (1)

[예제 5-6]에서 정의한 관계를 관계행렬로 표현하라.

풀이

$A=\{1,\ 2\}$, $B=\{a,\ b,\ c\}$이고, 관계 $R=\{(1,\ a),\ (1,\ b),\ (2,\ b),\ (2,\ c)\}$를 관계행렬로 나타내면 다음과 같다.

$$M_R=\begin{array}{c} \\ 1 \\ 2 \end{array}\!\!\begin{array}{c} \begin{array}{ccc} a & b & c \end{array} \\ \begin{pmatrix} 1 & 1 & 0 \\ 0 & 1 & 1 \end{pmatrix} \end{array}$$

관계행렬 M_R의 2행 2열 성분은 1이다. 이는 $(2,\ b)\in R$임을 의미한다. 반면에 2행 1열 성분은 0이고, 이는 $(2,\ a)\notin R$임을 의미한다.

예제 5-14 **관계행렬 표현 (2)**

$A=\{a_1, a_2, a_3\}$, $B=\{b_1, b_2, b_3, b_4\}$일 때, 집합 A에서 집합 B로 가는 관계 R을 관계행렬로 표현하라.

$$R=\{(a_1, b_1), (a_1, b_4), (a_2, b_2), (a_2, b_3), (a_3, b_1), (a_3, b_3)\}$$

풀이

관계행렬 M_R은 3×4 행렬이고, 이를 나타내면 다음과 같다.

$$M_R=\begin{pmatrix}1&0&0&1\\0&1&1&0\\1&0&1&0\end{pmatrix}$$

예제 5-15 **관계행렬 표현 (3)**

[예제 5-7]에서 정의한 관계를 관계행렬로 표현하라.

풀이

$A=\{1, 2, 3, 4\}$이고, 집합 A에 관한 관계 $R=\{(1, 1), (1, 2), (1, 3), (1, 4), (2, 2), (2, 3), (2, 4), (3, 3), (3, 4), (4, 4)\}$를 관계행렬로 나타내면 다음과 같다.

$$M_R=\begin{pmatrix}1&1&1&1\\0&1&1&1\\0&0&1&1\\0&0&0&1\end{pmatrix}$$

유향 그래프

관계를 표현하는 또 다른 방법은 유향 그래프를 이용하는 것이다. 유향 그래프에 대한 자세한 설명은 8장에서 다루기로 하고, 여기에서는 요점만 간단히 살펴보자.

A는 유한집합이고 R은 집합 A에 관한 관계라 하자. A의 모든 원소를 **정점**vertex이라고 하는 점으로 표시하고, 임의의 정점 a_i와 a_j에 대해 $a_i R a_j((a_i, a_j)\in R)$이면 정점 a_i에서 정점 a_j로의 화살표 방향을 갖는 **간선**edge으로 표시한다. 이와 같은 그래프를 **유향 그래프**directed graph라고 한다. 관계를 유향 그래프로 표현하는 것은 집합 A에서 집합 A로 가는 관계, 즉 집합 A에 관한 관계일 때만 가능하다.

예제 5-16 유향 그래프 그리기

집합 $A=\{1, 2, 3, 4\}$에 관한 관계 R이 다음과 같을 때, R을 유향 그래프로 표현하라.

$$R=\{(1, 1), (1, 2), (2, 1), (2, 2), (2, 3), (2, 4), (3, 4), (4, 1)\}$$

풀이

집합 A에 있는 모든 원소를 정점으로 표시하고 원소들 간에 관계 R이 있으면 화살표 방향을 갖는 간선을 그린다.

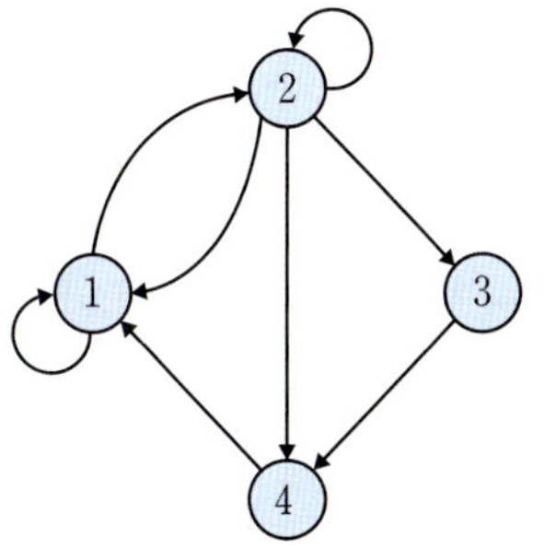

예제 5-17 유향 그래프와 관계행렬

집합 $X=\{1, 2, 3, 4, 5\}$에 관한 관계가 $R=\{(x, y) \mid x>y\}$라 할 때, R을 유향 그래프와 관계행렬로 표현하라.

풀이

$R=\{(x, y) \mid x>y\}$를 만족하는 관계를 구하면 다음과 같다.

$$R=\{(2, 1), (3, 1), (3, 2), (4, 1), (4, 2), (4, 3), (5, 1), (5, 2), (5, 3), (5, 4)\}$$

이를 유향 그래프로 표현하면 다음과 같다.

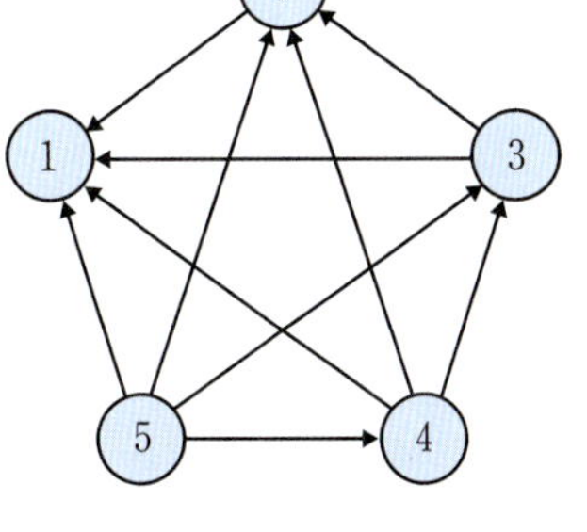

또한 관계행렬로 표현하면 다음과 같다.

$$M_R = \begin{pmatrix} 0 & 0 & 0 & 0 & 0 \\ 1 & 0 & 0 & 0 & 0 \\ 1 & 1 & 0 & 0 & 0 \\ 1 & 1 & 1 & 0 & 0 \\ 1 & 1 & 1 & 1 & 0 \end{pmatrix}$$

예제 5-18 유향 그래프로부터 관계 구하기

다음과 같이 유향 그래프로 표현된 관계 R을 구하라.

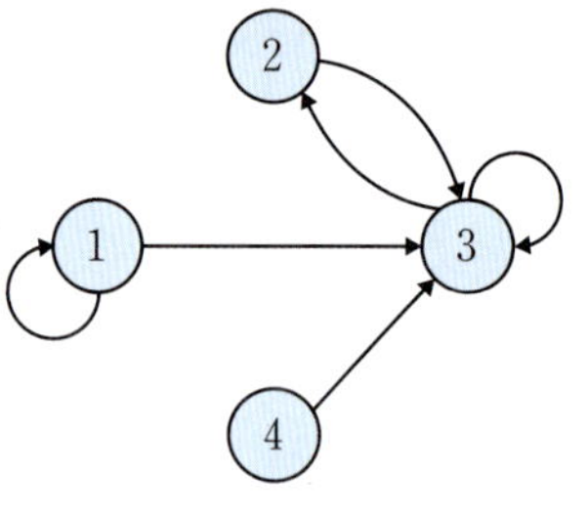

풀이

유향 그래프의 간선은 관계를 나타낸다. 유향 그래프에서 정점 1은 정점 1, 3과 간선으로 연결되어 있고, 정점 2는 정점 3과 간선으로 연결되어 있다. 또한 정점 3은 정점 2, 3과 간선으로 연결되어 있고, 정점 4는 정점 3과 간선으로 연결되어 있다. 이를 관계로 정리하면 다음과 같다.

$$R = \{(1, 1), (1, 3), (2, 3), (3, 2), (3, 3), (4, 3)\}$$

SECTION 5.3 경로

앞에서 관계를 유향 그래프와 관계행렬을 이용해 표현했다. 이제 유향 그래프와 관계행렬을 이용해 여러 가지 경로에 대해 알아보자.

정의 5-7 경로

R을 집합 A에 관한 관계라고 하자. a, $b \in A$에 대해 a에서 b까지의 **길이가 n인 경로** path of length n는 a에서 시작하여 b로 끝나는 유한수열 $\pi = a,\ x_1,\ x_2,\ \cdots,\ x_{n-1},\ b$를 말한다. 각 원소들은 aRx_1, x_1Rx_2, $\cdots$, $x_{n-1}Rb$를 만족해야 한다.

[그림 5-1]을 보면 정점 1에서 시작하여 정점 3으로 끝나는 길이가 4인 경로 $\pi_1 = 1,\ 2,\ 5,\ 4,\ 3$과 자기 자신에서 시작하여 자기 자신으로 끝나는 길이가 3인 경로 $\pi_2 = 1,\ 2,\ 5,\ 1$과 길이가 1인 경로 $\pi_3 = 2,\ 2$ 등을 찾을 수 있다. [그림 5-1]에서 경로 π_2, π_3와 같이 자기 자신에서 시작하여 자기 자신으로 끝나는 경로를 **순환** cycle이라고 한다.

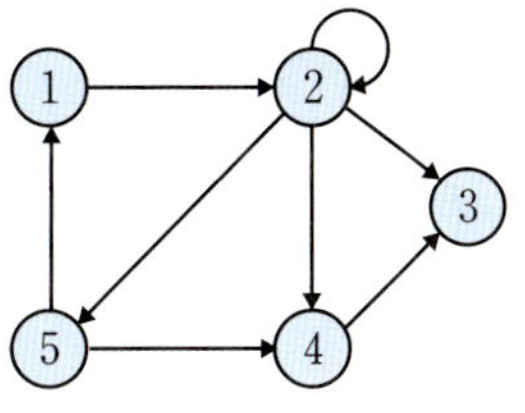

[그림 5-1] 유향 그래프의 여러 가지 경로

여러 가지 경로의 종류에 대해서는 8장에서 자세하게 다룬다. 이제 앞에서 배운 관계와 관련한 경로에 대해 알아보자.

정의 5-8 관계와 경로

n은 양의 정수이다.

(1) 집합 A에 관한 관계 R에 대해 **길이가 n인 관계 R^n**을 정의하면, xR^ny는 x에서 시작하여 y로 끝나는 길이가 n인 경로가 있음을 의미한다.

(2) 집합 A에 관한 관계 R에 대해 **연결관계**connectivity relation **R^∞**를 정의하면, $xR^\infty y$는 x에서 시작하여 y로 끝나는 어떤 경로가 있음을 의미한다. 즉 xRy 혹은 xR^2y 혹은 xR^3y 혹은 $\cdots$이다.

(3) 집합 A에 관한 관계 R에 대해 **도달관계**reachability relation **R^***를 정의하면, $x=y$ 혹은 연결관계인 $xR^\infty y$이다. 이를 관계행렬과 연결하면 도달관계는 관계행렬의 단위행렬(I) 혹은 M_{R^∞}이다. 또한 유향 그래프에서 임의의 두 정점 사이에 도달관계가 성립하면 **강하게 연결**strongly connected되었다고 한다.

예제 5-19 경로 찾기

$A=\{1, 2, 3, 4, 5\}$이고 유향 그래프가 다음과 같을 때, 관계 R로부터 길이가 2인 경로들을 모두 찾으라.

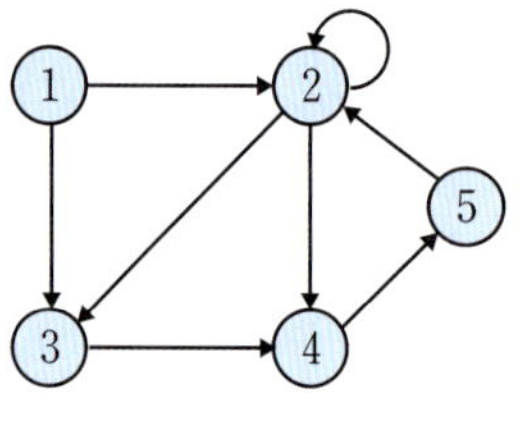

풀이

길이가 2인 경로를 모두 찾기 위해서는 모든 정점에서 시작하여 길이가 2인 경로를 모두 찾아야 한다. 길이가 2인 경로는 다음과 같다.

$1R^22$ ($1R2$이고 $2R2$이기 때문이다.)
$1R^23$ ($1R2$이고 $2R3$이기 때문이다.)
$1R^24$ ($1R2$이고 $2R4$이기 때문이다.)
$2R^22$ ($2R2$이고 $2R2$이기 때문이다.)
$2R^23$ ($2R2$이고 $2R3$이기 때문이다.)
$2R^24$ ($2R2$이고 $2R4$이기 때문이다.)
$2R^25$ ($2R4$이고 $4R5$이기 때문이다.)
$3R^25$ ($3R4$이고 $4R5$이기 때문이다.)
$4R^22$ ($4R5$이고 $5R2$이기 때문이다.)

$$5\,R^2\,2\ \ (5\,R\,2\text{이고 } 2\,R\,2\text{이기 때문이다.})$$
$$5\,R^2\,3\ \ (5\,R\,2\text{이고 } 2\,R\,3\text{이기 때문이다.})$$
$$5\,R^2\,4\ \ (5\,R\,2\text{이고 } 2\,R\,4\text{이기 때문이다.})$$

그러므로 $R^2=\{(1, 2), (1, 3), (1, 4), (2, 2), (2, 3), (2, 4), (2, 5), (3, 5), (4, 2), (5, 2), (5, 3), (5, 4)\}$이다. 이에 따라 R^2의 유향 그래프를 그리면 다음과 같다.

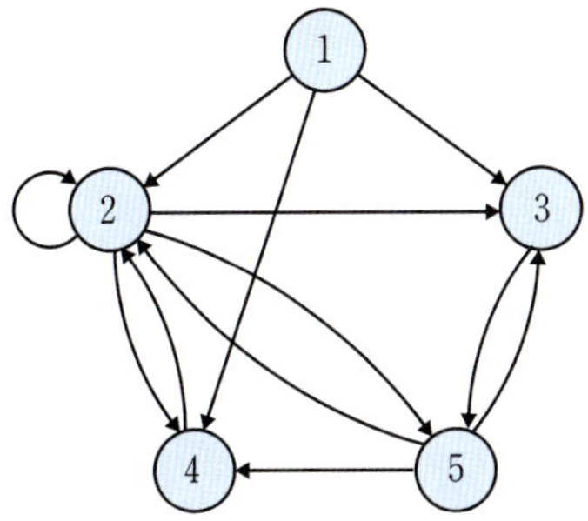

예제 5-20 경로와 연결관계

집합 $A=\{a, b, c, d, e\}$에 관한 관계 $R=\{(a, a), (a, b), (b, c), (c, d), (c, e), (d, e)\}$에 대해 다음을 구하라.

(a) R^2 (b) 연결관계 R^∞

풀이

경로를 찾기 위해 관계에 대한 유향 그래프를 그리면 다음과 같다.

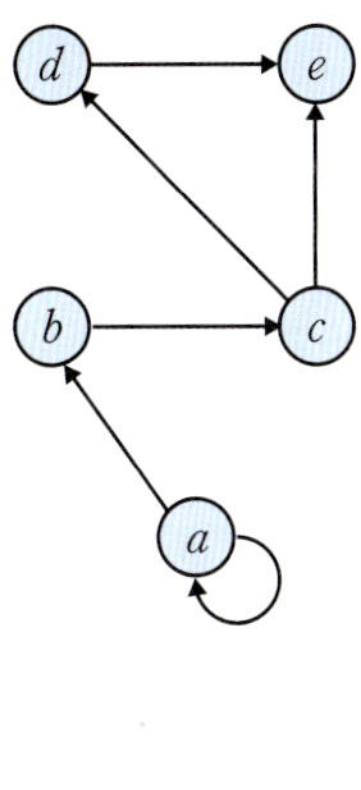

(a) R^2을 나열하면 다음과 같다.

$$a\,R\,a\text{이고 } a\,R\,a\text{이므로 } a\,R^2\,a\text{이다.}$$
$$a\,R\,a\text{이고 } a\,R\,b\text{이므로 } a\,R^2\,b\text{이다.}$$
$$a\,R\,b\text{이고 } b\,R\,c\text{이므로 } a\,R^2\,c\text{이다.}$$

bRc이고 cRd이므로 bR^2d이다.
bRc이고 cRe이므로 bR^2e이다.
cRd이고 dRe이므로 cR^2e이다.

그러므로 R^2은 다음과 같다.

$$R^2=\{(a, a), (a, b), (a, c), (b, d), (b, e), (c, e)\}$$

(b) R^∞를 구하려면 첫 번째 정점에서 두 번째 정점까지 경로의 길이와는 상관없이 경로가 있는 모든 순서쌍을 구하면 된다. 즉 R^∞는 다음과 같다.

$$R^\infty=\{(a, a), (a, b), (a, c), (a, d), (a, e), (b, c), (b, d), (b, e), (c, d), (c, e), (d, e)\}$$

지금까지 유향 그래프를 이용해 여러 가지 경로들을 찾았다. 그러나 유향 그래프가 매우 복잡하다면 유향 그래프를 이용해 경로를 정확히 찾기가 어렵다. 이때 관계행렬의 부울곱을 이용하면 복잡한 유향 그래프에서 경로를 정확하게 찾을 수가 있다. 길이가 2인 경로를 찾을 때는 부울곱 M_{R^2}을 계산하면 정확하게 경로를 찾을 수 있다.

정리 5-2 부울곱을 이용해 길이가 2인 경로 찾기

집합 $A=\{a_1, a_2, \cdots, a_n\}$에 관한 관계 R의 관계행렬 M_R을 $n\times n$ 행렬 $M_R=(m_{ij})$라고 하자. 이때 길이가 2인 경로는 $M_{R^2}=M_R \odot M_R$이다. 여기서 M_{R^2}은 $(M_R)^2$으로도 표기한다.

증명

$N=M_R \odot M_R$이고 $N=(n_{ij})$라 하자. 그러면 $(n_{ij})=1$인 경우는 부울곱의 정의에 의해 어떤 k가 존재해서 $(n_{ik})=1$이고 $(n_{kj})=1$일 때이다. 이는 어떤 $a_k\in A$에 대해 $a_i R a_k$이고 $a_k R a_j$일 때와 같다. 즉 $a_i R^2 a_j$라는 의미이고, 결국 $N=M_{R^2}$이다. ■

예제 5-21 부울곱을 이용해 길이가 2인 경로 찾기

[예제 5-20]의 관계 R에 대해 관계행렬의 부울곱을 이용해 R^2을 구하라.

풀이

M_R을 구하면 다음과 같다.

$$M_R = \begin{pmatrix} 1 & 1 & 0 & 0 & 0 \\ 0 & 0 & 1 & 0 & 0 \\ 0 & 0 & 0 & 1 & 1 \\ 0 & 0 & 0 & 0 & 1 \\ 0 & 0 & 0 & 0 & 0 \end{pmatrix}$$

따라서 [정리 5-2]에 의해 다음과 같다.

$$M_{R^2} = M_R \odot M_R = \begin{pmatrix} 1 & 1 & 0 & 0 & 0 \\ 0 & 0 & 1 & 0 & 0 \\ 0 & 0 & 0 & 1 & 1 \\ 0 & 0 & 0 & 0 & 1 \\ 0 & 0 & 0 & 0 & 0 \end{pmatrix} \odot \begin{pmatrix} 1 & 1 & 0 & 0 & 0 \\ 0 & 0 & 1 & 0 & 0 \\ 0 & 0 & 0 & 1 & 1 \\ 0 & 0 & 0 & 0 & 1 \\ 0 & 0 & 0 & 0 & 0 \end{pmatrix} = \begin{pmatrix} 1 & 1 & 1 & 0 & 0 \\ 0 & 0 & 0 & 1 & 1 \\ 0 & 0 & 0 & 0 & 1 \\ 0 & 0 & 0 & 0 & 0 \\ 0 & 0 & 0 & 0 & 0 \end{pmatrix}$$

그러므로 R^2을 구하면 다음과 같다.

$$R^2 = \{(a, a), (a, b), (a, c), (b, d), (b, e), (c, e)\}$$

[예제 5-21]의 결과는 [예제 5-20]의 결과와 같다. 길이가 n인 경로를 찾을 때 유향 그래프를 이용해 찾을 수도 있고 관계행렬을 이용해 찾을 수도 있다. 유향 그래프를 이용해 경로를 찾을 때는 모든 정점에 대해 하나씩 직접 찾아야 하므로 복잡한 그래프에서는 잘못 계산할 수도 있다. 반면에, 관계행렬을 이용하면 정확하게 계산할 수 있다. 따라서 경로를 찾을 때는 유향 그래프를 이용해 찾는 방법보다는 관계행렬을 이용해 찾는 방법을 추천한다.

이제 관계행렬을 이용해 길이가 n인 경로를 찾기 위해 [정리 5-2]를 확장해보자.

정리 5-3 부울곱을 이용해 길이가 n인 경로 찾기

$n \geq 1$이고 R은 유한집합 A에 관한 관계일 때, 길이가 n인 경로는 다음과 같다.

$$M_{R^n} = \underbrace{M_R \odot M_R \odot M_R \odot \cdots \odot M_R}_{n\text{개}}$$

즉 n개의 M_R을 부울곱한 것이다.

증명 생략

길이가 n인 경로까지는 관계행렬을 이용해 모두 정확하게 찾을 수 있다. 그런데 연결관계 R^∞를 찾기 위해서는 무한 번을 계산해야 하는 문제가 발생한다. 이 방법에 대해서는 5.6절에서 살펴본다.

이제 두 개의 경로를 합성해보자. a에서 시작하여 b로 끝나는 길이가 n인 경로 $\pi_1 = a$, $x_1, \cdots, x_{n-1}$, b와 b에서 시작하여 c로 끝나는 길이가 m인 경로 $\pi_2 = b$, $y_1, \cdots, y_{m-1}$, c가 있을 때, 두 경로 **π_1과 π_2의 합성**composition of π_1 and π_2은 길이가 $m+n$인 경로 $a, x_1, \cdots, x_{n-1}, b, y_1, \cdots, y_{m-1}, c$이고 $\pi_1 \cdot \pi_2$로 표기한다. 결국 이는 a에서 시작하여 c로 끝나는 경로가 있다는 의미이다. π_1과 π_2의 합성은 π_1의 끝나는 정점과 π_2의 시작 정점이 같을 때만 가능하다.

예제 5-22 경로의 합성

관계 R에 대한 유향 그래프가 다음과 같을 때, 두 경로 $\pi_1 = 1, 2, 3$과 $\pi_2 = 3, 5, 6, 2, 4$에 대해 합성 $\pi_1 \cdot \pi_2$를 구하라.

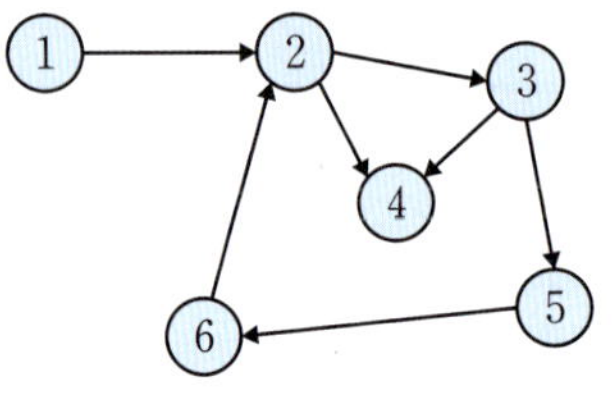

풀이

π_1의 마지막 정점 3과 π_2의 시작 정점이 3이 같으므로 합성이 가능하다. 두 경로 π_1과 π_2의 합성은 $\pi_1 \cdot \pi_2 = 1, 2, 3, 5, 6, 2, 4$이다.

정의 5-9 역경로

$\pi = a, x_1, \cdots, x_{n-1}, b$를 길이가 n인 경로라고 하자. 이때 π의 **역경로**inverse path는 π^{-1}로 표기하고 $\pi^{-1} = b, x_{n-1}, \cdots, x_2, x_1, a$로 정의한다.

예제 5-23 역경로

[예제 5-22]의 경로 π_1과 π_2에 대한 역경로를 구하라.

풀이

역경로는 각각 $\pi_1^{-1} = 3, 2, 1$과 $\pi_2^{-1} = 4, 2, 6, 5, 3$이다.

SECTION

5.4 관계의 성질

집합과 집합의 원소들 사이에는 관계가 있음을 알았다. 관계는 포함된 순서쌍 원소들에 따라 성질을 구분할 수 있다. 성질에 따라 구분되는 다양한 관계를 알아보자.

정의 5-10 반사관계, 비반사관계

(1) 집합 A에 관한 관계 R이 다음을 만족하면 **반사관계**reflexive relation라고 한다.

모든 $a \in A$에 대해 aRa, 즉 모든 $a \in A$에 대해 $(a, a) \in R$이다.

(2) 집합 A에 관한 관계 R이 다음을 만족하면 **비반사관계**irreflexive relation라고 한다.

모든 $a \in A$에 대해 $a \not R a$, 즉 모든 $a \in A$에 대해 $(a, a) \notin R$이다.

반사관계에서 가장 중요한 것은 집합 A에 관한 관계 R에서 집합 A에 속한 모든 원소에 대해 자기 자신에서 자기 자신으로 가는 순서쌍 (a, a)가 관계 R에 포함되어야 한다는 것이다. 같은 방법으로 비반사관계에서는 집합 A에 관한 관계 R에서 집합 A에 속한 모든 원소에 대해 자기 자신에서 자기 자신으로 가는 순서쌍 (a, a)가 관계 R에 포함되지 않아야 한다.

예제 5-24 반사, 비반사관계

다음과 같은 집합 A에 관한 관계 R을 유향 그래프와 관계행렬로 표현하고 주어진 물음에 답하라.

(a) $A=\{1, 2, 3\}$, $R=\{(a, b) \in A \times A \mid a \leq b\}$일 때, R이 반사관계임을 보여라.

(b) $A=\{1, 2, 3\}$, $R=\{(a, b) \in A \times A \mid a \neq b\}$일 때, R이 비반사관계임을 보여라.

(c) $A=\{1, 2, 3\}$, $R=\{(1, 1), (1, 2), (2, 2), (3, 2)\}$일 때, R이 반사관계인지, 비반사관계인지 판단하라.

풀이

(a) R을 구하면 $R=\{(1, 1), (1, 2), (1, 3), (2, 2), (2, 3), (3, 3)\}$이다. $A=\{1, 2, 3\}$이므로 이를 유향 그래프와 관계행렬로 표현하면 다음과 같다.

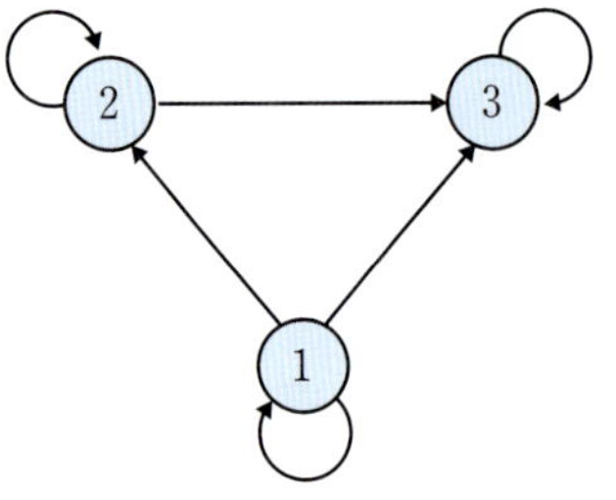

$$M_R=\begin{pmatrix}1&1&1\\0&1&1\\0&0&1\end{pmatrix}$$

반사관계의 정의에 의해 모든 $a\in A$에 대해 $(a, a)\in R$인지 확인하면 된다. $A=\{1, 2, 3\}$이고, R 안에 순서쌍 (1, 1), (2, 2), (3, 3)이 모두 있으므로 R은 반사관계이다.

(b) R을 구하면 $R=\{(1, 2), (1, 3), (2, 1), (2, 3), (3, 1), (3, 2)\}$이다. $A=\{1, 2, 3\}$이므로 이를 유향 그래프와 관계행렬로 표현하면 다음과 같다.

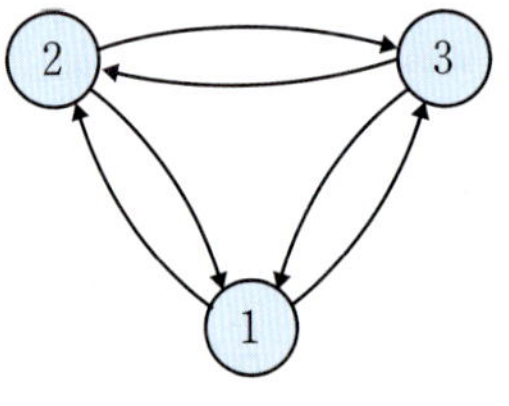

$$M_R=\begin{pmatrix}0&1&1\\1&0&1\\1&1&0\end{pmatrix}$$

비반사관계의 정의에 의해 모든 $a\in A$에 대해 $(a, a)\notin R$인지 확인하면 된다. $A=\{1, 2, 3\}$이고, R 안에 순서쌍 (1, 1), (2, 2), (3, 3)이 모두 없으므로 R은 비반사관계이다.

(c) R을 구하면 $R=\{(1, 1), (1, 2), (2, 2), (3, 2)\}$이다. $A=\{1, 2, 3\}$이므로 이를 유향 그래프와 관계행렬로 표현하면 다음과 같다.

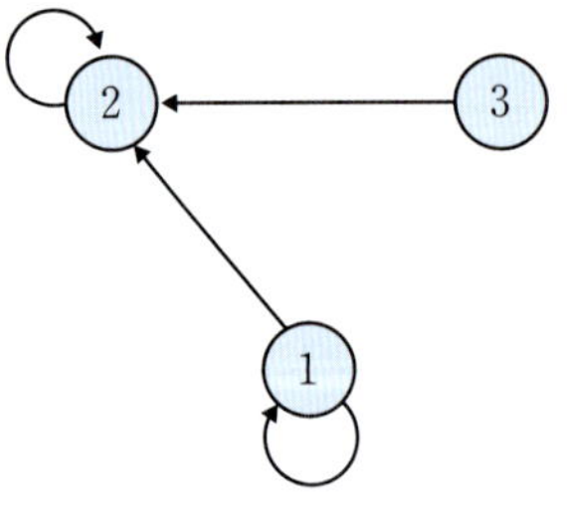

$$M_R=\begin{pmatrix}1&1&0\\0&1&0\\0&1&0\end{pmatrix}$$

반사관계의 정의에 의해 모든 $a\in A$에 대해 $(a, a)\in R$인지 확인하면 된다. $A=\{1, 2, 3\}$이므로 R 안에 순서쌍 (1, 1), (2, 2), (3, 3)이 모두 있는지 확인해보자. $(3, 3)\notin R$이므로 R은 반사관계가 아니다. 또한 비반사관계의 정의에 의해 모든

$a \in A$에 대해 $(a, a) \notin R$인지 확인하면 된다. $A = \{1, 2, 3\}$이므로 R 안에 순서쌍 $(1, 1)$, $(2, 2)$, $(3, 3)$이 모두 없는지 확인해보자. $(1, 1) \in R$이고 $(2, 2) \in R$이므로 R은 비반사관계가 아니다.

[예제 5-24(c)]에서 R은 반사관계도 비반사관계도 아니다. 즉 반사관계가 아니라고 해서 비반사관계인 것이 아니고, 비반사관계가 아니라고 해서 반사관계인 것도 아니다.

반사관계와 비반사관계의 특징을 살펴보자. 반사관계와 비반사관계를 관계행렬로 표현해보면 반사관계의 관계행렬은 [예제 5-24(a)]처럼 주대각 성분이 모두 1이고, 비반사관계의 관계행렬은 [예제 5-24(b)]처럼 주대각 성분이 모두 0임을 확인할 수 있다. 또한 반사관계와 비반사관계를 유향 그래프로 표현해보면 반사관계의 유향 그래프는 [예제 5-24(a)]처럼 모든 정점에서 길이가 1인 순환을 갖고, 비반사관계의 유향 그래프는 [예제 5-24(b)]처럼 모든 정점에서 길이가 1인 순환을 갖지 않는다.

정의 5-11 대칭관계, 비대칭관계, 반대칭관계

(1) 집합 A에 관한 관계 R이 다음을 만족하면 **대칭관계**symmetric relation라고 한다.

어떤 $a, b \in A$에 대해 aRb이면 bRa이다.

(2) 집합 A에 관한 관계 R이 다음을 만족하면 **비대칭관계**asymmetric relation라고 한다.

어떤 $a, b \in A$에 대해 aRb이면 $b \not R a$이다.

(3) 집합 A에 관한 관계 R이 다음을 만족하면 **반대칭관계**antisymmetric relation라고 한다.

어떤 $a, b \in A$에 대해 aRb이고 bRa이면 $a = b$이다.

대칭관계에서는 집합 A에 관한 관계 R에 포함된 모든 순서쌍 (a, b)에 대해 대칭인 순서쌍 (b, a)도 R에 포함되는지를 점검해야 한다. 비대칭관계는 R에 포함된 모든 순서쌍 (a, b)에 대해 대칭인 순서쌍 (b, a)가 R에 포함되지 않는지를 점검해야 한다. 반대칭관계는 R에 포함된 순서쌍 (a, b)와 (b, a)가 동시에 존재한다면 $a = b$인지를 점검해야 한다.

단지 R에 순서쌍 (a, b)와 (b, a)가 동시에 존재하지 않는다면 대우를 이용해 반대칭관계인지 아닌지를 점검할 수 있다. 대우관계를 이용해 반대칭관계를 다시 정의하면, '$a, b \in A$에 대해 $a \neq b$이면 $a \not R b$이거나 $b \not R a$인 관계'를 말한다. 그리고 'R이 반대칭관계가 아니다.'라는 것은 $a, b \in A$에 대해 $a \neq b$이면 aRb이고 bRa인 경우를 말한다.

예제 5-25 대칭, 비대칭, 반대칭관계 (1)

집합 $A=\mathbb{Z}$에 관한 관계 $R=\{(a, b)\in A\times A \mid a<b\}$에 대해 R이 대칭관계, 비대칭관계, 반대칭관계인지 판단하라.

풀이

- 두 정수 a, b에 대해 $a<b$라고 할 때 $b<a$가 성립하지 않으므로, R은 대칭관계가 아니다.
- 두 정수 a, b에 대해 $a<b$라고 할 때 $b\not<a$이므로, R은 비대칭관계이다.
- 대우관계를 이용하면 두 정수 a, b에 대해 $a\neq b$일 때 $a\not<b$이거나 $b\not<a$이므로, R은 반대칭관계이다.

예제 5-26 대칭, 비대칭, 반대칭관계 (2)

집합 $A=\{1, 2, 3, 4\}$에 관한 관계 $R=\{(1, 2), (2, 1), (2, 3), (3, 2), (3, 4), (4, 3)\}$에 대해 R을 유향 그래프와 관계행렬로 표현하고, R이 반사관계, 비반사관계, 대칭관계, 비대칭관계, 반대칭관계인지 판단하라.

풀이

관계 R을 유향 그래프와 관계행렬로 표현하면 다음과 같다.

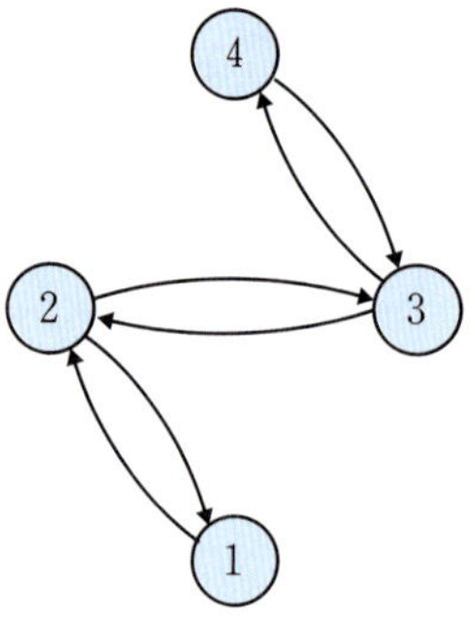

$$M_R=\begin{pmatrix}0&1&0&0\\1&0&1&0\\0&1&0&1\\0&0&1&0\end{pmatrix}$$

1) 반사관계 확인

$(1, 1)\notin R$이므로, R은 반사관계가 아니다.

2) 비반사관계 확인

$(1, 1)$, $(2, 2)$, $(3, 3)$, $(4, 4)$가 모두 R에 포함되지 않으므로, R은 비반사관계이다.

3) 대칭관계 확인

$(1, 2)\in R$일 때 $(2, 1)\in R$이다. $(2, 1)\in R$일 때 $(1, 2)\in R$이다.
$(2, 3)\in R$일 때 $(3, 2)\in R$이다. $(3, 2)\in R$일 때 $(2, 3)\in R$이다.
$(3, 4)\in R$일 때 $(4, 3)\in R$이다. $(4, 3)\in R$일 때 $(3, 4)\in R$이다.

그러므로 R은 대칭관계이다.

4) 비대칭관계 확인

$(1, 2) \in R$일 때 $(2, 1) \in R$이므로, R은 비대칭관계가 아니다.

5) 반대칭관계 확인

$(1, 2) \in R$이고 $(2, 1) \in R$일 때 $1 \neq 2$이므로, R은 반대칭관계가 아니다.

예제 5-27 대칭, 비대칭, 반대칭관계 (3)

집합 $A = \{1, 2, 3, 4\}$에 관한 관계 $R = \{(1, 2), (2, 2), (3, 4), (4, 1)\}$에 대해 R을 유향 그래프와 관계행렬로 표현하고, R이 반사관계, 비반사관계, 대칭관계, 비대칭관계, 반대칭관계인지 판단하라.

풀이

관계 R을 유향 그래프와 관계행렬로 표현하면 다음과 같다.

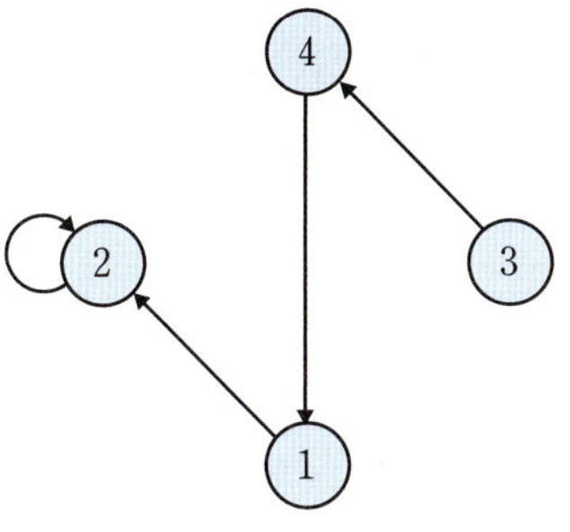

$$M_R = \begin{pmatrix} 0 & 1 & 0 & 0 \\ 0 & 1 & 0 & 0 \\ 0 & 0 & 0 & 1 \\ 1 & 0 & 0 & 0 \end{pmatrix}$$

1) 반사관계 확인

$(1, 1) \notin R$이므로, R은 반사관계가 아니다.

2) 비반사관계 확인

$(2, 2)$가 R에 포함되지 않으므로, R은 비반사관계가 아니다.

3) 대칭관계 확인

$(1, 2) \in R$이지만 $(2, 1) \notin R$이므로, R은 대칭관계가 아니다.

4) 비대칭관계 확인

$(2, 2) \in R$이므로, R은 비대칭관계가 아니다.

5) 반대칭관계 확인

$(2, 2)$에 대해 $(2, 2) \in R$이고 $(2, 2) \in R$일 때 $2 = 2$이므로 반대칭관계가 성립한다.

나머지 순서쌍에 대해서는 대우관계를 이용해 판단하자. 대우관계는 $a \neq b$이면 $(a, b) \notin R$이거나 $(b, a) \notin R$이어야 한다.

- 순서쌍 (1, 2)를 선택하면 $1 \neq 2$이므로 $(1, 2) \notin R$이거나 $(2, 1) \notin R$이어야 한다. 따라서 $(2, 1) \notin R$이므로 반대칭관계가 성립한다.
- 순서쌍 (3, 4)를 선택하면 $3 \neq 4$이므로 $(3, 4) \notin R$이거나 $(4, 3) \notin R$이어야 한다. 따라서 $(4, 3) \notin R$이므로 반대칭관계가 성립한다.
- 순서쌍 (4, 1)을 선택하면 $4 \neq 1$이므로 $(4, 1) \notin R$이거나 $(1, 4) \notin R$이어야 한다. 따라서 $(1, 4) \notin R$이므로 반대칭관계가 성립한다.

그러므로 R은 반대칭관계이다.

예제 5-28 대칭, 비대칭, 반대칭관계 (4)

집합 $A = \mathbb{Z}^+$(양의 정수들의 집합)에 관한 관계 $R = \{(a, b) \in A \times A \mid b \mid a$($a$는 b로 나누어떨어진다)$\}$에 대해 R이 대칭관계, 비대칭관계, 반대칭관계인지 판단하라.

풀이

- $a \mid b$이지만 $b \mid a$가 아니므로, R은 대칭관계가 아니다.
- aRb일 때 $b \not R a$여야 비대칭관계이다. 그러나 $a = b$일 때 aRb이고 bRa이므로, R은 비대칭관계가 아니다.
- $a \mid b$이고 $b \mid a$이면 $a = b$이므로, R은 반대칭관계이다.

예제 5-29 대칭, 비대칭, 반대칭관계 (5)

집합 $A = \{a, b, c, d, e\}$에 관한 관계 R이 다음과 같을 때, R을 유향 그래프와 관계행렬로 표현하고, R이 반사관계, 비반사관계, 대칭관계, 비대칭관계, 반대칭관계인지 판단하라.

$$R = \{(a, b), (a, c), (b, a), (b, c), (b, e), (c, a), (c, b), (c, d), (d, c), (d, e), (e, b), (e, d)\}$$

풀이

관계 R을 유향 그래프와 관계행렬로 표현하면 다음과 같다.

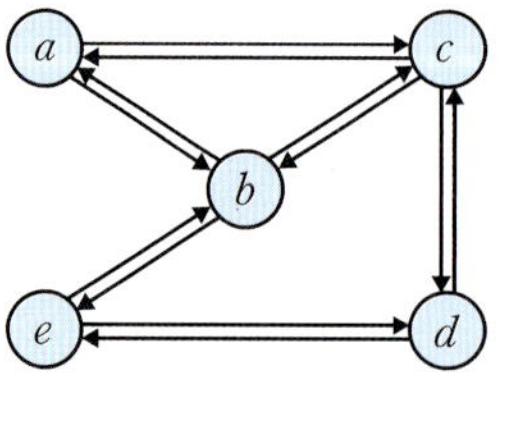

$$M_R = \begin{pmatrix} 0 & 1 & 1 & 0 & 0 \\ 1 & 0 & 1 & 0 & 1 \\ 1 & 1 & 0 & 1 & 0 \\ 0 & 0 & 1 & 0 & 1 \\ 0 & 1 & 0 & 1 & 0 \end{pmatrix}$$

1) 반사관계 확인

$(a, a) \notin R$이므로, R은 반사관계가 아니다.

2) 비반사관계 확인

(a, a), (b, b), (c, c), (d, d), (e, e)가 모두 R에 포함되지 않으므로, R은 비반사관계이다.

3) 대칭관계 확인

$(a, b) \in R$이면 $(b, a) \in R$이다. $(b, a) \in R$이면 $(a, b) \in R$이다.
$(a, c) \in R$이면 $(c, a) \in R$이다. $(c, a) \in R$이면 $(a, c) \in R$이다.
$(b, c) \in R$이면 $(c, b) \in R$이다. $(c, b) \in R$이면 $(b, c) \in R$이다.
$(b, e) \in R$이면 $(e, b) \in R$이다. $(e, b) \in R$이면 $(b, e) \in R$이다.
$(c, d) \in R$이면 $(d, c) \in R$이다. $(d, c) \in R$이면 $(c, d) \in R$이다.
$(e, d) \in R$이면 $(d, e) \in R$이다. $(d, e) \in R$이면 $(e, d) \in R$이다.

따라서 R은 대칭관계이다.

4) 비대칭관계 확인

$(a, b) \in R$일 때 $(b, a) \in R$이므로, R은 비대칭관계가 아니다.

5) 반대칭관계 확인

$(a, b) \in R$이고 $(b, a) \in R$인데 $a \neq b$이므로, R은 반대칭관계가 아니다.

이제 대칭관계, 비대칭관계, 반대칭관계의 특징을 살펴보자. 대칭관계는 [예제 5-26]과 [예제 5-29]처럼 유향 그래프에서 R에 포함된 순서쌍의 두 정점 사이에 서로 간선이 존재한다. 비대칭관계에서는 자기 자신에서 자기 자신으로 가는 길이가 1인 순환도 허용하지 않고, R에 포함된 순서쌍의 두 정점 사이에 간선이 존재하지 않아야 한다. 반대칭관계는 [예제 5-27]처럼 자기 자신에서 자기 자신으로 가는 길이가 1인 순환은 허용하지만, R에 포함된 순서쌍의 두 정점 사이에 간선이 존재하지 않아야 한다.

또한 대칭관계의 경우 [예제 5-26]과 [예제 5-29]처럼 관계행렬에서 주대각 성분을 기준으로 대칭인 위치의 성분이 서로 같아야 한다. 비대칭관계의 경우 주대각 성분이 모두 0이어야 하고, 주대각 성분을 기준으로 대칭인 위치의 성분이 서로 달라야 한다. 반대칭관계의 경우 [예제 5-27]처럼 주대각 성분이 1이나 0이어도 되지만 주대각 성분을 기준으로 대칭인 위치의 성분이 서로 달라야 한다.

[예제 5-26]과 [예제 5-29]의 관계 R이 대칭관계를 만족하면 두 정점 사이에는 서로를 향하는 간선이 존재하고 이 경우에 간선의 화살표를 제거하고 직선으로 연결할 수 있는데, 이

를 **무향 그래프**undirected graph라고 한다. 무향 그래프는 화살표가 없는 것이 아니라 양쪽 방향을 의미한다. 무향 그래프에 대한 자세한 내용은 8장에서 다룬다. [예제 5-26]과 [예제 5-29]의 관계 R을 무향 그래프로 나타내면 [그림 5-2]와 같다.

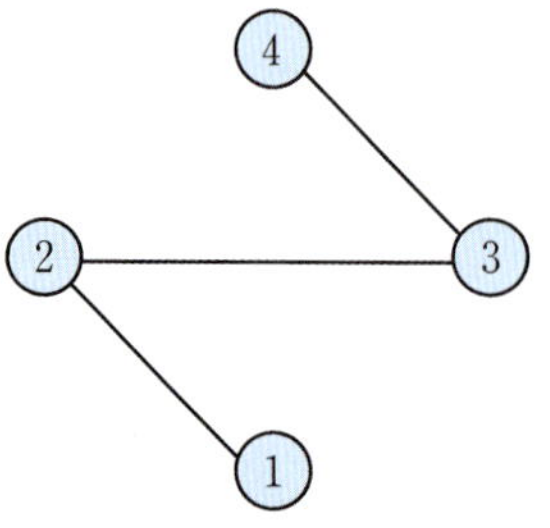

(a) [예제 5-26]의 관계 R

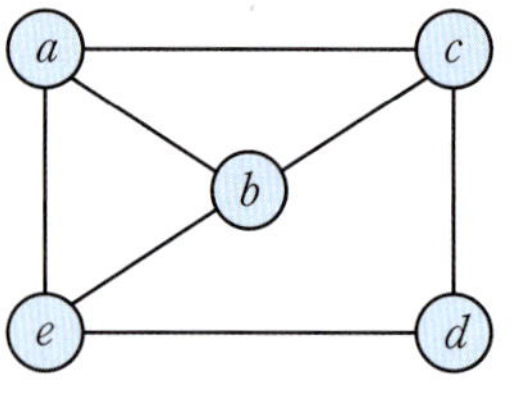

(b) [예제 5-29]의 관계 R

[그림 5-2] **[예제 5-26]과 [예제 5-29]의 관계 R에 대한 무향 그래프**

정의 5-12 추이관계

집합 A에 관한 관계 R이 다음을 만족하면 **추이관계**transitive relation라고 한다.

어떤 a, b, $c \in A$에 대해 aRb이고 bRc이면 aRc이다.

추이관계에서는 집합 A에 관한 관계 R에 포함된 모든 순서쌍 $(a,\ b)$와 $(b,\ c)$에 대해 순서쌍 $(a,\ c)$도 R에 포함되어야 한다.

예제 5-30 추이관계

집합 $A=\{1,\ 2,\ 3,\ 4\}$에 관한 관계 $R=\{(a,\ b)\in A\times A \mid a<b\}$에 대해 R을 유향 그래프와 관계행렬로 표현하고, R이 추이관계임을 보여라.

풀이

$R=\{(1,\ 2),\ (1,\ 3),\ (1,\ 4),\ (2,\ 3),\ (2,\ 4),\ (3,\ 4)\}$이다. 관계 R을 유향 그래프와 관계행렬로 표현하면 다음과 같다.

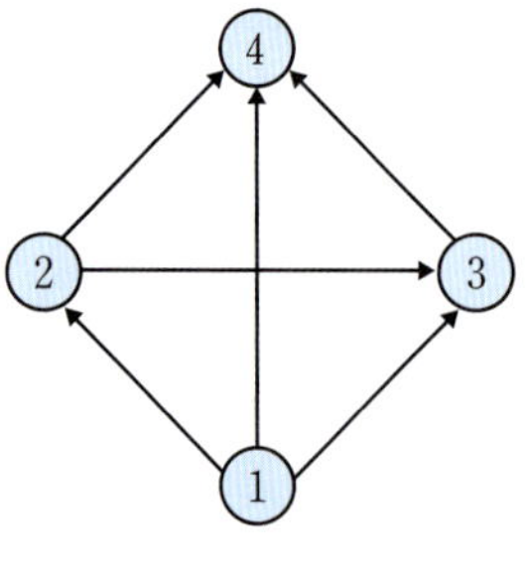

$$M_R=\begin{pmatrix}0&1&1&1\\0&0&1&1\\0&0&0&1\\0&0&0&0\end{pmatrix}$$

이제 추이관계를 판단해보자.

$(1, 2) \in R$이고 $(2, 3) \in R$일 때 $(1, 3) \in R$이다.
$(1, 2) \in R$이고 $(2, 4) \in R$일 때 $(1, 4) \in R$이다.
$(1, 3) \in R$이고 $(3, 4) \in R$일 때 $(1, 4) \in R$이다.
$(2, 3) \in R$이고 $(3, 4) \in R$일 때 $(2, 4) \in R$이다.

그러므로 R은 추이관계이다.

예제 5-31 반사, 비반사, 대칭, 비대칭, 반대칭, 추이관계

집합 $A = \{1, 2, 3\}$에 관한 관계 $R = \{(1, 1), (1, 2), (1, 3), (2, 1), (2, 2), (2, 3), (3, 3)\}$에 대해 R을 유향 그래프와 관계행렬로 표현하고, R이 반사관계, 비반사관계, 대칭관계, 비대칭관계, 반대칭관계, 추이관계인지 판단하라.

풀이

관계 R을 유향 그래프와 관계행렬로 표현하면 다음과 같다.

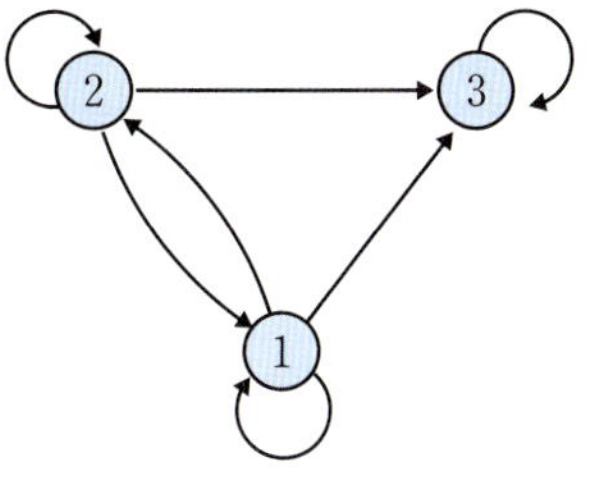

$$M_R = \begin{pmatrix} 1 & 1 & 1 \\ 1 & 1 & 1 \\ 0 & 0 & 1 \end{pmatrix}$$

1) 반사관계 확인
$(1, 1), (2, 2), (3, 3)$이 모두 R에 포함되므로, R은 반사관계이다.

2) 비반사관계 확인
$(1, 1)$이 R에 포함되므로, R은 비반사관계가 아니다.

3) 대칭관계 확인
$(1, 3) \in R$이지만 $(3, 1) \notin R$이므로, R은 대칭관계가 아니다.

4) 비대칭관계 확인
$(1, 1) \in R$이므로, R은 비대칭관계가 아니다.

5) 반대칭관계 확인
$(1, 2) \in R$이고 $(2, 1) \in R$일 때 $1 \neq 2$이므로, R은 반대칭관계가 아니다.

6) 추이관계 확인

$(1, 1) \in R$이고 $(1, 1) \in R$일 때 $(1, 1) \in R$이다.
$(1, 1) \in R$이고 $(1, 2) \in R$일 때 $(1, 2) \in R$이다.
$(1, 1) \in R$이고 $(1, 3) \in R$일 때 $(1, 3) \in R$이다.
$(1, 2) \in R$이고 $(2, 1) \in R$일 때 $(1, 1) \in R$이다.
$(1, 2) \in R$이고 $(2, 2) \in R$일 때 $(1, 2) \in R$이다.
$(1, 2) \in R$이고 $(2, 3) \in R$일 때 $(1, 3) \in R$이다.
$(1, 3) \in R$이고 $(3, 3) \in R$일 때 $(1, 3) \in R$이다.
$(2, 1) \in R$이고 $(1, 1) \in R$일 때 $(2, 1) \in R$이다.
$(2, 1) \in R$이고 $(1, 2) \in R$일 때 $(2, 2) \in R$이다.
$(2, 1) \in R$이고 $(1, 3) \in R$일 때 $(2, 3) \in R$이다.
$(2, 2) \in R$이고 $(2, 1) \in R$일 때 $(2, 1) \in R$이다.
$(2, 2) \in R$이고 $(2, 2) \in R$일 때 $(2, 2) \in R$이다.
$(2, 2) \in R$이고 $(2, 3) \in R$일 때 $(2, 3) \in R$이다.
$(2, 3) \in R$이고 $(3, 3) \in R$일 때 $(2, 3) \in R$이다.
$(3, 3) \in R$이고 $(3, 3) \in R$일 때 $(3, 3) \in R$이다.

그러므로 R은 추이관계이다.

유향 그래프를 통해 추이관계의 특징을 살펴보자. [예제 5-31]의 유향 그래프처럼 정점 1에서 정점 2로 가는 간선이 있고 정점 2에서 정점 3으로 가는 간선이 있으면, 정점 1에서 정점 3으로 가는 간선이 존재한다.

이제 동치관계에 대해 알아보자. 수학에서 동치관계는 논리적 동치와 비슷한 성질을 만족하는 이항관계이다. 즉 어떤 두 객체가 서로 '같다'는 개념을 의미한다. 같다는 개념을 나타내는 다른 형태로는 $23 \equiv 33 \pmod 5$가 있다. 23과 33은 mod 5를 취하면 3으로 같기 때문이다. 또한 10진수 6과 2진수 110도 같은 수이다.

정의 5-13 동치관계

집합 A에 관한 관계 R이 반사관계, 대칭관계, 추이관계를 모두 만족한다면 R은 **동치관계**equivalence relation라고 한다.

동치관계 R에 대한 유향 그래프는 다음과 같은 특별한 성질을 갖는다.

- R은 반사관계이므로 모든 정점은 길이가 1인 순환을 갖는다.
- R은 대칭관계이므로 유향 그래프가 아닌 무향 그래프를 갖는다.

- R은 추이관계이므로 정점 a에서 정점 b로 가는 간선이 있고 정점 b에서 정점 c로 가는 간선이 있으면 정점 a에서 정점 c로 가는 간선이 존재한다.

예제 5-32 동치관계 (1)

집합 $A=\{1, 2, 3, 4\}$에 관한 관계 $R=\{(1, 1), (1, 2), (2, 1), (2, 2), (3, 3), (3, 4), (4, 3), (4, 4)\}$에 대해 R을 유향 그래프와 관계행렬로 표현하고, R이 동치관계임을 보여라.

풀이

관계 R에 대한 유향 그래프와 관계행렬은 다음과 같다.

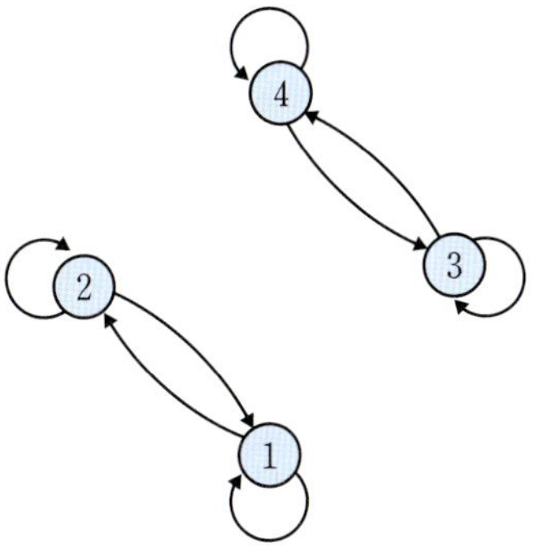

$$M_R=\begin{pmatrix}1&1&0&0\\1&1&0&0\\0&0&1&1\\0&0&1&1\end{pmatrix}$$

1) 반사관계 확인

반사관계의 정의에 따라 모든 $a\in A$에 대해 $(a, a)\in R$을 만족하는지 확인하면 된다. $A=\{1, 2, 3, 4\}$이므로 R 안에 $(1, 1)$, $(2, 2)$, $(3, 3)$, $(4, 4)$가 모두 있으므로 R은 반사관계이다.

2) 대칭관계 확인

$(1, 1)\in R$이면 $(1, 1)\in R$이다. $(1, 2)\in R$이면 $(2, 1)\in R$이다.
$(2, 1)\in R$이면 $(1, 2)\in R$이다. $(2, 2)\in R$이면 $(2, 2)\in R$이다.
$(3, 3)\in R$이면 $(3, 3)\in R$이다. $(3, 4)\in R$이면 $(4, 3)\in R$이다.
$(4, 3)\in R$이면 $(3, 4)\in R$이다. $(4, 4)\in R$이면 $(4, 4)\in R$이다.

그러므로 R은 대칭관계이다.

3) 추이관계 확인

$(1, 1)\in R$이고 $(1, 1)\in R$이면 $(1, 1)\in R$이다.
$(1, 1)\in R$이고 $(1, 2)\in R$이면 $(1, 2)\in R$이다.
$(1, 2)\in R$이고 $(2, 1)\in R$이면 $(1, 1)\in R$이다.
$(1, 2)\in R$이고 $(2, 2)\in R$이면 $(1, 2)\in R$이다.

$(2, 1) \in R$이고 $(1, 1) \in R$이면 $(2, 1) \in R$이다.
$(2, 1) \in R$이고 $(1, 2) \in R$이면 $(2, 2) \in R$이다.
$(2, 2) \in R$이고 $(2, 1) \in R$이면 $(2, 1) \in R$이다.
$(2, 2) \in R$이고 $(2, 2) \in R$이면 $(2, 2) \in R$이다.
$(3, 3) \in R$이고 $(3, 3) \in R$이면 $(3, 3) \in R$이다.
$(3, 3) \in R$이고 $(3, 4) \in R$이면 $(3, 4) \in R$이다.
$(3, 4) \in R$이고 $(4, 3) \in R$이면 $(3, 3) \in R$이다.
$(3, 4) \in R$이고 $(4, 4) \in R$이면 $(3, 4) \in R$이다.
$(4, 3) \in R$이고 $(3, 3) \in R$이면 $(4, 3) \in R$이다.
$(4, 3) \in R$이고 $(3, 4) \in R$이면 $(4, 4) \in R$이다.
$(4, 4) \in R$이고 $(4, 3) \in R$이면 $(4, 3) \in R$이다.
$(4, 4) \in R$이고 $(4, 4) \in R$이면 $(4, 4) \in R$이다.

그러므로 R은 추이관계이다.

따라서 반사관계, 대칭관계, 추이관계를 모두 만족하므로 R은 동치관계이다

예제 5-33 동치관계 (2)

집합 $A = \mathbb{Z}$에 관한 관계 $R = \{(a, b) \in A \times A \mid a \le b\}$에 대해 R이 동치관계임을 보여라.

풀이

- 임의의 $a \in A$에 대해 $a \le a$이므로, R은 반사관계이다.
- 어떤 $a, b \in A$에 대해 $a \le b$이면 $b \le a$가 성립하지 않으므로, R은 대칭관계가 아니다.
- 어떤 $a, b, c \in A$에 대해 $a \le b$이고 $b \le c$이면 $a \le c$이므로, R은 추이관계이다.

따라서 R이 대칭관계가 아니므로 R은 동치관계가 아니다.

동치류란 서로 같은 의미(동치)를 갖는 원소들을 모아놓은 집합을 말한다.

정의 5-14 동치류

R을 공집합이 아닌 집합 A에 관한 동치관계라고 하자. 그러면 $a \in A$에 대해 집합 $[a] = \{x \in A \mid x\,R\,a\}$를 a에 관한 **동치류**equivalence class라 하고 $[a]$로 표기한다.

동치류 $[a]$는 결코 공집합($\varnothing$)이 될 수 없다. 왜냐하면 R이 반사관계이므로 $a \in [a]$가 성립하기 때문이다.

예제 5-34 동치류

R을 [예제 5-32]에서 정의한 동치관계라고 할 때, 동치류 [1], [2], [3], [4]를 구하라.

풀이

1) 1에 관한 순서쌍을 모두 모으면 $(1, 1), (2, 1), (1, 2), (2, 2) \in R$이다. 모두 동치관계를 만족하므로 $[1]=\{1, 2\}$이다.
2) 2에 관한 순서쌍을 모두 모으면 $(1, 1), (2, 1), (1, 2), (2, 2) \in R$이다. 모두 동치관계를 만족하므로 $[2]=\{1, 2\}$이다.
3) 3에 관한 순서쌍을 모두 모으면 $(3, 3), (3, 4), (4, 3), (4, 4) \in R$이다. 모두 동치관계를 만족하므로 $[3]=\{3, 4\}$이다.
4) 4에 관한 순서쌍을 모두 모으면 $(3, 3), (3, 4), (4, 3), (4, 4) \in R$이다. 모두 동치관계를 만족하므로 $[4]=\{3, 4\}$이다.

따라서 $[1]=[2]=\{1, 2\}$, $[3]=[4]=\{3, 4\}$이다.

예제 5-35 동치류

집합 $A=\{1, 2, 3, 4, 5\}$에 관한 관계 $R=\{(1, 1), (1, 5), (2, 2), (2, 3), (3, 2), (3, 3), (4, 4), (5, 1), (5, 5)\}$에 대해 동치류 [1], [2], [3], [4], [5]를 구하라.

풀이

R은 반사관계, 대칭관계, 추이관계를 모두 만족하므로 동치관계이다. 이제 동치류를 각각 구해보자.

1) 1에 관한 순서쌍을 모두 모으면 $(1, 1), (1, 5), (5, 1), (5, 5) \in R$이다. 모두 동치관계를 만족하므로 $[1]=\{1, 5\}$이다.
2) 2에 관한 순서쌍을 모두 모으면 $(2, 2), (2, 3), (3, 2), (3, 3) \in R$이다. 모두 동치관계를 만족하므로 $[2]=\{2, 3\}$이다.
3) 3에 관한 순서쌍을 모두 모으면 $(2, 2), (2, 3), (3, 2), (3, 3) \in R$이다. 모두 동치관계를 만족하므로 $[3]=\{2, 3\}$이다.
4) 4에 관한 순서쌍을 모두 모으면 $(4, 4) \in R$이다. 동치관계를 만족하므로 $[4]=\{4\}$이다.
5) 5에 관한 순서쌍을 모두 모으면 $(1, 1), (1, 5), (5, 1), (5, 5) \in R$이다. 모두 동치관계를 만족하므로 $[5]=\{1, 5\}$이다.

따라서 $[1]=[5]=\{1, 5\}$, $[2]=[3]=\{2, 3\}$, $[4]=\{4\}$이다.

지금까지 반사관계, 비반사관계, 대칭관계, 비대칭관계, 반대칭관계, 추이관계, 동치관계를 알아봤다. 이제 기타 관계들을 살펴보자.

집합 A에 관한 이항관계가 있다. R, S, T를 반사관계, 대칭관계, 추이관계라 하고, $\overline{R}$, $\overline{S}$, $\overline{T}$를 반사관계가 아닌 것, 대칭관계가 아닌 것, 추이관계가 아닌 것이라고 하자.

- ($\overline{R}$, $\overline{S}$, $\overline{T}$)를 만족하는 것에는 '트리'가 있다([그림 5-3(a)]).
- ($\overline{R}$, $\overline{S}$, T)를 만족하는 것에는 '$>$'이 있다([그림 5-3(b)]).
- ($\overline{R}$, S, $\overline{T}$)를 만족하는 것에는 '$|i-j|=1(i,\ j\in\mathbb{Z})$'이 있다([그림 5-3(c)]).
- ($\overline{R}$, S, T)를 만족하는 것에는 '형제관계'가 있다([그림 5-3(d)]).
- (R, $\overline{S}$, $\overline{T}$)를 만족하는 관계가 있다([그림 5-3(e)]).
- (R, $\overline{S}$, T)를 만족하는 것에는 '$\leq$'나 '부분순서partial ordering관계'가 있다([그림 5-3(f)]).
- (R, S, $\overline{T}$)를 만족하는 것에는 '친구관계compatibility'가 있다([그림 5-3(g)]). 이것은 $|i-j|\leq m$인 관계이다.
- (R, S, T)를 만족하는 것에는 '동치관계'가 있다([그림 5-3(h)]).
- (R, S, T)를 만족하는 것에는 '항등관계'가 있다([그림 5-3(i)]).

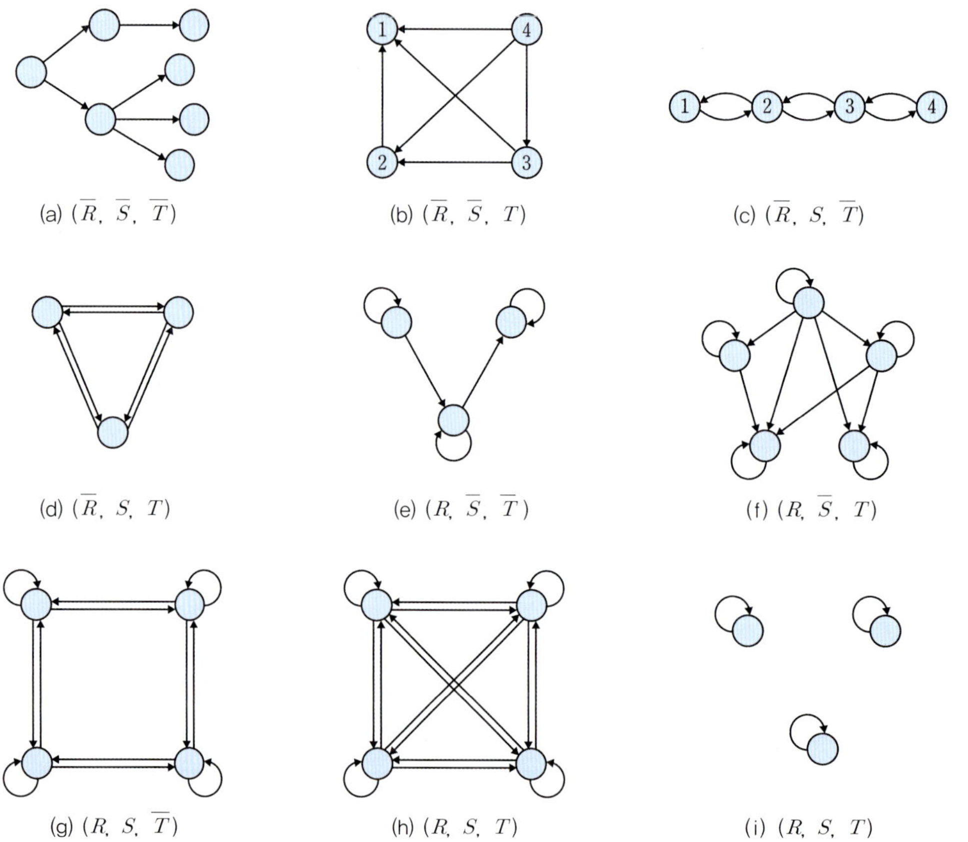

(a) ($\overline{R}$, $\overline{S}$, $\overline{T}$) (b) ($\overline{R}$, $\overline{S}$, T) (c) ($\overline{R}$, S, $\overline{T}$)

(d) ($\overline{R}$, S, T) (e) (R, $\overline{S}$, $\overline{T}$) (f) (R, $\overline{S}$, T)

(g) (R, S, $\overline{T}$) (h) (R, S, T) (i) (R, S, T)

[그림 5-3] 기타 관계

SECTION

5.5 역관계와 합성관계

이 절에서는 역관계, 여관계, 합성관계 등 앞에서 설명하지 않은 다른 관계들에 대해 알아본다.

정의 5-15 역관계와 여관계

R을 집합 A에서 집합 B로의 관계라고 하자.

(1) **역관계**inverse relation는 집합 B에서 집합 A로의 관계로, R^{-1}로 표기한다.

$$R^{-1}=\{(b,\ a)\in B\times A\mid(a,\ b)\in R,\ a\in A,\ b\in B\}$$

(2) R이 $A\times B$의 부분집합일 때, R의 여집합을 **여관계**complementary relation라 하고, $\overline{R}$로 표기한다.

$$\overline{R}=\{(a,\ b)\in A\times B\mid(a,\ b)\notin R\},\ \text{즉 } a\,\overline{R}\,b \Leftrightarrow a\not R\, b$$

역관계 R^{-1}는 관계 R이 존재할 경우 반드시 존재한다. 관계 R의 정의역은 역관계 R^{-1}의 공역이 되고, 관계 R의 공역은 역관계 R^{-1}의 정의역이 된다. 또한 R과 S를 집합 A에서 집합 B로의 관계라고 할 때, $a(R\cap S)b$는 'aRb이고 aSb'라는 의미이다. 그리고 $a(R\cup S)b$는 'aRb 또는 aSb'라는 의미이다.

예제 5-36 역관계와 여관계

$A=\{a,\ b,\ c\}$, $B=\{1,\ 2,\ 3\}$일 때, 집합 A에서 집합 B로의 관계 R과 S에 대해 $\overline{R}$, $R\cap S$, $R\cup S$, R^{-1}를 구하라.

$$R=\{(a,\ 1),\ (b,\ 1),\ (b,\ 2),\ (b,\ 3),\ (c,\ 2)\}$$
$$S=\{(b,\ 1),\ (b,\ 3),\ (c,\ 2)\}$$

풀이

- $\overline{R}$를 구하기 위해 $A\times B$를 계산하면 다음과 같다.

$$A\times B=\{(a,\ 1),\ (a,\ 2),\ (a,\ 3),\ (b,\ 1),\ (b,\ 2),\ (b,\ 3),\ (c,\ 1),\ (c,\ 2),\ (c,\ 3)\}$$

따라서 $\overline{R}$는 다음과 같다.

$$\begin{aligned}\overline{R} &= (A \times B) - R \\ &= \{(a, 2), (a, 3), (c, 1), (c, 3)\}\end{aligned}$$

- $R \cap S = \{(b, 1), (b, 3), (c, 2)\}$이다.
- $R \cup S = \{(a, 1), (b, 1), (b, 2), (b, 3), (c, 2)\}$이다.
- $(x, y) \in R^{-1} \Leftrightarrow (y, x) \in R$이므로, $R^{-1} = \{(1, a), (1, b), (2, b), (3, b), (2, c)\}$이다.

예제 5-37 관계, 역관계, 여관계

집합 $A = \{a, b, c, d, e\}$에 관한 관계 R과 S의 유향 그래프가 다음과 같을 때, R과 S를 구하고 $\overline{R}$, R^{-1}, $R \cap S$를 구하라.

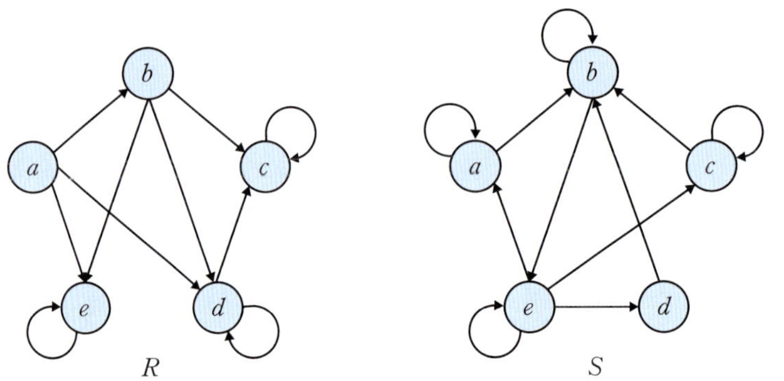

풀이

$R = \{(a, b), (a, d), (a, e), (b, c), (b, d), (b, e), (c, c), (d, c), (d, d), (e, e)\}$
$S = \{(a, a), (a, b), (b, b), (b, e), (c, b), (c, c), (d, b), (e, a), (e, c), (e, d)\}$

위 결과에 따라 $\overline{R}$, R^{-1}, $R \cap S$는 다음과 같다.

- $\overline{R} = \{(a, a), (a, c), (b, a), (b, b), (c, a), (c, b), (c, d), (c, e), (d, a), (d, b), (d, e), (e, a), (e, b), (e, c), (e, d)\}$
- $R^{-1} = \{(b, a), (d, a), (e, a), (c, b), (d, b), (e, b), (c, c), (c, d), (d, d), (e, e)\}$
- $R \cap S = \{(a, b), (b, e), (c, c)\}$

이번에는 관계행렬을 이용해 역관계와 여관계를 구해보자. 앞서 설명한 것처럼 관계행렬은 자기 자신에 관한 관계일 때만 이용할 수 있다.

예제 5-38 관계행렬을 이용한 역관계와 여관계 (1)

집합 $A=\{1, 2, 3\}$에 관한 관계 R과 S를 생각해보자. R과 S에 대한 관계행렬이 다음과 같을 때, $M_{\overline{R}}$, $M_{R^{-1}}$, $M_{R\cap S}$, $M_{R\cup S}$를 구하라.

$$M_R=\begin{pmatrix}1&0&1\\0&1&1\\0&0&1\end{pmatrix},\quad M_S=\begin{pmatrix}0&1&1\\1&1&0\\0&1&0\end{pmatrix}$$

풀이

관계행렬로부터 R과 S를 구하면 다음과 같다.

$$R=\{(1, 1), (1, 3), (2, 2), (2, 3), (3, 3)\}$$
$$S=\{(1, 2), (1, 3), (2, 1), (2, 2), (3, 2)\}$$

그러므로 $\overline{R}$, R^{-1}, $R\cap S$, $R\cup S$는 다음과 같다.

$$\overline{R}=\{(1, 2), (2, 1), (3, 1), (3, 2)\}$$
$$R^{-1}=\{(1, 1), (3, 1), (2, 2), (3, 2), (3, 3)\}$$
$$R\cap S=\{(1, 3), (2, 2)\}$$
$$R\cup S=\{(1, 1), (1, 2), (1, 3), (2, 1), (2, 2), (2, 3), (3, 2), (3, 3)\}$$

따라서 구하고자 하는 관계들을 관계행렬로 표현하면 다음과 같다.

$$M_{\overline{R}}=\begin{pmatrix}0&1&0\\1&0&0\\1&1&0\end{pmatrix},\quad M_{R^{-1}}=\begin{pmatrix}1&0&0\\0&1&0\\1&1&1\end{pmatrix},\quad M_{R\cap S}=\begin{pmatrix}0&0&1\\0&1&0\\0&0&0\end{pmatrix},\quad M_{R\cup S}=\begin{pmatrix}1&1&1\\1&1&1\\0&1&1\end{pmatrix}$$

관계행렬에 대한 연산은 부울행렬에 대한 연산임을 명심하자. $M_{R\cap S}$는 M_R과 M_S에 대한 교합 연산이고, $M_{R\cup S}$는 M_R과 M_S에 대한 접합 연산이다. 또한 $M_{R^{-1}}$는 M_R의 전치행렬이다. $M_{\overline{R}}$는 M_R에서 0은 1로, 1은 0으로 바꾼 M_R의 **여행렬**complementary matrix $\overline{M_R}$이다.

정리 5-4 관계행렬을 이용한 여러 관계의 성질

R과 S를 집합 A에 관한 관계라 할 때, 다음이 성립한다.

(1) $M_{R\cap S}=M_R\wedge M_S$

(2) $M_{R\cup S}=M_R\vee M_S$

(3) $M_{R^{-1}}=(M_R)^{\mathrm{T}}$

(4) $M_{\overline{R}}=\overline{M_R}$ ($\overline{M}$는 M의 여행렬)

증명 생략

예제 5-39 관계행렬을 이용한 역관계와 여관계 (2)

집합 $A=\{1,\ 2,\ 3\}$에 관한 관계 R과 S가 다음과 같을 때, [정리 5-4]의 관계행렬을 이용해 R^{-1}, $\overline{R}$, $R\cap S$, $R\cup S$를 구하라.

$$R=\{(1,\ 1),\ (1,\ 2),\ (1,\ 3),\ (2,\ 2),\ (3,\ 3)\}$$
$$S=\{(1,\ 1),\ (1,\ 2),\ (2,\ 2),\ (3,\ 2),\ (3,\ 3)\}$$

풀이

- R^{-1}의 관계행렬은 $(M_R)^{\mathrm{T}}$이므로 다음과 같다.

$$M_R=\begin{pmatrix}1&1&1\\0&1&0\\0&0&1\end{pmatrix},\quad (M_R)^{\mathrm{T}}=\begin{pmatrix}1&0&0\\1&1&0\\1&0&1\end{pmatrix}$$

  그러면 $R^{-1}=\{(1,\ 1),\ (2,\ 1),\ (2,\ 2),\ (3,\ 1),\ (3,\ 3)\}$이다. 따라서 R과 R^{-1}는 모두 반사관계이다.

- $\overline{R}$의 관계행렬은 $\overline{M_R}$이므로 $\overline{M_R}=\begin{pmatrix}0&0&0\\1&0&1\\1&1&0\end{pmatrix}$이다. 그러면 $\overline{R}=\{(2,\ 1),\ (2,\ 3),\ (3,\ 1),\ (3,\ 2)\}$이다. 따라서 R은 반사관계이지만 $\overline{R}$는 비반사관계이다.

- $R\cap S$의 관계행렬은 $M_R\wedge M_S=\begin{pmatrix}1&1&1\\0&1&0\\0&0&1\end{pmatrix}\wedge\begin{pmatrix}1&1&0\\0&1&0\\0&1&1\end{pmatrix}=\begin{pmatrix}1&1&0\\0&1&0\\0&0&1\end{pmatrix}$이다. 그러면 $R\cap S=\{(1,\ 1),\ (1,\ 2),\ (2,\ 2),\ (3,\ 3)\}$이다. 따라서 $R\cap S$는 반사관계이다.

- $R\cup S$의 관계행렬은 $M_R\vee M_S=\begin{pmatrix}1&1&1\\0&1&0\\0&0&1\end{pmatrix}\vee\begin{pmatrix}1&1&0\\0&1&0\\0&1&1\end{pmatrix}=\begin{pmatrix}1&1&1\\0&1&0\\0&1&1\end{pmatrix}$이다. 그러면 $R\cup S=\{(1,\ 1),\ (1,\ 2),\ (1,\ 3),\ (2,\ 2),\ (3,\ 2),\ (3,\ 3)\}$이다. 따라서 $R\cup S$는 반사관계이다.

정의 5-16 합성관계

집합 A, B, C에 대해 R은 집합 A에서 집합 B로의 관계이고, S는 집합 B에서 집합 C로의 관계라고 하자. 이때 R과 S의 **합성관계**composite relation는 집합 A에서 집합 C로의 관계이고, $S\circ R$로 표기한다.

$$S\circ R=\{(a,\ c)\in A\times C\mid (a,\ b)\in R\text{이고 }(b,\ c)\in S\text{인 }b\in B\text{가 존재}\}$$

그리고 R과 S로부터 $S\circ R$을 구하는 것을 **합성**composition한다고 한다.

집합 A, B, C에 대해 R은 집합 A에서 집합 B로의 관계이고, S는 집합 B에서 집합 C로의 관계라고 할 때, R의 공역과 S의 정의역이 같은 집합인 경우에만 두 관계의 합성이 가능하다.

예제 5-40 **합성관계 (1)**

집합 $A=\{1, 2, 3, 4\}$에 관한 관계 R과 S가 다음과 같을 때, 합성관계 $S \circ R$을 구하라.

$$R=\{(1, 1), (1, 2), (1, 3), (2, 4), (3, 2)\}$$
$$S=\{(1, 3), (1, 4), (2, 3), (3, 1), (4, 1)\}$$

풀이

관계 R과 S를 화살표 그림으로 표현하면 다음과 같다.

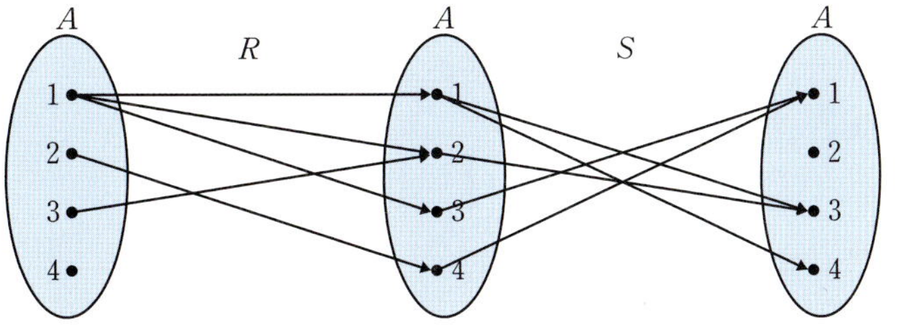

여기서 $S \circ R$을 구해보자.

$(1, 1) \in R$이고 $(1, 3) \in S$이므로 $(1, 3) \in S \circ R$이다.
$(1, 1) \in R$이고 $(1, 4) \in S$이므로 $(1, 4) \in S \circ R$이다.
$(1, 2) \in R$이고 $(2, 3) \in S$이므로 $(1, 3) \in S \circ R$이다.
$(1, 3) \in R$이고 $(3, 1) \in S$이므로 $(1, 1) \in S \circ R$이다.
$(2, 4) \in R$이고 $(4, 1) \in S$이므로 $(2, 1) \in S \circ R$이다.
$(3, 2) \in R$이고 $(2, 3) \in S$이므로 $(3, 3) \in S \circ R$이다.

그러므로 $S \circ R=\{(1, 1), (1, 3), (1, 4), (2, 1), (3, 3)\}$이다.

예제 5-41 **합성관계 (2)**

집합 A에 관한 관계 R, S가 다음과 같을 때, 합성관계 $S \circ R$, $R \circ S$, $(R \circ S) \circ R$, $R \circ (S \circ R)$, $R \circ R$, $R \circ R \circ R$을 구하라.

$$R=\{(1, 2), (2, 2), (3, 4)\}$$
$$S=\{(1, 3), (2, 5), (3, 1), (4, 2)\}$$

풀이

- $S \circ R = \{(1, 5), (2, 5), (3, 2)\}$이고, $R \circ S = \{(1, 4), (3, 2), (4, 2)\}$이다.
  그러므로 $S \circ R \neq R \circ S$이다. 따라서 합성관계에 대한 교환법칙은 성립하지 않는다.

- $(R \circ S) \circ R = \{(1, 4), (3, 2), (4, 2)\} \circ \{(1, 2), (2, 2), (3, 4)\} = \{(3, 2)\}$
  $R \circ (S \circ R) = \{(1, 2), (2, 2), (3, 4)\} \circ \{(1, 5), (2, 5), (3, 2)\} = \{(3, 2)\}$

- $R \circ R = \{(1, 2), (2, 2), (3, 4)\} \circ \{(1, 2), (2, 2), (3, 4)\} = \{(1, 2), (2, 2)\}$
  $R \circ R \circ R = \{(1, 2), (2, 2), (3, 4)\} \circ \{(1, 2), (2, 2)\} = \{(1, 2), (2, 2)\}$

예제 5-42 **합성관계 (3)**

집합 $A = \{a, b, c\}$에 관한 관계 R과 S의 관계행렬이 다음과 같을 때, 합성관계 $S \circ R$을 구하라.

$$M_R = \begin{pmatrix} 1 & 0 & 1 \\ 1 & 1 & 1 \\ 0 & 1 & 0 \end{pmatrix}, \quad M_S = \begin{pmatrix} 1 & 0 & 0 \\ 0 & 1 & 1 \\ 1 & 0 & 1 \end{pmatrix}$$

풀이

여기서 $S \circ R$을 구해보자.

$(a, a) \in R$이고 $(a, a) \in S$이므로 $(a, a) \in S \circ R$이다.
$(a, c) \in R$이고 $(c, a) \in S$이므로 $(a, a) \in S \circ R$이다.
$(a, c) \in R$이고 $(c, c) \in S$이므로 $(a, c) \in S \circ R$이다.
$(b, a) \in R$이고 $(a, a) \in S$이므로 $(b, a) \in S \circ R$이다.
$(b, b) \in R$이고 $(b, b) \in S$이므로 $(b, b) \in S \circ R$이다.
$(b, b) \in R$이고 $(b, c) \in S$이므로 $(b, c) \in S \circ R$이다.
$(b, c) \in R$이고 $(c, a) \in S$이므로 $(b, a) \in S \circ R$이다.
$(b, c) \in R$이고 $(c, c) \in S$이므로 $(b, c) \in S \circ R$이다.
$(c, b) \in R$이고 $(b, b) \in S$이므로 $(c, b) \in S \circ R$이다.
$(c, b) \in R$이고 $(b, c) \in S$이므로 $(c, c) \in S \circ R$이다.

그러므로 $S \circ R = \{(a, a), (a, c), (b, a), (b, b), (b, c), (c, b), (c, c)\}$이다.

[예제 5-42]에 의하면 [정리 5-5]와 같은 성질이 성립한다.

정리 5-5 합성관계의 부울곱 표현

두 관계 R과 S의 합성관계 $S \circ R$은 다음과 같은 부울곱이 된다.

$$S \circ R = M_{S \circ R} = M_R \odot M_S \quad (\odot \text{는 부울곱})$$

증명

A, B, C는 각각 n개, p개, m개의 원소를 가진 집합이다. R은 집합 A에서 집합 B로의 관계이고, S는 집합 B에서 집합 C로의 관계이다. 그리고 M_R과 M_S는 R과 S의 관계행렬이라고 하자. 그러면 M_R은 $n \times p$ 행렬이고 M_S는 $p \times m$ 행렬이다. 따라서 $M_R \odot M_S$를 계산할 수 있고 이는 $M_{S \circ R}$과 같다.

이제 본 정리를 증명한다. $A=\{a_1, \cdots, a_n\}$, $B=\{b_1, \cdots, b_p\}$, $C=\{c_1, \cdots, c_m\}$이라고 하자. $M_R=(r_{ij})$, $M_S=(s_{ij})$이고 $M_{S \circ R}=(t_{ij})$라 하면 $t_{ij}=1$은 $(a_i, c_j) \in S \circ R$이다. 이는 어떤 k에 대해 $(a_i, b_k) \in R$이고 $(b_k, c_j) \in S$임을 의미한다. 즉 $r_{ik}=1$이고 $s_{kj}=1$ $(1 \le k \le p)$이다. 이 조건은 $M_R \odot M_S$의 (i, j) 성분이 1일 조건이다. 따라서 $M_{S \circ R}= M_R \odot M_S$이다. ■

예제 5-43 합성관계를 부울곱으로 계산하기

[정리 5-5]를 이용해 [예제 5-42]에서 다음과 같이 주어진 R과 S의 합성관계 $S \circ R$을 구하라.

$$M_R = \begin{pmatrix} 1 & 0 & 1 \\ 1 & 1 & 1 \\ 0 & 1 & 0 \end{pmatrix}, \quad M_S = \begin{pmatrix} 1 & 0 & 0 \\ 0 & 1 & 1 \\ 1 & 0 & 1 \end{pmatrix}$$

풀이

합성관계 $S \circ R$의 관계행렬은 다음과 같다.

$$\begin{aligned} & M_R \odot M_S \\ &= \begin{pmatrix} 1 & 0 & 1 \\ 1 & 1 & 1 \\ 0 & 1 & 0 \end{pmatrix} \odot \begin{pmatrix} 1 & 0 & 0 \\ 0 & 1 & 1 \\ 1 & 0 & 1 \end{pmatrix} \\ &= \begin{pmatrix} (1\wedge1)\vee(0\wedge0)\vee(1\wedge1) & (1\wedge0)\vee(0\wedge1)\vee(1\wedge0) & (1\wedge0)\vee(0\wedge1)\vee(1\wedge1) \\ (1\wedge1)\vee(1\wedge0)\vee(1\wedge1) & (1\wedge0)\vee(1\wedge1)\vee(1\wedge0) & (1\wedge0)\vee(1\wedge1)\vee(1\wedge1) \\ (0\wedge1)\vee(1\wedge0)\vee(0\wedge1) & (0\wedge0)\vee(1\wedge1)\vee(0\wedge0) & (0\wedge0)\vee(1\wedge1)\vee(0\wedge1) \end{pmatrix} \\ &= \begin{pmatrix} 1\vee0\vee1 & 0\vee0\vee0 & 0\vee0\vee1 \\ 1\vee0\vee1 & 0\vee1\vee0 & 0\vee1\vee1 \\ 0\vee0\vee0 & 0\vee1\vee0 & 0\vee1\vee0 \end{pmatrix} = \begin{pmatrix} 1 & 0 & 1 \\ 1 & 1 & 1 \\ 0 & 1 & 1 \end{pmatrix} \end{aligned}$$

그러므로 $S \circ R=\{(a, a), (a, c), (b, a), (b, b), (b, c), (c, b), (c, c)\}$이다. 즉 [예제 5-42]의 결과와 같음을 알 수 있다.

[정리 5-5]를 확장하여 합성관계의 결합법칙이 성립하는지 확인해보자.

정리 5-6 합성관계의 결합법칙

집합 A, B, C, D에 대해 R은 집합 A에서 집합 B로의 관계, S는 집합 B에서 집합 C로의 관계, T는 집합 C에서 집합 D로의 관계라고 할 때, $T \circ (S \circ R) = (T \circ S) \circ R$이다.

증명

M_R, M_S, M_T를 각각 R, S, T의 관계행렬이라고 하면 다음이 성립한다.

$$M_{T \circ (S \circ R)} = M_{(S \circ R)} \odot M_T = (M_R \odot M_S) \odot M_T$$
$$M_{(T \circ S) \circ R} = M_R \odot M_{(T \circ S)} = M_R \odot (M_S \odot M_T)$$

이때 [정리 2-6]에 의해 부울행렬에 대한 부울곱의 결합법칙이 성립하므로 $(M_R \odot M_S) \odot M_T = M_R \odot (M_S \odot M_T)$가 성립한다. 그러므로 $M_{T \circ (S \circ R)} = M_{(T \circ S) \circ R}$이 성립한다. 따라서 $T \circ (S \circ R) = (T \circ S) \circ R$임을 증명했다. ■

그러나 일반적으로 $S \circ R \neq R \circ S$임을 알아야 한다. 즉 합성관계에 대한 교환법칙은 성립하지 않는다.

정리 5-7 합성관계에 대한 역관계

집합 A, B, C에 대해 R은 집합 A에서 집합 B로의 관계, S는 집합 B에서 집합 C로의 관계라 할 때, $(S \circ R)^{-1} = R^{-1} \circ S^{-1}$이다.

증명

$a \in A$이고 $c \in C$라 하면 다음이 성립한다.

$(c, a) \in (S \circ R)^{-1}$
$\Leftrightarrow (a, c) \in S \circ R$ ($\because$ 역관계 정의)
$\Leftrightarrow (a, b) \in R$이고 $(b, c) \in S$인 $b \in B$가 존재한다. ($\because$ 합성관계 정의)
$\Leftrightarrow (b, c) \in S$이고 $(a, b) \in R$인 $b \in B$가 존재한다. ($\because$ 교환법칙)
$\Leftrightarrow (c, b) \in S^{-1}$이고 $(b, a) \in R^{-1}$ ($\because$ 역관계 정의)
$\Leftrightarrow (c, a) \in R^{-1} \circ S^{-1}$

그러므로 $(S \circ R)^{-1} = R^{-1} \circ S^{-1}$이다. ■

SECTION

5.6 연결관계와 와샬 알고리즘

연결관계를 계산하기 전에 관계에서의 폐포에 대해 먼저 설명한다. 우리는 종종 어떤 조건을 만족시키기 위해 필요한 부분을 추가하는 경우가 있다. 예를 들어 학교 도서관에서 해당 학교 학생에게만 책을 대출해준다고 하자. 책을 대출할 때는 학생의 정보를 입력한다. 만약 학교에서 근방의 동네 주민도 책을 대출할 수 있도록 시스템을 확장하고자 한다면 기존 정보에 동네 주민의 정보를 추가로 입력하여 시스템을 변경해야 한다.

이처럼 이전 관계에 다른 관계를 추가하면서 새로운 성질을 갖게 되는 개념을 폐포라고 한다. 폐포를 만들기 위해서는 이전 관계가 갖고 있던 순서쌍에 원소를 추가하는 방법을 사용한다. 즉 이전 관계의 성질 또는 의미를 그대로 유지하면서 새로운 성질을 추가하는 것이다.

정의 5-17 폐포

집합 A에 관한 관계 R이 있고, R이 가질 수 있는 성질을 P라고 할 때, 집합 A에 관한 관계 R_1이 관계 R을 포함하면서 성질 P를 갖는다면 관계 R_1을 관계 R에 대한 P **폐포** closure라고 한다. 이때 P는 반사관계, 대칭관계, 추이관계 등이 될 수 있다.

이제 반사폐포, 대칭폐포, 추이폐포에 대해 알아보자.

정의 5-18 반사폐포

집합 A에 관한 관계 R을 포함하면서 반사관계를 만족하는 폐포 R_1을 R의 **반사폐포** reflexive closure라고 한다.

예제 5-44 반사폐포 (1)

집합 $A=\{1, 2, 3\}$에 관한 관계 $R=\{(1, 1), (1, 3), (2, 1), (3, 2)\}$의 반사폐포 R_1을 구하라.

풀이

집합 $A=\{1, 2, 3\}$에 관한 관계 $R=\{(1, 1), (1, 3), (2, 1), (3, 2)\}$의 반사폐포 R_1을 구하기 위해서는 R에 순서쌍을 추가해서 반사관계를 만족하도록 하는 R_1을 구해야 한다. 반사관계를 만족하려면 순서쌍 $(1, 1)$, $(2, 2)$, $(3, 3)$ 등이 포함되어야 한다. R에 $(2, 2)$와 $(3, 3)$이 없으므로 R_1에 이 순서쌍들을 추가하면 반사폐포는 $R_1=\{(1, 1), (1, 3), (2, 1), (2, 2), (3, 2), (3, 3)\}$이다.

[예제 5-44]에서 살펴봤듯이, 반사폐포는 관계 R에 포함된 순서쌍 원소들을 그대로 유지하면서 집합 A에 포함되는 모든 원소 a에 대해 (a, a)를 추가하여 반사관계를 갖는 새로운 관계 R_1을 구하는 것이다. 반사폐포를 구하기 위해 관계행렬이나 유향 그래프를 활용할 수도 있다. 반사폐포를 만들기 위해서는 관계행렬의 주대각 성분을 모두 1로 만들면 된다. 유향 그래프에서는 자신 자신에서 자기 자신으로 가는 길이가 1인 순환을 모든 정점에 만들면 된다.

예제 5-45 반사폐포 (2)

[예제 5-44]의 관계 R을 관계행렬과 유향 그래프로 표현하고, R의 반사폐포 R_1도 관계행렬과 유향 그래프로 표현하라.

풀이

[예제 5-44]의 관계 R에 대한 관계행렬과 유향 그래프는 다음과 같다.

$$M_R=\begin{pmatrix}1&0&1\\1&0&0\\0&1&0\end{pmatrix}$$

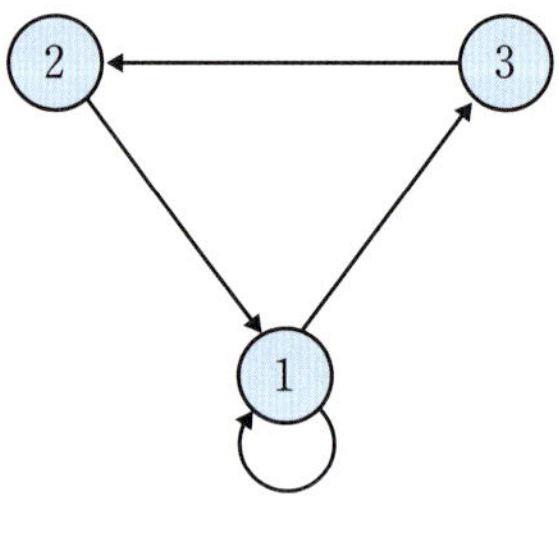

반사폐포 R_1에 대한 관계행렬과 유향 그래프는 다음과 같다.

$$M_{R_1} = \begin{pmatrix} 1 & 0 & 1 \\ 1 & 1 & 0 \\ 0 & 1 & 1 \end{pmatrix}$$

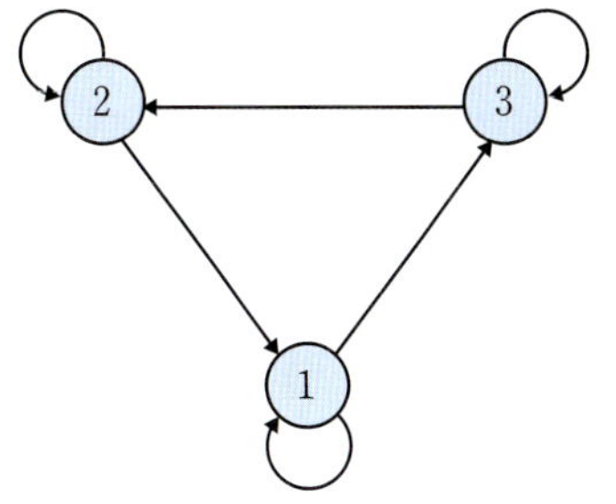

앞에서 설명한 것처럼 반사폐포의 관계행렬은 주대각 성분이 모두 1이고, 유향 그래프에는 자신 자신에서 자기 자신으로 가는 길이가 1인 순환이 모든 정점에 있다.

정의 5-19 대칭폐포

집합 A에 관한 관계 R을 포함하면서 대칭관계를 만족하는 폐포 R_1을 R의 **대칭폐포** symmetric closure라고 한다.

예제 5-46 대칭폐포 (1)

집합 $A=\{1, 2, 3\}$에 관한 관계 $R=\{(1, 1), (1, 3), (2, 1), (3, 2)\}$의 대칭폐포 R_1을 구하라.

풀이

R에 대한 대칭폐포 R_1을 구하기 위해서는 R에 순서쌍을 추가하여 대칭관계를 만족하도록 해야 한다. 대칭관계의 정의로부터 다음과 같다.

$(1, 1) \in R$일 때 $(1, 1) \in R$이다.
$(1, 3) \in R$일 때 $(3, 1) \notin R$이다. 그러므로 R_1에 $(3, 1)$을 추가하면 된다.
$(2, 1) \in R$일 때 $(1, 2) \notin R$이다. 그러므로 R_1에 $(1, 2)$를 추가하면 된다.
$(3, 2) \in R$일 때 $(2, 3) \notin R$이다. 그러므로 R_1에 $(2, 3)$을 추가하면 된다.

따라서 대칭폐포는 $R_1=\{(1, 1), (1, 2), (1, 3), (2, 1), (2, 3), (3, 1), (3, 2)\}$이다.

[예제 5-46]에서 살펴봤듯이, 대칭폐포는 관계 R에 포함된 순서쌍 원소들을 그대로 유지하면서 관계에 포함된 순서쌍 (a, b)에 대해 (b, a)가 관계에 포함되지 않을 때 대칭관계를

만족하도록 (b, a)를 새로운 관계 R_1에 포함하는 것이다. 대칭폐포를 구하기 위해 관계행렬이나 유향 그래프를 활용할 수도 있다. 대칭폐포를 만들기 위해서는 관계행렬의 주대각 성분을 기준으로 대칭인 성분들이 같은 값을 갖도록 만들면 된다. 유향 그래프에서는 한쪽 방향 화살표를 양쪽 방향 화살표가 되도록 만들면 된다.

예제 5-47 **대칭폐포 (2)**

[예제 5-46]의 관계 R을 관계행렬과 유향 그래프로 표현하고, R의 대칭폐포 R_1도 관계행렬과 유향 그래프로 표현하라.

풀이

[예제 5-46]의 관계 R에 대한 관계행렬과 유향 그래프는 다음과 같다.

$$M_R = \begin{pmatrix} 1 & 0 & 1 \\ 1 & 0 & 0 \\ 0 & 1 & 0 \end{pmatrix}$$

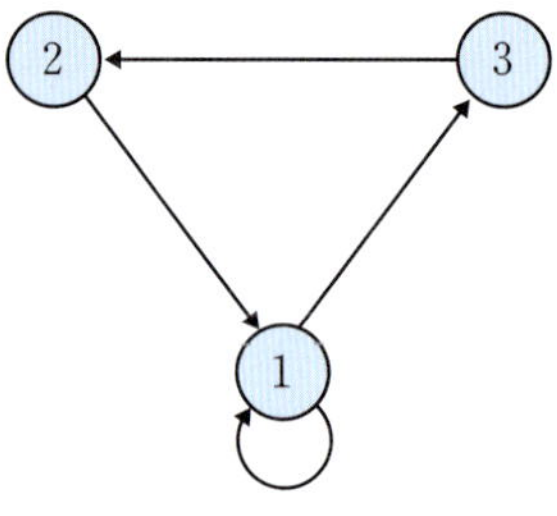

대칭폐포 R_1에 대한 관계행렬과 유향 그래프는 다음과 같다.

$$M_{R_1} = \begin{pmatrix} 1 & 1 & 1 \\ 1 & 0 & 1 \\ 1 & 1 & 0 \end{pmatrix}$$

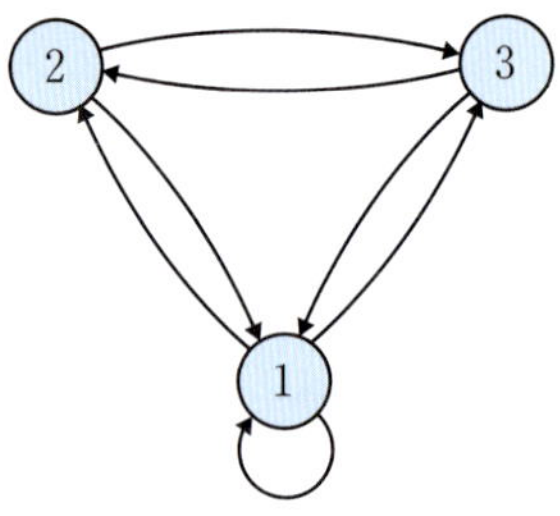

앞에서 설명한 것처럼 대칭폐포의 관계행렬은 주대각 성분을 기준으로 대칭인 성분들이 모두 같고, 유향 그래프는 한쪽 방향의 화살표 대신에 양쪽 방향의 화살표로 바뀌었다.

정의 5-20 **추이폐포**

집합 A에 관한 관계 R을 포함하면서 추이관계를 만족하는 폐포 R_1을 R의 **추이폐포** transitive closure라고 한다.

예제 5-48 **추이폐포**

집합 $A=\{1, 2, 3, 4\}$에 관한 관계 $R=\{(1, 2), (2, 1), (2, 3), (3, 4)\}$의 추이폐포 R_1을 구하라.

풀이

R의 추이폐포 R_1을 구하기 위해서는 R에 순서쌍을 추가하여 추이관계를 만족하도록 해야 한다. 추이관계의 정의로부터 다음이 성립한다.

$(1, 2)\in R$이고 $(2, 1)\in R$이면 $(1, 1)\notin R$이다.
그러므로 R_1에 $(1, 1)$을 추가한다.
$(1, 2)\in R$이고 $(2, 3)\in R$이면 $(1, 3)\notin R$이다.
그러므로 R_1에 $(1, 3)$을 추가한다.
$(2, 1)\in R$이고 $(1, 2)\in R$이면 $(2, 2)\notin R$이다.
그러므로 R_1에 $(2, 2)$를 추가한다.
$(2, 3)\in R$이고 $(3, 4)\in R$이면 $(2, 4)\notin R$이다.
그러므로 R_1에 $(2, 4)$를 추가한다.

따라서 추이폐포는 $R_1=\{(1, 1), (1, 2), (1, 3), (2, 1), (2, 2), (2, 3), (2, 4), (3, 4)\}$이다. 추가한 순서쌍으로부터 다시 추이관계가 성립하는지 확인한다.

$(1, 1)\in R$이고 $(1, 1)\in R$이면 $(1, 1)\in R$이다.
$(1, 1)\in R$이고 $(1, 2)\in R$이면 $(1, 2)\in R$이다.
$(1, 1)\in R$이고 $(1, 3)\in R$이면 $(1, 3)\in R$이다.
$(1, 2)\in R$이고 $(2, 1)\in R$이면 $(1, 1)\in R$이다.
$(1, 2)\in R$이고 $(2, 2)\in R$이면 $(1, 2)\in R$이다.
$(1, 2)\in R$이고 $(2, 3)\in R$이면 $(1, 3)\in R$이다.
$(1, 2)\in R$이고 $(2, 4)\in R$이면 $(1, 4)\notin R$이다.
그러므로 R_1에 $(1, 4)$를 추가한다.
$(1, 3)\in R$이고 $(3, 4)\in R$이면 $(1, 4)\notin R$이다.
그러므로 R_1에 $(1, 4)$를 추가한다.
$(2, 1)\in R$이고 $(1, 1)\in R$이면 $(2, 1)\in R$이다.
$(2, 1)\in R$이고 $(1, 2)\in R$이면 $(2, 2)\in R$이다.
$(2, 1)\in R$이고 $(1, 3)\in R$이면 $(2, 3)\in R$이다.
$(2, 2)\in R$이고 $(2, 1)\in R$이면 $(2, 1)\in R$이다.
$(2, 2)\in R$이고 $(2, 2)\in R$이면 $(2, 2)\in R$이다.
$(2, 2)\in R$이고 $(2, 3)\in R$이면 $(2, 3)\in R$이다.

$(2, 2) \in R$이고 $(2, 4) \in R$이면 $(2, 4) \in R$이다.
$(2, 3) \in R$이고 $(3, 4) \in R$이면 $(2, 4) \in R$이다.

다시, 추이폐포는 $R_1 = \{(1, 1), (1, 2), (1, 3), (1, 4), (2, 1), (2, 2), (2, 3), (2, 4), (3, 4)\}$이다. 새롭게 순서쌍이 추가되었으니 추이관계를 다시 검사해야 한다. 앞에서 (1, 4)에 의한 추이관계만 확인해보자.

$(1, 1) \in R$이고 $(1, 4) \in R$이면 $(1, 4) \in R$이다.
$(2, 1) \in R$이고 $(1, 4) \in R$이면 $(2, 4) \in R$이다.

그러므로 더 이상 추가할 순서쌍은 없다. 따라서 추이폐포는 $R_1 = \{(1, 1), (1, 2), (1, 3), (1, 4), (2, 1), (2, 2), (2, 3), (2, 4), (3, 4)\}$이다.

[예제 5-48]과 같이 추이폐포를 구하는 과정에서는 새롭게 추가한 순서쌍에 대해 추이관계가 성립하는지를 계속 확인해야 한다. 그러므로 추이폐포를 만들기 위한 과정은 매우 복잡하다.

앞서 [정의 5-8]에서 연결관계 R^∞를 정의했다. 연결관계 $x R^\infty y$는 x에서 시작하여 y로 끝나는 어떤 경로가 있다는 의미이다. 이런 연결관계는 추이폐포와 매우 깊은 관련이 있다.

정리 5-8 연결관계와 추이폐포

R이 집합 A에 관한 관계라고 하면 R^∞(연결관계)는 R의 추이폐포이다.

증명

5.3절의 내용을 다시 떠올리면 $a, b \in A$에 대해 '$a R^\infty b \Leftrightarrow a$에서 b로의 어떤 경로가 있다.'이므로 R^∞는 추이관계임을 쉽게 알 수 있다($\because$ 만약 $a R^\infty b$이고 $b R^\infty c$이면 a에서 b로의 경로와 b에서 c로의 경로의 합성이 a에서 c로의 경로가 된다. 그러므로 $a R^\infty c$이다).

다음으로 R^∞가 R을 포함하는 추이폐포임을 보이자. 그러기 위해서는 S가 집합 A에 관한 추이관계이고, $R \subseteq S$일 때 $R^\infty \subseteq S$임을 보이면 된다. 우선 S가 집합 A에 관한 추이관계이므로 모든 n에 대해 $S^n \subseteq S$이다. 즉 a와 b가 길이 n인 경로에 의해 연결되어 있다면 $a S b$이다. 그러면 $S^\infty = \bigcup_{n=1}^{\infty} S^n \subseteq S$이고 $R \subseteq S$이므로 $R^\infty \subseteq S^\infty$이다. 왜냐하면 R에서의 경로는 S에서의 경로이기 때문이다. 그러므로 $R^\infty \subseteq S^\infty \subseteq S$임을 보였다. 즉 R^∞는 R을 포함하는 추이폐포이다. ∎

[정리 5-8]에 의하면 R의 추이폐포는 연결관계 R^{∞}임을 알았다. 다음 예제를 통해 이 결과를 확인해보자.

예제 5-49 연결관계와 추이폐포

[예제 5-48]에서 연결관계 R^{∞}를 구하라. 그리고 결과가 [예제 5-48]의 추이폐포와 같은지 확인하라.

풀이

$A=\{1, 2, 3, 4\}$이고 $R=\{(1, 2), (2, 1), (2, 3), (3, 4)\}$이다. 이때 R의 연결관계 R^{∞}를 유향 그래프와 관계행렬을 이용해 구해보자.

- **방법 1** : 유향 그래프를 이용해 연결관계를 구하기 위해 관계를 유향 그래프로 표현하면 다음과 같다.

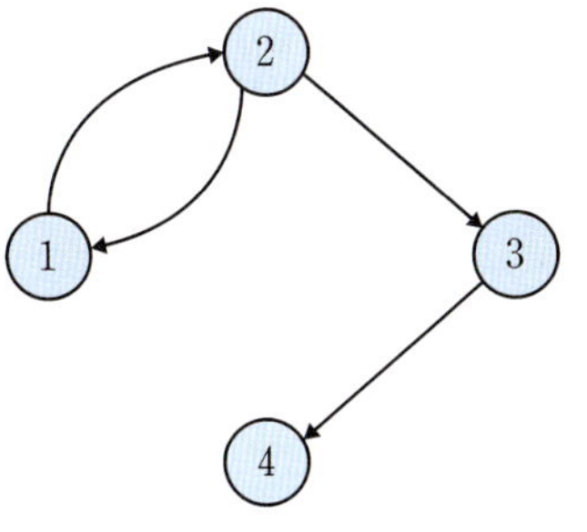

이제 모든 경로를 구하면 된다. 정점 1에서 시작하여 정점 1, 2, 3, 4로 가는 경로가 있는지 확인한다. 그러면 $(1, 1), (1, 2), (1, 3), (1, 4) \in R^{\infty}$임을 알 수 있다. 같은 방법으로 정점 2에서 시작하여 정점 1, 2, 3, 4로 가는 경로가 있는지 확인하면 된다. 그러면 $(2, 1), (2, 2), (2, 3), (2, 4) \in R^{\infty}$이다. 또한 정점 3에서 시작하여 정점 4로 가는 경로를 구할 수 있다. 그러므로 $(3, 4) \in R^{\infty}$이다. 즉 다음과 같다.

$$R^{\infty}=\{(1, 1), (1, 2), (1, 3), (1, 4), (2, 1), (2, 2), (2, 3), (2, 4), (3, 4)\}$$

- **방법 2** : 관계행렬을 이용해 연결관계를 구하기 위해 관계를 관계행렬로 표현하면 다음과 같다.

$$M_R=\begin{pmatrix} 0 & 1 & 0 & 0 \\ 1 & 0 & 1 & 0 \\ 0 & 0 & 0 & 1 \\ 0 & 0 & 0 & 0 \end{pmatrix}$$

M_{R^∞}를 구해보자($n > 1$).

$$M_{R^2} = \begin{pmatrix} 1 & 0 & 1 & 0 \\ 0 & 1 & 0 & 1 \\ 0 & 0 & 0 & 0 \\ 0 & 0 & 0 & 0 \end{pmatrix}, \quad M_{R^3} = \begin{pmatrix} 0 & 1 & 0 & 1 \\ 1 & 0 & 1 & 0 \\ 0 & 0 & 0 & 0 \\ 0 & 0 & 0 & 0 \end{pmatrix}$$

$$M_{R^4} = \begin{pmatrix} 1 & 0 & 1 & 0 \\ 0 & 1 & 0 & 1 \\ 0 & 0 & 0 & 0 \\ 0 & 0 & 0 & 0 \end{pmatrix}, \quad M_{R^5} = \begin{pmatrix} 0 & 1 & 0 & 1 \\ 1 & 0 & 1 & 0 \\ 0 & 0 & 0 & 0 \\ 0 & 0 & 0 & 0 \end{pmatrix}$$

계속 계산해보면 알 수 있듯이 M_{R^∞}는 다음과 같다.

$$M_{R^\infty} = \begin{cases} M_R\ , & n=1\text{일 때} \\ M_{R^2}, & n\text{이 짝수일 때} \\ M_{R^3}, & n\text{이 홀수일 때} \end{cases}$$

그러므로 다음이 성립한다.

$$M_{R^\infty} = M_R \vee M_{R^2} \vee M_{R^3} = \begin{pmatrix} 1 & 1 & 1 & 1 \\ 1 & 1 & 1 & 1 \\ 0 & 0 & 0 & 1 \\ 0 & 0 & 0 & 0 \end{pmatrix}$$

따라서 R^∞는 다음과 같다.

$$R^\infty = \{(1, 1), (1, 2), (1, 3), (1, 4), (2, 1), (2, 2), (2, 3), (2, 4), (3, 4)\}$$

결국 두 방법으로 구한 결과가 모두 [예제 5-48]의 결과와 같음을 확인할 수 있다.

이제 연결관계(혹은 추이폐포)를 구해보자. 이미 앞에서 설명한 것처럼 연결관계를 구할 때 두 가지 방법을 사용할 수 있다. 첫 번째는 유향 그래프를 이용하는 것이다. 유향 그래프를 그려서 모든 정점에서 시작하여 다른 정점까지 가는 경로가 있는지를 확인한다. 간단하게 계산할 때는 매우 편리한 방법이지만 그래프가 복잡해지거나 관계들이 복잡해진다면 완벽하게 구하는 것이 어려워진다는 단점이 있다. 또한 이를 컴퓨터 프로그램으로 구한다면 사람처럼 그래프를 보고 작업할 수 없으므로 너무나 어려운 알고리즘이다. 그래서 연결관계를 구할 때 많이 사용하는 방법은 관계행렬을 이용하는 두 번째 방법이다. 그런데 연결관계 M_{R^∞}는 M_R 혹은 $(M_R)^2$ 혹은 $(M_R)^3 \cdots$ 이다. 여기서 연결관계는 무한 번 계산해야 한다는 치명적인 문제점이 있다. 즉 관계행렬을 가지고 계산하므로 그래프를 보고 계산할 때의 문제점을 보완할 수 있지만, 무한 번 계산해야 하는 단점을 갖는다.

이를 해결하기 위해 나온 방법이 바로 **와샬 알고리즘**Warshall algorithm이다. 와샬 알고리즘은 관계행렬을 이용해 연결관계를 구할 때 무한 번 계산하지 않고 유한 번으로 계산할 수 있다. 그래서 연결관계를 구할 때 주로 사용한다.

예를 들어, 우리나라의 모든 집에 전기가 어떻게 들어가는지를 보려면 발전소로부터 송배전을 거쳐 모든 가정까지 가는 연결관계들을 구하면 된다. 그런데 우리나라의 전체 가정을 대상으로 계산한다고 하면 행렬의 크기가 너무 커진다. 그래도 연결관계를 계산한다고 하면 우리나라의 어느 집에 전기가 들어가는지 알아낼 수 있다. 이때 와샬 알고리즘을 이용하면 된다. 또한 지하철 노선도에서 출발지로부터 목적지를 찾아가기 위해 출발점과 도착점을 주고 연결관계를 구하는 경우에도 역시 와샬 알고리즘을 사용한다.

R을 집합 $A=\{a_1, a_2, \cdots, a_n\}$에 관한 관계라 하고, 와샬 알고리즘을 이용해 연결관계 M_{R^∞}를 구하면 된다. W 행렬은 와샬 알고리즘을 이용해 연결관계를 구할 때 사용하는 행렬 $W_0=M_R, \cdots, W_n=M_{R^\infty}$로 나타낸다. 그런데 W 행렬들은 앞에서 다루었던 관계행렬 M_R의 부울곱과는 다르다. 이 행렬에 의하면 $W_0=M_R$로부터 시작하여 계속 구해나가는데, 중간 과정은 부울곱을 구하는 과정과 전혀 다르지만 마지막 단계인 $W_n=M_{R^\infty}$가 연결관계를 구한 결과가 된다. 이렇게 함으로써 연결관계를 정확하게 자동으로 구할 수 있다는 장점이 있다.

이제 W_{k-1}로부터 W_k를 구하는 와샬 알고리즘을 살펴보자. 단, k값은 1부터 시작해서 초기 관계의 크기에 따라 k값이 정해진다. 초기 관계행렬이 4×4 행렬이라면 k값은 1부터 행렬의 크기인 4까지이다. 즉 W_0로부터 W_1을 구하고, 이것이 끝나면 W_1으로부터 W_2를 구하고, 같은 방법으로 W_2로부터 W_3를 구하고, 마지막으로 W_3로부터 W_4를 구한다. 그러면 W_4가 연결관계가 된다.

[알고리즘 5-1] 와샬 알고리즘

와샬 알고리즘을 이용해 W_{k-1}로부터 W_k를 구하는 과정은 $k=1$부터 $k=n$까지 다음의 과정을 반복적으로 계산한다. 단, k는 $1\leq k\leq n$이고 n은 초기 관계행렬의 행의 크기이다.

- **1단계** : W_{k-1}의 1을 W_k로 모두 옮겨 쓴다.
- **2단계** : 성분이 1인 W_{k-1}의 k열의 위치($p_1, p_2, \cdots$)와 성분이 1인 W_{k-1}의 k행의 위치($q_1, q_2, \cdots$)를 나열한다.
- **3단계** : W_k의 (p_i, q_i)의 위치에 1을 쓴다(모든 i, j의 조합에 대해).

예제 5-50 와샬 알고리즘

와샬 알고리즘을 이용해 [예제 5-48]의 연결관계를 구하라. 그리고 구한 결과가 [예제 5-49]와 같은지 확인하라.

풀이

와샬 알고리즘을 이용해 연결관계를 구하기 위해 초기 관계행렬을 구한다.

$$W_0 = M_R = \begin{pmatrix} 0 & 1 & 0 & 0 \\ 1 & 0 & 1 & 0 \\ 0 & 0 & 0 & 1 \\ 0 & 0 & 0 & 0 \end{pmatrix}$$

초기 관계행렬이 4×4행렬이므로 $n=4$이다. 즉 W_0로부터 W_1, W_2, W_3, W_4를 구하면 된다.

우선 W_1을 구하자. 이때 $k=1$이다. W_0의 1이 있는 위치와 W_1의 똑같은 위치에 1을 쓴다. W_0의 1열 2행과 1행 2열에 1이 있으므로, W_1의 2행 2열에 1을 쓴다. 그러면 W_1은 다음과 같다.

$$W_1 = \begin{pmatrix} 0 & 1 & 0 & 0 \\ 1 & 1 & 1 & 0 \\ 0 & 0 & 0 & 1 \\ 0 & 0 & 0 & 0 \end{pmatrix}$$

W_2를 구하면 $k=2$이고 W_1의 1이 있는 위치와 W_2의 똑같은 위치에 1을 쓴다. W_1의 2열의 1행, 2행과 2행의 1열, 2열, 3열에 1이 있으므로, W_2의 (1, 1), (1, 2), (1, 3), (2, 1), (2, 2), (2, 3)의 위치에 1을 쓴다. 그러면 W_2는 다음과 같다.

$$W_2 = \begin{pmatrix} 1 & 1 & 1 & 0 \\ 1 & 1 & 1 & 0 \\ 0 & 0 & 0 & 1 \\ 0 & 0 & 0 & 0 \end{pmatrix}$$

마찬가지로 W_3를 구하면 다음과 같다.

$$W_3 = \begin{pmatrix} 1 & 1 & 1 & 1 \\ 1 & 1 & 1 & 1 \\ 0 & 0 & 0 & 1 \\ 0 & 0 & 0 & 0 \end{pmatrix}$$

마지막으로 W_4를 구해보자. W_3의 4열의 1행, 2행, 3행이 1이지만 4행의 어느 열에도 1이 있지 않으므로 1이 더 이상 추가되지는 않는다. 즉 $W_4 = W_3$이다. 결국 $M_{R^\infty} = W_4$로 [예제 5-49]의 결과와 같다.

와샬 알고리즘을 이용해 연결관계를 구할 때 중간 단계에서 W 행렬들이 같아질 수 있는데 W 행렬이 이전 단계의 행렬과 같다고 해서 다음 단계의 행렬과도 반드시 같아지지는 않는다. 그래서 반드시 가장 큰 n까지 계산해야 한다.

예제 5-51 와샬 알고리즘

집합 $A=\{1, 2, 3, 4, 5\}$에 관한 관계 $R=\{(1, 1), (1, 4), (2, 2), (3, 4), (3, 5), (4, 1), (5, 2), (5, 5)\}$에 대해 와샬 알고리즘을 이용해 연결관계 R^{∞}를 구하라.

풀이

와샬 알고리즘을 이용해 연결관계를 구하기 위해 초기 관계행렬을 구한다.

$$W_0 = M_R = \begin{pmatrix} 1 & 0 & 0 & 1 & 0 \\ 0 & 1 & 0 & 0 & 0 \\ 0 & 0 & 0 & 1 & 1 \\ 1 & 0 & 0 & 0 & 0 \\ 0 & 1 & 0 & 0 & 1 \end{pmatrix}$$

초기 관계행렬이 5×5 행렬이므로 $n=5$이다. 즉 W_0로부터 W_1, W_2, W_3, W_4, W_5를 구하면 된다.

우선 W_1을 구하자. 이때 $k=1$이다. W_0의 1이 있는 위치와 똑같은 위치에 1을 쓴다. W_0의 1열의 1행, 4행에 1이 있으므로 (p_1, p_4)를 찾고, 1행의 1열, 4열에 1이 있으므로 (q_1, q_4)를 찾았다. 그러면 (p_1, q_1), (p_1, q_4), (p_4, q_1), (p_4, q_4)의 위치에 1을 쓰면 된다. 즉 1행 1열, 1행 4열, 4행 1열, 4행 4열에 1을 쓴다. 그러면 W_1은 다음과 같다.

$$W_1 = \begin{pmatrix} 1 & 0 & 0 & 1 & 0 \\ 0 & 1 & 0 & 0 & 0 \\ 0 & 0 & 0 & 1 & 1 \\ 1 & 0 & 0 & 1 & 0 \\ 0 & 1 & 0 & 0 & 1 \end{pmatrix}$$

W_2를 구하자. 이때 $k=2$이다. W_1의 1이 있는 위치와 W_2의 똑같은 위치에 1을 쓴다. W_1의 2열의 2행, 5행에 1이 있으므로 (p_2, p_5)를 찾고, 2행 2열에 1이 있으므로 (q_2)를 찾았다. 그러면 (p_2, q_2), (p_5, q_2)의 위치에 1을 쓰면 된다. 즉 2행 2열, 5행 2열에 1을 쓴다. 그러면 W_2는 다음과 같다.

$$W_2 = \begin{pmatrix} 1 & 0 & 0 & 1 & 0 \\ 0 & 1 & 0 & 0 & 0 \\ 0 & 0 & 0 & 1 & 1 \\ 1 & 0 & 0 & 1 & 0 \\ 0 & 1 & 0 & 0 & 1 \end{pmatrix}$$

W_3를 구하자. 이때 $k=3$이다. W_2의 1이 있는 위치와 W_3의 똑같은 위치에 1을 쓴다. W_2의 3열에는 1이 없으므로 추가할 게 없다.

$$W_3 = \begin{pmatrix} 1 & 0 & 0 & 1 & 0 \\ 0 & 1 & 0 & 0 & 0 \\ 0 & 0 & 0 & 1 & 1 \\ 1 & 0 & 0 & 1 & 0 \\ 0 & 1 & 0 & 0 & 1 \end{pmatrix}$$

W_4를 구하자. 이때 $k=4$이다. W_3의 1이 있는 위치와 W_4의 똑같은 위치에 1을 쓴다. W_3의 4열의 1행, 3행, 4행에 1이 있으므로 (p_1, p_3, p_4)를 찾고, 4행의 1열, 4열에 1이 있으므로 (q_1, q_4)를 찾았다. 그러면 (p_1, q_1), (p_1, q_4), (p_3, q_1), (p_3, q_4), (p_4, q_1), (p_4, q_4)의 위치에 1을 쓰면 된다. 즉 1행 1열, 1행 4열, 3행 1열, 3행 4열, 4행 1열, 4행 4열에 1을 쓴다. 그러면 W_4는 다음과 같다.

$$W_4 = \begin{pmatrix} 1 & 0 & 0 & 1 & 0 \\ 0 & 1 & 0 & 0 & 0 \\ 1 & 0 & 0 & 1 & 1 \\ 1 & 0 & 0 & 1 & 0 \\ 0 & 1 & 0 & 0 & 1 \end{pmatrix}$$

W_5를 구하자. 이때 $k=5$이다. W_4의 1이 있는 위치와 W_5의 똑같은 위치에 1을 쓴다. W_4의 5열의 3행, 5행에 1이 있으므로 (p_3, p_5)를 찾고, 5행의 2열, 5열에 1이 있으므로 (q_2, q_5)를 찾았다. 그러면 (p_3, q_2), (p_3, q_5), (p_5, q_2), (p_5, q_5)의 위치에 1을 쓰면 된다. 즉 3행 2열, 3행 5열, 5행 2열, 5행 5열에 1을 쓴다. 그러면 W_5는 다음과 같다.

$$W_5 = \begin{pmatrix} 1 & 0 & 0 & 1 & 0 \\ 0 & 1 & 0 & 0 & 0 \\ 1 & 1 & 0 & 1 & 1 \\ 1 & 0 & 0 & 1 & 0 \\ 0 & 1 & 0 & 0 & 1 \end{pmatrix}$$

따라서 연결관계 R^{∞}는 다음과 같다.

$$R^{\infty} = \{(1, 1), (1, 4), (2, 2), (3, 1), (3, 2), (3, 4), (3, 5), (4, 1), (4, 4), (5, 2), (5, 5)\}$$

정리 5-9 가장 작은 동치관계

R과 S를 집합 A에 관한 동치관계라 할 때, R과 S를 모두 포함하는 가장 작은 동치관계는 연결관계 $(R \cup S)^{\infty}$이다.

증명 생략

예제 5-52 R과 S를 포함하는 가장 작은 동치관계

집합 $A=\{1, 2, 3, 4, 5\}$에 관한 동치관계 R과 S가 다음과 같을 때, R과 S를 포함하는 가장 작은 동치관계를 구하라.

$$R = \{(1, 1), (1, 2), (2, 1), (2, 2), (3, 3), (3, 4), (4, 3), (4, 4), (4, 5), (5, 5)\}$$
$$S = \{(1, 1), (2, 2), (3, 3), (4, 4), (4, 5), (5, 4), (5, 5)\}$$

풀이

M_R과 M_S를 구하면 다음과 같다.

$$M_R = \begin{pmatrix} 1 & 1 & 0 & 0 & 0 \\ 1 & 1 & 0 & 0 & 0 \\ 0 & 0 & 1 & 1 & 0 \\ 0 & 0 & 1 & 1 & 1 \\ 0 & 0 & 0 & 0 & 1 \end{pmatrix}, \quad M_S = \begin{pmatrix} 1 & 0 & 0 & 0 & 0 \\ 0 & 1 & 0 & 0 & 0 \\ 0 & 0 & 1 & 0 & 0 \\ 0 & 0 & 0 & 1 & 1 \\ 0 & 0 & 0 & 1 & 1 \end{pmatrix}$$

그러므로 $M_{R \cup S}$는 다음과 같다.

$$M_{R \cup S} = M_R \vee M_S = \begin{pmatrix} 1 & 1 & 0 & 0 & 0 \\ 1 & 1 & 0 & 0 & 0 \\ 0 & 0 & 1 & 1 & 0 \\ 0 & 0 & 1 & 1 & 1 \\ 0 & 0 & 0 & 1 & 1 \end{pmatrix}$$

와샬 알고리즘을 이용해 $M_{(R \cup S)^\infty}$를 구해보자($n=5$).

❶ $W_0 = M_{R \cup S}$라 하자.

❷ W_1을 구하자. $k=1$이다. W_0의 1열의 1행과 2행, 그리고 1행의 1열, 2열이 1이다. W_1에 더 첨가할 1이 없으므로 $W_1 = W_0$임을 알 수 있다.

❸ W_2를 구하자. $k=2$이다. W_1의 2열의 1행과 2행, 그리고 2행의 1열, 2열이 1이다. 또 W_2에 첨가할 1이 없으므로 $W_2 = W_1$임을 알 수 있다.

❹ W_3를 구하자. $k=3$이다. 마찬가지로 $W_3 = W_2$이다.

❺ W_4를 구하자. $k=4$이다. W_3의 4열의 3행, 4행, 5행과 4행의 3열, 4열, 5열이 1이므로 W_4의 (3, 5), (5, 3)의 위치에 1을 더 첨가한다.

$$W_4 = \begin{pmatrix} 1 & 1 & 0 & 0 & 0 \\ 1 & 1 & 0 & 0 & 0 \\ 0 & 0 & 1 & 1 & 1 \\ 0 & 0 & 1 & 1 & 1 \\ 0 & 0 & 1 & 1 & 1 \end{pmatrix}$$

❻ W_5를 계산해보면 W_4와 같음을 알 수 있다. $W_5 = M_{(R \cup S)^\infty}$이므로 $(R \cup S)^\infty$는 다음과 같다.

$$(R \cup S)^\infty = \{(1, 1), (1, 2), (2, 1), (2, 2), (3, 3), (3, 4), (3, 5), (4, 3), (4, 4), (4, 5), (5, 3), (5, 4), (5, 5)\}$$

CHAPTER

05 연습문제

Section 5.1

1. 집합 $A=\{1, 2\}$, $B=\{a, b\}$에 대해 곱집합 $B\times A$로 옳은 것은 무엇인가?

① $\{(1, 1), (2, 2), (2, a), (b, 2)\}$
② $\{(a, a), (a, b), (b, a), (b, b)\}$
③ $\{(1, a), (1, b), (2, a), (2, b)\}$
④ $\{(a, 1), (a, 2), (b, 1), (b, 2)\}$

2. 다음 순서쌍들이 같기 위한 x와 y값을 구하라.

(a) $(x, 6)=(8, 6)$
(b) $(3, 4y-2)=(3, 10)$
(c) $(x, x+y)=(x^2, x^2+7)$
(d) (파이썬, Java)=(y, Java)

3. 집합 $A=\{c, d, e, f\}$, $B=\{5, 6, 7\}$에 대해 다음 곱집합을 구하라.

(a) $A\times B$
(b) $B\times A$
(c) $A\times A$
(d) $B\times B$

4. 집합 $A=\{a, b\}$, $B=\{1, 2\}$, $C=\{d, e, f\}$에 대해 $A\times B\times C$를 구하라.

5. 집합 $A=\{1, 2\}$, $B=\{a, b, c, d\}$, $C=\{c, d, e\}$에 대해 다음을 구하라.

(a) $(A\times B)\cap(A\times C)$
(b) $A\times(B\cap C)$

6. A는 1개의 원소, B는 m개의 원소, C는 n의 원소를 갖는 집합이라고 할 때, $A\times B\times C$가 $1\times m\times n$개의 원소를 가짐을 증명하라.

7. 두 개의 셀 수 있는 집합의 곱집합은 셀 수 있는 집합인지 아닌지를 보여라.

8. 만약 A가 3개의 원소를 갖고 B가 $n(\geq 1)$개의 원소를 갖는 집합이라고 할 때, $A\times B$가 $3n$개의 원소를 가짐을 수학적 귀납법으로 증명하라.

9. 집합 $A=\{x \mid x$는 실수이고 $-2 \le x \le 3\}$, $B=\{y \mid y$는 실수이고 $1 \le y \le 5\}$에 대해 $A \times B$를 2차원 평면상에 그려라.

Section 5.2

10. 집합 $A=\{1, 2, 3, 4, 5\}$에 관한 관계 $R=\{(1, 2), (2, 1), (2, 2), (2, 3), (3, 2), (3, 4), (3, 5)\}$의 정의역과 치역으로 옳은 것은 무엇인가?

① 정의역 = $\{1, 2\}$, 치역 = $\{3, 4\}$

② 정의역 = $\{1, 2, 3, 4\}$, 치역 = $\{1, 2, 3\}$

③ 정의역 = $\{1, 2, 3\}$, 치역 = $\{1, 2, 3, 4, 5\}$

④ 정의역 = $\{1, 2, 3, 4, 5\}$, 치역 = $\{1, 2, 3, 4\}$

11. 집합 $A=\{1, 2, 3, 4\}$에 관한 관계 $R=\{(1, 2), (2, 1), (2, 2), (2, 3), (3, 3), (3, 4)\}$를 관계행렬로 옳게 표현한 것은 무엇인가?

① $\begin{pmatrix} 1 & 0 & 1 & 0 \\ 0 & 1 & 0 & 1 \\ 0 & 0 & 1 & 1 \\ 1 & 1 & 0 & 0 \end{pmatrix}$ ② $\begin{pmatrix} 0 & 1 & 0 & 0 \\ 1 & 1 & 1 & 0 \\ 0 & 0 & 1 & 1 \\ 0 & 0 & 0 & 0 \end{pmatrix}$ ③ $\begin{pmatrix} 0 & 0 & 1 & 0 \\ 0 & 1 & 1 & 1 \\ 0 & 1 & 1 & 0 \\ 0 & 0 & 0 & 0 \end{pmatrix}$ ④ $\begin{pmatrix} 0 & 1 & 0 & 0 \\ 1 & 0 & 0 & 0 \\ 0 & 1 & 1 & 0 \\ 0 & 0 & 1 & 1 \end{pmatrix}$

12. A는 정수의 집합이다. A에 관한 관계 R을 '$aRb \Leftrightarrow a$는 b를 나눈다.'로 정의할 때, 다음 중 R에 속하는 순서쌍을 모두 찾으라.

① $(2, 3)$ ② $(1, 8)$

③ $(-6, 24)$ ④ $(8, 1)$

⑤ $(6, 18)$ ⑥ $(1, 3)$

13. R이 집합 A에서 집합 B로의 관계라고 할 때, R의 정의역, 치역, 공역을 구하라. 그리고 관계 R을 관계행렬로 표현하고, 만약 그릴 수 있다면 유향 그래프를 그려라.

(a) $A=\{a, b, c\}$, $B=\{1, 2, 3, 4\}$
$R=\{(a, 1), (a, 2), (b, 1), (c, 2), (c, 4)\}$

(b) $A=\{1, 4, 9, 16\}$, $B=\{1, 2, 3, 4, 5\}$
$aRb \Leftrightarrow a=b^2$

(c) $A=\{1, 2, 3, 4, 6\}=B$
$aRb \Leftrightarrow a$는 b의 배수

(d) $A=\{1, 2, 3, 4, 8\}=B$
$aRb \Leftrightarrow a+b \le 9$

14. $A=\{1, 2, 3, 4\}$라고 할 때, 다음 관계행렬을 보고 집합 A에 관한 관계 R을 구하라.

(a) $M_R=\begin{pmatrix} 1 & 1 & 0 & 1 \\ 0 & 1 & 1 & 0 \\ 0 & 0 & 1 & 1 \\ 1 & 0 & 0 & 0 \end{pmatrix}$ (b) $M_R=\begin{pmatrix} 1 & 0 & 1 & 0 \\ 0 & 1 & 1 & 0 \\ 1 & 0 & 1 & 0 \\ 1 & 1 & 0 & 1 \end{pmatrix}$

15. 다음 유향 그래프를 보고 관계 R을 구하라.

(a)

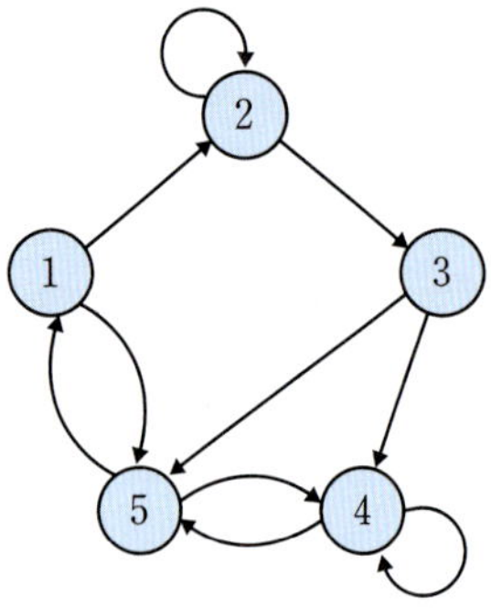

(b)

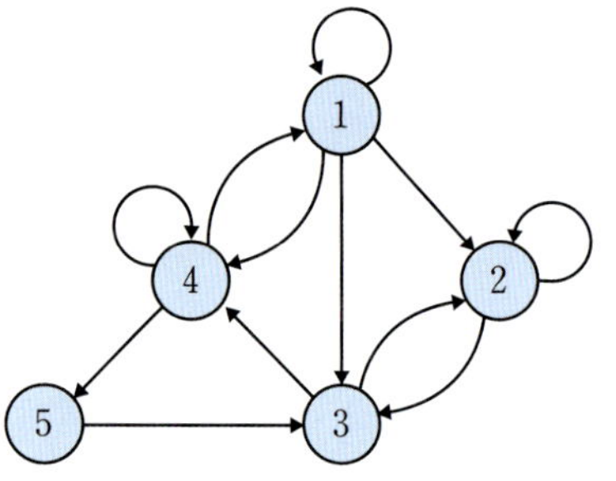

Section 5.3

16. 집합 $A=\{a, b, c, d\}$에 관한 관계 $R=\{(a, a), (a, b), (b, c), (c, d)\}$에 대해, R^2으로 옳은 것은 무엇인가?

① $\{(a, a), (a, c), (b, d)\}$
② $\{(a, a), (b, b), (b, d), (c, c)\}$
③ $\{(a, a), (a, b), (a, c), (b, d)\}$
④ $\{(a, a), (a, b), (b, c), (b, d), (c, c)\}$

17. 관계 R에 대한 유향 그래프가 다음과 같을 때, 주어진 물음에 답하라.

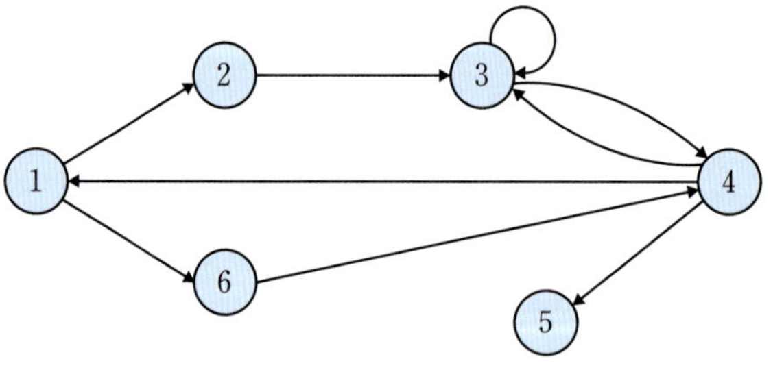

(a) 길이가 1인 경로들을 모두 구하라.
(b) 정점 2에서 시작하는 길이가 2인 경로들을 모두 구하라.
(c) 정점 3에서 시작하는 길이가 3인 경로들을 모두 구하라.

(d) 정점 2에서 시작하는 길이가 4인 순환을 모두 구하라.

(e) 정점 6에서 시작하는 길이가 4인 순환을 모두 구하라.

(f) 길이가 2인 경로들을 모두 구하라.

(g) 길이가 3인 경로들을 모두 구하라.

(h) R^2의 유향 그래프를 그려라.

(i) M_{R^2}, R^∞, M_{R^∞}를 구하라.

18. R과 S를 집합 A에 관한 관계라고 할 때, $M_{R \cup S} = M_R \vee M_S$임을 증명하라.

19. 다음 유향 그래프를 관계행렬로 표현하고, 주어진 물음에 답하라.

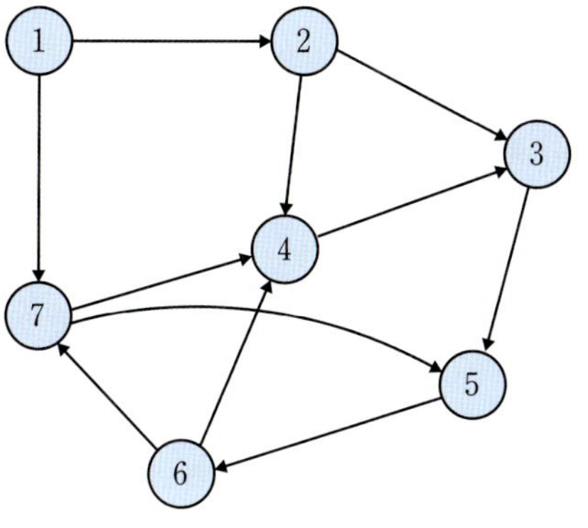

(a) 두 경로 $\pi_1 = 1, 2, 3, 5$와 $\pi_2 = 5, 6, 7, 4$의 합성 $\pi_1 \cdot \pi_2$를 구하라.

(b) 두 경로 $\pi_3 = 1, 7, 5, 6$과 $\pi_4 = 6, 4, 3, 5, 6$의 합성 $\pi_3 \cdot \pi_4$를 구하라.

(c) 경로 $\pi_4 = 4, 3, 5, 6, 7, 4$의 역경로를 구하라.

(d) 경로 $\pi_5 = 1, 2, 3, 5, 6, 7, 4$의 역경로를 구하라.

20. π_1은 a에서 시작하여 b로 끝나는 경로이고, π_2는 b에서 시작하여 c로 끝나는 경로라고 할 때, $(\pi_1 \cdot \pi_2)^{-1} = \pi_2^{-1} \cdot \pi_1^{-1}$임을 증명하라.

Section 5.4

21. 집합 $A = \{1, 2, 3, 4, 5\}$에 관한 관계 $R = \{(x, y) \mid x + y = 5\}$의 성질로 옳은 것은 무엇인가?

① 반사관계 ② 대칭관계 ③ 추이관계 ④ 동치관계

22. 집합 $A=\{1, 3, 5, 7, 9\}$에 관한 관계 $R=\{(a, b)\in A\times A \mid a<b\}$의 성질로 옳은 것은 무엇인가?

① 반사관계, 대칭관계　　② 반사관계, 추이관계
③ 비반사관계, 대칭관계　　④ 비대칭관계, 반대칭관계

23. 집합 $A=\{1, 2, 3\}$에 관한 관계 $R=\{(1, 1), (2, 1), (2, 2), (3, 3)\}$이 동치관계가 되기 위해 R에 추가해야 할 원소는 무엇인가?

① $(1, 2)$　　② $(1, 3)$　　③ $(2, 3)$　　④ $(3, 1)$

24. 집합 $A=\{1, 2, 3, 4\}$에 관한 관계 R이 다음과 같을 때, R이 반사, 비반사, 대칭, 비대칭, 반대칭, 추이관계인지 결정하라.

(a) $R=\{(1, 1), (1, 2), (2, 1), (2, 2), (3, 3), (3, 4), (4, 3), (4, 4)\}$
(b) $R=\{(1, 2), (1, 3), (1, 4), (2, 3), (2, 4), (3, 4)\}$
(c) $R=\{(1, 1), (2, 2), (3, 3), (4, 4)\}$
(d) $R=\{(1, 2), (1, 4), (2, 4), (3, 1), (3, 2), (4, 3)\}$
(e) $R=\{(1, 1), (1, 3), (2, 2), (2, 4), (3, 1), (3, 3), (4, 2), (4, 4)\}$

25. 집합 $A=\{1, 2, 3, 4, 5\}$에 관한 관계 R이 다음과 같은 유향 그래프일 때, R이 반사, 비반사, 대칭, 비대칭, 반대칭, 추이관계인지 결정하라.

(a)
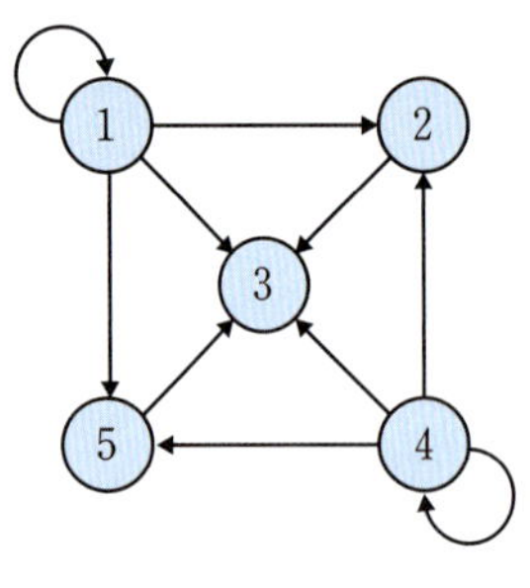

(b)
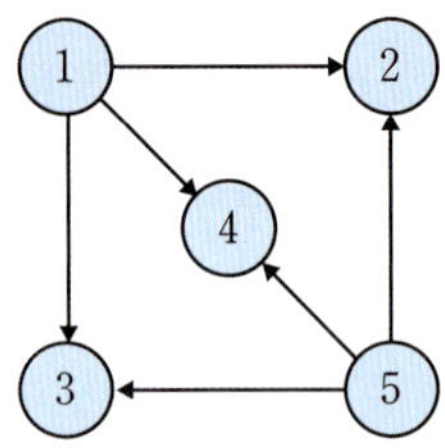

26. 집합 A와 집합 A에 관한 관계 R이 다음과 같을 때, R이 반사, 비반사, 대칭, 비대칭, 반대칭, 추이관계인지 결정하라.

(a) $A=\mathbb{Z}$, $R=\{(a, b)\in A\times A \mid a\le b+3\}$
(b) $A=\mathbb{Z}^+$, $R=\{(a, b)\in A\times A \mid |a-b|\le 2\}$
(c) $A=\mathbb{N}$, $R=\{(a, b)\in A\times A \mid a-b=0\}$
(d) $A=\mathbb{Z}$, $R=\{(a, b)\in A\times A \mid |a-b|=2\}$
(e) $A=\mathbb{R}$, $R=\{(a, b)\in A\times A \mid a^2+b^2=4\}$

27. 집합 $A=\{1, 2, 3, 4, 5\}$에 관한 관계 R이 다음과 같을 때, R을 유향 그래프로 표현하라.

$$R=\{(1, 2), (2, 1), (3, 4), (4, 3), (3, 5), (5, 3), (4, 5), (5, 4), (5, 5)\}$$

28. 집합 $A=\{a, b, c, d\}$에 관한 관계 R이 다음과 같을 때, R을 유향 그래프로 표현하라.

$$R=\{(a, a), (a, b), (a, c), (a, d), (b, a), (b, c), (c, a), (c, b), (c, d), (d, a), (d, b), (d, c)\}$$

29. 집합 $A=\{a, b, c, d, e\}$에 관한 관계 R의 유향 그래프가 다음과 같을 때, R을 구하라.

(a)

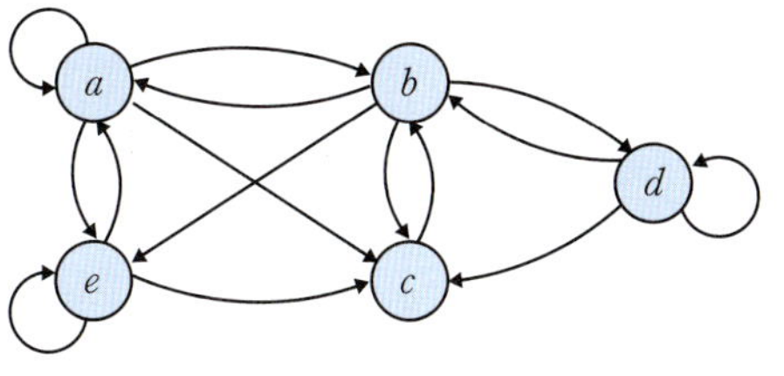

(b)

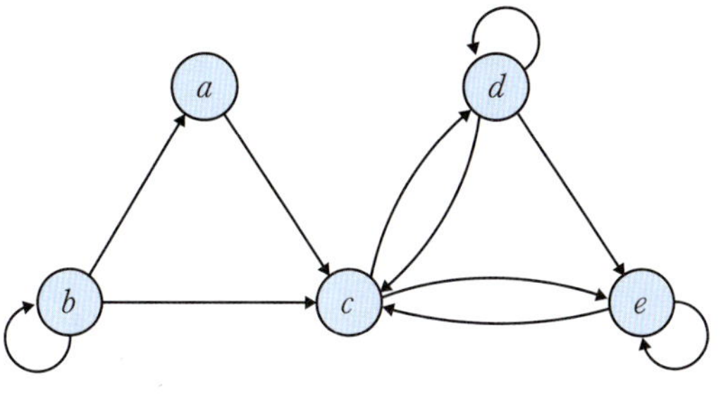

30. 집합 A에 관한 관계 R이 대칭관계일 때, R^n도 대칭관계임을 수학적 귀납법으로 보여라. 단, $n \geq 1$이다.

31. A가 공집합이 아닐 때, 집합 A에 관한 관계 R이 공집합($\varnothing$)이면 R은 반사관계가 아니고, 대칭관계이며 추이관계임을 보여라.

32. 집합 $A=\{a, b, c\}$에 관한 관계 R의 관계행렬이 다음과 같을 때, R이 동치관계인지 판단하라.

(a) $M_R=\begin{pmatrix} 1 & 0 & 0 \\ 0 & 1 & 1 \\ 0 & 1 & 1 \end{pmatrix}$ (b) $M_R=\begin{pmatrix} 1 & 0 & 1 \\ 0 & 1 & 0 \\ 1 & 0 & 1 \end{pmatrix}$

33. 관계 R의 유향 그래프가 다음과 같을 때, R이 동치관계인지 판단하라.

(a)

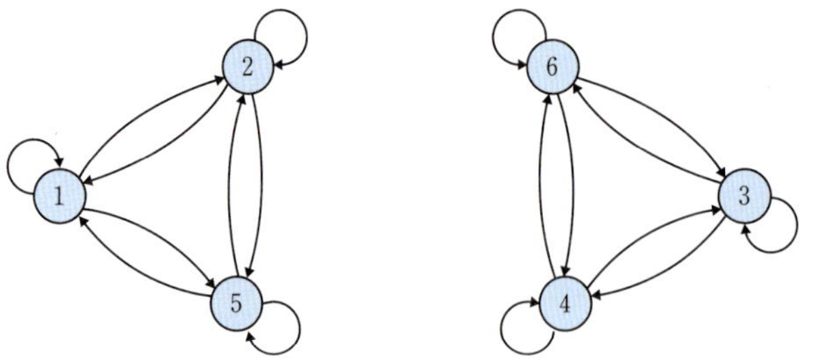

(b)

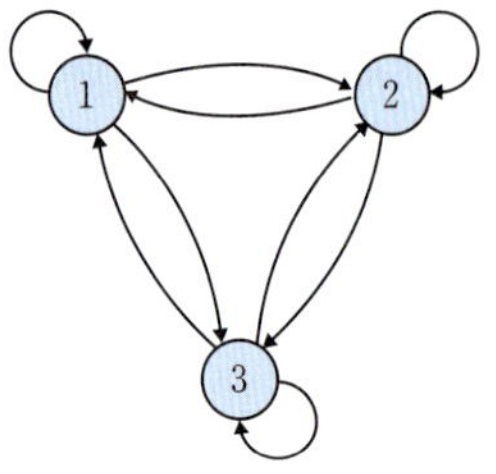

34. 집합 A와 집합 A에 관한 관계 R이 다음과 같을 때, R이 동치관계인지 판단하라.

(a) $A=\{a, b, c, d\}$

$R=\{(a, a), (b, a), (b, b), (c, c), (d, c), (d, d)\}$

(b) $A=\{1, 2, 3, 4\}$

$R=\{(1, 1), (1, 2), (1, 3), (2, 1), (2, 2), (3, 1), (3, 3), (4, 1), (4, 4)\}$

Section 5.5

35. 집합 $A=\{a, b, c\}$에 관한 관계 $R=\{(a, a), (a, b), (b, c), (c, c)\}$의 역관계 R^{-1}는 무엇인가?

① $\{(a, c), (b, a), (c, b)\}$

② $\{(a, a), (a, b), (b, c), (c, c)\}$

③ $\{(a, a), (b, a), (c, b), (c, c)\}$

④ $\{(a, a), (a, b), (b, b), (b, c), (c, c)\}$

36. 집합 $A=\{a, b, c\}$에 관한 관계 $R=\{(a, a), (a, b), (b, c), (c, c)\}$의 여관계 $\overline{R}$는 무엇인가?

① $\{(a, c), (b, b), (c, c)\}$

② $\{(a, a), (a, b), (b, c), (c, c)\}$

③ $\{(a, c), (b, a), (b, b), (c, a), (c, b)\}$

④ $\{(a, a), (a, b), (b, b), (b, c), (c, c)\}$

37. 집합 $A=\{a, b, c, d, e\}$에 관한 관계가 $R=\{(a, b), (b, d), (c, c), (c, e), (d, e)\}$, $S=\{(a, c), (b, d), (c, b), (d, d), (e, b)\}$일 때, $R\cup S$는 무엇인가?

① $\{(b, d)\}$

② $\{(a, d), (b, d), (c, c)\}$

③ $\{(a, b), (a, c), (b, d), (c, b), (c, c), (c, e), (d, b), (d, e)\}$

④ $\{(a, b), (a, c), (b, d), (c, b), (c, c), (c, e), (d, d), (d, e), (e, b)\}$

38. 집합 $A=\{a, b, c, d, e\}$에 관한 관계가 $R=\{(a, b), (b, d), (c, c), (c, e), (d, e)\}$, $S=\{(a, c), (b, d), (c, b), (d, d), (e, b)\}$일 때, $R\cap S$는 무엇인가?

① $\{(b, d)\}$

② $\{(a, d), (b, d), (c, c)\}$

③ $\{(a, b), (a, c), (b, d), (c, b), (c, c), (c, e), (d, b), (d, e)\}$

④ $\{(a, b), (a, c), (b, d), (c, b), (c, c), (c, e), (d, d), (d, e), (e, b)\}$

39. 집합 $A=\{a, b\}$에서 집합 $B=\{c, d\}$로의 관계 R과 집합 B에서 집합 $C=\{e, f\}$로의 관계 S가 각각 $R=\{(a, c), (a, d)\}$, $S=\{(c, e), (d, e)\}$일 때, $S\circ R$은 무엇인가?

① $\{(a, e)\}$

② $\{(e, a)\}$

③ $\{(a, e), (e, a)\}$

④ $\{(c, c), (d, d)\}$

40. R과 S를 집합 A에 관한 관계라고 할 때, 다음 설명 중 옳지 <u>않은</u> 것은 무엇인가?

① R이 반사관계이면 R^{-1}도 반사관계이다.

② R이 대칭관계이면 R^{-1}와 $\overline{R}$도 대칭관계이다.

③ R과 S가 추이관계이면 $R\cup S$도 추이관계이다.

④ R과 S가 반사관계이면 $R\cup S$도 반사관계이다.

41. R과 S는 집합 A에서 집합 B로의 관계이다. 집합 A와 B, 그리고 관계 R과 S를 다음과 같이 정의할 때, $\overline{R}$, $R\cup S$, $R\cap S$, S^{-1}를 구하라.

(a) $A=\{1, 2, 3, 4\}$, $B=\{1, 2, 3\}$
$R=\{(1, 1), (1, 2), (2, 1), (2, 3), (3, 2), (4, 3)\}$
$S=\{(1, 3), (2, 3), (3, 2), (3, 3)\}$

(b) $A=\{a, b, c\}$, $B=\{a, b\}$
$R=\{(a, a), (a, b), (b, a), (c, b)\}$
$S=\{(b, b), (c, a)\}$

(c) $A=B=\{a, b, c, d, e\}$

$R=\{(a, b), (b, d), (c, c), (d, a), (d, e)\}$

$S=\{(a, c), (b, d), (d, b), (e, b), (e, c)\}$

42. R과 S의 유향 그래프가 다음과 같을 때, $\overline{R}$, $R\cup S$, $R\cap S$, S^{-1}를 구하라.

(a)

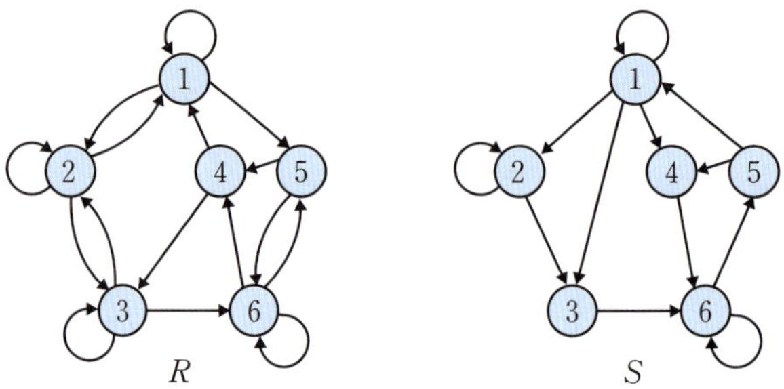

R S

(b)

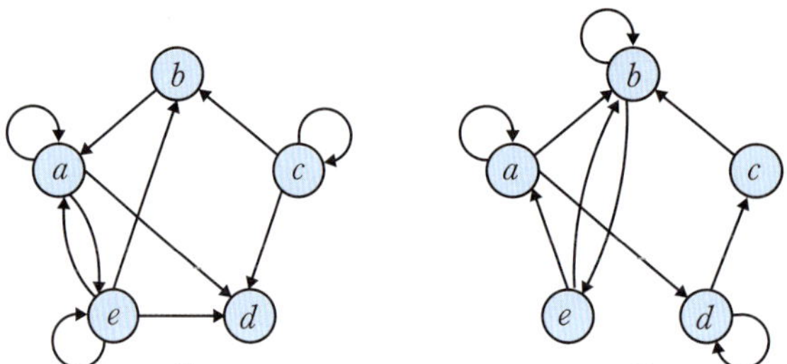

S R

43. $A=\{1, 2, 3\}$, $B=\{1, 2, 3, 4\}$이다. 집합 A에서 집합 B로의 관계 R과 S의 관계행렬이 다음과 같을 때, $\overline{R}$, $R\cup S$, $R\cap S$, S^{-1}를 구하라.

(a) $M_R=\begin{pmatrix} 1 & 1 & 0 & 1 \\ 0 & 0 & 0 & 1 \\ 1 & 1 & 1 & 0 \end{pmatrix}$, $M_S=\begin{pmatrix} 0 & 1 & 1 & 0 \\ 1 & 0 & 0 & 1 \\ 1 & 1 & 0 & 0 \end{pmatrix}$

(b) $M_R=\begin{pmatrix} 1 & 0 & 1 & 0 \\ 0 & 0 & 0 & 1 \\ 1 & 1 & 1 & 0 \end{pmatrix}$, $M_S=\begin{pmatrix} 1 & 1 & 1 & 1 \\ 0 & 0 & 0 & 1 \\ 0 & 1 & 0 & 1 \end{pmatrix}$

44. [정리 5-4]를 증명하라.

45. 다음과 같은 집합 A와 관계 R, S에 대해 [정리 5-5]를 이용하여 R과 S의 합성관계 $S\circ R$을 부울곱으로 구하라.

$A=\{1, 2, 3\}$

$R=\{(1, 1), (1, 2), (2, 1), (2, 2), (2, 3), (3, 3)\}$

$S=\{(1, 1), (1, 2), (2, 2), (3, 1), (3, 2), (3, 3)\}$

46. 다음과 같은 집합 A와 집합 A에 관한 관계 R, S에 대해 $R \circ R$, $S \circ R$, $R \circ S$, $S \circ S$를 구하라.

$A=\{1, 2, 3, 4, 5, 6\}$
$R=\{(1, 1), (1, 2), (1, 5), (2, 1), (2, 2), (2, 3), (3, 2), (3, 3), (3, 6), (4, 1), (4, 3), (5, 4), (5, 6), (6, 4), (6, 5), (6, 6)\}$
$S=\{(1, 1), (1, 2), (1, 3), (1, 4), (2, 2), (2, 3), (4, 6), (5, 1), (5, 4), (6, 5), (6, 6)\}$

47. 집합 $A=\{1, 2, 3, 4, 5\}$에 관한 관계 R과 S의 관계행렬이 다음과 같을 때, $M_{R \circ R}$, $M_{S \circ R}$, $M_{R \circ S}$, $M_{S \circ S}$를 구하라.

(a) $M_R=\begin{pmatrix} 1 & 0 & 1 & 1 & 1 \\ 0 & 1 & 1 & 0 & 0 \\ 1 & 0 & 0 & 1 & 0 \\ 1 & 0 & 1 & 0 & 0 \\ 0 & 1 & 1 & 1 & 1 \end{pmatrix}$, $M_S=\begin{pmatrix} 1 & 0 & 0 & 1 & 0 \\ 1 & 0 & 1 & 0 & 0 \\ 1 & 0 & 1 & 0 & 0 \\ 0 & 1 & 1 & 1 & 1 \\ 1 & 0 & 0 & 0 & 1 \end{pmatrix}$

(b) $M_R=\begin{pmatrix} 1 & 0 & 0 & 0 & 1 \\ 0 & 0 & 0 & 1 & 0 \\ 1 & 1 & 0 & 0 & 1 \\ 0 & 0 & 0 & 1 & 0 \\ 1 & 0 & 0 & 0 & 0 \end{pmatrix}$, $M_S=\begin{pmatrix} 0 & 0 & 0 & 1 & 0 \\ 1 & 0 & 0 & 0 & 1 \\ 0 & 1 & 0 & 1 & 0 \\ 1 & 0 & 0 & 1 & 0 \\ 1 & 0 & 1 & 0 & 0 \end{pmatrix}$

48. R은 집합 A에서 집합 B로의 관계이고 S와 T는 집합 B에서 집합 C로의 관계일 때, 다음 식이 성립함을 증명하라.

(a) $(S \cup T) \circ R=(S \circ R) \cup (T \circ R)$
(b) $(S \cap T) \circ R=(S \circ R) \cap (T \circ R)$

Section 5.6

49. 집합 $A=\{1, 2, 3, 4\}$에 관한 관계 $R=\{(1, 2), (2, 1), (2, 3), (3, 3), (4, 4)\}$에 대해, R^{∞}는 무엇인가?

① $\{(1, 2), (2, 1), (2, 3), (3, 3), (4, 4)\}$
② $\{(1, 1), (1, 2), (2, 1), (2, 2), (2, 3), (3, 3), (4, 4)\}$
③ $\{(1, 1), (1, 2), (1, 3), (2, 1), (2, 2), (2, 3), (4, 4)\}$
④ $\{(1, 1), (1, 2), (1, 3), (2, 1), (2, 2), (2, 3), (3, 3), (4, 4)\}$

50. 다음과 같은 집합 A와 집합 A에 관한 관계 R에 대해 관계행렬 M_{R^∞}를 구하라. 단, $M_{R^\infty} = M_R \vee (M_R)^2_\odot \vee (M_R)^3_\odot$이다.

$$A = \{1, 2, 3\}$$
$$R = \{(1, 1), (1, 2), (2, 3), (1, 3), (3, 1), (3, 2)\}$$

51. 연결관계 R^∞를 구하라. 단, R^∞의 관계행렬은 [연습문제 50]에서 구한 행렬이다.

52. 와샬 알고리즘을 이용해 [연습문제 50]의 M_{R^∞}를 구하라.

53. 집합 $A=\{a_1, a_2, a_3, a_4, a_5\}$에 관한 관계 R의 관계행렬이 다음과 같을 때, 와샬 알고리즘을 이용해 연결관계 R^∞를 구하라.

$$M_R = \begin{pmatrix} 1 & 0 & 0 & 1 & 0 \\ 0 & 1 & 0 & 0 & 0 \\ 0 & 0 & 0 & 1 & 1 \\ 1 & 0 & 0 & 0 & 0 \\ 0 & 1 & 0 & 0 & 1 \end{pmatrix} = W_0$$

54. 집합 $A=\{1, 2, 3, 4\}$에 관한 관계 R의 관계행렬이 다음과 같을 때, 와샬 알고리즘을 이용해 R의 추이폐포를 구하라.

(a) $M_R = \begin{pmatrix} 1 & 0 & 1 & 1 \\ 1 & 1 & 0 & 0 \\ 1 & 0 & 1 & 0 \\ 0 & 1 & 0 & 1 \end{pmatrix}$ (b) $M_R = \begin{pmatrix} 1 & 0 & 0 & 1 \\ 0 & 1 & 1 & 0 \\ 0 & 1 & 1 & 0 \\ 1 & 0 & 0 & 1 \end{pmatrix}$

55. 집합 $A=\{a_1, a_2, a_3, a_4, a_5\}$에 관한 동치관계 R과 S의 관계행렬이 다음과 같을 때, R과 S를 포함하는 가장 작은 동치관계를 구하라.

(a) $M_R = \begin{pmatrix} 0 & 1 & 0 & 0 & 0 \\ 0 & 0 & 1 & 0 & 0 \\ 1 & 0 & 0 & 0 & 0 \\ 0 & 0 & 0 & 1 & 0 \\ 0 & 0 & 0 & 1 & 0 \end{pmatrix}$, $M_S = \begin{pmatrix} 1 & 0 & 0 & 0 & 0 \\ 0 & 0 & 0 & 1 & 0 \\ 0 & 0 & 0 & 1 & 0 \\ 0 & 1 & 0 & 0 & 0 \\ 0 & 0 & 0 & 0 & 1 \end{pmatrix}$

(b) $M_R = \begin{pmatrix} 1 & 0 & 0 & 0 & 0 \\ 0 & 1 & 1 & 0 & 0 \\ 0 & 1 & 1 & 0 & 0 \\ 0 & 0 & 0 & 1 & 1 \\ 0 & 0 & 0 & 1 & 1 \end{pmatrix}$, $M_S = \begin{pmatrix} 1 & 1 & 0 & 0 & 0 \\ 1 & 1 & 0 & 0 & 0 \\ 0 & 0 & 1 & 0 & 0 \\ 0 & 0 & 0 & 1 & 0 \\ 0 & 0 & 0 & 0 & 1 \end{pmatrix}$

CHAPTER

05 프로그래밍 실습

C 코드 파이썬 코드

1. 집합 $A=\{1, 2, 3, 4, 5, 6, 7, 8, 9, 10\}$, $B=\{a, b, c, d, e, f, g, h\}$에 대해 곱집합 $A\times B$를 출력하는 프로그램을 작성하라. 연계 : 5.1절

문제 해석

두 집합 A와 B를 정의하고, A와 B에 대한 곱집합의 정의에 따라 $A\times B$를 출력하는 프로그램을 작성한다.

코딩 실습

【 파이썬 코드 】

```
A = range(1,11)                                # 집합 A의 정의 및 초기화
B = list(map(chr, range(ord('a'), ord('h')+1)))  # 집합 B의 정의 및 초기화

# setout 함수가 집합을 출력
def setout(A):
    if len(A) == 0:
        print("\u2205")
        return
    print("{ ", end = "")
    for i in range(0,len(A)):
        if(i < len(A) - 1):
            print(A[i], ", ",  end = "", sep = "")
    print(A[i], "}\n")

# 집합 A를 출력
print("A = ", end = "")
setout(A)

# 집합 B를 출력
print("B = ", end = "")
setout(B)

# A와 B의 곱집합 출력
print("\nA \u2a2f B = { ", end = "")
for i in A:
    for j in B:
        print("(%d, %c), " %(i,j), end = " ")
print("\b\b }\n")
```

2. 어떤 관계행렬이 주어질 때, 길이가 3인 경로를 찾는 프로그램을 작성하라. 연계: 5.3절

문제 해석

어떤 관계행렬이 주어질 때 길이가 3인 경로를 찾는 프로그램을 작성하기 위해서는 먼저 MAXITEM으로 선언해서 관계행렬의 크기를 결정해야 한다. 직접 관계행렬을 세 번 부울곱해서 계산할 수 있지만 여기서는 길이가 3인 것만을 찾는다. 또한 길이가 3인 모든 경로를 출력한다. 이 작업이 끝나면 길이가 4인 경로 찾기, 길이가 5인 경로 찾기 등으로 확장할 수 있다.

코딩 실습

【 파이썬 코드 】

```
from sys import stdin
import os

def printf(str, *args):
    print(str % args, end='')

MAXITEM = 10    # 관계행렬의 최대 크기를 위한 상수
# 관계행렬의 정의 및 0으로 초기화
m = [[0 for col in range(MAXITEM)] for row in range(MAXITEM)]

# 사용자로부터 관계행렬의 크기와 관계행렬을 입력받기
maxvalue = int(input("입력으로 넣을 관계행렬의 크기를 입력하라.: "))
printf("\n")
print("1과 0으로 구성된 ", maxvalue, "x",maxvalue,  "인 관계행렬을 입력하라.: ",sep = '')

# 한 줄씩 입력될 행을 리스트에 저장
list = []
while len(list) < maxvalue*maxvalue:
    list += stdin.readline().split()

# 문자열로 저장된 리스트를 m에 정수형으로 대입
for i in range(1, maxvalue+1):
    for j in range(1, maxvalue+1):
        m[i][j] = int(list[(i-1)*maxvalue + (j-1)])

print("\n주어진 관계행렬에 대해 길이가 ", 3, "인 경로(들)의 리스트는 다음과 같다.: \n", sep = '')
count = 0

# 행렬 m에 대해 길이가 3인 경로를 계산하면서 출력
for i in range(1, maxvalue+1):
    for j in range(1, maxvalue+1):
        if m[i][j] == 1:
            for x in range(1, maxvalue+1):
                if m[j][x] ==1:
                    for y in range(1, maxvalue+1):
                        if m[x][y] == 1:
                            printf("(%2d%2d%2d%2d) => (%d..%d)\n" %(i,j,x,y,i,y))
                            count = count + 1

# 행렬 m에 길이가 3인 경로가 없으면:
if count == 0:
    os.system('cls')
    print("\n주어진 관계행렬에 대해 길이가 ", 3, "인 경로가 없다.\n", sep = '')
print()
```

3. 집합 $A=\{1, 2, 3, \cdots, 20\}$에 관한 어떤 관계 R이 주어질 때, 관계 R이 반사, 대칭, 추이관계인지 판별하는 프로그램을 작성하라. 연계 : 5.4절

문제 해석

이 문제를 해결하는 방법은 다양하다. 여기서는 관계행렬의 형태를 이용해보자. 집합 A의 크기가 20이므로 관계를 표현하기 위해서는 20×20 행렬이 필요하다. 20×20 관계행렬을 정의역을 이용한 **인접행렬**adjacency matrix인 adjacencymx라 한다. 관계가 존재하면 1로 표기하고, 관계가 존재하지 않으면 0으로 표기한다. 또한 입력 자료들은 파일을 이용하기 위해 procedure readfile을 선언한다. 주프로그램에서는 인접행렬을 이용하기 위해 인접행렬에 초깃값을 모두 false로 할당하고 입력을 파일로부터 읽어서, 읽은 행렬에서는 false 대신에 true로 치환한다. 다음으로 반사관계를 보기 위해서는 인접행렬의 주대각 성분이 모두 true인지 확인하고, 반사관계나 추이관계도 정의에 나타나 있음을 확인한다.

이 문제의 관건은 파일을 다뤄보는 것이다. 데이터 파일을 메모장으로 하나 만든다. 여기서는 파일 이름이 pp2-1.dat이다. 이 파일 안에는 관계가 있는 것만 입력으로 주었다. 또한 이 데이터 파일을 처리하기 위해서는 데이터 파일이 이 프로그램의 소스 파일이 있는 디렉토리에 있어야 한다. 이 파일을 읽어서 인접행렬로 만드는 것이다. 인접행렬에 대해서는 8장에서 자세히 살펴본다.

이 문제에서는 관계행렬의 형태를 이용하지 말고, 연결 리스트를 이용해 관계를 구현해보거나 선형 리스트와 연결 리스트를 동시에 이용해 구현해보는 것이 프로그래밍을 위해서는 유익할 것이다. 여러 데이터 파일을 만들어서 수행해보기 바란다.

코딩 실습

【 파이썬 코드 】

```
from __future__ import print_function
from sys import stdin

def printf(str, *args):
    print(str % args, end='')

domain = 20         # 관계행렬의 크기를 위한 상수

# matrixout 함수가 행렬 mx를 출력
def matrixout(mx):
    print()
    print("\u250c                                                        \u2510")

    for i in range(0, domain):
        print("¦ ", end = "")
        for j in range(0, domain):
            print("%2.f" % mx[i][j], end = " ")
        printf(" ¦\n")
        print("\u2514                                                    \u2518")
```

```
# readfile 함수가 텍스트 파일에서 관계를 읽고 adjacency에 대입
def readfile(fn, adjacency):
    adjacencymx = [[0 for j in range(len(adjacency[0]))] for i in range(len(adjacency))]
    fp = open(fn, 'r')
    # 집합 A를 출력
    print("A = { ", end = "")
    for i in range(1, domain + 1):
        print(i, end = ", ")
    print("\b\b }\n")
    lines = fp.readlines()      # 줄별로 파일을 읽고 lines에 대입

    # lines에서의 관계를 adjacency에 대입하고 집합 A에 대한 관계 R을 출력
    print("R = { ", end = "")
    for line in lines:
        values = line.strip('\n').split()
        x = int(values[0])
        y = int(values[1])

        adjacencymx[x][y] = 1

        print("(%2d, %2d)," %(x,y), end = " ")
    print("\b\b }")
    fp.close()
    return adjacencymx

fn = "pp5-3.dat"            # 텍스트 파일 이름
# 관계(부울)행렬을 위한 2차원 배열 성의 및 초기화
adjacencymx = [[0 for j in range(domain+1)] for i in range(domain+1)]

print()
# 텍스트 파일에서 읽은 관계들로 이루어진 관계행렬을 대입
adjacencymx = readfile(fn, adjacencymx)

matrixout(adjacencymx) # printing matrix

printf("\n\n")

reflexivity = 1
# 관계행렬이 반사관계 여부를 확인
for i in range(1, domain+1):
    # iRi가 없으면 바로 반복문을 멈춤
    if adjacencymx[i][i] == 0:
        reflexivity = 0
        break

# 반사관계 여부를 출력
if reflexivity == 1:
    printf("%2cR은 반사관계이다.\n"%' ')
else:
    printf("%2cR은 반사관계가 아니다.\n"%' ')

symmetry = 1
test = 1
# 관계행렬이 대칭관계 여부를 확인
for i in range(1, domain+1):
    for j in range(1, domain+1):
        # iRj가 있을 때 jRi가 없으면 바로 반복문을 멈춤
```

4. 와샬 알고리즘을 이용해 연결관계를 구하는 프로그램을 작성하고, [예제 5-49]의 문제를 입력으로 넣어서 결과가 같아지는지 확인하라. 연계 : 5.6절

문제 해석

이 문제의 주안점은 와샬 알고리즘을 명확히 이해하여 구현하는 것이다. 대부분의 행렬은 크기가 매우 크므로, 행렬의 크기가 클 때 어떻게 구현할 것인지를 생각해봐야 한다. 행렬을 나누어서 저장하고 연산하는 방법이 가장 많이 사용된다. 분산 처리 및 병렬 처리에서 가장 일반적으로 사용될 수 있다. 또한 큰 행렬에서 대부분은 **희소행렬** sparse matrix의 형태로 나타나므로 이 경우에도 한 번 더 생각하면 전공을 깊이 공부할 때 매우 유익할 것이다.

코딩 실습

【 파이썬 코드 】

```
from sys import stdin
from sys import stdin

def printf(str, *args):
    print(str % args, end='')

# setout 함수가 이항관계들로 이루어진 집합을 출력
def setout(row, col, size):
    r = 0
    c = 0
    print("R = { ", end = "")

    for r in range(0, size):
        print("(%2d, %2d)," %(row[r],col[c]), end = " ")
        c += 1
    print("\b\b }")

# matrixout 함수가 정방행렬 mx를 출력
def matrixout(mx, size):
    blanks = size * 2 + 2

    print("\u250c", end = "")
    for i in range(0,blanks):
        print(" ", end = "")
    print("\u2510")

    for i in range(0, size):
        print("¦ ", end = "")
        for j in range(0, size):
            print("%d" % mx[i][j], end = " ")
        print(" ¦")

    print("\u2514", end = "")
    for i in range(0,blanks):
        print(" ", end = "")
    print("\u2518")

# small_mat 함수가 크기가 50보다 작은 관계행렬을 계산 후 단계별로 출력 진행
def small_mat(domain):
```

```
    # 관계행렬을 위한 2차원 배열 정의 및 초기화
    Mrs = [[0 for j in range(0, domain)] for i in range(0, domain)]
    i = 0
    print("집합 A에 대한 관계들을 (멈추기 위해) -1 -1을 입력하라.: ")
    # -1 -1이 입력될 때까지 사용자로부터 관계를 입력받으면서 Mrs에 대입
    while True:
        values = stdin.readline().strip('\n').split()
        i = int(values[0])
        j = int(values[1])
        if i == -1:
            break
        else:
            Mrs[i-1][j-1] = 1
    # 관계행렬 전체를 출력
    printf("\n[ 관계행렬 ]\n")
    matrixout(Mrs, domain)
    printf("\n")

    input("\t\t\t<<아무 키나 입력하라.>>")
    printf("\n")

# 와샬 알고리즘을 계산해서 각 단계가 끝나면 수정된 행렬을 출력
    for i in range(0, domain):
        for j in range(i+1, i+domain):
            for k in range(i+1, i+domain):
                m = j%domain
                n = k%domain
                if Mrs[i][n] == 1 and Mrs[m][i] == 1:
                    Mrs[m][n] =1
        printf("[ W%d ] \n"%(i+1))
        matrixout(Mrs, domain)       # 수정된 행렬을 출력
        printf("\n")
        # 관계를 출력
        for s in range(0, domain):
            for t in range(0, domain):
                if Mrs[s][t] == 1:
                    printf("(%d, %d) " %(s+1,t+1))

        printf("\n")
    printf("\n\n")
```

CHAPTER

06

함수

Function

Contents

■ 함수란 무엇인가?

함수란 관계의 특별한 경우로, 수학이나 컴퓨터 분야뿐만 아니라 다양한 분야에서 전반적으로 다뤄지며 중요한 역할을 한다. 우리는 이미 고등학교에서 수학적인 함수에 대해 배웠고, 함수의 결괏값들을 계산해봤다. 함수는 수학적으로뿐만 아니라 프로그램을 작성할 때도 상당히 많이 쓰인다. 많은 사람들이 수학적인 함수와 프로그램에 쓰이는 함수가 전혀 다르다고 생각하는데, 사실 두 함수는 똑같다.

함수는 어떤 계산의 입력과 출력 사이의 관계를 형식화하는 개념으로, 컴퓨터 분야에서 매우 중요한 개념이다. 가령 함수는 믹서기를 이용해 주스를 만드는 것으로 생각할 수 있다. 믹서기에 사과를 넣고 갈면 사과 주스가 만들어지고, 사과와 오렌지를 넣고 갈면 사과와 오렌지의 합성 주스를 만들 수 있다. 즉 함수란 과일을 가는 믹서기와 같다.

■ 함수의 응용 분야는?

함수를 응용하는 분야는 엄청나게 많다. 분수대를 생각해보자. 분수대의 물은 위로 솟구쳤다가 포물선을 그리면서 아래로 떨어진다. 이때 지나가는 사람의 옷이 젖는다면 문제가 발생할 것이다. 그래서 분수대의 물이 일정 범위 밖으로 나가지 않게 설계해야 하는데 이때 이차함수를 사용한다. 또한 우리가 스마트폰을 사용할 때 자신의 위치를 어떻게 알아낼 수 있을까? 일반적으로 3개의 위성이 있다면 각각의 거리를 GPS 수신기로 측정하고 삼각함수를 이용한 삼각측량법으로 위치를 계산한다. 그밖에도 자동차에서 자동차의 제동거리를 계산할 때, 음향 관련 기술을 다룰 때, 음식의 부패 속도를 예측할 때, 암세포의 전이 속도를 예측할 때 등에도 함수가 사용된다. 또한 함수는 어떤 것의 개수를 셀 때도 사용된다. '순열'이라는 개수는 전단사함수의 경우의 수이므로 함수를 응용하는 것이다.

■ 이 장에서 배우는 내용은?

6장에서는 함수의 정의와 종류에 대해 살펴보고, 특수한 함수에 대해 알아본다. 그리고 함수의 응용인 순열에 대해 간단히 소개한다.

SECTION 6.1 함수의 정의

이 절에서는 함수를 정의하고, 프로그램을 작성할 때 많이 사용하는 프로그램에서의 함수에 대해 알아본다. 함수는 5장에서 다룬 관계의 특별한 경우로서, 함수를 알기 위해서는 먼저 대응에 대한 개념을 알아야 한다.

정의 6-1 대응

집합 A, B에 대해 A의 어떤 원소 x를 지정할 때, 그것에 따라 B의 원소 y가 확정되면 'y는 x에 대응한다.'고 한다. 이런 규칙을 '집합 A에서 집합 B로의 **대응** correspondence' 이라고 한다.

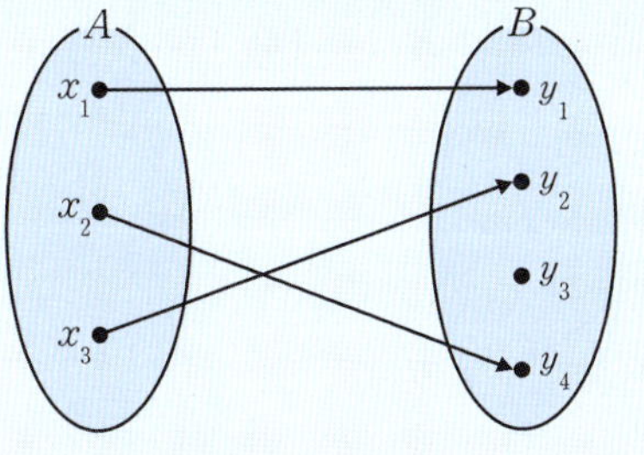

앞서 5장에서 살펴보았듯이 집합 A에서 집합 B로의 관계에 대해 순서쌍 (x, y)는 'x와 y는 관계가 있다.'는 의미임을 알고 있다. 여기서 순서쌍 (x, y)는 다른 말로 'y는 x에 대응한다.'는 의미이다. 대응에 대한 개념을 바탕으로 함수의 정의를 살펴보자.

정의 6-2 함수

집합 A의 모든 원소 x에 대해 집합 B의 원소 y에 집합 A의 원소가 단 하나만 대응하는 관계를 집합 A에서 집합 B로의 **함수** function라고 한다. 이때 함수는 $f : A \to B$ 또는 $A \xrightarrow{f} B$로 표기한다.

함수는 **사상** mapping이라고도 한다. 이때 x에 대응하는 y를 x의 f에 의한 **상** image이라 하고 $y=f(x)$로 나타낸다. 또한 집합 A를 **정의역** domain이라 하고 집합 B를 **공역** codomain이라 하는데, 특히 집합 A의 모든 원소 x에 대한 함숫값 $f(x)$들로 이루어진 집합 B의 부분집합을 **치역** range이라고 한다.

예를 들어 집합 $A=\{a,\ b\}$, $B=\{1,\ 2,\ 3\}$에 대해 [그림 6-1]은 집합 A에서 집합 B로의 함수이다.

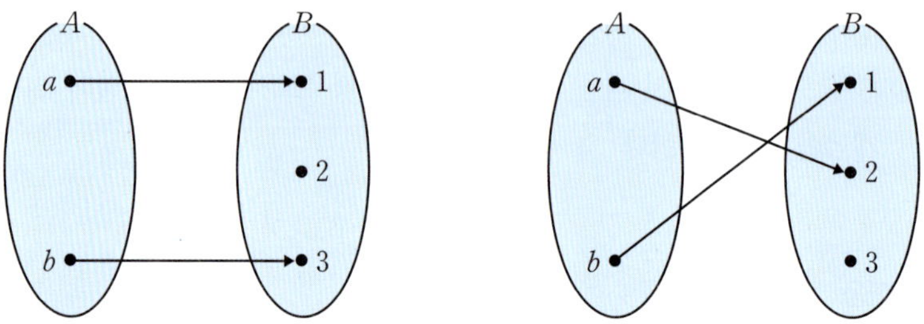

[그림 6-1] **함수인 경우**

그러나 [그림 6-2]는 집합 A에서 집합 B로의 함수가 아니다.

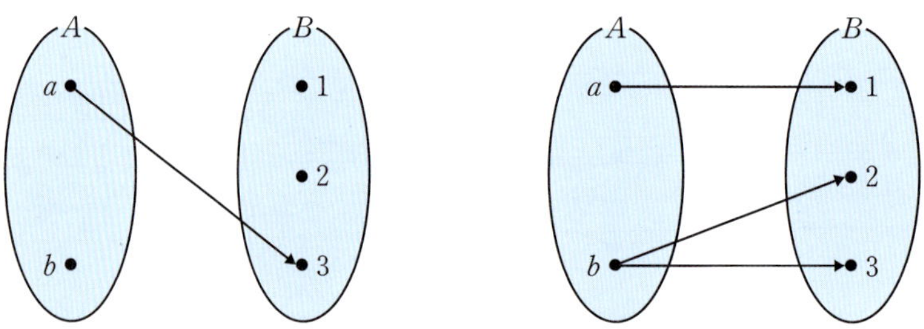

(a) '모든 원소 x'에 대해 y가 대응되지 않음

(b) 'y가 단 하나 대응'에 어긋남

[그림 6-2] **함수가 아닌 경우**

예제 6-1 함수의 정의 (1)

집합 $A=\{1,\ 2,\ 3\}$, $B=\{a,\ b,\ c\}$에 대해 $f=\{(1,\ a),\ (2,\ a),\ (3,\ c)\}$라 할 때, f가 함수인지 판단하라. 그리고 함수라면 정의역, 치역, 공역을 구하라.

풀이

f가 함수인지 판단하기 위해서는 첫 번째로 집합 A에서 집합 B로의 관계인지 확인하고, 두 번째로 집합 A의 모든 원소가 대응관계를 갖는지와 집합 B의 원소에 집합 A의 원소가 단 하나만 대응하는지 확인해야 한다.

먼저 집합 A에서 집합 B로의 관계인지 확인하기 위해서는 $f=\{(1,\ a),\ (2,\ a),\ (3,\ c)\}$가 $A\times B$의 부분집합인지 확인하면 된다.

$$A\times B=\{(1,\ a),\ (1,\ b),\ (1,\ c),\ (2,\ a),\ (2,\ b),\ (2,\ c),\ (3,\ a),\ (3,\ b),\ (3,\ c)\}$$

그러므로 f는 집합 A에서 집합 B로의 관계이다.

다음으로 집합 A의 모든 원소가 대응관계를 갖는지는 정의역이 A와 같은지 확인하면 된다. f에서 $\mathrm{Dom}(f)=\{1,\ 2,\ 3\}$이므로 $A=\mathrm{Dom}(f)$이다. 마지막으로 집합 B의 원소에 집합 A의 원소가 단 하나만 대응하는지 확인하기 위해서는 집합 A의 원소가 두 번씩 쓰인 순서쌍이 없는지 확인하면 된다. 즉 f 안에 순서쌍의 첫 번째 원소가 두 번 이상 나타나는 원소가 없으므로 함수이다.

정의역은 이미 $\mathrm{Dom}(f)=\{1,\ 2,\ 3\}$임을 알았고, 치역은 두 번째 원소들의 집합이므로 $\mathrm{Ran}(f)=\{a,\ c\}$이고, 공역$=\{a,\ b,\ c\}$이다.

예제 6-2 함수의 정의 (2)

집합 $A=\{-1,\ 0,\ 1\}$에 대해 $f: A\rightarrow A$가 $f(x)=x^2$으로 주어졌다. 대응하는 값이 다음 그림과 같이 $f(-1)=f(1)=1$, $f(0)=0$일 때, f가 함수인지 판단하고 함수라면 정의역과 치역을 구하라.

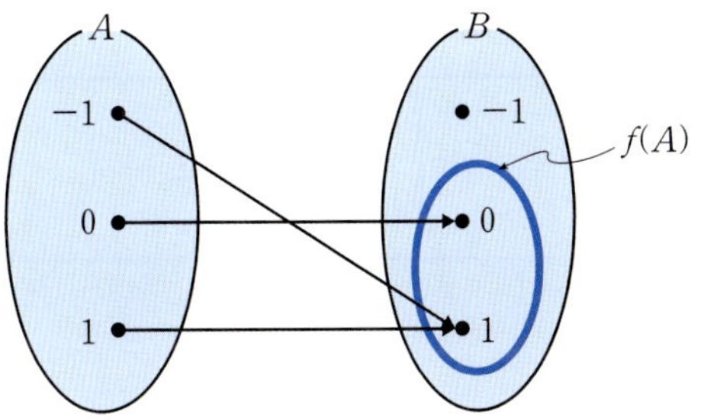

풀이

f가 함수인지 판단하기 위해 대응관계를 표현하면 $f=\{(-1,\ 1),\ (0,\ 0),\ (1,\ 1)\}$이다. 집합 A의 모든 원소가 단 하나의 y값에만 대응하므로 f는 함수이다. 또한 정의역은 $\mathrm{Dom}(f)=\{-1,\ 0,\ 1\}$이고 치역은 $\mathrm{Ran}(f)=\{0,\ 1\}$이다.

프로그램에서의 함수

지금까지 함수의 정의를 살펴보았다. 함수는 프로그램을 작성할 때 '함수 프로그램'으로 많이 작성한다. 그렇다면 [정의 6-2]에서 살펴본 함수와 프로그램을 작성할 때 사용하는 함수는 같을까? 결론부터 이야기하면, 달라 보이지만 모두 같은 개념이다.

프로그램에서 함수는 매개변수 전달 방법parameter passing에 따라 실 매개변수actual parameter와 형식 매개변수formal parameter 사이에서 값들을 주고받는다. 함수를 호출할 때 매개변수를 넘겨주는데, 이것이 정의역이다. 또 함수의 결과를 돌려받으면 이것이 치역이다.

일반적으로 대부분의 컴퓨터 언어에서는 부프로그램subprogram을 제공한다. 부프로그램은 주프로그램main program과 비교되는 프로그램 단위로서, 같은 성질의 일을 여러 번 반복 처리하고자 할 때 같은 프로그램을 여러 번 작성하지 않고 한 번 작성한 프로그램을 필요할 때마다 불러서 사용하며, 서로가 필요한 값을 계산하기 위해 매개변수를 사용하는 방법이다. 함수는 부프로그램 중 단 하나의 결괏값만을 주프로그램에 돌려주는 프로그램이다. 일반적인 프로그래밍 언어에서는 sin, log, abs 등의 함수를 제공한다.

프로그램에서의 함수에 대한 하나의 예를 살펴보자.

```
function bob(x : integer) : integer
begin
    bob := x*y;
end;
```

함수가 위와 같이 주어지고 주프로그램이 다음과 같다고 하자.

```
y := 5;
x := 2;
z := bob(x);
```

이때 z값을 구하기 위해 함수 bob 프로그램이 수행되며 bob은 10으로 계산되어 z값은 10이 된다. 이와 같이 함수는 컴퓨터 언어에서 많이 사용된다.

SECTION 6.2 단사함수, 전사함수, 전단사함수

이 절에서는 함수의 정의역과 공역의 대응관계에 따라 구분되는 단사함수, 전사함수, 전단사함수와 같은 함수의 종류에 대해 설명한다.

정의 6-3 단사함수, 전사함수, 전단사함수

f를 집합 A에서 집합 B로의 함수라 하자. 즉 $f : A \rightarrow B$이다.

(1) **단사함수**injective function, one-to-one : 모든 x, $y \in A$에 대해 $x \neq y$이면 $f(x) \neq f(y)$인 함수이다. $(x_1, y) \in f$이고 $(x_2, y) \in f$이면 $x_1 = x_2$이다.

(2) **전사함수**surjective function, onto : $f(A) = B$인 함수이다. 즉 $\mathrm{Ran}(f) = B$이다. 다시 말하면 $\forall y \in B$, $\exists x \in A$, $y = f(x)$이다.

(3) **전단사함수**bijective function, one-to-one correspondence : 단사함수이면서 전사함수인 함수이다.

단사함수는 모든 x, $y \in A$에 대해 $x \neq y$이면 대응하는 상의 값도 달라야 한다. 즉 단사함수인지 확인하기 위해서는 서로 다른 x, $y \in A$가 동일한 상의 값으로 대응하는지 확인하면 된다. [그림 6-3]은 함수이지만 단사함수는 아닌 예이다.

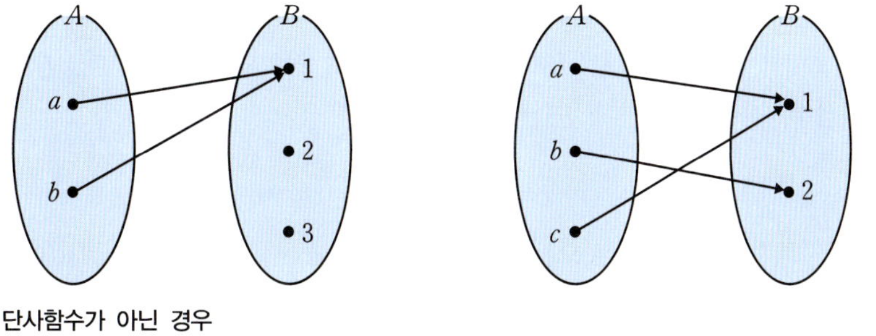

[그림 6-3] 단사함수가 아닌 경우

단사함수가 되기 위해서는 반드시 정의역 원소의 수가 공역 원소의 수보다 적거나 같아야 한다. 전사함수는 치역과 공역이 같은 함수이다. [그림 6-4]는 모두 함수이지만 (a)는 전사함수가 아니고 (b)는 전사함수이다.

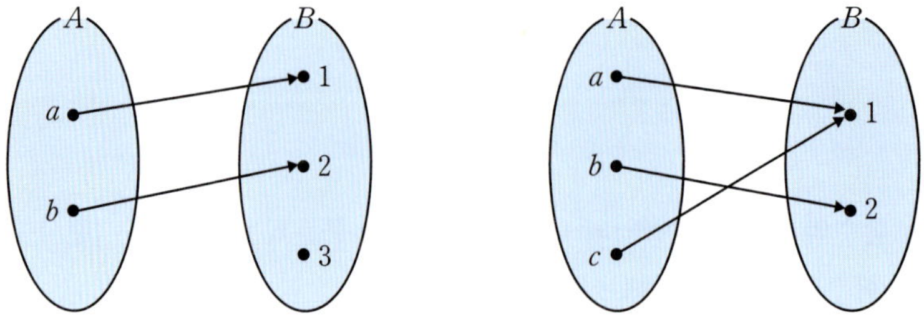

(a) 전사함수가 아닌 경우 (b) 전사함수인 경우

[그림 6-4] **전사함수가 아닌 경우와 전사함수인 경우**

전사함수가 되기 위해서는 반드시 정의역 원소의 수가 공역 원소의 수보다 많거나 같아야 한다. 전단사함수는 전사함수도 되고 단사함수도 되는 경우이다. [그림 6-5]는 전단사함수의 예이다.

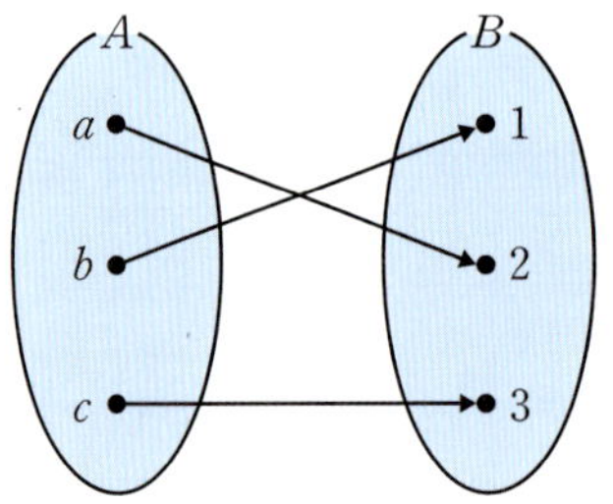

[그림 6-5] **전단사함수인 경우**

예제 6-3 단사함수, 전사함수, 전단사함수 (1)

$A = B = \mathbb{Z}$이고, $f : A \to B$는 $f(a) = a+5\,(a \in A)$로 정의되는 함수일 때, f가 단사함수, 전사함수, 전단사함수인지 판단하라.

풀이

1) f가 단사함수이기 위해서는 모든 x, $y \in A$에 대해 $x \neq y$이면 $f(x) \neq f(y)$여야 한다. 대우로 증명해보자. 위 명제의 대우는 '$f(x) = f(y)$이면 $x = y$'이다. a, $b \in A$에 대해 $f(a) = f(b)$라고 가정하자. 그러면 함수의 정의로부터 $f(a) = a+5$, $f(b) = b+5$이다. 따라서 $a+5 = b+5$이므로 $a = b$이다. 그러므로 f는 단사함수이다.

2) f가 전사함수인지 확인해보자. $f(A)=B$인 함수임을 보이기 위해 b를 B의 임의의 원소라 할 때, $f(a)=b$를 만족하는 $a \in A$가 존재함을 보이면 된다. $f(a)=a+5$이므로 $a+5=b$이다. 그러면 $a=b-5$이다. 그런데 $b-5 \in A$이고 A는 정수 집합 $\mathbb{Z}$이므로 $a=b-5$인 a가 A에 존재한다. 그러므로 f는 전사함수이다.

f가 단사함수이면서 전사함수이므로 전단사함수이다.

예제 6-4 단사함수, 전사함수, 전단사함수 (2)

$A=\{a_1,\ a_2,\ a_3\}$, $B=\{b_1,\ b_2,\ b_3\}$, $C=\{c_1,\ c_2\}$, $D=\{d_1,\ d_2,\ d_3,\ d_4\}$라 하자. f_1, f_2, f_3, f_4를 각각 집합 A에서 집합 B로의 함수, 집합 A에서 집합 D로의 함수, 집합 B에서 집합 C로의 함수, 집합 A에서 집합 B로의 함수라 하고 다음과 같이 정의할 때, 네 함수가 각각 단사함수, 전사함수, 전단사함수인지 판단하라.

(a) $f_1=\{(a_1,\ b_2),\ (a_2,\ b_3),\ (a_3,\ b_1)\}$
(b) $f_2=\{(a_1,\ d_2),\ (a_2,\ d_1),\ (a_3,\ d_4)\}$
(c) $f_3=\{(b_1,\ c_2),\ (b_2,\ c_2),\ (b_3,\ c_1)\}$
(d) $f_4=\{(a_1,\ b_1),\ (a_2,\ b_1),\ (a_3,\ b_3)\}$

풀이

(a) f_1은 집합 A에서 집합 B로의 함수이고 $A=\{a_1,\ a_2,\ a_3\}$, $B=\{b_1,\ b_2,\ b_3\}$이다. f_1이 단사함수인지 판단해보자. 서로 다른 a_1, a_2, a_3에 대해 함숫값이 각각 b_2, b_3, b_1이므로 모두 다르다. 그러므로 단사함수이다. 이제 f_1이 전사함수인지 판단하기 위해 치역을 구해보자. $\mathrm{Ran}(f_1)=\{b_2,\ b_3,\ b_1\}$이므로 $\mathrm{Ran}(f_1)=B$이다. 그러므로 전사함수이다. 따라서 f_1은 전단사함수이다.

(b) f_2는 집합 A에서 집합 D로의 함수이고 $A=\{a_1,\ a_2,\ a_3\}$, $D=\{d_1,\ d_2,\ d_3,\ d_4\}$이다. f_2가 단사함수인지 판단해보자. 서로 다른 a_1, a_2, a_3에 대해 함숫값이 각각 d_2, d_1, d_4이므로 모두 다르다. 그러므로 단사함수이다. 이제 f_2가 전사함수인지 판단하기 위해 치역을 구해보자. $\mathrm{Ran}(f_2)=\{d_2,\ d_1,\ d_4\}$이므로 $\mathrm{Ran}(f_2)\neq B$이다. 그러므로 전사함수는 아니다. 따라서 f_2는 전단사함수가 아니다.

(c) f_3는 집합 B에서 집합 C로의 함수이고 $B=\{b_1,\ b_2,\ b_3\}$, $C=\{c_1,\ c_2\}$이다. f_3가 단사함수인지 판단해보자. 서로 다른 b_1, b_2, b_3에 대해 함숫값이 각각 c_2, c_2, c_1이므로 c_2가 같다. 그러므로 단사함수가 아니다. 이제 f_3가 전사함수인지 판단하기 위해 치역을 구해보자. $\mathrm{Ran}(f_3)=\{c_2,\ c_1\}$이므로 $\mathrm{Ran}(f_3)=B$이다. 그러므로 전사함수이다. 따라서 f_3는 전단사함수가 아니다.

(d) f_4는 집합 A에서 집합 B로의 함수이고 $A=\{a_1, a_2, a_3\}$, $B=\{b_1, b_2, b_3\}$이다. f_4가 단사함수인지 판단해보자. 서로 다른 a_1, a_2, a_3에 대해 함숫값이 각각 b_1, b_1, b_3이므로 b_1이 같다. 그러므로 단사함수가 아니다. 이제 f_4가 전사함수인지 판단하기 위해 치역을 구해보자. $\mathrm{Ran}(f_4)=\{b_1, b_3\}$이므로 $\mathrm{Ran}(f_4) \neq B$이다. 그러므로 전사함수가 아니다. 따라서 f_4는 전단사함수가 아니다.

함수의 개수, 함수의 조건

이제 함수의 개수와 함수의 조건 등에 대해 간단하게 살펴보자. f를 집합 A에서 집합 B로의 함수라 하자. $|A|=n$, $|B|=m$일 때 집합 A에서 집합 B로 가는 함수는 몇 개가 가능한가?

집합 A에서 집합 B로 가는 함수가 되기 위해서는 집합 A의 모든 원소에 대해 집합 B의 원소에 집합 A의 원소가 단 하나만 대응해야 한다. 이는 중복순열로 B의 m개 원소에서 A의 n개 원소를 추출하는 경우이므로 ${}_m\Pi_n = m^n$개의 함수가 존재한다.[1]

다음으로 함수의 조건에 대해 알아보자. 단사함수의 조건은 정의역의 원소가 서로 다르면 이에 대한 함숫값도 달라야 하므로, 단사함수가 되기 위해서는 $m \geq n$이어야 한다. 또한 단사함수의 경우의 수는 순열 ${}_mP_n$이므로 $\frac{m!}{(m-n)!}$개이다.[2] 전사함수의 조건은 치역과 공역이 같아야 하므로, 전사함수가 되기 위해서는 $n \geq m$이어야 한다. 전사함수의 경우의 수는 일반적으로 계산하기가 쉽지 않다. 이 경우의 수는 ${}_nP_m + {}_nC_m \times m^{n-m}$개이다. 전단사함수의 조건은 $n=m$이어야 하고 전단사함수의 경우의 수는 $n!$개이다.

예제 6-5 함수의 개수

$A=\{1, 2, 3\}$이고 $B=\{a, b, c, d\}$일 때, 집합 A에서 집합 B로 가는 함수, 전사함수, 단사함수의 개수를 각각 구하라.

풀이

집합 A에서 집합 B로 가는 함수의 개수는 ${}_4\Pi_3 = 4^3 = 64$개이다.

집합 A에서 집합 B로 가는 전사함수는 존재하지 않는다.

집합 A에서 집합 B로 가는 단사함수의 개수는 ${}_4P_3 = \frac{4!}{(4-3)!} = \frac{4 \cdot 3 \cdot 2 \cdot 1}{1} = 24$개이다.

1 순열에 대해서는 10장 10.2절을 참고한다.

2 팩토리얼(!) 계산 방법에 대해서는 416쪽을 참고한다.

SECTION

6.3 역함수와 합성함수

이 절에서는 여러 가지 함수 중 역함수와 합성함수에 대해 알아본다. 이미 5장에서 관계 R에 대한 역관계 R^{-1}를 공부했다. 관계 R에 대한 역관계는 항상 존재하지만 역함수가 항상 존재하는 것은 아니다.

정의 6-4 역함수

$f: A \rightarrow B$가 집합 A에서 집합 B로의 전단사함수라고 하면 f의 **역함수**inverse function는 f의 역관계로 집합 B에서 집합 A로의 관계이며 f^{-1}로 표기한다. $a \in A$, $b \in B$에 대해 $f(a) = b$일 때, $f^{-1}(b) = a$이다.

역함수는 f가 전단사함수일 때만 정의된다는 사실에 주의해야 한다. 그 이유는 함수 f의 정의역이 역함수 f^{-1}의 공역이 되고, 함수 f의 공역이 역함수 f^{-1}의 정의역이 되기 때문이다. f의 역함수가 존재하면 함수 f를 **가역함수**invertible function라고 한다.

예제 6-6 역함수의 존재 (1)

$A = \{1, 2, 3\}$, $B = \{a, b, c\}$이고, $f = \{(1, a), (2, a), (3, c)\}$가 집합 A에서 집합 B로의 함수라고 하자. 함수 f의 역함수가 존재하는지 판단하라.

풀이

f에 대한 역관계를 먼저 구한다. f에 대한 역관계를 g라고 하면 $g = \{(a, 1), (a, 2), (c, 3)\}$이다. g는 집합 B에서 집합 A로의 함수가 아니다. 왜냐하면 함수의 정의에 의하면 집합 B의 모든 원소가 대응관계를 가져야 한다. 그런데 $b \in B$이지만 b는 g에서 대응관계를 갖지 않는다. 또한 g에서 첫 번째 원소는 단 하나의 두 번째 원소와 대응해야 하는데, a가 $(a, 1)$, $(a, 2)$와 같이 두 원소 1, 2와 대응관계를 가진다. 그러므로 g가 함수가 아니므로 f의 역함수는 존재하지 않는다.

[예제 6-6]에서 볼 수 있듯이 모든 함수의 역함수가 반드시 존재하는 것은 아니다.

예제 6-7 역함수의 존재 (2)

$A=\{1, 2, 3, 4\}$, $B=\{a, b, c, d\}$이고, $f=\{(1, b), (2, c), (3, a), (4, d)\}$가 집합 A에서 집합 B로의 함수라 하자. 함수 f의 역함수가 존재하는지 판단하라.

풀이

f의 역함수가 존재하는지 판단하기 위해 f가 전단사함수인지 확인해보자. 먼저 단사함수인지 확인해보자. 단사함수는 임의의 a_1, $a_2 \in A$에 대해 $a_1 \neq a_2$이면 $f(a_1) \neq f(a_2)$인지 확인하면 된다. 모든 원소가 조건을 만족하므로 f는 단사함수이다. 이번에는 전사함수인지 확인해보자. 전사함수는 $\text{Ran}(f)=B$인지 확인하면 된다. 이 조건을 만족하므로 f는 전사함수이다. f가 전단사함수이므로 역함수는 존재한다. f에 대한 역관계를 g라 하면 $g=\{(b, 1), (c, 2), (a, 3), (d, 4)\}$이다. g는 집합 B에서 집합 A로의 함수이다. 그러므로 g가 f의 역함수이다.

예제 6-8 역함수의 존재 (3)

함수 $f: \mathbb{Z} \to \mathbb{Z}$가 $f(x)=x-1$로 정의될 때, 이 함수가 가역함수인지 판단하고 가역함수라면 역함수를 구하라.

풀이

가역함수인지 판단하기 위해서는 주어진 함수가 전단사함수인지 확인해야 한다.

1) 먼저 단사함수인지 확인해보자. 단사함수는 임의의 a_1, $a_2 \in \mathbb{Z}$에 대해 $a_1 \neq a_2$이면 $f(a_1) \neq f(a_2)$인지 확인하면 된다. $f(a_1)=a_1-1$, $f(a_2)=a_2-1$이다. 그런데 $a_1 \neq a_2$이므로 $a_1-1 \neq a_2-1$이다. 또한 정수는 뺄셈(−) 연산에 대해 닫혀있으므로 a_1-1, $a_2-1 \in \mathbb{Z}$이다. 그러므로 f는 단사함수이다.

2) 전사함수인지 확인해보자. $\text{Ran}(f)=B$여야 한다. 임의의 $a \in \mathbb{Z}$에 대해 $f(a)=a-1$이다. 정수는 뺄셈(−) 연산에 대해 닫혀있으므로 $a-1 \in \mathbb{Z}$이다. 그러므로 f는 전사함수이다.

따라서 f는 전단사함수이므로 가역함수이다. f가 가역함수이므로 역함수를 구해보자. $f(x)=y=x-1$로부터 $x=y+1$이므로 $f^{-1}(x)=x+1$이다.

정리 6-1 역함수의 성질

$f : A \rightarrow B$를 함수라 하자.

(1) f^{-1}가 집합 B에서 집합 A로의 함수이다. $\Leftrightarrow$ f는 전단사함수이다.

(2) (1)이 성립하는 경우에 f^{-1}도 전단사함수이고 $(f^{-1})^{-1} = f$이다.

증명 생략

한 함수의 공역이 다른 함수의 정의역과 일치할 때, 두 개 이상의 함수를 합성해 하나의 함수로 만드는 연산을 합성함수라고 한다.

정의 6-5 합성함수

함수 f, g가 $f : X \rightarrow Y$, $g : Y \rightarrow Z$라 할 때, 집합 X에서 집합 Z로의 함수를 f와 g의 **합성함수**composition function라 하고, $g \circ f$로 표기한다.

$$g \circ f = \{(x,\ z) \mid x \in X \text{이고 } z \in Z,\ y \in Y,\ y = f(x) \text{이고 } g(y) = z\}$$

여기서 $(g \circ f)(x) = g(f(x))$로 계산한다.

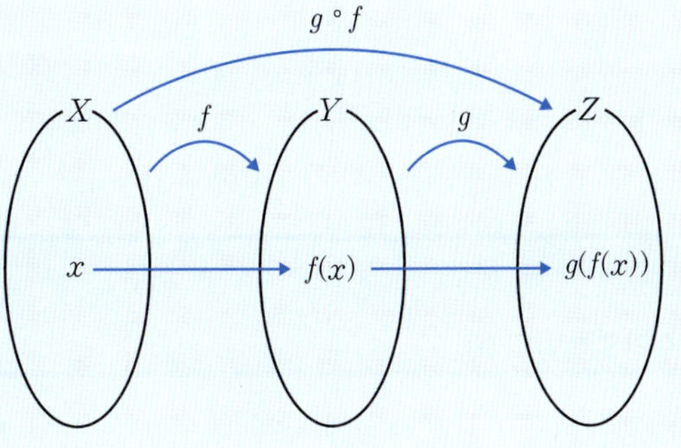

합성관계와 마찬가지로 합성함수를 표기할 때도 주의해야 한다. [정의 6-5]에서 함수 f와 g를 합성한 합성함수 $g \circ f$는 집합 X의 각 원소가 집합 Z에 대응하도록 하는 함수이다. 즉 함수 f를 통해 원소 $x \in X$를 처리하여 결과인 $f(x) \in Y$를 얻고, $f(x)$를 함수 g에 대입하여 최종적으로 $g(f(x)) \in Z$가 구하는 함수가 합성함수 $g \circ f$이다. 합성함수 $g \circ f$의 정의역을 가지는 함수(f)를 뒤에 표기하고, 공역을 가지는 함수(g)를 앞에 표기하면 된다.

예제 6-9 합성함수 (1)

$X=\{1, 2, 3\}$, $Y=\{p, q\}$, $Z=\{a, b\}$이고, 함수 $f: X \rightarrow Y$가 $f=\{(1, p), (2, p), (3, q)\}$, 함수 $g: Y \rightarrow Z$가 $g=\{(p, b), (q, b)\}$라 할 때, 합성함수 $g \circ f$를 구하라.

풀이

합성함수 $g \circ f$는 함수 f를 먼저 처리해야 하므로 함수 f의 정의역인 집합 X의 원소를 먼저 입력해야 한다. 다음으로 함수 f의 결과를 함수 g의 입력으로 한다. $f(1)=f(2)=p$이고 $f(3)=q$이므로 다음이 성립한다.

$$g \circ f(1)=g(f(1))=g(p)=b$$
$$g \circ f(2)=g(f(2))=g(p)=b$$
$$g \circ f(3)=g(f(3))=g(q)=b$$

그러므로 구하고자 하는 합성함수는 다음과 같다.

$$g \circ f=\{(1, b), (2, b), (3, b)\}$$

예제 6-10 합성함수 (2)

두 함수 $f: \mathbb{R} \rightarrow \mathbb{R}$, $g: \mathbb{R} \rightarrow \mathbb{R}$이 각각 $f(x)=x^2+3x$, $g(x)=2x-3$일 때, 합성함수 $g \circ f$와 $f \circ g$를 구하라.

풀이

$(g \circ f)(x)=g(f(x))=g(x^2+3x)=2(x^2+3x)-3=2x^2+6x-3$

$(f \circ g)(x)=f(g(x))=f(2x-3)=(2x-3)^2+3(2x-3)=4x^2-6x$

예제 6-11 합성함수의 결합법칙 (1)

함수 $f: A \rightarrow B$, $g: B \rightarrow C$, $h: C \rightarrow D$에 대해 $(h \circ g) \circ f=h \circ (g \circ f)$가 성립함을 보여라.

풀이

좌변과 우변을 나누어 살펴보자.

$$\text{좌변}=((h \circ g) \circ f)(x)=(h \circ g)(f(x))=h(g(f(x)))$$
$$\text{우변}=(h \circ (g \circ f))(x)=h((g \circ f)(x))=h(g(f(x)))$$

따라서 $((h \circ g) \circ f)(x) = (h \circ (g \circ f))(x)$이다. 그러므로 다음이 성립하고, 이를 합성함수의 결합법칙이라고 한다.

$$(h \circ g) \circ f = h \circ (g \circ f)$$

예제 6-12 합성함수의 결합법칙 (2)

집합 $A=\{1, 2, 3, 4\}$, $B=\{a, b, c, d\}$, $C=\{x, y, z\}$, $D=\{6, 7, 8\}$에 대해 세 함수 $f: A \to B$, $g: B \to C$, $h: C \to D$가 다음과 같을 때, $(h \circ g) \circ f$와 $h \circ (g \circ f)$를 구하라.

$$f=\{(1, b), (2, c), (3, a), (4, d)\}$$
$$g=\{(a, x), (b, y), (c, z), (d, x)\}$$
$$h=\{(x, 6), (y, 7), (z, 8)\}$$

풀이

1) $(h \circ g) \circ f$의 경우 $h \circ g$를 구한 다음, 함수 f를 합성함수 $h \circ g$와 합성한다.

$$h \circ g=\{(a, 6), (b, 7), (c, 8), (c, 6)\}$$
$$(h \circ g) \circ f=\{(1, 7), (2, 8), (3, 6), (4, 6)\}$$

2) $h \circ (g \circ f)$의 경우 $g \circ f$를 먼저 구한 다음, 그 결과를 함수 h와 합성한다.

$$g \circ f=\{(1, y), (2, z), (3, x), (4, x)\}$$
$$h \circ (g \circ f)=\{(1, 7), (2, 8), (3, 6), (4, 6)\}$$

그러므로 $(h \circ g) \circ f = h \circ (g \circ f)$임을 알 수 있다. 따라서 합성함수에 대한 결합법칙이 성립한다.

SECTION 6.4 특수한 함수

이 절에서는 몇 가지 특수한 함수들에 대해 간단히 설명한다. 먼저 두 함수의 정의역과 공역이 각각 같을 때, 이들 두 함수가 같음을 정의할 수 있다.

정의 6-6 두 함수가 같음(함수의 상등)

정의역이 A이고 공역이 B인 두 함수 $f : A \to B$, $g : A \to B$에 대해 $\forall a \in A$, $f(a) = g(a)$일 때, 두 함수 f와 g는 **같다**equal고 하고, $f = g$로 표기한다.

예제 6-13 같은 함수인지 판별하기

$A = B = \{-1, 0\}$일 때, 함수 $f : A \to B$, $f(x) = x^2 + 3x$와 함수 $g : A \to B$, $g(x) = 2x^2 + 4x$가 같은 함수인지 판별하라.

풀이

[정의 6-6]에 의해 정의역에 대응하는 치역이 모두 같으면 두 함수는 같다.

$$f(-1) = -2 = g(-1)$$
$$f(0) = 0 = g(0)$$

각각의 정의역에 대응하는 치역이 같으므로 두 함수는 같다.

정의 6-7 상수함수

함수 $f : A \to B$가 모든 $a \in A$에 대해 $f(a) = b$를 만족하는 $b \in B$를 유일하게 가질 때, f를 **상수함수**constant function라고 한다.

상수함수는 정의역과 관계없이 항상 같은 값을 갖는 함수이다. 상수함수는 단사함수가 아니다. 왜냐하면 단사함수는 모든 x, $y \in A$에 대해 $x \neq y$이면 $f(x) \neq f(y)$인 함수인데, 상수함수는 이 조건을 만족하지 않기 때문이다. 또한 상수함수는 전사함수도 아니다. 왜냐하면 전사함수는 $f(A)=B$인 함수인데, 상수함수가 이 조건 역시 만족하지 않기 때문이다.

예제 6-14 **상수함수**

다음 그림과 같이 함수 $f:\mathbb{R}\rightarrow\mathbb{R}$이 $f(x)=5$로 정의될 때, f가 상수함수인지 판별하라.

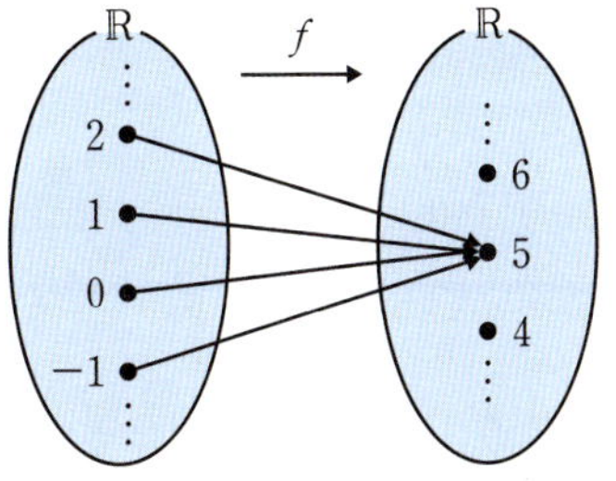

풀이

모든 $a\in\mathbb{R}$에 대해 $f(a)=b$를 만족하는 $b\in\mathbb{R}$이 5로 유일하게 존재한다. 따라서 f는 상수함수이다.

정의 6-8 **항등함수**

함수 $f:A\rightarrow A$가 $f(a)=a$로 정의될 때, f를 **항등함수**identity function라 하고 I_A로 표기한다. 즉 모든 $a\in A$에 대해 $I_A(a)=a$이다.

항등함수의 예를 들어보자. [그림 6-6]과 같이 함수 $f:\mathbb{R}\rightarrow\mathbb{R}$이 $f(x)=x$로 정의된다면 f는 항등함수이다.

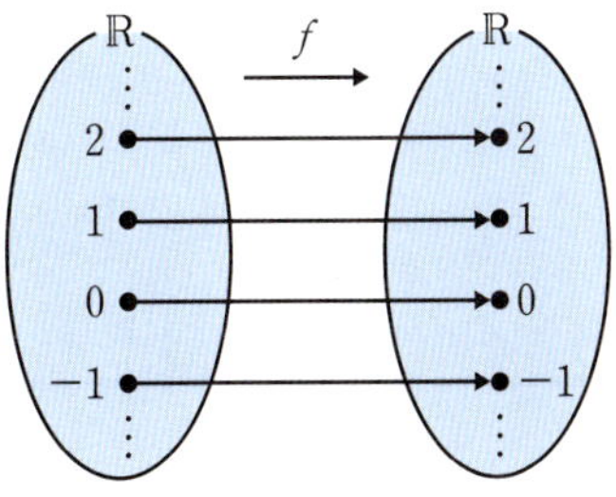

[그림 6-6] 항등함수의 예

[그림 6-6]에서 볼 수 있듯이 항등함수는 단사함수이다. 왜냐하면 단사함수는 모든 x, $y\in A$에 대해 $x\neq y$이면 $f(x)\neq f(y)$인 함수인데, 항등함수는 이 조건을 만족하기 때문이

다. 또한 항등함수는 전사함수이다. 왜냐하면 전사함수는 $f(A)=B$인 함수인데, 항등함수가 이 조건 역시 만족하기 때문이다. 따라서 항등함수는 전단사함수이므로 역함수를 갖는다.

예제 6-15 항등함수

집합 $A=\{-1, 0, 1\}$에 대해 함수 $f: A \rightarrow A$가 $f(x)=x^3$으로 정의될 때, 함수 f가 항등함수인지 판별하라.

풀이

$f(-1)=(-1)^3=-1$, $f(0)=0^3=0$, $f(1)=1^3=1$이므로, f는 항등함수이다.

함수에서 어떤 집합에 원소가 있으면 1로, 원소가 없으면 0으로 표기하는 함수를 특성함수라고 한다.

정의 6-9 특성함수

전체집합 U에 속한 어떤 집합 A에 대해 다음과 같은 성질이 성립할 때, 이 함수를 집합 A에 대한 **특성함수**characteristic function라 하고, f_A로 표기한다.

$$f_A(x)=\begin{cases} 1, & x \in A\text{일 때} \\ 0, & x \notin A\text{일 때} \end{cases}$$

예제 6-16 특성함수 (1)

전체집합 $U=\{a, b, c\}$와 집합 $A=\{a\}$에 대해 $f_A(a)=1$, $f_A(b)=0$, $f_A(c)=0$이다. 함수 f_A가 특성함수인지 판단하라.

풀이

집합 A에 대한 특성함수는 $x \in A$일 때 함숫값이 1이고 $x \notin A$일 때 함숫값이 0이어야 한다. 따라서 $A=\{a\}$일 때는 함숫값이 1이고 A에 속하지 않은 b와 c에 대해서는 함숫값이 0이므로 특성함수이다.

특성함수는 전사함수이지만 단사함수는 아님을 쉽게 알 수 있다.

예제 6-17 **특성함수 (2)**

전체집합 $U=[0,\ 5]$와 집합 $A=[0,\ 3]$에 대해 다음 그래프가 특성함수인지 판단하라.

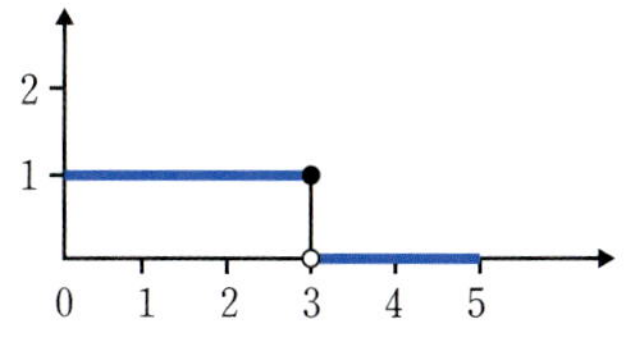

풀이

$A=[0,\ 3]$일 때는 함숫값이 1이고, A에 속하지 않은 $(3,\ 5]$일 때는 함숫값이 0이다. 따라서 이 함수는 특성함수이다.

천장함수와 바닥함수는 정수형 근삿값을 구하는 함수로, 어떤 실수 a에 대해 그 실수와 가장 가까운 정숫값을 구한다.

정의 6-10 **천장함수와 바닥함수**

$x\in\mathbb{R}$에 대한 **천장함수**ceiling function 혹은 **올림함수**는 x보다 크거나 같은 정숫값 중 가장 작은 정숫값을 말하고, $\lceil x \rceil$로 표기한다. 또한 **바닥함수**floor function 혹은 **내림함수**는 x보다 작거나 같은 정숫값 중 가장 큰 정숫값을 말하고, $\lfloor x \rfloor$로 표기한다.

즉 천장함수는 실수 x에 대해 x보다 크거나 같은 정수 중 가장 작은 정수를 지정하는 함수이고, 바닥함수는 실수 x에 대해 x보다 작거나 같은 정수 중 가장 큰 정수를 지정하는 함수이다.

예제 6-18 **천장함수와 바닥함수**

3.6에 대한 천장함수와 -3.6에 대한 바닥함수를 구하고, $\left\lceil \frac{2}{3}+\left\lfloor \frac{1}{2} \right\rfloor \right\rceil$을 계산하라.

풀이

3.6에 대한 천장함수는 $\lceil 3.6 \rceil=4$이고, -3.6에 대한 바닥함수는 $\lfloor -3.6 \rfloor=-4$이다.
그리고 $\left\lceil \frac{2}{3}+\left\lfloor \frac{1}{2} \right\rfloor \right\rceil=\lceil 0.666\cdots+\lfloor 0.5 \rfloor \rceil=\lceil 0.666\cdots+0 \rceil=1$이다.

해시함수는 임의의 길이를 가진 자료를 고정된 길이를 가진 자료로 변환함으로써 자료를 빨리 찾을 수 있도록 하는 함수이다. 이 함수는 고객 계정과 같은 수많은 자료 레코드를 저장하고, 고객 계정으로부터 레코드를 빨리 찾기 위한 방법이다. 예를 들어 1,000만 개의 자료를 구분하기 위해서는 10자리의 ID가 필요한데, 이때 ID의 앞부분 4자리를 잘라서 저장하는 방법이다. 이렇게 하면 자료들은 H(ID)=ID%4로 저장할 수 있다. 이 방법은 구현하기도 쉽고, 실행 시간도 줄어든다는 장점을 가진다.

정의 6-11 해시함수

해시함수hash function란 임의의 길이를 가진 자료를 고정된 자료의 길이인 해시 값으로 변환하는 함수이다.

해시 값은 **해시 표**hash table라는 자료구조에 사용된다. 해시함수는 큰 파일에서 중복되는 레코드를 찾을 수 있으므로 데이터베이스나 표에서 매우 빠른 자료 검색을 위한 컴퓨터 소프트웨어에 널리 사용된다. 예를 들어, DNA 서열에서 유사한 패턴을 찾는 데 해시함수가 사용될 수도 있다. 또한 암호학에서도 전송된 데이터의 무결성[3]을 확인하는 데 사용되기도 한다. 해시 표를 인덱싱하기 위해 해시함수를 사용하는 것을 **해싱**hashing이라 하는데, 이를 그림으로 나타내면 [그림 6-7]과 같다.

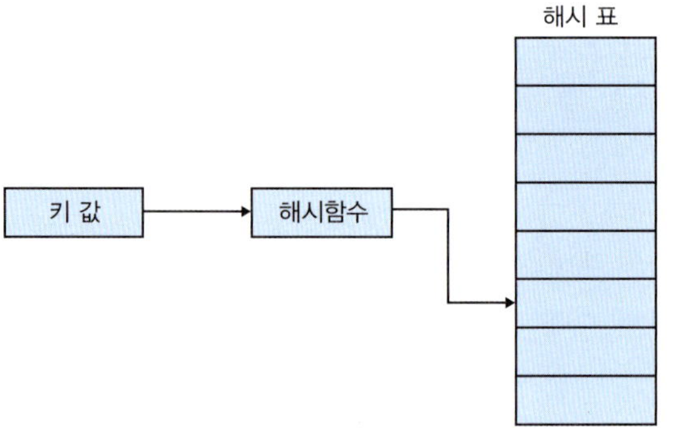

[그림 6-7] 해싱

[그림 6-7]에서 찾고자 하는 데이터인 키key가 주어질 때, 해시 표에 있는 값을 찾기 위한 방법으로 해시함수를 사용한다. 입력으로 키 값이 들어오면 해시함수를 통해 해시 인덱스가 나오고, 해당 인덱스를 통해 빠르게 데이터를 찾아가는 구조이다. 그러나 해시함수는 임의의 길이의 입력으로부터 짧은 길이의 해시 값을 출력하므로, 입력은 서로 다르지만 같은 출력을 내는 충돌이 반드시 일어날 수 있다는 큰 문제점이 있다. **해시 충돌**hash collision이란 해시함수가 서로 다른 두 입력값에 대해 동일한 출력값을 내는 상황을 말한다. 즉 비둘기 집의 원리에 의해 해시 충돌은 항상 존재한다. 해시 충돌은 해시함수를 이용한 자료구조나 알고리즘

3 신뢰할 수 있는 서비스를 제공하기 위해 의도하지 않은 요인에 의해 데이터, 소프트웨어, 시스템 등이 변경되거나 손상되지 않도록 완전성, 정확성, 일관성을 유지함을 보장하는 특성을 말한다.

의 효율성을 떨어뜨리기 때문에 해시 충돌이 자주 발생하지 않도록 해시함수를 구성해야 한다.

예제 6-19 **해시함수**

자료들의 키 값의 집합 X에서 해시 표의 주소 집합 A로 가는 해시함수 $h : K \rightarrow A$가 $x \in X$에 대해 $h(x) = x \bmod 7$일 때, 다음 값을 구하라.

(a) $h(36)$ (b) $h(254)$ (c) $h(32560)$

풀이

(a) $h(36) = 36 \bmod 7 = 1$

(b) $h(254) = 254 \bmod 7 = 2$

(c) $h(32560) = 32560 \bmod 7 = 3$

예제 6-20 **해시함수의 응용**

10,000명의 고객 계정에 대한 레코드가 저장되고 처리된다고 가정하자. 회사 컴퓨터가 만족할 만한 시간 안에 100개 항의 리스트를 탐색할 수 있는 능력을 갖고 있다고 할 때, 저장을 위해 101개의 리스트를 만들어보자. 그리고 계정값 2473871을 가진 레코드는 몇 번째 리스트에 배치되는지 판단하라.

풀이

해시함수는 집합 $\{0, 1, 2, \cdots, 100\}$의 범위를 가지므로 다음과 같다.

$$h(n) = n \bmod 101$$

그러므로 $h(2473871) = 2473871 \bmod 101 = 78$이다. 따라서 계정값 2473871을 가진 레코드는 리스트 78에 배치되어 있음을 알 수 있다.

[예제 6-20]에서 계정 값 280을 가진 레코드도 해시함수를 통해 계산해보면 $h(280) = 78$이다. 그러면 280과 2473871은 같은 리스트에 배치될 것이다. 즉 해시 충돌이 일어난다. 그래서 해시함수 h는 단사함수가 아니다.

앞에서 해시함수 h를 이용해 해시함수의 값을 구하면 같은 값이 나오는 해시 충돌이 발생한다고 했는데, 해시 충돌을 해결하기 위한 방법은 많다. 간단한 방법 중 하나는 존재하는 리스트의 끝에 새로운 레코드를 추가하는 것이다. 이 방법을 사용하면 레코드를 찾고자 할 때 이들 키는 해싱되고 리스트 h(키)를 연속적으로 찾게 될 것이다.

SECTION
6.5 응용 : 순열

이제 순열에 대해 알아보자. 순열은 경우의 수를 셀 때 주로 사용한다. 경우의 수는 10장에서 자세히 다룬다. 이제까지 살펴본 함수들 중 어떤 집합 A에서 A로 가는 전단사함수는 집합 A가 유한집합인 경우 수학, 전산학, 물리학 등에서 다양하게 응용되므로 특히 중요하다. 어떤 집합 A에서 A로 가는 전단사함수를 A의 **순열**permutation이라고 한다. 그래서 집합 A의 순열의 개수는 집합 A에서 A로 가는 전단사함수의 개수이다.

예제 6-21 순열의 정의

$A=\mathbb{R}$이고 함수 $f : A \to A$가 $f(a)=2a+1$로 정의될 때, f가 순열인지 판단하라.

풀이

이 문제는 f가 전단사함수인지 판단하면 된다. 먼저 f가 단사함수인지 확인해보자. 모든 $x,\ y \in A$에 대해 $x \neq y$일 때 $f(x) \neq f(y)$인지 확인하면 f는 단사함수이다. 이제 f가 전사함수인지 확인해보자. $\mathrm{Ran}(f)=A$인지 확인하면 된다. $\mathrm{Ran}(f)=A=\mathbb{R}$이므로 f는 전사함수이다. 그러므로 f는 전단사함수이고 A의 순열이다.

집합 $A=\{a_1,\ a_2,\ \cdots,\ a_n\}$에 대해 A에서 A로 가는 하나의 전단사함수는 $p(a_i) \in A$가 함수 p에 의해 $a_i \in A$에 대응되는 값이라고 하면, 순열을 다음과 같이 표현할 수 있다.

$$p=\begin{pmatrix} a_1 & a_2 & \cdots & a_n \\ p(a_1) & p(a_2) & \cdots & p(a_n) \end{pmatrix}$$

예제 6-22 순열

$A=\{1,\ 2,\ 3\}$이라 할 때, 집합 A의 순열을 구하라.

풀이

집합 A의 순열을 구하는 것은 집합 A에서 A로 가는 모든 전단사함수를 구하는 것이다. 집합 A에서 A로 가는 전단사함수를 구하면 다음과 같다.

$$I_A = \begin{pmatrix} 1 & 2 & 3 \\ 1 & 2 & 3 \end{pmatrix}, \quad p_1 = \begin{pmatrix} 1 & 2 & 3 \\ 1 & 3 & 2 \end{pmatrix}, \quad p_2 = \begin{pmatrix} 1 & 2 & 3 \\ 2 & 1 & 3 \end{pmatrix}$$

$$p_3 = \begin{pmatrix} 1 & 2 & 3 \\ 2 & 3 & 1 \end{pmatrix}, \quad p_4 = \begin{pmatrix} 1 & 2 & 3 \\ 3 & 1 & 2 \end{pmatrix}, \quad p_5 = \begin{pmatrix} 1 & 2 & 3 \\ 3 & 2 & 1 \end{pmatrix}$$

앞에서 전단사함수의 개수는 순열의 개수라고 했다. 그리고 6.2절에서 $|A| = n$이라면 집합 A에서 A로 가는 전단사함수의 개수는 $n!$이라고 했다. [예제 6-22]에서 $|A| = 3$이므로 집합 A에서 A로 가는 전단사함수의 개수는 $3! = 6$개이다. 즉 전단사함수의 개수와 순열의 개수가 같음을 확인했다.

6.3절에서는 두 함수의 합성함수에 대해 살펴봤다. 여기서는 전단사함수인 순열들의 합성을 구해보자. 두 개의 순열에 대한 합성은 두 개의 **순열의 곱**이라고 한다. 순열의 곱도 합성함수이므로 표현하고 계산할 때 주의해야 한다.

예제 6-23 순열의 곱

[예제 6-22]의 순열을 이용해 순열의 곱 $p_1 \cdot p_5$, $p_2 \cdot p_3$, $p_3 \cdot p_2$, $p_4 \cdot p_5$를 계산하라.

풀이

p_5와 p_1에 대한 순열의 곱인 $p_1 \cdot p_5$를 구하면 다음과 같고, 이 결과는 p_3와 같다.

$$p_1 \cdot p_5 = \begin{pmatrix} 1 & 2 & 3 \\ 1 & 3 & 2 \end{pmatrix} \cdot \begin{pmatrix} 1 & 2 & 3 \\ 3 & 2 & 1 \end{pmatrix} = \begin{pmatrix} 1 & 2 & 3 \\ 2 & 3 & 1 \end{pmatrix}$$

p_3와 p_2에 대한 순열의 곱인 $p_2 \cdot p_3$를 구하면 다음과 같고, 이 결과는 p_1과 같다.

$$p_2 \cdot p_3 = \begin{pmatrix} 1 & 2 & 3 \\ 2 & 1 & 3 \end{pmatrix} \cdot \begin{pmatrix} 1 & 2 & 3 \\ 2 & 3 & 1 \end{pmatrix} = \begin{pmatrix} 1 & 2 & 3 \\ 1 & 3 & 2 \end{pmatrix}$$

p_2와 p_3에 대한 순열의 곱인 $p_3 \cdot p_2$를 구하면 다음과 같고, 이 결과는 p_5와 같다.

$$p_3 \cdot p_2 = \begin{pmatrix} 1 & 2 & 3 \\ 2 & 3 & 1 \end{pmatrix} \cdot \begin{pmatrix} 1 & 2 & 3 \\ 2 & 1 & 3 \end{pmatrix} = \begin{pmatrix} 1 & 2 & 3 \\ 3 & 2 & 1 \end{pmatrix}$$

p_5와 p_4에 대한 순열의 곱인 $p_4 \cdot p_5$를 구하면 다음과 같고, 이 결과는 p_2와 같다.

$$p_4 \cdot p_5 = \begin{pmatrix} 1 & 2 & 3 \\ 3 & 1 & 2 \end{pmatrix} \cdot \begin{pmatrix} 1 & 2 & 3 \\ 3 & 2 & 1 \end{pmatrix} = \begin{pmatrix} 1 & 2 & 3 \\ 2 & 1 & 3 \end{pmatrix}$$

[예제 6-23]은 두 순열의 곱이 다시 또 다른 순열이 됨을 보여준다. 즉 $p_1 \cdot p_5 = p_3$, $p_2 \cdot p_3 = p_1$, $p_3 \cdot p_2 = p_5$, $p_4 \cdot p_5 = p_2$임을 알았다.

정의 6-12 순환적 순열

집합 $A = \{a_1, a_2, \cdots, a_n\}$에서 r-전개의 서로 다른 원소를 $b_1, b_2, \cdots, b_r$이라 하자. 순열 $p : A \to A$가 다음과 같이 정의될 때, 이를 **순환적 순열**(길이 r인 순환)이라고 하며 $(b_1, b_2, \cdots, b_r)$로 표기한다.

$$\begin{aligned} p(b_1) &= b_2 \\ &\vdots \\ p(b_{r-1}) &= b_r \\ p(b_r) &= b_1 \\ p(x) &= x \ (\text{단, } x \in A, \ x \notin \{b_1, b_2, \cdots, b_r\}) \end{aligned}$$

예를 들어 집합 $A = \{1, 2, 3, 4, 5, 6\}$에서 수환적 순열 $(4, 5, 6, 3)$은 정의에 의해 4는 5, 5는 6, 6은 3, 3은 4에 대응한다는 뜻이다. 즉 다음을 의미한다.

$$p(4) = 5, \ p(5) = 6, \ p(6) = 3, \ p(3) = 4$$

집합 A의 원소 중 4, 5, 6, 3을 제외한 나머지 원소인 1, 2는 다음을 나타낸다.

$$p(1) = 1, \ p(2) = 2$$

예제 6-24 순환적 순열 표기

집합 $A = \{1, 2, 3, 4, 5\}$에 대해 순환적 순열 $(1, 3, 5)$를 순열 p로 표현하라.

풀이

순환적 순열의 정의에 의해 1은 3, 3은 5, 5는 1에 대응하고, 2는 2, 4는 4에 대응한다.

이를 순열 p로 표현하면 $p = \begin{pmatrix} 1 & 2 & 3 & 4 & 5 \\ 3 & 2 & 5 & 4 & 1 \end{pmatrix}$이다.

[예제 6-24]를 보면 $(1, 3, 5) = \begin{pmatrix} 1 & 2 & 3 & 4 & 5 \\ 3 & 2 & 5 & 4 & 1 \end{pmatrix}$이고, $(3, 5, 1) = \begin{pmatrix} 1 & 2 & 3 & 4 & 5 \\ 3 & 2 & 5 & 4 & 1 \end{pmatrix}$임을 알 수 있다. 또한 $(5, 1, 3) = \begin{pmatrix} 1 & 2 & 3 & 4 & 5 \\ 3 & 2 & 5 & 4 & 1 \end{pmatrix}$이다. 그러므로 $(1, 3, 5) = (3, 5, 1) = (5, 1, 3)$이다.

예제 6-25 **순환적 순열의 곱**

$A=\{1, 2, 3, 4, 5, 6\}$일 때, 두 개의 순환적 순열의 곱 $(1, 2, 3, 5)\cdot(5, 6, 4)$와 $(5, 6, 4)\cdot(1, 2, 3, 5)$를 계산하라.

풀이

주어진 순환적 순열을 순열로 나타내면 다음과 같다.

$$(1, 2, 3, 5) = \begin{pmatrix}1&2&3&4&5&6\\2&3&5&4&1&6\end{pmatrix}$$

$$(5, 6, 4) = \begin{pmatrix}1&2&3&4&5&6\\1&2&3&5&6&4\end{pmatrix}$$

따라서 순환적 순열의 곱은 다음과 같다.

$$\begin{aligned}(1, 2, 3, 5)\cdot(5, 6, 4) &= \begin{pmatrix}1&2&3&4&5&6\\2&3&5&4&1&6\end{pmatrix}\cdot\begin{pmatrix}1&2&3&4&5&6\\1&2&3&5&6&4\end{pmatrix}\\&= \begin{pmatrix}1&2&3&4&5&6\\2&3&5&1&6&4\end{pmatrix}\\(5, 6, 4)\cdot(1, 2, 3, 5) &= \begin{pmatrix}1&2&3&4&5&6\\1&2&3&5&6&4\end{pmatrix}\cdot\begin{pmatrix}1&2&3&4&5&6\\2&3&5&4&1&6\end{pmatrix}\\&= \begin{pmatrix}1&2&3&4&5&6\\2&3&6&5&1&4\end{pmatrix}\end{aligned}$$

[예제 6-25]를 통해 순환적 순열의 곱에 대한 교환법칙은 성립하지 않음을 알 수 있다.

CHAPTER

06 연습문제

Section 6.1

1. $X=\{1, 2\}$, $Y=\{a, b, c\}$일 때, 집합 X에서 집합 Y로의 함수인 것은?

① $\{(1, a)\}$ ② $\{(1, b), (2, c)\}$

③ $\{(1, a), (2, b), (2, c)\}$ ④ $\{(2, a), (2, b), (2, c)\}$

2. 집합 $A=\{1, 2, 3, 4\}$에서 집합 $B=\{a, b, c, d\}$로의 다음 관계를 보고 함수인지 아닌지 판별하고, 함수라면 정의역, 치역, 공역을 구하라.

(a) $f_1=\{(1, a), (2, b), (3, c)\}$

(b) $f_2=\{(1, a), (2, b), (3, b), (3, c), (4, d)\}$

(c) $f_3=\{(1, a), (2, a), (3, a), (4, a)\}$

(d) $f_4=\{(1, a), (2, b), (3, c), (4, d)\}$

Section 6.2

3. 크기가 $|A|=m$, $|B|=n$인 두 유한집합 A, B에 대해 $m>n$일 때 옳은 설명은 무엇인가?

① 집합 A에서 집합 B로 가는 단사함수가 존재한다.

② 집합 A에서 집합 B로 가는 전단사함수가 존재한다.

③ 집합 A에서 집합 B로 가는 단사함수가 존재하지 않는다.

④ 집합 A에서 집합 B로 가는 어떠한 함수도 존재하지 않는다.

4. $A=\{1, 2, 3\}$, $B=\{a, b, c, d, e\}$일 때, 집합 A에서 집합 B로 가는 단사함수는 몇 개인가?

① 24개 ② 36개 ③ 48개 ④ 60개

5. n개의 원소를 가진 집합 A가 있다고 할 때, 집합 A에서 A로의 전단사함수는 모두 몇 개인가?

① $n!$ ② $\frac{n(n+1)}{2}$ ③ $n(n-1)$ ④ n^2

6. $A=\{a, b, c\}$, $B=\{1, 2, 3\}$일 때, 집합 A에서 집합 B로의 함수 $f : A \to B$는 모두 몇 개인가?

① 12개 ② 21개 ③ 27개 ④ 45개

7. 집합 $A=\{a,\ b,\ c,\ d\}$, $B=\{1,\ 2,\ 3\}$에 대해 집합 A에서 집합 B로의 관계 R이 다음과 같이 주어질 때, R이 함수인지 판단하라.

(a) $R=\{(a,\ 1),\ (b,\ 2),\ (c,\ 1),\ (d,\ 2)\}$

(b) $R=\{(a,\ 1),\ (b,\ 2),\ (a,\ 2),\ (c,\ 1),\ (d,\ 2)\}$

(c) $R=\{(a,\ 3),\ (b,\ 2),\ (c,\ 1)\}$

(d) $R=\{(a,\ 1),\ (b,\ 1),\ (c,\ 1),\ (d,\ 1)\}$

8. 집합 A에서 집합 B로의 함수 f가 다음과 같이 주어질 때, f가 단사함수인지 또는 전사함수인지 판단하라.

(a) $A=B=\mathbb{Z}$; $f(a)=a-1$

(b) $A=B=\mathbb{R}$; $f(a)=|a|$

(c) $A=\mathbb{R}$, $B=\{x\,|\,x$는 실수, $x\geq 0\}$; $f(a)=|a|$

(d) $A=\mathbb{R}\times\mathbb{R}$, $B=\mathbb{R}$; $f((a,\ b))=a$

(e) $A=B=\mathbb{R}\times\mathbb{R}$; $f((a,\ b))=(a+b,\ a-b)$

(f) $A=\mathbb{R}$, $B=\{x\,|\,x$는 실수, $x\geq 0\}$; $f(a)=a^2$

9. 다음 조건에 맞는 함수가 몇 개 존재하는지 구하라.

(a) 원소가 5개인 집합에서 원소가 3개인 집합으로의 전사함수

(b) 원소가 4개인 집합에서 원소가 4개인 집합으로의 전단사함수

Section 6.3

10. 집합 $A=\{1,\ 2,\ 3,\ 4\}$, $B=\{a,\ b,\ c,\ d\}$에 대해 함수 $f: A\rightarrow B$를 $f=\{(1,\ a),\ (2,\ a),\ (3,\ d),\ (4,\ c)\}$로 정의할 때, f^{-1}의 성질로 가장 적절한 것은 무엇인가?

① 전사함수　② 단사함수　③ 전단사함수　④ 함수가 아니다.

11. f, g가 전단사함수이고 $f(x)=x^2-1$, $g(x)=-x$일 때, 합성함수 $(f\circ g)(x)$는 다음 중 무엇인가?

① $x+1$　② $x-1$　③ x^2-1　④ $-x^2-1$

12. 집합 $X=\{1,\ 2,\ 3\}$, $Y=\{p,\ q\}$, $Z=\{a,\ b\}$에 대해 함수 $f: X\rightarrow Y$를 $f=\{(1,\ p),\ (2,\ p),\ (3,\ q)\}$로 정의하고, 함수 $g: Y\rightarrow Z$를 $g=\{(p,\ b),\ (q,\ b)\}$로 정의할 때, 합성함수 $g\circ f$는 다음 중 무엇인가?

① $\{(1,\ b),\ (2,\ b),\ (3,\ b)\}$　② $\{(b,\ 1),\ (b,\ 2),\ (b,\ 3)\}$

③ $\{(1,\ p),\ (2,\ p),\ (3,\ q)\}$　④ $\{(p,\ 1),\ (p,\ 2),\ (q,\ 3)\}$

13. 합성함수의 성질로 옳지 <u>않은</u> 것은 무엇인가?

① f와 g가 전사함수이면 $g \circ f$도 전사함수이다.
② f와 g가 단사함수이면 $g \circ f$도 단사함수이다.
③ f와 g가 전단사함수이면 $g \circ f$도 전단사함수이다.
④ $g \circ f$가 전단사함수이면 f와 g도 전단사함수이다.

14. $A=B=C=\mathbb{R}$에 대해 $f : A \rightarrow B$, $g : B \rightarrow C$를 각각 $f(x)=x^2+x-1$, $g(x)=x+3$으로 정의할 때, 다음을 구하라.

(a) $(g \circ f)(2)$
(b) $(f \circ g)(2)$
(c) $(g \circ f)(y)$
(d) $(f \circ g)(y)$
(e) $(f \circ f)(x)$
(f) $(g \circ g)(x)$

15. $f : A \rightarrow B$일 때, 주어진 A, B에 대해 f^{-1}를 구하라.

(a) $A=B=\mathbb{R}$, $f(x)=x^2+2x$
(b) $A=B=\mathbb{R}$, $f(x)=\dfrac{3x-1}{5}$
(c) $A=B=\{1, 2, 3, 4, 5\}$, $f=\{(1, 3), (2, 2), (3, 4), (4, 5), (5, 1)\}$

16. $f : A \rightarrow B$, $g : B \rightarrow C$가 단사함수일 때, $g \circ f$가 단사함수임을 보여라.

17. $f : A \rightarrow B$, $g : B \rightarrow C$에 대해 $g \circ f$가 전사함수일 때, g가 전사함수임을 보여라.

18. $|A|=n$일 때, 집합 A에서 A로의 함수의 개수를 구하라.

Section 6.4

19. 함수 $f : A \rightarrow A$를 $f(a)=a$로 정의할 때, f는 어떤 함수인가?

① 항등함수 ② 상수함수 ③ 특성함수 ④ 역함수

20. 함수 $f : A \rightarrow B$에 대해 다음을 증명하라.

(a) $f \circ I_B = f$
(b) $I_A \circ f = f$

21. $A=B=C=\mathbb{R}$에 대해 $f:A\to B$, $g:B\to C$를 각각 $f(x)=x+1$, $g(x)=x-1$로 정의할 때, $(g\circ f)^{-1}=f^{-1}\circ g^{-1}$가 성립함을 보여라.

22. 집합 $A=B=\{0, 3\}$에 대해 두 함수 $f:A\to B$, $g:A\to B$를 $f(x)=x^2+ax+3$, $g(x)=3x^2-4x+b$로 정의할 때, f와 g가 서로 상등이면 $a+b$의 값은 무엇인가?

Section 6.5

23. 어떤 집합 A의 순열에 대한 설명으로 옳은 것은 무엇인가?

① 어떤 집합 A에서 A로 가는 전사함수를 말한다.
② 어떤 집합 A에서 A로 가는 단사함수를 말한다.
③ 어떤 집합 A에서 A로 가는 전단사함수를 말한다.
④ 어떤 집합 A에서 A로 가는 함수가 아닌 것을 말한다.

24. $A=\{1, 2, a, b, c\}$일 때, 집합 A의 순열은 몇 개인가?

① 24 ② 60 ③ 120 ④ 270

25. $A=\{1, 2, 3, 4, 5, 6, 7\}$일 때, 다음 중 순환적 순열의 곱 $(2, 3, 1)\cdot(2, 4, 3, 6)$은 무엇인가?

① $\begin{pmatrix}1&2&3&4&5&6&7\\2&4&6&1&5&3&7\end{pmatrix}$ ② $\begin{pmatrix}1&2&3&4&5&6&7\\3&1&5&4&2&6&7\end{pmatrix}$

③ $\begin{pmatrix}1&2&3&4&5&6&7\\2&5&6&3&1&4&7\end{pmatrix}$ ④ $\begin{pmatrix}1&2&3&4&5&6&7\\5&2&1&6&3&4&7\end{pmatrix}$

26. 다음과 같이 주어진 함수 $f:\mathbb{R}\to\mathbb{R}$ 중 $\mathbb{R}$의 순열은 무엇인가?

① $f(a)=a-1$ ② $f(a)=a^2$ ③ $f(a)=a^3$ ④ $f(a)=e^a$

27. $A=\{1, 2, 3, 4, 5, 6\}$이고 $p_1=\begin{pmatrix}1&2&3&4&5&6\\3&5&4&2&6&1\end{pmatrix}$, $p_2=\begin{pmatrix}1&2&3&4&5&6\\2&3&6&1&4&5\end{pmatrix}$, $p_3=\begin{pmatrix}1&2&3&4&5&6\\6&3&4&5&1&2\end{pmatrix}$일 때, 다음 순열의 곱을 계산하라.

(a) $p_2\cdot p_1$ (b) $p_2\cdot(p_3\cdot p_1)$

28. $A=\{1, 2, 3, 4, 5\}$일 때, 다음 순환적 순열의 곱을 계산하라.

(a) $(1, 3, 2)\cdot(3, 5)$ (b) $(1, 4)\cdot(2, 4, 5)\cdot(1, 5)$

CHAPTER

06 프로그래밍 실습

C 코드 파이썬 코드

1. 집합 $A=\{1, 2, 3, 4, 5, 6, 7, 8, 9, 10\}$에 관한 관계가 입력으로 주어질 때, 그 관계가 함수인지 판별하는 프로그램을 작성하고, 그 프로그램에 다음과 같은 관계 f_1, f_2를 적용하라. 연계: 6.1절

$f_1=\{(1, 1), (2, 1), (3, 1), (3, 4), (6, 5), (6, 6), (7, 1), (7, 2), (9, 9), (10, 10)\}$

$f_2=\{(1, 3), (2, 4), (3, 1), (4, 2), (5, 6), (6, 7), (7, 4), (8, 3), (9, 1), (10, 9)\}$

문제 해석

이 문제는 주어진 관계가 함수인지 아닌지를 판별하는 것이다. 이를 위해 판별하고자 하는 함수의 개수(n1)는 몇 개이고, 한 개의 함수에 몇 개의 관계(n2)를 줄 것인가를 입력으로 받아서 처리한다. 입력 자료는 파일(pp3-1.dat, pp3-2.dat)로 받아서 관계행렬로 표현하고, 그 관계행렬을 가지고 함수인지 아닌지를 판별한다. 함수의 정의를 그대로 이용하면 별문제가 없다. 이 문제에서는 함수의 정의를 정확히 아는 것과 데이터를 파일로 받아서 처리하는 것이 중요하다.

코딩 실습

【 파이썬 코드 】

```
from __future__ import print_function
from sys import stdin

def printf(str, *args):
    print(str % args, end='')

domain = 10         # 집합의 크기

# setout 함수가 집합을 출력
def setout(A):
    print("\n      A = ", end = "")
    count = 0
    if 1 not in A:
        print("\u2205")
        return
    printf("{")
    for i in range(0,domain):
       if count != 0:
           printf(",")
       printf("%3d"%A[i])
       count = 1
```

```
    printf(" }\n")

# readfile 함수가 텍스트 파일에서 관계를 읽고 adjacency에 대입
def readfile(fn, adjacency, nocheck, n2):
    adjacencymx = [[0 for j in range(len(adjacency[0]))] for i in range(len(adjacency))]
    fp = open(fn, 'r')
    printf("%5cf%d={"%(' ',nocheck))
    lines = fp.readlines()          # 줄별로 파일을 읽고 lines에 대입
    i=0
    # lines에서의 관계를 adjacency에 대입하고 집합 A에 대한 함수를 출력
    for line in lines:
        values = line.strip('\n').split()
        x = int(values[0])
        y = int(values[1])
        adjacencymx[x][y] = 1
        printf("%2c(%2d, %2d)" %(' ',x,y))
        i += 1
        if i>n2:
            break

    fp.close()
    return adjacencymx

# check 함수가 관계행렬 adjacencymx가 함수인지 아닌지를 확인해서 출력
def check(adjacencymx, nocheck):
    define1=1       # 함수 여부에 대한 플래그

    for i in range(1, domain+1):
        define2 = 0
        nocol = 0
        for j in range(1, domain+1):
            if adjacencymx[i][j] == 1:
                define2 = 1
                nocol += 1
```

2. 어떤 함수가 단사함수인지를 판별하는 프로그램을 작성하라. 그리고 $A=\{a_1,\ a_2,\ a_3\}$, $B=\{b_1,\ b_2,\ b_3\}$일 때 집합 A에서 집합 B로의 함수 $f_1=\{(a_1,\ b_2),\ (a_2,\ b_3),\ (a_3,\ b_1)\}$에 이 프로그램을 적용하여 단사함수인지 판별하라. 연계 : 6.2절

문제 해석

이 문제는 주어진 관계가 단사함수인지 아닌지를 판별하는 것이다. 이를 위해 정의역에 원소가 두 번 이상 나왔을 때 함숫값이 서로 다른지를 확인하면 된다. 입력 자료는 파일(pp6-2.dat)로 받아서 판별한다.

코딩 실습

【 파이썬 코드 】

```
# 입력 파일 형식:
# 첫 번째 줄          -> 집합 A의 원소
```

```
# 두 번째 줄          -> 집합 B의 원소
# 다음으로 집합 A에서 집합 B로의 관계들 : (예):
# 세 번째 줄          -> a 5
# 네 번째 줄          -> b 2
# .........
# 입력 데이터가 맞는 함수라고 가정하고 단사함수 여부를 판단하는 프로그램

from __future__ import print_function
from sys import stdin

A = []          # 집합 A를 위한 배열 정의
B = []          # 집합 B를 위한 배열 정의

def printf(str, *args):
    print(str % args, end='')

# setout 함수가 집합을 출력
def setout(A):
    count = 0
    if len(A) == 0:
        print("\u2205")
        return
    printf("{")
    for i in range(0,len(A)):
       if count != 0:
           printf(",")
       printf("%2c"%A[i])
       count = 1

    printf(" }\n")

# readfile 함수가 텍스트 파일에서 이항관계를 읽고 단사함수 여부를 반환
def readfile(fn):
    global A, B                         # 전역 변수(A와 B)에 접근
    isInjective = True
    fp = open(fn, 'r')                  # 파일 열기
    printf("\n%5cf%d={"%(' ',1))
    lines = fp.readlines()              # 줄별로 파일을 읽고 lines에 대입
    A = lines[0].strip('\n').split()    # 첫 번째 줄을 A에 대입
    B = lines[1].strip('\n').split()    # 두 번째 줄을 B에 대입
    B_hash = [0] * len(B)

    index = 2                   # lines의 세 번째 줄부터 읽기 위한 인덱스

    i=0
    for index in range(2, len(lines)):
        if index < len(lines) - 1:
            values = lines[index].strip('\n').split()
            printf("(%c, %c)," %(values[0],values[1]))       # 관계를 출력
            if values[1] in B:
                # 이항관계의 두 번째 원소가 공역에서 두 번 이상 나타나면
                if B_hash[B.index(values[1])] == 1:
                    isInjective = False
                B_hash[B.index(values[1])] = 1

    values = lines[index].strip('\n').split()
    printf("(%c, %c)" %(values[0],values[1]))
```

CHAPTER

07

부분순서관계와 부울대수

Partially Ordered Relation and Boolean Algebra

Contents

부분순서관계와 부울대수란?

부분순서관계는 관계에서 특별한 성질을 만족하는 관계이다. 부분순서집합에서 부분순서관계를 만족하는 두 원소는 서로 비교가능하다. 비교가능한 원소 사이를 표현하기 위해 유향 그래프 대신 하세 도형을 사용한다. 부분순서관계에서 임의의 두 원소 사이에 상한과 하한이 하나씩 존재한다면 격자라고 한다. 격자 시스템을 이용하는 분야는 매우 다양하다. SNS에서 '알 수 있는 사람'을 추천하는 경우도 격자 시스템 안에서 계산된다. 이러한 격자에서 여격자인 동시에 분배격자를 만족하면 컴퓨터 설계 이론의 기본으로 사용하는 부울대수를 만들 수 있다. 우리가 현재 사용하는 컴퓨터는 부울대수의 개념을 이용해 만든 2진법 컴퓨터이다.

부분순서관계와 부울대수의 응용 분야는?

부분순서관계는 최근 소셜네트워크 시스템을 분석하는 데 많이 사용되고 있다. 비교가능한 원소를 표현하기 위해 사용하는 하세 도형은 부분순서집합의 원소들을 표현하기 위해 고안된 표기법으로 사용 분야가 매우 넓다. 컴퓨터 과학에서 위상 정렬은 부분순서의 선형 확장을 구하는 알고리즘이다.

부울대수의 대표적인 응용 분야는 우리가 사용하는 컴퓨터 시스템의 논리 회로이다. 논리 회로를 이용한 2-비트 가산기와 일상생활에서 많이 사용하는 전자레인지도 논리 회로를 응용한 예이다.

이 장에서 배우는 내용은?

7장에서는 부분순서관계, 상한과 하한, 격자, 부울대수에 대해 다룬다. 먼저 부분순서관계로부터 상한과 하한 개념을 다루고, 이러한 개념들을 이용해 격자와 부울대수 개념을 살펴본다.

SECTION 7.1 부분순서관계

이 절에서는 5장에서 살펴본 관계 중 특별한 성질을 만족하는 부분순서관계에 대해 설명한다.

정의 7-1 부분순서관계

집합 A에 관한 관계 R이 반사관계, 반대칭관계, 추이관계를 모두 만족하면, 관계 R을 **부분순서관계**partially ordered relation라고 한다. 그리고 부분순서관계를 만족하는 집합을 **부분순서집합** partially ordered set이라고 한다.

임의의 부분순서관계를 나타내는 기호로 $\preceq$를 사용한다. 즉 R이 집합 A에 관한 부분순서관계라고 하면 $(a, b) \in R$을 $a \preceq b$로 표기한다. 이 기호는 관계 연산 $\leq$ less than or equal과는 다른 기호로, 값의 크기를 비교하는 연산자가 아닌 순위를 비교하는 연산자이다. 부분순서집합 $(A, \preceq)$에서 A의 원소 a, b가 $a \preceq b$ 혹은 $a \preceq b$를 만족하면 a와 b는 서로 **비교가능** comparable하다고 한다. $a \preceq b$이면 a가 b보다 순위가 먼저 나타남을 의미한다. 예를 들어 한 집안에 관한 정보를 도식화한 가계도는 비교가능하다.

예제 7-1 부분순서관계

다음이 부분순서관계인지 보여라.

(a) 정수 집합에 관한 관계 연산 $\leq$

(b) 자연수 집합에 관한 관계 연산 $x \mid y$

(c) 자연수 집합에 관한 관계 연산 $<$

(d) $A=\{1\}$일 때, A의 멱집합에 관한 관계 $\subseteq$

풀이

(a) R을 $\leq$로 정의한 정수 집합에 관한 관계라고 하면 5장의 [예제 5-33]에 의해 R은 반사관계이고 추이관계이다. 즉 임의의 $a \in A$에 대해 $a \leq a$이므로 R은 반사관계이고, 어떤 $a, b, c \in A$에 대해 $a \leq b$이고 $b \leq c$이면 $a \leq c$이므로 R은 추이관계이다. 마지막으로 반대칭관계인지 확인해보자. $a, b \in A$에 대해 $a \leq b$이고 $b \leq a$이면 $a = b$

이므로 R은 반대칭관계이다. 그러므로 관계 연산 $\le$는 정수 집합에서 부분순서관계이다.

(b) R을 $x \mid y$로 정의한 자연수 집합에 관한 관계라고 하면 y는 x로 나누어떨어진다. 임의의 $a \in A$에 대해 $a \mid a$이므로 R은 반사관계이다. 이제 반대칭관계인지 확인해보자. $a, b \in A$에 대해 $a \mid b$이고 $b \mid a$이면 $a = b$이므로 R은 반대칭관계이다. 또한 어떤 $a, b, c \in A$에 대해 $a \mid b$이고 $b \mid c$이면 $a \mid c$이므로 R은 추이관계이다. 그러므로 관계 연산 $\mid$는 자연수 집합에서 부분순서관계이다.

(c) R을 $<$로 정의한 자연수 집합에 관한 관계라고 할 때, 반사관계인지 먼저 확인해보자. 임의의 $a \in A$에 대해 $a < a$를 만족하지 않으므로 R은 반사관계가 아니다. 그러므로 관계 연산 $<$는 부분순서관계가 아니다.

(d) $A = \{1\}$일 때, R을 A의 멱집합에 관한 관계 $\subseteq$로 정의한 관계라고 하자. A의 멱집합은 $\mathscr{P}(A) = \{\varnothing, \{1\}\}$이다. 따라서 $\mathscr{P}(A)$에서 $\subseteq$를 만족하는 관계 R은 $R = \{(\varnothing, \varnothing), (\varnothing, \{1\}), (\{1\}, \{1\})\}$이다. 임의의 $a \in A$에 대해 $(a, a) \in R$을 만족하는지 확인해보면 $(\varnothing, \varnothing) \in R$, $(\{1\}, \{1\}) \in R$이므로 R은 반사관계이다.

다음으로 반대칭관계인지 확인해보자. R의 원소 중 $(\varnothing, \varnothing)$, $(\{1\}, \{1\})$은 $a, b \in A$에 대해 $(a, b) \in R$이고 $(b, a) \in R$일 때 $a = b$를 만족하므로 반대칭관계가 성립한다. R의 나머지 원소인 $(\varnothing, \{1\})$에 대해 반대칭관계를 판별하기 위해 대우를 이용한다. $a \ne b$일 때 $(a, b) \notin R$이거나 $(b, a) \notin R$이면 반대칭관계이다. $(\varnothing, \{1\})$에 대해 $(\varnothing, \{1\}) \in R$이지만 $(\{1\}, \varnothing) \notin R$이므로 반대칭관계이다.

이제 추이관계를 만족하는지 확인해보자. 어떤 $a, b, c \in A$에 대해 $(a, b) \in R$이고 $(b, c) \in R$일 때 $(a, c) \in R$이 성립하면 R은 추이관계이다.

$(\varnothing, \varnothing) \in R$이고 $(\varnothing, \varnothing) \in R$이므로 $(\varnothing, \varnothing) \in R$이 성립한다.
$(\varnothing, \varnothing) \in R$이고 $(\varnothing, \{1\}) \in R$이므로 $(\varnothing, \{1\}) \in R$이 성립한다.
$(\varnothing, \{1\}) \in R$이고 $(\{1\}, \{1\}) \in R$이므로 $(\varnothing, \{1\}) \in R$이 성립한다.
$(\{1\}, \{1\}) \in R$이고 $(\{1\}, \{1\}) \in R$이므로 $(\{1\}, \{1\}) \in R$이 성립한다.

따라서 추이관계 만족한다. 그러므로 A의 멱집합 $\mathscr{P}(A)$에서 $\subseteq$를 만족하는 관계 R은 부분순서관계이다.

정의 7-2 전순서관계

부분순서집합 $(A, \preceq)$에서 집합 A의 모든 원소들이 비교가능하면 A를 **전순서집합** totally ordered set이라고 하며, 이때의 부분순서관계 $\preceq$를 **전순서관계** totally ordered relation라고 한다.

예제 7-2 전순서집합 판단 (1)

부분순서집합 $(\mathbb{R}, \leq)$이 전순서집합인지 판단하라.

풀이

실수 집합 $\mathbb{R}$이 부분순서관계를 만족하므로 비교가능하다. 따라서 실수 집합 $\mathbb{R}$의 임의의 두 원소는 비교가능하므로 $(\mathbb{R}, \leq)$은 전순서집합이다.

예제 7-3 전순서집합 판단 (2)

집합 $A=\{1, 2, 3\}$에 대해 $(\mathscr{P}(A), \subseteq)$가 전순서집합인지 판단하라.

풀이

$A=\{1, 2, 3\}$이므로 A의 멱집합은 $\mathscr{P}(A)=\{\varnothing, \{1\}, \{2\}, \{3\}, \{1, 2\}, \{1, 3\}, \{2, 3\}, \{1, 2, 3\}\}$이다. $\mathscr{P}(A)$의 원소인 $\{1\}$과 $\{2\}$ 사이에 부분집합($\subseteq$) 관계가 성립하지 않으므로 전순서관계가 아니다.

5장에서 임의의 두 집합 A와 B의 곱집합 $A\times B$를 정의했다. 이번에는 부분순서관계를 만족하는 두 집합의 곱집합에 대해 알아보자.

정의 7-3 곱 부분순서관계

$(A, \preceq)$와 $(B, \preceq)$를 부분순서집합이라고 하자. 그러면 $(A\times B, \preceq)$도 부분순서집합이다. 즉 다음이 성립한다.

$$(a, b)\preceq(a', b')\text{은 } a\preceq a'\text{이고 } b\preceq b'\text{이다.}$$

단, $a, a'\in A$이고 $b, b'\in B$이다. 이때 $\preceq$를 **곱 부분순서관계** product partial ordered relation라 하고, $(A\times B, \preceq)$를 **곱 부분순서집합** product partial ordered set라고 한다.

곱 부분순서관계의 부분순서관계를 사전식 순서라고 한다. 사전식 순서란 일반 사전의 용어 순서 배열로, 가나다순이나 알파벳순의 정렬 방법을 말한다. 최근에는 사전을 사용하지 않고 인터넷을 통해 용어를 찾기 때문에 사전식 순서에 대한 이해가 어려울 수도 있으나, 사전식 순서는 조합론이나 컴퓨터 분야에서 매우 다양하게 사용되므로 알아두어야 한다.

정의 7-4 사전식 순서

$(A, \preceq)$와 $(B, \preceq)$를 부분순서집합이라고 하자. 곱 부분순서집합 $A \times B$의 부분순서관계를 **사전식 순서** lexicographic order라 하고, $\prec$로 표기한다.

$$(a, b) \prec (a', b')\text{은 } a \prec a'\text{이거나 만약 } a = a'\text{이라면 } b \preceq b'\text{이라는 의미이다.}$$

예를 들어 집합 $A = \mathbb{R}$에 관한 관계 $\leq$를 생각하면 $\mathbb{R}^2 = \mathbb{R} \times \mathbb{R}$에 사전식 순서를 정의할 수 있다. [그림 7-1]은 x축과 y축으로 이루어진 2차원 평면 위에 3개의 점 p_1, p_2, p_3를 나타낸 것이다. 사전식 순서에서는 세 점 사이의 순서가 어떻게 되는지 결정해보자. 사전에서의 가나다순이나 알파벳순을 생각해보면 x축의 순서가 먼저 나타나고, 만약 x축의 값이 같다면 y축의 값에 따라 순서가 결정될 것이다. 그러므로 x축에서 가장 작은 값인 x_1축 위에 있는 점 p_1이 제일 먼저 나타난다. 그다음은 x_2축인데, x_2축에는 두 개의 점 p_2와 p_3가 있다. 둘 중에서 y축 값이 더 작은 점 p_2가 먼저 나타나고 그다음 점 p_3가 나타난다. 따라서 세 점의 순서관계는 $p_1 \prec p_2$, $p_1 \prec p_3$, $p_2 \prec p_3$이다.

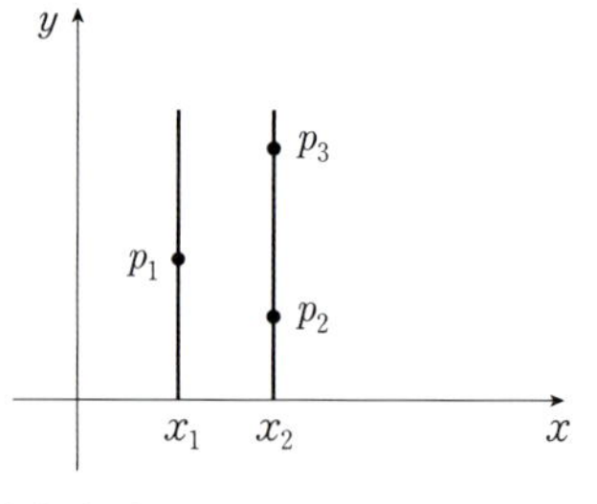

[그림 7-1] 점 p_1, p_2, p_3에 대한 사전식 순서

실생활에서의 예로는 메달에 따른 국가별 올림픽 순위 결정 방식이 있다. 금메달 5개, 은메달 2개, 동메달 5개의 성적을 거둔 A 국가와 금메달 4개, 은메달 6개, 동메달 5개의 성적을 거둔 B 국가가 있다고 가정해보자. 이때 금메달, 은메달, 동메달의 순서로 사전식 순서에 따른 국가별 순위를 결정한다고 하면, A 국가가 B 국가보다 더 높은 순위에 위치한다. 전체 메달의 개수는 B 국가가 더 많지만, 첫 번째 배열 기준인 금메달 개수는 A 국가가 더 많기 때문이다. 결국 금메달 개수가 더 많은 국가가 더 높은 순위에 위치하고, 금메달 개수가 동

일하다면 은메달 개수가 더 많은 국가가 더 높은 순위에 위치하며, 금메달과 은메달 개수가 모두 동일하다면 동메달 개수가 더 많은 국가가 더 높은 순위에 위치하는 순위 방식이 바로 사전식 순서이다.

예제 7-4 사전식 순서

금메달, 은메달, 동메달의 순서로 사전식 순서에 따른 국가별 올림픽 순위를 결정한다고 할 때, 다음 국가들에 대한 순위를 결정하라.

A 국가 : 금메달 4개, 은메달 8개, 동메달 7개
B 국가 : 금메달 5개, 은메달 3개, 동메달 2개
C 국가 : 금메달 5개, 은메달 5개, 동메달 8개
D 국가 : 금메달 6개, 은메달 1개, 동메달 4개
E 국가 : 금메달 6개, 은메달 2개, 동메달 1개
F 국가 : 금메달 5개, 은메달 5개, 동메달 6개

풀이

금메달, 은메달, 동메달의 순서로 사전식 순서에 따른 국가별 올림픽 순위가 결정되므로 금메달 개수가 가장 많은 국가를 찾으면 된다. 금메달이 6개인 나라는 D, E 국가이다. D, E 국가의 은메달 개수를 확인하면 D 국가는 1개, E 국가는 2개이므로 1위는 E 국가, 2위는 D 국가이다.

다음으로 3위 국가를 찾기 위해 금메달 개수를 다시 확인하면 금메달이 5개인 나라는 B, C, F 국가이다. B, C, F 국가의 은메달 개수를 확인하면 B 국가는 3개, C, F 국가는 5개이다. C, F 국가의 은메달 개수가 같으므로 동메달 개수를 확인하면 C 국가는 8개, F 국가는 6개이므로 3위는 C 국가, 4위는 F 국가, 5위는 B 국가이다. 마지막으로 6위는 A 국가이다. A 국가는 전체 메달 개수가 19개로 6개국 중 가장 많음에도 불구하고 6위이다. 그리고 E 국가는 전체 메달 개수가 9개로 6개국 중 가장 적지만 금메달과 은메달 개수가 많아서 1위임을 확인할 수 있다.

여기서 부분순서는 관계이므로 부분순서관계를 유향 그래프로 그릴 수 있다. 그런데 부분순서관계에 대한 유향 그래프는 하세 도형을 이용하면 기존의 유향 그래프보다 훨씬 더 간단하게 그릴 수 있다. 20세기 독일 수학자 헬무트 하세Helmut Hasse의 이름을 따서 만든 **하세 도형**Hasse diagram은 부분순서관계의 원소들을 표현하기 위해 고안된 표기법으로, 각 원소의 순서관계를 그래프로 표현한 것이다. [그림 7-2(a)]의 유향 그래프를 하세 도형으로 변환하는 방법은 다음과 같다.

❶ 유향 그래프에서 길이가 1인 모든 순환을 제거한다([그림 7-2(b)]).

❷ 추이관계에 의해 만들어진 모든 간선을 제거한다. 즉 $a \leq b$이고 $b \leq c$인 경우 추이관계에 의해 $a \leq c$가 성립하는데, 이때 a에서 c로 가는 간선을 제거한다([그림 7-2(c)]).

❸ 모든 간선의 화살표를 위쪽으로 향하게 한 다음, 화살표를 제거하고 정점들을 순서에 맞게 그린다([그림 7-2(d)]).

❹ 정점을 표시하는 작은 원을 점으로 바꾼다([그림 7-2(e)]).

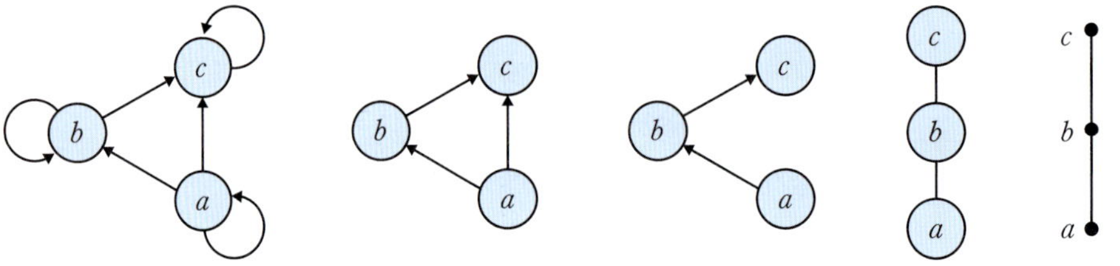

[그림 7-2] 유향 그래프를 하세 도형으로 변환

예제 7-5 하세 도형 그리기

집합 $A=\{1, 2, 3, 4, 12\}$에 관한 부분순서관계를 다음과 같이 정의한다고 하자. 이때 부분순서집합 $(A, \leq)$에 대한 하세 도형을 그려라.

$$a, b \in A\text{에 대해 } a \leq b \Leftrightarrow a \mid b\ (b\text{는 } a\text{로 나누어떨어진다.})$$

풀이

관계 R을 구하면 다음과 같다.

$$R = \{(1, 1), (1, 2), (1, 3), (1, 4), (1, 12), (2, 2), (2, 4), (2, 12), (3, 3), (3, 12), (4, 4), (4, 12), (12, 12)\}$$

R이 부분순서관계임을 확인해보자. 먼저 $(1, 1)$, $(2, 2)$, $(3, 3)$, $(4, 4)$, $(12, 12)$가 모두 R의 원소이므로 R은 반사관계이다.

다음으로 R이 반대칭관계임을 확인해보자. R의 원소들 중 $(1, 1)$, $(2, 2)$, $(3, 3)$, $(4, 4)$, $(12, 12)$는 $a, b \in A$에 대해 $(a, b) \in R$이고 $(b, a) \in R$일 때 $a=b$를 만족한다. R의 나머지 원소는 $(1, 2)$, $(1, 3)$, $(1, 4)$, $(1, 12)$, $(2, 4)$, $(2, 12)$, $(3, 12)$, $(4, 12)$이다. 이 원소들에 대해 반대칭관계를 판별하기 위해 대우를 이용한다. $a \neq b$일 때 $(a, b) \notin R$이거나 $(b, a) \notin R$이면 반대칭관계이다.

$(1, 2)$에 대해 $(1, 2) \in R$이지만 $(2, 1) \notin R$이므로 만족한다.
$(1, 3)$에 대해 $(1, 3) \in R$이지만 $(3, 1) \notin R$이므로 만족한다.

(1, 4)에 대해 (1, 4)$\in R$이지만 (4, 1)$\notin R$이므로 만족한다.

(1, 12)에 대해 (1, 12)$\in R$이지만 (12, 1)$\notin R$이므로 만족한다.

(2, 4)에 대해 (2, 4)$\in R$이지만 (4, 2)$\notin R$이므로 만족한다.

(2, 12)에 대해 (2, 12)$\in R$이지만 (12, 2)$\notin R$이므로 만족한다.

(3, 12)에 대해 (3, 12)$\in R$이지만 (12, 3)$\notin R$이므로 만족한다.

(4, 12)에 대해 (4, 12)$\in R$이지만 (12, 4)$\notin R$이므로 만족한다.

그러므로 R은 반대칭관계이다.

마지막 추이관계는 훨씬 복잡하다. 여기서는 중간 과정을 생략하고 추이관계를 만족하는지 확인해보자. 어떤 $a, b, c \in A$에 대해 $(a, b) \in R$이고 $(b, c) \in R$이면 $(a, c) \in R$이 성립하므로 R은 추이관계이다.

결국 R은 부분순서관계이다. 이 관계를 유향 그래프로 표현하면 [그림 (a)]와 같고, 하세 도형으로 변환해보면 [그림 (b)]와 같다.

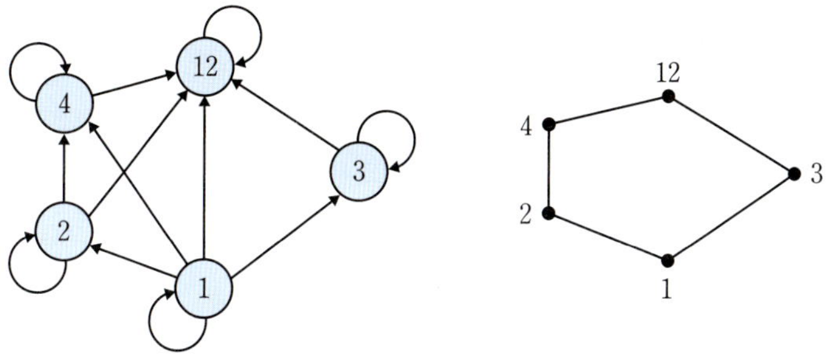

(a) (b)

예제 7-6 부분순서집합인지 판단하고 하세 도형 그리기

집합 $A=\{1, 2\}$의 멱집합 $\mathscr{P}(A)$에 대해 $(\mathscr{P}(A), \subseteq)$가 부분순서집합인지 보이고, 부분순서집합이면 하세 도형을 그려라.

풀이

집합 A의 멱집합을 구해보자. 멱집합의 개수는 $2^{|A|} = 2^2 = 4$개이고, 멱집합은 $\mathscr{P}(A)=\{\varnothing, \{1\}, \{2\}, \{1, 2\}\}$이다. $\mathscr{P}(A)$에서 $\subseteq$을 만족하는 관계 R을 구하면 다음과 같다.

$$R = \{(\varnothing, \varnothing), (\varnothing, \{1\}), (\varnothing, \{2\}), (\varnothing, \{1, 2\}), (\{1\}, \{1\}), (\{1\}, \{1, 2\}), (\{2\}, \{2\}), (\{2\}, \{1, 2\}), (\{1, 2\}, \{1, 2\})\}$$

임의의 $a \in A$에 대해 $(a, a) \in R$을 만족하는지 확인해보면 $(\varnothing, \varnothing) \in R$, $(\{1\}, \{1\}) \in R$, $(\{2\}, \{2\}) \in R$, $(\{1, 2\}, \{1, 2\}) \in R$이므로 R은 반사관계이다.

다음으로 반대칭관계인지 확인해보자. R에서 $(\varnothing, \varnothing)$, $(\{1\}, \{1\})$, $(\{2\}, \{2\})$, $(\{1, 2\}, \{1, 2\})$는 $a, b \in A$에 대해 $(a, b) \in R$이고 $(b, a) \in R$일 때 $a = b$를 만족한다. R의 나머지 원소는 $(\varnothing, \{1\})$, $(\varnothing, \{2\})$, $(\varnothing, \{1, 2\})$, $(\{1\}, \{1, 2\})$, $(\{2\}, \{1, 2\})$이다. 이 원소들에 대해 반대칭관계를 판별하기 위해 대우를 이용한다. $a \neq b$일 때 $(a, b) \notin R$이거나 $(b, a) \notin R$이면 반대칭관계이다.

$(\varnothing, \{1\})$에 대해 $(\varnothing, \{1\}) \in R$이지만 $(\{1\}, \varnothing) \notin R$이므로 만족한다.
$(\varnothing, \{2\})$에 대해 $(\varnothing, \{2\}) \in R$이지만 $(\{2\}, \varnothing) \notin R$이므로 만족한다.
$(\varnothing, \{1, 2\})$에 대해 $(\varnothing, \{1, 2\}) \in R$이지만 $(\{1, 2\}, \varnothing) \notin R$이므로 만족한다.
$(\{1\}, \{1, 2\})$에 대해 $(\{1\}, \{1, 2\}) \in R$이지만 $(\{1, 2\}, \{1\}) \notin R$이므로 만족한다.
$(\{2\}, \{1, 2\})$에 대해 $(\{2\}, \{1, 2\}) \in R$이지만 $(\{1, 2\}, \{2\}) \notin R$이므로 만족한다.

그러므로 R은 반대칭관계이다.

이제 추이관계를 만족하는지 확인해보자. 어떤 $a, b, c \in A$에 대해 $(a, b) \in R$이고 $(b, c) \in R$일 때 $(a, c) \in R$이 성립하면 R은 추이관계이다.

$(\varnothing, \varnothing) \in R$이고 $(\varnothing, \varnothing) \in R$이면 $(\varnothing, \varnothing) \in R$이 성립한다.
$(\varnothing, \varnothing) \in R$이고 $(\varnothing, \{1\}) \in R$이면 $(\varnothing, \{1\}) \in R$이 성립한다.
$(\varnothing, \varnothing) \in R$이고 $(\varnothing, \{2\}) \in R$이면 $(\varnothing, \{2\}) \in R$이 성립한다.
$(\varnothing, \varnothing) \in R$이고 $(\varnothing, \{1, 2\}) \in R$이면 $(\varnothing, \{1, 2\}) \in R$이 성립한다.
$(\varnothing, \{1\}) \in R$이고 $(\{1\}, \{1\}) \in R$이면 $(\varnothing, \{1\}) \in R$이 성립한다.
$(\varnothing, \{1\}) \in R$이고 $(\{1\}, \{1, 2\}) \in R$이면 $(\varnothing, \{1, 2\}) \in R$이 성립한다.
$(\varnothing, \{2\}) \in R$이고 $(\{2\}, \{2\}) \in R$이면 $(\varnothing, \{2\}) \in R$이 성립한다.
$(\varnothing, \{2\}) \in R$이고 $(\{2\}, \{1, 2\}) \in R$이면 $(\varnothing, \{1, 2\}) \in R$이 성립한다.
$(\varnothing, \{1, 2\}) \in R$이고 $(\{1, 2\}, \{1, 2\}) \in R$이면 $(\varnothing, \{1, 2\}) \in R$이 성립한다.
$(\{1\}, \{1\}) \in R$이고 $(\{1\}, \{1\}) \in R$이면 $(\{1\}, \{1\}) \in R$이 성립한다.
$(\{1\}, \{1\}) \in R$이고 $(\{1\}, \{1, 2\}) \in R$이면 $(\{1\}, \{1, 2\}) \in R$이 성립한다.
$(\{1\}, \{1, 2\}) \in R$이고 $(\{1, 2\}, \{1, 2\}) \in R$이면 $(\{1\}, \{1, 2\}) \in R$이 성립한다.
$(\{2\}, \{2\}) \in R$이고 $(\{2\}, \{2\}) \in R$이면 $(\{2\}, \{2\}) \in R$이 성립한다.
$(\{2\}, \{2\}) \in R$이고 $(\{2\}, \{1, 2\}) \in R$이면 $(\{2\}, \{1, 2\}) \in R$이 성립한다.
$(\{2\}, \{1, 2\}) \in R$이고 $(\{1, 2\}, \{1, 2\}) \in R$이면 $(\{2\}, \{1, 2\}) \in R$이 성립한다.
$(\{1, 2\}, \{1, 2\}) \in R$이고 $(\{1, 2\}, \{1, 2\}) \in R$이면 $(\{1, 2\}, \{1, 2\}) \in R$이 성립한다.

따라서 R은 추이관계이다. 그러므로 A의 멱집합 $\mathscr{P}(A)$에서 $\subseteq$을 만족하는 관계 R은 부분순서관계이다. 이 관계를 유향 그래프로 표현하면 [그림 (a)]와 같고, 하세 도형으로 변환하면 [그림 (b)]와 같다.

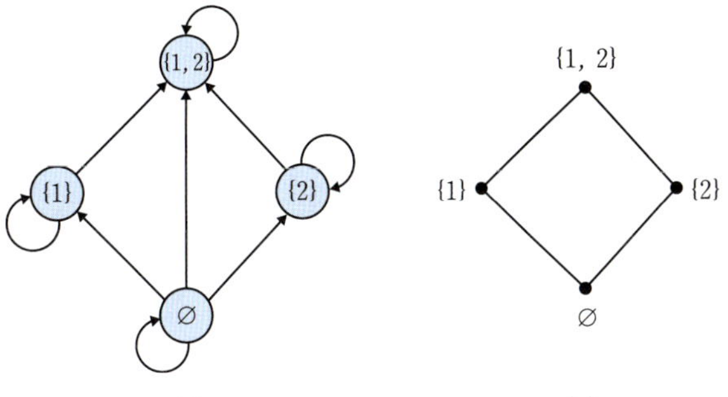

(a) (b)

마지막으로 [정의 7-2]에서 다룬 전순서관계와 관련한 위상 정렬에 대해 살펴보자.

정의 7-5 위상 정렬

부분순서집합이 주어질 때, 부분순서집합으로부터 전순서관계를 찾는 것을 **위상 정렬** topological sorting이라고 한다.

예제 7-7 위상 정렬

다음과 같은 하세 도형에 의해 부분순서관계가 주어질 때, 위상 정렬을 하라.

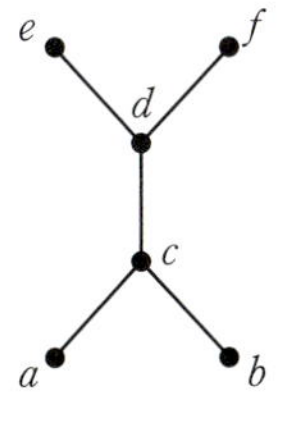

풀이

하세 도형으로 나타낸 부분순서관계로부터 전순서관계를 그리는 방법은 여러 가지가 있다. 여기서는 다음과 같이 두 가지만 그려본다.

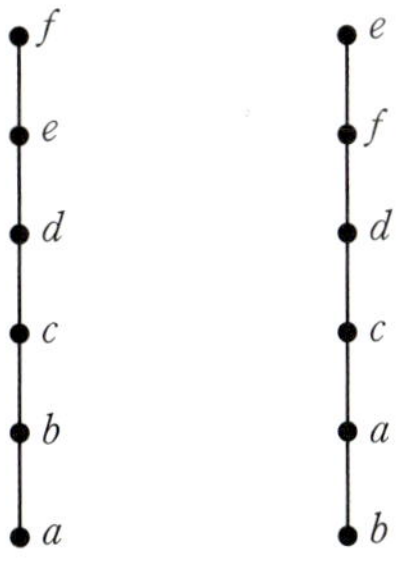

SECTION

7.2 상한과 하한

이제 앞에서 배운 부분순서집합의 상한과 하한에 대해 살펴보자. 이를 위해 극대 원소와 극소 원소에 대해 먼저 알아본다.

정의 7-6 극대 원소, 극소 원소

$(A, \le)$는 부분순서집합이라고 하자. 원소 $a \in A$에 대해 $a < c$인 c가 집합 A에 존재하지 않을 때, a를 **극대 원소** maximal element라 하고, $b \in A$에 대해 $b > c$인 c가 집합 A에 존재하지 않을 때, b를 **극소 원소** minimal element라고 한다.

다시 말해 어떤 원소 a보다 큰 원소가 존재하지 않을 때 a를 극대 원소라고 하며, 극대 원소는 여러 개 존재할 수 있다. 또한 어떤 원소 b보다 작은 원소가 존재하지 않을 때 b를 극소 원소라고 하며, 극소 원소도 여러 개 존재할 수 있다.

예제 7-8 극대 원소, 극소 원소 (1)

[예제 7-5]에서 극대 원소와 극소 원소를 구하라.

풀이

극대 원소는 12이고 극소 원소는 1이다. 12보다 큰 원소는 존재하지 않으며, 1보다 작은 원소는 존재하지 않는다.

예제 7-9 **극대 원소, 극소 원소 (2)**

부분순서집합 A의 하세 도형이 다음과 같을 때, 극대 원소와 극소 원소를 구하라.

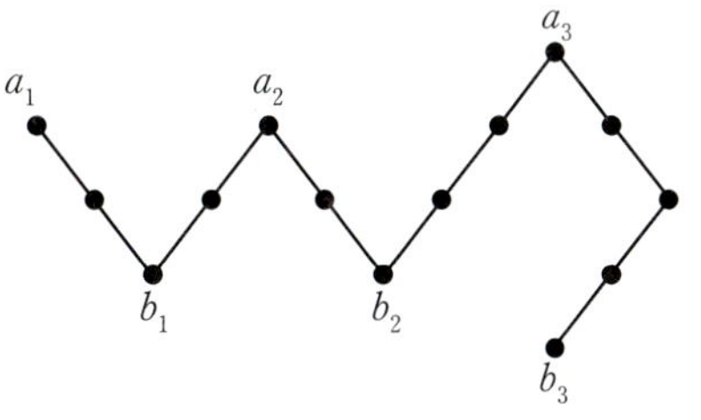

풀이

a_1, a_2, a_3는 극대 원소이고 b_1, b_2, b_3는 극소 원소이다. 왜냐하면 a_1, a_2, a_3보다 큰 원소가 없고, b_1, b_2, b_3보다 작은 원소가 없기 때문이다. a_1보다 큰 원소는 존재하지 않는다. 하세 도형에서는 마치 a_3가 a_1보다 큰 원소처럼 보이지만, a_1과 a_3 사이에 간선이 없으므로 누가 더 큰 원소인지 판별할 수 없다. 다른 원소도 마찬가지이다. b_2와 b_3 사이에도 간선이 없으므로 누가 더 작은 원소인지 판단할 수 없다.

예제 7-10 **극대 원소, 극소 원소 (3)**

다음을 구하라.

(a) $(A, \leq)$가 음수가 아닌 실수들의 부분순서집합일 때, A의 극대 원소와 극소 원소
(b) $(\mathbb{Z}, \leq)$가 정수들의 부분순서집합일 때, $\mathbb{Z}$의 극대 원소와 극소 원소
(c) $(D, \leq)$가 1부터 10까지의 자연수들의 부분순서집합일 때, D의 극대 원소와 극소 원소

풀이

(a) A의 극소 원소는 0이지만, 극대 원소는 존재하지 않는다.
(b) $\mathbb{Z}$의 극대 원소와 극소 원소가 모두 존재하지 않는다.
(c) D의 극대 원소는 10이고 극소 원소는 1이다.

정리 7-1 **극대 원소와 극소 원소의 성질**

공집합이 아닌 유한집합 $(A, \leq)$는 부분순서집합이다. 그러면 집합 A는 적어도 한 개의 극대 원소와 적어도 한 개의 극소 원소를 가진다.

증명

$a \in A$에 대해 a가 극대 원소가 아니라고 하면 $a \leq a_1$인 $a_1 \in A$가 존재한다. 또한 a_1이 극대 원소가 아니라고 하면 $a_1 \leq a_2$인 $a_2 \in A$가 존재한다. 또한 a_2가 극대 원소가 아니라고 하면 $a_2 \leq a_3$인 $a_3 \in A$가 존재한다. 같은 방법으로 계속하면 $a_4 \in A$, $a_5 \in A$, $\cdots$이다. 그런데 A는 유한집합이므로 다음 식이 성립한다.

$$a \leq a_1 \leq \ \cdots \ \leq a_{k-1} \leq a_k$$

그러므로 $a_k \leq b$인 b가 A에 존재하지 않는다. 결국 극대 원소 $a_k \in A$가 존재한다. 그러면 집합 A는 적어도 한 개의 극대 원소를 가진다.

마찬가지로 쌍대인 부분순서집합 $(A, \ \geq)$도 극대 원소를 갖는다. 그러므로 $(A, \ \leq)$는 극소 원소를 갖는다. 즉 집합 A는 적어도 한 개의 극소 원소를 가진다. ■

정의 7-7 최대 원소, 최소 원소

원소 $a \in A$가 집합 A의 모든 원소 x에 대해 $x \leq a$이면 a를 **최대 원소** greatest element 라고 한다. 또한 집합 A의 모든 원소 x에 대해 $x \geq a$이면 a를 **최소 원소** least element 라고 한다.

최대 원소는 이 원소보다 크거나 같은 원소는 존재하지 않는다는 것이고, 최소 원소는 이 원소보다 작거나 같은 원소는 존재하지 않는다는 것이다. 최대 원소나 최소 원소가 존재한다면 극대 원소나 극소 원소 중에서 존재한다.

예제 7-11 최대 원소, 최소 원소 (1)

[예제 7-5]에서 최대 원소와 최소 원소를 구하라.

풀이

최대 원소는 12이고, 최소 원소는 1이다.

예제 7-12 최대 원소, 최소 원소 (2)

[예제 7-10]에서 최대 원소와 최소 원소를 구하라.

풀이

(a) A의 최대 원소는 없고, 최소 원소는 0이다.
(b) $\mathbb{Z}$의 최대 원소와 최소 원소가 모두 존재하지 않는다.
(c) D의 최대 원소는 10이고, 최소 원소는 1이다.

예제 7-13 **최대 원소, 최소 원소 (3)**

집합 $A=\{1, 2, 3, 4, 5, 6\}$에 대한 관계가 $R=\{(a, b)\in A\times A \mid a \mid b\}$라 할 때, 다음 물음에 답하라.

(a) 관계 R이 부분순서관계인지 판단하라.

(b) 관계 R을 유향 그래프로 표현한 다음, 하세 도형으로 변환하라.

(c) 관계 R에서 극대, 극소, 최대, 최소 원소를 구하라.

풀이

관계 R은 $R=\{(1, 1), (1, 2), (1, 3), (1, 4), (1, 5), (1, 6), (2, 2), (2, 4), (2, 6), (3, 3), (3, 6), (4, 4), (5, 5), (6, 6)\}$이다.

(a) R이 부분순서관계인지 확인하자.

1) 먼저 R이 반사관계인지 확인하자. R에 $(1, 1), (2, 2), (3, 3), (4, 4), (5, 5), (6, 6)$이 모두 있으므로 R은 반사관계이다.

2) 다음으로 R이 반대칭관계인지 확인하자. R의 원소 중 $(1, 1), (2, 2), (3, 3), (4, 4), (5, 5), (6, 6)$은 $a, b\in A$에 대해 $(a, b)\in R$이고 $(b, a)\in R$일 때 $a=b$를 만족한다. R의 나머지 원소는 $(1, 2), (1, 3), (1, 4), (1, 5), (1, 6), (2, 4), (2, 6), (3, 6)$이다. 이 원소들에 대해 반대칭관계를 판별하기 위해 대우를 이용한다. $a\neq b$일 때 $(a, b)\notin R$이거나 $(b, a)\notin R$이면 반대칭관계이다.

$(1, 2)$에 대해 $(1, 2)\in R$이지만 $(2, 1)\notin R$이므로 만족한다.
$(1, 3)$에 대해 $(1, 3)\in R$이지만 $(3, 1)\notin R$이므로 만족한다.
$(1, 4)$에 대해 $(1, 4)\in R$이지만 $(4, 1)\notin R$이므로 만족한다.
$(1, 5)$에 대해 $(1, 5)\in R$이지만 $(5, 1)\notin R$이므로 만족한다.
$(1, 6)$에 대해 $(1, 6)\in R$이지만 $(6, 1)\notin R$이므로 만족한다.
$(2, 4)$에 대해 $(2, 4)\in R$이지만 $(4, 2)\notin R$이므로 만족한다.
$(2, 6)$에 대해 $(2, 6)\in R$이지만 $(6, 2)\notin R$이므로 만족한다.
$(3, 6)$에 대해 $(3, 6)\in R$이지만 $(6, 3)\notin R$이므로 만족한다.

그러므로 R은 반대칭관계이다.

3) 이제 추이관계를 만족하는지 확인하자. 어떤 $a, b, c\in A$에 대해 $(a, b)\in R$이고 $(b, c)\in R$일 때 $(a, c)\in R$이 성립하면 R은 추이관계이다.

$(1, 1)\in R$이고 $(1, 1)\in R$이면 $(1, 1)\in R$이 성립한다.
$(1, 1)\in R$이고 $(1, 2)\in R$이면 $(1, 2)\in R$이 성립한다.
$(1, 1)\in R$이고 $(1, 3)\in R$이면 $(1, 3)\in R$이 성립한다.
$(1, 1)\in R$이고 $(1, 4)\in R$이면 $(1, 4)\in R$이 성립한다.
$(1, 1)\in R$이고 $(1, 5)\in R$이면 $(1, 5)\in R$이 성립한다.

(1, 1)∈R이고 (1, 6)∈R이면 (1, 6)∈R이 성립한다.
(1, 2)∈R이고 (2, 2)∈R이면 (1, 2)∈R이 성립한다.
(1, 2)∈R이고 (2, 4)∈R이면 (1, 4)∈R이 성립한다.
(1, 2)∈R이고 (2, 6)∈R이면 (1, 6)∈R이 성립한다.
(1, 3)∈R이고 (3, 3)∈R이면 (1, 3)∈R이 성립한다.
(1, 3)∈R이고 (3, 6)∈R이면 (1, 6)∈R이 성립한다.
(1, 4)∈R이고 (4, 4)∈R이면 (1, 4)∈R이 성립한다.
(1, 5)∈R이고 (5, 5)∈R이면 (1, 5)∈R이 성립한다.
(1, 6)∈R이고 (6, 6)∈R이면 (1, 6)∈R이 성립한다.
(2, 2)∈R이고 (2, 2)∈R이면 (2, 2)∈R이 성립한다.
(2, 2)∈R이고 (2, 4)∈R이면 (2, 4)∈R이 성립한다.
(2, 2)∈R이고 (2, 6)∈R이면 (2, 6)∈R이 성립한다.
(2, 4)∈R이고 (4, 4)∈R이면 (2, 4)∈R이 성립한다.
(2, 6)∈R이고 (6, 6)∈R이면 (2, 6)∈R이 성립한다.
(3, 3)∈R이고 (3, 3)∈R이면 (3, 3)∈R이 성립한다.
(3, 3)∈R이고 (3, 6)∈R이면 (3, 6)∈R이 성립한다.
(3, 6)∈R이고 (6, 6)∈R이면 (3, 6)∈R이 성립한다.
(4, 4)∈R이고 (4, 4)∈R이면 (4, 4)∈R이 성립한다.
(5, 5)∈R이고 (5, 5)∈R이면 (5, 5)∈R이 성립한다.
(6, 6)∈R이고 (6, 6)∈R이면 (6, 6)∈R이 성립한다.

그러므로 R은 추이관계이다. 따라서 R은 부분순서관계이다.

(b) 관계 R을 유향 그래프로 표현하면 [그림 (a)]와 같다. 여기서 [그림 (b)]와 같이 반사관계와 추이관계를 제거하면 [그림 (c)]와 같은 하세 도형으로 변환할 수 있다.

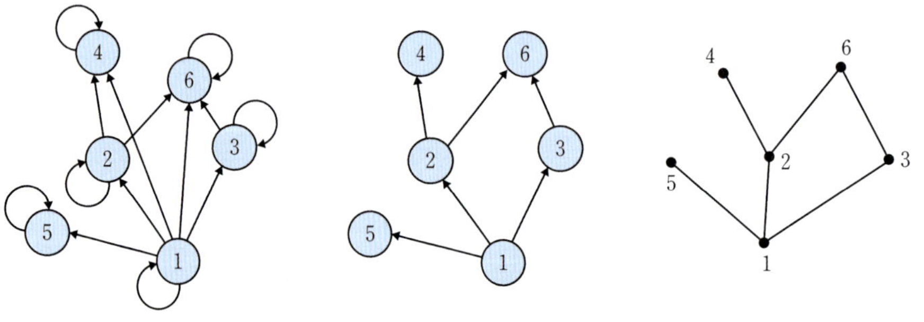

(a) 유향 그래프　　(b) 반사 및 추이관계 제거　　(c) 하세 도형

(c) 관계 R에서 극대 원소는 4, 5, 6이고, 극소 원소는 1이다. 또한 최대 원소는 없고 최소 원소는 1이다.

정리 7-2 최대 원소와 최소 원소의 성질

부분순서집합은 많아야 한 개의 최대 원소와 한 개의 최소 원소를 가진다.

증명

$(A, \preceq)$를 부분순서집합이라 하고 a, b를 집합 A의 최대 원소라고 하면 b가 최대 원소이므로 $a \preceq b$이다. 또한 a가 최대 원소이므로 $b \preceq a$이다. 이때 반대칭관계이므로 $a=b$이다. 그러므로 집합 A가 최대 원소를 갖는다면 많아야 한 개이다. 이 사실로부터 쌍대 $(A, \succeq)$도 많아야 한 개의 최대 원소를 가지므로 $(A, \preceq)$는 많아야 한 개의 최소 원소를 갖는다. ■

부분순서집합에서 최대 원소를 I로 표기하고 **단위원** unit element이라고 한다. 그리고 최소 원소를 0으로 표기하고 **영원** zero element이라고 한다.

이제 상계, 하계, 상한, 하한에 대해 살펴보자.

정의 7-8 상계, 하계

A는 부분순서집합이고 B는 A의 부분집합이라고 하자. 집합 A에 속한 원소 a가 모든 원소 $b \in B$에 대해 $b \preceq a$이면 a를 집합 B의 **상계** upper bound라 하고, a가 모든 원소 $b \in B$에 대해 $a \preceq b$이면 a를 집합 B의 **하계** lower bound라고 한다.

상계란 A가 부분순서집합이고 B가 A의 부분집합일 때, 집합 B의 모든 원소보다 크거나 같은 집합 A의 원소들을 말한다. 마찬가지로 하계도 A가 부분순서집합이고 B가 A의 부분집합일 때, 집합 B의 모든 원소보다 작거나 같은 집합 A의 원소들을 말한다.

예제 7-14 상계, 하계

$A=\{a, b, c, d, e, f, g, h\}$는 부분순서집합이다. 집합 A의 하세 도형이 다음과 같을 때, A의 부분집합인 B_1, B_2, B_3의 상계와 하계를 모두 구하라.

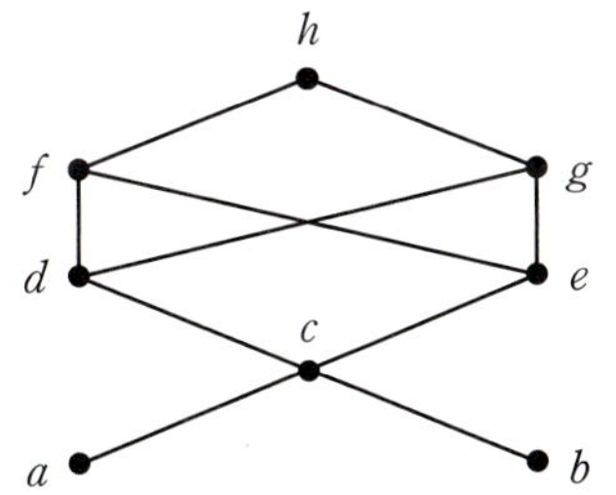

(a) $B_1=\{a, b\}$ (b) $B_2=\{c, d, e\}$ (c) $B_3=\{d, g, f\}$

풀이

(a) B_1의 상계는 c, d, e, f, g, h이고, B_1의 하계는 존재하지 않는다.
(b) B_2의 상계는 f, g, h이고, B_2의 하계는 c, a, b이다.
(c) B_3의 상계는 h이고, B_3의 하계는 d, c, a, b이다.

정의 7-9 상한, 하한

A는 부분순서집합이고 B는 A의 부분집합이다.

(1) $a \in A$가 집합 B의 상계이고 모든 a'에 대해 $a \leq a'$이면(a'이 집합 B의 상계이면) a를 집합 B의 **상한** least upper bound, supremum이라 하고 LUB(B)로 표기한다. 즉 상한이란 상계 중 가장 작은 것을 말한다.
(2) $a \in A$가 집합 B의 하계이고 모든 a'에 대해 $a' \leq a$이면(a'이 집합 B의 하계이면) a를 집합 B의 **하한** greatest lower bound, infimum이라 하고 GLB(B)로 표기한다. 즉 하한이란 하계 중 가장 큰 것을 말한다.

예제 7-15 상한, 하한 (1)

[예제 7-14]와 같이 집합 A, B_1, B_2, B_3를 정했을 때, LUB(B_1), GLB(B_1), LUB(B_2), GLB(B_2), LUB(B_3), GLB(B_3)를 구하라.

풀이

B_1의 상계가 c, d, e, f, g, h이므로 상한은 LUB(B_1)$=c$이다. B_1의 하계가 존재하지 않으므로 하한 GLB(B_1)은 존재하지 않는다.

B_2의 상계는 f, g, h이지만 f, g가 비교가능하지 않으므로 상한 LUB(B_2)는 존재하지 않는다. B_2의 하계는 c, a, b이므로 하한은 GLB(B_2)$=c$이다.

B_3의 상계는 h이므로 상한은 LUB(B_3)$=h$이다. B_3의 하계는 d, c, a, b이므로 하한은 GLB(B_3)$=d$이다.

정리 7-3 상한과 하한의 성질

$(A, \leq)$를 부분순서집합이라 하자. 그러면 집합 A의 부분집합 B의 상한과 하한은 많아야 한 개씩 존재한다.

증명 생략

예제 7-16 상한, 하한 (2)

집합 $A = \{1, 2, 3, \cdots, 11\}$의 하세 도형이 다음과 같을 때, 주어진 집합의 상한과 하한을 구하라.

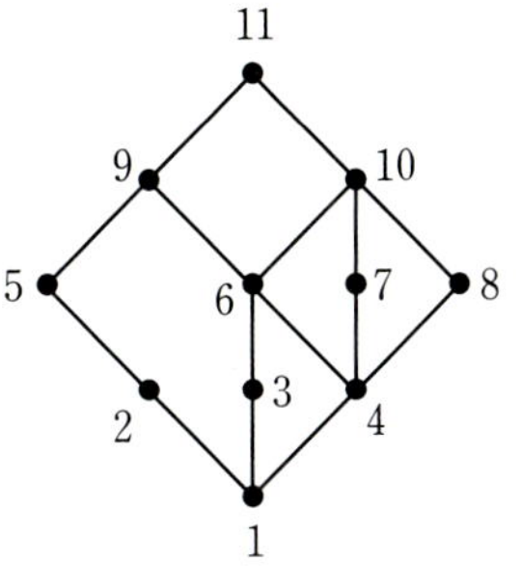

(a) $B_1 = \{2, 5, 6\}$　　　　(b) $B_2 = \{6, 7, 8\}$

풀이

(a) B_1의 상계는 9, 11이므로 상한은 $\text{LUB}(B_1) = 9$이다. B_1의 하계는 1이므로 하한은 $\text{GLB}(B_1) = 1$이다.

(b) B_2의 상계는 10, 11이므로 상한은 $\text{LUB}(B_2) = 10$이다. B_2의 하계는 4, 1이므로 하한은 $\text{GLB}(B_2) = 4$이다.

SECTION 7.3

격자

이 절에서는 부분순서집합에서 임의의 두 원소를 갖는 부분집합이 상한과 하한을 갖는 격자에 대해 살펴보자.

정의 7-10 격자

부분순서집합 $(L, \preceq)$에서 집합 L의 임의의 두 원소 a, b에 대해 집합 $\{a, b\}$의 하한과 상한이 각각 하나씩 존재한다면, 부분순서집합 $(L, \preceq)$을 **격자**lattice라고 한다.

여기서 상한 LUB($\{a, b\}$)를 a와 b의 논리합이라 하며, $a \vee b$로 표기한다. 그리고 하한 GLB($\{a, b\}$)를 a와 b의 논리곱이라 하며, $a \wedge b$로 표기한다. 논리 연산자인 논리합 $\vee$와 논리곱 $\wedge$ 대신 각각 $+$와 $\bullet$를 사용하기도 한다. 격자의 대표적인 예로는 가족 간의 관계를 알 수 있는 가계도와 학교에서 수업을 들을 때 참고할 수 있는 선수과목에 따른 전공과목의 순서도 등이 있다.

예제 7-17 격자 (1)

어떤 집합 S의 멱집합 $\mathscr{P}(S)$에 대해 부분순서집합 $(\mathscr{P}(S), \subseteq)$가 격자임을 보여라.

풀이

부분순서집합 $(\mathscr{P}(S), \subseteq)$가 격자임을 보이기 위해서는 부분순서집합 $(\mathscr{P}(S), \subseteq)$의 임의의 원소 A, B에 대해 집합 $\{A, B\}$의 하한과 상한이 각각 하나씩 존재함을 보여야 한다. 이때 원소 A, B는 S의 부분집합이므로 집합이다. A와 B가 집합이므로 A와 B의 상한인 논리합은 두 집합의 합집합 $A \cup B$이고, A와 B의 하한인 논리곱은 두 집합의 교집합 $A \cap B$이다. 그러므로 부분순서집합 $(\mathscr{P}(S), \subseteq)$는 상한과 하한이 하나씩 존재하므로 격자이다.

예제 7-18 격자 (2)

n은 양의 정수이고 D_n은 n의 약수들의 집합이라 하자. $(D_n, \le)$에서 $a \le b \Leftrightarrow a \mid b$로 정의할 때, D_n이 격자임을 보여라. 만약 $n=20$이면 $D_{20}=\{1, 2, 4, 5, 10, 20\}$이고 D_{20}의 하세 도형은 [그림 (a)]와 같다. 만약 $n=30$이면 $D_{30}=\{1, 2, 3, 5, 6, 10, 15, 30\}$이고 D_{30}의 하세 도형은 [그림 (b)]와 같다.

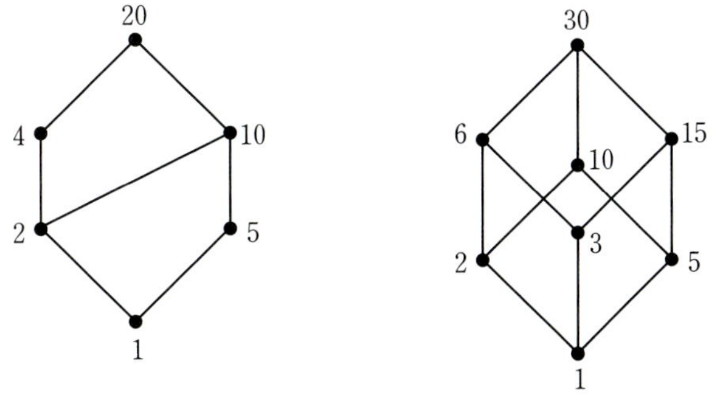

(a) (b)

풀이

$D_{20}=\{1, 2, 4, 5, 10, 20\}$이고 부분순서관계는 $R=\{(1, 1), (1, 2), (1, 4), (1, 5), (1, 10), (1, 20), (2, 2), (2, 4), (2, 10), (2, 20), (4, 4), (4, 20), (5, 5), (5, 10), (5, 20), (10, 10), (10, 20), (20, 20)\}$이다. R은 반사, 반대칭, 추이관계를 만족하므로 부분순서관계이다. 이 관계를 하세 도형으로 표현하면 문제에 주어진 [그림 (a)]와 같다.

이제 D_{20}이 격자인지 확인해보자. 격자임을 보이기 위해서는 임의의 두 원소를 꺼내서 이들이 하나의 상한과 하나의 하한을 가짐을 보이면 된다. 임의의 두 원소를 꺼내는 방법은 원소 6개에서 2개를 꺼내는 중복조합이므로 총 가짓수는 다음과 같다.

$$ {}_6H_2 = {}_{6+2-1}C_2 = {}_7C_2 = \frac{7!}{2!(7-2)!} = 21\text{가지} $$

즉 $\{1, 1\}$, $\{1, 2\}$, $\{1, 4\}$, $\{1, 5\}$, $\{1, 10\}$, $\{1, 20\}$, $\{2, 2\}$, $\{2, 4\}$, $\{2, 5\}$, $\{2, 10\}$, $\{2, 20\}$, $\{4, 4\}$, $\{4, 5\}$, $\{4, 10\}$, $\{4, 20\}$, $\{5, 5\}$, $\{5, 10\}$, $\{5, 20\}$, $\{10, 10\}$, $\{10, 20\}$, $\{20, 20\}$이고, 다음이 성립한다.

$\{1, 1\}$의 상한은 1, 하한은 1이다. $\{1, 2\}$의 상한은 2, 하한은 1이다.
$\{1, 4\}$의 상한은 4, 하한은 1이다. $\{1, 5\}$의 상한은 5, 하한은 1이다.
$\{1, 10\}$의 상한은 10, 하한은 1이다. $\{1, 20\}$의 상한은 20, 하한은 1이다.
$\{2, 2\}$의 상한은 2, 하한은 2이다. $\{2, 4\}$의 상한은 4, 하한은 2이다.
$\{2, 5\}$의 상한은 10, 하한은 1이다. $\{2, 10\}$의 상한 10, 하한은 2이다.
$\{2, 20\}$의 상한은 20, 하한은 2이다. $\{4, 4\}$의 상한은 4, 하한은 4이다.

{4, 5}의 상한은 20, 하한은 1이다. {4, 10}의 상한은 20, 하한은 2이다.
{4, 20}의 상한은 20, 하한은 4이다. {5, 5}의 상한은 5, 하한은 5이다.
{5, 10}의 상한은 10, 하한은 5이다. {5, 20}의 상한은 20, 하한은 5이다.
{10, 10}의 상한은 10, 하한은 10이다. {10, 20}의 상한은 20, 하한은 10이다.
{20, 20}의 상한은 20, 하한은 20이다.

그러므로 임의의 두 원소에 대해 상한과 하한이 하나씩만 존재하므로 격자이다.

D_{30}={1, 2, 3, 5, 6, 10, 15, 30}도 같은 방법을 이용하면 격자임을 알 수 있다.

예제 7-19 격자 판단

다음 하세 도형이 격자인지 아닌지 판단하라.

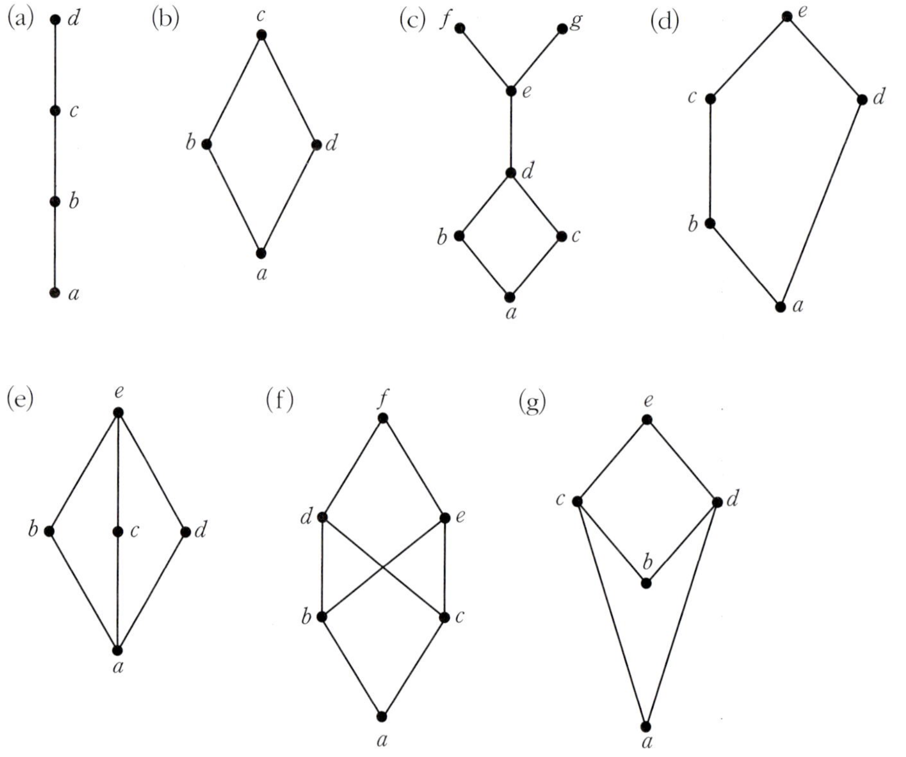

풀이

(a), (b), (d), (e)는 격자이다. 격자인 이유는 (b)의 경우에 대해서만 설명한다. 임의의 두 원소를 꺼내는 방법은 원소 4개 중 2개를 꺼내는 중복조합이므로 총 가짓수는 다음과 같다.

$$_4H_2 = {}_{4+2-1}C_2 = {}_5C_2 = \frac{5!}{2!(5-2)!} = 10\text{가지}$$

즉 $\{a, a\}$, $\{a, b\}$, $\{a, c\}$, $\{a, d\}$, $\{b, b\}$, $\{b, c\}$, $\{b, d\}$, $\{c, c\}$, $\{c, d\}$, $\{d, d\}$이고, 다음이 성립한다.

$a \vee a = a$, $a \wedge a = a$	$a \vee b = b$, $a \wedge b = a$
$a \vee c = c$, $a \wedge c = a$	$a \vee d = d$, $a \wedge d = a$
$b \vee b = b$, $b \wedge b = b$	$b \vee c = c$, $b \wedge c = b$
$b \vee d = c$, $b \wedge d = a$	$c \vee c = c$, $c \wedge c = c$
$c \vee d = c$, $c \wedge d = d$	$d \vee d = d$, $d \wedge d = d$

따라서 (b)는 격자이다.

(c)는 $f \vee g$가 존재하지 않으므로 격자가 아니다.
(f)는 $d \wedge e$와 $b \vee c$가 존재하지 않으므로 격자가 아니다.
(g)는 $c \wedge d$가 존재하지 않으므로 격자가 아니다.

상한과 하한의 조건에 따라 다음과 같은 격자의 성질이 성립한다.

정리 7-4 격자의 성질

L을 격자라고 하자. 모든 a, $b \in L$에 대해 다음 성질이 성립한다.

(1) $a \vee b = b \Leftrightarrow a \leq b$
(2) $a \wedge b = a \Leftrightarrow a \leq b$
(3) $a \wedge b = a \Leftrightarrow a \vee b = b$

증명

(1) 1) $a \vee b = b$이면 $a \leq b$임을 보이자.
가정에 의해 $a \vee b = b$이다. $a \leq a \vee b = b$이므로 $a \leq b$이다.

2) $a \leq b$이면 $a \vee b = b$임을 보이자.
가정에 의해 $a \leq b$이고, $b \leq b$이므로 $a \vee b \leq b$이다. … ①
또한 $a \vee b$가 상한이므로 $b \leq a \vee b$이다. … ②
①과 ②에 의해 $b = a \vee b$이다.

그러므로 1)과 2)에 의해 $a \vee b = b \Leftrightarrow a \leq b$이다.

(2) 생략
(3) 생략 ■

정리 7-5 격자에 관한 법칙

L을 격자라고 하자. a, b, $c \in L$에 대해 다음 법칙들이 성립한다.

(1) **멱등법칙** idempotent law

① $a \vee a = a$ ② $a \wedge a = a$

(2) **교환법칙** commutative law

① $a \vee b = b \vee a$ ② $a \wedge b = b \wedge a$

(3) **결합법칙** associative law

① $a \vee (b \vee c) = (a \vee b) \vee c$ ② $a \wedge (b \wedge c) = (a \wedge b) \wedge c$

(4) **흡수법칙** absorption law

① $a \vee (a \wedge b) = a$ ② $a \wedge (a \vee b) = a$

증명

(1) 생략 (상한과 하한의 정의를 이용해 쉽게 증명할 수 있다.)

(2) 생략 (상한과 하한의 정의를 이용해 쉽게 증명할 수 있다.)

(3) 생략

(4) ① $a \wedge b \leq a$이고 $a \leq a$이므로 a는 $a \wedge b$와 a의 상계이다. 그래서 $a \vee (a \wedge b) \leq a$이다. 반면에 $a \leq a \vee (a \wedge b)$이다. 그러므로 $a \vee (a \wedge b) = a$이다.

② 생략 ■

SECTION

7.4 특별한 형태의 격자

이 절에서는 특별한 형태의 격자들에 대해 살펴보자.

정의 7-11 부분격자

부분순서집합 $(L, \leq)$을 격자라고 하자. L의 부분집합이면서 공집합이 아닌 집합 S가 다음 성질을 만족하면 S를 L의 **부분격자** sublattice 라고 한다.

$$a, b \in S \text{이면 } a \vee b \in S \text{이고 } a \wedge b \in S \text{이다.}$$

여기서 $(S, \wedge, \vee)$가 $(L, \wedge, \vee)$의 부분격자라고 하는 것은 S가 연산 $\wedge$, $\vee$ 하에서 닫혀 있다는 것과 동치이다.

이제 하세 도형으로 부분격자의 예를 살펴보자. [예제 7-19(e)]에서 $L=\{a, b, c, d, e\}$라고 하면 $(L, \leq)$은 격자임을 이미 확인했다. 여기서 L의 부분집합 $S=\{a, b, c, e\}$는 [예제 7-19(b)]와 같은 하세 도형이고, [예제 7-19(b)]도 격자임을 이미 확인했다. 그러므로 집합 S는 부분순서집합 L의 부분격자이다.

예제 7-20 부분격자

[예제 7-18]의 격자 D_n이 $(\mathbb{Z}^+, \leq)$의 부분격자임을 보여라. 단, $a \leq b \Leftrightarrow a \mid b$로 정의한다.

풀이

[예제 7-18]에서 $a \leq b \Leftrightarrow a \mid b$로 정의했을 때 D_{20}과 D_{30}은 격자이다. 또한 D_{20}과 D_{30}은 $(\mathbb{Z}^+, \leq)$의 부분집합이다. 그러므로 D_{20}과 D_{30}은 $(\mathbb{Z}^+, \leq)$의 부분격자이다.

정의 7-12 완비격자

격자 L 의 공집합이 아닌 모든 부분집합이 각각 하나의 상한과 하나의 하한을 갖는다면, 이를 **완비격자** complete lattice 라고 한다.

예제 7-21 완비격자

[예제 7-19(b)]가 완비격자인지 판단하라.

풀이

완비격자는 격자 L 의 공집합이 아닌 모든 부분집합이 각각 하나의 상한과 하나의 하한을 가져야 한다. 이미 [예제 7-19]를 통해 (b)가 격자임을 확인했다. 그러면 공집합이 아닌 모든 부분집합을 고려해보자. 공집합이 아닌 모든 부분집합은 $\{a\}$, $\{b\}$, $\{c\}$, $\{d\}$, $\{a, b\}$, $\{a, c\}$, $\{a, d\}$, $\{b, c\}$, $\{b, d\}$, $\{c, d\}$, $\{a, b, c\}$, $\{a, b, d\}$, $\{a, c, d\}$, $\{b, c, d\}$, $\{a, b, c, d\}$이다. 각각에 대한 상한과 하한을 계산해보자.

$\{a\}$: 상한 a, 하한 a
$\{b\}$: 상한 b, 하한 b
$\{c\}$: 상한 c, 하한 c
$\{d\}$: 상한 d, 하한 d
$\{a, b\}$: 상한 b, 하한 a
$\{a, c\}$: 상한 c, 하한 a
$\{a, d\}$: 상한 d, 하한 a
$\{b, c\}$: 상한 c, 하한 b
$\{b, d\}$: 상한 c, 하한 a
$\{c, d\}$: 상한 c, 하한 d
$\{a, b, c\}$: 상한 c, 하한 a
$\{a, b, d\}$: 상한 c, 하한 a
$\{a, c, d\}$: 상한 c, 하한 a
$\{b, c, d\}$: 상한 c, 하한 a
$\{a, b, c, d\}$: 상한 c, 하한 a

그러므로 [예제 7-19(b)]는 완비격자이다.

모든 완비격자는 하나의 최대 원소와 하나의 최소 원소를 가진다.

정의 7-13 유계격자

격자 L 안에 최대 원소 I와 최소 원소 0이 존재하면 L 을 **유계격자** bounded lattice 라고 한다.

예제 7-22 유계격자 판단 (1)

$(\mathbb{N}, \leq)$이 유계격자인지 판단하라.

풀이

유계격자가 되기 위해서는 최대 원소와 최소 원소를 가져야 한다. $(\mathbb{N}, \leq)$의 최소 원소는 1이지만 최대 원소는 존재하지 않는다. 그러므로 유계격자가 아니다.

예제 7-23 유계격자 판단 (2)

집합 $A=\{1, 2\}$의 멱집합 $\mathscr{P}(A)$에 대해 부분순서집합 $(\mathscr{P}(A), \subseteq)$가 유계격자인지 판단하라.

풀이

이미 [예제 7-17]에서 어떤 집합 S의 멱집합 $\mathscr{P}(S)$에 대해 $(\mathscr{P}(S), \subseteq)$가 격자임을 확인했다. 집합 $A=\{1, 2\}$는 집합 S의 부분집합이므로, 집합 A의 멱집합 $\mathscr{P}(A)$에 대해 $(\mathscr{P}(A), \subseteq)$도 격자이다. $\mathscr{P}(A)=\{\varnothing, \{1\}, \{2\}, \{1, 2\}\}$이므로 $(\mathscr{P}(A), \subseteq)$가 유계격자인지 확인하기 위해서는 최대 원소와 최소 원소를 확인하면 된다. 최대 원소는 $\{1, 2\}$이고 최소 원소는 $\varnothing$이므로 $(\mathscr{P}(A), \subseteq)$는 유계격자이다.

예제 7-24 유계격자 판단 (3)

다음 하세 도형이 격자라고 할 때, 유계격자인지 판단하라.

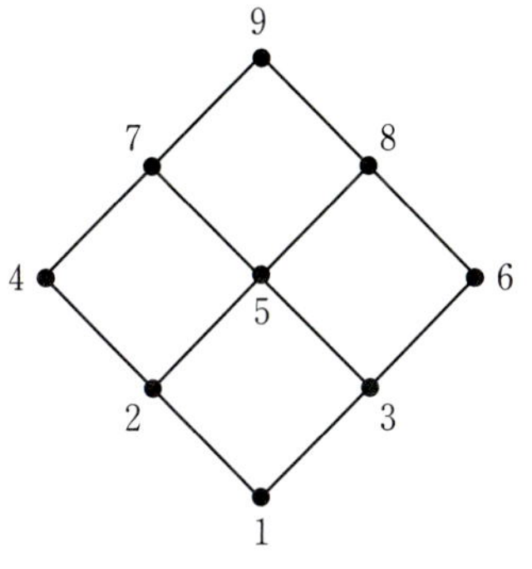

풀이

이 격자가 유계격자인지 판단하기 위해서는 최대 원소와 최소 원소를 확인하면 된다. 최대 원소는 9이고 최소 원소는 1이므로 유계격자이다.

L이 유계격자이면 임의의 원소 $a \in L$에 대해 다음 식이 성립한다.

- $0 \le a \le \mathrm{I}$
- $a \vee 0 = a$, $a \wedge 0 = 0$
- $a \vee \mathrm{I} = \mathrm{I}$, $a \wedge \mathrm{I} = a$

정의 7-14 분배격자

격자 L 안의 임의의 원소 a, b, c에 대해 다음 법칙이 성립하면 L을 **분배격자** distributive lattice라고 한다.

$$a \wedge (b \vee c) = (a \wedge b) \vee (a \wedge c)$$
$$a \vee (b \wedge c) = (a \vee b) \wedge (a \vee c)$$

반면에, L이 분배격자가 아니면 **비분배격자** nondistributive lattice라고 한다.

예제 7-25 분배격자 판단

[예제 7-17]에서 살펴본 어떤 집합 S의 멱집합 $\mathscr{P}(S)$에 대해 부분순서집합 $(\mathscr{P}(S), \subseteq)$가 분배격자인지 판단하라.

풀이

멱집합 $\mathscr{P}(S)$에 대한 부분순서집합 $(\mathscr{P}(S), \subseteq)$도 집합이다. 집합에서는 합집합($\cup$)과 교집합($\cap$)에 대해 분배법칙이 성립한다. 그러므로 부분순서집합 $(\mathscr{P}(S), \subseteq)$는 분배격자이다.

예제 7-26 비분배격자

다음이 비분배격자임을 보여라.

(a)

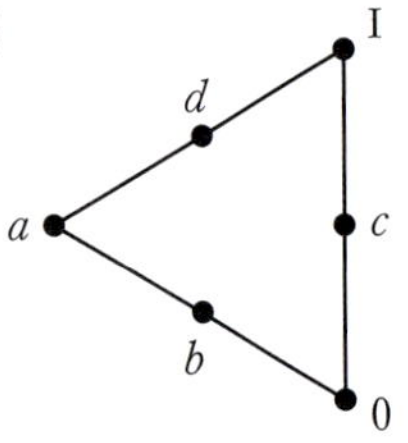

(b)

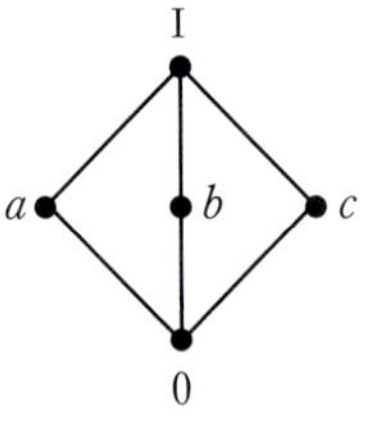

풀이

(a) $a \wedge (b \vee c) = a \wedge \mathrm{I} = a$, $(a \wedge b) \vee (a \wedge c) = b \vee 0 = b$이므로 분배법칙이 성립하지 않는다. 그러므로 비분배격자이다.

(b) $a \wedge (b \vee c) = a \wedge \mathrm{I} = a$, $(a \wedge b) \vee (a \wedge c) = 0 \vee 0 = 0$이므로 분배법칙이 성립하지 않는다. 그러므로 비분배격자이다.

정의 7-15 여원, 여격자

격자 L이 최대 원소가 I이고 최소 원소가 0인 유계격자라고 하자. $a \in L$에 대해 L의 원소 a'이 $a \vee a' = \mathrm{I}$이고 $a \wedge a' = 0$이면 a'을 a의 **여원** complement element이라고 한다. 또한 모든 원소가 하나의 여원을 갖는 유계격자 L을 **여격자** complemented lattice라고 한다.

예제 7-27 여격자 판단 (1)

[예제 7-25]에서 살펴본 어떤 집합 S의 멱집합 $\mathscr{P}(S)$에 대해 부분순서집합 $(\mathscr{P}(S), \subseteq)$가 여격자인지 판단하라.

풀이

부분순서집합 $(\mathscr{P}(S), \subseteq)$의 모든 원소는 하나의 여원을 갖는다. 왜냐하면 모든 원소 $A \in (\mathscr{P}(S), \subseteq)$에 대해 A의 여집합 $\overline{A}$는 $A \vee \overline{A} = S$, $A \wedge \overline{A} = \varnothing$이기 때문이다. 그러므로 모든 원소 $A \in (\mathscr{P}(S), \subseteq)$가 여원 $\overline{A}$를 가지므로 $(\mathscr{P}(S), \subseteq)$는 여격자이다.

예제 7-28 여격자 판단 (2)

[예제 7-6]에서 살펴본 집합 $A = \{1, 2\}$의 멱집합 $\mathscr{P}(A)$에 대해 부분순서집합 $(\mathscr{P}(A), \subseteq)$가 여격자인지 판단하라.

풀이

[예제 7-6]의 하세 도형은 다음과 같다.

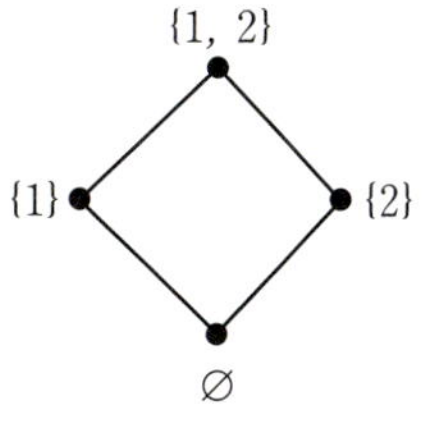

여격자인지 판단하기 위해서는 각 원소가 하나의 여원을 갖는지 확인하면 된다. $\varnothing$의 여원은 $\{1, 2\}$이다. 왜냐하면 $\varnothing \vee \{1, 2\} = \{1, 2\}$이고, $\varnothing \wedge \{1, 2\} = \varnothing$이기 때문이다. $\{1\}$의 여원은 $\{2\}$이다. 왜냐하면 $\{1\} \vee \{2\} = \{1, 2\}$이고, $\{1\} \wedge \{2\} = \varnothing$이기 때문이다. $\{2\}$의 여원은 $\{1\}$이다. 왜냐하면 $\{2\} \vee \{1\} = \{1, 2\}$이고, $\{2\} \wedge \{1\} = \varnothing$이기 때문이다. $\{1, 2\}$의 여원은 $\varnothing$이다. 왜냐하면 $\{1, 2\} \vee \varnothing = \{1, 2\}$이고, $\{1, 2\} \wedge \varnothing = \varnothing$이기 때문이다. 그러므로 모든 원소가 하나의 여원을 가지므로 $(\mathscr{P}(A), \subseteq)$는 여격자이다.

예제 7-29 여격자 판단 (3)

집합 $A = \{1, 2, 3, 4\}$에 대해 $(A, \le)$가 여격자인지 판단하라.

풀이

$(A, \le)$에 대한 하세 도형은 다음과 같다.

여격자인지 판단하기 위해서는 각 원소가 하나의 여원을 갖는지 확인하면 된다. 1의 여원은 4이다. 왜냐하면 $1 \vee 4 = 4$이고, $1 \wedge 4 = 1$이기 때문이다. 2의 여원은 존재하지 않는다. 그러므로 여격자가 아니다.

예제 7-30 여격자 판단 (4)

[예제 7-18]에 있는 격자 D_{20}이 여격자인지 판단하라.

풀이

[예제 7-18]에서 D_{20}의 하세 도형은 다음과 같다.

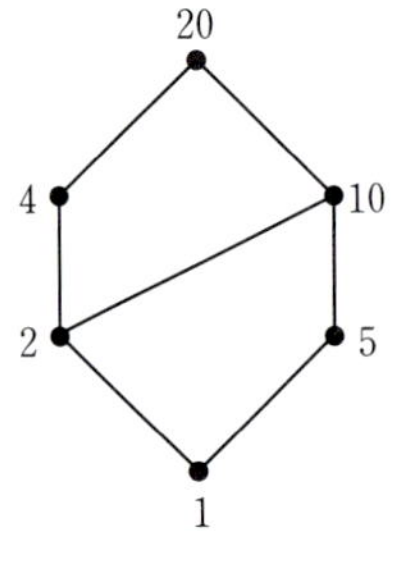

여격자인지 판단하기 위해서는 각 원소가 하나의 여원을 갖는지 확인하면 된다. 1의 여원은 20이다. 왜냐하면 $1 \vee 20 = 20$이고, $1 \wedge 20 = 1$이기 때문이다. 2의 여원은 존재하지 않는다. 그러므로 여격자는 아니다.

정리 7-6 여원의 유일성

격자 L이 유계격자이고 분배격자라고 할 때, 여원이 존재한다면 이 여원은 유일하다.

증명

여원이 두 개라 가정하고 두 개의 여원이 같아짐을 보임으로써 여원이 유일함을 보인다. L 안에 있는 원소 a의 여원을 a', a''이라고 하면 다음과 같다.

$$a \vee a' = \mathrm{I}, \quad a \vee a'' = \mathrm{I}$$
$$a \wedge a' = 0, \quad a \wedge a'' = 0$$

그리고 다음이 성립한다.

$$\begin{aligned} a' &= a' \vee 0 && (\because \text{ 유계격자의 성질}) \\ &= a' \vee (a \wedge a'') && (\because \text{ 여격자의 성질}) \\ &= (a' \vee a) \wedge (a' \vee a'') && (\because \text{ 분배격자의 성질}) \\ &= (a \vee a') \wedge (a' \vee a'') && (\because \text{ 교환법칙}) \\ &= \mathrm{I} \wedge (a' \vee a'') && (\because \text{ 여격자의 성질}) \\ &= a' \vee a'' && (\because \text{ 유계격자의 성질}) \end{aligned}$$

마찬가지로 다음이 성립한다.

$$\begin{aligned} a'' &= a'' \vee 0 && (\because \text{ 유계격자의 성질}) \\ &= a'' \vee (a \wedge a') && (\because \text{ 여격자의 성질}) \\ &= (a'' \vee a) \wedge (a'' \vee a') && (\because \text{ 분배격자의 성질}) \\ &= (a \vee a'') \wedge (a' \vee a'') && (\because \text{ 교환법칙}) \\ &= \mathrm{I} \wedge (a' \vee a'') && (\because \text{ 여격자의 성질}) \\ &= a' \vee a'' && (\because \text{ 유계격자의 성질}) \end{aligned}$$

따라서 $a' = a' \vee a'' = a''$이다. 결국 두 개의 여원 a'과 a''가 존재한다고 가정하면, 두 개의 여원은 같아지므로 여원은 유일하다. ■

SECTION
7.5 부울대수

이 절에서는 1854년에 영국 수학자 조지 부울 George Boole이 체계를 세운 부울대수에 대해 살펴본다. 부울대수가 일반 대수와 다른 점은 부울대수에서는 원소들 상호간의 순서관계 ordering relation가 중요한 역할을 한다는 것이다. 부울대수 이론은 현재 우리가 사용하는 컴퓨터 설계 이론의 기본으로 사용되고 있을 뿐만 아니라, 여러 다른 공학 분야에서도 이용되고 있다. 부울대수는 0 또는 1의 값에 대해 논리 동작을 다루는 대수로, 우리가 사용하는 컴퓨터 시스템의 디지털 회로 설계에 응용된다. 그러면 부울대수의 정의부터 살펴보자.

정의 7-16 부울대수

적어도 두 개의 원소를 갖는 여격자인 동시에 분배격자인 격자를 **부울대수** Boolean algebra라고 한다.

앞에서 정의한 부울대수가 관계로부터 시작하여 지금까지 배운 내용들과 어떻게 연관되는지 그림으로 표현하면 [그림 7-3]과 같다.

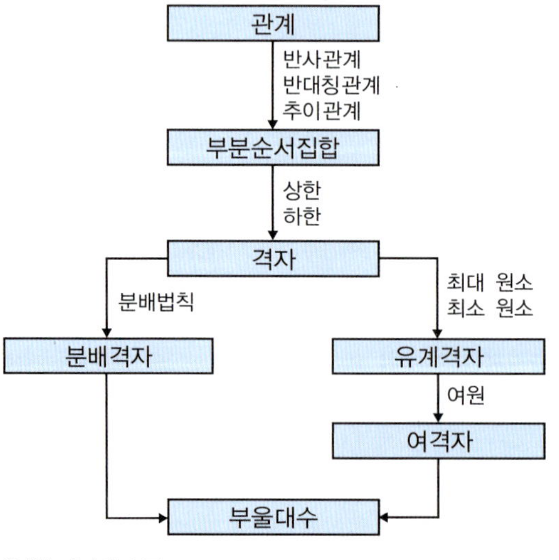

[그림 7-3] 관계로부터 부울대수까지의 연관도

예제 7-31 **부울대수**

[예제 7-17]에서 살펴본 어떤 집합 S의 멱집합 $\mathscr{P}(S)$에 대해 부분순서집합 $(\mathscr{P}(S), \subseteq)$가 부울대수임을 보여라.

풀이

[예제 7-17]에서 격자임을 확인했고, [예제 7-27]에서는 여격자임을 확인했다. [예제 7-25]에서는 분배격자임을 보였으므로 S의 멱집합 $\mathscr{P}(S)$에 대해 부분순서집합 $(\mathscr{P}(S), \subseteq)$는 부울대수이다.

정리 7-7 **부울대수의 성질**

$(L, \preceq)$이 부울대수일 때, 모든 원소 $a, b \in L$에 대해 다음이 성립한다.

(1) $(a')' = a$

(2) $(a \vee b)' = a' \wedge b'$

(3) $(a \wedge b)' = a' \vee b'$

(2), (3): 드 모르간 법칙

증명

(1) $a \vee a' = \mathrm{I}$이고 $a \wedge a' = 0$이므로 교환법칙에 의해 $a' \vee a = \mathrm{I}$이고 $a' \wedge a = 0$이다. 그러므로 a는 a'의 여원이고 유일하게 존재하므로 $(a')' = (a)' = a$이다.

(2)
$$\begin{aligned}
(a \vee b) \vee (a' \wedge b') &= (b \vee a) \vee (a' \wedge b') && (\because \text{ 교환법칙}) \\
&= ((b \vee a) \vee a') \wedge ((b \vee a) \vee b') && (\because \text{ 분배법칙}) \\
&= (b \vee (a \vee a')) \wedge (b \vee (a \vee b')) && (\because \text{ 결합법칙}) \\
&= (b \vee \mathrm{I}) \wedge (b \vee (a \vee b')) \\
&= \mathrm{I} \wedge (b \vee (a \vee b')) \\
&= b \vee (a \vee b') \\
&= b \vee (b' \vee a) \\
&= (b \vee b') \vee a \\
&= \mathrm{I} \vee a = \mathrm{I}
\end{aligned}$$

$$\begin{aligned}
(a \vee b) \wedge (a' \wedge b') &= ((a \vee b) \wedge a') \wedge b' \\
&= ((a \wedge a') \vee (b \wedge a')) \wedge b' && (\because \text{ 분배법칙}) \\
&= (0 \vee (b \wedge a')) \wedge b' \\
&= (b \wedge a') \wedge b' \\
&= (a' \wedge b) \wedge b' \\
&= a' \wedge (b \wedge b') \\
&= a' \wedge 0 = 0
\end{aligned}$$

따라서 $a' \wedge b'$은 $a \vee b$의 여원이다. 유일하게 존재하므로 $(a \vee b)' = a' \wedge b'$이다.

(3) 생략 ■

예제 7-32 부울대수 판단 (1)

$(B, \leq)$를 부분순서집합이라 하자. $B = \{0, 1\}$이고 $\leq$는 부분순서($0 \leq 0$, $0 \leq 1$, $1 \leq 1$)일 때, B가 부울대수인지 판단하라.

풀이

집합 B의 모든 원소 쌍들의 LUB와 GLB를 각각 다음과 같이 표현할 수 있다.

$\vee$	0	1
1	1	1
0	0	1

$\wedge$	0	1
0	0	0
1	0	1

여기서 $0' = 1$, $1' = 0$임을 알 수 있고, 분배격자와 여격자임을 확인함으로써 부분순서집합 B가 부울대수임을 쉽게 알 수 있다.

부울대수는 일반적으로 $(B\ ;\ \wedge, \vee, ', 0, 1)$로 표기하며, $(B\ ;\ \wedge, \vee)$는 곱과 합의 연산 $\wedge$, $\vee$을 갖는 격자이다. 그리고 대응하는 부분순서집합은 $(B, \leq)$로 표기하며, 격자의 경계는 0과 1로 표기하는데, 여기서 0은 $(B, \leq)$의 최소 원소이고 1은 최대 원소이다. 또한 $(B\ ;\ \wedge, \vee)$는 여격자인 동시에 분배격자이므로 집합 B의 각 원소는 오직 한 개의 여원만을 가지며 $a \in B$에 대해 a의 여원은 $a' \in B$로 표기한다.

예제 7-33 부울대수 판단 (2)

[예제 7-18]에 있는 격자 D_{20}과 D_{30}이 부울대수인지 판단하라. 단, $a \leq b \Leftrightarrow a \mid b$로 정의한다.

풀이

[예제 7-18]에서 이미 D_{20}과 D_{30}이 격자임을 확인했다. 상한과 하한은 각각 최소공배수(LCM)와 최대공약수(GCD)로, 다음과 같이 표현할 수 있다.

$$a \vee b = \mathrm{LCM}(a, b), \quad a \wedge b = \mathrm{GCD}(a, b)$$

LCM과 GCD는 분배법칙을 만족하므로 D_{20}과 D_{30}은 분배격자이다. 또한 D_{20}의 최소 원소는 1, 최대 원소는 20이고, D_{30}의 최소 원소는 1, 최대 원소는 30이므로 D_{20}과 D_{30}은 유계격자이다. 이제 여격자인지 판단하기 위해 여원을 확인해야 한다. D_{20}의 경우 2의 여원이 존재하지 않으므로 여격자가 아니다. 반면에, 임의의 $a \in D_{30}$의 여원은 $a' = \frac{30}{a}$이므로 D_{30}은 여격자이다. 따라서 D_{20}은 부울대수가 아니고, D_{30}은 부울대수이다.

분배법칙의 성립에 대해 좀 더 알아보자. 이미 2장에서는 임의의 자연수, 정수, 유리수, 실수의 곱셈(×)과 덧셈(+)에 대해 분배법칙이 성립하고, 행렬 또한 곱셈(·)과 덧셈(+)에 대해 분배법칙이 성립함을 확인했다. 3장에서는 논리 연산자인 논리합(∨)과 논리곱(∧)에 대해 분배법칙이 성립하고, 4장에서는 합집합(∪)과 교집합(∩)에 대해 분배법칙이 성립함을 보였다. 그 외에도 임의의 실수의 최댓값(MAX)과 최솟값(MIN)에 대해 분배법칙이 성립하며, 임의의 정수의 최대공약수(GCD)와 최소공배수(LCM)에 대해서도 분배법칙이 성립한다. 이와 같은 분배법칙은 4장에서 설명한 쌍대성 원리에 의한 쌍대 관계에 대해서도 역시 모두 성립한다. 증명은 생략한다.

[예제 7-32]의 표를 참고로 하여, 0 대신에 F(거짓)를, 1 대신에 T(참)를 적어서 진리표를 만들면 다음과 같이 기본 논리 회로에서 사용하는 진리표와 같다.

∨	F	T
F	F	T
T	T	T

∧	F	T
F	F	F
T	F	T

컴퓨터에서의 기본 논리 회로

디지털 컴퓨터는 각 부품의 전기, 자기 특성상 2개의 상태만을 표현하는 방법으로 2진수를 사용한다. 실제로 디지털 컴퓨터에서는 2가지 이상인 경우보다 2가지 상태를 갖게 하는 것이 회로를 구현하기 쉽고, 신호의 송수신에서 오류를 줄일 수 있어 더 안정된 시스템을 구성할 수 있다.

디지털 논리 회로를 만들기 위해서는 논리 회로가 필요하다. 그리고 논리 회로를 구현할 때는 **논리 게이트** logic gate를 사용한다. 논리 게이트로는 보통 AND, OR, NOT 게이트를 사용한다. 그러나 출력이 인버터inverter되는 회로가 효율적으로 구현되므로 이런 회로에서는 NAND와 NOR 게이트도 사용한다. 논리 게이트의 종류 및 기호는 [표 7-1]과 같다. x와 y는 모두 0 또는 1로 표현된 입력이고, 그 출력은 입력의 함수로서 게이트에 따라 출력이 바뀐다. 예컨대 AND 게이트에서 $x=1$, $y=0$이라는 입력을 주면 그 출력은 $x \wedge y = 1 \wedge 0 = 0$이 된다.

[표 7-1] 논리 게이트의 종류 및 기호

종류	기호
OR 게이트	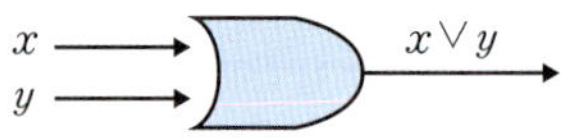
AND 게이트	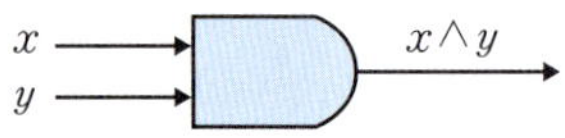
NOT 게이트	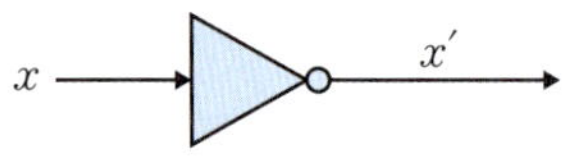
NAND 게이트	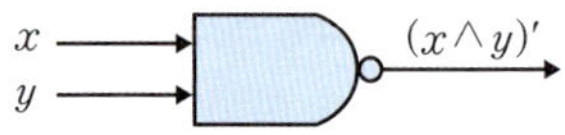
NOR 게이트	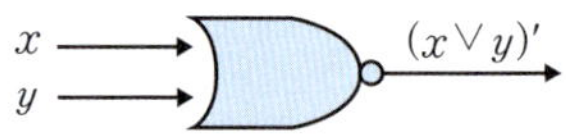
XOR 게이트	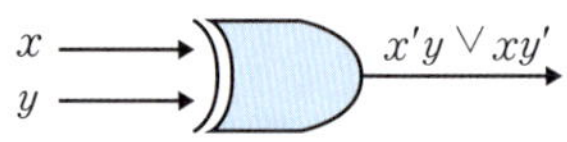

AND, OR, NOT, NAND, NOR, XOR 게이트에 대한 논리표를 구성하면 [표 7-2]와 같다.

[표 7-2] AND, OR, NOT, NAND, NOR, XOR 게이트에 대한 논리표

(a) AND 게이트

x	y	$x \wedge y$
1	1	1
1	0	0
0	1	0
0	0	0

(b) OR 게이트

x	y	$x \vee y$
1	1	1
1	0	1
0	1	1
0	0	0

(c) NOT 게이트

x	x'
1	0
0	1

(d) NAND 게이트

x	y	$(x \wedge y)'$
1	1	0
1	0	1
0	1	1
0	0	1

(e) NOR 게이트

x	y	$(x \vee y)'$
1	1	0
1	0	0
0	1	0
0	0	1

(f) XOR 게이트

x	y	$xy' \vee x'y$
1	1	0
1	0	1
0	1	1
0	0	0

SECTION 7.6 응용 : 2-비트 가산기의 설계

조합 논리 회로는 임의의 시간에서의 출력이 이전의 입력과는 관계없이 현재의 입력 조합(0 또는 1)으로부터 직접 결정되는 논리 회로이다. 조합 논리 회로에는 반가산기, 전가산기, 병렬가산기, 디코더, 인코더 등이 있다.

가산기adder는 입력한 값의 합sum과 올림수carry를 구하는 논리 회로로, 반가산기와 전가산기로 나뉜다. **반가산기**half adder는 두 개의 입력을 통해 합과 올림수를 구하는 논리 회로이다. 2진 시스템의 중요한 예인 2-비트 가산기를 설계해보자. 2-비트 가산기는 두 개의 2-비트 2진수를 더하여 3-비트 2진수를 만든다. [그림 7-4]의 사각형이 2-비트 가산기에 해당하며, 입력 a, b, c, d가 주어질 때 2진수 ab와 cd의 합을 구해 3-비트 efg를 만든다.

[그림 7-4] 2-비트 가산기

반가산기를 이용해 2-비트 가산기를 설계해보자. 논리 회로를 설계하는 방법에 따라 반가산기의 두 입력을 x와 y라고 하자. x와 y의 합은 두 자리 2진수이며, 이를 CS라 하면 합은 다음과 같이 표현된다.

$$\begin{array}{r} x \\ +\ y \\ \hline CS \end{array}$$

예를 들어 $0+1=01$이고 $1+1=10$이다. 합에 대한 모든 경우는 [표 7-3]의 진리표와 같다.

[표 7-3] 반가산기의 진리표

x	y	C	S
0	0	0	0
0	1	0	1
1	0	0	1
1	1	1	0

[표 7-3]으로부터 $C=xy$, $S=x'y \vee xy' = x \oplus y$이므로 C는 AND 게이트, S는 XOR 게이트임을 알 수 있다. 이 식을 이용하여 [그림 7-5]와 [그림 7-6]과 같이 두 가지 방법으로 반가산기를 설계할 수 있다. C를 올림수라 하고, S를 합이라고 한다.

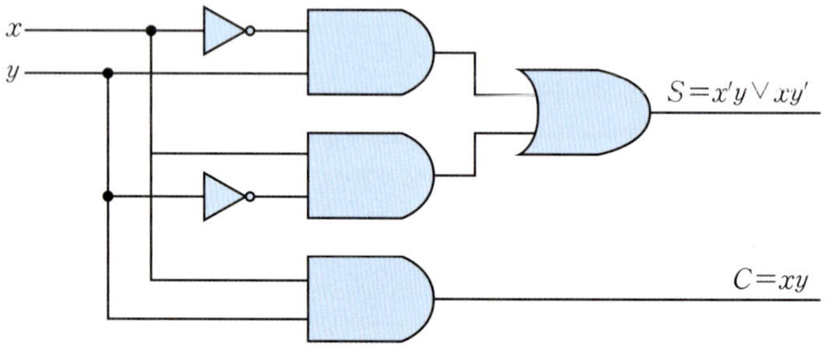

[그림 7-5] 반가산기 (1)

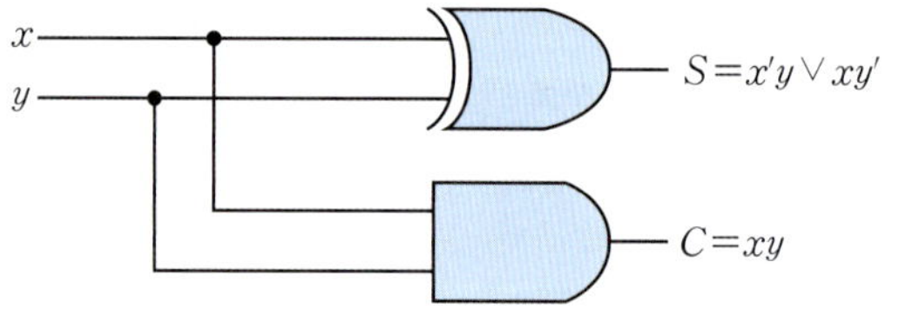

[그림 7-6] 반가산기 (2)

2-비트 반가산기에서 $x=ab$, $y=cd$라고 하자. ab와 cd를 더한 값은 3-비트이며, 이를 efg로 표기하자. 합은 다음과 같다.

$$\begin{array}{r} ab \\ +\ cd \\ \hline efg \end{array}$$

a와 c를 높은 자리 비트라고 하며 b와 d를 낮은 자리 비트라고 한다. e, f, g의 식을 구해보자. 먼저 a와 c, b와 d를 더하는 것은 [그림 7-7]과 같다.

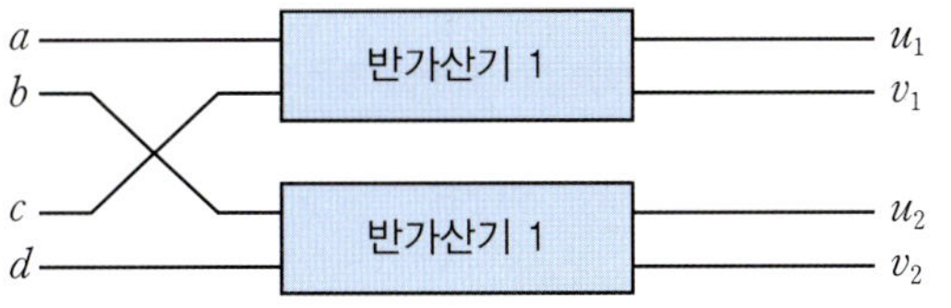

[그림 7-7] 반가산기를 이용한 2-비트 가산기

두 개의 반가산기를 사용하여 2-비트 가산기를 만들 때 발생하는 문제는 낮은 자리 비트를 합할 때 발생하는 올림수의 처리이다. [그림 7-7]에서 v_2는 낮은 자리 비트 b와 d의 합이므로 g와 같은 값이다. u_2는 다음 자리(이 경우 a와 c의 합)로 넘겨야 할 비트이다. 따라서 출력 u_2와 v_1을 제3의 반가산기의 입력에 연결해야 한다. 이 반가산기의 합 비트는 중간 비트인 f에 해당한다. 올림수 비트 u_2와 u_1이 동시에 1이 될 수 없으므로 이들을 OR 게이트로 연결하면 세 번째 출력 비트 e를 얻는다. 이렇게 구성한 회로가 [그림 7-8]이다.

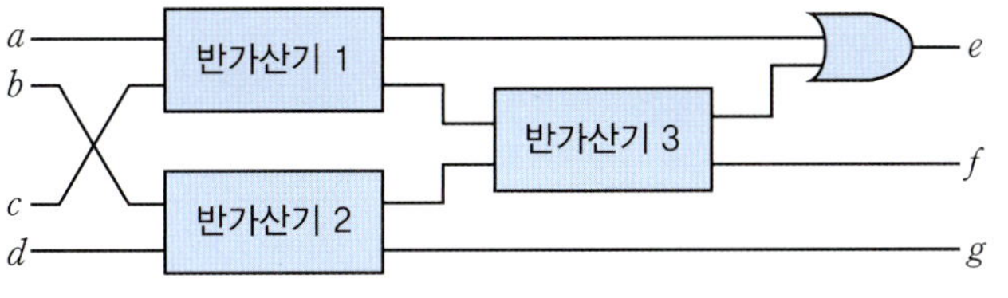

[그림 7-8] 2-비트 가산기 회로도

예를 들어 [그림 7-9]의 가산기를 이용해 2와 3을 더해보자. 2는 입력 $ab = 10$으로, 3은 입력 $cd = 11$로 주어진다. [그림 7-9]에 가산의 진행 상황이 표기되었다.

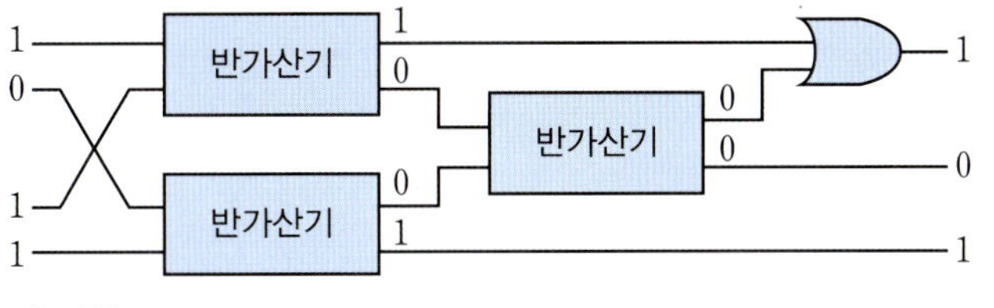

[그림 7-9] 10과 11의 가산

CHAPTER

07 연습문제

Section 7.1

1. R을 집합 A에 관한 부분순서관계라고 할 때, 다음 중 옳지 <u>않은</u> 것은 무엇인가?

① R은 반사관계이다. ② R은 대칭관계이다.

③ R은 추이관계이다. ④ R은 반대칭관계이다.

2. 부분순서집합 $(A, \preceq)$와 $(B, \preceq)$의 곱 부분순서집합 $A \times B$에서 $(a, b) \prec (a', b')$이 사전식 순서가 되기 위한 조건은 무엇인가?

① $a \preceq a'$ 또는 $b \preceq b'$

② $a \preceq a'$이며 $b \preceq b'$

③ $a \prec a'$ 또는 ($a = a'$이며 $b \preceq b'$)

④ ($a = a'$이며 $b = b'$) 또는 ($a \prec a'$이며 $b \prec b'$)

3. 집합 $A = \{1, 2, 3\}$에 관한 관계가 $R = \{(1, 1), (1, 2), (1, 3), (2, 2), (2, 3), (3, 3)\}$일 때, 관계 R을 하세 도형으로 옳게 표현한 것은 무엇인가?

①
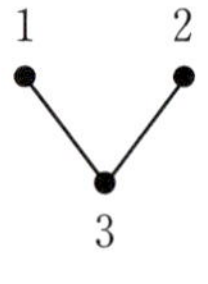

②
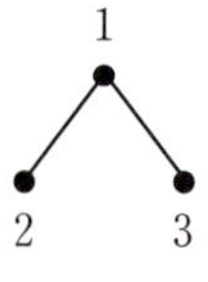

③
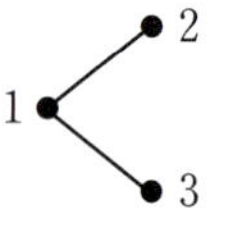

④
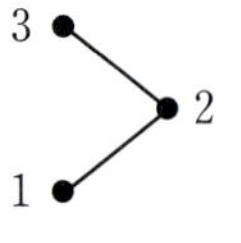

4. 부분순서관계가 다음 하세 도형과 같이 주어질 때, 위상 정렬로 옳은 것은 무엇인가?

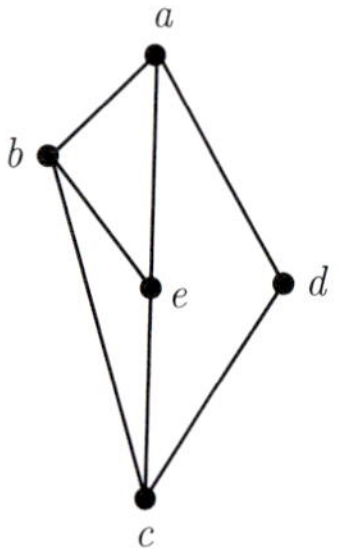

① 

② 

③ 

④ 

5. 집합 A와 관계 R이 다음과 같이 주어질 때, R이 집합 A에 관한 부분순서관계임을 보여라.

(a) $A=\{1,\ 3,\ 6,\ 9,\ 12\}$, $aRb \Leftrightarrow a=3b$

(b) $A=\{2,\ 4,\ 6,\ 8,\ 10\}$, $aRb \Leftrightarrow a$는 b의 약수

6. 집합 A와 관계 R이 다음과 같이 주어질 때, R이 집합 A에 관한 전순서관계임을 보여라.

(a) $A=\{2,\ 4,\ 6,\ 8,\ 10\}$, $aRb \Leftrightarrow a \le b$

(b) $A=\{2,\ 4,\ 6,\ 8,\ 10\}$, $aRb \Leftrightarrow a < b$

7. 집합 A에 관한 관계 R에 대해 하세 도형을 그려라.

(a) $A=\{1,\ 2,\ 3,\ 4,\ 5\}$

$R=\{(1,\ 1),\ (1,\ 2),\ (1,\ 3),\ (1,\ 4),\ (2,\ 2),\ (2,\ 4),\ (3,\ 3),\ (3,\ 4),\ (4,\ 4)\}$

(b) $A=\{a,\ b,\ c,\ d,\ e\}$

$R=\{(a,\ a),\ (a,\ c),\ (a,\ d),\ (a,\ e),\ (b,\ b),\ (b,\ c),\ (b,\ d),\ (b,\ e),\ (c,\ c),\ (c,\ d),\ (c,\ e),\ (d,\ d),\ (e,\ e)\}$

8. 다음 유향 그래프를 하세 도형으로 변환하라.

(a)

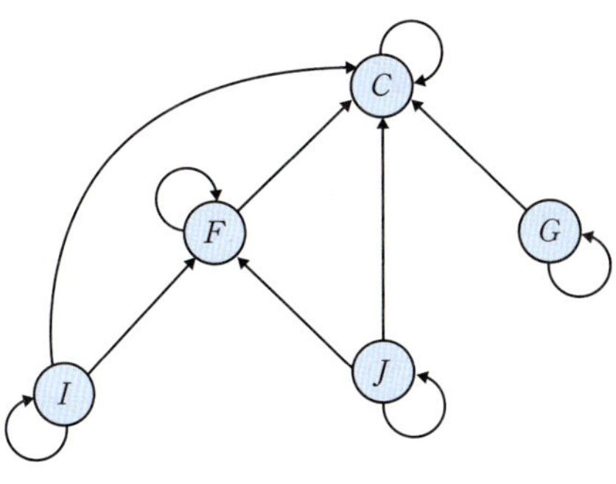

(b)

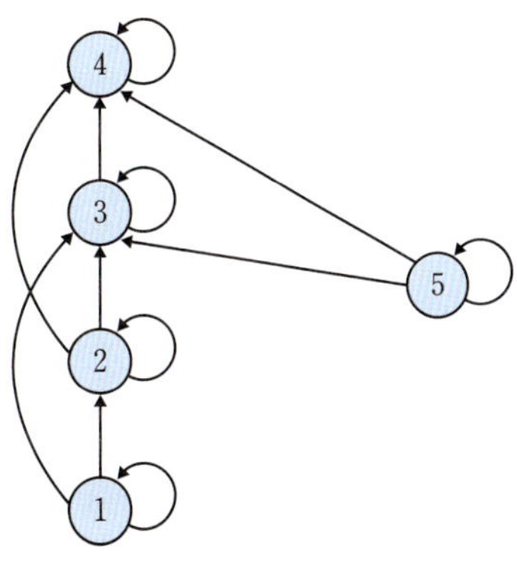

9. 다음 하세 도형에 맞는 관계의 순서쌍들을 서술하라.

(a) $A=\{a,\ b,\ c,\ d,\ e\}$

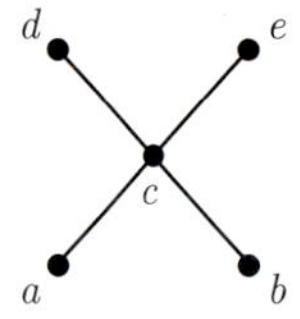

(b) $A=\{1,\ 2,\ 3,\ 4,\ 5\}$

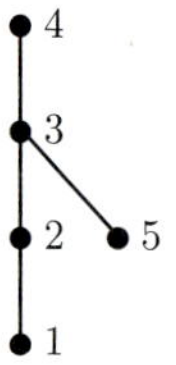

10. 집합 $A=\{1,\ 2,\ 3,\ 4,\ 5\}$에 관한 관계의 관계행렬이 다음과 같을 때, 하세 도형을 그려라.

(a) $\begin{pmatrix} 1 & 1 & 0 & 1 & 1 \\ 0 & 1 & 0 & 1 & 0 \\ 1 & 1 & 1 & 1 & 1 \\ 0 & 0 & 0 & 1 & 0 \\ 0 & 0 & 0 & 0 & 1 \end{pmatrix}$ (b) $\begin{pmatrix} 1 & 0 & 1 & 1 & 1 \\ 0 & 1 & 1 & 1 & 1 \\ 0 & 0 & 1 & 1 & 1 \\ 0 & 0 & 0 & 1 & 1 \\ 0 & 0 & 0 & 0 & 1 \end{pmatrix}$

11. $A=\mathbb{N}\times\mathbb{N}$이 사전식 순서관계를 가질 때, 다음이 참인지 거짓인지 판단하라.

(a) $(2,\ 12)<(5,\ 3)$ (b) $(3,\ 6)<(3,\ 24)$

(c) $(4,\ 8)<(4,\ 6)$ (d) $(15,\ 92)<(12,\ 3)$

(e) $(11,\ 3)<(12,\ 2)$ (f) $(156,\ 156)<(1570,\ 41)$

12. 다음과 같은 하세 도형에 의해 부분순서관계가 주어질 때, 위상 정렬을 하라.

(a)

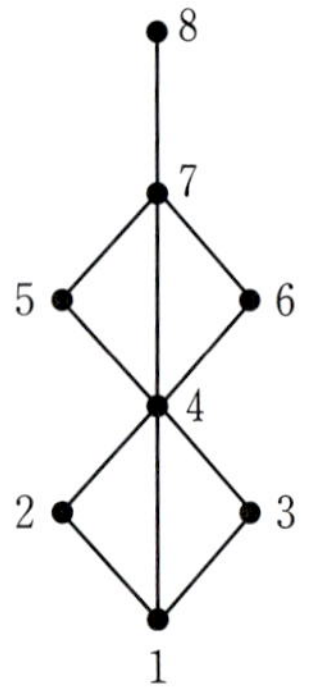

(b)

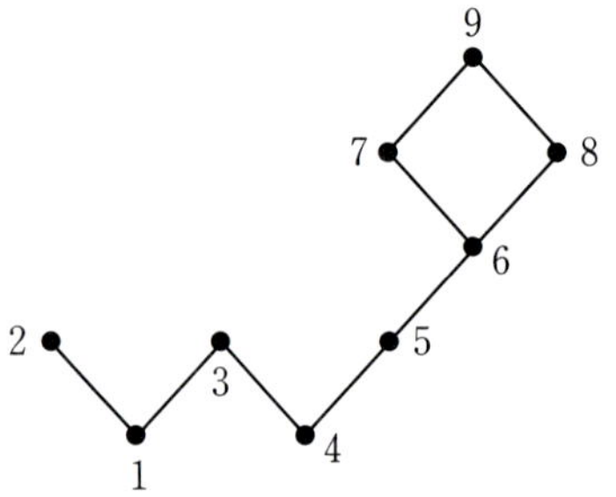

Section 7.2

13. [연습문제 12]의 하세 도형에서 극대 원소, 극소 원소, 최대 원소, 최소 원소를 구하라.

14. 다음 하세 도형에서 최대 원소와 최소 원소를 구하라.

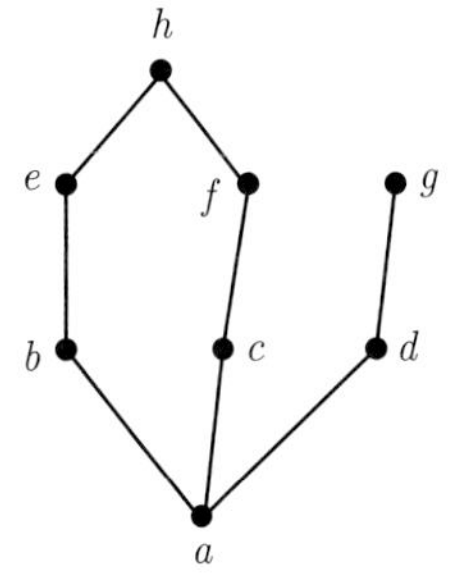

15. $A=\{x \mid x \in \mathbb{R}$이고 $0<x \leq 1\}$이며, 이항관계 '작거나 같다($\leq$)'를 적용할 때, 부분순서집합(A, $\leq$)의 최소 원소는 무엇인가?

① 0 ② 1 ③ 무한히 많음 ④ 존재하지 않음

16. [연습문제 12(a)]의 하세 도형에서 부분집합 {4, 5, 6}의 상계와 하계를 구하라.

17. 오른쪽 하세 도형에서 부분집합 {1, 2, 4}의 상한과 하한은 무엇인가?

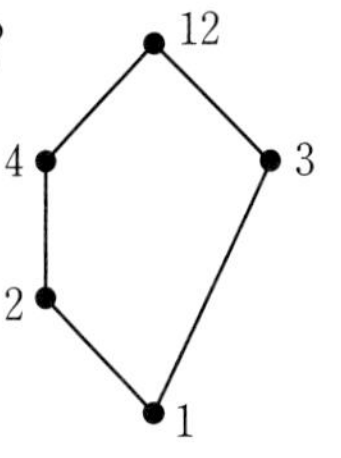

① 상한은 1이고, 하한은 4이다
② 상한은 4이고, 하한은 1이다.
③ 상한은 3이고, 하한은 2이다.
④ 상한은 12이고, 하한은 1이다.

18. 다음 설명 중 옳지 않은 것은 무엇인가?

① 부분순서집합에서 극대 원소는 여러 개 존재할 수 있다.
② R을 집합 A에 관한 부분순서관계라 할 때, 역관계 R^{-1}도 부분순서관계이다.
③ 부분순서관계를 나타내는 유향 그래프에서는 길이가 1 이상인 순환도 존재한다.
④ 부분순서집합에서 하나의 부분집합이 주어질 때, 상한과 하한은 많아야 한 개씩만 존재한다.

19. 다음 문제에 맞는 부분순서집합의 극대 원소와 극소 원소를 구하라.

(a)

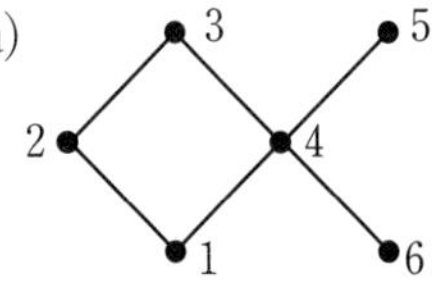

(b)

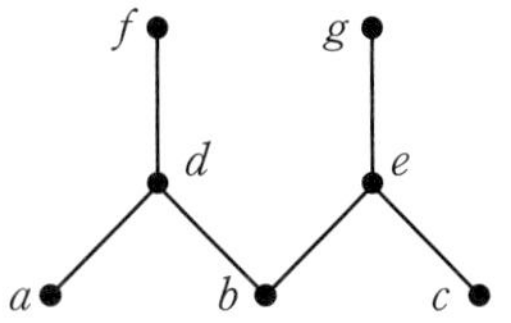

(c)

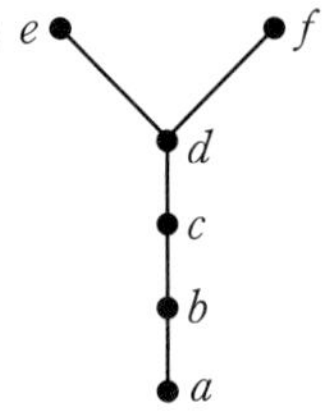

(d) $A=\{x \mid x \in \mathbb{R}$이고 $0 \le x < 1\}$이고, $(A, \le)$는 부분순서집합이다.

(e) $A=\{x \mid x \in \mathbb{R}$이고 $0 < x \le 1\}$이고, $(A, \le)$는 부분순서집합이다.

20. 다음 하세 도형을 보고 최대 원소와 최소 원소를 구하라.

(a)

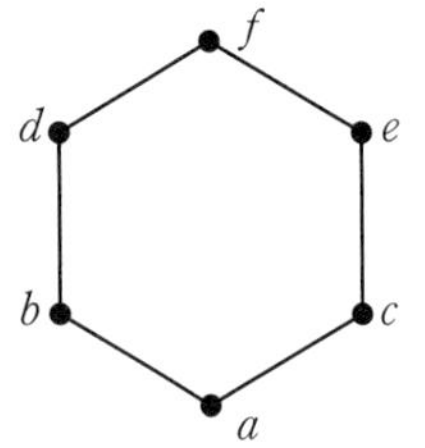

(b)

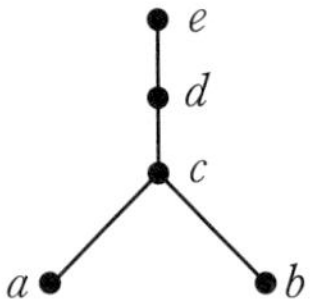

(c)

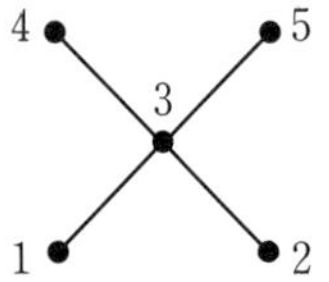

(d)

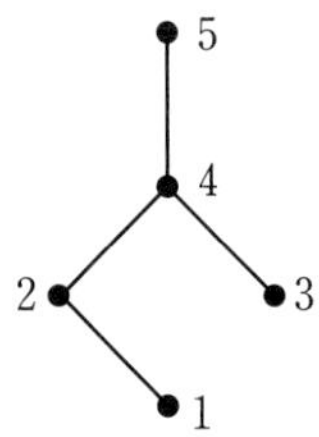

21. 다음 ①, ②, ③의 하세 도형과 부분집합 B에 대해 B의 상계, 하계, 상한, 하한을 각각 구하라.

① $B=\{c, d\}$

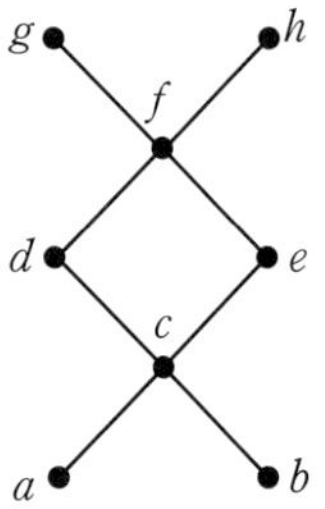

② $B=\{2, 3, 4\}$

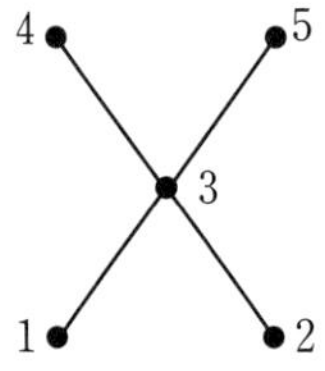

③ $B=\{4, 6, 9\}$

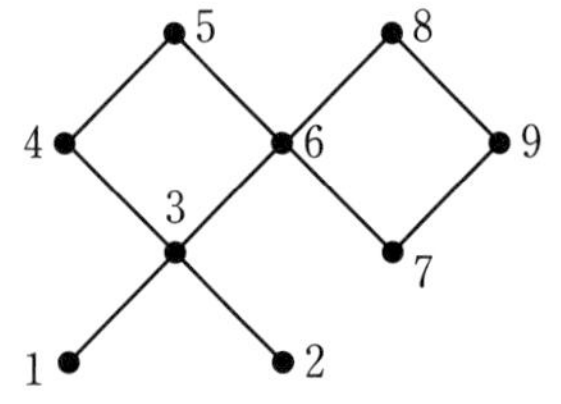

22. [정리 7-3]을 증명하라. 이때 [정리 7-2]를 참조하라.

23. 다음 하세 도형이 격자인지 판단하라.

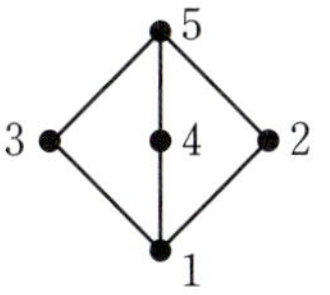

24. 집합 $A=\{a,\ b,\ c,\ d,\ e\}$에 관한 관계 $R=\{(a,\ a),\ (a,\ c),\ (a,\ e),\ (b,\ b),\ (b,\ c),\ (b,\ d),\ (b,\ e),\ (c,\ c),\ (c,\ e),\ (d,\ d),\ (d,\ e),\ (e,\ e)\}$가 격자인지 판단하라.

25. 다음 하세 도형이 격자인지 판단하라.

(a)

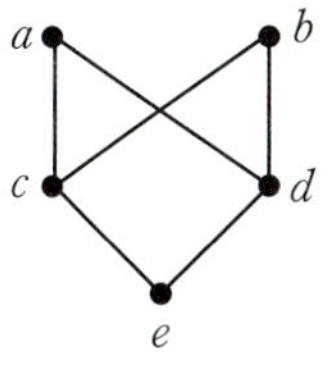

(b)

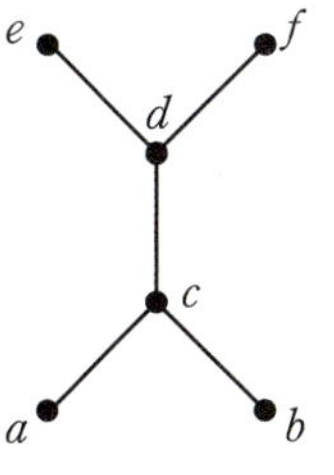

(c)

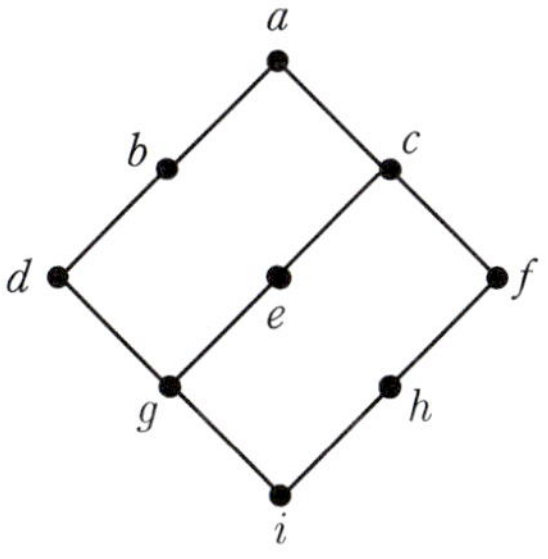

(d)

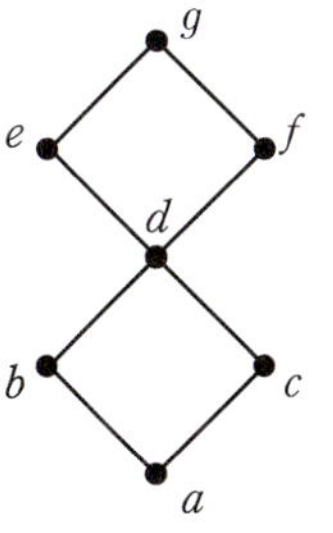

(e)

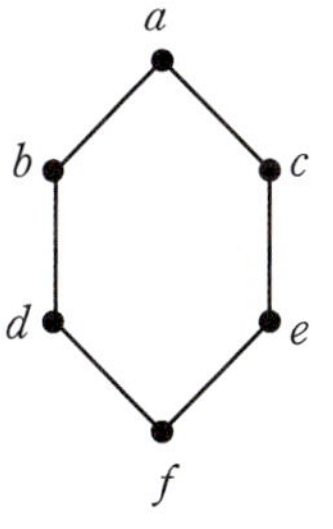

(f)

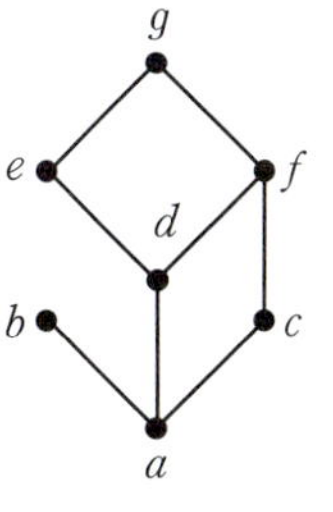

26. [정리 7-4]의 (2), (3)을 증명하라.

27. [정리 7-5]의 (3)과 (4)의 ②를 증명하라.

28. L_1과 L_2는 격자이다. $L_1 \times L_2$의 하세 도형을 그려라.

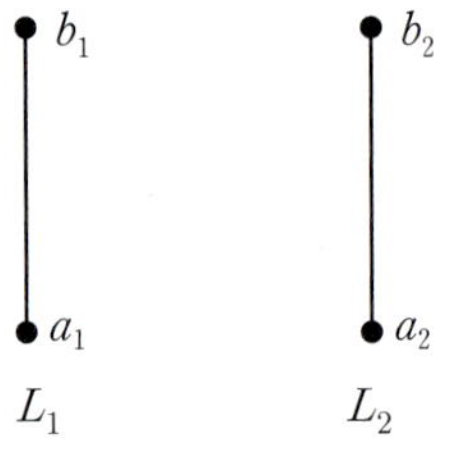

Section 7.4

29. [연습문제 23]의 하세 도형에 대한 설명으로 옳은 것은 무엇인가?

① 분배격자 ② 여격사

③ 부울대수 ④ 비분배격자

30. 다음 하세 도형에서 a의 여원은?

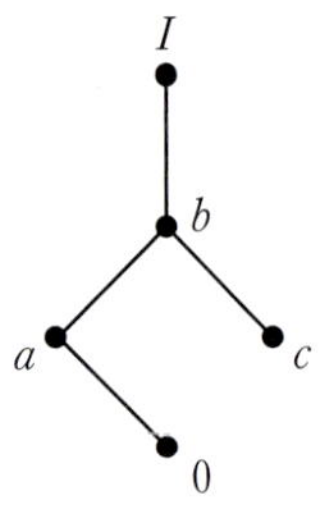

① I ② 0 ③ b ④ 여원 없음

31. 다음 격자들이 분배격자인지, 여격자인지 혹은 둘 다인지 판단하라.

(a)

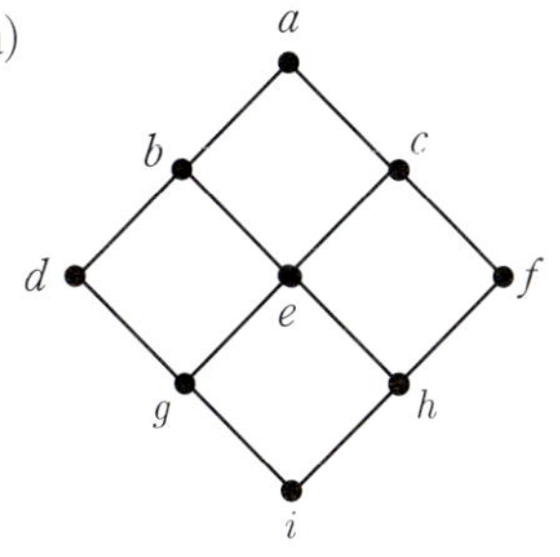

(b)

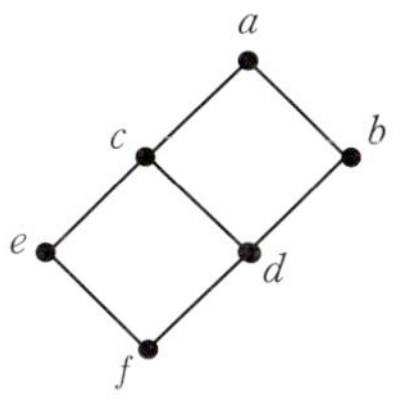

(c)

(d)

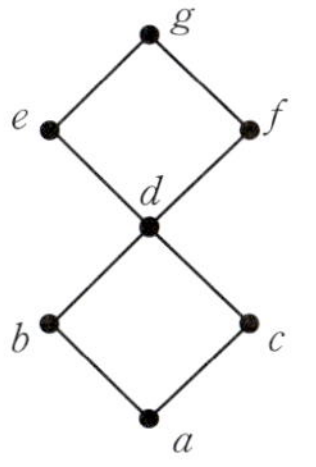

32. S의 멱집합 $\mathscr{P}(S)$에 대해 $(\mathscr{P}(S), \subseteq)$는 격자이다. T를 S의 부분집합이라고 할 때, $\mathscr{P}(T)$가 S의 부분격자임을 보여라.

33. 다음 격자를 보고 각 원소의 여원을 구하라.

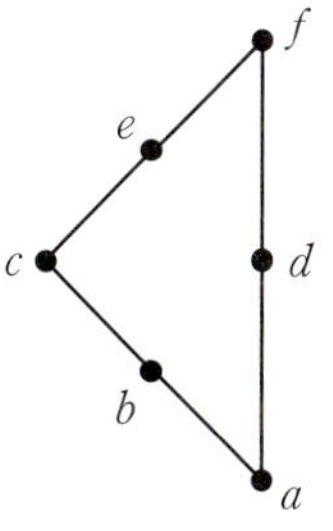

Section 7.5

34. 다음 중 부울대수의 성질이 아닌 것은 무엇인가?

① 분배격자 ② 여격자 ③ 유계격자 ④ 동치류

35. 다음 부분순서집합이 부울대수인지 판단하라.

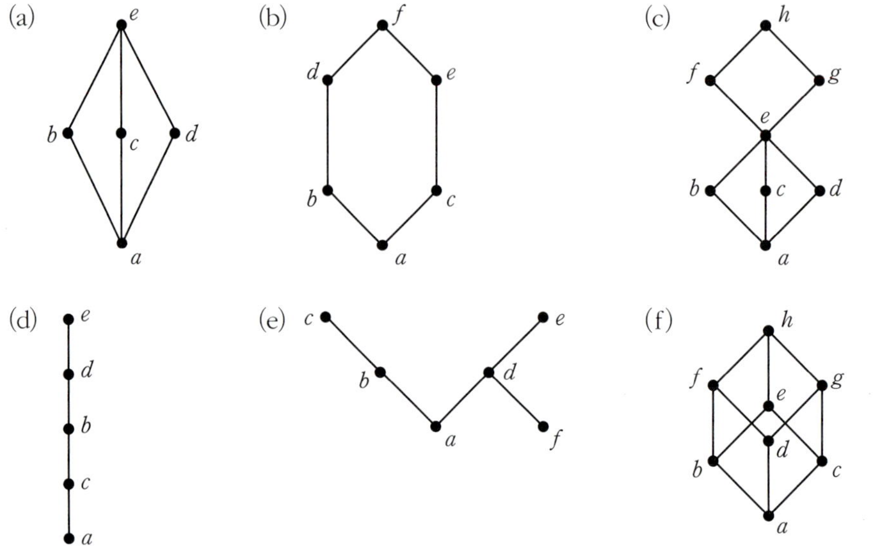

(g) D_{210}　　(h) D_{60}

36. 부울대수에서의 임의의 원소 a, b에 대해 여원을 각각 b', a'이라 할 때, $a \leq b \Leftrightarrow b' \leq a'$ 임을 증명하라.

37. [정리 7-7]의 (3)을 증명하라.

Section 7.6

38. 반가산기를 이용해 3-비트 가산기를 설계하라.

39. AND, OR, NOT 게이트만을 이용해 2-비트 가산기를 설계하라.

CHAPTER

07 프로그래밍 실습

파이썬 코드

1. [예제 7-6]이 부분순서관계인지 확인하는 프로그램을 작성하고, 부분순서관계라고 하면 하세 도형을 그리는 프로그램을 작성하라. 연계 : 7.1절

문제 해석

$A=\{1, 2\}$의 멱집합 $\mathscr{P}(A)$가 부분순서관계인지를 판단하는 문제이다. 부분순서관계를 만족함을 보이려면 반사관계, 반대칭관계, 추이관계가 성립하는지 확인해야 한다. 방법은 본문에서 설명한 내용을 그대로 따라가는 것이다. 만약 부분순서관계를 만족한다면 간단하게 하세 도형을 그려본다. 하세 도형은 출력문을 이용해 간단하게 만들면 된다.

코딩 실습

【 파이썬 코드 】

```
from __future__ import print_function
from sys import stdin
import sys

def printf(str, *args):
    print(str % args, end='')

domain = 2                      # 집합의 크기를 위한 상수
map_power_set = list()          # 멱집합 원소들을 저장하기 위한 map 구조
mat_size = 9                    # 멱집합에서 부분집합을 만족하는 관계의 크기를 위한 변수

# setout 함수가 주어진 집합을 출력
def setout(A):
    count = 0
    if 1 not in A:
        print("\u2205")
        return
    printf("{")
    for i in range(0, domain):
        if A[i] == 1:
            if count != 0:
                printf(",")
            printf("%2d"%(i+1))
            count = 1

    printf(" }\n")

# printPowerSet 함수가 멱집합을 계산하면서 출력
def printPowerSet(set,set_size):

  pow_set_size =  1 << set_size          # 2^{set_size}로 멱집합 크기 정의 및 초기화
```

```
    counter = 0
    j = 0
    element = ""                            # 멱집합 원소를 문자열로 저장하는 변수
    print("P(A) = { \u2205", end = "")

    map_power_set.append("\u2205")          # 공집합을 map에 추가

    for counter in range(1, pow_set_size):
      print(" , { ", end = "")
      for j in range(0, set_size):
        # counter의 (오른쪽부터) j번째 비트가 1이면 set[j]를 출력
        if (counter & (1 << j)) > 0:
          element = element + str(j+1)
          print(j+1, end = ", ")

      print("\b\b }", end = "")
      map_power_set.append(element)       # 멱집합의 다음 원소를 map에 추가
      element = ""                        # 새로운 다른 원소를 받기 위해 재초기화
    print("}")

# 순서쌍을 출력하는 함수
def print_pair(i, j):
    if map_power_set[i] == "\u2205" and map_power_set[j] == "\u2205" :
        print("(", map_power_set[i], " ,", map_power_set[j], " ),", end = "", sep = '')
    elif map_power_set[i] == "\u2205" and map_power_set[j] != "\u2205" :
        print("(", map_power_set[i], " , {", end = "", sep = '')
        for c in map_power_set[j]:
            print(c, end = ", ")
        print("\b\b}),", end = "")
    else:
        print("({", end = "")
        for c in map_power_set[i]:
            print(c, end = ", ")
        print("\b\b}, {", end = "")
        for c in map_power_set[j]:
            print(c, end = ", ")
        print("\b\b}),", end = "")
```

2. n은 양의 정수이고, D_n은 n의 약수들의 집합이라고 하자. $(D_{20},\ \leq)$에서 $a \leq b \Leftrightarrow a \mid b$로 정의할 때, D_{20}이 격자인지 판단하는 프로그램을 작성하라. 연계: 7.3절

문제 해석

부분순서집합 $(L,\ \leq)$에서 집합 L의 임의의 두 원소 a, b에 대해 집합 $\{a, b\}$의 하한과 상한이 각각 하나씩 존재한다면 부분순서집합 $(L,\ \leq)$를 격자라고 한다. 따라서 이 문제는 격자인지 아닌지를 판단하는 문제이다. 격자인지 판단하기 위해 $D_{20}=\{1,\ 2,\ 4,\ 5,\ 10,\ 20\}$에서 임의의 두 원소를 꺼내는 경우의 수를 알아야 한다. [예제 7-18]에서 설명한 것처럼 임의의 두 원소를 꺼내는 경우의 수는 중복조합으로 ${}_6H_2=21$가지이다. 21가지 경우의 수에 대해 상한과 하한이 하나씩만 존재하는지 확인한다. 21가지 경우의 수에서 상한과 하한이 각각 하나씩만 존재하는지 확인한다.

코딩 실습

【 파이썬 코드 】

```
from __future__ import print_function
from sys import stdin
import sys

def printf(str, *args):
    print(str % args, end='')

domain = 21        # 집합의 크기를 표현하는 상수
rel_size = 18      # 멱집합에서 나누어떨어진다는 것을 만족하는 관계의 크기를 위한 변수

# 순서쌍을 출력하는 함수
def print_pair(i, map_power_set, l, r):
    print(l, map_power_set[i][0], ", ", map_power_set[i][1], r,  end = ",", sep = '')


# matrixout 함수가 정방행렬 mx를 출력
def matrixout(mx, size):
    print("\u250c                  \u2510")
    for i in range(0, size):
        print("¦ ", end = "")
        for j in range(0, size):
            print("%3d" % mx[i][j], end = " ")
        print(" ¦")
    print("\u2514                  \u2518")

# setout 함수가 주어진 집합 A를 출력
def setout(A):
    count = 0
    if 1 not in A:
        print("\u2205")
        return
    printf("{")
    for i in range(0, domain):
        if A[i] == 1:
            if count != 0:
                printf(", ")
            printf("%d"%(i))
            count = 1

    printf("}")

setB = [0 for _ in range(0,domain)]    # 집합 B를 위한 배열 선언
relationD = []                         # 관계 D를 위한 이차원 배열 선언
lub_list = []                          # 각 원소에 대한 첫 단계의 상계를 저장하는 리스트 구조
glb_list = []                          # 각 원소에 대한 첫 단계의 하계를 저장하는 리스트 구조
count = 0                              # 집합 B가 가질 원소의 개수를 위한 변수
relation_number = 0                    # 격자가 가질 관계 원소의 개수를 위한 변수

# 20보다 작은 자연수에 대해 i¦20을 만족하는 원소를 찾음
for i in range(1, domain):
    if 20 % i == 0:                    # i¦20이면
        setB[i] = 1
        count = count + 1

#setB[19] = 1                          # 마지막으로 20도 집합 B에 추가
```

```
setA = [1 for _ in range(0,count)]      # 원소들을 직접 저장하기 위한 배열
index = 0

for i in range(1, domain):
    if setB[i] == 1:
        setA[index] = i
        index = index + 1

# 집합 D에 대한 관계행렬 선언
adjacencymx = [[0 for j in range(count)] for i in range(count)]
adjacencymx_lattice = [[0 for j in range(count)] for i in range(count)]
print("\nD\u2082\u2080 =", end = " ")
setout(setB)                            # 계산된 집합 A를 출력

# 집합 D의 원소에 대해 i¦j를 만족하는 쌍을 찾음
for i in range(0, count):
    for j in range(i, count):
        if i <= j:
            relationD.append([setA[i],setA[j]])
            relation_number = relation_number + 1
        if setA[j] % setA[i] == 0:          # i¦j이면
            adjacencymx[i][j] = 1
            adjacencymx_lattice[i][j] = 1

print("이고 부분순서관계 R = (D\u2082\u2080, ≤) = { ")
for i in range(0, relation_number):
    if relationD[i][1] % relationD[i][0] == 0:
        print_pair(i, relationD, '(', ')')

print("\b}이다. 하세 도형은 다음과 같다.\n")
print("              20    ")
print("             / \    ")
print("            4   10  ")
print("             \ / ¦  ")
print("              2  5  ")
print("               \/   ")
print("               1   \n")
print("집합 D\u2099의 임의의 두 원소에 대한 상한과 하한은 다음과 같다.\n")
```

CHAPTER

08

그래프

Graph

Contents

■ 그래프란?

이미 1장에서 그래프의 기원에 대해 설명했다. 실생활에서 서로 관련 있는 둘 또는 그 이상의 관계를 정점과 간선을 이용해 그림으로 나타낸 것을 그래프라고 한다. 그래프는 자료들의 관계가 비선형 구조일 때 사용하는 자료구조이다.

■ 그래프의 응용 분야는?

한붓그리기로 잘 알려진 쾨니히스베르크의 다리 건너기 문제 이후에 컴퓨터, 화학, 산업공학, 전자공학, 언어학, 유전학 등 거의 모든 분야의 문제들은 그래프 이론을 이용해 해결하고 있다. 예를 들어 도시를 정점으로 생각하고 도시 사이를 잇는 도로를 간선으로 생각하면 그래프는 간략화된 지도가 된다. 여기에 도로마다 도로의 길이 또는 이용 요금을 써넣으면 가중치 도로가 되고, 이는 두 지점 사이의 최단 경로와 이용 요금이 저렴한 도로 등을 찾는 네비게이션에 사용될 수 있다.

뿐만 아니라 도시 내의 모든 거리를 두 번 지나가지 않고 통과하는 경로가 존재하는지를 결정하는 문제, 그래프를 이용해 조직도에서 누가 누구에게 영향을 주는지를 분석하는 소셜네트워크 분석, 논리 회로의 설계 및 분석, 시스템의 흐름도나 컴파일러에서의 최적화에도 그래프가 응용된다. 또한 지하철 노선도와 지도에서 영역을 색칠하는 데 필요한 색상의 수를 찾는 문제, 회로도를 평면 회로도로 구현할 수 있는지 등에도 이용된다.

■ 이 장에서 배우는 내용은?

그래프의 정의로부터 그래프의 표현 방법과 여러 가지 그래프에 대해 알아본다. 그다음 판매원 탐방 문제, 깊이 우선 탐색, 너비 우선 탐색, 최단 경로 알고리즘에 대해 살펴보고, 평면 그래프와 그래프 착색 등에 대해 알아본다.

SECTION 8.1 그래프의 기본 개념

현실 세계에서 많은 상황들은 점들의 집합으로 구성될 수 있고, 이 점들의 집합에서 어떤 점들의 쌍을 선으로 연결한 그림으로 서술될 수 있다. 예를 들어 친족 관계에 대해 생각해보자. 우선 친족 관계를 구성하려면 가족 구성원이 있어야 하고, 가족 구성원은 점들의 집합으로 나타낼 수 있다. 또한 가족 구성원인 할아버지, 할머니, 아버지, 어머니 등의 친족 관계를 선으로 표현할 수 있다. 이와 같은 개념이 바로 그래프이다. 그래프 이론은 이미 1장에서 설명한 바와 같이 18세기 수학자 오일러가 논문으로 발표한 쾨니히스베르크의 다리 건너기 문제를 기원으로 한다. 우선 그래프의 정의부터 알아보자.

정의 8-1 그래프

그래프graph G는 순서쌍 (V, E)로 정의한다. 여기서 $V = \{v_1, v_2, \cdots, v_n\}$은 그래프 G의 **정점**vertex 혹은 **노드**node의 집합이고, E는 정점의 쌍들로 이루어진 집합이다. E 안에 있는 정점의 쌍을 **간선**edge이라 하고, 간선 (v_i, v_j)는 정점 v_i와 정점 v_j를 연결한 선이다.

그래프 G의 정점 $v_1, v_2, \cdots, v_n$은 n개의 점으로 표현하고, 간선으로 정점들을 연결한다. [그림 8-1]은 정점의 집합 $V = \{v_1, v_2, v_3, v_4, v_5\}$와 간선의 집합 $E = \{(v_1, v_2), (v_1, v_3), (v_2, v_3), (v_2, v_4), (v_3, v_5), (v_4, v_5)\}$로 이루어진 그래프이다.

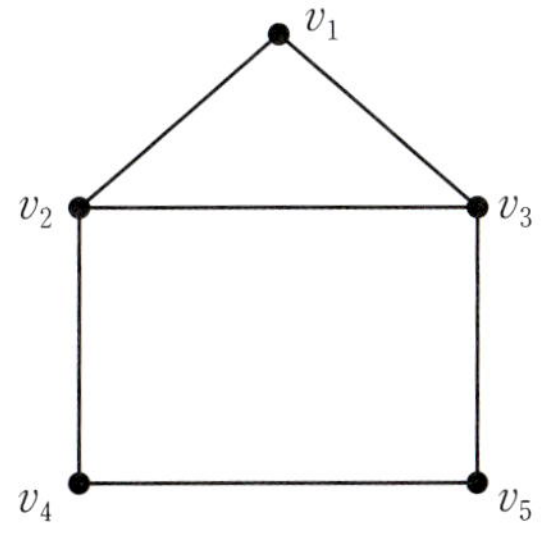

[그림 8-1] 그래프

[그림 8-1]에서 정의한 그래프와는 다른 그래프인 [그림 8-2]를 살펴보자.

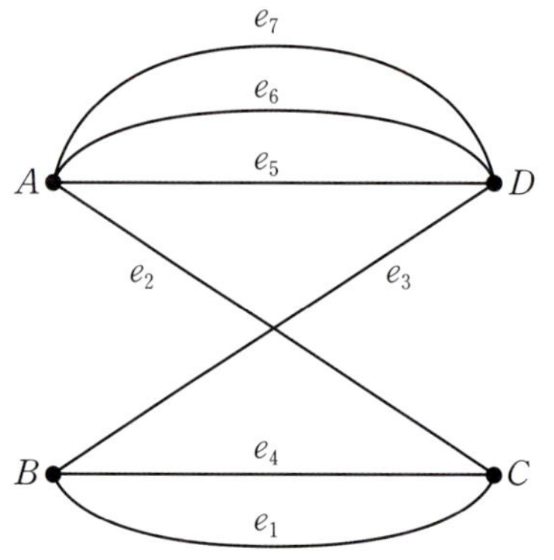

[그림 8-2] **다중 그래프**

[그림 8-2]의 간선 e_5, e_6는 동일한 정점 A와 D를 연결한다. 이와 같은 형태의 그래프를 다중 그래프라고 한다.

정의 8-2 다중 그래프

그래프 $G=(V,\ E)$에서 서로 다른 두 정점 사이에 두 개 이상의 간선이 허용되는 그래프를 **다중 그래프** multi-graph라고 한다.

이제 그래프의 종류에 대해 알아보자. 그래프는 간선의 종류에 따라 유향 그래프와 무향 그래프로 구분된다.

정의 8-3 유향 그래프

유향 그래프 directed graph $G=(V,\ E)$는 간선에 방향이 존재하는 그래프이다.

유향 그래프에 간선 $E=(v_1,\ v_2)$가 존재할 때, 간선 E는 정점 v_1에서 정점 v_2로 가는 방향을 가진 간선이다. 이때 정점 v_1을 **시점** initial point, source이라 하고, 정점 v_2를 **종점** terminal point, target이라고 한다. 정점 v_1에서 정점 v_2로 가는 간선은 화살표(→)로 표시하며, 정점 v_1과 정점 v_2는 서로 **인접한다** adjacent고 한다. 유향 그래프에서 정점의 차수는 내차수와 외차수로 구분된다. 정점 v가 종점인 간선의 개수를 정점 v의 **내차수** in-degree라 하고, 정점 v가 시점인 간선의 개수를 정점 v의 **외차수** out-degree라고 한다.

정의 8-4 무향 그래프

무향 그래프undirected graph $G = (V, E)$는 간선에 방향이 존재하지 않는 그래프이다.

무향 그래프에 간선 $E = (v_1, v_2)$가 존재할 때 간선 E는 정점 v_1에서 정점 v_2로 가는 방향과 정점 v_2에서 정점 v_1으로 가는 방향을 모두 가진다는 의미이다. 즉 방향성이 존재하지 않는다는 것은 양쪽 방향 모두를 갖는다는 의미이다. 무향 그래프에서는 두 개의 간선 $E_1 = (v_1, v_2)$와 $E_2 = (v_2, v_1)$이 동일한 간선이다. 또한 무향 그래프에서 정점의 차수는 그 정점에 연결된 간선의 수이다. 만약 무향 그래프가 자신의 정점에서 시작해서 다시 자기 자신으로 돌아오는 순환을 가지는 경우 그 정점의 차수는 2이다.

예제 8-1 무향 그래프와 유향 그래프 그리기

$V = \{1, 2, 3, 4\}$이고 $E = \{(1, 2), (1, 3), (1, 4), (2, 3), (2, 4), (3, 4)\}$인 그래프 $G = (V, E)$를 무향 그래프와 유향 그래프로 나타내라.

풀이

무향 그래프로 나타내면 [그림 (a)]와 같고, 유향 그래프로 나타내면 [그림 (b)]와 같다.

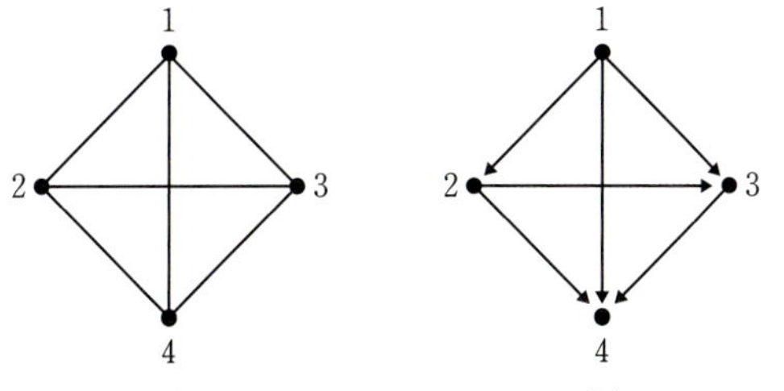

(a) (b)

예제 8-2 유향 그래프의 정점의 차수

다음 유향 그래프에서 각 정점의 외차수와 내차수를 구하라.

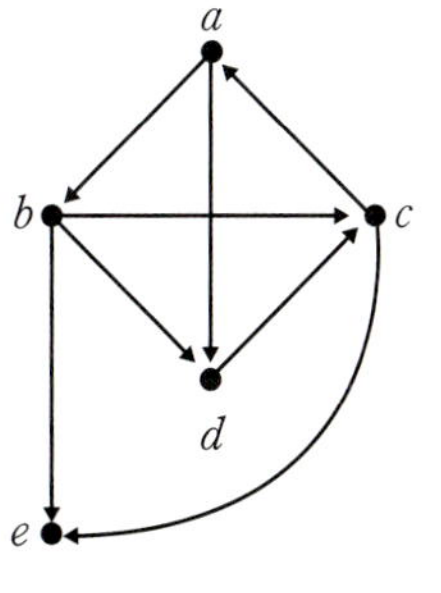

풀이

- 정점 a의 내차수는 1이고 외차수는 2이다.
- 정점 b의 내차수는 1이고 외차수는 3이다.
- 정점 c의 내차수는 2이고 외차수는 2이다.
- 정점 d의 내차수는 2이고 외차수는 1이다.
- 정점 e의 내차수는 2이고 외차수는 0이다.

예제 8-3 무향 그래프의 정점의 차수

다음 무향 그래프에서 각 정점의 차수를 구하라.

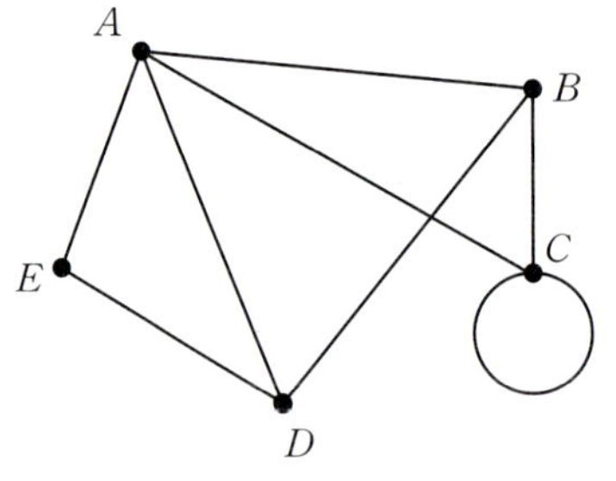

풀이

정점 A의 차수는 4, 정점 B의 차수는 3, 정점 C의 차수는 4, 정점 D의 차수는 3, 정점 E의 차수는 2이다.

무향 그래프에서 모든 정점의 차수의 합은 간선 수의 두 배가 된다. 또한 차수가 0인 정점을 **고립 정점**isolated vertex이라고 한다.

그래프 표현 방법

그래프 관련 문제를 풀 때는 문제 상황을 그래프로 모델링한 후에 해결하는 것이 보편적이다. 그러나 컴퓨터는 그림으로 표현된 정보를 이용할 수 없으므로 인접행렬이나 인접 리스트를 이용해 표현한다.

인접행렬로 표현한 그래프

인접행렬adjacency matrix이란 그래프의 연결 관계를 2차원 행렬로 나타내는 방법이다. 유향 그래프를 인접행렬로 나타내고자 할 때, i번째 정점이 시점이고 j번째 정점이 종점인 간선이 있으면 인접행렬 $\mathbf{M}$의 i행 j열 성분인 (M_{ij})를 1로 하고, 없으면 (M_{ij})를 0으로 한다.

또한 무향 그래프를 인접행렬로 나타내고자 할 때, i번째 정점과 j번째 정점을 연결하는 간선이 있으면 (M_{ij})와 (M_{ji})를 1로 하고, 없으면 0으로 한다. [그림 8-3]과 [그림 8-4]는 이와 같은 그래프와 인접행렬의 예이다. 만약 (M_{ij})가 1이라면 정점 v_i와 v_j는 **인접 정점** adjacent vertex이라고 한다.

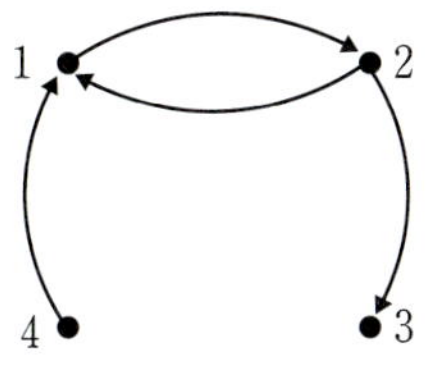

(a) 유향 그래프

$$\begin{array}{c|cccc} & 1 & 2 & 3 & 4 \\ \hline 1 & 0 & 1 & 0 & 0 \\ 2 & 1 & 0 & 1 & 0 \\ 3 & 0 & 0 & 0 & 0 \\ 4 & 1 & 0 & 0 & 0 \end{array}$$

(b) 인접행렬

[그림 8-3] **인접행렬로 표현한 유향 그래프**

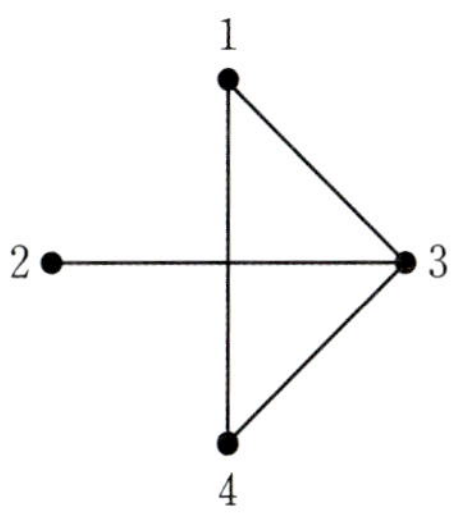

(a) 무향 그래프

$$\begin{array}{c|cccc} & 1 & 2 & 3 & 4 \\ \hline 1 & 0 & 0 & 1 & 1 \\ 2 & 0 & 0 & 1 & 0 \\ 3 & 1 & 1 & 0 & 1 \\ 4 & 1 & 0 & 1 & 0 \end{array}$$

(b) 인접행렬

[그림 8-4] **인접행렬로 표현한 무향 그래프**

만약 가중치가 있는 그래프라면 인접행렬의 성분 값에 1 대신 가중치 값을 직접 넣으면 된다. 무향 그래프에 대한 인접행렬은 대칭행렬이다. 무향 그래프에서 정점 v_i에서 정점 v_j로 가는 간선이 있다는 말은 정점 v_j에서 정점 v_i로 가는 간선도 존재한다는 의미이다. 따라서 무향 그래프의 인접행렬은 주대각 성분을 기준으로 성분들이 서로 대칭이라는 성질을 갖는다. [그림 8-4(a)]의 무향 그래프에 대한 인접행렬은 [그림 8-4(b)]이고 이 행렬은 대칭행렬임을 확인할 수 있다. 인접행렬의 장점은 구현이 간편하고, 배열을 사용하므로 탐색이 빨라서 간선의 수가 많은 경우에 적합하다는 것이다. 반면에 배열 때문에 기억 공간을 많이 사용하고, 정점에 비해 간선의 수가 너무 적으면 매우 비효율적이라는 단점이 있다.

예제 8-4 인접행렬

[예제 8-1]의 두 그래프를 인접행렬로 표현하라.

풀이

[예제 8-1]의 무향 그래프와 유향 그래프를 각각 인접행렬로 표현하면 다음과 같다.

$$\text{무향 그래프} : \begin{pmatrix} 0 & 1 & 1 & 1 \\ 1 & 0 & 1 & 1 \\ 1 & 1 & 0 & 1 \\ 1 & 1 & 1 & 0 \end{pmatrix}, \quad \text{유향 그래프} : \begin{pmatrix} 0 & 1 & 1 & 1 \\ 0 & 0 & 1 & 1 \\ 0 & 0 & 0 & 1 \\ 0 & 0 & 0 & 0 \end{pmatrix}$$

인접 리스트로 표현한 그래프

두 번째로 인접 리스트를 사용하는 방법을 살펴보자. **인접 리스트** adjacency list는 그래프의 한 정점에 연결된 정점들을 하나의 **연결 리스트** linked list로 표현하는 방법이다. 즉 정점의 수만큼 인접 리스트가 필요하며, 각 인접 리스트에는 인접한 정점의 정보가 저장된다. [그림 8-5]는 [그림 8-3(a)]의 유향 그래프를 인접 리스트로 나타낸 것이다.

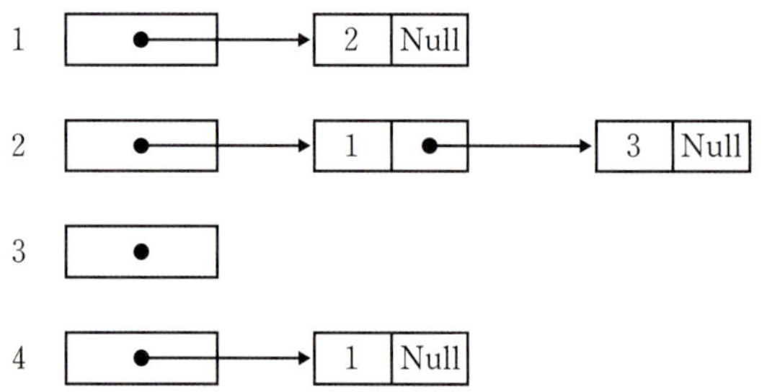

[그림 8-5] 인접 리스트로 표현한 유향 그래프

인접 리스트는 한 정점에 연결된 정점들을 찾기가 쉽고, 간선의 수만큼만 기억 공간을 사용하므로 기억 공간을 절약할 수 있다. 특히 간선의 수가 적은 경우에 매우 좋은 방법이다. 반면에 어떤 정점을 찾을 때 처음부터 검색하므로 탐색이 느리다는 단점이 있다.

예제 8-5 인접 리스트

[예제 8-1]의 두 그래프를 인접 리스트로 표현하라.

풀이

[예제 8-1]의 무향 그래프와 유향 그래프를 각각 인접 리스트로 표현하면 다음과 같다.

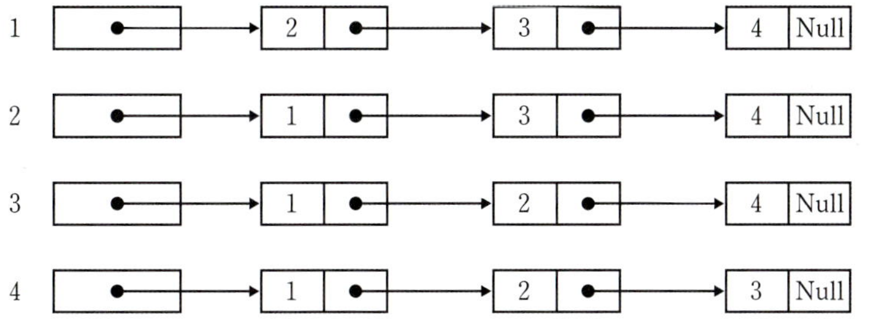

(a) 무향 그래프의 인접 리스트

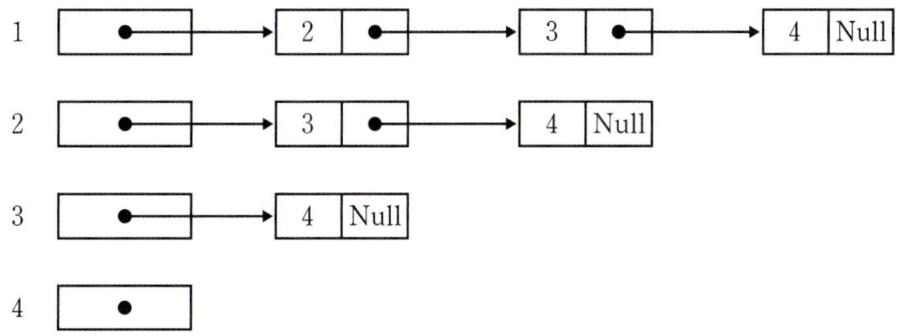

(b) 유향 그래프의 인접 리스트

경로

경로의 정의와 그래프에서 많이 사용되는 여러 가지 경로에 대해 알아보자.

정의 8-5 경로

그래프 G의 정점 v_p에서 정점 v_q로 가는 **경로**path란 (v_p, v_{i1}), (v_{i1}, v_{i2}), $\cdots$, (v_{in}, v_q)가 G의 간선인 경우이고, (v_p, v_{i1}), (v_{i1}, v_{i2}), $\cdots$, (v_{in}, v_q) 또는 v_p, v_{i1}, v_{i2}, $\cdots$, v_q 또는 $v_p \rightarrow v_{i1} \rightarrow v_{i2} \rightarrow \cdots \rightarrow v_q$로 표기한다.

정의 8-6 경로의 길이

경로의 길이length란 경로에 있는 간선의 수를 말한다. 일반적으로 경로를 말할 때 길이가 얼마인 경로라고 말한다.

정점 v_p에서 정점 v_q로 가는 경로 $v_p \to v_{i1} \to \cdots \to v_q$에서, 만일 $v_p \neq v_q$이면 경로 $v_p \to v_{i1} \to \cdots \to v_q$를 **개경로**open path라 하고, $v_p = v_q$이면 **루프**loop 또는 **회로**circuit라고 한다. 또한 개경로 $v_p \to v_{i1} \to \cdots \to v_q$의 정점 v_p, v_{i1}, $\cdots$, v_q가 서로 다르면 **고유경로**proper path라 하고, 루프 $v_p \to \cdots \to v_{in} \to v_q$의 정점 v_p, $\cdots$, v_{in}이 서로 다르면 **순환**cycle 또는 **사이클**이라고 한다.

예제 8-6 경로

다음 그래프에서 개경로, 루프, 고유경로, 순환을 찾으라.

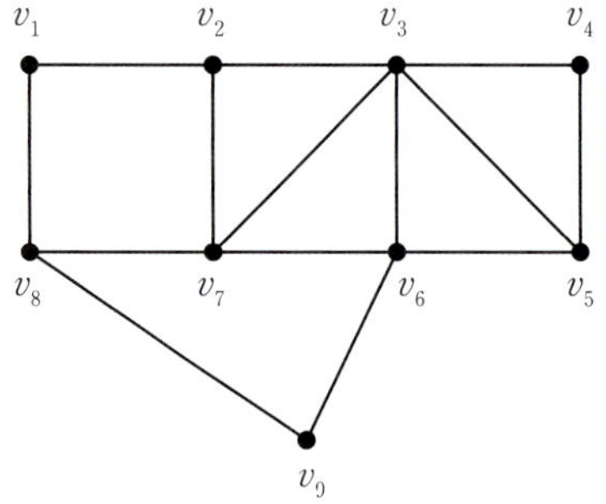

풀이

$v_1 \to v_2 \to v_3 \to v_4 \to v_5 \to v_3 \to v_7 \to v_8$은 길이가 7인 개경로이고, $v_1 \to v_2 \to v_3 \to v_5 \to v_4 \to v_3 \to v_2 \to v_1$은 길이가 7인 루프이다. 그리고 $v_1 \to v_2 \to v_3 \to v_7 \to v_8$은 길이가 4인 고유경로이고, $v_1 \to v_2 \to v_3 \to v_4 \to v_5 \to v_6 \to v_7 \to v_8 \to v_1$은 길이가 8인 순환이다.

정의 8-7 단순경로

단순경로simple path는 경로의 시점과 종점은 같을 수 있으나, 그 외의 경로에 있는 모든 정점이 서로 다른 경우의 경로이다. 즉 고유경로와 순환은 단순경로이다.

[그림 8-6]의 유향 그래프를 생각해보자.

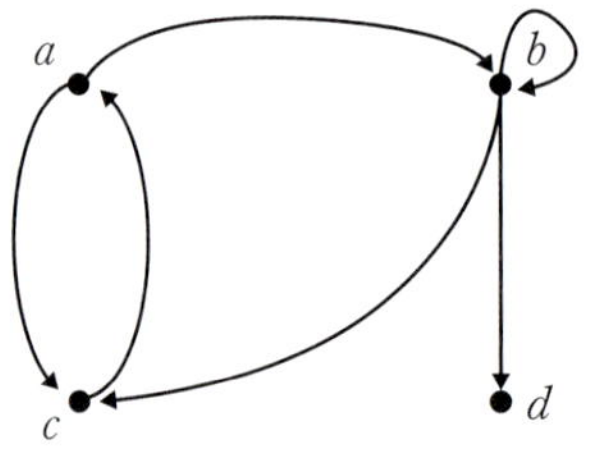

[그림 8-6] 유향 그래프의 예

$a \to c$, $a \to b \to c$, $a \to c \to a \to c$, $a \to b \to b \to c$는 각각 정점 a에서 정점 c로 가는 경로이다. 처음 두 경로는 단순경로이지만 마지막 두 경로는 단순경로가 아니다. $a \to c \to a$와 $a \to b \to c \to a$는 순환이다. $a \to c \to a \to c \to a$와 $a \to b \to b \to c \to a$는 루프지만 순환은 아니다.

예제 8-7 단순경로, 순환, 루프

버스나 지하철의 노선 안내도는 일종의 무향 그래프이다. 다음의 부분 지하철 노선도에서 수원에서 신창까지의 경로가 단순경로인지 아닌지, 순환 혹은 루프인지 확인하라.

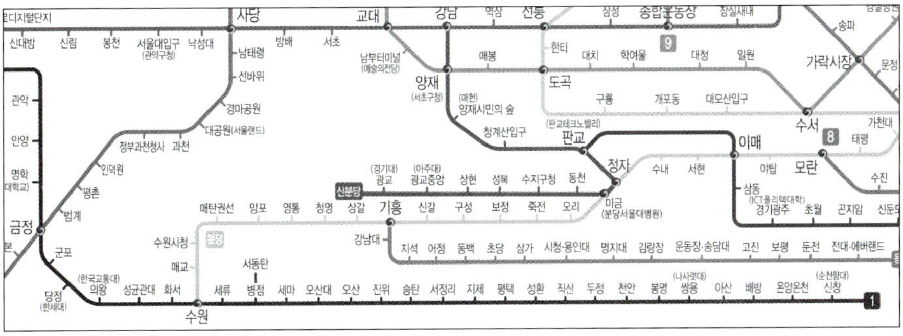

풀이

수원에서 신창까지의 경로는 경로상의 모든 정점이 다르므로 단순경로이다. 그러나 시점과 종점이 다르므로 순환이나 루프는 아니다.

정의 8-8 연결

무향 그래프 G에서 서로 다른 두 정점 u, v 사이에 경로가 존재한다면 두 정점 u, v는 **연결**connected되었다고 한다. 또한 유향 그래프 G에서 서로 다른 임의의 두 정점 u, v 사이에 경로가 존재하면(정점 u에서 정점 v로의 경로 및 정점 v에서 정점 u로의 경로가 존재하면) 유향 그래프 G는 **강하게 연결**strongly connected되었다고 한다.

예제 8-8 강하게 연결

다음 그래프가 강하게 연결되었는지 확인하라.

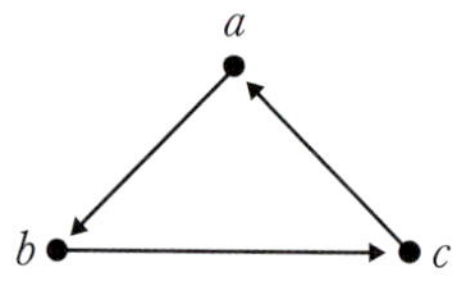

풀이

(a, b), (b, c), (a, c), (b, a), (c, b), (c, a) 등과 같이 서로 다른 임의의 두 정점 사이에 경로가 존재하므로 강하게 연결되었다.

무향 그래프의 서로 다른 임의의 두 정점 사이에 경로가 존재하면 **연결 그래프**connected graph라고 한다. [그림 8-7(a)]는 연결 그래프이고, [그림 8-7(b)]는 연결 그래프가 아니다.

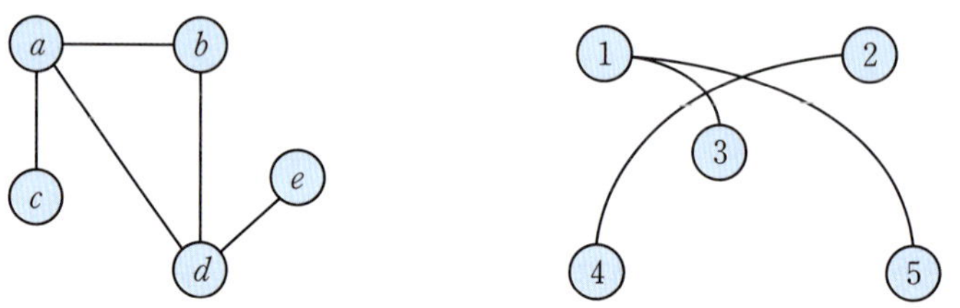

(a) 연결 그래프 (b) 연결 그래프가 아님

[그림 8-7] 연결 그래프와 연결 그래프가 아닌 예

SECTION

8.2 여러 가지 그래프

이 절에서는 여러 가지 그래프의 종류와 그래프의 탐색 및 최단 경로 등에 대해 살펴본다.

정의 8-9 완전 그래프

무향 그래프 $G=(V, E)$에서 서로 다른 임의의 두 정점 사이에 간선이 존재하면 무향 그래프 G를 **완전 그래프**complete graph라고 한다.

완전 그래프에서는 간선의 수를 알 수 있는데, n개의 정점을 갖는 완전 그래프는 $\frac{n(n-1)}{2}$개의 간선을 갖는다. n개의 정점을 갖는 완전 그래프는 K_n으로 표기한다.

예제 8-9 완전 그래프의 간선의 수

다음과 같은 완전 그래프의 간선의 수를 구하라.

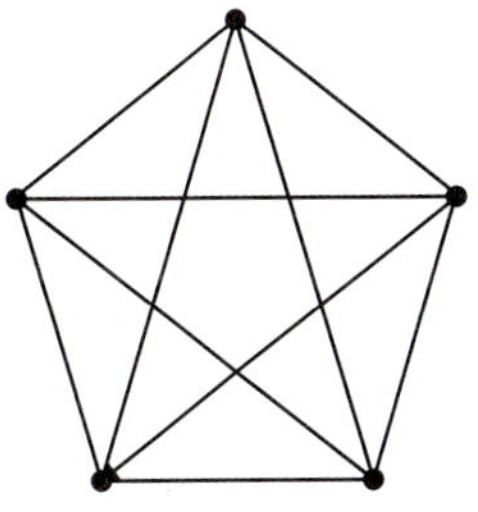

풀이

정점의 수가 5개인 완전 그래프이므로, 간선의 수는 $\frac{5(5-1)}{2}=10$개이다.

[예제 8-9]와 같은 그래프는 5개의 정점을 가진 완전 그래프이다. 그러므로 K_5로 표기한다. 또한 K_5에서 각 정점의 차수를 구해보면 모두 4차이다. 즉 n개의 정점을 갖는 완전 그래프의 모든 정점의 차수는 $n-1$차이다. 그래서 이와 같은 그래프를 4차 완전 그래프라고도 한다.

정의 8-10　정규 그래프

그래프 $G=(V, E)$의 모든 정점의 차수가 같으면 그래프 G를 **정규 그래프** regular graph 라고 한다. 모든 정점의 차수가 n이면 **n차 정규 그래프**라고 한다.

예제 8-10　정규 그래프

다음과 같은 세 개의 그래프가 정규 그래프인지 판단하라.

(a) (b) (c)

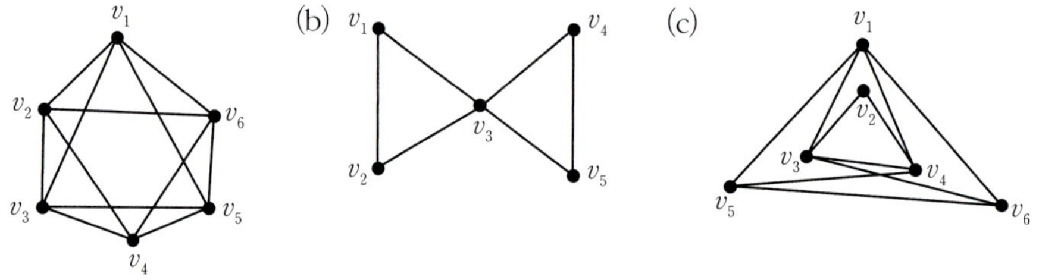

풀이

정규 그래프인지 판단하기 위해서는 각 정점의 차수를 계산해야 한다.

(a) 모든 정점의 차수가 4로 같으므로 4차 정규 그래프이다.

(b) 정점 v_1, v_2, v_4, v_5의 차수는 2이고, 정점 v_3의 차수는 4이므로 정규 그래프가 아니다.

(c) 정점 v_1의 차수는 4이지만, 정점 v_2의 차수는 2이므로 정규 그래프가 아니다.

정의 8-11　동형 그래프, 준동형 그래프

그래프 $G=(V, E)$와 $G^*=(V^*, E^*)$에 대해 함수 $f: V \rightarrow V^*$가 $(u, v) \in E \Leftrightarrow (f(u), f(v)) \in E^*$를 만족하는 전단사함수이면, G와 G^*를 **동형 그래프** isomorphic graph 라고 한다. 또한 임의의 그래프 G에서 간선 위에 정점을 추가해 새로운 그래프를 만들 수 있다. G'과 G''이 그래프 G의 간선 위에 정점을 추가해 만든 그래프라고 하면, G'과 G''을 그래프 G의 **준동형 그래프** homomorphism graph 라고 한다.

예제 8-11 동형 그래프 판단

다음 두 그래프가 동형 그래프인지 판단하라.

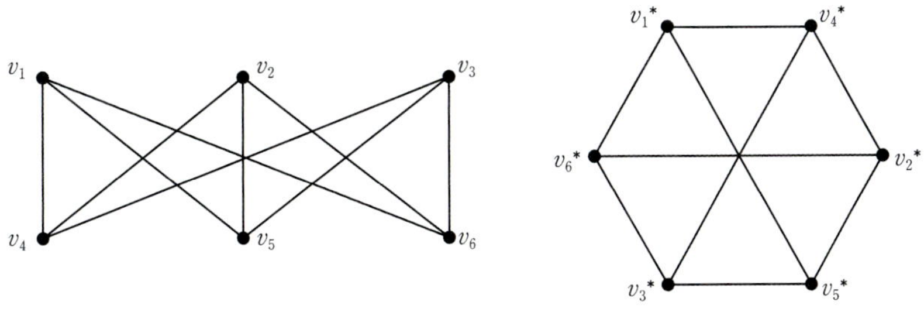

풀이

주어진 두 그래프를 각각 $G=(V,\ E)$와 $G^*=(V^*,\ E^*)$라고 하자. $V=\{v_1,\ v_2,\ v_3,\ v_4,\ v_5,\ v_6\}$를 $V^*=\{v_1^*,\ v_2^*,\ v_3^*,\ v_4^*,\ v_5^*,\ v_6^*\}$에 대응시키면 다음과 같다.

$$(v_1,\ v_4)\in E \Leftrightarrow (v_1^*,\ v_4^*)\in E^*,\quad (v_1,\ v_5)\in E \Leftrightarrow (v_1^*,\ v_5^*)\in E^*$$
$$(v_1,\ v_6)\in E \Leftrightarrow (v_1^*,\ v_6^*)\in E^*,\quad (v_4,\ v_2)\in E \Leftrightarrow (v_4^*,\ v_2^*)\in E^*$$
$$(v_4,\ v_3)\in E \Leftrightarrow (v_4^*,\ v_3^*)\in E^*,\quad (v_2,\ v_5)\in E \Leftrightarrow (v_2^*,\ v_5^*)\in E^*$$
$$(v_2,\ v_6)\in E \Leftrightarrow (v_2^*,\ v_6^*)\in E^*,\quad (v_5,\ v_3)\in E \Leftrightarrow (v_5^*,\ v_3^*)\in E^*$$
$$(v_3,\ v_6)\in E \Leftrightarrow (v_3^*,\ v_6^*)\in E^*$$

즉 $(u,\ v)\in E \Leftrightarrow (f(u),\ f(v))\in E^*$를 모두 만족하는 전단사함수 f가 존재한다. 그러므로 두 그래프 $G=(V,\ E)$와 $G^*=(V^*,\ E^*)$는 동형 그래프이다.

[그림 8-8]의 그래프 (a)와 (b)는 (c)의 준동형 그래프이다. 왜냐하면 [그림 8-8]의 그래프 (a)와 (b)는 [그림 8-8]의 그래프 (c)의 간선 위에 정점을 추가해 만든 그래프이기 때문이다.

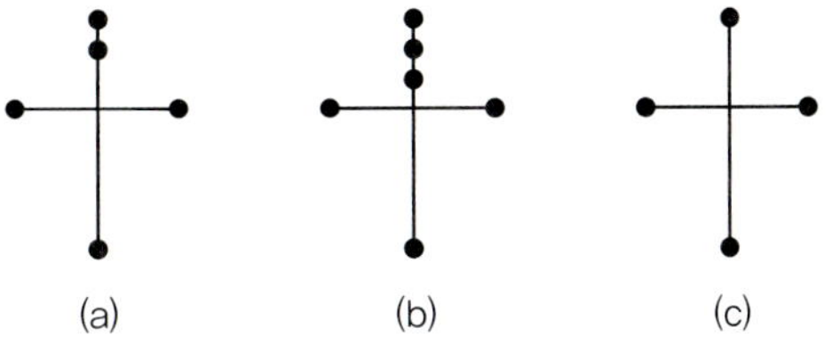

[그림 8-8] 준동형 그래프

정의 8-12 부분 그래프, 스패닝 그래프

그래프 $G=(V, E)$가 있을 때 $V' \subseteq V$이고 $E' \subseteq E$인 그래프 $G'=(V', E')$을 G의 **부분 그래프**subgraph라고 한다. 특히 $E' \neq E$이면 **진부분 그래프**proper subgraph라고 한다. 그리고 $V' = V$이고 $E' \subseteq E$이면 G'을 G의 **스패닝 그래프**spanning graph라고 한다.

부분 그래프는 어떤 그래프 G의 정점과 간선의 일부분으로 이루어진 그래프를 말한다. 그리고 부분 그래프 중 그래프 G의 정점을 모두 포함하지만, 간선은 일부만 포함하는 그래프가 스패닝 그래프이다.

예제 8-12 부분 그래프

다음 그래프의 부분 그래프를 그려라.

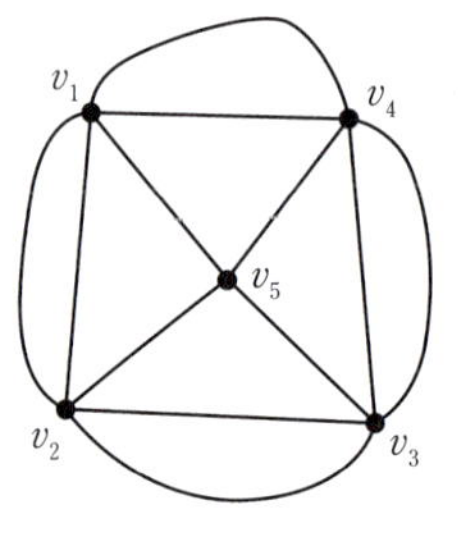

풀이

여러 가지 부분 그래프가 존재한다. 그중 두 개를 그리면 다음과 같다.

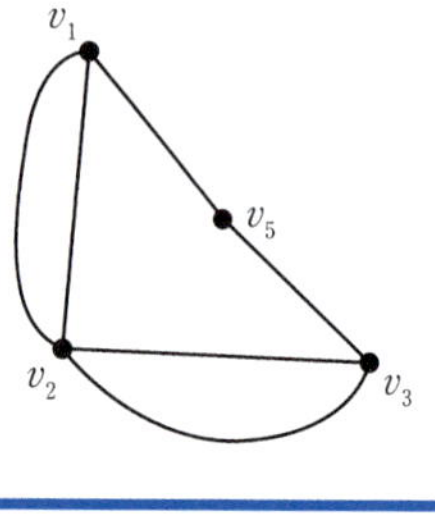

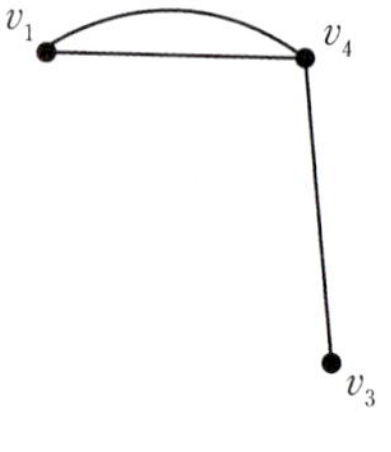

예제 8-13 스패닝 그래프

[예제 8-11]에 주어진 두 그래프의 스패닝 그래프를 각각 그려라.

풀이

여러 가지 스패닝 그래프가 존재한다. 두 그래프의 스패닝 그래프를 각각 하나씩 그리면 다음과 같다.

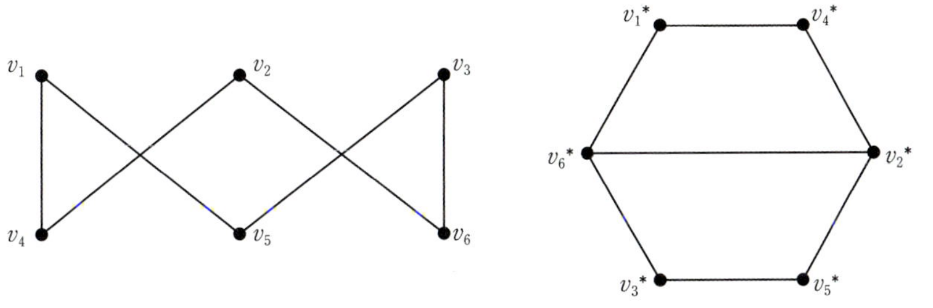

위 그래프는 스패닝 그래프의 정의인 $V' = V$와 $E' \subseteq E$를 만족하도록 [예제 8-11]의 두 그래프에서 간선을 몇 개 삭제한 그래프이다.

정의 8-13 이분 그래프, 완전 이분 그래프

그래프 $G=(V, E)$에서 정점의 집합 V가 두 부분집합 M과 N으로 분할되어 $(V=M \cup N, M \cap N = \varnothing)$, 모든 정점이 M의 한 정점에서 N의 어떤 정점으로 연결되는 그래프 G를 **이분 그래프**bipartite graph라고 한다. 특히 M의 모든 정점과 N의 모든 정점 사이에 간선이 존재하면 G를 **완전 이분 그래프**complete bipartite graph라고 한다. 즉 완전 그래프이면서 이분 그래프이다.

이분 그래프는 인접한 정점끼리 서로 다른 색으로 칠함으로써 모든 정점을 두 가지 색으로만 칠할 수 있는 그래프를 말한다. 즉 그래프의 모든 정점이 두 그룹으로 나눠지고 서로 다른 그룹의 정점이 간선으로 연결된 그래프이다. 한 그룹에 있는 모든 정점과 다른 그룹에 있는 정점 사이에는 간선이 존재해야 하고, 이는 다른 그룹도 마찬가지이다. 이분 그래프는 현실에서 굉장히 많이 쓰이는 중요한 그래프이다. 예를 들면 학생들과 교과목의 관계를 통해 학생들이 어떤 교과목을 듣는지에 대한 관계를 이분 그래프로 나타낼 수 있다.

예제 8-14 이분 그래프, 완전 이분 그래프

다음 그래프가 이분 그래프인지, 완전 이분 그래프인지, 아니면 이분 그래프가 아닌지 판단하라.

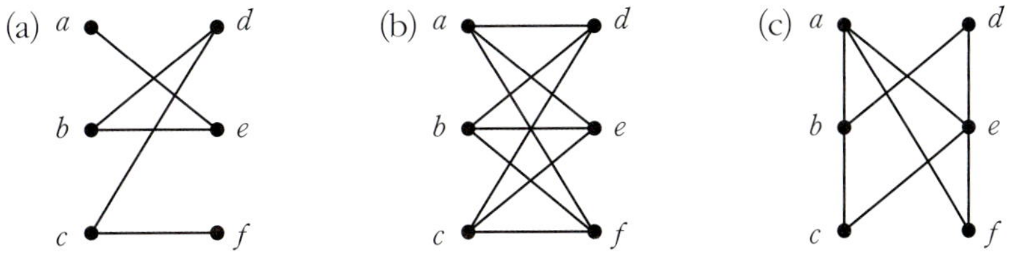

풀이

(a) 왼쪽에 있는 세 정점 a, b, c와 오른쪽에 있는 세 정점 d, e, f로 분할할 수 있다. 정점 a, b, c 사이에 간선이 존재하지 않고, 정점 d, e, f 사이에도 간선이 존재하지 않는다. 정점 a는 정점 e와, 정점 b는 정점 d, e와, 정점 c는 정점 d, f와 인접하는 간선이 존재하므로 이분 그래프이다. 그러나 정점 a와 정점 d, f, 정점 b와 정점 f, 정점 c와 정점 e 사이에는 간선이 존재하지 않으므로 완전 이분 그래프는 아니다.

(b) 왼쪽에 있는 세 정점 a, b, c와 오른쪽에 있는 세 정점 d, e, f로 분할하면 왼쪽과 오른쪽의 모든 정점 사이에 간선이 존재하므로 완전 이분 그래프이다.

(c) 이분 그래프가 되게 정점들을 두 그룹으로 분할할 수 없으므로 이분 그래프가 아니다.

그래프 $G=(V, E)$에서 정점의 집합 V가 두 부분집합 M과 N으로 분할되어 있고, M의 정점의 수가 m개이고 N의 정점의 수가 n개인 완전 이분 그래프를 $K_{m,n}$으로 표기한다. $K_{m,n}$은 $m \times n$개의 간선을 갖는다. [예제 8-14(b)]는 완전 이분 그래프로 $K_{3,3}$이다.

정의 8-14 희소 그래프, 밀집 그래프

희소 그래프 sparse graph는 간선의 수가 정점의 수보다 훨씬 적은 그래프를 말하고, 주로 인접 리스트를 이용해 표현한다. **밀집 그래프** dense graph는 간선의 수가 최대에 가까운 그래프를 말하고, 주로 인접행렬을 이용해 표현한다.

희소 그래프와 밀집 그래프는 정점과 간선의 수를 가지고 판단한다. 그러나 얼마를 기준으로 하는가는 상황에 따라 다르다. 예를 들어 [그림 8-9(a)]의 그래프는 정점의 수 5개보다 간선의 수 3개가 적으므로 희소 그래프이다. 반면에 [그림 8-9(b)]의 그래프는 정점의 수가 5개이므로 최대 간선의 수는 10개이다. [그림 8-9(b)]의 그래프의 간선의 수는 9개로 간선의 수가 최대에 가까우므로 밀집 그래프이다.

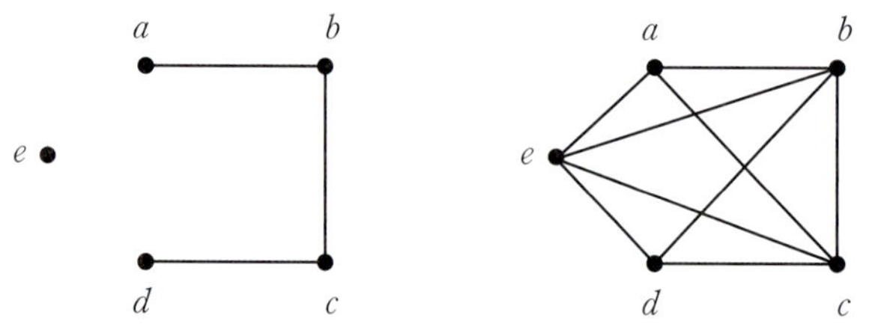

(a) 희소 그래프 (b) 밀집 그래프

[그림 8-9] 희소 그래프와 밀집 그래프

정의 8-15 가중치 그래프

가중치 그래프weighted graph는 그래프 $G=(V, E)$의 간선에 음수가 아닌 가중치를 할당한 그래프이다.

여기서 가중치는 두 정점 사이의 거리, 시간, 비용 등을 나타낼 수 있다. 가중치 그래프는 전력선 연결, 도로망 건설, 컴퓨터 네트워크 등에 응용되며 최단 경로, 최소 비용을 계산할 때 사용된다.

예제 8-15 가중치 그래프

다음과 같은 가중치 그래프를 보고 정점 1에서 정점 5로 가는 가중치의 합이 가장 작은 경로를 구하라.

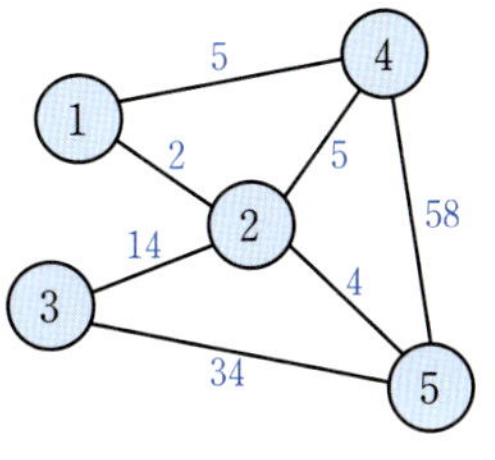

풀이

정점 1에서 정점 5로 가는 가중치의 합이 가장 작은 경로는 $1\rightarrow2\rightarrow5$로서, 가중치의 합은 6이다.

[예제 8-15]의 가중치 그래프를 인접행렬로 나타내면 다음과 같다.

$$\begin{array}{c} \\ 1 \\ 2 \\ 3 \\ 4 \\ 5 \end{array}\begin{array}{c} \begin{array}{ccccc} 1 & 2 & 3 & 4 & 5 \end{array} \\ \begin{pmatrix} 0 & 2 & 0 & 5 & 0 \\ 2 & 0 & 14 & 5 & 4 \\ 0 & 14 & 0 & 0 & 34 \\ 5 & 5 & 0 & 0 & 58 \\ 0 & 4 & 34 & 58 & 0 \end{pmatrix} \end{array}$$

최근 소셜네트워크 분석 분야에서 많이 사용되는 **영향력 그래프** influence graph에 대해 알아보자. 영향력 그래프는 유향 그래프로서, 행동을 모델링하는 데 사용된다. 영향력 그래프에서는 각 사람을 정점으로 표현하고, 정점 a가 정점 b에 영향을 끼친다고 하면 정점 a에서 정점 b로의 간선이 존재한다. [그림 8-10]은 영향력 그래프의 예이다.

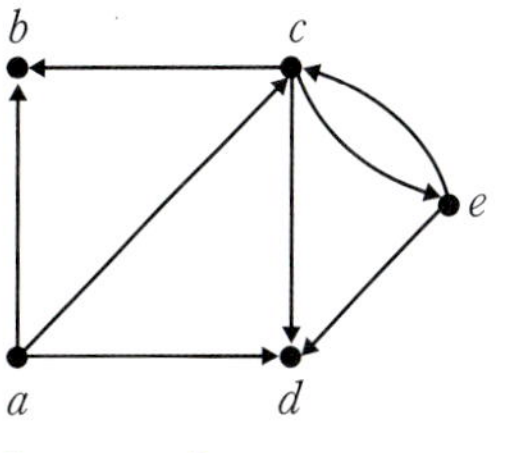

[그림 8-10] 영향력 그래프

[그림 8-10]에서 a라는 사람은 b, c, d라는 사람에게 영향을 끼치고 있다. c라는 사람은 b, d, e라는 사람에게 영향을 끼치고 있고, b라는 사람은 다른 사람에게 영향을 끼치지 못하고 있다. 그러므로 a, b, c, d, e라는 다섯 사람 중 a와 c가 다른 사람에게 가장 많은 영향을 끼치는 사람이다. 다른 사람에게 영향을 끼친다는 것은 유향 그래프에서 각 정점에 대한 외차수가 높음을 의미한다.

컴퓨터에서는 여러 명령문을 동시에 실행함으로써 프로그램을 더 빠르게 실행할 수 있다. 이러한 경우에 필요한 그래프가 **우선순위 그래프** precedence graph 또는 **자료종속 그래프** data dependence graph이다. 우선순위 그래프는 이전 명령문에 대한 의존도를 유향 그래프로 나타낸 것으로, 각 명령문을 정점으로 표현하고 정점 a에서 정점 b로의 간선이 존재하면 정점 b의 명령문은 정점 a의 명령문이 수행되기 전에 실행될 수 없음을 의미한다. [그림 8-11(a)]는 간단한 프로그램이고, [그림 8-11(b)]는 [그림 8-11(a)]에 대한 우선순위 그래프이다.

S_1 : $a := 5$

S_2 : $b := 10$

S_3 : $c := a+1$

S_4 : $d := b+a$

S_5 : $e := d+1$

S_6 : $f := c+d$

(a) 간단한 프로그램

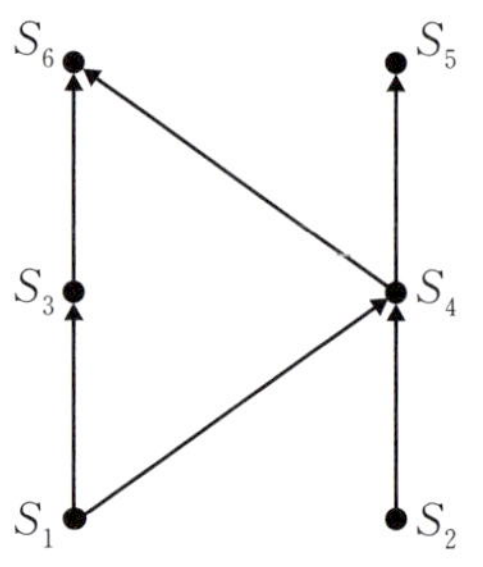

(b) 우선순위 그래프

[그림 8-11] 간단한 프로그램과 우선순위 그래프

[그림 8-11]에서 문장 S_1과 S_2는 동시에 처리해도 문제가 없으나, 문장 S_4는 문장 S_1과 S_2가 실행된 다음에 실행할 수 있다. 또한 문장 S_6는 문장 S_1, S_2, S_3, S_4가 실행된 다음에 실행할 수 있다.

그래프 이론을 제시한 쾨니히스베르크의 다리 건너기 문제는 오일러 그래프에 대한 문제이다. 그래서 오일러 그래프는 한붓그리기로 잘 알려져 있다. 오일러 그래프는 그래프의 한 정점에서 시작하여 붓을 떼지 않고 모든 간선을 딱 한 번씩만 지나서 다시 돌아오는 그래프이다.

정의 8-16 오일러 루프, 오일러 그래프

그래프 G가 있다고 할 때, G의 한 정점에서 시작하여 G의 모든 간선을 딱 한 번만 지나서 다시 시작 정점으로 돌아오는 루프를 **오일러 루프** Euler loop라 하고, 이러한 루프를 갖는 그래프를 **오일러 그래프** Euler graph라고 한다.

예제 8-16 **오일러 루프**

다음 그래프에서 $v_1 \to v_2 \to v_4 \to v_5 \to v_3 \to v_2 \to v_5 \to v_1 \to v_4 \to v_3 \to v_1$이 오일러 루프인지 판단하라.

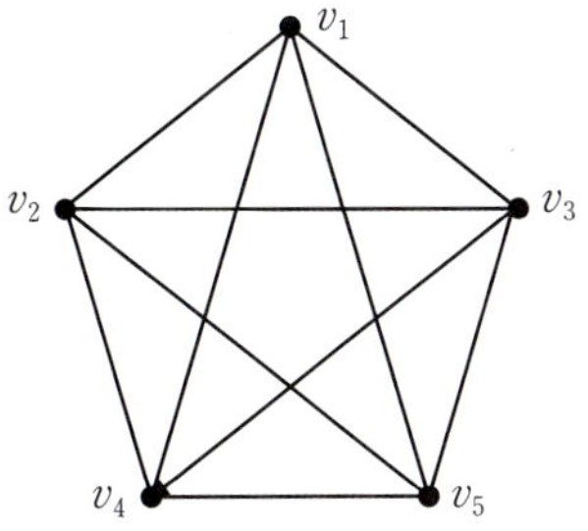

풀이

오일러 루프가 되기 위해서는 시점과 종점이 같은지를 확인하면 된다. 시점과 종점이 v_1으로 같으므로 루프이다. 그리고 모든 간선을 딱 한 번만 지나므로 오일러 루프이다.

어떤 다중 그래프가 오일러 그래프인지를 결정하는 간단한 기준이 있다. 이 기준은 오일러가 쾨니히스베르크 다리 건너기 문제를 풀 때 발견했다.

정리 8-1 **오일러 그래프가 될 필요충분조건**

연결 그래프 G가 오일러 그래프가 될 필요충분조건은 G의 모든 정점의 차수가 짝수인 것이다.

증명 생략

[예제 8-16]의 그래프는 오일러 그래프이다. 왜냐하면 모든 정점 v_1, v_2, v_3, v_4, v_5의 차수가 4로 짝수이기 때문이다. 즉 경로 $v_1 \to v_2 \to v_4 \to v_5 \to v_3 \to v_2 \to v_5 \to v_1 \to v_4 \to v_3 \to v_1$은 정점 v_1에서 시작해서 모든 간선을 딱 한 번만 거쳐서 다시 정점 v_1으로 온다.

이제 오일러 그래프와 비슷해 보이지만 전혀 다른 해밀턴 그래프에 대해 알아보자. 해밀턴 그래프는 판매원 탐방 문제로 알려져 있다. 오일러 그래프에 대한 판단은 그래프에서 정점의 차수를 점검함으로써 쉽게 대답할 수 있었지만 해밀턴 그래프에 대한 판단은 매우 어렵다.

정의 8-17 해밀턴 순환, 해밀턴 그래프

그래프 G가 있다고 할 때, G의 어떤 정점에서 시작하여 모든 정점을 딱 한 번만 지나서 다시 시작 정점까지 돌아오는 순환을 **해밀턴 순환**[Hamilton cycle]이라 하고, 이런 순환을 갖는 그래프를 **해밀턴 그래프**[Hamilton graph]라고 한다.

아일랜드 대학자인 W. R. 해밀턴[W. R. Hamilton]은 12면체 모양의 수수께끼 하나를 제시했다. 각 정점에 도시 이름을 적고, 어떤 도시에서 출발하여 간선들을 따라서 한 도시를 딱 한 번만 방문하여, 최초의 출발 도시로 돌아오는 것이다. 해밀턴의 수수께끼는 12면체를 평면으로 나타낸 [그림 8-12]에서 해밀턴 순환을 찾을 수 있다면 해결된다. 이때 각 정점은 딱 한 번만 포함해야 함에 유의한다. 해밀턴 순환을 찾기 위해 12면체를 평면으로 나타낸 [그림 8-12]의 각 정점에 번호를 붙인 [그림 8-13]에서 해밀턴은 다음과 같은 해밀턴 순환을 찾아냈다.

$$1\rightarrow2\rightarrow3\rightarrow4\rightarrow5\rightarrow6\rightarrow7\rightarrow8\rightarrow9\rightarrow10\rightarrow11\rightarrow12\rightarrow13\rightarrow14\rightarrow15\rightarrow16$$
$$\rightarrow17\rightarrow18\rightarrow19\rightarrow20\rightarrow1$$

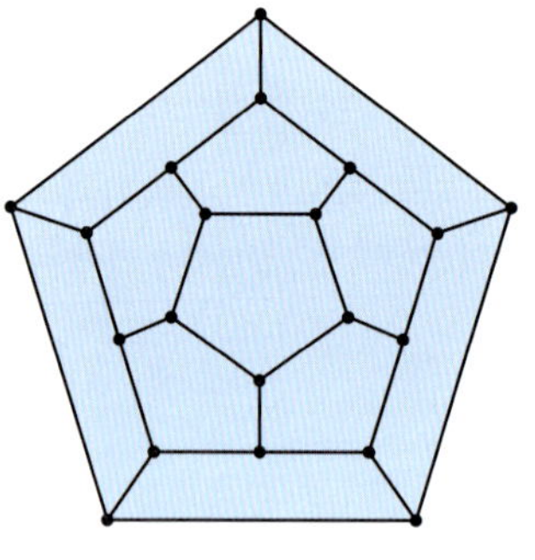

[그림 8-12] 12면체 평면 버전

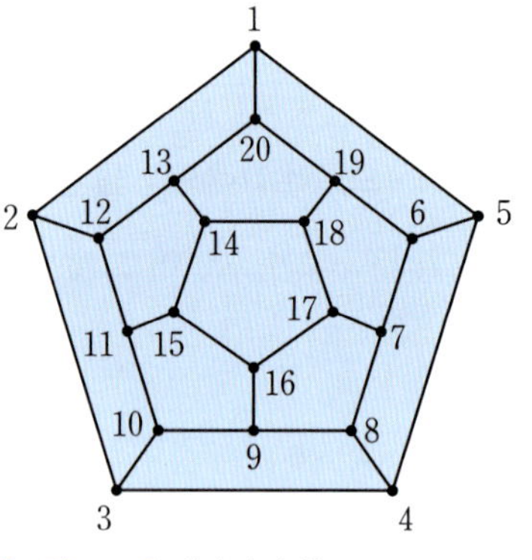

[그림 8-13] 해밀턴 순환

예제 8-17 오일러 그래프와 해밀턴 그래프 판단 (1)

다음 그래프가 오일러 그래프인지 해밀턴 그래프인지 판단하라.

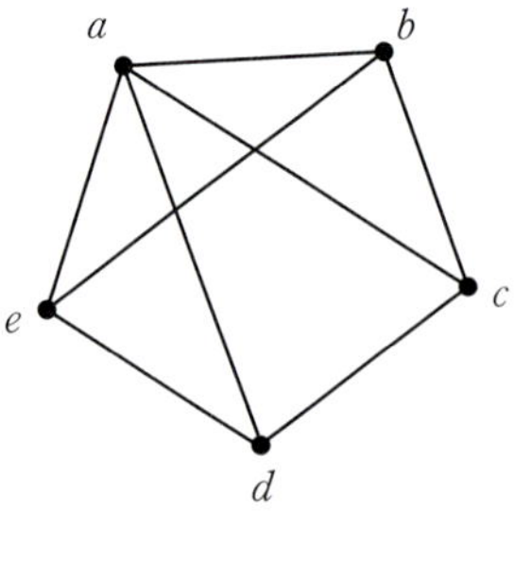

풀이

오일러 그래프가 되기 위해서는 모든 정점의 차수가 짝수여야 한다. 그런데 정점 b, c, d, e의 차수가 짝수가 아니므로 오일러 그래프는 아니다. 한편, 다음과 같이 정점 a로부터 출발한다면 $a \rightarrow b \rightarrow c \rightarrow d \rightarrow e \rightarrow a$까지 모든 정점을 딱 한 번만 지나서 다시 시작 정점으로 올 수 있으므로 해밀턴 그래프이다.

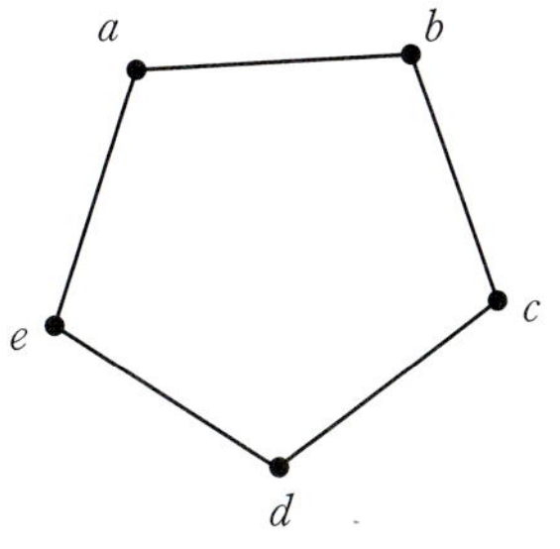

즉 주어진 그래프는 해밀턴 그래프이지만 오일러 그래프는 아니다.

예제 8-18 오일러 그래프와 해밀턴 그래프 판단 (2)

다음 그래프가 오일러 그래프인지 해밀턴 그래프인지 판단하라.

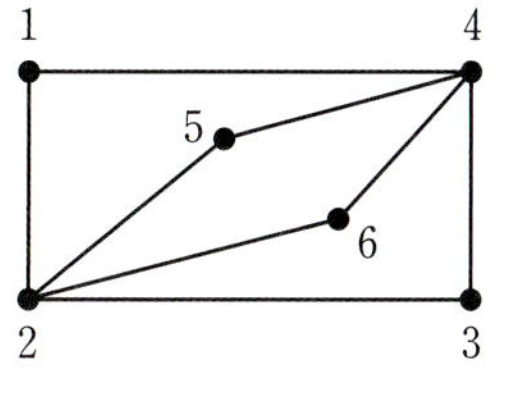

풀이

먼저 오일러 그래프인지 확인해보자. 모든 정점의 차수가 짝수이므로 오일러 그래프이다. $1 \rightarrow 2 \rightarrow 3 \rightarrow 4 \rightarrow 5 \rightarrow 2 \rightarrow 6 \rightarrow 4 \rightarrow 1$의 순서로 모든 간선을 딱 한 번만 지나서 다시 시작 정점으로 올 수 있으므로 오일러 그래프임을 직접 확인할 수 있다.

이번에는 해밀턴 그래프인지 확인해보자. 모든 정점을 딱 한 번만 지나서 다시 시작 정점으로 돌아오는 해밀턴 순환이 존재하지 않으므로 해밀턴 그래프는 아니다.

수학자 오일러와 해밀턴은 어떤 그래프 G에서 루프나 순환을 찾는 방법을 연구했다. 오일러는 그래프를 구성하는 모든 간선을 딱 한 번만 지나는 루프를 찾는 방법을 연구했고, 해밀턴은 그래프를 구성하는 모든 정점을 딱 한 번만 지나는 순환을 찾는 방법을 연구했다.

이제 해밀턴 그래프와 관련 있는 판매원 탐방 문제를 살펴보자. **판매원 탐방 문제**traveling salesperson problem는 그래프에서 해밀턴 순환을 찾는 문제와 관련 있다. 이 문제는 가중치 그래프 G에서 최소 길이를 갖는 해밀턴 순환을 찾는 문제이다.

가중치 그래프에서 도시를 정점으로 두고 간선에 도시 사이의 거리를 가중치로 주는 경우에, 판매원 탐방 문제는 판매원이 어느 도시를 출발하여 각 도시를 딱 한 번만 방문하여 출발지로 다시 돌아오는 최소 거리의 순환을 찾는 문제가 된다. 즉 이 문제는 완전 그래프에서 전체 가중치의 합이 가장 작은 해밀턴 순환을 찾는 것과 같다.

예제 8-19 **판매원 탐방 문제**

다음과 같은 가중치 그래프에서 판매원 탐방 문제를 해결하라.

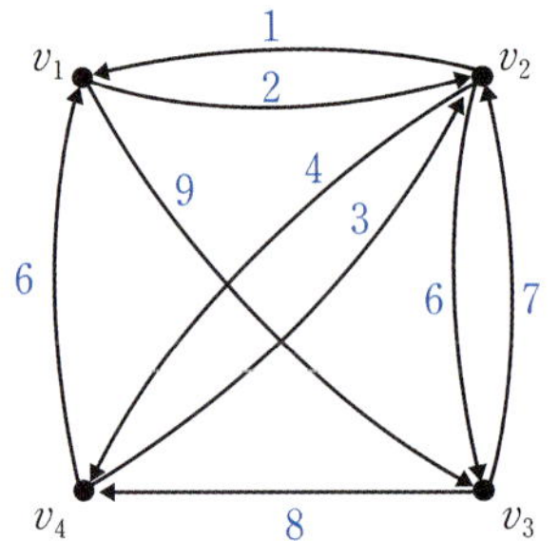

풀이

주어진 그래프에 해밀턴 순환은 여러 개 존재하지만, 가중치의 합이 최소가 되는 최소 길이의 해밀턴 순환은 $v_1 \to v_3 \to v_4 \to v_2 \to v_1$으로서, 가중치의 합은 21이다.

앞서 살펴봤듯이, 판매원 탐방 문제는 완전 그래프에서 전체 가중치의 합이 최소가 되는 해밀턴 순환을 찾는 것이다. 그렇다면 n개의 정점을 갖는 그래프에서 판매원 탐방 문제를 해결하는 순환은 얼마나 많이 존재할까? 일단 시작 정점을 선택하면 $(n-1)!$개의 서로 다른 해밀턴 순환이 존재한다. 여기서 역순으로 진행되는 순환이 중복되므로 총 $\frac{(n-1)!}{2}$개가 존재한다. 그러나 이를 수행하는 데 엄청난 시간이 소요되므로 일반적으로는 이 방법으로 문제를 해결하기 쉽지 않다.

SECTION 8.3 그래프 탐색과 최단 경로

이 절에서는 그래프 탐색과 두 정점 사이의 가장 짧은 경로를 발견하는 최단 경로 문제에 대해 간단하게 살펴본다. 무향 그래프 $G=(V, E)$와 V에 있는 정점 v가 주어질 때, 정점 v로부터 시작하여 도달할 수 있는 G의 모든 정점을 탐색하는 것은 매우 중요한 일이다. 그래프의 각 정점을 한 번씩만 방문하는 방법에는 깊이 우선 탐색과 너비 우선 탐색 두 가지가 있다.

깊이 우선 탐색(DFS)[Depth First Search]은 깊은 부분을 우선적으로 탐색하는 알고리즘이다. 이 방법은 스택 자료구조(혹은 재귀함수)를 이용한다. **너비 우선 탐색**(BFS)[Breadth First Search]은 가까운 정점부터 우선적으로 탐색하는 알고리즘이다. 이 방법은 큐 자료구조를 이용하며 재귀적으로 동작하지 않는다. 너비 우선 탐색은 깊이 우선 탐색보다 검색 속도가 빠르다는 장점이 있으나, 구현하기 복잡하다는 단점을 갖는다. 두 가지 방법에서 하나의 정점에 인접한 정점이 여러 개인 경우에 탐색 기준에 따라 탐색 결과가 달라질 수 있다.

깊이 우선 탐색

깊이 우선 탐색 방법은 주어진 정점 v를 출발점으로 하여 정점 v를 먼저 방문한다. 그다음 정점 v에 인접하며 아직 방문하지 않은 정점 w를 선택해 정점 w를 출발점으로 하여 다시 깊이 우선 탐색을 시작한다. 이 과정을 모든 정점에 한 번씩 방문할 때까지 반복한다. 인접한 모든 정점이 이미 방문한 정점 v인 경우에는 가장 최근에 방문한 정점 중, 방문하지 않은 정점 w에 인접한 정점을 선택하여 정점 w로부터 다시 깊이 우선 탐색을 시작한다. 방문한 어떤 정점으로부터 방문하지 않은 정점에 도달할 수 없을 때 탐색을 종료한다.

다음은 깊이 우선 탐색을 수행하는 함수를 의사코드pseudo code로 나타낸 것이다.

```
void DFS(v)
int v;
{
   int w;
   extern int VISITED[];
   VISITED[v]=1;
   while(v에 인접한 모든 정점 w)
     if( ! VISITED[w])
      DFS(w);
}
```

이 함수는 방문한 정점을 나타내기 위해 배열 VISITED를 이용하며, 모든 정점 v에 대해 VISITED[v] = 1이면 함수는 종료된다.

너비 우선 탐색

너비 우선 탐색 방법은 주어진 정점 v를 출발점으로 하여 정점 v를 먼저 방문한다. 그리고 정점 v에 인접한 정점 w들을 모두 방문하고 그다음으로 접점 w에 인접하며 아직 방문하지 않은 정점들을 모두 방문한다. 위 과정을 반복하여 더 이상 방문할 정점이 없을 때까지 계속 방문한다.

다음 함수는 너비 우선 탐색을 의사코드로 나타낸 것이다.

```
void BFS(v)
int v;
{
   int w;
   extern struct queue  *q;
   VISITED[v]=1;
   InitializeQueue(q);
   AddQueue(q, v);
   while( ! q_empty()) {
      v= DeleteQueue(q);
      while(v에 인접한 모든 정점 w) {
         if( ! VISITED[w]) {
             AddQueue(q, w);
             VISITED[w]=1;
         }
      }
   }
}
```

예제 8-20 깊이 우선 탐색, 너비 우선 탐색

다음 그래프를 정점 v_1에서 시작하여 깊이 우선 탐색과 너비 우선 탐색으로 탐색하라. 단, 탐색 시 여러 정점을 탐색할 수 있는 경우에는 아래첨자의 숫자가 작은 정점부터 탐색한다.

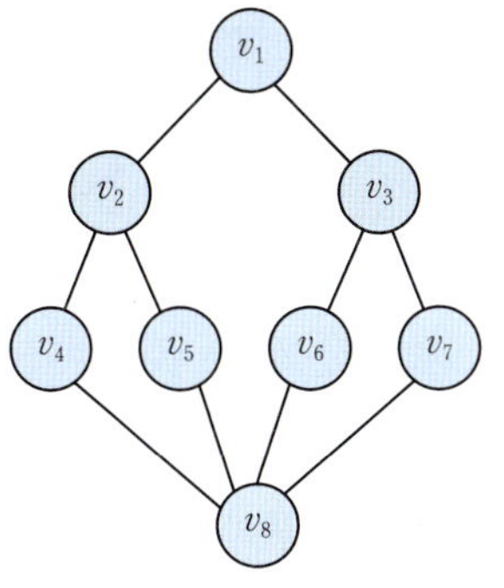

풀이

(1) 깊이 우선 탐색

정점 v_1을 탐색한 후 다시 깊이 우선 탐색을 하면 정점 v_2와 v_3를 탐색할 수 있다. 정점 v_2를 먼저 탐색하면 정점 v_2에서 정점 v_4와 v_5를 탐색할 수 있다. 먼저 정점 v_4를 탐색하면 그다음은 정점 v_8이다. 정점 v_8에서는 정점 v_4, v_5, v_6, v_7을 탐색할 수 있다. 정점 v_4는 이미 탐색했으므로 정점 v_5를 탐색한다. 정점 v_5에서 정점 v_2와 v_8을 탐색할 수 있으나, 두 정점은 이미 탐색했다. 여기서 **백트래킹**back tracking[1]이 필요하다. 백트래킹을 해서 정점 v_8으로 다시 돌아온다. 여기서 정점 v_4, v_5, v_6, v_7을 탐색할 수 있으나, 정점 v_4와 v_5는 이미 탐색했다. 그래서 정점 v_6를 탐색한다. 여기서는 정점 v_3와 v_8을 탐색할 수 있으나, 정점 v_8은 이미 탐색했으므로 정점 v_3를 탐색한다. 정점 v_3에서는 정점 v_1과 v_7을 탐색할 수 있으나, 정점 v_1은 이미 탐색했으므로 정점 v_7을 탐색한다. 정점 v_7에서는 정점 v_3와 v_8을 탐색할 수 있으나, 이미 두 정점을 탐색했으므로 백트래킹을 한다. 백트래킹을 계속하면 모든 정점을 방문했음을 알 수 있다. 즉 v_1, v_2, v_4, v_8, v_5, v_6, v_3, v_7으로 탐색했다.

(2) 너비 우선 탐색

정점 v_1을 탐색한 후 다시 너비 우선 탐색을 하면 정점 v_2와 v_3를 탐색할 수 있다. 정점 v_2를 먼저 탐색한 후 정점 v_3를 탐색한다. 정점 v_2에서 탐색을 하면 정점 v_4와 v_5를 탐색할 수 있다. 정점 v_4를 먼저 탐색하고 정점 v_5를 탐색한다. 다음으로 정점 v_3에서 탐색을 하면 정점 v_6와 v_7을 탐색할 수 있다. 정점 v_6를 먼저 탐색하고 정점 v_7을 탐색한다. 정점 v_4에서 탐색할 수 있는 정점은 정점 v_8이다. 모든 정점을 탐색했으므로 종료한다. 즉 v_1, v_2, v_3, v_4, v_5, v_6, v_7, v_8으로 탐색했다.

1 해를 탐색하는 도중에 조건에 맞는 해가 없으면 이전 단계로 되돌아가서 해를 탐색해가는 기법이다.

예제 8-21 깊이 우선 탐색, 너비 우선 탐색

다음 그래프를 정점 a에서 시작하여 깊이 우선 탐색과 너비 우선 탐색으로 탐색하라. 단, 사전식 순서대로 정점을 탐색한다.

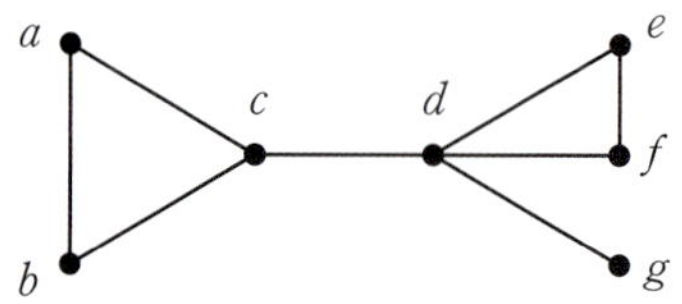

풀이

(1) 깊이 우선 탐색

정점 a를 탐색한 후 다시 깊이 우선 탐색을 하면 정점 b와 c를 탐색할 수 있다. 정점 b를 먼저 탐색하면 정점 b에서 정점 a와 c를 탐색할 수 있다. 정점 a는 이미 탐색했으므로 정점 c를 탐색한다. 정점 c에서는 정점 a, b, d를 탐색할 수 있다. 정점 a와 b는 이미 탐색했으므로 정점 d를 탐색한다. 정점 d에서는 정점 c, e, f, g를 탐색할 수 있다. 정점 c는 이미 탐색했으므로 정점 e를 탐색한다. 정점 e에서는 정점 d와 f를 탐색할 수 있다. 정점 d는 이미 탐색했으므로 정점 f를 탐색한다. 정점 f에서는 정점 d와 e를 탐색할 수 있다. 그러나 두 정점은 이미 탐색했으므로 정점 e로 백트래킹을 한다. 정점 e에서도 정점 d와 f를 이미 탐색했으므로 정점 d로 다시 백트래킹을 한다. 정점 d에서 탐색할 수 있는 정점은 정점 e, f, g이다. 정점 e와 f는 이미 탐색했으므로 정점 g를 탐색한다. 정점 g로부터 백트래킹을 계속하면 모든 정점을 탐색했으므로 종료한다. 즉 a, b, c, d, e, f, g로 탐색했다.

(2) 너비 우선 탐색

정점 a를 탐색한 후 다시 너비 우선 탐색을 하면 정점 b와 c를 탐색할 수 있다. 순서가 빠른 정점 b를 먼저 탐색한다. 정점 b에서는 정점 a와 c를 탐색할 수 있다. 이미 정점 a를 탐색했으므로 정점 c를 탐색한다. 정점 c에서는 정점 a, b, d를 탐색할 수 있다. 정점 a와 b를 이미 탐색했으므로 정점 d를 탐색한다. 정점 d에서는 정점 c, e, f, g를 탐색할 수 있다. 정점 c는 이미 탐색했으므로 순서가 빠른 정점 e를 탐색한다. 정점 e에서는 정점 d와 f를 탐색할 수 있다. 정점 d는 이미 탐색했으므로 정점 f를 탐색한다. 그리고 마지막으로 정점 g를 탐색한다. 모든 정점을 탐색했으므로 종료한다. 즉 a, b, c, d, e, f, g로 탐색했다.

최단 경로

마지막으로 가중치 그래프를 이용해 **최단 경로** shortest path를 찾는 문제를 생각해보자. 지도에 있는 어떤 지역 U에서 다른 지역 V로 이동할 수 있는 경로는 다양하다. 또한 네트워크에서 어떤 호스트 M으로부터 다른 호스트 N으로의 연결 경로도 다양하게 존재할 수 있다. 최단 경로는 가중치 그래프를 이용해 두 정점 사이에서 가중치의 합이 가장 작은 경로를 찾는 것이다. 정점 u와 정점 v 사이의 최단 경로를 두 정점 사이의 거리라고 한다. 만일 어떤 두 정점 사이에 최단 경로가 없다면 이때의 거리는 무한대(∞)라고 가정한다.

그러면 최단 경로를 어떻게 찾을 수 있을까? 명백한 해답은 모든 경로에 대한 거리를 계산하는 것이다. 그러나 이 방법은 정점이 n개일 때 정점 a에서 정점 b로의 경로가 $(n-2)!$가지 이상이 존재하므로, 만일 $n=30$인 경우에 경로를 컴퓨터로 계산한다고 하더라도 엄청난 시간이 필요할 것이다. 그러므로 모든 경우의 경로를 구해서 계산하는 것은 무리이다. 이를 해결하는 알고리즘 중 하나가 **다익스트라 알고리즘** Dijkstra algorithm이다. 네덜란드 이론 물리학자인 E. W. 다익스트라 E. W. Dijkstra는 1972년 ACM으로부터 컴퓨터 분야에서의 노벨상이라 불리는 튜링 Turing 상을 수상했다. 참고로 다익스트라 알고리즘은 하나의 정점에서 다른 정점까지의 최단 경로를 구하는 방법이고, **플로이드 알고리즘** Floyd algorithm은 모든 정점의 쌍 사이에 대해 최단 거리를 구하는 방법이다. 여기에서는 다익스트라 알고리즘만을 소개한다.

[그림 8-14]와 같은 가중치 그래프에서 정점 A로부터 다른 정점까지의 최단 거리와 경로를 찾아보자.

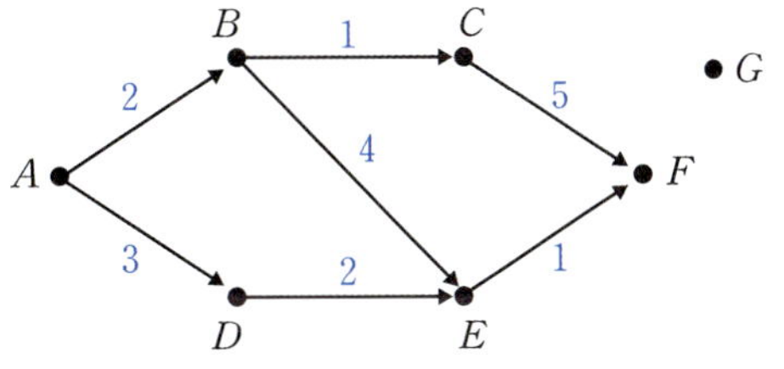

[그림 8-14] **가중치 그래프**

정점 A로부터 다른 정점까지의 최단 경로를 찾는 알고리즘은 [알고리즘 8-1]과 같다. 이 알고리즘에 의해 최단 경로를 찾아보자. 가중치 그래프에서 각 정점 X에 대해 $d[X]$는 시작 정점 A에서 정점 X까지의 거리를 나타낸다고 하자. 첫 번째로 초깃값을 각 $d[X]$에 할당하고, 정점을 한 번 이상 탐색했을 때 기존의 $d[X]$보다 값이 작다면 $d[X]$ 값을 바꾼다. 한 정점을 이미 탐색했다면 그 정점은 앞으로 찾아가는 정점에서 제외한다. [표 8-1]은 정점 A로부터 최단 경로를 찾는 각 단계를 나타낸다.

[표 8-1] 정점 A로부터 최단 경로 찾기

단계	찾아갈 정점	정점에 대한 거리							탐색하지 않은 정점
		$d[A]$	$d[B]$	$d[C]$	$d[D]$	$d[E]$	$d[F]$	$d[G]$	
0	A	0	2	∞	3	∞	∞	∞	B, C, D, E, F, G
1	B	0	2	3	3	6	∞	∞	C, D, E, F, G
2	D	0	2	3	3	5	∞	∞	C, E, F, G
3	C	0	2	3	3	5	8	∞	E, F, G
4	E	0	2	3	3	5	6	∞	F, G
5	F	0	2	3	3	5	6	∞	G

- **0단계** : 정점 A의 $d[X]$ 값은 $d[A]=0$이고, (A, X)에 간선이 없으면 ∞, (A, X)에 간선이 있으면 그 간선에 있는 가중치를 부여한다. 정점 A로부터 최단 거리는 $d[B]=2$인 정점 B이다.
- **1단계** : 정점 A로부터 최단 거리인 정점 B를 선택한다. 정점 B에서 도달할 수 있는 정점은 정점 C와 E이고 $d[C]=3$, $d[E]=6$이다.
- **2단계** : [1단계]에서 최단 거리는 $d[C]=d[D]=3$인 성섬 C, D이다. 최단 거리가 같다면 어떤 정점을 먼저 선택해도 상관없다. 여기에서는 먼저 정점 D를 선택하자. 정점 D에서 도달할 수 있는 정점은 정점 E이고 $d[E]=5$이다. 따라서 $d[E]$의 원래 값인 6보다 작으므로 값을 바꾼다.
- **3단계** : [2단계]로부터 정점 C를 선택한다. 정점 C에서 도달할 수 있는 정점은 정점 F이고 $d[F]=8$이다.
- **4단계** : [3단계]에서 최단 거리 $d[E]=5$인 정점 E를 선택한다. 정점 E에서 도달할 수 있는 정점은 정점 F이고 $d[F]=6$이다. 따라서 $d[F]$의 원래 값인 8보다 작으므로 값을 바꾼다.
- **5단계** : [4단계]에서 최단 거리 $d[F]=6$인 정점 F를 선택한다. 정점 F에서 도달할 수 있는 정점이 없으므로 정점 G는 탐색하지 않는다.

이렇게 찾은 최단 거리와 경로를 요약하면 다음과 같다.

$A \rightarrow B$: 최단 거리 2, 최단 경로 A-B
$A \rightarrow C$: 최단 거리 3, 최단 경로 A-B-C
$A \rightarrow D$: 최단 거리 3, 최단 경로 A-D
$A \rightarrow E$: 최단 거리 5, 최단 경로 A-D-E
$A \rightarrow F$: 최단 거리 6, 최단 경로 A-D-E-F
$A \rightarrow G$: 경로 없음

앞에서 살펴본 단계로 정점 A에서 다른 정점까지의 최단 경로를 찾는 알고리즘이 다익스트라 알고리즘이다. 다익스트라 알고리즘을 파스칼 스타일로 표현하면 [알고리즘 8-1]과 같다.

[알고리즘 8-1] 다익스트라 알고리즘

{(V, E)가 가중치 그래프이고 A는 정점이라고 하자. 각 정점 X에 대해 정점 A로부터 정점 X까지의 최단 거리 $d[X]$를 구하는 것이다. 정점 Y, $Z \in V$에 대해 다음과 같다.

$$W(Y,\ Z)=\begin{cases}0, & Y=Z \\ \infty, & (Y,\ Z)\notin E \\ W_{YZ}, & (Y,\ Z)\in E\end{cases}$$

pathto(Z)는 정점 A로부터 정점 Z까지의 현재까지 구한 최단 경로에 대한 정점들의 리스트이다. }

```
begin
   for 각각의 X∈V do
      begin
         d[X]←W(A, X)
         pathto(X)←A
      end
      정점 A를 탐색한다.
      while 정점 A로부터 유한 거리인 탐색되지 않은 정점이 존재 do
         begin
            정점 X에 정점 A로부터 유한 거리인 탐색되지 않은 정점을 할당
            정점 X를 탐색
            for (X, Y)∈E인 탐색되지 않은 각각의 정점 Y do
               begin
                  d'←d[X] + W(A, X)
                  if d'<d[Y] then
                     begin
                        d[Y]←d'
                        pathto(Y)←pathto(X) - X
                     end
               end
         end
end
```

예제 8-22 다익스트라 알고리즘

다음 가중치 그래프에서 정점 A로부터 다른 정점까지 가는 최단 경로를 다익스트라 알고리즘을 이용해 구하라.

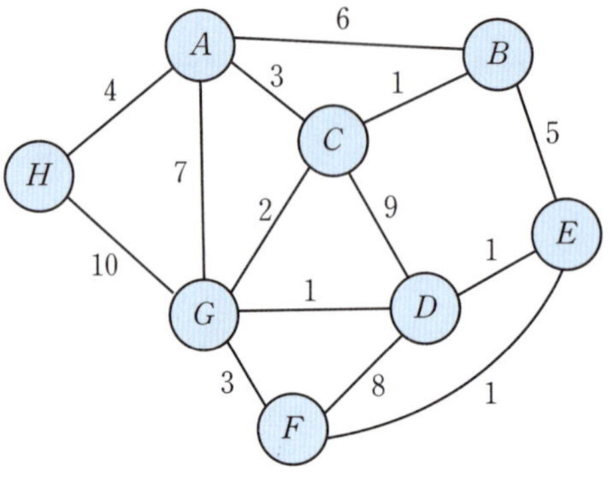

풀이

단계	찾아갈 정점	정점에 대한 거리								탐색하지 않은 정점
		$d[A]$	$d[B]$	$d[C]$	$d[D]$	$d[E]$	$d[F]$	$d[G]$	$d[H]$	
0	A	0	6	3	∞	∞	∞	7	4	B, C, D, E, F, G, H
1	C	0	4	3	12	∞	∞	5	4	$B\ D\ E\ F\ G\ H$
2	B	0	4	3	12	9	∞	5	4	$D\ E\ F\ G\ H$
3	H	0	4	3	12	9	∞	5	4	$D\ E\ F\ G$
4	G	0	4	3	6	9	8	5	4	$D\ E\ F$
5	D	0	4	3	6	7	8	5	4	$E\ F$
6	E	0	4	3	6	7	8	5	4	F
7	F	0	4	3	6	7	8	5	4	

- **0단계** : 정점 A의 $d[X]$ 값은 $d[A]=0$이고, (A, X)에 간선이 없으면 ∞, (A, X)에 간선이 있으면 그 간선에 있는 가중치를 부여한다. 정점 A로부터 최단 거리는 $d[C]=3$이다.
- **1단계** : 정점 A로부터 최단 거리인 정점 C를 선택한다. 정점 C에서 도달할 수 있는 정점은 정점 B, D, G이고 $d[B]=4$, $d[D]=12$, $d[G]=5$이다. $d[B]$와 $d[G]$는 각각 원래 값 6, 7보다 작으므로 값을 바꾼다.
- **2단계** : [1단계]에서 최단 거리는 $d[B]=d[H]=4$인 정점 B, H이다. 먼저 정점 B를 선택한다. 정점 B에서 도달할 수 있는 정점은 정점 E이고 $d[E]=9$이다.
- **3단계** : [2단계]로부터 정점 H를 선택한다. 정점 H에서 도달할 수 있는 정점은 정점 G이다. $d[G]=14$이므로 원래 값인 $d[G]=5$를 유지한다.
- **4단계** : [3단계]에서 최단 거리 $d[G]=5$인 정점 G를 선택한다. 정점 G에서 도달할 수 있는 정점은 정점 D, F이고 $d[D]=6$, $d[F]=8$이다. $d[D]$는 원래 값 12보다 작으므로 값을 바꾼다.

- **5단계** : [4단계]에서 최단 거리 $d[D]=6$인 정점 D를 선택한다. 정점 D에서 도달할 수 있는 정점은 E, F이고 $d[E]=7$, $d[F]=8$이다. $d[E]$는 원래 값인 9보다 작으므로 값을 바꾼다.
- **6단계** : [5단계]에서 최단 거리 $d[E]=7$인 정점 E를 선택한다. 정점 E에서 도달할 수 있는 정점은 정점 F이다. $d[F]=14$이므로 원래 값인 $d[F]=8$을 유지한다.
- **7단계** : [6단계]에서 최단 거리 $d[F]=8$인 정점 F를 선택한다. 정점 F에서 도달할 수 있는 정점은 없으므로 더 이상 탐색하지 않는다.

이렇게 찾은 최단 거리와 경로를 요약하면 다음과 같다.

$A \rightarrow B$: 최단 거리 4, 최단 경로 A-C-B
$A \rightarrow C$: 최단 거리 3, 최단 경로 A-C
$A \rightarrow D$: 최단 거리 6, 최단 경로 A-C-G-D
$A \rightarrow E$: 최단 거리 7, 최단 경로 A-C-G-D-E
$A \rightarrow F$: 최단 거리 8, 최단 경로 A-C-G-F
$A \rightarrow G$: 최단 거리 5, 최단 경로 A-C-G
$A \rightarrow H$: 최단 거리 4, 최단 경로 A-H

SECTION

8.4 평면 그래프와 그래프 착색

평면상에 그래프를 그릴 때, 정점 이외의 점에서 간선을 서로 교차해서 그릴 수 있어야 편리하다. 이때 교차되는 지점을 **교점**intersection point이라 하고 교차되는 간선을 **교선**line of intersection이라고 한다. 이제 간선의 교차 없이 평면 위에 그래프를 그릴 수 있는지를 알아보는 평면 그래프에 대해 살펴보자.

정의 8-18 평면 그래프

어떤 교점도 갖지 않고 평면 위에 그릴 수 있는 그래프를 **평면 그래프**planar graph라고 한다.

[그림 8-15(a)]에서 간선 (v_1, v_4)는 간선 (v_2, v_3)와 교차하고, 간선 (v_1, v_5)는 간선 (v_2, v_3), (v_3, v_4)와 교차한다.

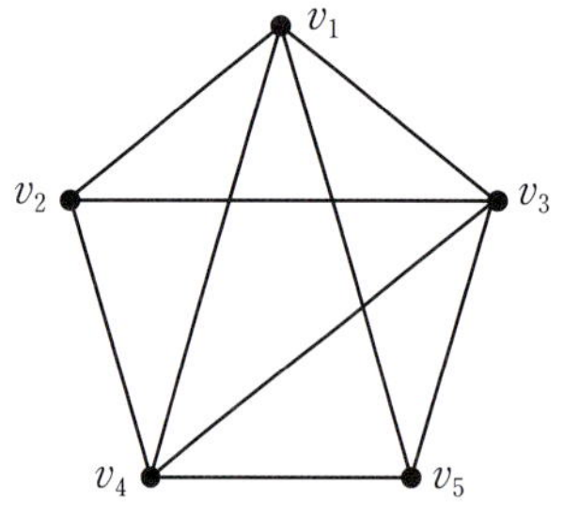

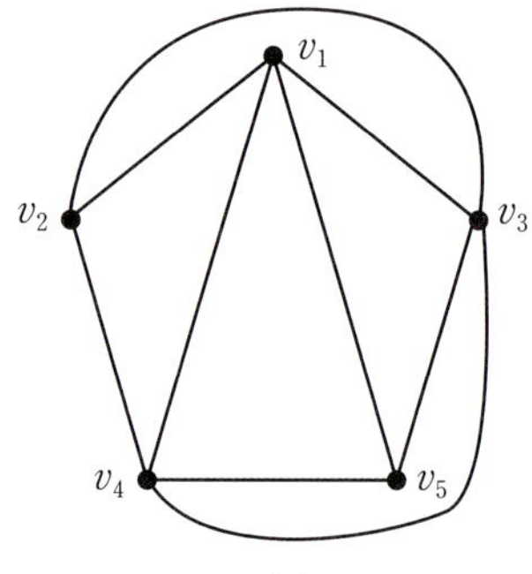

[그림 8-15] 평면 그래프

[그림 8-15(a)]는 평면 그래프이다. 왜냐하면 [그림 8-15(b)]와 같이 교점 없이 평면 위에 그래프를 그릴 수 있기 때문이다. 평면 그래프를 평면상에 그린 것을 **도형**map이라고 한다.

예제 8-23 평면 그래프 그리기

다음 그래프를 평면 그래프로 나타내라.

(a)

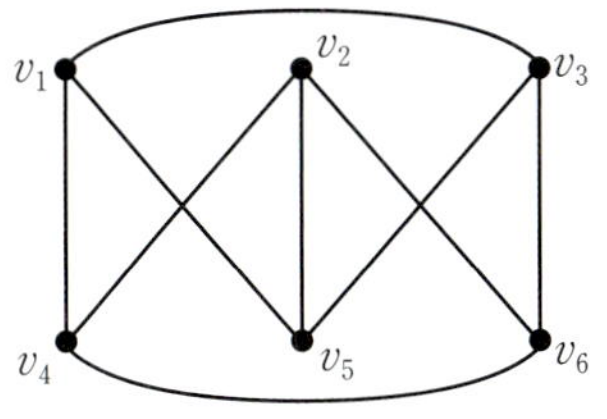

(b)

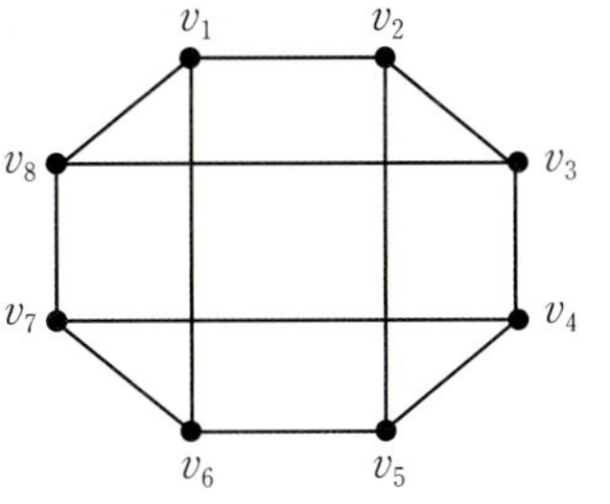

풀이

(a) 정점 v_2와 v_5의 위치를 바꾸기만 하면 된다.

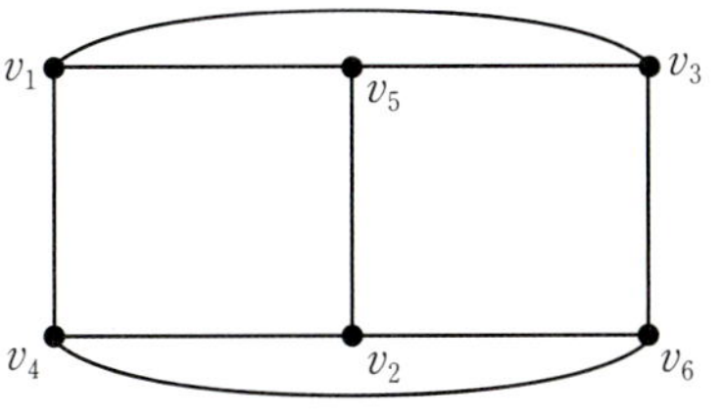

(b) 정점 v_3와 v_8을 연결하는 간선, 정점 v_7과 v_4를 연결하는 간선을 다음과 같이 그리면 된다.

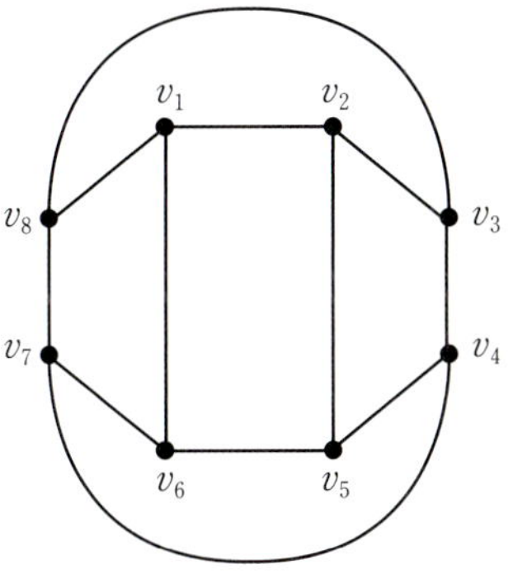

그래프 착색

세계 지도와 같이 지도의 영역을 색칠하는 것은 그래프 이론 분야에 많은 성과를 가져왔다. 그래프 이론에서 그래프 G의 **그래프 착색**graph coloring 혹은 **정점 착색**vertex coloring은 인접한 정점이 서로 다른 색을 가지도록 그래프 G의 정점에 색을 할당하는 것이다. n가지 색으로 그래프 G를 착색할 수 있다면 그래프 G는 **n색 가능**n-colorable이라고 하며, 그래프 G를 착색하는 데 필요한 최소의 색의 가짓수를 그래프 G의 **착색수** chromatic number라 하고, $\chi(G)$로 표기한다. 이와 같은 그래프 착색은 레지스터 할당 문제, 주파수 할당 등에 응용된다.

정의 8-19 고유 착색

그래프에서 서로 다른 인접한 두 개의 정점이 같은 색을 갖지 않으면 이와 같은 착색을 **고유 착색** proper coloring이라고 한다.

그래프 G를 착색할 때, 다음과 같은 **웰치-포웰 알고리즘** Welch-Powell algorithm을 적용할 수 있다.

[알고리즘 8-2] 웰치-포웰 알고리즘

(1) 그래프 G의 정점의 차수가 내림차순 descending order이 되게 배열한다(이 배열은 차수가 같은 정점이 여러 개 있을 수 있으므로 다른 순서가 몇 가지 존재할 수 있다).
(2) 배열의 첫 번째 정점은 첫 번째 색으로 착색하고 계속해서 배열의 순서대로 이미 착색된 정점과 인접하지 않은 정점을 모두 같은 색으로 착색한다.
(3) 배열에서 먼저 나타나는 착색되지 않은 정점을 두 번째 색으로 착색하고, 계속해서 배열의 순서대로 지금 착색하고 있는 색으로 이미 착색된 정점과 인접하지 않은 정점을 모두 착색한다.
(4) 그래프의 모든 정점이 착색될 때까지 위 과정을 반복한다.

예제 8-24 웰치-포웰 알고리즘

웰치-포웰 알고리즘을 이용해 다음 그래프를 착색하라.

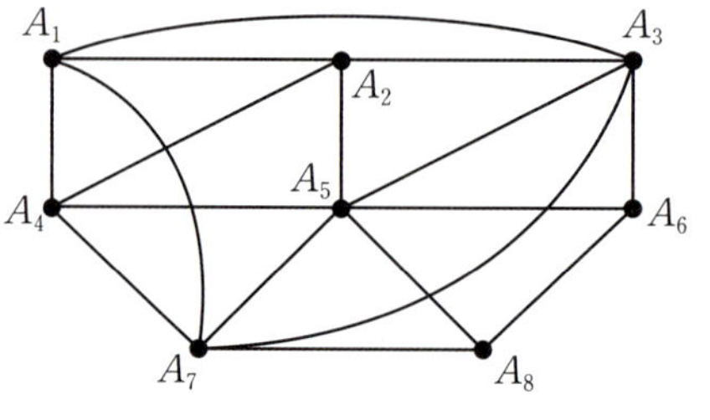

풀이

정점들을 내림차순으로 배열하면 다음과 같다.

$$A_5,\ A_3,\ A_7,\ A_1,\ A_2,\ A_4,\ A_6,\ A_8$$

정점 A_5와 A_1을 먼저 첫 번째 색으로 착색하고, 다음 정점 A_3, A_4, A_8을 두 번째 색으로 착색한다. 마지막으로 정점 A_7, A_2, A_6를 세 번째 색으로 착색한다. 따라서 주어진 그래프는 3색 가능하다.

정리 8-2 2색 가능 동치 조건

그래프 G에 대해 다음 조건은 서로 동치이다.

(1) G는 2색 가능하다.
(2) G는 이분 그래프이다.
(3) G의 모든 순환의 길이는 짝수이다.

증명 이 책의 범위를 넘어서므로 생략

수학자들은 평면 그래프가 4색 가능하다고 추측해왔다. 이제까지 알려진 모든 평면 그래프가 4색 가능하기 때문이다.

정리 8-3 4색 정리[four color theorem]

모든 평면 그래프는 4색 가능하다.

증명 이 책의 범위를 넘어서므로 생략

4색 정리는 1850년대에 처음 등장했고, 1976년 미국 수학자 케네스 아펠[Kenneth Appel]과 볼프강 하켄[Wolfgang Haken]이 증명했다. 그들은 컴퓨터를 이용해 수백만 가지 경우에서 발생한 2,000개의 서로 다른 그래프를 분석하고 증명했다.

CHAPTER

08 연습문제

Section 8.1

1. 경로 $v_p \to v_{i1} \to v_{i2} \to \cdots \to v_{in} \to v_q$에 대한 설명으로 옳은 것은 무엇인가?

① $v_p = v_q$이면 경로 $v_p \to v_{i1} \to v_{i2} \to \cdots \to v_{in} \to v_q$를 개경로라고 한다.

② $v_p \neq v_q$이면 경로 $v_p \to v_{i1} \to v_{i2} \to \cdots \to v_{in} \to v_q$를 고유경로라고 한다.

③ 개경로 $v_p \to v_{i1} \to v_{i2} \to \cdots \to v_{in} \to v_q$는 v_p, v_{i1}, v_{i2}, $\cdots$, v_{in}, v_q가 서로 다른 정점이면 루프라고 한다.

④ 경로의 처음과 마지막 정점은 같을 수 있으나, 그 외의 모든 정점이 서로 다른 경우의 경로는 단순경로이다.

2. 집합 $A = \{1, 2, 3, 4\}$에 관한 관계 $R = \{(1, 2), (1, 4), (2, 1), (2, 3), (2, 4), (3, 1), (3, 2), (3, 3), (4, 2), (4, 3)\}$에 대해 관계 R을 유향 그래프로 나타내고, 각 정점의 내차수와 외차수를 구하라.

3. 다음 유향 그래프에 대해 주어진 물음에 답하라.

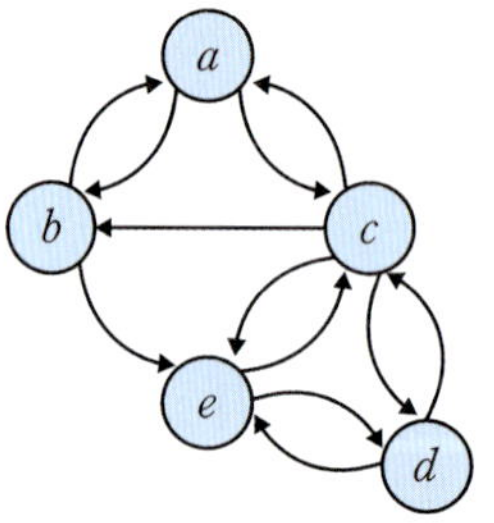

(a) $a \to b \to e \to c \to e \to d$는 개경로인가, 고유경로인가?

(b) $a \to b \to e \to c \to d \to c \to a$는 루프인가, 순환인가?

(c) $a \to b \to e \to c \to d$는 개경로인가, 고유경로인가?

(d) $a \to b \to e \to d \to c \to a$는 루프인가, 순환인가?

4. 다음 그래프가 강하게 연결되었는지 판단하라.

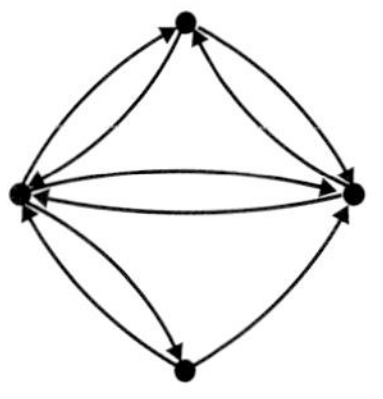

5. 그래프 G에 대응하는 인접행렬이 다음과 같을 때, 그래프 G가 연결 그래프인지 판단하라.

$$\begin{pmatrix} 0 & 0 & 1 & 1 & 0 & 0 \\ 0 & 0 & 0 & 0 & 1 & 1 \\ 1 & 0 & 0 & 0 & 0 & 0 \\ 1 & 0 & 0 & 0 & 0 & 0 \\ 0 & 1 & 0 & 0 & 0 & 1 \\ 0 & 1 & 0 & 0 & 1 & 0 \end{pmatrix}$$

6. 다음 무향 그래프에 대한 인접행렬과 인접 리스트를 구하라.

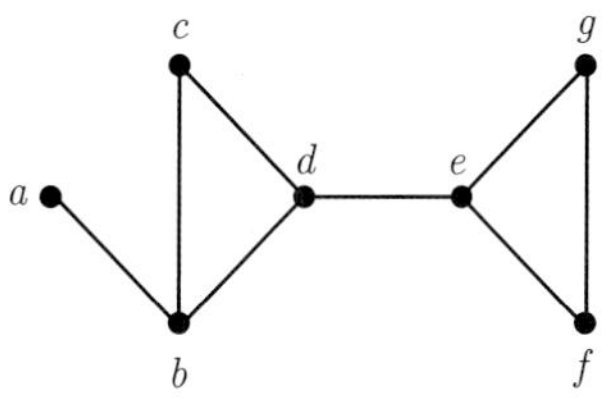

7. 다음 유향 그래프에 대해 주어진 물음에 답하라.

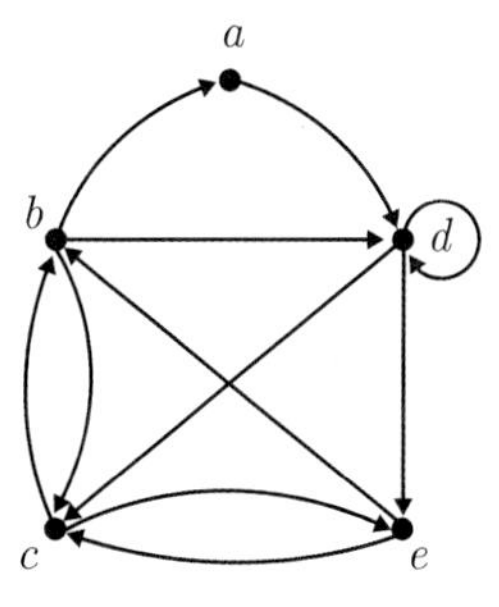

(a) 정점 a에서 정점 c로의 단순경로를 하나만 찾고, 그 경로의 길이를 구하라.

(b) 각 정점의 내차수와 외차수를 구하라.

(c) 시점이 a이고 종점이 a인 순환을 하나 찾으라.

8. 다음 중 정규 그래프에 대한 설명으로 옳은 것은 무엇인가?

① 그래프에서 정점의 차수가 모두 같다.
② 두 개의 정점이 서로 연결된 그래프이다.
③ 모든 정점의 쌍들 사이에 간선이 존재한다.
④ 그래프가 n개의 정점을 갖는다면 간선의 수가 $\frac{n(n-1)}{2}$개인 그래프이다.

9. 다음 중 오일러 그래프에 대한 설명으로 옳은 것은 무엇인가?

① 모든 정점의 차수는 홀수이다.
② 간선의 수와 정점의 수가 같아야 한다.
③ 모든 정점을 꼭 한 번 횡단하는 순환을 갖는다.
④ 모든 간선을 꼭 한 번 횡단하는 루프를 갖는 그래프이다.

10. 정점의 수가 15개인 완전 그래프의 간선은 몇 개인가?

① 45개 ② 105개 ③ 145개 ④ 200개

11. 그래프 $G=(V, E)$와 $G'=(V', E')$에 대한 설명으로 옳은 것은 무엇인가?

① $V' \subseteq V$이고 $E' \neq E$이면 G'은 G의 부분 그래프이다.
② $V' \subseteq V$이고 $E' \subseteq E$이면 G'은 G의 스패닝 그래프이다.
③ $V' \subseteq V$이고 $E' \subseteq E$이면 G'은 G의 진부분 그래프이다.
④ 모든 정점의 차수가 같은 그래프를 정규 그래프라고 한다.

12. 연결 그래프 G가 오일러 그래프일 필요충분조건은 무엇인가?

① G가 정규 그래프이다.
② G가 해밀턴 그래프이다.
③ G가 강하게 연결된 그래프이다.
④ G의 모든 정점의 차수가 짝수이다.

13. 다음 그래프가 [연습문제 6]의 그래프와 동형 그래프인지 판단하라.

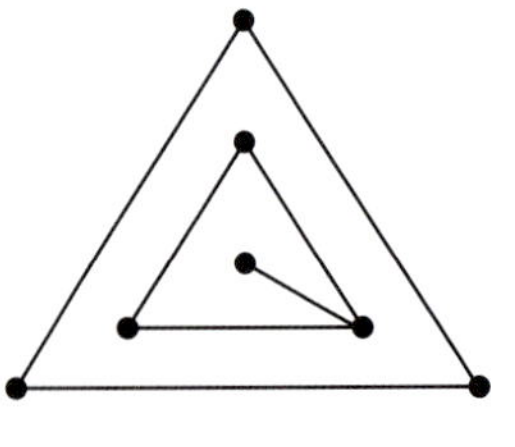

14. 다음 그래프 안에 오일러 그래프 혹은 해밀턴 그래프가 존재하는지 답하고, 존재한다면 그 그래프를 그려라.

(a)
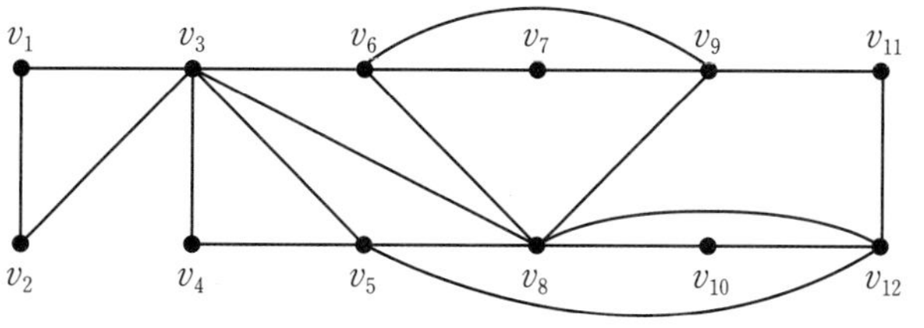

(b)
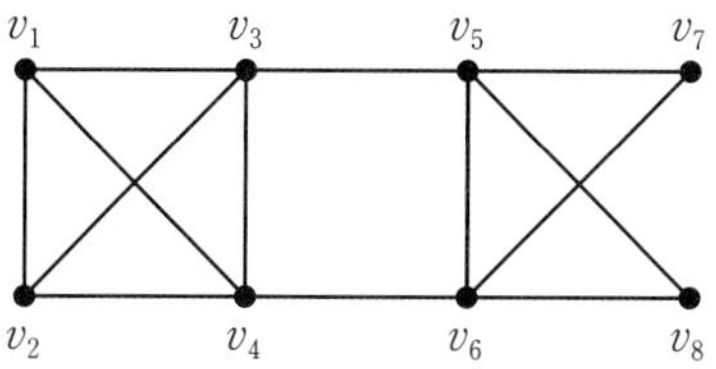

(c)
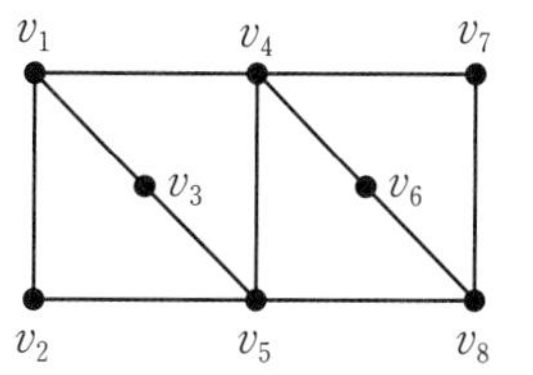

(d)
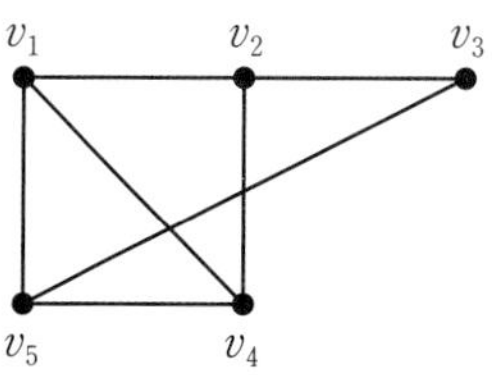

(e)
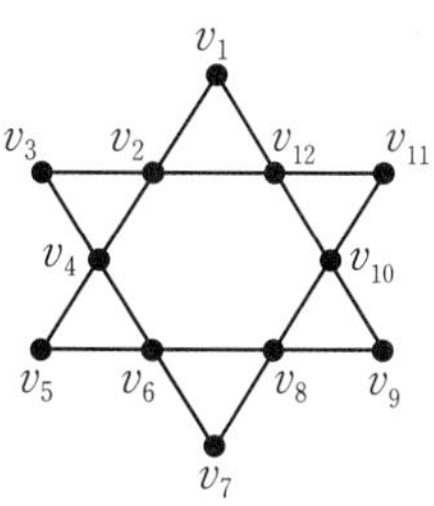

15. 다음 그래프가 정규 그래프인지 판단하고, 정규 그래프라면 몇 차 정규 그래프인지 답하라.

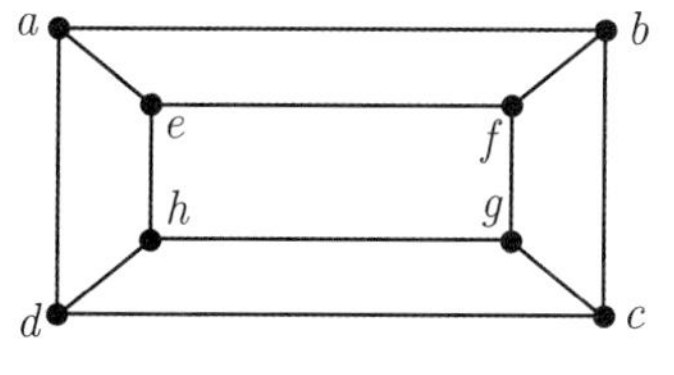

16. 다음 그래프가 이분 그래프인지 판단하라. 만약 이분 그래프라면 정점을 분할로 나누고 각 분할 내에 서로 인접하는 정점이 없음을 보여라.

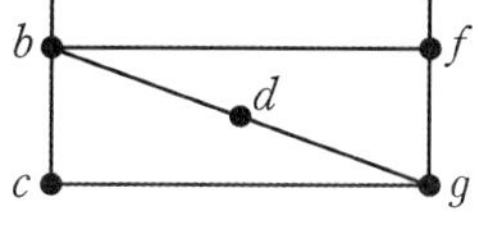

Section 8.3

17. 주어진 가중치 그래프에서 정점 A로부터 각각의 정점들로 가는 최단 경로를 찾으라.

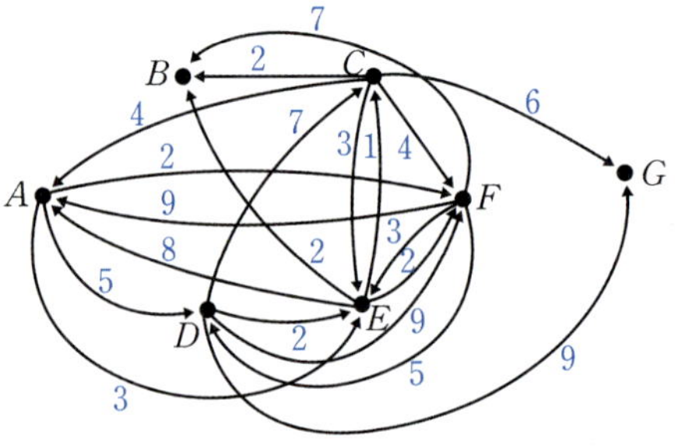

18. a 마을에 살고 있는 어떤 외판원이 b, c, d 마을을 방문하고 다시 a 마을로 돌아오고자 할 때의 최단 경로를 찾으라. 마을 간의 거리는 그래프의 간선에 가중치로 표시되어 있다.

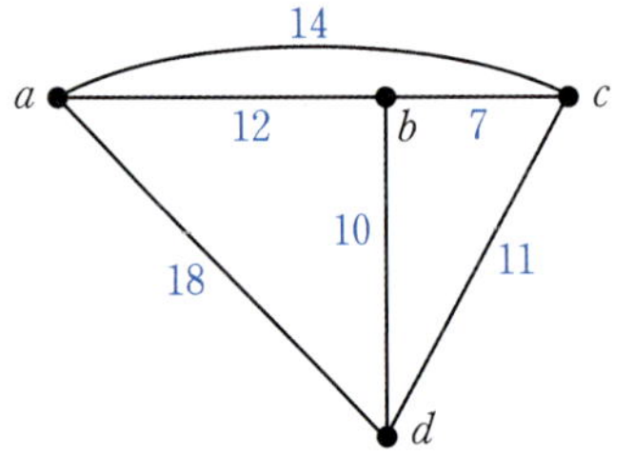

Section 8.4

19. 다음 그래프와 같이 정점에 색깔을 칠했을 때, 이 그래프가 이분 그래프인지 판단하라.

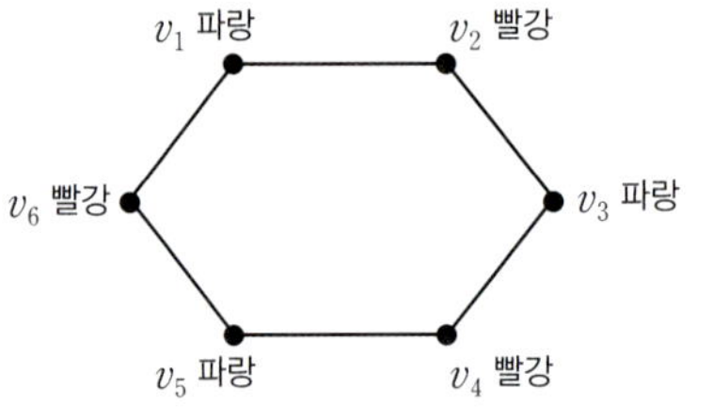

20. 다음 그래프가 평면 그래프임을 보여라.

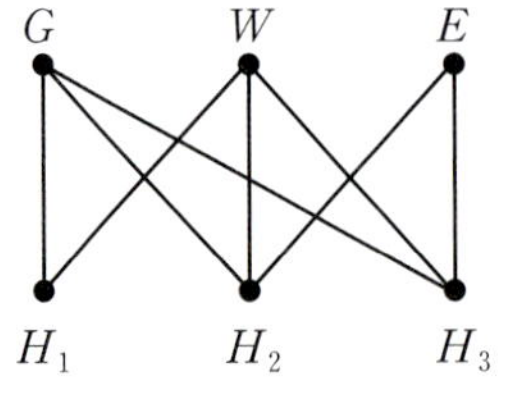

21. 다음 중 그래프에 대한 설명으로 옳은 것은 무엇인가?

① 모든 평면 그래프는 2색 가능하다.

② 동형 그래프와 준동형 그래프는 같다.

③ 어떤 교점도 갖지 않고 평면 위에 그릴 수 있는 그래프를 평면 그래프라고 한다.

④ 두 개의 서로 다른 인접한 정점이 같은 색을 갖지 않게 착색하는 것을 레지스터 할당이라고 한다.

22. 다음 그래프를 세 가지 색으로 착색하라.

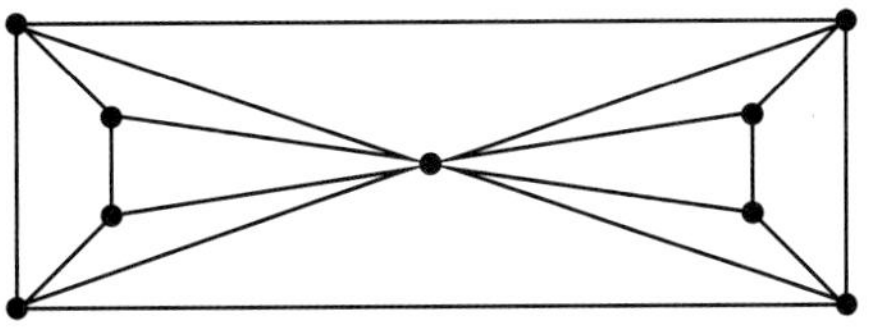

23. 다음 그래프를 착색하는 데 필요한 색의 최소 개수를 구하라.

(a)

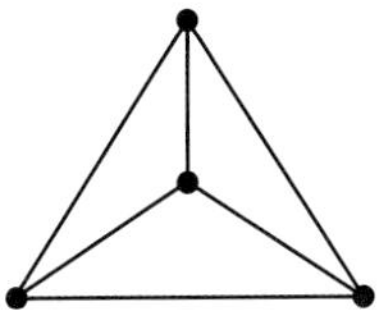

(b)

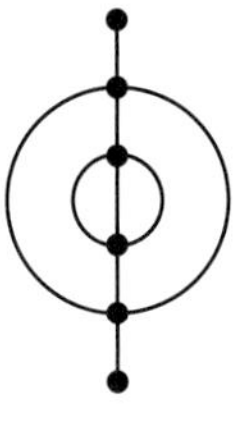

(c)

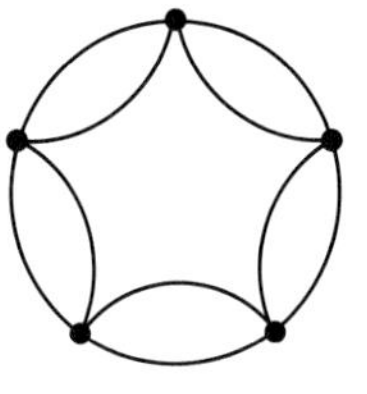

24. 그래프 G가 적어도 세 개의 정점을 가지는 연결된 평면 그래프라고 하자. 그래프 G는 차수가 5 이하인 정점을 적어도 한 개는 가짐을 보여라.

25. 웰치-포웰 알고리즘을 이용해 다음 그래프를 착색하라.

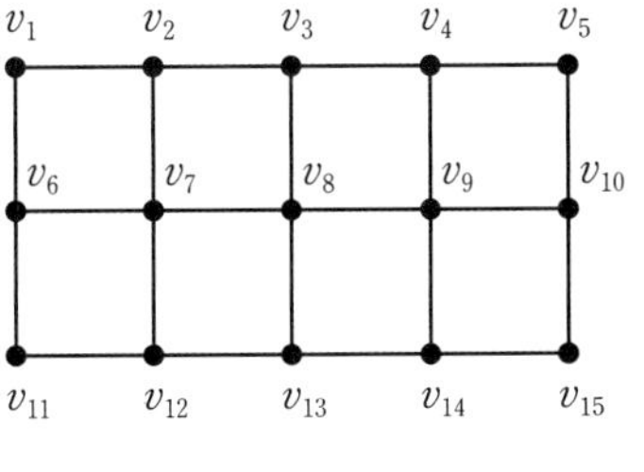

CHAPTER

08 프로그래밍 실습

C 코드 파이썬 코드

1. 무향 그래프에서 정점의 차수를 구하는 프로그램을 작성하라. 연계 : 8.1절

문제 해석

이 프로그램은 하나의 무향 그래프가 주어질 때, 그 정점들의 차수를 구하는 것이다. 각 정점의 차수는 인접행렬을 이용해서 구하는데, 인접행렬에서 각 행의 1의 개수가 그 행에 있는 정점의 차수가 된다. 입력은 각 간선만 알면 되고, 하나의 간선은 각 정점의 쌍으로 이루어진다. 각 정점의 쌍 중 첫 번째 원소가 인접행렬의 행의 위치이고 두 번째 원소가 열의 위치이다. 결국 이 문제는 입력을 인접행렬로 표현하고 그 인접행렬에서 1의 개수를 세는 문제이다. 파일로 입력을 받아 처리할 때 입력은 순서쌍으로 받는다.

코딩 실습

【 파이썬 코드 】

```
from __future__ import print_function
from sys import stdin

def printf(str, *args):
    print(str % args, end='')

domain = 5          # 집합의 크기

# readfile 함수가 텍스트 파일에서 관계를 읽고 adjacency에 대입
def readfile(fn, adjacency):
    adjacencymx = [[0 for j in range(len(adjacency[0]))] for i in range(len(adjacency))]
    fp = open(fn, 'r')
    printf("파일로 입력받은 관계 R은 다음과 같다.\n")
    print("R = {", end = "")

    # 줄별로 파일을 읽고 lines에 대입
    lines = fp.readlines()

    # lines에서의 관계를 adjacency에 대입하고 A에 대한 함수 출력
    for line in lines:
        values = line.strip('\n').split()
        x = int(values[0])
        y = int(values[1])
        adjacencymx[x][y] = 1
        adjacencymx[y][x] = 1
        printf("(%1d, %1d)," %(x,y))
    print("\b}");
    fp.close()
    return adjacencymx
```

2. 깊이 우선 탐색과 너비 우선 탐색 방법을 구현하고, [예제 8-20]을 적용하여 결과를 구하는 프로그램을 작성하라. 연계 : 8.3절

문제 해석

깊이 우선 탐색과 너비 우선 탐색을 구현하는 프로그램이다. 주어진 그래프를 인접행렬로 받아서 2차원 행렬로 표현한다. 그런 다음 본문에서 소개한 의사코드를 이용해 깊이 우선 탐색과 너비 우선 탐색을 한다. 깊이 우선 탐색과 너비 우선 탐색은 재귀적으로 정점을 탐색한다고 생각하면 된다. 또한 도달하지 않은 정점이 여러 개 나타날 때는 작은 값부터 탐색한다. 책에 주어진 의사코드와 관련 예제의 풀이를 따라가면서 코드를 작성하면 된다. 최종 탐색이 끝나면 깊이 우선 탐색과 너비 우선 탐색 결과를 출력한다.

코딩 실습

【 파이썬 코드 】

```
# 영어 알파벳 소문자로 표현된 정점들을 인덱스값과 매핑하기 위한 자료구조
dict = {
    "a" : 0,
    "b" : 1,
    "c" : 2,
    "d" : 3,
    "e" : 4,
    "f" : 5,
    "g" : 6
}

# 인접행렬을 위한 2차원 배열 정의 및 초기화
adj_mat = [[0] * len(dict) for _ in range(len(dict))]

# 입력한 간선들을 포함한 2차원 배열
input = [["a","b"],["a","c"],["b","c"],["c","d"],["d","e"],["d","f"],["d","g"],["e","f"]]
key_list = list(dict.keys())        # dict의 키값들을 대입
val_list = list(dict.values())      # dict의 값들을 대입

# 그래프 구조를 위한 Graph Class 선언
class Graph:
    adj = []        # 입력 그래프를 저장하기 위한 빈 배열

    # 정점의 수가 v이고 간선의 수가 e인 빈 그래프를 선언하고 초기화하는 멤버 함수
    def __init__(self, v, e):
        self.v = v
        self.e = e
        Graph.adj = [[0 for i in range(v)]
                        for j in range(v)]

    # 간선을 추가하는 함수
    def addEdge(self, start, e):
        Graph.adj[start][e] = 1
        Graph.adj[e][start] = 1
```

3. 5개의 정점으로 구성된 어떤 평면 그래프가 있다. 웰치-포웰 알고리즘을 이용해 이 그래프를 착색하는 프로그램을 구현하라. 연계: 8.4절

문제 해석

이 문제는 웰치-포웰 알고리즘을 이용해 어떤 평면 그래프를 착색하는 것이다. 이를 구현하기 위해 정점의 수와 입력의 수를 상숫값으로 주고 이를 관계행렬로 표현한 다음, 관계행렬을 이용해 각 정점의 차수를 계산하고 정점의 차수에 따라 착색한다. 이 그래프는 5개의 정점으로 구성되어 있으므로 정점의 수 max는 5, 입력의 수 n은 6으로 준다. 만약 정점의 수를 늘리거나 줄일 경우에 혹은 입력의 수를 조정하고자 할 때는 max와 n값만 조정하면 된다.

입력이 끝나면 각 정점에 대한 차수를 계산하고 출력한다. 차수에 따라 웰치-포웰 알고리즘을 적용하여 정점들을 착색한다. 착색한 결과는 순서 번호에 따라 착색이 이루어지고 가장 큰 값이 착색의 수이다.

코딩 실습

【 파이썬 코드 】

```
# C 언어 코드의 getch()는 파이썬에서 stdin.readline()으로 대체함
from __future__ import print_function
from sys import stdin

def printf(str, *args):
    print(str % args, end='')

maxvalue = 5     # 정점의 수
n = 6            # 입력할 간선의 수

# 입력할 간선들을 저장하기 위한 (nx2) 이차원 배열 선언 및 초기화
b = [[0 for j in range(3)] for i in range(n+1)]
# 입력할 간선들을 저장하기 위한 (nxn) 인접행렬 선언 및 초기화
a = [[0 for j in range(maxvalue+1)] for i in range(maxvalue+1)]


order = [0 for i in range(maxvalue+1)]   # 차수 기준으로 정점들을 내림차순으로 저장할 배열
                                           선언 및 초기화
deg = [0 for i in range(maxvalue+1)]  # 각 정점의 차수에 대한 배열 선언 및 초기화
col = [0 for i in range(maxvalue+1)]  # 각 정점의 색에 대한 배열 선언 및 초기화

# 5개 정점으로 구성된 그래프에 대한 간선들을 입력받고 a와 b에 대입
printf("정점이 5개인 그래프이다(정점의 라벨은 1~5이다.)\n")
printf("간선을 1 2와 같은 순서쌍으로 6개 입력하라.\n")
for i in range(1, n+1):
    values = stdin.readline().strip('\n').split()
    b[i][1] = int(values[0])
    b[i][2] = int(values[1])
    a[b[i][1]][b[i][2]] = 1
    a[b[i][2]][b[i][1]] = 1
```

CHAPTER

09

트리

Tree

Contents

■ 트리를 왜 배워야 하는가?

트리는 컴퓨터 분야의 자료 처리와 응용에서 대단히 중요하게 사용되는 개념이다. 트리는 '특별한 형태의 관계'라고 간단히 정의할 수 있는데, 그 관계의 유향 그래프 모양이 나무와 비슷하다고 해서 트리라고 한다. 컴퓨터에서 자료구조는 필수이다. 특히 자료구조에서 개발자라면 꼭 알아야 하는 개념이 배열array, 스택stack, 큐queue, 연결 리스트linked list, 해시 표hash table, 그래프graph, 트리tree, 힙heap이다. 이 중에서 선형 자료구조를 갖지 않는 그래프와 트리는 매우 중요한 클래스이다.

■ 트리의 응용 분야는?

트리는 독일 물리학자 구스타프 R. 키르히호프Gustav R. Kirchhoff가 1847년에 회로이론에 처음 사용했고, 영국 수학자 아서 케일리Arthur Cayley가 1857년에 탄화수소 계열의 물질들을 표현하기 위해 사용했다. 트리는 각 항목이 계층적으로 연관되도록 구조화해서 표현하고 자료를 탐색한다. 트리는 가계도, 회사 조직도, 컴퓨터 내 디렉터리 구조, 의사결정 트리 구조 등과 같은 계층적 관계를 표현하고 정렬하며 활용하는 데 유용하다. 또한 데이터베이스 구성, 최적화 문제, 자료의 탐색searching 및 정렬sorting, 자연어 처리natural language processing와 컴파일러, 게임 트리 등의 다양한 IT 분야에서 많이 활용하고 있다.

■ 이 장에서 배우는 내용은?

9장에서는 트리의 기본 개념과 레이블을 갖는 트리, 최소 스패닝 트리에 대해 살펴보고, 이진 트리와 트리 탐방 알고리즘에 대해 알아본다.

SECTION 9.1
트리의 기본 개념

이 절에서는 그래프의 특별한 형태인 트리에 대해 설명한다.

정의 9-1 트리

A를 유한집합, T를 집합 A에 관한 관계라고 하자. 이때 집합 A 안의 임의의 정점 v_0에 대해 정점 v_0에서 $A-\{v_0\}$의 모든 정점으로 가는 x는 유일한 경로가 존재하고, 정점 v_0에서 v_0로 가는 경로는 존재하지 않을 때, T를 **트리**tree 또는 **수형도**라고 한다.

즉 트리는 어떠한 순환이 존재하지 않는 연결 그래프를 말한다. 트리에서는 정점을 **노드**node 라 하고, [정의 9-1]의 v_0를 그 트리의 **루트 노드**root node라고 한다. 이와 같은 트리를 간단히 $(T,\ v_0)$로 표기한다.

정리 9-1 트리의 성질

$(T,\ v_0)$를 트리라고 할 때, 다음이 성립한다.

(1) T에는 어떤 순환도 존재하지 않는다.

(2) v_0는 유일한 루트 노드이다.

(3) v_0의 내차수는 0이고 나머지 노드의 내차수는 1이다.

증명 생략

예제 9-1 트리 판단

다음 유향 그래프가 트리인지 판단하라.

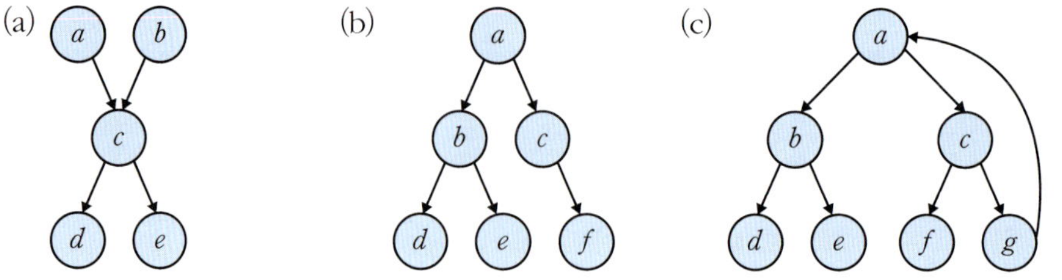

풀이

(a) 내차수가 0인 루트 노드가 a, b로 두 개 존재하기도 하고, 내차수가 2인 노드 c도 존재하므로 트리가 아니다.

(b) 내차수가 0인 루트 노드가 a로 유일하게 존재하고, 다른 노드들은 내차수가 1이므로 트리이다.

(c) $a \to c \to g \to a$로 하나의 순환이 존재하므로 트리가 아니다.

예제 9-2 트리의 루트 노드

집합 $A = \{v_1, v_2, v_3, \cdots, v_{10}\}$에 대해 $T = \{(v_2, v_1), (v_2, v_3), (v_4, v_5), (v_4, v_6), (v_5, v_8), (v_6, v_7), (v_4, v_2), (v_7, v_9), (v_7, v_{10})\}$일 때, T는 트리이다. 이 트리의 루트 노드를 구하라.

풀이

유향 그래프를 만들어 가면서 루트 노드를 구해보자. T의 순서대로 유향 그래프를 그려보면 [그림 (a)]와 [그림 (b)]를 얻을 수 있다.

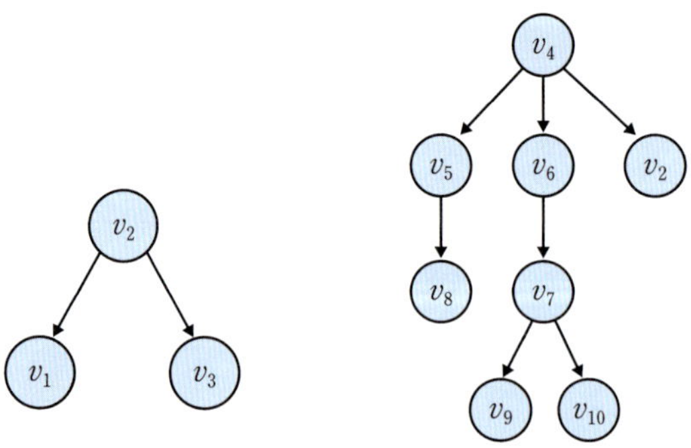

(a) (b)

이를 하나의 트리로 구성하면 다음과 같다. 따라서 루트 노드는 v_4이다.

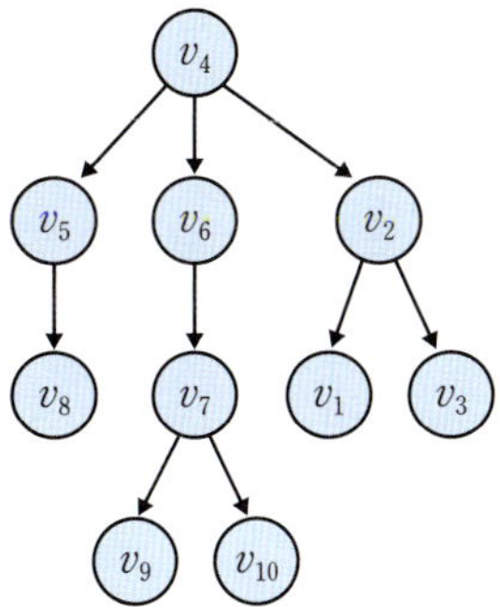

[그림 9-1] [예제 9-2]에 대한 트리 T

이제 트리에 관한 몇 가지 용어를 [그림 9-1]의 트리를 통해 살펴보자.

- **루트 노드**

루트 노드 root node는 내차수가 0인 노드이다. [그림 9-1]에서 노드 v_4가 루트 노드이다.

- **부모 노드, 자식 노드, 형제 노드**

노드 v_i와 v_j를 $\{v_i, v_j \in A \mid (v_i, v_j) \in T\}$로 정의하면 노드 v_j를 노드 v_i의 **자식 노드** child node라 하고, 노드 v_i를 노드 v_j의 **부모 노드** parent node라고 한다. 한 부모 노드에 여러 자식 노드가 존재하면 **자식들** children이라 하고, 자식들 사이의 관계를 **형제 노드** sibling node라고 한다. [그림 9-1]에서 노드 v_2는 노드 v_1, v_3의 부모 노드이고, 노드 v_1, v_3는 노드 v_2의 자식들이며, 노드 v_1과 v_3는 형제 노드이다.

- **터미널 노드**

자식 노드가 하나도 없는 노드를 **터미널 노드** terminal node 혹은 **잎 노드** leaf node라고 한다. [그림 9-1]에서 노드 v_8, v_9, v_{10}, v_1, v_3가 터미널 노드이다.

- **조상 노드와 자손 노드**

조상 노드 ancestor node는 루트 노드에서 임의의 한 노드에 이르는 경로에 포함된 모든 노드를 말한다. [그림 9-1]에서 노드 v_{10}의 조상 노드는 노드 v_7, v_6, v_4이다. **자손 노드** descendant node는 임의의 노드 하위에 연결된 모든 노드를 말한다. [그림 9-1]에서 노드 v_6의 자손 노드는 노드 v_7, v_9, v_{10}이다.

- **레벨과 높이**

루트 노드의 레벨은 0으로 정의한다. 또한 어떤 노드의 **레벨** level이 i라면 그 노드의 자식 노드의 레벨은 $i+1$이다. 또한 **높이** height는 노드들 중 최고의 레벨로 정의한다. [그림

9-1]에서 노드 v_4는 레벨 0이고, 노드 v_1과 v_3는 레벨 2이며, 노드 v_9과 v_{10}은 레벨 3이다. 그러므로 [그림 9-1]의 트리의 높이는 3이다.

- **노드의 차수와 트리의 차수**

어떤 노드의 자식 노드의 수를 그 **노드의 차수**degree라고 한다. 트리에서 노드의 차수는 그래프에서의 정점의 차수와는 다르다. [그림 9-1]에서 노드 v_4의 차수는 3이다. 또한 모든 노드의 차수 중 최댓값을 그 **트리의 차수**라고 한다. [그림 9-1]의 트리의 차수는 3이다.

- ***n*-트리**

모든 노드가 많아야 n개의 자식들을 가진 트리를 ***n*-트리**n-tree라 하고, 터미널 노드를 제외한 모든 노드의 자식들이 정확히 n개일 때 **완전 *n*-트리**complete n-tree라고 한다. n-트리에서 $n=2$인 경우를 **이진 트리**binary tree라고 하며, 완전 n-트리에서 $n=2$인 경우를 **완전 이진 트리**complete binary tree라고 한다. [그림 9-1]은 3-트리이다.

- **순서 트리**

순서 트리ordered tree는 트리의 같은 레벨에서 각 자식 노드에 순서를 부여해 저장 위치가 고정되는 트리로, 통상적으로는 왼쪽부터 오른쪽으로 배열한다.

- **부분 트리**

(T, v_0)를 루트 노드가 v_0인 A 위에서의 트리라 하고, $v \in A$인 노드 v가 존재해서 $T(v)$를 루트 노드가 v인 트리라고 하면 $T(v)$를 (T, v_0)의 **부분 트리**sub-tree라고 한다. 즉 트리 T의 임의의 노드가 루트 노드인 모든 트리를 말한다. [그림 9-1]의 트리에서 부분 트리 $T(v_2)$, $T(v_5)$, $T(v_6)$를 구해보면 [그림 9-2]와 같다.

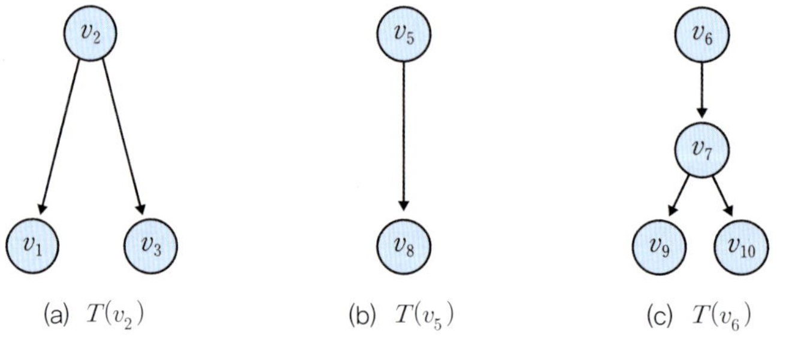

[그림 9-2] [그림 9-1]의 트리의 부분 트리

- **포레스트**

서로 연결되어 있지 않은 트리들의 집합을 **포레스트**forest 혹은 **숲**이라고 한다. [그림 9-1]에는 여러 개의 트리가 존재한다. [그림 9-2]의 (a), (b), (c)는 트리이고, 이들을 모아놓으면 포레스트가 된다.

트리를 표현하는 방법에는 여러 가지가 있는데, 관례상 상단부에는 루트 노드를 그리고 하단부 쪽으로 갈수록 레벨 순서에 따라 자식들을 그린다.

예제 9-3 **노드의 레벨과 트리의 높이**

다음 트리를 보고 노드 v_1, v_3, v_4, v_6, v_7, v_8의 레벨과 트리의 높이를 구하라.

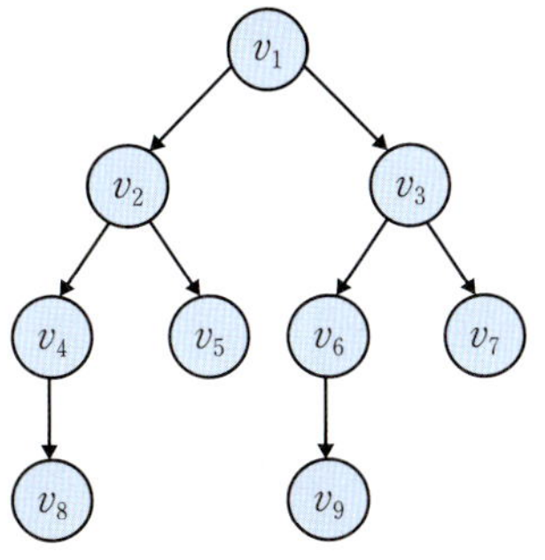

풀이

노드 v_1, v_3, v_4, v_6, v_7, v_8의 레벨은 각각 0, 1, 2, 2, 2, 3이다. 그리고 트리의 높이는 노드들 중 최고의 레벨이므로 3이다.

[예제 9-3]을 통해 앞에서 살펴본 다양한 노드와 차수 개념을 살펴보자. 루트 노드는 내차수가 0인 노드이므로 v_1이다. v_5의 부모 노드는 v_2이고, v_3의 자식 노드는 v_6와 v_7이며, v_3의 형제 노드는 v_2이다. 또한 v_2의 조상 노드는 v_1이고, v_2의 자손 노드는 v_4, v_5, v_8이다. 터미널 노드는 자식 노드가 없는 노드이므로 v_5, v_7, v_8, v_9이다. v_6의 차수는 자식 노드의 수이므로 1이고, 트리의 차수는 모든 노드의 차수 중 가장 큰 차수이므로 2이다.

이제 트리의 활용에 대해 살펴보자. 트리는 결정 트리로도 사용되는데, **결정 트리**decision tree는 알고리즘을 시각적으로 표현하여 의사를 결정하거나 시간 복잡도를 증명할 때 사용하는 트리이다. 특히 가능성 있는 경우의 수를 효과적으로 표현할 때도 결정 트리를 사용한다.

예제 9-4 **트리의 활용**

8개의 코인 문제8-coin problem를 살펴보자. 8개의 코인은 모두 색깔과 모양이 동일하고, 그 중 1개만 다른 7개와 무게가 다르다. 무게가 같은지, 무거운지, 가벼운지만을 판정할 수 있는 천칭을 이용해 단 3번 안에 8개 중 어느 코인이 정상 코인(무게가 동일한 7개의 코인)보다 무거운지 또는 가벼운지를 알아내는 결정 트리를 만들어라.

풀이

천칭을 이용해 8개의 코인 중 무게가 다른 코인 1개를 판별하는 방법이다. 코인 8개를 각각 A, B, C, D, E, F, G, H라고 하자. 우선 코인을 3개씩(A, B, C와 D, E, F) 선택한다. 각각 3개의 코인을 천칭에 올려놓는다. 즉 A+B+C와 D+E+F의 무게를 비교한다. 그러면 세 가지 경우가 발생한다. 첫 번째는 A+B+C < D+E+F인 경우이다. 이 경우에는 A, B, C, D, E, F 중 무게가 다른 코인이 있다는 의미이다. 그래서 이번에는 A+D와 B+E를 천칭에 올려놓는다. 그러면 또 세 가지 경우가 발생한다. 첫 번째로 A+D < B+E인 경우이다. 이 경우에는 A와 E 중 무게가 다른 코인이 있으며, 그 코인이 A라면 가볍고 E라면 무겁다. 그래서 세 번째 천칭에는 A와 이미 정상 코인으로 판명된 H를 비교한다. 이 경우에 A < H라면 A가 가벼운 코인이고, A = H라면 E가 무거운 코인이며, A > H인 경우는 발생하지 않는다. 같은 방법으로 A+D = B+E인 경우라면 C나 F 중 무게가 다른 코인이 있으며, 그 코인이 C라면 가볍고 F라면 무겁다. 그래서 이번에는 정상 코인 H와 C를 비교한다. C < H라면 C가 가벼운 코인이고, C = H라면 F가 무거운 코인이며, C > H인 경우는 발생하지 않는다. 같은 방법으로 A+D > B+E인 경우에도 B나 D 중 무게가 다른 코인이 있으며, 그 코인이 B라면 무겁고 D라면 가볍다. 그래서 이번에는 정상 코인 H와 B를 비교한다. B < H라면 B가 가벼운 코인이고, B = H라면 D가 무거운 코인이며, B > H인 경우는 발생하지 않는다.

이와 같은 방법으로 계속하면 다음과 같은 결정 트리를 만들 수 있다. 아래 그림에서 '가'는 가볍다는 의미이고 '무'는 무겁다는 의미이다.

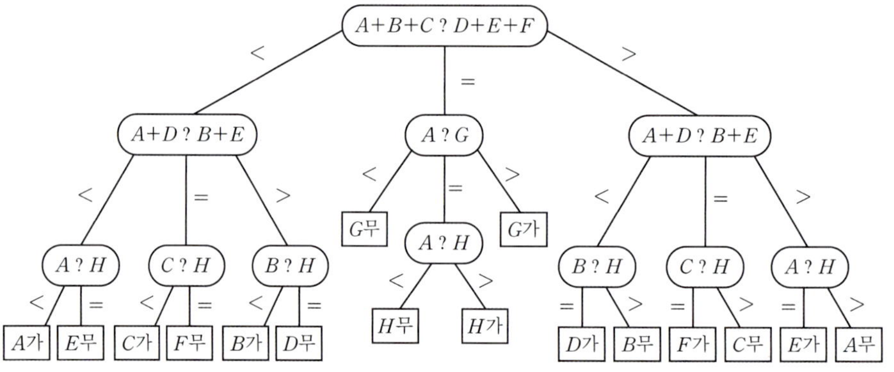

SECTION 9.2 레이블을 갖는 트리와 최소 스패닝 트리

이 절에서는 레이블을 갖는 트리와 최소 스패닝 트리에 대해 살펴본다. 레이블을 갖는 트리는 컴퓨터 과학 분야에서 유용하게 쓰이고 있으며, 최소 스패닝 트리는 자동차 내비게이션과 통신망 설계 등에 많이 사용된다.

레이블을 갖는 트리

유향 그래프로 표현한 트리에서 각 노드를 점으로 표시하고 그 점 옆에 필요한 레이블을 붙인 트리를 **레이블을 갖는 트리** labeled tree라고 한다.

[알고리즘 9-1]은 정수 M, N 그리고 양의 정수 MAX가 주어질 때, M^N의 값을 계산하는 알고리즘이다. 단, subroutine PRINT가 존재한다고 가정하며, M^N의 값이 MAX보다 크면 에러error를 출력한다.

[알고리즘 9-1] M^N의 값을 구하는 알고리즘

```
1. S←1
2. IF (N>0) THEN
   a. FOR I=1 THRU N
      1. S←S×M
   b. IF (S>MAX) THEN
      1. CALL PRINT  ('ANSWER IS TOO LARGE')
3. ELSE
   a. IF (M=0) THEN
      1. CALL PRINT  ('ANS. UNDEFINED')
   b. ELSE
      1. IF (N=0) THEN
         a. S←1
      2. ELSE
         a. MRECIP←1/M
         b. N←(-1)×N
         c. FOR I=1 THRU N
            1. S←S×MRECIP
```

[알고리즘 9-1]을 레이블을 갖는 트리를 이용해 표현하면 [그림 9-3]과 같다.

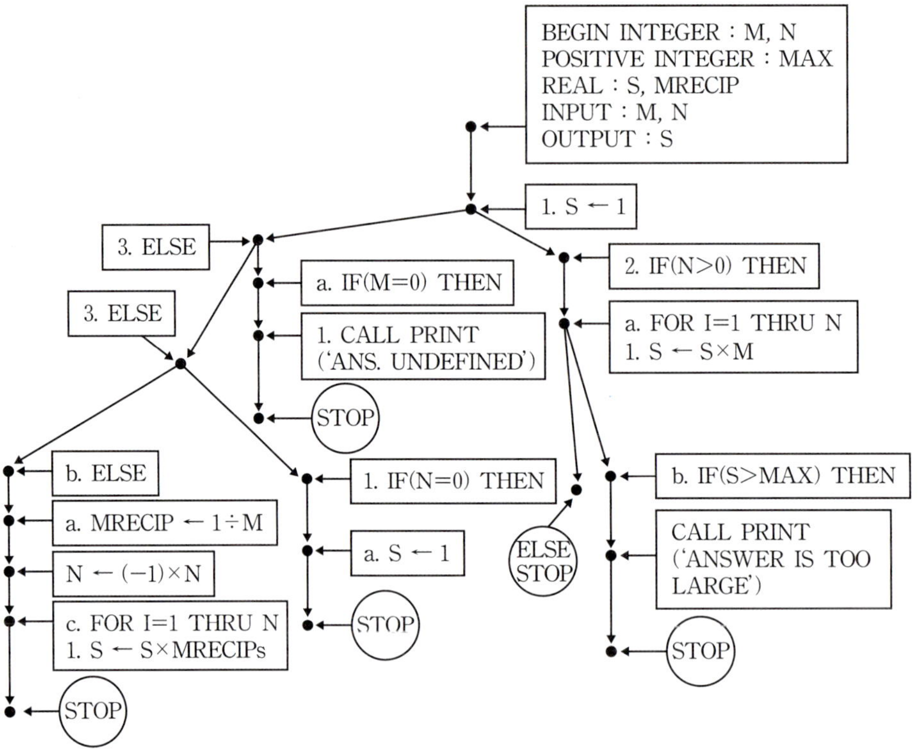

[그림 9-3] M^N의 값을 구하는 알고리즘을 레이블을 갖는 트리로 표현

트리에 자료를 저장하기 위해서는 선형의 산술식을 저장해야 한다. 선형의 산술식이 있을 때, 이를 트리로 저장하기 위해서는 산술식이 어떻게 계산되는지 알아야 한다. 이때 필요한 요소가 연산자 우선순위와 결합법칙이다. 여기서는 괄호를 이용해 연산자 우선순위가 정해져 있을 때, 이를 트리로 저장하는 방법을 설명한다.

괄호로 묶인 산술식 $(3-(2*x))+((x-2)-(3+x))$를 생각해보자. 이 산술식을 트리에 저장하기 위해서는 중심 연산자가 필요하다. 산술식에서 마지막으로 연산이 되는 연산자(이 식에서는 +)를 그 산술식의 **중심 연산자**central operator라고 한다.

중심 연산자를 알면 다음의 [알고리즘 9-2]와 같은 방법으로 산술식을 트리로 변환할 수 있다.

[알고리즘 9-2] 산술식을 트리로 변환

(1) 트리의 루트 노드를 전체 산술식의 중심 연산자로 한다.

(2) (1)의 루트 노드에 대해 중심 연산자가 이항 연산자라고 하면 루트 노드의 왼쪽 부분식과 오른쪽 부분식이 존재한다. 그러면 루트 노드에 대해 왼쪽 부분식은 왼쪽 부분 트리로, 오른쪽 부분식은 오른쪽 부분 트리로 구성한다. 다시 왼쪽 부분식과 오른쪽 부분식에 대해 (1)과 (2)를 재귀적으로 실행한다.

(3) 이런 과정을 상수나 변수 하나로 구성된 터미널 노드가 나올 때까지 계속한다.

[알고리즘 9-2]를 이용해 산술식을 트리로 표현하면 [그림 9-4]와 같다.

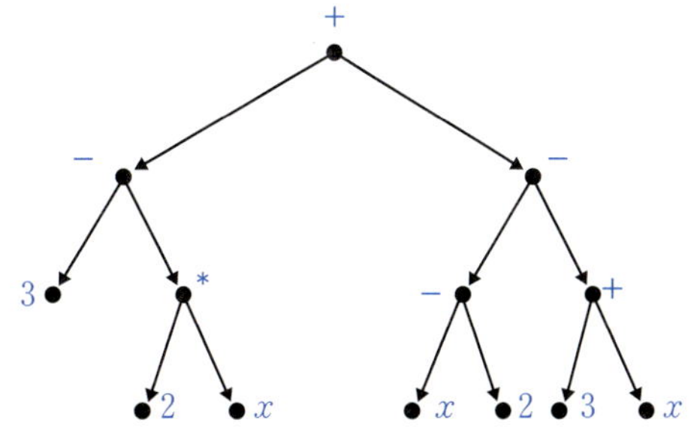

[그림 9-4] 산술식 $(3-(2*x))+((x-2)-(3+x))$를 트리로 표현

n-순서 트리의 유향 그래프를 그린다고 해보자. 이때 자식들이 n개 있다고 하고, 각 자식들의 순서에 따라 위치를 고정하자. 그리고 집합 $\{1, 2, 3, \cdots, n\}$의 원소들로 레이블을 붙이되 고정된 위치에 맞는 원소를 골라 붙여보자. 이런 유향 그래프를 **위치와 레이블을 갖는 유향 그래프**positional-labeled digraph라고 하는데, 이는 자료구조 중 트리 구조로, 컴퓨터에 기억시킬 때 매우 중요하다. [그림 9-5]는 3-순서 트리의 유향 그래프의 예이다.

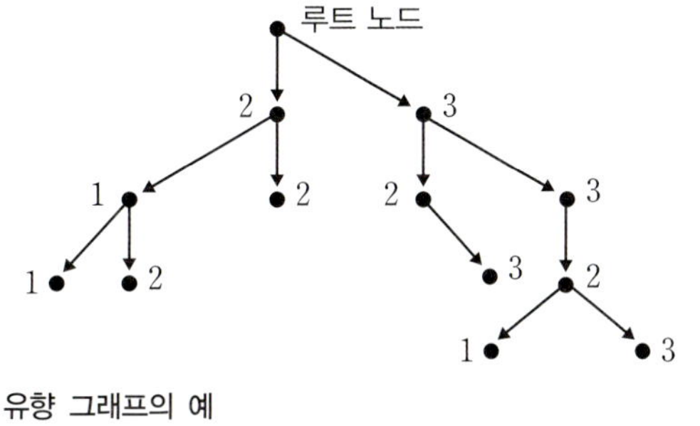

[그림 9-5] 3-순서 트리의 유향 그래프의 예

[그림 9-5]의 3-순서 트리는 집합 {1, 2, 3} 중 자식 1은 왼쪽에, 자식 2는 가운데에, 자식 3은 오른쪽에 위치를 고정한 경우에만 레이블을 붙여 표시한 것이다. [그림 9-5]에는 12개의 자식 노드가 있는데, 왼쪽에 있는 자식 노드에는 무조건 1번을, 가운데에 있는 자식 노드에는 무조건 2번을, 오른쪽에 있는 자식 노드에는 무조건 3번을 붙여서 12개의 자식 노드에 대한 유향 그래프를 만들었다. 이렇게 3개의 방향으로 만든 것을 3-순서 트리라고 한다. 또한 여기서 생각해봐야 하는 트리는 **이진 순서 트리**binary ordered tree이다. 이 트리의 유향 그래프를 그릴 때는 {1, 2} 대신 {L(Left), R(Right)}을 사용하는 것이 편리하며, 때로는 레이블을 생략해 나타내기도 한다. [그림 9-6]의 (a)와 (b)는 각각의 예이다.

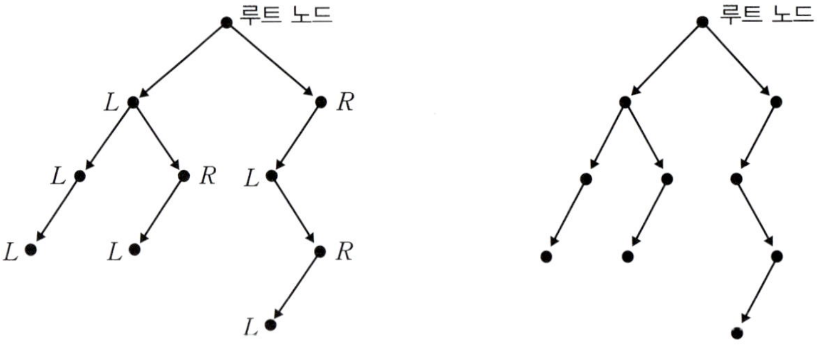

(a) 이진 순서 트리 (b) 레이블을 생략한 이진 순서 트리

[그림 9-6] 이진 순서 트리

최소 스패닝 트리

자동차 내비게이션과 통신망 설계 등에 많이 사용되는 스패닝 트리에 대해 알아보자.

정의 9-2 스패닝 트리

그래프 G의 부분 그래프 T가 트리이고, T가 G의 모든 노드를 포함한다면 T를 그래프 G의 **스패닝 트리**spanning tree라고 한다.

그래프 G의 스패닝 트리는 유일하지 않고 구성하는 방법도 다양하지만, 대표적으로 8장에서 언급한 깊이 우선 탐색과 너비 우선 탐색을 이용해 구성하는 방법이 있다. 깊이 우선 탐색과 너비 우선 탐색으로 탐색한 노드들을 간선으로 연결하면서 트리를 만들면 모든 노드를 포함하는 트리가 생성되는데, 이를 각각 **깊이 우선 스패닝 트리**와 **너비 우선 스패닝 트리**라고 한다.

예제 9-5 깊이 우선 스패닝 트리, 너비 우선 스패닝 트리

[예제 8-20]에서 그래프에 대한 깊이 우선 탐색과 너비 우선 탐색을 했다. 이 그래프를 깊이 우선 스패닝 트리와 너비 우선 스패닝 트리로 표현하라.

풀이

[예제 8-20]의 그래프는 다음과 같았다.

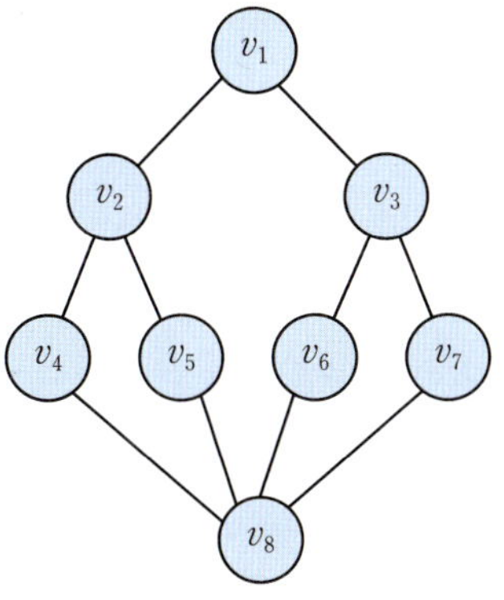

[예제 8-20]에서 깊이 우선 탐색은 v_1, v_2, v_4, v_8, v_5, v_6, v_3, v_7으로 탐색했고, 너비 우선 탐색은 v_1, v_2, v_3, v_4, v_5, v_6, v_7, v_8으로 탐색했다. 따라서 깊이 우선 스패닝 트리와 너비 우선 스패닝 트리는 다음과 같다.

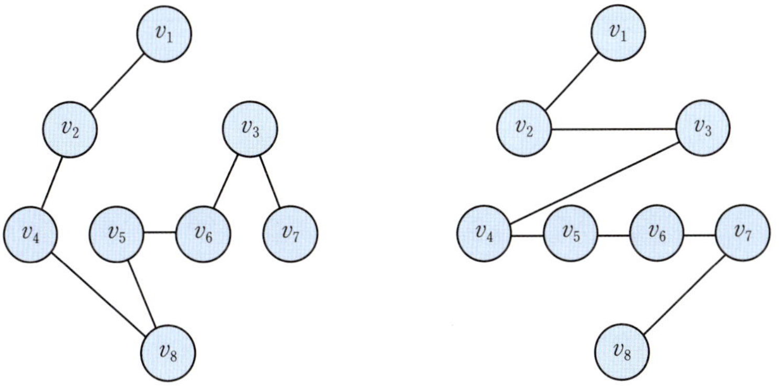

(a) 깊이 우선 스패닝 트리 (b) 너비 우선 스패닝 트리

정의 9-3 최소 스패닝 트리

임의의 그래프 G가 가중치 그래프라고 할 때, G로부터 생성된 스패닝 트리 중 각 간선의 가중치 합이 최소가 되는 트리를 **최소 스패닝 트리**(MST) Minimal Spanning Tree라고 한다.

이제 m개의 노드를 갖는 가중치 그래프 $G=(V, E)$에서 최소 스패닝 트리를 찾기 위한 두 가지 방법을 살펴보자.

- **프림 알고리즘**Prim algorithm : 그래프 $G=(V, E)$에서 최소 가중치를 가지는 간선 (u, v)를 선택하여 이 간선을 최소 스패닝 트리에 포함한다. 그런 다음 노드 u 또는 v에 연결된 간선 중 최소 가중치를 갖는 간선을 선택해 최소 스패닝 트리에 포함한다. 이때 순환이 형성되지 않아야 한다. 이 과정을 최소 스패닝 트리에 모든 노드가 포함될 때까지 계속한다. 이 방법은 비교적 쉽게 프로그래밍할 수 있다.

- **크루스칼 알고리즘**Kruskal algorithm : 무조건 최소 가중치순으로 순서를 정한 뒤에 순환을 형성하지 않으면 그 간선을 선택하는 방법이다. 이 방법은 프로그래밍하기 쉽지 않다.

[알고리즘 9-3]은 프림 알고리즘을 이용해 최소 스패닝 트리를 찾는 방법이다.

[알고리즘 9-3] 최소 스패닝 트리를 발견하는 프림 알고리즘

```
{ G=(V, E)는 가중치 그래프라고 하자. }

1. E'=∅ ; U=∅ ;
2. V에서 하나의 노드를 선택해 U에 포함한다.
3. WHILE U≠V
   3.1 u∈V, v∈V-U에 대해 최소 가중치를 갖는 간선 (u, v)를 선택
   3.2 IF (u, v)가 E'내에서 순환을 생성하지 않으면
      THEN begin
                E'=E'∪{(u, v)} ;
                U=U∪{v} ;
            end
      ELSE 간선 (u, v)를 버림
```

예제 9-6 최소 스패닝 트리 (1)

프림 알고리즘을 이용해 다음 가중치 그래프에서 최소 스패닝 트리를 찾으라.

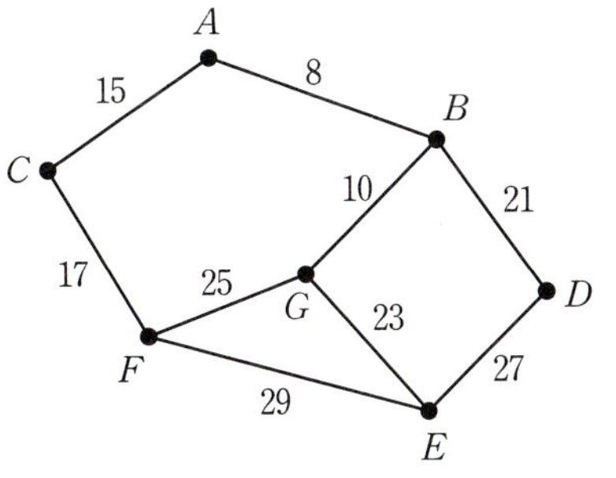

풀이

첫 번째 노드를 A로 선택한다. 여기서 간선 $\{A,\ B\}$와 $\{A,\ C\}$ 중 최소 가중치를 갖는 간선 $\{A,\ B\}$를 선택한다. 다음으로 간선 $\{A,\ C\}$, $\{B,\ D\}$, $\{B,\ G\}$ 중 최소 가중치를 갖는 간선 $\{B,\ G\}$를 선택한다. 다음으로는 $\{A,\ C\}$, $\{B,\ D\}$, $\{G,\ F\}$, $\{G,\ E\}$ 중 최소 가중치를 갖는 간선 $\{A,\ C\}$를 선택한다. 다음으로는 $\{C,\ F\}$, $\{B,\ D\}$, $\{G,\ F\}$, $\{G,\ E\}$ 중 최소 가중치를 갖는 간선 $\{C,\ F\}$를 선택한다. 다음으로는 $\{F,\ E\}$, $\{B,\ D\}$, $\{G,\ F\}$, $\{G,\ E\}$ 중 최소 가중치를 갖는 간선 $\{B,\ D\}$를 선택한다. 다음으로는 $\{F,\ E\}$, $\{D,\ E\}$, $\{G,\ F\}$, $\{G,\ E\}$ 중 최소 가중치를 갖는 간선 $\{G,\ E\}$를 선택한다. 최소 스패닝 트리에 모든 정점이 포함되므로 종결된다. 따라서 최소 스패닝 트리는 다음과 같다.

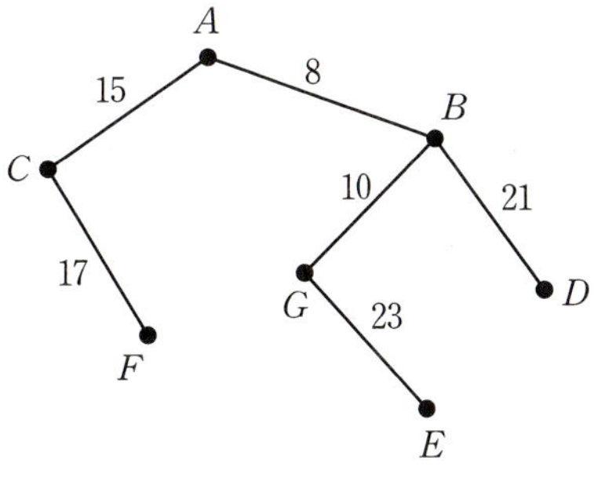

예제 9-7 **최소 스패닝 트리 (2)**

프림 알고리즘을 이용해 다음 가중치 그래프에서 노드 A로부터의 최소 스패닝 트리와 노드 E로부터의 최소 스패닝 트리를 찾으라.

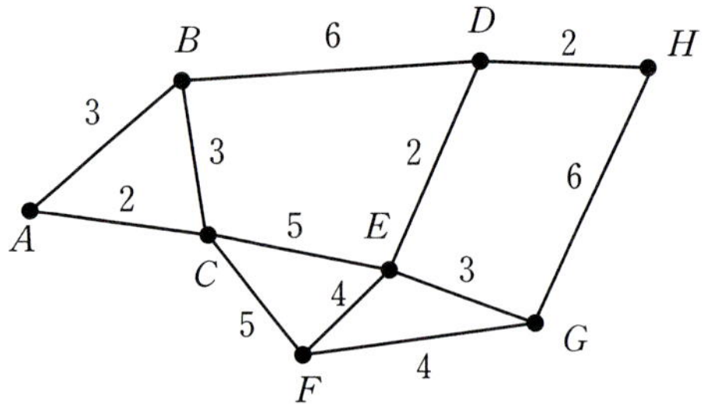

풀이

- **노드 A로부터 최소 스패닝 트리 찾기**

첫 번째 노드를 A로 선택한다. 여기서 간선 $\{A, B\}$와 $\{A, C\}$ 중 최소 가중치를 갖는 간선 $\{A, C\}$를 선택한다. 다음으로 $\{A, C\}$에 연결된 간선 $\{A, B\}$, $\{C, B\}$, $\{C, E\}$, $\{C, F\}$ 중 최소 가중치를 갖는 간선은 $\{A, B\}$와 $\{C, B\}$이다. 먼저 $\{C, B\}$를 선택하자. 다음으로 $\{A, B\}$, $\{B, D\}$, $\{C, E\}$, $\{C, F\}$ 중 최소 가중치를 갖는 간선은 $\{A, B\}$이지만 순환이 형성되므로 선택하면 안 된다. 그러면 $\{C, E\}$나 $\{C, F\}$가 가능하므로 둘 중 아무거나 선택할 수 있다. 이번에는 $\{C, F\}$를 선택하자. 다음으로는 $\{B, D\}$, $\{C, E\}$, $\{F, E\}$, $\{F, G\}$가 가능하다. 그중 $\{F, E\}$와 $\{F, G\}$가 최소 가중치를 갖는다. 이번에는 $\{F, E\}$를 선택하자. 현재까지의 최소 스패닝 트리는 다음과 같다.

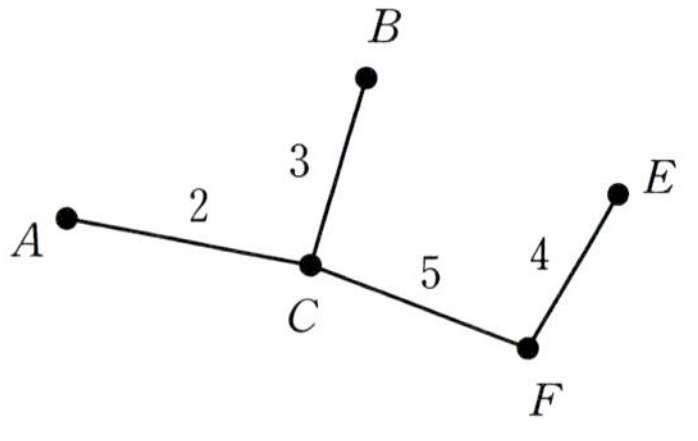

같은 방법으로 $\{B, D\}$, $\{C, E\}$, $\{E, D\}$, $\{E, G\}$, $\{F, G\}$가 가능하다. 최소 가중치를 갖는 간선은 $\{E, D\}$이다. 다음으로는 $\{B, D\}$, $\{C, E\}$, $\{D, H\}$, $\{E, G\}$, $\{F, G\}$가 가능하다. 최소 가중치를 갖는 간선은 $\{D, H\}$이다. 다음으로는 $\{B, D\}$, $\{C, E\}$, $\{E, G\}$, $\{F, G\}$, $\{H, G\}$가 가능하다. 최소 가중치를 갖는 간선은 $\{E, G\}$이다. 그러므로 노드 A로부터의 최소 스패닝 트리는 다음과 같다.

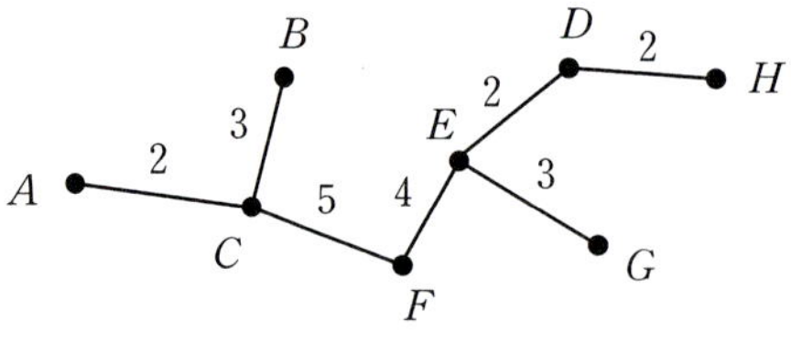

• **노드 E로부터 최소 스패닝 트리 찾기**

같은 방법으로 다음과 같은 최소 스패닝 트리를 얻을 수 있다.

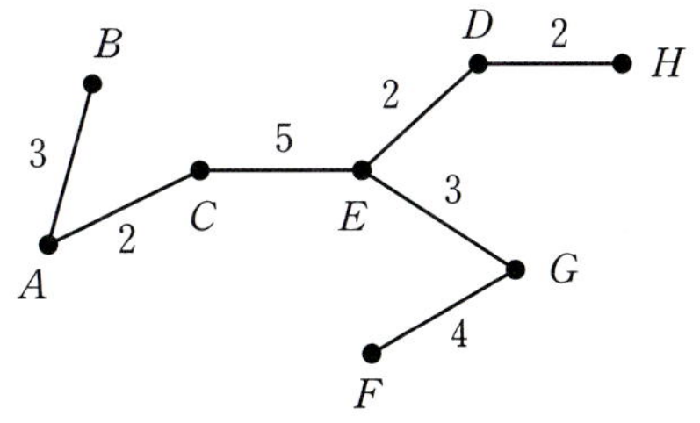

SECTION 9.3 이진 트리와 트리 탐방 알고리즘

트리의 가장 중요한 활용은 자료data들을 모아 놓은 레코드들을 저장하는 것이다. 이러한 레코드record들의 모임을 **파일**file이라고 한다. 이렇게 저장한 자료들을 필요할 때마다 찾아서 사용해야 한다. 필요한 자료를 찾고자 할 때 사용하는 알고리즘을 **트리 탐방 알고리즘**tree traversal algorithm이라고 한다. 특히 이진 트리에서 자료를 찾는 자료구조를 **이진 탐색 트리**binary search tree라고 한다. 이진 트리에 대한 트리 탐방 알고리즘에는 세 가지가 있는데, 바로 **전위 탐방** preorder traversal, **중위 탐방** inorder traversal, **후위 탐방** postorder traversal이다.

그러면 이진 트리에 대해 간단히 알아보고, 트리로 표현된 자료들을 선형 순서linear sequence로 표현하는 방법과 트리로 표현된 자료를 탐방하는 방법에 대해 살펴보자. 트리로 표현된 자료를 선형 순서로 표현하는 방법에는 세 가지가 있는데, 바로 전위 표기법, 후위 표기법, 중위 표기법이다.

이진 트리의 개념

컴퓨터 응용에서 가장 기본적으로 활용되는 아주 중요한 트리가 바로 이진 트리이다.

정의 9-4 이진 트리

각 노드의 최대 차수가 2인 트리를 **이진 트리**binary tree라고 한다.

즉 이진 트리의 각 노드는 자식 노드가 없거나 1개이거나 2개이다.

예제 9-8 이진 트리

다음 트리의 자식 노드가 몇 개인지 구하고, 루트 노드, 터미널 노드, 트리의 차수를 구하라. 그리고 각 노드의 레벨과 트리의 높이를 구하고, 이 트리가 이진 트리인지 확인하라.

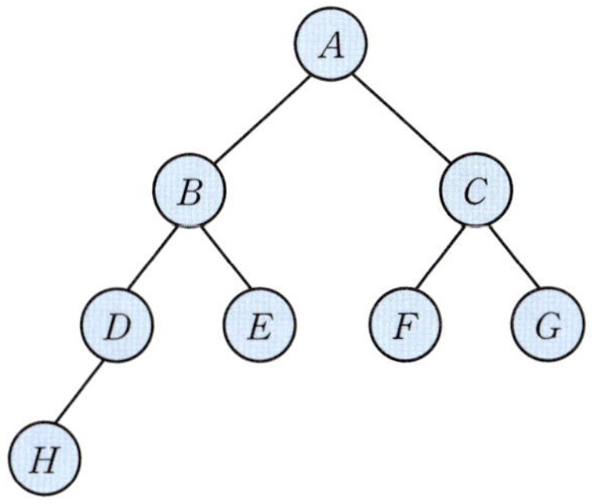

풀이

각 노드의 자식 노드의 수는 다음과 같다.

노드 A : 2개, 노드 B : 2개, 노드 C : 2개, 노드 D : 1개
노드 E : 0개, 노드 F : 0개, 노드 G : 0개, 노드 H : 0개

루트 노드는 내차수가 0인 노드이므로 노드 A이고, 터미널 노드는 자식 노드가 0개인 노드이므로 노드 E, F, G, H이다. 트리의 차수는 각 노드의 차수 중 가장 큰 차수이므로 2이다. 레벨은 루트 노드 A가 0이고, 루트 노드의 다음 레벨에 있는 노드 B와 C가 1이다. 또한 다음 레벨에 있는 노드 D, E, F, G가 2이며, 그다음 레벨에 있는 H가 3이다. 트리의 높이는 최고의 레벨이므로 3이다. 이 트리의 각 노드의 최대 차수가 2이므로 이진 트리이다.

정의 9-5 완전 이진 트리

트리의 마지막 레벨을 제외한 모든 레벨의 노드의 차수가 2이고, 마지막 레벨은 노드의 차수가 2가 아니어도 되지만 노드가 왼쪽에서 오른쪽으로 차례대로 채워진 트리를 **완전 이진 트리**complete binary tree라고 한다.

[그림 9-7(a)]는 완전 이진 트리이지만, [그림 9-7(b)]는 노드 D와 E가 마지막 레벨임에도 노드가 왼쪽부터 차례대로 채워져 있지 않으므로 완전 이진 트리가 아니다. 또한 [그림 9-7(c)]는 마지막 레벨 이전까지는 모든 노드의 차수가 2이고, 마지막 레벨에 있는 노드 D, E, F가 왼쪽부터 차례대로 채워져 있으므로 완전 이진 트리이다. [그림 9-7(d)]는 마지막 레벨에 있는 노드 D, E는 왼쪽부터 차례대로 채워져 있지만, 노드 F가 차례대로 채워져 있지 않으므로 완전 이진 트리가 아니다.

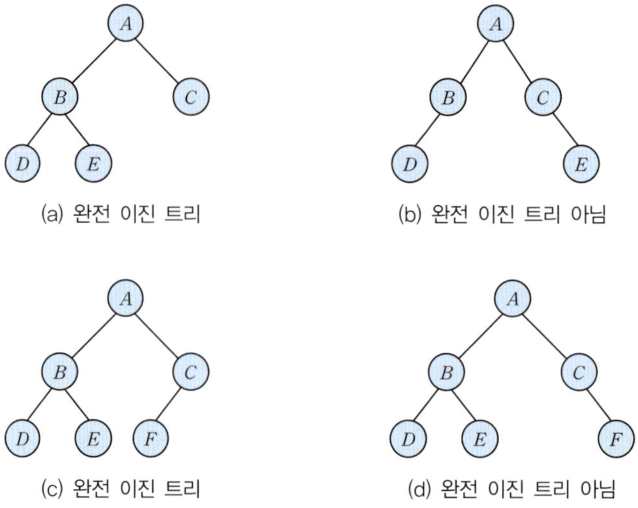

[그림 9-7] 완전 이진 트리와 완전 이진 트리가 아닌 예

정의 9-6 포화 이진 트리

터미널 노드를 제외한 모든 노드가 2개의 자식 노드를 가지며 모든 터미널 노드가 동일한 깊이 또는 레벨을 갖는 트리를 **포화 이진 트리**perfect binary tree라고 한다.

포화 이진 트리와 완전 이진 트리는 비슷하지만 약간의 차이가 있다. [그림 9-8]의 트리는 포화 이진 트리이면서 완전 이진 트리이기도 하다. 그러나 [그림 9-7(a)]는 완전 이진 트리이지만 포화 이진 트리가 아니다.

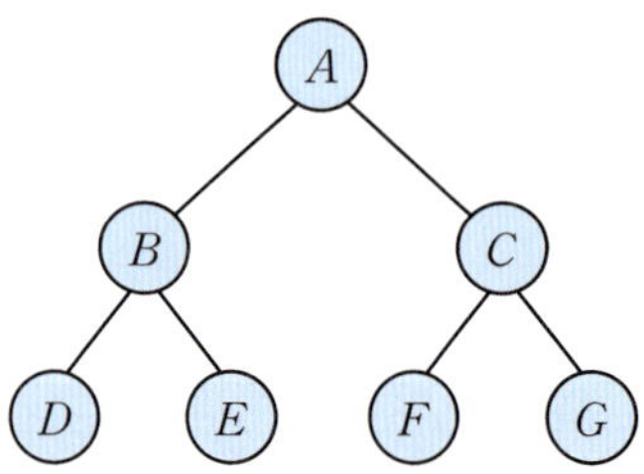

[그림 9-8] 포화 이진 트리의 예

트리 탐방 알고리즘

이제 트리로 표현된 자료들을 선형 순서로 표현하는 방법인 전위 표기법, 후위 표기법, 중위 표기법에 대해 알아보고, 트리로 표현된 자료를 탐색하는 트리 탐방 알고리즘에 대해 살펴보자.

먼저 **전위 표기법**prefix은 일반 전위 표기법ordinary prefix, 케임브리지 폴란드식 표기법cambridge polish, 폴란드식 표기법polish이라고도 하는데, 이 표현들 사이에는 약간의 차이가 있다. 예를 들어 산술식을 전위 표기법으로 표현한다면 산술식에서 연산자 operator를 먼저 쓰고 다음에 피연산자 operand를 쓴다.

[그림 9-9]와 같이 산술식이 이진 트리로 표현되었을 때, 이를 일반 전위 표기법, 케임브리지 폴란드식 표기법, 폴란드식 표기법으로 각각 표현해보자.

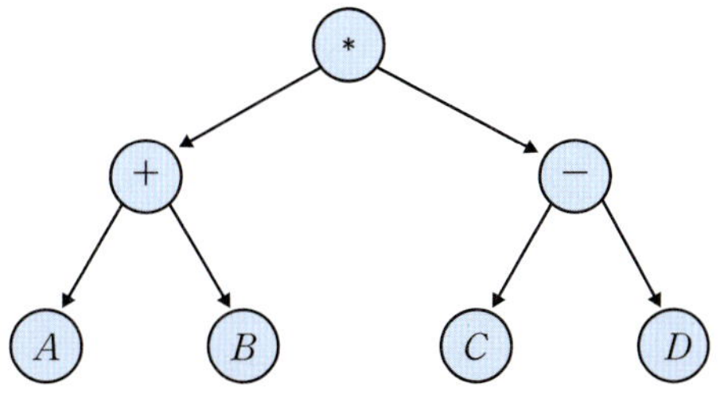

[그림 9-9] 산술식 $(A+B)*(C-D)$에 대한 이진 트리

- **일반 전위 표기법** : 연산자를 먼저 쓰고, 그 연산에 따른 피연산자를 괄호로 묶어 표현하는 방법이다. [그림 9-9]를 이 방법으로 표현하면 $*(+(A,\ B),\ -(C,\ D))$이다.
- **케임브리지 폴란드식 표기법** : 일반 전위 표기법에서 콤마를 제거하고 연산자를 괄호 안으로 묶는 방법으로서, 프로그래밍 언어 LISP에서는 이 방법을 이용해 언어를 표현한다. [그림 9-9]를 이 방법으로 표현하면 $(*(+AB)(-CD))$이다.
- **폴란드식 표기법** : 케임브리지 폴란드식 표기법에서 괄호를 제거한 방법이다. [그림 9-9]를 이 방법으로 표현하면 $*+AB-CD$이다. 우리가 일반적으로 전위 표기법을 표현하는 방법은 폴란드식 표기법이다.

다음으로 **후위 표기법**postfix은 **역 폴란드식 표기법**reverse polish이라고 하며, 피연산자를 먼저 쓰고 그다음에 연산자를 쓰는 방법이다. [그림 9-9]를 후위 표기법으로 표현하면 $AB+CD-*$ 이다.

중위 표기법infix은 이진 연산에서만 적당한 표현 방법으로, 피연산자와 피연산자 사이에 연산자를 표현하는 방법이다. [그림 9-9]를 중위 표기법으로 표현하면 $A+B*C-D$이다.

다음으로는 트리로 표현된 자료를 탐색하는 **트리 탐방 알고리즘**tree traversal algorithm에 대해 살펴보자. 트리 탐방 알고리즘을 앞에서 설명한 선형 표현 방법과 연관해 설명하면, **전위 탐방** preorder traversal으로 자료를 찾으면 그것은 전위 표기법이 되고, **중위 탐방** inorder traversal으로 자료를 찾으면 중위 표기법이 되며, **후위 탐방** postorder traversal으로 자료를 찾으면 후위 표기법이 된다.

[알고리즘 9-4] 트리 탐방 알고리즘

(1) **전위 탐방 방법**

① 해당 트리의 루트 노드를 탐방한다.

② 왼쪽 부분 트리를 탐방한다. 만약 왼쪽 부분 트리가 존재하면 왼쪽 부분 트리를 전위 탐방으로 다시 재귀적으로 탐방한다.

③ 오른쪽 부분 트리를 탐방한다. 만약 오른쪽 부분 트리가 존재하면 오른쪽 부분 트리를 전위 탐방으로 다시 재귀적으로 탐방한다.

(2) **중위 탐방 방법**

① 왼쪽 부분 트리를 탐방한다. 만약 왼쪽 부분 트리가 존재하면 왼쪽 부분 트리를 중위 탐방으로 다시 재귀적으로 탐방한다.

② 해당 트리의 루트 노드를 탐방한다.

③ 오른쪽 부분 트리를 탐방한다. 만약 오른쪽 부분 트리가 존재하면 오른쪽 부분 트리를 중위 탐방으로 다시 재귀적으로 탐방한다.

(3) **후위 탐방 방법**

① 왼쪽 부분 트리를 탐방한다. 만약 왼쪽 부분 트리가 존재하면 왼쪽 부분 트리를 후위 탐방으로 다시 재귀적으로 탐방한다.

② 오른쪽 부분 트리를 탐방한다. 만약 오른쪽 부분 트리가 존재하면 오른쪽 부분 트리를 후위 탐방으로 다시 재귀적으로 탐방한다.

③ 해당 트리의 루트 노드를 탐방한다.

예제 9-9 트리 탐방 알고리즘 (1)

[그림 9-9]에 있는 트리를 전위 탐방, 중위 탐방, 후위 탐방 방법으로 탐방한 결과를 전위 표기법, 중위 표기법, 후위 표기법으로 표현하라.

풀이

• **전위 탐방 방법**

먼저 루트 노드를 탐방한다. 그래서 $*$를 출력한다. 두 번째로 왼쪽 부분 트리를 탐방한다. 왼쪽이 부분 트리로 구성되어 있으므로 다시 재귀적으로 왼쪽 부분 트리의 루트 노드를 방문한다. 그래서 $+$를 출력한다. 다시 왼쪽 부분 트리의 왼쪽 부분 트리를 탐방한다. 터미널 노드로 구성되어 있으므로 탐방해서 A를 출력한다. 이번에는 왼쪽 부분 트리의 오른쪽 부분 트리를 탐방한다. 터미널 노드로 구성되어 있으므로 탐방해서 B를 출력한다. 이번에는 원래 트리의 오른쪽 부분 트리를 탐방한다. 오른쪽이 부분 트리로 구성되어 있으므로 다시 오른쪽 부분 트리의 루트 노드를 탐방해서 $-$를 출력한다. 오른쪽 부분 트리의 왼쪽 부분 트리를 탐방하는데 터미널 노드로 구성되어 있으므로 C를 출력한다. 오른쪽 부분 트리의 오른쪽 부분 트리를 탐방하는데 터미널 노드로 구성되어 있으므로

D를 출력한다. 출력된 결과를 순서대로 나타내면 $*+AB-CD$이다. 즉 전위 표기법으로 표현하면 $*+AB-CD$이다.

- **중위 탐방 방법**

먼저 왼쪽 부분 트리를 탐방한다. 왼쪽이 부분 트리로 구성되어 있으므로 다시 재귀적으로 왼쪽 부분 트리의 왼쪽 부분 트리를 탐방한다. 터미널 노드로 구성되어 있으므로 탐방해서 A를 출력한다. 이번에는 왼쪽 부분 트리의 루트 노드를 탐방해서 +를 출력한다. 다음으로 왼쪽 부분 트리의 오른쪽 부분 트리를 탐방한다. 터미널 노드로 구성되어 있으므로 탐방해서 B를 출력한다. 이번에는 원래 트리의 루트 노드를 탐방해서 $*$를 출력한다. 원래 트리의 오른쪽 부분 트리를 탐방한다. 오른쪽이 부분 트리로 구성되어 있으므로 다시 오른쪽 부분 트리의 왼쪽 부분 트리를 탐방하는데 터미널 노드로 구성되어 있으므로 C를 출력한다. 오른쪽 부분 트리의 루트 노드를 탐방해서 −를 출력한다. 오른쪽 부분 트리의 오른쪽 부분 트리를 탐방하는데 터미널 노드로 구성되어 있으므로 D를 출력한다. 출력된 결과를 순서대로 나타내면 $A+B*C-D$이다. 즉 중위 표기법으로 표현하면 $A+B*C-D$이다.

- **후위 탐방 방법**

먼저 왼쪽 부분 트리를 탐방한다. 왼쪽이 부분 트리로 구성되어 있으므로 다시 재귀적으로 왼쪽 부분 트리의 왼쪽 부분 트리를 탐방한다. 터미널 노드로 구성되어 있으므로 탐방해서 A를 출력한다. 이번에는 왼쪽 부분 트리의 오른쪽 부분 트리를 탐방한다. 터미널 노드로 구성되어 있으므로 탐방해서 B를 출력한다. 이번에는 왼쪽 부분 트리의 루트 노드를 탐방해서 +를 출력한다. 다음으로 원래 트리의 오른쪽 부분 트리를 탐방한다. 오른쪽이 부분 트리로 구성되어 있으므로 다시 오른쪽 부분 트리의 왼쪽 부분 트리를 탐방하는데 터미널 노드로 구성되어 있으므로 C를 출력한다. 오른쪽 부분 트리의 오른쪽 부분 트리를 탐방하는데 터미널 노드로 구성되어 있으므로 D를 출력한다. 이번에는 오른쪽 부분 트리의 루트 노드를 탐방해서 −를 출력한다. 마지막으로 원래 트리의 루트 노드를 탐방해서 $*$를 출력한다. 출력된 결과를 순서대로 나타내면 $AB+CD-*$이다. 즉 후위 표기법으로 표현하면 $AB+CD-*$이다.

예제 9-10 트리 탐방 알고리즘 (2)

대수식 $((a-b)*c-(d/e))*f$를 트리로 표현하라. 그리고 트리를 전위 탐방, 중위 탐방, 후위 탐방한 결과를 전위 표기법, 중위 표기법, 후위 표기법으로 표현하라.

풀이

먼저 트리로 표현하기 위해 대수식에서 중심 연산자를 찾는다. $*$ 연산자가 중심 연산자이므로 $*$가 루트 노드에, $((a-b)*c-(d/e))$가 왼쪽 부분 트리에, f가 오른쪽 부분 트리에 위치한다. 다시 왼쪽 부분 트리에서 중심 연산자를 찾으면 −이다. 따라서 왼쪽 부분 트리의 루트 노드는 $-$가 된다. $-$ 연산자의 왼쪽 부분 트리는 $(a-b)*c$이고 오른쪽 부분 트리는 d/e가 된다. 다시 왼쪽 부분 트리에 대해 중심 연산자를 찾으면 $*$ 이다. $*$ 연산자의 왼쪽 부분 트리는 $(a-b)$이고, 오른쪽 부분 트리는 c가 된다. 반면, 루트 노드 $-$에 대한 오른쪽 부분 트리에서 중심 연산자는 $/$이다. $/$ 연산자의 왼쪽에는 d가, 오른쪽에는 e가 온다. 다시 루트 노드 $*$ 의 왼쪽 부분 트리에 대한 중심 연산자는 $-$이다. $-$ 연산자의 왼쪽에는 a가, 오른쪽에는 b가 온다. 이를 전체적으로 트리로 표현하면 다음과 같다.

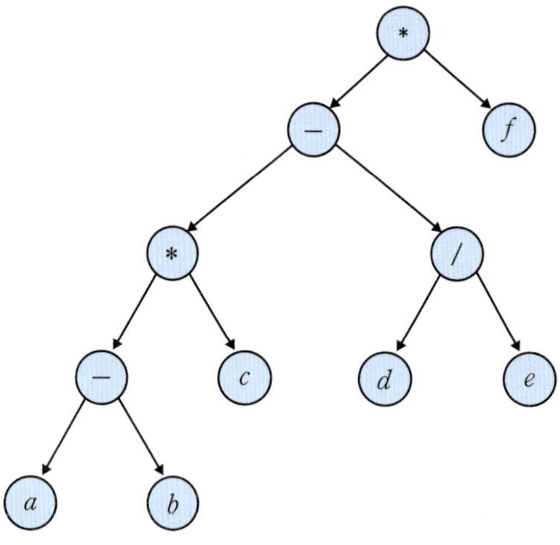

이제 트리 탐방을 해보자. 전위 탐방을 하면 트리의 루트 노드를 탐방한다. 그래서 $*$ 를 출력한다. 다음으로는 왼쪽 부분 트리를 탐방한다. 왼쪽 부분 트리가 트리이므로 다시 왼쪽 부분 트리의 루트 노드를 탐방하면 $-$를 출력한다. 이번에도 왼쪽 부분 트리를 탐방하면 $*$ 를 출력한다. 다시 왼쪽 부분 트리를 탐방하면 $-$를 출력한다. 다시 왼쪽 부분 트리를 탐방하면 터미널 노드이므로 a를 출력한다. 다음으로 $-$ 연산자의 오른쪽 부분 트리를 탐방하면 터미널 노드이므로 b를 출력한다. 다음으로 $*$ 연산자의 오른쪽 부분 트리를 탐방하면 터미널 노드이므로 c를 출력한다. 다시 $-$ 연산자의 오른쪽 부분 트리를 탐방하면 다시 부분 트리를 만난다. 부분 트리의 루트 노드는 $/$이므로 $/$를 출력한다. $/$ 연산자의 왼쪽 부분 트리는 터미널 노드이므로 d를 출력한다. 오른쪽 부분 트리를 탐방하면 터미널 노드이므로 e를 출력한다. 전체 트리의 루트 노드에 대한 오른쪽 부분 트리를 탐방하면 터미널 노드이므로 f를 출력한다. 그러면 $*-*-abc/def$가 출력되고, 이 표현이 전위 표기법이다.

중위 탐방과 후위 탐방도 같은 방법으로 하면 다음과 같이 정리할 수 있다.

전위 표기법 : $*-*-abc/def$
후위 표기법 : $ab-c*de/-f*$
중위 표기법 : $a-b*c-d/e*f$

CHAPTER

09 연습문제

Section 9.1

1. 트리 구조에서 각 노드의 자식 노드의 수를 무엇이라고 하는가?

① 레벨 ② 높이 ③ 차수 ④ 터미널 노드

2. 집합 A에 관한 관계 R이 다음과 같이 주어질 때, 각각이 트리가 되는지 확인하고, 트리라면 루트 노드를 구하라.

(a) $A=\{a, b, c, d, e, f\}$

$R=\{(a, b), (b, e), (c, d), (d, b), (c, a), (f, c)\}$

(b) $A=\{a, b, c, d, e, f\}$

$R=\{(a, b), (c, e), (f, a), (f, c), (f, d)\}$

(c) $A=\{1, 2, 3, 4, 5, 6, 7\}$

$R=\{(1, 2), (1, 3), (4, 5), (4, 6), (7, 1), (7, 4)\}$

(d) $A=\{1, 2, 3, 4, 5, 6\}$

$R=\{(1, 1), (2, 1), (2, 3), (3, 4), (4, 5), (4, 6)\}$

3. (T, v_0)가 집합 A 위에서의 트리라고 할 때, 다음을 증명하라.

(a) 임의의 $a\in A$에 대해 $(a, a)\notin T$이다.

(b) $(a, b)\in T$이면 $(b, a)\notin T$이다.

(c) $(a, b)\in T$이고 $(b, c)\in T$이면 $(a, c)\notin T$이다.

4. 다음과 같은 트리 $(T,\ v_0)$를 보고 주어진 각 트리를 구하라.

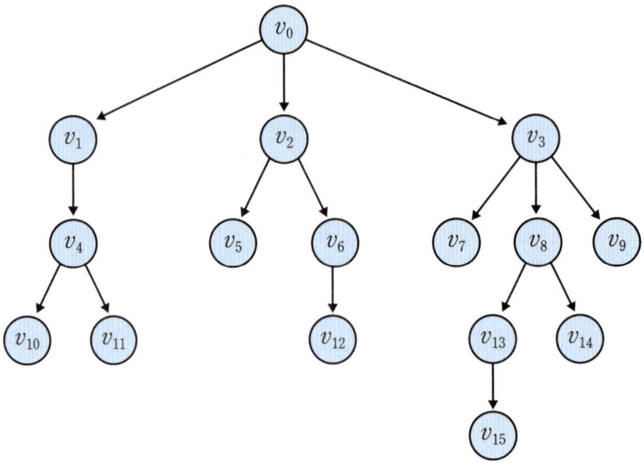

(a) 트리 $(T,\ v_2)$

(b) 트리 $(T,\ v_3)$

(c) 트리 $(T,\ v_8)$

(d) 트리 $(T,\ v_1)$

5. [연습문제 4]의 트리에 대해 다음을 구하라.

(a) 루트 노드

(b) 노드 v_8의 부모 노드, 자식 노드, 형제 노드

(c) 노드 v_8의 조상 노드와 자손 노드

(d) 터미널 노드

(e) 레벨과 트리의 높이

(f) 노드 v_8의 외차수와 내차수

(g) 트리의 차수

Section 9.2

6. 트리를 이용해 다음 대수식을 표현하라.

(a) $(3*(1-x))/(((4+(7-(y+2))))*(7+(x/y)))$

(b) $2+(x-((6*y)/2-(3*x)))$

(c) $(2*(x+3)-4*(z+(x-(3*5))))$

7. 프림 알고리즘을 이용해 다음 가중치 그래프에서 최소 스패닝 트리를 찾아라.

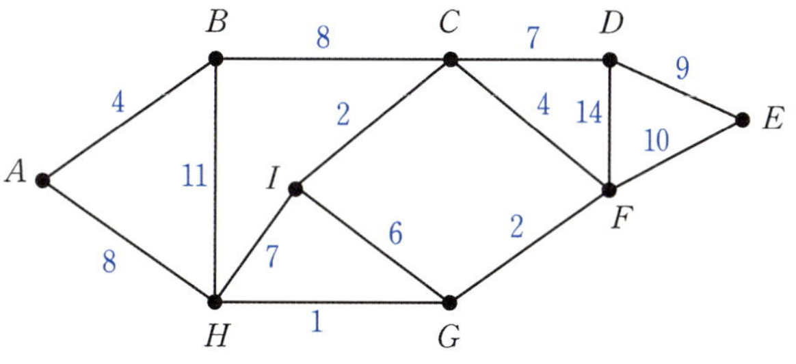

Section 9.3

8. 다음과 같은 트리 중 완전 이진 트리는 무엇인가?

① 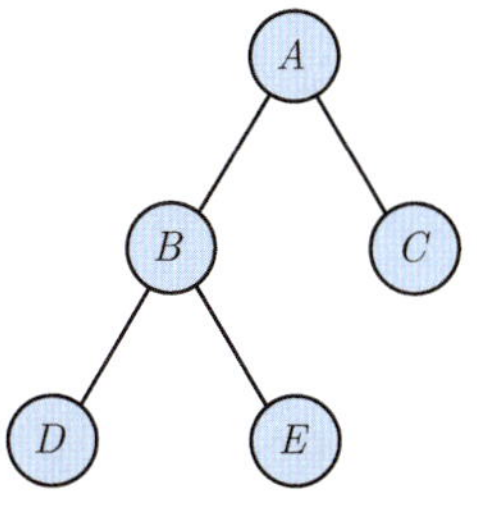

② 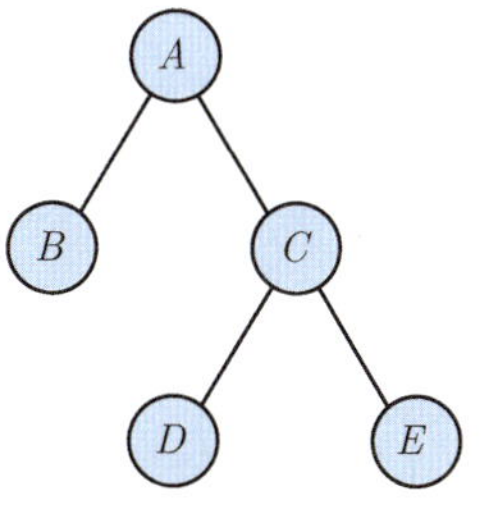

③ 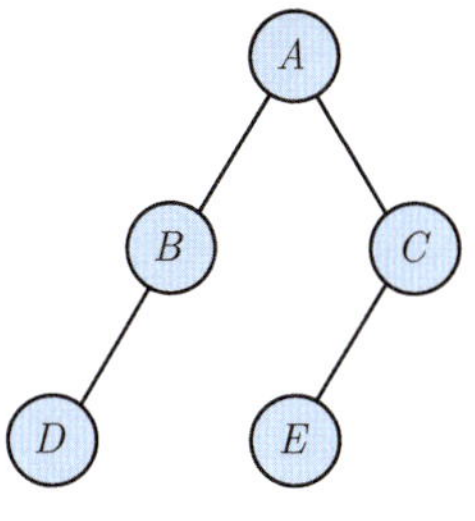

④ 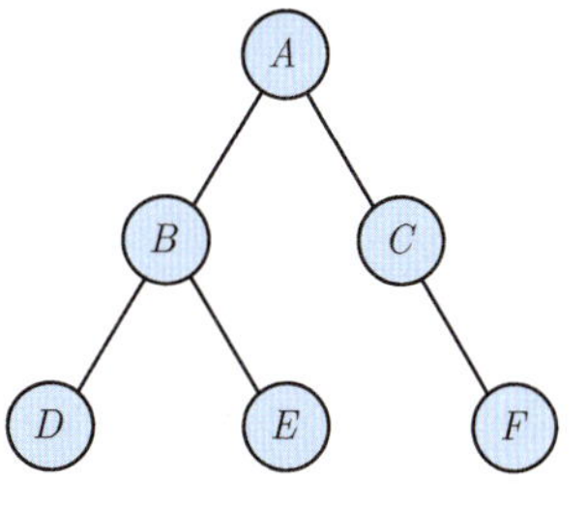

9. 다음은 레벨 2인 포화 이진 트리이다. 그렇다면 레벨 5인 포화 이진 트리에서 전체 노드의 수는 몇 개인가?

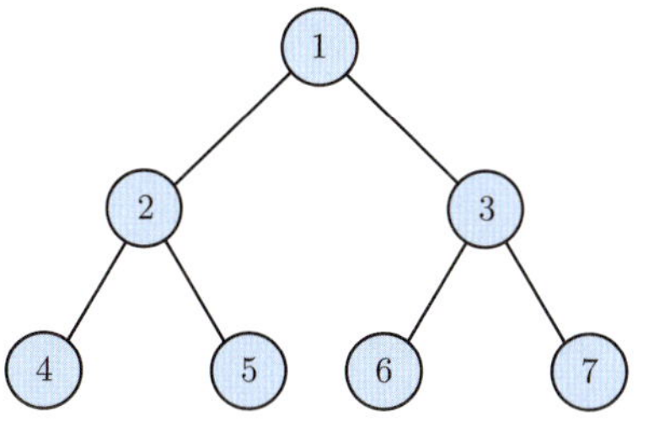

10. 트리의 탐방 방법 중 트리의 루트 노드를 찾고 왼쪽 부분 트리를 찾고 오른쪽 부분 트리를 찾되, 부분 트리를 발견하면 재귀적으로 수행되는 탐방 방법은 무엇인가?

① 전위 탐방 ② 중위 탐방
③ 후위 탐방 ④ 가족-순서 탐방

11. 산술식 표기 방법에서 통용되는 중위 표기법인 $(((A/(B\uparrow C))\times D)+E)$를 전위 표기법으로 표현한 것은 무엇인가?

① $A/B\uparrow C\times D+E$ ② $ABC\uparrow/D\times E+$
③ $ABC\uparrow/D\times+E$ ④ $+\times/A\uparrow BCDE$

12. 트리의 탐방 방법 중 왼쪽 부분 트리를 찾고 오른쪽 부분 트리를 찾고 루트 노드를 찾되, 부분 트리를 발견하면 재귀적으로 수행하는 탐방 방법은 무엇인가?

① 전위 탐방 ② 후위 탐방
③ 가족-순서 탐방 ④ 중위 탐방

13. 나음 레이블을 가진 이진 트리에 내해 각 방법으로 탐방했을 때 만나는 레이블들을 구하라.

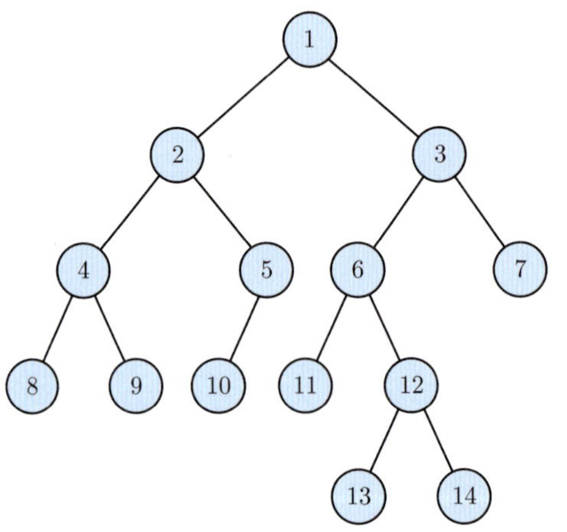

(a) 전위 탐방 (b) 중위 탐방 (c) 후위 탐방

14. 각 방법으로 탐방했을 때 만나는 레이블들이 다음과 같다면 이들에 대한 트리를 그려라.

(a) $---abcd$ (전위 탐방)
(b) $+a*b-c-/de$ (전위 탐방)
(c) $de+c*b-a+$ (후위 탐방)

CHAPTER

09 프로그래밍 실습

C 코드 파이썬 코드

1. 트리에서 각 노드의 레벨과 트리의 높이를 구하는 프로그램을 작성하고, [예제 9-3]에 적용하라. 연계 : 9.1절

문제 해석

트리에서 노드의 레벨과 트리의 높이를 구하는 문제이다. 레벨은 각각 루트 노드가 0이고, 루프 노드 다음 레벨에 있는 노드들이 1이다. 같은 방법으로 한 단계가 내려갈 때마다 레벨은 하나씩 증가한다. 트리의 높이는 높이가 가장 높은 레벨이다. 루트 노드로부터 출발해서 자식 노드가 있는지 확인하고, 자식 노드가 있으면 레벨이 1씩 증가하는 프로그램을 작성하면 된다.

코딩 실습

【 파이썬 코드 】

```
import collections  # 큐(queue) 구조를 위한 패키지

# 이진 트리에 대한 클래스 선언
class TreeNode:
    def __init__(self):
        self.data = 0
        self.left = None
        self.right = None

# 이진 트리의 높이를 계산하는 함수
def height(root, node_values, level_labels):
    ans = 0
    queue = collections.deque()
    # 이진 트리의 노드가 하나도 없을 때 0을 반환
    if root is None:
        return ans

    queue.append(root)  # 루트 노드를 큐에 삽입

    # 선언된 큐에 노드가 있는 동안 계속 반복
    while queue:
        currSize = len(queue)  # 현재의 큐 크기를 대입
        # 큐의 currSize개의 노드들을 디큐
        while currSize > 0:
            currNode = queue.popleft()  # 탑 노드를 디큐
            currSize -= 1               # currSize를 감소시킴
            # 디큐된 노드에 ans를 레벨로 대입
            level_labels[node_values[currNode.data]] = ans
```

```
            # 디큐된 노드의 왼쪽 자식 노드와 오른쪽 자식 노드가 있으면 인큐
            if currNode.left is not None:


                queue.append(currNode.left)
            if currNode.right is not None:
                queue.append(currNode.right)

        ans += 1  # 레벨값을 증가
    return ans
```

2. 정점의 수인 max와 간선의 수인 n으로 구성된 어떤 그래프가 있다. 이 그래프에서 프림 알고리즘을 이용해 최소 스패닝 트리를 찾는 프로그램을 작성하라. 단, 입력으로 세 개의 값을 주는데 두 개는 간선에 대한 두 개의 노드이고, 나머지 하나는 그 간선의 가중치이다. 일반적인 프로그램에서는 출력으로 노드를 나열하는데, 이렇게 하면 전혀 다른 최소 스패닝 트리가 만들어진다. 그래서 프림 알고리즘으로 구해지는 순서쌍을 순서대로 출력한다. 작성한 프로그램을 [예제 9-6]과 [예제 9-7]에 적용하라. 연계: 9.2절

문제 해석

이 문제는 프림 알고리즘으로 최소 스패닝 트리를 찾는 것이다. 입력으로는 두 개의 노드와 가중치를 준다. 프림 알고리즘은 순환을 형성하지 않는 간선 중 가중치가 가장 작은 간선을 골라 간선을 계속 증가시킨다. 이 방법을 수행하면 최소 스패닝 트리가 만들어진다. 이 프로그램도 상숫값으로 노드의 수인 max와 간선의 수인 n을 사용해서 노드의 수가 증가할 때와 입력에 대한 간선의 수가 증가할 때를 대비한다.

코딩 실습

【 파이썬 코드 】

```
from __future__ import print_function
from sys import stdin

def printf(str, *args):
    print(str % args, end='')


MAX_VERTICES = 9          # 최대 정점의 수
MAX_EDGES = 16            # 최대 간선의 수
INF = 1000                # 셀프 루프를 갖지 않도록 사용될 값

# 그래프를 저장하기 위한 클래스 선언
class Dist:
    def __init__(self):
        self.dist = [0 for i in range(MAX_VERTICES)]
        self.edge = [['' for j in range(2)] for i in range(MAX_VERTICES)]
```

```python
# 입력될 간선과 가중치를 저장하기 위한 간선 리스트
weight = [[0 for j in range(MAX_VERTICES)] for i in range(MAX_VERTICES)]
# 각 정점에 대한 방문 여부를 알기 위한 배열
selected = [False for j in range(MAX_VERTICES)]
dists = Dist()

# 방문하지 않는 정점들 중 최단 거리를 갖는 정점을 찾아주는 함수
def get_min_vertex(n):
    v = -1        # 방문하지 않는 정점을 위한 변수
    # 0~n의 정점들 중 방문하지 않는 첫 번째 정점 찾음
    for i in range(0, n):
        if not selected[i]:
            v = i
            break
    # 최단 거리를 갖는 정점 v를 찾음
    for i in range(0, n):
    # 만약 정점 i를 방문하지 않고 정점 i까지의 최단 거리가 정점 v까지의 최단 거리보다 작으면
        if (not selected[i]) and (dists.dist[i] < dists.dist[v]):
            v = i         # 최단 거리를 갖는 정점 v를 갱신
    return v              # 최단 거리를 갖는 정점 v를 반환
```

3. 입력 자료는 숫자로 하고 그 입력 자료를 하나씩 읽으면서 이진 트리를 만든다. 첫 번째로 읽은 자료는 이진 트리의 루트 노드로 하고 두 번째 자료를 읽어서 루트 노드의 자료보다 크면 루트 노드의 오른쪽 자식으로 만들고, 루트 노드보다 작으면 루트 노드의 왼쪽 자식으로 만든다. 그리고 세 번째 자료부터는 루트 노드로부터 비교해서 작으면 왼쪽 부분 트리에서 같은 방법으로 계속 트리를 만들고, 그 루트 노드보다 크면 오른쪽 부분 트리에서 같은 방법으로 계속 트리를 만드는 이진 트리를 구현한다. 이 트리로부터 전위 탐방, 중위 탐방, 후위 탐방으로 트리를 탐방하는 프로그램을 작성하라. 연계 : 9.3절

문제 해석

이 문제를 구현하는 방법은 여러 가지가 있다. 여기에서는 연결 리스트를 이용해 구현해보자. 이 프로그램은 네 개의 프로시저가 있는데 preorder, inorder, postorder는 각각 preorder, inorder, postorder로 탐색하는 것이고, insert는 이진 트리를 구성하는 프로그램이다. 그다음에 주프로그램에서는 입력 문자를 읽어서 그 문자가 1이면 preorder로 탐색하고, 2이면 inorder로 탐색하며, 3이면 postorder로 탐색하고, 4이면 이진 트리를 구성하고, 5이면 그 프로그램을 끝낸다. 이 문제를 해결하면 C 언어의 포인터 개념과 자료구조를 이해하는 데 많은 도움이 될 것이다. 산술식을 입력하지 않고 정수형 숫자들을 입력해서 이진 트리와 탐방 문제를 풀어보자.

코딩 실습

【 파이썬 코드 】

```
from __future__ import print_function
from sys import stdin

def printf(str, *args):
    print(str % args, end='')

# 이진 트리에 대한 클래스 선언
class Node:
    def __init__(self):
        self.left = None
        self.data = 0
        self.right = None

# 전위 탐방에 대한 재귀함수
def preorder(p):
    if p != None:
        printf("%3d \u2192 "%p.data)
        preorder(p.left)
        preorder(p.right)
    return 0

# 중위 탐방에 대한 재귀함수
def inorder(p):
    if p != None:
        inorder(p.left)
        printf("%3d \u2192 "%p.data)
        inorder(p.right)
    return 0

# 후위 탐방에 대한 재귀함수
def postorder(p):
    if p != None:
        postorder(p.left)
        postorder(p.right)
        printf("%3d \u2192 "%p.data)
    return 0

# 이진 트리의 노드들을 입력하기 위한 함수
def insert(x, p):
    if p == None:
        p = Node()
        p.data = x
    elif x < p.data:
        p.left = insert(x, p.left)
    else:
        p.right = insert(x, p.right)
    return p

prn = None
```

CHAPTER

10

경우의 수 세기와 확률

Counting Number of Cases and Probability

Contents

■ 경우의 수 세기와 확률을 왜 배워야 하는가?

우리는 월드컵이 열릴 때마다 우리나라가 16강에 오를 경우의 수, 우승할 경우의 수 등의 다양한 경우의 수를 생각한다. 또한 12개의 구멍을 가진 운동화에서 운동화 줄을 매는 경우의 수, 100만 원을 5명에게 나누어주는 경우의 수 등을 생각할 수 있다. 확률을 계산할 때도 경우의 수를 셀 수 있어야 한다. 두 개의 주사위를 던질 때 주사위 눈의 합이 6이 나올 확률을 구한다면 합이 6이 나올 경우의 수를 셀 수 있어야 한다. 이와 같이 경우의 수 세기와 기본적인 확률은 우리가 생활하는 데 많이 사용되므로 알아두어야 한다.

■ 경우의 수 세기와 확률의 응용 분야는?

우리가 살아가는 데 있어서 경우의 수를 세야 하는 경우는 너무나도 많다. 아주 간단한 예로, 두 개의 주사위를 가지고 게임을 할 때 주사위 눈의 합이 2가 더 많이 나올까, 아니면 6이 더 많이 나올까? 당연히 합이 6이 나오는 경우가 2가 나오는 경우보다 많다. 또한 로또에 당첨될 확률은 얼마나 될까? 그리고 오늘 비가 올 확률이 40%라면 우산을 가지고 나가야 할까? 이처럼 경우의 수를 세고 확률을 계산할 수 있다면 주어진 상황에서 우리가 어떻게 대처할 것인가를 결정하기가 훨씬 수월하다.

■ 이 장에서 배우는 내용은?

10장에서는 일상생활에서 많이 사용되는 경우의 수 세기의 기본 원리에 대해 살펴보고, 이를 응용하는 확률에 대해 간단히 알아본다. 먼저 세기의 기본 원리, 세기의 기본 원리와 관련한 순열과 조합을 이해하고, 세기의 기본 원리를 응용한 이항정리와 다항정리, 확률의 기초, 조건부 확률에 대해 알아본다.

SECTION 10.1 세기의 기본 원리

이 절에서는 세기의 기본 원리에 대해 알아본다. **세기** counting 란 어떤 사건이나 경우의 수를 센다 count 는 의미로, 우리가 어릴 적부터 알고 있는 개념이다. 예를 들어 '사과 한 상자에는 사과가 몇 개 들어 있는가?', '하나의 문법이 주어질 때, 만들 수 있는 문장의 수는 몇 개인가?', '어떤 경기에서 이길 수 있는 방법은 얼마나 있는가?' 등의 질문에 이러한 개념이 들어 있다.

그러나 세기란 결코 쉬운 것만은 아니다. 세어야 할 것이 많은 경우에는 쉽지 않다. 실제로 많은 수학적 문제들을 해결할 때 어떤 사건이 발생할 논리적 가능성을 일일이 열거해 가면서 세지 않고 순열이나 조합과 같은 수학적 개념을 이용할 수 있다. 여기에서는 경우의 수에 대해 먼저 설명하고, 경우의 수를 세는 방법 중 가장 간단하고 기본적인 합의 법칙과 곱의 법칙에 대해 살펴보자.

경우의 수 number of cases 란 일어날 수 있는 모든 사건의 수를 말한다. 경우의 수를 구하는 방법에는 트리를 이용하는 방법과 표를 이용하는 방법이 있다. 먼저 트리를 이용해 경우의 수를 세는 방법을 생각해보자. 9장에서 다룬 트리는 루트 노드와 루트 노드에서 나가는 분기 및 각 분기의 끝에서 나가는 또 다른 분기들로 구성된다. 각 분기들은 가능한 선택을 표현하는 데 사용된다. 그리고 다른 분기가 일어나지 않는 종착점을 터미널 노드로 표현한다. 경우의 수는 터미널 노드의 수이다. 방법을 어떻게 적용하느냐에 따라 경우의 수는 많이 달라질 수 있다.

예제 10-1 트리를 이용해 경우의 수 세기

연속된 두 개의 1을 갖지 않는 길이가 4인 비트 문자열은 모두 몇 개인지 구하라.

풀이

1이 연속되지 않도록 트리를 그리면 다음과 같다. 즉 8개의 경우의 수가 존재한다.

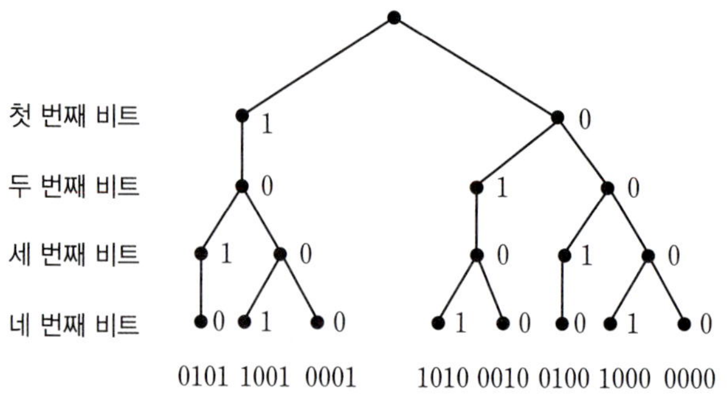

이제 표를 이용해 경우의 수를 세는 방법을 알아보자. 이 방법은 표의 행과 열에 필요한 내용들을 나열하고, 해당 내용들을 표 안에 작성하면 된다.

예제 10-2 표를 이용해 경우의 수 세기

두 개의 주사위 A, B를 동시에 던졌을 때, 주사위 눈의 합이 홀수인 경우의 수를 구하라.

풀이

주사위를 던지면 1부터 6까지의 눈이 나온다. 두 개의 주사위를 동시에 던졌을 때 나오는 모든 경우의 수를 표로 만들면 다음과 같다.

A \ B	1	2	3	4	5	6
1	2	3	4	5	6	7
2	3	4	5	6	7	8
3	4	5	6	7	8	9
4	5	6	7	8	9	10
5	6	7	8	9	10	11
6	7	8	9	10	11	12

그러므로 주사위 눈의 합이 홀수인 경우의 수는 총 18가지이다.

세기의 기본 원리에서 가장 널리 사용되는 합의 법칙과 곱의 법칙은 다음과 같이 정의한다.

정의 10-1 합의 법칙

한 사건이 발생할 경우가 m가지이고 다른 사건이 발생할 경우가 n가지일 때, 두 사건 중 하나가 발생할 경우의 수는 $m+n$가지이다. 이를 **합의 법칙** rule of sum 이라고 한다.

정의 10-2 곱의 법칙

한 사건이 발생할 경우가 m가지이고 다른 사건이 발생할 경우가 n가지일 때, 두 사건이 동시에 발생할 경우의 수는 $m \times n$가지이다. 이를 **곱의 법칙**rule of product이라고 한다.

예제 10-3 합의 법칙

학과 수업을 오전에 네 강좌, 오후에 여섯 강좌를 개설하는 학과가 있다고 하자. 개설된 강좌 중 한 강좌만 수강한다고 할 때, 선택 방법이 몇 가지인지 구하라.

풀이

개설된 강좌 중 한 강좌만을 수강하므로, 합의 법칙에 의해 $4+6=10$가지의 선택 방법이 있다.

예제 10-4 곱의 법칙

회원이 32명인 어느 대학교 동아리에서 회장, 부회장, 총무를 뽑을 수 있는 방법이 몇 가지인지 구하라. 단, 어느 한 사람이 1개 이상의 직위에 뽑힐 수 없다.

풀이

먼저 회장을 뽑아보자. 회장은 회원 32명 중 1명이 선출되면 되므로, 32가지 방법으로 선출될 수 있다. 다음으로 부회장은 회장으로 선출된 사람을 제외하고 뽑아야 하므로 31가지 방법으로 선출될 수 있다. 마지막으로 총무는 회장과 부회장으로 선출된 2명을 제외하고 뽑아야 하므로 30가지 방법으로 선출될 수 있다. 회장, 부회장, 총무를 동시에 뽑는 경우이므로 곱의 법칙에 의해 선출할 수 있는 방법은 $32 \times 31 \times 30 = 29{,}760$가지이다.

이번에는 합의 법칙과 곱의 법칙을 동시에 사용하는 예제를 살펴보자.

예제 10-5 합의 법칙과 곱의 법칙

어떤 프로그래밍 언어에서 식별자identifier 이름은 영어 알파벳 소문자 하나로 구성되거나, 영어 알파벳 소문자로 시작해서 두 번째와 세 번째 기호는 숫자 혹은 영어 알파벳 소문자가 될 수 있는 길이가 최대 3인 문자열로 구성된다. 이 언어에서 만들 수 있는 식별자 이름의 가짓수를 구하라.

풀이

우선 하나의 영어 알파벳 소문자($a \sim z$)로 만들 수 있는 식별자 이름의 가짓수는 26가지이다. 그리고 길이가 2인 식별자 이름의 경우에는 첫 번째 기호가 영어 알파벳 소문자이고, 두 번째 기호가 영어 알파벳 소문자 혹은 숫자($0 \sim 9$)일 수 있으므로 곱의 법칙에 의해 $26 \times (10+26) = 936$가지이다. 마지막으로 길이가 3인 식별자 이름의 경우에는 첫 번째 기호가 영어 알파벳 소문자이고, 두 번째 기호와 세 번째 기호가 모두 영어 알파벳 소문자 혹은 숫자($0 \sim 9$)일 수 있으므로 곱의 법칙에 의해 $26 \times (10+26) \times (10+26) = 33,696$가지이다. 따라서 세 경우를 모두 합하면 이 언어에서 가능한 식별자 이름의 가짓수는 $26 + 936 + 33,696 = 34,658$가지이다.

비둘기 집의 원리

지금까지 합의 법칙과 곱의 법칙을 살펴보았다. 이제는 이산수학의 전형적인 문제인 비둘기 집의 원리 혹은 분류함 원칙에 대해 알아보자.

비둘기 집의 원리pigeonhole principle는 경우의 수를 세는 유명한 문제이다. 비둘기의 수보다 비둘기 집의 수가 적을 때, 비둘기 전부를 어떻게 비둘기 집에 넣을 수 있을까 하는 문제이다. n개의 비둘기 집이 있고 m마리의 비둘기가 있을 때, 만일 $m > n$이라고 하면 m마리의 비둘기를 n개의 비둘기 집에 넣을 때 2마리 이상의 비둘기가 들어가는 비둘기 집이 적어도 하나 이상 있다는 것이다.

이러한 설명이 진실인 이유는 3장에서 다룬 배리법을 통해 알 수 있다. 배리법은 어떤 명제 P가 참임을 보이기 위해 $\neg P$가 거짓임을 보이는 방법이다. $\neg P$를 생각해보면 각 비둘기 집에는 기껏해야 1마리의 비둘기가 있을 것이고, 이 경우에 비둘기 집이 n개이므로 최대 n마리의 비둘기가 비둘기 집에 들어간다. 따라서 m마리의 비둘기가 있으므로 $m \leq n$이 된다. 그런데 앞서 $m > n$이라고 했으므로 이는 모순이다. 그래서 $m > n$이라고 하면 m마리의 비둘기를 n개의 비둘기 집에 넣을 때, 2마리 이상의 비둘기가 들어가는 비둘기 집이 적어도 하나 이상 존재한다.

예제 10-6 비둘기 집의 원리 (1)

영어 단어 27개를 뽑으면 그중에는 같은 문자로 시작하는 단어가 있음을 보여라.

풀이

영어 알파벳의 개수가 26개이므로 비둘기 집의 원리에 의해 영어 단어 27개를 뽑으면 그 중에는 같은 문자로 시작하는 단어가 반드시 존재한다.

예제 10-7 비둘기 집의 원리 (2)

만약 서로 다른 5개의 숫자를 1부터 8까지의 숫자 중에서 선택한다면, 이들 중 두 개의 숫자를 더해서 9가 되는 것이 있음을 보여라.

풀이

1부터 8까지의 숫자 중 서로 다른 2개의 숫자를 더해서 9가 되는 숫자들의 집합은 다음과 같이 4개 존재한다.

$$a=\{1,\ 8\},\ b=\{2,\ 7\},\ c=\{3,\ 6\},\ d=\{4,\ 5\}$$

1부터 8까지의 숫자 중 서로 다른 4개의 숫자들은 서로 다른 4개의 집합에서 선택될 수 있다. 그러나 5번째 숫자는 4개의 집합을 벗어나지 못하므로 반드시 4개의 집합 중에서 선택해야만 한다. 즉 비둘기 집의 원리는 선택된 숫자들 중 둘은 같은 집합에 할당됨을 보여준다. 그러므로 서로 다른 5개의 숫자를 1부터 8까지의 숫자 중에서 선택한다면, 이들 중 두 개의 숫자의 합이 9가 되는 것은 반드시 존재한다.

예제 10-8 비둘기 집의 원리 (3)

가로, 세로 길이가 각각 2m인 방 안에 5개의 인형을 놓을 때, $\sqrt{2}$m 이내에 두 인형이 항상 있음을 보여라.

풀이

인형 사이의 거리가 최대한 멀게 하기 위해 인형들이 들어갈 방을 다음 그림과 같이 가로, 세로 1m인 4개의 공간으로 나누고, 각 공간에 인형을 나누어 놓자.

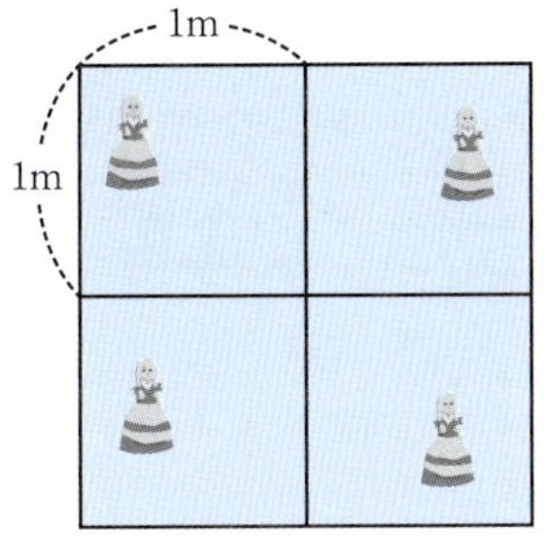

이렇게 놓으면 가장 효율적으로 인형 사이의 간격을 최대한 넓히면서 인형을 놓을 수 있다. 그런데 방 안에 놓아야 할 인형의 개수는 5개이고, 나뉜 방의 공간은 4개이므로 비둘기 집의 원리에 의해 나머지 인형 1개는 이미 다른 인형이 놓여 있는 가로, 세로 1m의 공간에 놓을 수밖에 없다. 이때 두 인형 사이의 거리는 한 변의 길이가 1m인 정사각형의 대각선의 길이인 $\sqrt{2}$m를 넘지 못한다. 따라서 5개의 인형 중 최소 2개의 인형은 $\sqrt{2}$m의 거리 이내에 놓인다.

비둘기 집의 원리를 함수 형식으로 표현하기 위해 두 집합 X, Y가 공집합이 아니고, 원소의 개수가 각각 X는 $(n+k)$개(단, $k>1$), Y는 n개라고 가정하자. 그러면 함수 $f: X \to Y$는 단사함수가 아니다. 왜냐하면 비둘기 집의 원리에 의해 $x \neq y(x, y \in X)$일 때 $f(x)$와 $f(y)$가 같아지는 값이 반드시 존재하기 때문이다. 비둘기 집의 원리는 내용이 단순하지만 많은 다양한 문제에 적용될 수 있는 중요한 원리이다.

SECTION 10.2

순열과 조합

세기를 계산할 때 경우의 수를 세기보다는 식을 이용해 경우의 수를 셀 수 있다. 이때 식으로 이용될 수 있는 것이 바로 순열과 조합이다. 순열과 조합은 주어진 집합으로부터 원소들을 추출하는 방법이다.

순열과 조합에서는 중요하게 고려해야 할 두 가지 사항이 있다.

- 첫 번째로 주어진 집합으로부터 원소들을 추출할 때 중복을 허용할지, 허용하지 않을지를 고려해야 한다. 중복을 허용한다는 것은 추출한 원소를 다시 집어 넣고 다시 추출하기 때문에 같은 원소를 또 뽑을 가능성이 있다.
- 두 번째로 추출되는 원소들에 순서를 허용할지, 허용하지 않을지를 고려해야 한다. 이를 설명하기 위해 복주머니에 빨간색, 파란색 등 서로 다른 색의 공이 들어있다고 하자. 복주머니로부터 빨간색 공, 파란색 공의 순서로 뽑은 경우와 파란색 공, 빨간색 공의 순서로 뽑은 경우가 있다고 하자. 순서를 고려하지 않는다는 것은 이 두 가지 경우의 결과만 보았을 때, 빨간색 공 1개와 파란색 공 1개이므로 두 가지 경우가 같다고 보는 것이다. 반면에, 순서를 고려한다는 것은 첫 번째로 뽑은 공과 두 번째로 뽑을 공을 구별하여 두 가지 경우를 다른 것으로 보는 것이다.

이를 정리하면, 주어진 집합으로부터 원소들을 추출하는 방법은 [표 10-1]과 같이 4가지가 있다.

[표 10-1] 순열과 조합의 종류

중복 \ 순서	순서를 고려	순서를 고려하지 않음
중복을 허용	중복순열 sample	중복조합 selection
중복을 허용하지 않음	순열 permutation	조합 combination

순열과 조합의 정의

우선 중복순열의 정의부터 살펴보자.

정의 10-3 r-중복순열

n개의 원소를 가진 집합 S로부터 r개의 원소를 추출한다고 하자. 중복을 허용하고 순서를 고려했을 경우에 이를 **r-중복순열**$^{r\text{-sample}}$이라고 한다. r-중복순열의 경우의 수는 ${}_n\Pi_r$로 표기하고, 계산 결과는 n^r이다.

여기서 중복순열의 가짓수를 계산하는 공식을 유도해보자. n개의 원소를 가지고 있는 집합 S로부터 r개의 원소들을 중복순열로 추출하는 경우의 수를 계산한다고 하면 세기의 기본 원리를 적용할 수 있다.

처음에 n개의 원소에서 한 개의 원소를 추출하는 가짓수는 n가지이다. 다음에도 중복과 순서를 허용하므로 n가지이다. 계속해서 r번을 n가지로 선출할 수 있다. 그러므로 중복순열의 경우, n개의 원소로부터 r개를 추출하는 가짓수는 $n \times n \times \cdots \times n = n^r$가지이다.

예제 10-9 중복순열 (1)

집합 $S = \{1, 2, 3\}$으로부터 2개의 원소를 추출한다고 할 때, 중복순열의 가짓수를 구하라.

풀이

중복을 허용하고 순서를 고려하여 2개의 원소를 추출하면 다음과 같다.

$$11,\ 12,\ 13,\ 21,\ 22,\ 23,\ 31,\ 32,\ 33$$

그러므로 총 가짓수는 ${}_3\Pi_2 = 3^2 = 9$가지이다.

예제 10-10 중복순열 (2)

하나의 컴퓨터는 n개의 2진 숫자를 가지고 정수를 표현한다. n개의 비트 중 한 개의 비트는 부호를 표현하고, 나머지 비트들은 정수를 표현한다. 이렇게 정수를 표현하는 방법을 부호 절댓값 방법$^{\text{sign-magnitude}}$라고 한다. 이런 방법으로 얼마나 많은 정수들을 표현할 수 있는지 구하라.

풀이

첫 번째 비트는 $\{+, -\}$로부터 하나를 추출하고, n개 비트 중 첫 번째 비트를 제외한 나머지 $(n-1)$개 비트는 $\{0, 1\}$로부터 추출하면 된다. 결국은 두 개의 원소로부터 n개의 원소를 추출하는 중복순열이므로 2^n가지이다. 그런데 $+0$과 -0이 포함되어 있으므로 전체 경우의 수에서 한 가지를 빼면 된다. 따라서 표현할 수 있는 경우의 수는 (2^n-1)가지이다.

정의 10-4 r-중복조합

n개의 원소를 가진 집합 S로부터 r개의 원소를 추출한다고 하자. 중복은 허용하고 순서는 고려하지 않는 경우에 이를 **r-중복조합**r-selection이라고 한다. r-중복조합의 경우의 수는 ${}_n\mathrm{H}_r$로 표기하고, 계산 결과는 다음과 같다.

$$ {}_n\mathrm{H}_r = {}_{n+r-1}\mathrm{C}_r = \frac{(n+r-1)!}{r!(n-1)!} $$

예제 10-11 중복조합

집합 $S=\{1, 2, 3\}$으로부터 2개의 원소를 추출한다고 할 때, 중복조합의 가짓수를 구하라.

풀이

중복을 허용하고 순서를 고려하지 않을 때, 2개의 원소를 추출하면 다음과 같다.

$$ 11,\ 12(21),\ 13(31),\ 22,\ 23(32),\ 33 $$

여기서 순서를 고려하지 않으므로 12와 21, 13과 31, 23과 32는 같은 경우가 된다. 그러므로 총 가짓수는 ${}_3\mathrm{H}_2 = {}_{3+2-1}\mathrm{C}_2 = 6$가지이다.

정의 10-5 r-순열

n개의 원소를 가진 집합 S로부터 r개의 원소를 추출한다고 하자. 순서는 고려하고 중복은 허용하지 않는 경우에 이를 **r-순열**r-permutation이라고 한다. r-순열의 경우의 수는 ${}_n\mathrm{P}_r$로 표기하고, 계산 결과는 다음과 같다.

$$ {}_n\mathrm{P}_r = \frac{n!}{(n-r)!} $$

예제 10-12 **순열 (1)**

집합 $S=\{1, 2, 3\}$으로부터 2개의 원소를 추출한다고 할 때, 순열의 가짓수를 구하라.

풀이

순서를 고려하고 중복을 허용하지 않을 때, 2개의 원소를 추출하면 다음과 같다.

$$12, 13, 21, 23, 31, 32$$

그러므로 총 가짓수는 ${}_3P_2=\frac{3!}{(3-2)!}=6$가지이다.

여기서 순열의 가짓수를 계산하는 공식을 유도해보자. n개의 원소로부터 r-순열의 경우의 수는 ${}_nP_r$로 표기하고, n개로부터 r개를 취할 수 있는 순열이라고 읽는다. 순열을 구할 때 세기의 기본 원리를 이용할 수 있다. n개 중 첫 번째로 취할 수 있는 가짓수는 n개이고, 다음에 취할 수 있는 가짓수는 중복을 허용하지 않으므로 $(n-1)$개이다. 그다음에는 $(n-2)$개이고, 계속해서 r번째 취할 수 있는 가짓수는 $(n-r+1)$개이다.

즉 곱의 법칙에 의해 순열의 가짓수는 다음과 같다.

$${}_nP_r=n\times(n-1)\times(n-2)\times\cdots\times(n-r+1)$$

${}_nP_r$을 팩토리얼(!)을 이용해 표현하면 다음과 같다.

$${}_nP_r=\frac{n!}{(n-r)!} \quad (\text{단, } r\leq n)$$

여기서 순열의 가짓수를 표현한 팩토리얼 표기법에 대해 알아보자. 1에서 n까지의 양의 정수들의 곱을 다음과 같이 $n!$로 표기하고, 'n 팩토리얼'로 읽는다.

$$n! = 1\times2\times3\times4\times\cdots\times(n-2)\times(n-1)\times n$$

다시 말해서 $n!$은 다음과 같이 재귀법에 의해 정의할 수 있다. 단, $0!=1$, $1!=1$로 정의한다.

$$n! = n\times(n-1)!$$

예제 10-13 순열 (2)

문자 c, a, b, i, n, e, t로부터 4개의 문자로 구성된 단어를 몇 개 만들 수 있는지 구하라.

풀이

$S=\{c, a, b, i, n, e, t\}$이므로 $n=7$이다. 따라서 S로부터 중복 없이 원소를 추출해서 4개의 문자로 구성된 단어를 만드는 4-순열이다.

$$
\begin{aligned}
{}_7\mathrm{P}_4 &= \frac{7!}{3!} = \frac{7\times6\times5\times4\times3\times2\times1}{3\times2\times1} \\
&= 7\times6\times5\times4 = 840
\end{aligned}
$$

정의 10-6 r-조합

n개의 원소를 가진 집합 S로부터 r개의 원소를 추출한다고 하자. 순서를 고려하지 않고 중복을 허용하지 않는 경우에 이를 ***r*-조합**$^{r\text{-combination}}$이라고 한다. r-조합의 경우의 수는 ${}_n\mathrm{C}_r$ 또는 $\binom{n}{r}$로 표기하고, 계산 결과는 다음과 같다.

$$
{}_n\mathrm{C}_r = \frac{n!}{(n-r)!\cdot r!}
$$

예제 10-14 조합 (1)

집합 $S=\{1, 2, 3\}$으로부터 2개의 원소를 추출한다고 할 때, 조합의 가짓수를 구하라.

풀이

순서를 고려하지 않고 중복을 허용하지 않을 때, 2개의 원소를 추출하면 다음과 같다.

$$12,\ 13,\ 23$$

그러므로 총 가짓수는 ${}_3\mathrm{C}_2=3$가지이다.

여기서 조합의 가짓수를 계산하는 공식을 유도해보자. n개의 원소로부터 r-조합의 가짓수는 ${}_n\mathrm{C}_r$로 표기하고, n개로부터 r개를 취할 수 있는 조합이라고 읽는다. 여기서 3-조합 123에 대해 순열을 생각해보면 $3!=6$개의 순열을 생각할 수 있다. 그러므로 r-조합에 대해서는 $r!$개의 순열이 있다. 그러므로 다음과 같다.

$$
{}_n\mathrm{P}_r = {}_n\mathrm{C}_r \cdot r!
$$

따라서 다음과 같이 나타낼 수 있다.

$$ {}_{n}C_{r} = \frac{n!}{(n-r)! \cdot r!} $$

예제 10-15 조합 (2)

어느 중국 음식점에서는 8개의 접시에 서로 다른 음식을 제공한다. 서로 다른 두 가지의 음식을 취할 수 있는 가짓수를 구하라.

풀이

${}_{8}C_{2} = \frac{8!}{(6! \times 2!)} = \frac{8 \times 7}{2} = 28$가지이다.

순열과 조합의 응용

포커 게임poker game을 통해 순열과 조합의 응용을 살펴보자. 포커 게임의 종류는 매우 다양하고 복잡하지만 여기서는 가장 일반적인 방법을 설명한다. 일반적으로 딜러가 게임 참가자에게 처음에 3장의 카드를 나누어주고, 베팅을 진행하면서 7장까지의 카드를 나누어 준 다음, 7장의 카드 중 5장의 카드를 가지고 승패를 결정한다. 여기서는 7장의 카드 대신에 5장의 카드만을 나누어주고 포커 게임을 한다고 생각해보자. 카드 한 벌은 52장의 카드로 구성되어 있고, 52장의 카드 각각에는 4가지 종류의 무늬(하트(♥), 클로버(♣), 스페이드(♠), 다이아몬드(◆)) 중 하나가 그려져 있으며, 같은 종류의 무늬를 갖는 카드는 13장씩 있다. 각각의 무늬를 갖는 13장의 카드에는 각각 2, 3, ⋯ , 10, 잭(J), 퀸(Q), 킹(K), 에이스(A)가 순서대로 적혀 있다. 에이스 카드는 순서가 가장 높은 카드로 사용될 수도 있고, 가장 낮은 카드로 사용될 수도 있다. 다음 예제들을 통해 포커 게임에서 순열과 조합의 계산을 응용해보자.

예제 10-16 순열과 조합의 응용 (1)

포커 게임에서 한 사람이 받는 5장 카드의 조합은 몇 가지인지 계산하라.

풀이

52장으로 구성된 카드 한 벌에서 5장의 카드를 선택하는 방법은 중복을 허용하지 않고, 순서도 고려하지 않으므로 조합이고 다음과 같다.

$$ {}_{52}C_{5} = \frac{52!}{47!\,5!} = 2{,}598{,}960\text{가지} $$

예제 10-17 순열과 조합의 응용 (2)

포커 게임에서 트리플이라고 하는 같은 숫자의 카드 3장을 포함하여 모두 5장으로 구성되는 카드 조합에 대한 확률을 계산하라.

풀이

[예제 10-16]을 통해 52장의 카드에서 5장의 카드를 만드는 가짓수는 2,598,960임을 알았다. 이제 같은 숫자의 카드가 3장 포함되는 조합의 가짓수를 구해보자. 트리플이 되기 위해서는 4장의 같은 숫자 중 3장을 선택해야 한다. 그러므로 ${}_4C_3=4$가지이다. 이때 카드의 종류가 13장이므로 $13\times 4=52$가지이다. 그리고 나머지 2장 중 1장은 같은 숫자를 선택한 카드 4장을 제외한 나머지 48장에서 1장을 선택한다. 그리고 나머지 마지막 1장은 48장의 카드에서 이미 선택된 카드 4장을 제외한 44장의 카드 중 1장을 선택하면 된다. 그런데 나머지 1장은 순서를 바꾸어도 성립한다. 따라서 곱의 법칙에 의해 다음과 같다.

$$13\times {}_4C_3\times \frac{48\times 44}{2}=54,912\text{가지}$$

따라서 구하고자 하는 확률은 $\frac{54912}{2,598,960}\approx 0.021$이다.

[예제 10-17]의 확률은 통상적으로 포커 게임에서 트리플이 발생할 확률이다.

예제 10-18 순열과 조합의 응용 (3)

포커 게임에서 정확히 원 페어(숫자가 같은 카드 한 쌍)와 3장의 서로 다른 카드(3장 중 어느 2장도 같은 숫자의 카드가 아님)를 갖게 되는 경우의 수와 확률을 계산하라.

풀이

원 페어를 하기 위해서는 4장의 같은 숫자의 카드 중 2장을 선택해야 한다. 그러므로 ${}_4C_2=6$가지가 있다. 이때 카드의 종류가 13장이므로 $13\times 6=78$가지이다. 나머지 3장의 카드는 원 페어를 이룬 카드와는 다른 숫자 카드여야 하며, 동시에 3장 중 어느 2장도 숫자가 같지 않도록 선택해야 한다. 이때 원 페어를 이루고 있는 숫자를 제외한 나머지 숫자는 12가지이다. 12가지 숫자 중 서로 다른 3개의 숫자를 선택하는 조합의 수는 ${}_{12}C_3$가지이고, 각 숫자가 적힌 4장의 카드 중 1장의 카드를 선택하는 조합의 수는 ${}_4C_1$가지이다. 즉 다음과 같다.

$$13\times 6\times {}_{12}C_3\times ({}_4C_1)^3=1,098,240\text{가지}$$

따라서 포커 게임에서 원 페어가 발생할 확률은 $\frac{1,098,240}{2,598,960}\approx 0.423$이다.

일반적으로 포커 게임에서 나타나는 몇 가지 주요 결과의 확률은 다음과 같다.

$$\text{로열 스트레이트 플러시} = \frac{4}{2{,}598{,}960} \approx 0.0000015$$
$$\text{스트레이트 플러시} = \frac{40}{2{,}598{,}960} \approx 0.000015$$
$$\text{포 카드} = \frac{624}{2{,}598{,}960} \approx 0.00024$$

SECTION 10.3 이항정리와 다항정리

이제 앞에서 학습한 세기의 기본 원리를 발전시켜서 다양한 세기의 방법을 알아보자.

조합의 수 ${}_{n}\mathrm{C}_{r}$은 **이항계수**binomial coefficient라고 한다. 이는 $(x+y)^n$을 전개expansion했을 때 항 $x^{n-r}y^r$의 계수이기 때문이다. 예를 들어 $(x+y)^3$을 전개하면 $x^3+3xy^2+3x^2y+y^3$이다. 여기서 x^2y의 계수가 3이 되는 이유를 살펴보자. 이를 위해 x와 y에 첨자를 붙여 구별해서 전개해보자.

$$\begin{aligned}(x_1+y_1)(x_2+y_2)(x_3+y_3) &= x_1x_2x_3 + x_1x_2y_3 + x_1y_2x_3 + x_1y_2y_3 \\ &\quad + y_1x_2x_3 + y_1y_2y_3 + y_1y_2x_3 + y_1y_2y_3\end{aligned}$$

여기서 실제로 x^2y를 나타내는 항은 $x_1y_2x_3$, $y_1x_2x_3$, $x_1x_2y_3$의 3개이다. 왜냐하면 3개로 구성된 원소의 집합 $\{x_1, x_2, x_3\}$에서 2개의 x를 포함한 조합을 구하는 것으로서 계수는 ${}_{3}\mathrm{C}_{2}=3$이기 때문이다. 따라서 다음과 같다.

$$\begin{aligned}(x+y)^3 &= {}_{3}\mathrm{C}_{0}x^3 + {}_{3}\mathrm{C}_{1}xy^2 + {}_{3}\mathrm{C}_{2}x^2y + {}_{3}\mathrm{C}_{3}y^3 \\ &= x^3+3xy^2+3x^2y+y^3\end{aligned}$$

이 결과를 일반화한 **이항정리**binomial theorem는 다음과 같다.

정리 10-1 이항정리

$0 \le r \le n$인 양의 정수 n, r에 대해 다음과 같다.

$$\begin{aligned}(x+y)^n &= {}_{n}\mathrm{C}_{0}x^n + {}_{n}\mathrm{C}_{1}x^{n-1}y + {}_{n}\mathrm{C}_{2}x^{n-2}y^2 + \cdots + {}_{n}\mathrm{C}_{n-1}xy^{n-1} + {}_{n}\mathrm{C}_{n}y^n \\ &= \sum_{r=0}^{n} {}_{n}\mathrm{C}_{r}x^{n-r}y^r\end{aligned}$$

증명 생략

이항정리의 우변에서 계수 ${}_{n}\mathrm{C}_{0}$, ${}_{n}\mathrm{C}_{1}$, $\cdots$, ${}_{n}\mathrm{C}_{n}$ 등을 이항계수라고 한다. 또한 우변에서 $(r+1)$번째 항에 대한 일반항은 ${}_{n}\mathrm{C}_{r}x^{n-r}y^{r}$이다.

예제 10-19 이항정리 (1)

양의 정수 n에 대해 다음이 성립함을 보여라.

$${}_{n}\mathrm{C}_{0}+{}_{n}\mathrm{C}_{1}+{}_{n}\mathrm{C}_{2}+\cdots+{}_{n}\mathrm{C}_{n-1}+{}_{n}\mathrm{C}_{n}=\sum_{r=0}^{n}{}_{n}\mathrm{C}_{r}=2^{n}$$

증명

이항정리 $(x+y)^{n}={}_{n}\mathrm{C}_{0}x^{n}+{}_{n}\mathrm{C}_{1}x^{n-1}y+{}_{n}\mathrm{C}_{2}x^{n-2}y^{2}+\cdots+{}_{n}\mathrm{C}_{n-1}xy^{n-1}+{}_{n}\mathrm{C}_{n}y^{n}$에서 $x=1$, $y=1$로 치환하면 다음과 같다.

$$(1+1)^{n}={}_{n}\mathrm{C}_{0}+{}_{n}\mathrm{C}_{1}+{}_{n}\mathrm{C}_{2}+\cdots+{}_{n}\mathrm{C}_{n-1}+{}_{n}\mathrm{C}_{n}$$

따라서 ${}_{n}\mathrm{C}_{0}+{}_{n}\mathrm{C}_{1}+{}_{n}\mathrm{C}_{2}+\cdots+{}_{n}\mathrm{C}_{n-1}+{}_{n}\mathrm{C}_{n}=2^{n}$이다.

예제 10-20 이항정리 (2)

양의 정수 n에 대해 다음이 성립함을 보여라.

$${}_{n}\mathrm{C}_{0}-{}_{n}\mathrm{C}_{1}+{}_{n}\mathrm{C}_{2}-\cdots+(-1)^{n}{}_{n}\mathrm{C}_{n}=\sum_{r=0}^{n}(-1)^{n}{}_{n}\mathrm{C}_{r}=0$$

증명

이항정리 $(x+y)^{n}={}_{n}\mathrm{C}_{0}x^{n}+{}_{n}\mathrm{C}_{1}x^{n-1}y+{}_{n}\mathrm{C}_{2}x^{n-2}y^{2}+\cdots+{}_{n}\mathrm{C}_{n-1}xy^{n-1}+{}_{n}\mathrm{C}_{n}y^{n}$에서 $x=1$, $y=-1$로 치환하면 다음과 같다.

$$(1-1)^{n}={}_{n}\mathrm{C}_{0}-{}_{n}\mathrm{C}_{1}+{}_{n}\mathrm{C}_{2}-\cdots+(-1)^{n}{}_{n}\mathrm{C}_{n}$$

따라서 ${}_{n}\mathrm{C}_{0}-{}_{n}\mathrm{C}_{1}+{}_{n}\mathrm{C}_{2}-\cdots+(-1)^{n}{}_{n}\mathrm{C}_{n}=0$이다.

예제 10-21 이항정리 (3)

$(x-y)^{10}$을 전개했을 때, x^3y^7의 계수를 구하라.

풀이

일반항 ${}_nC_r x^{n-r} y^r$으로부터 $n=10$, $r=7$, y는 $-y$일 때의 이항계수이므로 다음과 같다.

$$ {}_{10}C_7 x^{10-7}(-y)^7 = {}_{10}C_7(-1)^7x^3y^7 = -120x^3y^7 $$

따라서 x^3y^7의 계수는 -120이다.

예제 10-22 이항정리 (4)

$(2x-y)^5$을 전개했을 때, x^2y^3의 계수를 구하라.

풀이

일반항 ${}_nC_r x^{n-r} y^r$으로부터 $n=5$, $r=3$, y는 $-y$일 때의 이항계수이므로 다음과 같다.

$$ \begin{aligned} {}_5C_3(2x)^{5-3}(-y)^3 &= {}_5C_3(2)^2(-1)^3x^2y^3 \\ &= (-10\times4\times1)x^2y^3 \\ &= -40x^2y^3 \end{aligned} $$

따라서 x^2y^3의 계수는 -40이다.

이항계수는 **파스칼 삼각형**Pascal's triangle으로 알려진 삼각형 형태로 나타낼 수 있다. 파스칼 삼각형은 다음과 같다.

$n=0$일 때	${}_0C_0$	1
$n=1$일 때	${}_1C_0 \quad {}_1C_1$	1 1
$n=2$일 때	${}_2C_0 \quad {}_2C_1 \quad {}_2C_0$	1 2 1
$n=3$일 때	${}_3C_0 \quad {}_3C_1 \quad {}_3C_2 \quad {}_3C_3$	1 3 3 1
$n=4$일 때	${}_4C_0 \quad {}_4C_1 \quad {}_4C_2 \quad {}_4C_3 \quad {}_4C_4$	1 4 6 4 1
⋮	⋮	⋮

n과 k가 $n \ge k$인 양의 정수라고 하면 다음이 성립한다.

$$ {}_{n+1}C_k = {}_nC_{k-1} + {}_nC_k $$

위 식으로부터 ${}_1C_0 + {}_1C_1 = {}_2C_1$임을 알 수 있다.

정리 10-2 파스칼 항등식

정수 n, r에 대해 $n > 1$이고 $0 \le r \le n$이면 다음이 성립한다.

$$_{n+1}C_{r+1} = {}_nC_r + {}_nC_{r+1}$$

증명 생략

파스칼 삼각형을 이용해 $(x+y)^3$을 전개해보자. 우선 $(x+y)^n$은 다음과 같다.

$$(x+y)^n = {}_nC_0x^n + {}_nC_1x^{n-1}y + {}_nC_2x^{n-2}y^2 + \cdots + {}_nC_{n-1}xy^{n-1} + {}_nC_ny^n$$

여기서 $n=3$이므로 다음과 같이 전개할 수 있다.

$$\begin{aligned}(x+y)^3 &= {}_3C_0x^3 + {}_3C_1x^2y + {}_3C_2xy^2 + {}_3C_3y^3 \\ &= x^3 + 3x^2y + 3xy^2 + y^3\end{aligned}$$

다항정리multinomial theorem는 이항정리의 확장 개념으로, 3항 이상의 다항식의 거듭제곱을 전개할 때 변수의 차수와 계수 항을 이용하는 정리이다.

정리 10-3 다항정리

k, n이 양의 정수일 때, 다항식 $x_1 + x_2 + \cdots + x_k$의 n거듭제곱은 다음과 같다.

$$\begin{aligned}(x_1 + x_2 + \cdots + x_k)^n &= \sum_{r_1+r_2+\cdots+r_k=n} \binom{n}{r_1,\ r_2,\ \cdots,\ r_k} x_1^{r_1} x_2^{r_2} \cdots x_k^{r_k} \\ &= \sum_{r_1+r_2+\cdots+r_k=n} \frac{n!}{(r_1)!(r_2)!\cdots(r_k)!} x_1^{r_1} x_2^{r_2} \cdots x_k^{r_k}\end{aligned}$$

Σ에서 사용된 $r_1, r_2, \cdots, r_k$는 음이 아닌 정수이며, Σ는 $r_1 + r_2 + \cdots + r_k = n$을 만족하는 모든 $r_1, r_2, \cdots, r_k$에 대해 더한 합을 의미한다. 이때 $\dfrac{n!}{(r_1)!(r_2)!\cdots(r_k)!}$을 **다항계수**multinomial coefficient라고 한다.

증명 생략

[정리 10-3]에서 다음이 성립한다.

$$\binom{n}{r_1, r_2, \cdots, r_k} = \binom{n}{r_1} \cdot \binom{n-r_1}{r_2} \cdot \binom{n-r_1-r_2}{r_3} \cdots \binom{n-r_1-r_2-\cdots-r_{k-1}}{r_k}$$
$$= \frac{n!}{r_1!(n-r_1)!} \cdot \frac{(n-r_1)!}{r_2!(n-r_1-r_2)!} \cdots$$
$$= \frac{n!}{(r_1)!(r_2)!\cdots(r_k)!}$$

특히 $k=2$일 때 다음과 같이 이항정리가 됨을 알 수 있다.

$$(x_1+x_2)^n = \sum_{r_1+r_2=n} \frac{n!}{(r_1)!(n-r_1)!} x_1^{r_1} x_2^{n-r_1}$$
$$= \sum_{r_1+r_2=n} {}_nC_{r_1} x_1^{r_1} x_2^{n-r_1}$$

다항정리로부터 다항계수를 계산할 수 있다. 예를 들어 $(x+y+z)^6=(x+y+z)(x+y+z)(x+y+z)(x+y+z)(x+y+z)(x+y+z)$에서 x^2yz^3의 계수는 앞 식에서 2개의 인수로부터 x를 하나씩 선택하고, 다른 1개의 인수에서 y를 선택하고, 나머지 3개의 인수에서 z를 하나씩 선택하는 모든 방법의 가짓수이다. 이러한 가짓수는 처음에 6개로부터 x에 대해 2개를 선택하는 방법이므로 ${}_6C_2$이고, 다음으로 y에 대해서는 x에서 이미 2개를 선택했으므로 나머지 4개로부터 1개를 선택하는 방법이므로 ${}_4C_1$이다. 마지막으로 z에 대해서는 나머지 3개로부터 3개를 선택하는 방법이므로 ${}_3C_3$이다. 이런 세 가지 방법이 곱의 법칙을 따르므로 ${}_6C_2 \cdot {}_4C_1 \cdot {}_3C_3 = \frac{6!}{2!4!}\frac{4!}{1!3!}\frac{3!}{3!}=60$이다.

예제 10-23 다항계수

$(x+y+z)^9$을 전개했을 때, $x^2y^3z^4$의 계수를 구하라.

풀이

${}_9C_2 \cdot {}_7C_3 \cdot {}_4C_4 = \frac{9!}{2!\,7!}\frac{7!}{3!4 3!}\frac{4!}{4!}=1{,}260$이다.

SECTION 10.4 확률의 기초 및 조건부 확률

축구 경기에서 각 팀의 전력을 모른다면 우승 팀을 정확하게 예측하기 어렵다. 그러나 시행의 결과가 불확실하다고 하더라도 그 시행의 장기적 결과에 대해서는 어떤 규칙성을 기대해 볼 수 있는 경우가 많다. 예를 들어, 동전을 한 번만 던지는 시행에서는 앞면이 나올지 뒷면이 나올지 예측할 수 없지만, 시행 횟수가 한없이 커지면 그 시행 중 절반가량은 앞면이 나올 것이라고 기대해볼 수 있다. 이처럼 비록 불확실성 하에서 일어나는 사건이라고 하더라도 많은 경우에 그 결과들이 갖는 어떤 장기적 규칙성을 기대해 볼 수 있으며, 이러한 장기적 규칙성은 그 결과가 발생할 가능성probability이란 의미이다.

확률의 기초

확률의 개념에 대해 살펴보고, 그 성질들을 알아보자.

정의 10-7 확률

확률probability은 어떤 시행 또는 실험에서 특정한 결과를 두고 이 결과가 일어날 만한 정도 또는 확실성을 상대적으로 표현하는 방법이다.

확률은 어떤 사상에 대해 개인의 경험, 지식에 의존한 신념의 정도로 정의되는 **주관적 확률**subjective probability과 상대도수의 극한으로 이해되는 **객관적 확률**objective probability로 나눌 수 있다. 상대도수란 전체에 대한 상대적인 크기를 말한다.

주관적 확률은 동일한 조건 하에서 무한히 많은 실험을 할 수 없는 경우, 개인의 주관에 의해 어떤 사상이 발생할 것이라는 확신의 정도를 그 사상이 발생할 확률로 정한 것이다. 객관적 확률은 실험을 반복적으로 행할 때 하나의 특정 사상이 일정한 법칙을 따라 발생한다는 개념을 기초로 한다.

동일한 조건 하에서 n회의 반복 시행을 통해 특정한 사상 A가 a회 일어날 경우 그 상대빈도 $\frac{a}{n}$는 n이 커짐에 따라 일정한 상수로 수렴하여 극한값을 갖는다는 것이 증명되었다. 이러한 경우 상대도수의 극한 개념으로 확률을 정의한 것이 객관적 확률이고, 앞으로 다룰 확률은 이 객관적 확률을 말한다.

특정한 사상 A의 확률 $P(A)$는 다음과 같다.

$$P(A) = \lim_{n \to \infty} \frac{a}{n} = P$$

여기서 a는 사상 A가 일어나는 빈도수이다.

어떤 실험에서 일어날 수 있는 모든 가능한 결과들의 집합을 **표본공간**sample space이라 정의하고, 대문자 S로 표기한다. 확률은 이러한 표본공간에서 정의된다.

예제 10-24 표본공간

다음을 구하라.

(a) 동전을 한 번 던졌을 때의 표본공간
(b) 주사위를 한 번 던졌을 때의 표본공간

풀이

(a) $S=\{$앞, 뒤$\}$
(b) $S=\{1, 2, 3, 4, 5, 6\}$

표본공간을 정의할 때 사용된 실험의 개념은, 예를 들어 어떤 국회의원 후보가 내세운 주장에 보낸 찬성표의 수라든가, 어떤 시점에 각 집이 빈 집인지 아닌지, 전등불이 켜졌는지 꺼졌는지 등의 단순한 실험에서부터 경제에서 어떤 경향을 예측하기 위해 데이터를 수집, 평가하는 복잡한 과정이나 사회불안의 원인을 발견하거나 병의 원인을 발견하기 위한 실험 등이 포함될 수 있다. 실험으로부터 얻은 결과, 즉 찬성과 반대의 수라든가 복잡한 계산식을 통해 얻은 값을 실험 결과라고 할 수 있는데, 이 가능한 모든 실험 결과들의 집합을 표본공간이라 하는 것이다. 표본공간의 각 실험 결과를 수리적으로 처리하기 위해 결과는 측정 시 어떤 구간 내의 수치보다 하나의 관찰점을 이용하는 것이 여러 가능성을 살펴보기 더 쉽다.

표본공간의 정의를 이용해 확률의 성질을 살펴보자.

정의 10-8 확률의 성질

표본공간 S의 각 사건 A_i가 일어날 확률을 $P(A_i)$라 할 때, 다음이 성립한다.

(1) 어떤 사건이 일어날 확률은 다음과 같다.

$$0 \le P(A_i) \le 1$$

(2) 한 표본공간의 모든 사건들의 확률의 합은 1이다.

$$\sum_{i=1}^{n} P(A_i) = 1$$

주사위를 던지는 사건을 생각해보자. 주사위를 한 번 던질 때 짝수가 나타날 확률과 홀수가 나타날 확률을 생각해보자. 주사위를 한 번 던지면 1부터 6까지의 수 중 하나가 나타날 것이다. 2, 4, 6이 나타나면 짝수이고, 1, 3, 5가 나타나면 홀수이다. 따라서 짝수가 나타날 확률은 $\frac{3}{6} = 0.5$이고, 마찬가지로 홀수가 나타날 확률도 $\frac{3}{6} = 0.5$이다. 그래서 [정의 10-8]과 같이 어떤 사건이 일어날 확률은 $0 \le P(A_i) \le 1$을 만족하고, 한 표본공간에 있는 모든 사건들의 확률의 합이 $0.5 + 0.5 = 1$이므로 조건 (2)도 만족한다.

다음으로는 배반사건에 대해 간단히 살펴보자. 두 사건 A와 B가 **배반사건**exclusive events이라는 의미는 두 사건 A, B가 동시에 일어날 수 없을 때, 즉 한 쪽이 일어나면 다른 쪽이 일어나지 않을 때의 두 사건을 말한다. 배반사건은 뒤에서 설명하는 독립사건과는 다른 개념임에 유의해야 한다.

배반사건에 대한 합의 법칙은 유용하게 쓰이는 공식이므로 꼭 기억하기 바란다.

정의 10-9 배반사건에 대한 합의 법칙

표본공간 S에서의 사건 E가 서로 배반인 두 사건 A와 B의 합집합이라고 하자. 그러면 두 사건 A, B의 합집합의 확률은 각 확률을 더한 것과 같다.

$$P(A \cup B) = P(A) + P(B)$$

예제 10-25 배반사건의 합의 법칙

어떤 학생이 A 학점을 받을 확률이 0.3, B 학점을 받을 확률이 0.5라고 할 때, 이 학생이 한 과목에서 A나 B 학점을 받을 확률을 구하라.

풀이

이 학생이 A와 B 학점을 받을 사건을 각각 A, B라고 하자. 한 과목에서 A나 B 학점을 받을 확률은 배반사건이므로, 구하고자 하는 확률은 다음과 같다.

$$P(A \cup B) = P(A) + P(B) = 0.3 + 0.5 = 0.8$$

[정의 10-9]의 두 배반사건에 대한 합의 법칙을 k개의 사건으로 확장해 일반화하면 [정리 10-4]와 같다.

정리 10-4 k개의 배반사건에 대한 합의 법칙

만일 k개의 사건이 서로 배반일 때, k개의 사건의 합집합이 일어날 확률은 각 사건이 일어날 확률을 더한 것과 같다.

$$P(A_1 \cup A_2 \cup \cdots \cup A_k) = P(A_1) + P(A_2) + \cdots + P(A_k)$$

증명 생략

예제 10-26 3개의 배반사건에 대한 합의 법칙

어떤 사람이 배드민턴복을 사려고 한다. 체육사에서 살 확률이 0.2, 재래시장에서 살 확률이 0.4, 백화점에서 살 확률이 0.3이라고 할 때, 이 중 한 군데에서 배드민턴복을 살 확률을 구하라.

풀이

체육사, 재래시장, 백화점에서 살 사건을 각각 A_1, A_2, A_3라고 하면, 각 사건이 일어날 확률은 배반사건이므로 구하고자 하는 확률은 다음과 같다.

$$\begin{aligned} P(A_1 \cup A_2 \cup A_3) &= P(A_1) + P(A_2) + P(A_3) \\ &= 0.2 + 0.4 + 0.3 \\ &= 0.9 \end{aligned}$$

예제 10-27 배반사건

학생들이 이산수학 과목에서 A, B, C, D, F 학점을 받을 확률이 각각 0.3, 0.4, 0.2, 0.09, 0.01이라고 할 때, 학생들이 A나 B 학점을 받을 확률과 C나 D나 F 학점을 받을 확률을 구하라. 그리고 A, B, C, D 학점 중 하나를 받을 확률을 구하라.

풀이

- A나 B 학점을 받을 확률은 $0.3+0.4=0.7$이다.
- C나 D나 F 학점을 받을 확률은 $0.2+0.09+0.01=0.3$이다.
- A, B, C, D 학점 중 하나를 받을 확률은 $0.3+0.4+0.2+0.09=0.99$이다.

이러한 확률의 합의 법칙은 두 사건이 서로 배반일 때, 즉 동시에 일어나는 확률이 0일 때 성립하고, 서로 배반이 아닌 경우에는 다음과 같은 합의 법칙을 따른다.

정의 10-10 배반사건이 아닐 때의 합의 법칙

두 사건 A, B가 서로 배반이 아니라면 합의 법칙은 다음과 같다.

$$P(A\cup B)=P(A)+P(B)-P(A\cap B)$$

예제 10-28 배반사건이 아닐 때의 합의 법칙

어느 옷 가게에서 바지와 셔츠를 구매할 확률은 각각 0.8, 0.6이고, 바지와 셔츠를 동시에 구매할 확률은 0.5라고 한다. 바지나 셔츠를 구매할 확률을 구하라.

풀이

어느 옷 가게에서 바지와 셔츠를 구매할 사건을 각각 A, B라고 하자. 바지나 셔츠를 구매할 사건은 서로 배반이 아니므로 확률은 다음과 같다.

$$\begin{aligned}P(A\cup B)&=P(A)+P(B)-P(A\cap B)\\&=0.8+0.6-0.5\\&=0.9\end{aligned}$$

이 확률은 바지나 셔츠를 살 확률을 나타낸다.

조건부 확률

이제 조건부 확률에 대해 살펴보자. 사건이 정의된 표본공간을 명확히 하지 않고는 관심 있는 사건에 대한 해석이 매우 어렵다. 예를 들어 의사의 수입에 대한 확률의 경우 개업한 의사인지, 수련 의사인지, 공직 의사인지 등의 표본공간을 명확히 하지 않으면 의미가 없다. 표본공간의 선정에 따라 확률이 달라지는 것을 고려한 확률이 조건부 확률이며, 표본공간 S에 대한 사건 A의 확률을 $P(A \mid S)$로 표기한다. 즉 'S가 주어질 때 사건 A가 일어날 확률'을 나타낸다. 표본공간을 달리함으로써 달라지는 확률은 조건부 확률을 이용해 구한다. 조건부 확률의 개념을 이해하기 위해 다음 예를 살펴보자.

소비자 연맹에서 200명의 타이어 판매상에 대한 서비스 수준을 조사하여 [표 10-2]의 자료를 얻었다.

[표 10-2] 타이어 판매상에 대한 서비스 수준

	양질의 서비스(G)	저질의 서비스(B)
유명 메이커(M)	64	16
사제품(P)	42	78

타이어 판매상 중 하나를 임의로 뽑았을 때, M은 유명 메이커가 선택되는 사건, G는 양질의 서비스를 받는 사건이라고 하자. 이때 몇 가지 확률을 계산해보자.

- 유명 메이커이고 양질의 서비스를 받을 확률은 $P(M \cap G) = \dfrac{64}{200} = 0.32$이다.
- 유명 메이커일 확률은 $P(M) = \dfrac{(64+16)}{200} = 0.40$이다.
- 양질의 서비스를 받을 확률은 $P(G) = \dfrac{(64+42)}{200} = 0.53$이다.

즉 모든 확률은 $\dfrac{a}{n}$의 형태로 구해진다.

이제 유명 메이커일 때 양질의 서비스를 받을 확률을 구해보자. 즉 $P(G \mid M)$을 구하면 다음과 같다.

$$P(G \mid M) = \frac{64}{(64+16)} = 0.80$$

위 확률은 $P(G) = 0.53$보다 더 큼을 알 수 있다. 이러한 조건부 확률에서 0.80은 다음과 같은 공식으로도 유도할 수 있다.

$$P(G \mid M) = \frac{64/200}{(64+16)/200} = \frac{P(M \cap G)}{P(M)}$$

이 확률은 유명 메이커 제품을 고를 확률을 분모로, 유명 메이커이고 양질의 서비스를 받을 확률을 분자로 한 비율이다. 이 예를 일반화하면 다음과 같은 조건부 확률을 정의할 수 있다.

정의 10-11 조건부 확률

표본공간 S에 속하는 사건 A, B에 대해 $P(B)$가 0이 아닐 때, 사건 B에 대한 사건 A의 **조건부 확률**conditional probability은 사건 B가 주어질 때 사건 A의 확률이다.

$$P(A \mid B) = \frac{P(A \cap B)}{P(B)}$$

예제 10-29 조건부 확률 (1)

어떤 학급의 학생이 남학생일 확률은 $P(A) = 0.54$이고, 안경 쓸 확률은 $P(B) = 0.81$일 때, 안경 쓴 남학생일 확률은 $P(A \cap B) = 0.18$이다. 남학생인 경우에 안경 쓸 확률과 안경 쓴 학생인 경우에 남학생일 확률을 구하라.

풀이

남학생인 경우에 안경 쓸 확률은 다음과 같다.

$$P(B \mid A) = \frac{P(A \cap B)}{P(A)} = \frac{0.18}{0.54} = \frac{1}{3}$$

안경 쓴 학생인 경우에 남학생일 확률은 다음과 같다.

$$P(A \mid B) = \frac{P(A \cap B)}{P(B)} = \frac{0.18}{0.81} = \frac{2}{9}$$

[예제 10-29]의 결과를 통해 조건부 확률에서는 교환법칙이 성립하지 않음을 알 수 있다.

$$P(B \mid A) \neq P(A \mid B)$$

예제 10-30 조건부 확률 (2)

어느 옷 가게에서 바지를 구매할 사건을 C, 셔츠를 구매할 사건을 E라고 하자. 이때 $P(C) = 0.8$, $P(E) = 0.6$, $P(C \cap E) = 0.5$이다. 셔츠를 구매한 경우에 바지를 구매할 확률을 구하라.

풀이

사건 E가 일어났을 때 사건 C가 일어날 확률이므로 다음과 같다.

$$P(C \mid E) = \frac{P(C \cap E)}{P(E)} = \frac{0.5}{0.6} = \frac{5}{6}$$

[예제 10-30]의 결과에서 사건 C는 사건 E의 영향을 받지 않는다. 일반적으로 두 사건 A, B에 대해 $P(A \mid B) = P(A)$이면, 사건 A가 사건 B와 **독립**independent이라고 표현한다. 만일 사건 A의 발생이 사건 B의 영향을 받는다면 **종속**dependent이라고 한다.

조건부 확률 $P(A \mid B) = \dfrac{P(A \cap B)}{P(B)}$의 양변에 $P(B)$를 곱하면 다음과 같다.

$$P(A \mid B) \cdot P(B) = P(A \cap B)$$

만일 두 사건 A, B가 독립이라면 $P(A \mid B) = P(A)$이므로 이 식은 다음과 같은 확률의 곱의 공식이 된다.

정의 10-12 확률의 곱의 공식

두 사건 A, B가 독립일 때 다음이 성립한다.

$$P(A \cap B) = P(A) \cdot P(B)$$

예제 10-31 확률의 곱의 공식 (1)

다음 확률을 구하라.

(a) 동전을 2개 던졌을 때 모두 앞면이 나올 확률

(b) 52장의 카드에서 2장을 뽑을 때, 첫 번째 카드를 뽑고 다시 넣은 후 두 번째 카드를 뽑아서 2장 모두 에이스일 확률

(c) 52장의 카드에서 2장을 뽑을 때, 첫 번째 카드를 뽑고 다시 넣지 않은 후 두 번째 카드를 뽑아서 2장 모두 에이스일 확률

풀이

(a) 동전을 2개 던졌을 때 모두 앞면이 나올 확률은 다음과 같다.

$$\frac{1}{2} \times \frac{1}{2} = \frac{1}{4}$$

(b) 첫 번째 카드에서 에이스를 뽑을 확률은 $\frac{4}{52}$ 이고, 첫 번째 카드를 다시 넣었으므로 두 번째 카드에서 에이스를 뽑을 확률도 $\frac{4}{52}$ 이다. 따라서 2장 모두 에이스일 확률은 다음과 같다.

$$\frac{4}{52} \times \frac{4}{52} = \frac{1}{169}$$

(c) 첫 번째 카드를 뽑고 다시 넣지 않으므로, 두 번째 카드에서 에이스를 뽑을 확률은 $\frac{3}{51}$ 이다. 따라서 2장 모두 에이스일 확률은 다음과 같다.

$$\frac{4}{52} \times \frac{3}{51} = \frac{1}{221}$$

[예제 10-31(c)]에서 첫 번째 카드를 다시 넣지 않을 경우에 카드 2장이 모두 에이스일 확률을 구했다. 이런 경우를 **비복원 추출**sample without replacement이라고 한다. 그리고 [예제 10-31(b)]에서는 첫 번째 카드를 뽑고 다시 넣은 후 두 번째 카드를 뽑아서 카드 2장이 모두 에이스일 확률을 구했는데, 이런 경우를 **복원 추출**sample with replacement이라고 한다.

예제 10-32 확률의 곱의 공식 (2)

5개의 동전을 던질 때 모두 뒷면일 확률과 주사위를 네 번 던질 때 세 번은 2이고 한 번은 3 이하가 나올 확률을 구하라.

풀이

5개의 동전을 던질 때 모두 뒷면일 확률은 다음과 같다.

$$\frac{1}{2} \times \frac{1}{2} \times \frac{1}{2} \times \frac{1}{2} \times \frac{1}{2} = \frac{1}{32}$$

주사위를 네 번 던질 때 세 번은 2이고 한 번은 3 이하가 나올 확률은 다음과 같다.

$$\frac{1}{6} \times \frac{1}{6} \times \frac{1}{6} \times \frac{1}{2} = \frac{1}{432}$$

CHAPTER

10 연습문제

Section 10.1

1. 어떤 시스템에서 다섯 자리로 구성된 패스워드를 만들려고 한다. 이때 첫 번째 자리는 영어 알파벳 소문자이고, 두 번째 자리부터는 영어 알파벳 소문자이거나 숫자이다. 이 시스템에서 만들 수 있는 패스워드의 수는 모두 몇 가지인가?

2. [연습문제 1]에서 생성한 패스워드 중 영어 알파벳 소문자 d로 시작하는 패스워드는 몇 가지인가?

3. [연습문제 1]에서 생성한 패스워드 중 $d111$로 시작하는 패스워드는 몇 가지인가?

4. 10명의 사람이 있다. 이들의 이름은 '이산', '수학', '확률'이고, 이들의 성은 '김', '이', '박'이다. 이들 중 최소한 두 사람은 동일한 이름과 성을 가짐을 보여라.

Section 10.2

5. 1부터 5까지의 정수를 이용해 각 자리의 숫자가 서로 다른 세 자리 숫자를 만들려고 한다. 3이 십의 자리 숫자가 되는 경우는 몇 가지인가?

6. 문자 a, b, c, d, e를 이용해 서로 다른 3개의 문자로 구성된 단어를 몇 개 만들 수 있는가?

① 30 ② 60 ③ 120 ④ 180

7. 이산수학을 열심히 공부하는 5명의 학생에게 3권의 이산수학 책을 나눠주는 방법은 몇 가지인가?

8. A와 B 사이에 4개의 버스 노선이 있고, B와 C 사이에 3개의 버스 노선이 있다. 한 남자가 다음과 같이 여행할 수 있는 방법은 각각 몇 가지인지 구하라.

(a) B를 경유하여 A에서 C까지 버스로 가는 방법

(b) B를 경유하여 A와 C 사이를 버스로 왕복하는 방법

(c) 같은 노선을 이용할 수 없을 때, B를 경유하여 A에서 C 사이를 버스로 왕복하는 방법

9. 다음 물음에 답하라.

(a) 7명이 7개의 의자에 한 줄로 앉을 수 있는 방법은 몇 가지인가?

(b) 7명이 원형 테이블 주위에 앉을 수 있는 방법은 몇 가지인가?

10. 'korea'라는 단어에 있는 5개의 문자를 모두 나열하는 경우의 수는 몇 가지인가?

11. 15명의 학생들을 6명, 5명, 4명의 그룹으로 나누는 경우의 수는 몇 가지인가?

Section 10.3

12. $(5-2x)^4$을 전개하라.

13. $(x+y)^{15}$을 전개했을 때, x^5y^{10}의 계수를 구하라.

14. $(x+y)^{10}$을 전개했을 때, 모든 계수의 합을 구하라.

Section 10.4

15. 다음의 표현 중 어떤 부분이 잘못되었는지 설명하라.

(a) 어떤 광물질이 구리 성분을 포함할 확률은 0.20이고, 구리 성분을 포함하지 않을 확률은 0.75이다.

(b) 어떤 학생이 영어 시험에 통과할 확률이 0.88이고, 통과하지 못할 확률이 -0.66이다.

(c) 야구 경기에서 홈팀이 우승할 확률이 0.77이고, 무승부일 확률이 0.08이면 이기거나 무승부일 확률은 0.95이다.

(d) 앰뷸런스 차량이 하루에 10회 이상 불릴 확률이 0.80이고, 10번 이상 불리지 않을 확률이 0.40이다.

(e) 비가 올 확률이 0.80이고, 비나 눈이 올 확률은 0.70이다.

(f) 열이 있는 환자가 의사에게 치료를 받을 확률은 0.50이고, 약만 받고 치료는 받지 못할 확률은 0.30이며, 약도 치료도 받지 못할 확률은 0.10이다.

16. 두 사건 C, D는 서로 배반사건이다. $P(C)=0.40$, $P(D)=0.45$일 때, 다음 확률을 구하라.

(a) $P(C^c)$
(b) $P(C\cap D)$
(c) $P(C\cup D^c)$
(d) $P(D^c)$
(e) $P(C\cup D)$
(f) $P(C^c\cap D^c)$

17. 어떤 클라우드 기기의 작동 방법에 대해 설문조사를 한 결과 '매우 어렵다', '어렵다', '보통이다', '쉽다', '매우 쉽다'의 비율이 각각 0.10, 0.15, 0.30, 0.25, 0.20이라고 할 때, 다음 확률을 구하라.

(a) 어렵거나 매우 어렵다고 답한 경우
(b) 매우 어렵거나 매우 쉽다고 답한 경우
(c) 보통이거나 어렵다고 답한 경우
(d) 보통이거나 쉽다고 답한 경우

18. 한 개의 주사위를 던져서 홀수의 눈이 나왔을 때, 그 수가 소수일 확률을 구하라.

19. 두 사건 G와 H에 대해 $P(G)=0.46$, $P(H)=0.35$, $P(G\cap H)=0.21$일 때, 다음 확률을 구하라.

(a) $P(G^c)$
(b) $P(H^c)$
(c) $P(G\cup H)$
(d) $P(G^c\cap H)$
(e) $P(G^c\cup H)$
(f) $P(G^c\cap H^c)$

20. 사격 연습을 하는 3명의 병사가 표적을 맞힐 확률은 각각 $\frac{1}{2}$, $\frac{1}{3}$, $\frac{2}{5}$이다. 총을 한 발씩 쏜다고 할 때, 3명 중 적어도 2명이 표적을 맞힐 확률을 구하라.

21. 주유소에 정차한 차량이 주유 시 타이어 점검을 의뢰할 확률은 0.25이고, 엔진 오일 점검을 의뢰할 확률은 0.10이며, 두 가지 점검을 모두 의뢰할 확률은 0.05이다. 이 주유소에 정차한 차량에 대해 다음 확률을 구하라.

(a) 타이어나 엔진 오일 점검을 의뢰할 확률
(b) 타이어나 엔진 오일 점검을 의뢰하지 않을 확률

22. 어떤 학생이 문방구에서 볼펜을 구매할 확률이 0.25이고, 지우개를 구매할 확률이 0.10이며, 두 가지를 모두 구매할 확률은 0.05라고 할 때, 다음 확률을 구하라.

(a) 볼펜과 지우개 중 한 가지만 구매할 확률

(b) 볼펜과 지우개를 모두 구매하지 않을 확률

(c) 볼펜은 구매하고 지우개는 구매하지 않을 확률

23. 갑이라는 사람이 직장을 구하는데, 호봉이 높은 직장을 구하는 사건을 H, 장래가 좋은 직장을 구하는 사건을 G라고 하자. 다음 확률이 의미하는 바를 설명하라.

(a) $P(G \mid H)$

(b) $P(H^c \mid G)$

(c) $P(H \mid G^c)$

(d) $P(G^c \mid H^c)$

24. 어느 야구팀이 비 오는 날에 경기에서 이길 확률은 0.4이고, 비가 오지 않는 날에 경기에서 이길 확률은 0.6이라고 한다. 내일 비가 올 확률이 0.3이라고 할 때, 이 팀이 내일 경기에서 이길 확률을 구하라.

25. 한 백화점의 판매직에 응시한 60명을 분석하여 다음과 같은 결과를 얻었다.

	대졸	고졸
3년 이상 경험	12	6
3년 미만 경험	24	18

인사 관리 부서에서 응시자들을 임의로 면접했을 때, 사건 G는 대학 졸업자인 경우이고 사건 T는 적어도 3년 이상의 경험이 있는 경우이다. 주어진 표를 이용해 다음 확률을 구하고, 주어진 물음에 답하라.

(a) $P(G)$

(b) $P(T^c)$

(c) $P(G \cap T)$

(d) $P(G^c \cap T^c)$

(e) $P(T \mid G)$

(f) $P(G^c \mid T^c)$

(g) $P(T \mid G) = P(G \cap T) / P(G)$임을 보여라.

(h) $P(G^c \mid T^c) = P(G^c \cap T^c) / P(T^c)$임을 보여라.

CHAPTER

11

점화 관계와 알고리즘

Recurrence Relation and Algorithm

Contents

■ **점화 관계와 알고리즘이란?**

점화 관계는 수열에서 n번째 원소가 그 앞의 원소인 $(n-1)$번째 원소 또는 $(n-2)$번째 원소에 의해 규칙적으로 정해지는 관계를 말한다. 그래서 점화 관계는 수학적 귀납법과 재귀적 알고리즘과 매우 밀접한 관계를 갖는다. 수학적 귀납법과 재귀적 알고리즘은 이산수학에서 가장 중요한 개념들로 이미 앞에서 다루었다. 문제를 해결하는 순서를 나열한 알고리즘은 우리가 컴퓨터를 통해 문제를 해결한다고 할 때 가장 기본적으로 알아야 한다. 통상적으로는 문제가 주어지면 그 문제를 해결하면 된다. 하지만 프로그래머들에게는 그 문제를 어떤 방법으로 해결했는지가 가장 중요하다. 그래서 문제를 해결하는 여러 가지 알고리즘 중 가장 효율적인 알고리즘을 찾는 것이 매우 중요하다.

■ **알고리즘의 응용 분야는?**

컴퓨터를 이용해 주어신 문제를 해결하기 위해서는 항상 알고리즘을 생각해야 한다. 문제를 해결하는 능력은 우리가 갖추어야 할 기본적인 능력이다. 문제 해결 능력을 키우는 측면에서도 여러 가지 알고리즘을 다뤄보는 것이 중요하다. 컴퓨터의 모든 분야에서 효율적인 알고리즘을 작성하는 것 자체가 알고리즘의 응용 분야라고 할 수 있다.

■ **이 장에서 배우는 내용은?**

11장에서는 점화 관계와 알고리즘을 소개한다. 점화 관계를 설명하기 위해 먼저 수열에 대해 간단히 설명하고, 점화 관계의 대표적인 수열인 피보나치 수열(황금비율)과 점화 관계이면서 이산수학의 전형적인 예인 하노이 탑을 다룬다.

또한 재귀적 알고리즘과 관련한 알고리즘과 의사코드에 대해 간단히 설명하고, 알고리즘의 복잡도에 대해 살펴본다. 마지막으로 방정식의 해를 구하는 알고리즘, RSA 암호화, 재귀적 알고리즘, 탐색과 정렬 등의 여러 가지 알고리즘을 다룬다.

SECTION 11.1 점화 관계

점화 관계를 설명하기 전에 점화 관계가 포함된 일반적인 수열에 대해 알아보자.

수열

수열sequence이란 수 또는 다른 대상들이 한 줄로 배열된 순서 있는 나열로, a_1, a_2, a_3, … , a_n의 형태로 표현한다. 예를 들어 양의 홀수를 크기순으로 나열한 1, 3, 5, 7, … 은 수열의 예이다. 수열에 나타나는 원소들을 **항**term이라 하고, 나타나는 순서대로 a_1을 초항 또는 첫째 항, a_2를 2항 또는 둘째 항이라 하고, a_n을 n항 또는 **일반항**이라고 한다.

수열이 반드시 일정한 규칙을 가지면서 수가 나열되어야 할 필요는 없다. 예를 들어 -2, 1.2, 0.4, 55, −30과 같은 경우도 수열이다. 하지만 일반적으로는 일정한 규칙을 가진 수열을 많이 다루며, 이런 경우 규칙에 따라 등차수열, 등비수열, 조화수열 등으로 구분한다. 또한 항의 수가 유한하면 유한수열, 무한하면 무한수열이라고 한다.

수열의 표현 방법

수열을 표현하는 방법에는 집합과 비슷하게 원소를 나열하여 표현하는 방법, 일반항으로 표현하는 방법, 귀납적 정의로 표현하는 방법 등이 있다.

- **원소를 나열하여 표현하는 방법** : 2, 4, 6, …과 같이 수열의 원소를 직접 나열하여 표현하는 방식이다.
- **일반항으로 표현하는 방법** : 수열의 n번째 항인 a_n을 수식 등의 형태로 명시하는 방식이다. 예를 들어 $a_n = 2n$과 같이 쓸 수 있으며, 20번째 항의 값은 $a_{20} = 2 \times 20 = 40$이다.
- **귀납적 정의로 표현하는 방법** : 수열의 n번째 항이 앞의 항들 a_1, a_2, … , a_{n-1}로부터 귀납적으로 결정될 때 표현하는 방식으로, 이 관계를 점화 관계라고 한다. 예를 들어 점화 관계 $a_n = a_{n-1} + 3$의 경우, a_5를 알기 위해서는 $a_4 + 3$을 구해야 하므로 a_4를 알아야 한다. 마찬가지로 a_4를 알려면 a_3를 알아야 하므로 앞의 항을 알면 다음 항을 구할 수 있다. 이때 첫 번째 항을 포함한 몇 개의 항은 따로 주어지는 것이 일반적이다. 이런 점화 관계로 표현되는 가장 유명한 수열이 피보나치 수열이다.

이제 일정한 규칙을 가진 등차수열, 등비수열, 계차수열을 간단하게 설명하고, 피보나치 수열에 대해 살펴보자.

등차수열

등차수열 arithmetic sequence은 앞의 항에 일정한 수를 더해서 다음 항이 얻어지는 수열로, 인접한 항 사이의 간격이 일정하다. 이때 일정한 간격을 **공차** common difference라고 한다. 공차가 d인 등차수열은 귀납적으로 $a_n = a_{n-1} + d$라는 점화 관계로 정의할 수 있다. 첫 번째 항이 a_1인 등차수열의 일반항은 다음과 같다.

$$a_n = a_1 + (n-1)d$$

다음 수열에서 □ 안에 들어갈 값을 생각해보자.

$$1,\ 3,\ 5,\ 7,\ 9,\ \square$$

간단히 생각하면 2씩 증가하므로 □ 안에는 $9+2=11$이 들어가면 된다. 일반항을 이용하면 이 수열은 등차수열이다. $a_n = a_1 + (n-1)d$에서 $a_1 = 1$, $d = 2$이고, 6번째 항이므로 $a_6 = 1 + (6-1) \times 2 = 11$이다.

등비수열

등비수열 geometric sequence은 앞의 항에 일정한 수를 곱해서 다음 항이 얻어지는 수열을 말한다. 이때 일정한 수를 **공비** common ratio라고 한다. 공비가 r인 등비수열은 귀납적으로 $a_n = r \cdot a_{n-1}$이라는 점화 관계로 정의할 수 있다. 첫 번째 항이 a_1인 등비수열의 일반항은 다음과 같다.

$$a_n = a_1 \cdot r^{n-1}$$

다음 수열에서 □ 안에 들어갈 값을 생각해보자.

$$2,\ 6,\ 18,\ 54,\ 162,\ \square$$

간단히 생각하면 3배씩 증가하므로 □ 안에는 $162 \times 3 = 486$이 들어가면 된다. 일반항을 이용하면 이 수열은 등비수열이다. $a_n = a_1 \cdot r^{n-1}$에서 $a_1 = 2$, $r = 3$이고, 6번째 항이므로 $a_6 = 2 \times 3^5 = 486$이다.

계차수열

어떤 수열의 **계차수열** difference sequence은 그 수열의 인접하는 두 항의 차로 이루어진 수열이다. 수열에서 어떤 항과 그 바로 앞의 항의 차를 **계차** difference라고 하며, 이 계차들로 이루어진 수열을 그 수열의 계차수열이라고 한다.

다음 수열에서 □ 안에 들어갈 값을 생각해보자.

$$2,\ 4,\ 7,\ 11,\ 16,\ \square$$

계차를 살펴보면 $+2$, $+3$, $+4$, $+5$, $+6$, …이다. 그래서 □는 $16+6=22$임을 알 수 있다.

점화 관계

점화 관계 살펴보기 위해 먼저 점화 수열에 대해 알아보자. 점화 수열은 점화 관계를 가진 수열을 말한다. 점화 관계는 1202년 르네상스 이전의 유럽 수학자로는 당대 최고의 학자인 이탈리아 수학자 레오나르도 피보나치Leonardo Fibonacci가 『산반서』라는 책에서 처음 제기한 토끼 번식 문제로 시작되었다.

> **정의 11-1 점화 관계**
>
> **점화 관계**recurrence relation 혹은 **점화식**recurrence formula은 수열 $a_0, a_1, \cdots, a_n$에서 a_n과 그 앞의 항들인 $a_0, a_1, a_2, \cdots, a_{n-1}$의 종속 관계를 말한다. 즉 점화 관계는 수열에서 n번째 항과 그 앞의 항 사이의 관계를 나타낸다.

점화 관계에서 수열을 정의하기 위해서는 초깃값이 주어져야 한다. 이러한 초깃값을 **초기 조건**initial condition이라고 한다. 예를 들어 수열 5, 8, 11, 14, …를 일반항을 이용해 표현하면 다음과 같다.

- $a_1 = 5$
- $a_n = a_{n-1} + 3,\ n \geq 2$

여기서 방정식 $a_n = a_{n-1} + 3$은 점화 관계가 된다. 이 관계는 n번째 항의 값이 $(n-1)$번째 항의 값에 의해 결정되는 것으로서, a_n의 값은 a_{n-1}에 **종속**dependent된다고 한다. 만일 a_n이 바로 앞의 항인 a_{n-1}에 종속되면 **1차**first-order라 하고, 방정식 $a_n = a_{n-1} + 3$을 **1차 선형 점화 관계**라고 한다.

예제 11-1 점화 관계

점화 수열의 대표적인 문제로 알려진 피보나치의 토끼 번식 문제를 생각해보자. 한 쌍의 토끼가 있다. 암컷 토끼는 두 달이 지날 때부터 매달 한 쌍의 토끼를 낳는다고 한다. 또 새로 태어난 암컷 토끼도 두 달이 지난 후부터 매달 한 쌍의 토끼를 낳는다고 할 때, 1년이 지난 후 전체 토끼 쌍의 수를 구하라. 단, 모든 토끼는 계속 살아 있다고 가정한다.

풀이

먼저 다음과 같이 표를 이용해 계산해보자.

개월	처음	1개월	2개월	3개월	4개월	5개월	…
어미 토끼(쌍)	1	1	1	2	3	5	…
새끼 토끼(쌍)	–	–	1	1	2	3	…
전체 쌍의 수	1	1	2	3	5	8	…

$R(n)$이 n달이 지난 후의 전체 토끼 쌍의 수를 나타낸다고 하자. 그러면 다음과 같은 관계가 성립함을 알 수 있다.

$$R(n) = R(n-1) + R(n-2)$$

즉 다음이 성립한다.

$R(0) = 1$ (맨 처음의 토끼 한 쌍)
$R(1) = 1$ (새로운 새끼 토끼는 없다)
$R(2) = 2$ (어미 토끼 한 쌍, 새끼 토끼 한 쌍)
$R(3) = 3$ (어미 토끼 한 쌍, 새끼 토끼 두 쌍)
⋮

계속하여 $R(n)$의 항들을 보면 다음과 같음을 알 수 있다.

$$1,\ 1,\ 2,\ 3,\ 5,\ 8,\ 13,\ 21,\ 34,\ 55,\ 89,\ 144,\ \cdots$$

따라서 1년이 지난 후 전체 토끼 쌍의 수는 다음과 같다.

$$R(12) = R(11) + R(10) = 144 + 89 = 233(\text{쌍})$$

$R(n) = R(n-1) + R(n-2)$에서 볼 수 있듯이 피보나치 수열은 n번째($n \geq 2$) 피보나치 수를 계산하기 위해 이전의 두 피보나치 수인 $(n-1)$번째 피보나치 수와 $(n-2)$번째 피보나치 수를 더해서 계산한다. 이러한 종류의 정의를 **재귀적 정의**recursive definition라고 한다. 왜냐하면 우리가 원하는 값이 이전에 계산된 값들을 통해 계산되기 때문이다.

또한 피보나치 수열은 자연에서 예상치 못하게 나타나는데, 이는 자연계의 법칙을 담고 있기 때문이다. 자연계의 법칙이란 인간이 눈으로 보기 가장 좋은 비율인 황금비율(미의 기준)과 관련이 있다. 황금비율은 $1:1.618$인데, 피보나치 수열에서 n항과 $n+1$항의 비율이 $1:1.618$이다. 최근에 황금비율이 안 맞는다는 의견이 제기되기도 했지만, 황금비율은 자연계의 가장 안정된 상태를 나타낸다고 알려져 있어서 수학, 음악, 미술 등의 분야에서 매우 중요하게 다뤄지고 있다. 예를 들어, 해바라기 씨앗의 나선 모양, 솔방울의 비늘 같은 조각

이 오른쪽 나선과 왼쪽 나선을 이루며 교차하는데, 그 나선의 수는 각각 8개와 5개로 이루어져 있다. 5와 8은 피보나치 수열에서 서로 이웃하는 항이다. 파르테논 신전, 피라미드, 신용카드, 명함 등이 모두 황금비율을 사용한 예이다. 피보나치 수열에 대한 알고리즘과 프로그래밍은 11.4절에서 다룬다.

점화 관계의 응용 : 하노이 탑 문제

이산수학의 전형적인 퍼즐 문제로 1883년 프랑스 수학자 에두아르 뤼카Édouard Lucas가 제시한 **하노이 탑**tower of Hanoi 문제에 대해 살펴보자. 이 문제는 재귀 호출을 이용해 풀 수 있는 가장 유명한 예제이다. 고대 인도의 베나레스에 있는 한 사원에는 동판 위에 다이아몬드 막대가 3개 있고, 크기가 서로 다른 64개의 황금 원판이 한 막대에 꽂혀 있다. 하노이 탑 문제는 이러한 황금 원판을 규칙에 따라 다른 막대로 모두 옮기는 놀이이다. 다음 예제를 통해 살펴보자.

예제 11-2 하노이 탑 문제

다음 그림과 같이 동판 위의 다이아몬드 막대에 황금 원판이 꽂혀 있다. 황금 원판을 옮기는 규칙이 다음과 같을 때, 원판을 모두 다른 막대로 옮기는 데 필요한 이동 횟수를 구하라.

- 한 번에 1개의 황금 원판만 옮긴다.
- 크기가 큰 황금 원판은 반드시 크기가 작은 황금 원판의 아래쪽에 있어야 한다.

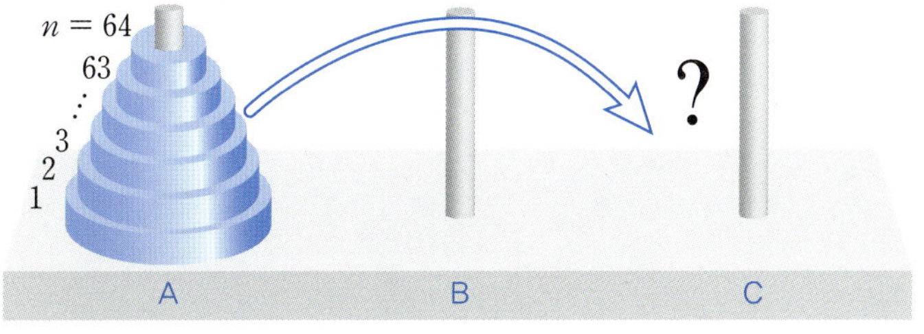

풀이

먼저 원판이 1개라면, 필요한 원판의 이동 횟수는 1회이다. 만약 원판이 2개라면, 다음 그림과 같이 원판을 움직일 수 있다. 따라서 필요한 원판의 이동 횟수는 3회이다.

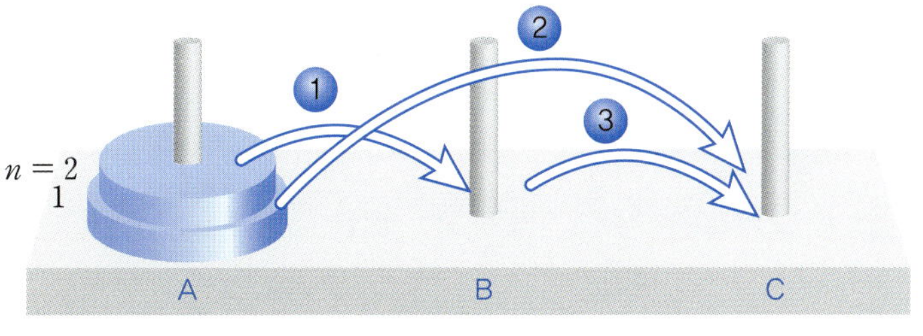

다음으로 3개의 원판을 이동해보자. 3개의 원판은 다음 그림과 같이 7회의 이동으로 옮길 수 있다.

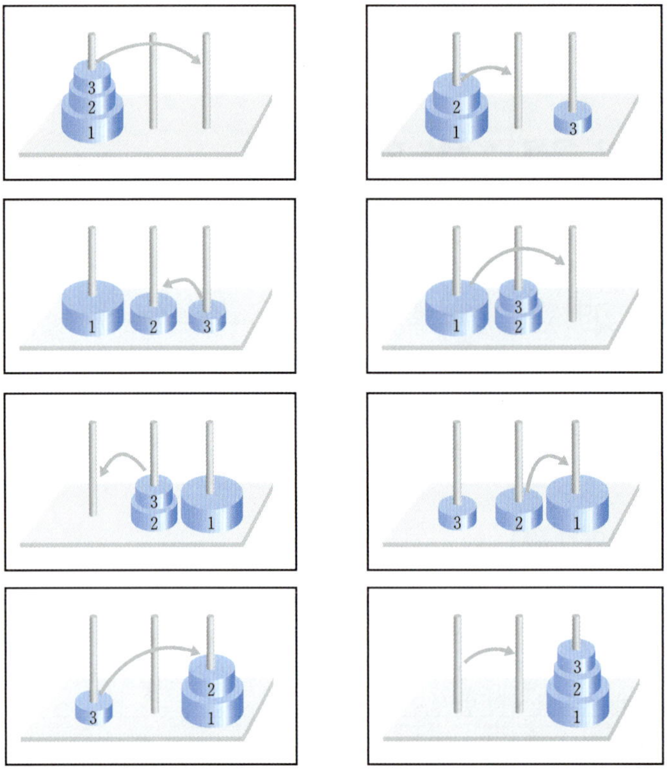

이제 일반적으로 n개의 원판이 있을 때, 필요한 원판의 이동 횟수를 알아보자. 이 경우의 해결 전략은 다음과 같다. 먼저 n개의 원판을 모두 옮기는 데 필요한 원판의 이동 횟수를 $P(n)$이라고 하면 다음이 성립함을 알 수 있다.

$$P(1)=1$$
$$P(2)=3$$
$$P(3)=7$$

전체적으로 다음 그림과 같이 **분할 정복 방법**divide and conquer을 이용한다.

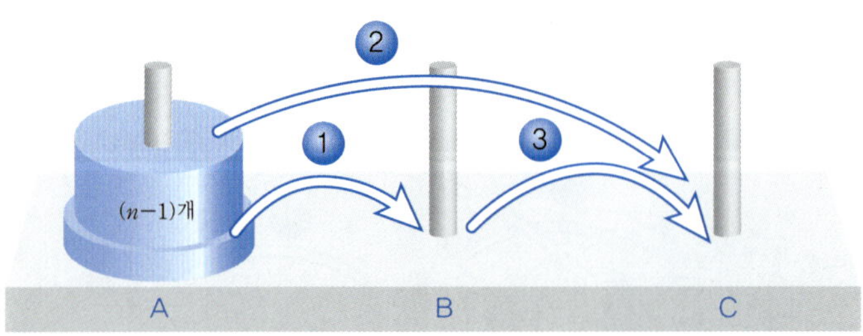

즉 n개의 원판을 다음과 같이 크게 두 부분으로 나눈다.

- 한 부분 : 제일 아래쪽에 있는 가장 큰 원판(1번 원판) 하나만으로 이루어진 부분
- 나머지 부분 : 제일 아래쪽 원판을 제외한 2번부터 n번까지의 원판으로 구성된 부분

그리고 이 두 부분을 마치 원판이 2개인 것처럼 다음 그림과 같은 순서로 해결한다.

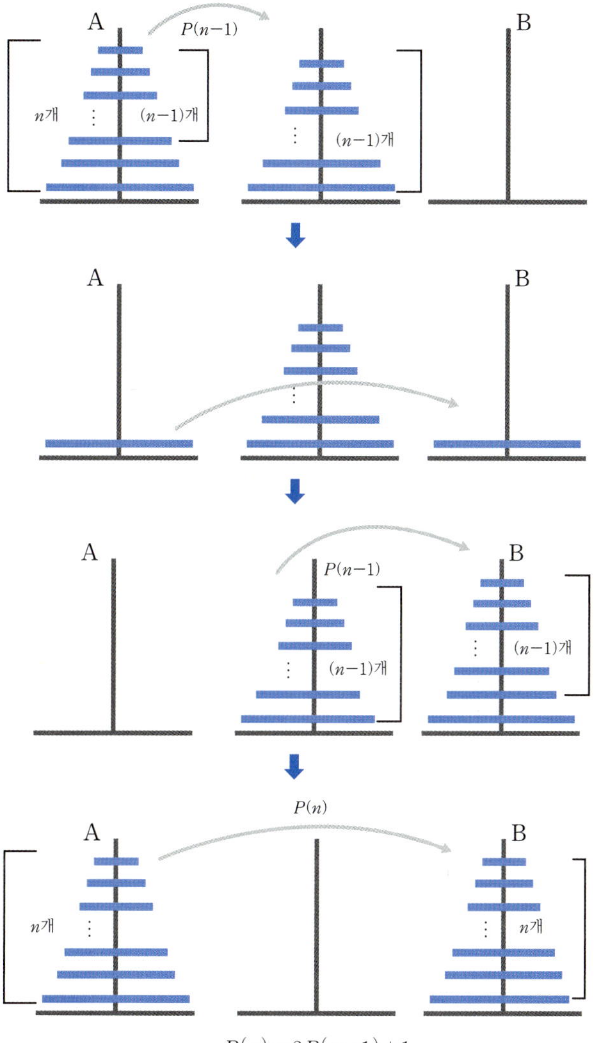

$$P(n)=2P(n-1)+1$$

n개의 원판을 옮기는 이동 횟수가 $P(n)$이므로, 처음에 A 막대에 있는 $(n-1)$개의 원판을 가운데 막대로 옮기는 이동 횟수는 $P(n-1)$이다. 다음으로 A 막대의 가장 밑에 있는 원판을 B 막대로 옮긴다. 이때 이동 횟수는 $P(1)=1$이다. 다음으로 가운데 막대에 있는 $(n-1)$개의 원판을 B 막대로 옮긴다. 이때 이동 횟수는 $P(n-1)$이다. 따라서 모든 자연수 n에 대해 점화식 $P(n)=P(n-1)+1+P(n-1)=2P(n-1)+1$이 성립함을 알 수 있다. 이 점화식에 대한 일반항은 등비수열을 이용해 풀 수 있지만, 여기서는 다음과 같은

식으로 만들어보자.

$$P(1) = 1 = 2^1 - 1$$
$$P(2) = 2P(1) + 1 = 2 + 1 = 3 = 2^2 - 1$$
$$P(3) = 2P(2) + 1 = 2 \times 3 + 1 = 4 + 2 + 1 = 7 = 2^3 - 1$$
$$P(4) = 2P(3) + 1 = 2 \times 7 + 1 = 8 + 4 + 2 + 1 = 15 = 2^4 - 1$$
$$\vdots$$

즉 다음이 성립한다.

$$P(n) = 2^n - 1 \text{ (2장에서 다룬 메르센 소수)}$$

원래 하노이 탑 문제는 $n = 64$인 경우이므로 필요한 원판의 이동 횟수[1]는 다음과 같다.

$$P(64) = 2^{64} - 1 = 18{,}446{,}744{,}073{,}709{,}551{,}615$$

하노이 탑에서 만약 한 번 이동하는 데 1초가 걸린다고 가정하면 모든 원판을 이동하는 데 대략 5,000억 년 이상이 걸린다. 이는 하노이 탑을 직접 옮기는 것은 불가능하다는 뜻이다.

하노이 탑 문제에 대한 알고리즘은 재귀적 알고리즘으로 [알고리즘 11-1]과 같으며, 이를 구현한 프로그램은 재귀 프로그램으로 11장 프로그래밍 실습에서 다룬다.

[알고리즘 11-1] 하노이 탑 문제

```
Algorithm hanoi(from, to, by, n, c)
begin
  c = 0
  if n=1 then
         begin
            move(1, from, to)
            c = c+1
         endif
  else
      begin
         hanoi(from, by, to, n-1, c)
         move(n, from, to)
         c = c+1
         hanoi(by, to, from, n-1, c)
  endelse
end
```

1 이 횟수는 최소의 이동 횟수를 의미하며, 만약 이동 순서가 바뀌면 그만큼 이동 횟수가 늘어난다.

SECTION 11.2 알고리즘과 의사코드

문제가 하나 주어질 때 그 문제를 해결하기 위한 방법을 순차적으로 나열한 알고리즘은 여러 개 존재할 수 있다. 이들 중 어느 것이 가장 효율적인 알고리즘인지 알아내는 방법 중 하나는 적절한 입력 자료들을 선택해서 실행 시간이나 기억용량, 컴퓨터의 종류, 입력 자료의 종류, 프로그래머의 능력 등에 따라 평가해보는 것이다. 그러나 이와 같은 방법들은 정확한 평가 방법이 될 수 없다. 이를 위해 수학적 방법으로 알고리즘을 평가해야 할 것이다.

정의 11-2 알고리즘

알고리즘algorithm이란 어떤 업무 및 계산을 하는 데 필요한 전 과정을 순차적으로 나열한 것이다. 즉 주어진 문제를 풀기 위한 일련의 조작법으로서, 다음과 같은 다섯 가지의 특징을 갖는다.

(1) **입력**input : 문제를 풀기 위한 입력이 있어야 한다.
(2) **출력**output : 문제를 해결했을 때 그 답이 있어야 한다.
(3) **유한성**finiteness : 유한 번 조작 후에 반드시 끝내야 한다.
(4) **명확성**definiteness : 일의적으로 규정되어야 한다.
(5) **효율성**effectiveness : 실제적이고 정확해야 한다.

내일 이산수학 시험을 보기 위해 오늘 이산수학 공부를 할 것인지 아닌지를 결정하려고 한다고 하자. 하나의 동전을 던져서 앞면이 나오면 공부를 하지 않고 시험을 보고, 뒷면이 나오면 공부를 하고 시험을 본다고 하자. 그러면 이를 위한 알고리즘은 다음과 같다.

❶ 동전을 던진다.
❷ 만일 결과가 앞면이면 ❺번으로 가라.
❸ 시험 공부를 한다.
❹ ❻번으로 가라.
❺ TV를 시청한다.
❻ 다음 날 시험을 본다.

이제 알고리즘을 표현하는 방법에 대해 알아보자. 알고리즘을 표현하는 방법에는 여러 가지가 있다. 순서적인 도표를 이용해 표현하는 **순서도**flow chart, 실제적인 언어를 닮은 **의사코드**pseudo code, 그리고 실제적인 언어를 이용해 표현하는 방법 등이 있다.

여기서는 의사코드에 대해서만 다룬다. 의사코드는 파스칼이나 C 언어처럼 실제 코드와 비슷해서 붙여진 이름이다. 또한 의사코드는 실제 컴퓨터 언어와는 달리 세미콜론, 대문자, 소문자, 특수 문자 등에 연연하지 않는다. 따라서 이 절에서 설명한 의사코드와 똑같진 않더라도 의미가 모호하지 않으면 어떤 형식의 의사코드를 사용해도 좋다.

의사코드를 사용하는 방법에는 다음으로 소개할 7가지 형식이 있다.

(1) IF 형식

```
IF(condition) THEN
   S1
ELSE
   S2
```

IF 형식은 조건문condition의 내용이 참이면 S1의 내용을 실행하고, 거짓이면 S2의 내용을 실행한다.

```
X는 유리수

           1. IF(X>13000) THEN
              a. Y←X+0.2 * (X-13000)
           2. ELSE
              b. Y←X+0.3X
```

만약 X의 값이 13000보다 크면 조건문이 참이 되어 Y에 X+0.2 * (X-13000)이 할당된다. 그러나 X의 값이 13000보다 작거나 같으면 Y에 X+0.3X가 할당된다.

(2) WHILE 루프 형식

```
WHILE(condition)
  S
```

WHILE 루프loop 형식은 조건문의 내용이 거짓이 될 때까지 반복하여 S의 내용을 실행한다.

N은 자연수

```
1. X←0
2. Y←0
3. WHILE(X<N)
    a. X←X+1
    b. Y←Y+X
4. Y←Y/2
```

3의 조건문이 참인 동안은 a, b의 내용을 반복하여 실행하다가 조건문이 거짓(X=N)이 되면, 즉시 4의 내용을 실행하여 다음과 같이 된다.

$$Y=\frac{(1+2+\ \cdots\ +N)}{2}$$

(3) UNTIL 형식

```
UNTIL(condition)
  S
```

UNTIL 형식은 WHILE 루프 형식과 비슷하지만, 조건문이 참일 때까지 실행한다는 점이 다르다. 앞의 WHILE 루프 형식의 코드를 UNTIL 형식으로 작성해보자.

N은 자연수

```
1. X←0
2. Y←0
3. UNTIL(X≥N)
    a. X←X+1
    b. Y←Y+1
4. Y←Y/2
```

3의 조건문이 거짓이면 a, b의 내용을 반복하여 실행하다가 조건문이 참(X=N)이 되면, 즉시 4의 내용을 실행하여 다음과 같이 된다.

$$Y=\frac{(1+2+\ \cdots\ +N)}{2}$$

(4) FOR 루프 형식

```
FOR KVAR = M THRU N [BY L]
          S
```

FOR 루프 형식은 KVAR = M에서 시작해서 L만큼씩 증가하여 KVAR= N까지 S를 실행한다(BY L은 L=1일 때는 생략할 수 있다).

```
FOR KVAR=2 THRU 10 BY 3
          X←X+KVAR
```

이 과정은 세 번 실행하는데(KVAR = 2, 5, 8), X의 초깃값이 0이면 X는 결국 FOR 루프 동안에 다음과 같이 된다.

$$X = 0+2+5+8 = 15$$

(5) 부프로그램 형식

```
주프로그램 : CALL NAME(A, B, …; X, Y, …)
                  .
                  .
부프로그램 : SUBROUTINE NAME(A, B, …; X, Y, …)
                  .
                  .
                RETURN
```

이 형식은 주프로그램에서 CALL NAME으로 부프로그램을 실행하고 RETURN으로 부프로그램을 마친 후 다시 주프로그램으로 실행한다. 이때 A, B, …는 입력 변수이고 X, Y, …는 출력 변수이다.

```
주프로그램 : CALL SQR(N; X)
          부프로그램 : SUBROUTINE SQR(N; X)
                      1. X←N
                      2. Y←1
                      3. WHILE(Y≠N)
                           a. X←X+N
                           b. Y←Y+1
                      4. RETURN
```

부프로그램을 실행하여 $X=N^2$이 되어 주프로그램으로 되돌아간다.

(6) 함수 프로그램 형식

```
FUNCTION NAME(A, B, … )
        .
        .
       RETURN(Y)
```

이 형식은 부프로그램과 비슷한데, CALL에 의해 실행되는 것이 아니고 함수의 NAME만으로 함수 부프로그램이 실행된다. 이때 A, B, …는 입력 변수이고 Y는 출력 변수이다. 앞의 부프로그램 형식의 코드를 함수 프로그램 형식으로 작성해보자.

```
FUNCTION SQR(N)
        1. X←N
        2. Y←1
        3. WHILE(Y≠N)
            a. X←X+N
            b. Y←Y+1
        4. RETURN(X)
```

SQR(N)이라는 함수명이 불리면 곧장 함수 SQR(N)이 실행되고 그 결과를 다시 RETURN한다.

(7) 배열 형식

```
A[N] (array A)
```

A는 하나의 변수로서 여러 개의 값을 기억한다. 첨자 1, …, N을 이용해 A[1], A[2], …, A[N]의 기억 장소가 할당된다.

X[1], …, X[N]에는 N개의 값들이 각각 기억되어 있다.

```
            1. MAX←X[1]
            2. FOR I = 2 THRU N
                a. IF (MAX<X[I]) THEN
                b. MAX←X[I]
```

N개의 값을 기억하고 있는 기억 장소 중 가장 큰 값을 MAX에 할당한다.

SECTION 11.3 알고리즘의 복잡도

알고리즘을 분석하는 이유는 문제 해결을 위해 가능한 여러 방법 중 가장 효율적인 방법을 선택하고 기존의 방법을 향상시키는 데 있다. 그러면 이러한 목적을 달성하기 위해 알고리즘을 분석하는 기준에는 무엇이 있을까? 일반적으로 5가지의 분석 기준을 많이 사용한다. 첫 번째는 정확한 알고리즘이냐는 것이고, 두 번째는 그 알고리즘이 한 일의 양은 얼마인가를 보는 것이다. 이를 **복잡도**complexity라고 한다. 세 번째는 사용된 기억 장치의 양이고, 네 번째는 간단성simplicity이며, 다섯 번째는 최적성optimality이다. 이 절에서는 5가지의 분석 기준 중 일반적으로 가장 많이 사용하는 복잡도에 대해 살펴보자.

입력 자료의 크기가 n일 경우 수행 시간을 $f(n)$이라고 하면 $f(n)$은 **시간 복잡도**time complexity 함수가 되고, 기억용량을 $g(n)$이라고 하면 $g(n)$은 **공간 복잡도**space complexity 함수가 된다.

하드웨어 비용이 엄청났던 과거와는 달리 요즘에는 기술의 발달로 하드웨어, 특히 기억 장치main memory의 비용이 많이 줄어들었으므로 공간 복잡도 함수보다는 시간 복잡도 함수가 더 중요한 의미를 갖는다. 즉 주어진 문제를 해결하는 알고리즘을 개발하고자 할 때, 기억 장소를 적게 소모하는 방향으로 개발하기보다는 전체 수행 시간을 줄이는 방향으로 개발하는 편이 타당하다.

일반적으로 n이 작은 값일 때 알고리즘의 효율성은 큰 문제가 안 되지만, n이 아주 커지면 소비되는 시간 혹은 기억용량이 너무 커지므로 어떤 알고리즘은 수행할 수 없게 된다. 따라서 알고리즘의 시간 혹은 공간 복잡도 함수를 구해서, n이 큰 값일 때도 그 알고리즘을 수행할 수 있는지 알아보는 것은 아주 중요한 문제이다. 앞으로 별다른 이야기가 없는 한 $f(n)$은 시간 복잡도 함수를 나타낸다.

정의 11-3　시간 복잡도 표기법

$n \geq n_0$인 모든 n에 대해 $|f(n)| \leq c|g(n)|$이 되는 두 양의 정수 c와 n_0가 존재한다면 $f(n) = O(g(n))$이다. $f(n) = O(g(n))$은 '$f(n)$은 $g(n)$ 차수' 혹은 '$f(n)$은 $g(n)$의 빅오'라고 읽는다. **빅오**Big O는 시간 복잡도 표기법이다.

시간 복잡도를 표기하기 위해 빅오 표기법을 사용하고, 알파벳 대문자 O를 이탤릭체로 표현한 O 뒤에 수치를 넣어 표기한다. 예를 들면 $O(n)$, $O(n^2)$과 같다. 빅오 표기법은 차수가 다른 항이 여러 개일 때 차수가 가장 높은 항만 살리고 나머지 항은 모두 삭제하며, 계수가 있는 경우에는 계수도 삭제한다. 만일 어떤 알고리즘이 처리해야 하는 데이터의 수가 n개이고, 특정 명령의 수행 횟수가 $3n^3 + 2n^2 + 1$이라면 3차항 이하의 $2n^2 + 1$은 모두 삭제하고, 최고차항인 3차항의 계수 3도 삭제한 후 n^3만 살려서 $O(n^3)$이라고 한다.

알고리즘의 시간 복잡도로 $O(n!)$, $O(2^n)$과 같은 결과가 나온다면 처리가 불가능할 정도로 시간이 많이 걸린다는 뜻이다.

예제 11-3　빅오 표기법

다음 물음에 답하라.

(a) 함수 $f(n) = 30n^2 + 5n - 20$에 대해 $f(n) = O(n^2)$임을 보여라.
(b) 함수 $f(n) = 10^{10}\log n$에 대해 $f(n) = O(n)$임을 보여라.
(c) 함수 $f(n) = n!$에 대해 $f(n) = O(n^n)$임을 보여라.

풀이

(a) $n \geq 1$일 때 다음이 성립한다.

$$f(n) = 30n^2 + 5n - 20 \leq 30n^2 + 5n + 20 \leq 30n^2 + 5n^2 + 20n^2 = 55n^2$$

이때 $c = 55$이다. 그러므로 $f(n) = O(n^2)$이다.

(b) $n \geq 1$일 때 $\log n \leq n$이므로 $f(n) = 10^{10}\log n \leq 10^{10} n$이 성립한다. 이때 $c = 10^{10}$이다. 그러므로 $f(n) = O(n)$이다.

(c) $n! = 1 \times 2 \times 3 \times \cdots \times (n-1) \times n$이므로 $n \geq 1$일 때 다음이 성립한다.

$$n! = 1 \times 2 \times 3 \times \cdots \times (n-1) \times n \leq n \times n \times n \times \cdots \times n \times n \leq n^n$$

이때 $c = 1$이다. 그러므로 $f(n) = O(n^n)$이다.

어떤 알고리즘의 시간 복잡도 함수 $f(n)$이 $O(g(n))$이라는 의미인 $f(n)=O(g(n))$은 그 알고리즘이 $n \geq n_0$인 n개의 입력 자료를 가지고 수행될 때 걸리는 시간이 $|g(n)|$에 어떤 상수 c를 곱한 값보다 항상 작거나 같음을 의미한다.

정리 11-1 함수 $A(n)$의 빅오 표기법

$A(n)=a_m n^m + \cdots + a_1 n + a_0$이면 $A(n)=O(n^m)$이다.

증명

$$\begin{aligned} |A(n)| &= |a_m n^m + \cdots + a_1 n + a_0| \\ &\leq |a_m n^m| + \cdots + |a_1 n| + |a_0| \\ &\leq \left(|a_m| + \frac{|a_{m-1}|}{n} + \cdots + \frac{|a_0|}{n^m}\right)|n^m| \\ &\leq (|a_m| + |a_{m-1}| + \cdots + |a_0|)|n^m|, \quad n \geq 1 \end{aligned}$$

$c=(|a_m|+|a_{m-1}|+ \cdots +|a_0|)$, $n_0=1$이라고 하면 $|A(n)| \leq c|n^m|$이므로 $A(n)=O(n^m)$이다. ■

정리 11-2 여러 가지 식에 대한 빅오 표기법

(1) $c \in \mathbb{R}$일 때, $\sum_{i=1}^{n} c = O(n)$

(2) $\sum_{i=1}^{n} i = O(n^2)$

(3) $\sum_{i=1}^{n} i^2 = O(n^3)$

증명

(1) $\sum_{i=1}^{n} c = cn$이다. 그러므로 $O(n)$이다.

(2) $\sum_{i=1}^{n} i = \frac{n(n+1)}{2} = \frac{1}{2}n^2 + \frac{1}{2}n$이다. 그러므로 $O(n^2)$이다.

(3) $\sum_{i=1}^{n} i^2 = \frac{n(n+1)(2n+1)}{6} = \frac{1}{3}n^3 + \frac{1}{2}n^2 + \frac{1}{6}n$이다. 그러므로 $O(n^3)$이다. ■

주어진 문제를 해결하는 두 알고리즘이 있다고 하자. 그중 한 알고리즘의 시간 복잡도 함수가 $O(n)$이고 다른 하나가 $O(n^2)$일 때, 전자가 후자보다 좋은 알고리즘이라고 이야기하기는 쉽지 않다. 예를 들어 시간 복잡도 함수 $O(n)$이 $10^{10} \cdot n$이고 시간 복잡도 함수 $O(n^2)$이 n^2일 때, $n \leq 10^{10}$이면 전자가 후자보다 많은 수행 시간이 필요하므로 더 좋은 알고리즘이라고 말하기는 곤란하다.

그렇지만 n값이 충분히 클 때는 $O(n^2)$ 알고리즘이 $O(n)$ 알고리즘보다 항상 많은 시간이 필요하므로, $O(n)$ 알고리즘이 $O(n^2)$ 알고리즘보다 좋다고 이야기하는 것은 타당하다.

다음은 여러 가지 시간 복잡도 함수이다.

- $O(1)$: **상수 복잡도** constant complexity

  어떤 알고리즘의 시간 복잡도 함수가 $O(1)$이라는 것은 그 알고리즘의 수행 시간이 입력 자료의 크기에 관계없이 항상 일정함을 의미한다.
- $O(\log n)$: **로그 복잡도** logarithmic complexity [2]

  입력 자료의 크기가 n일 때, 알고리즘의 수행 시간은 어떤 $k \in \mathbb{R}^+$에서 $k \log n$보다 크지 않음을 의미한다.
- $O(n)$: **선형 복잡도** linear complexity
- $O(n \log n)$: **$n \log n$ 복잡도**
- $O(n^2)$: **2차 복잡도** quadratic complexity
- $O(n^3)$: **3차 복잡도** cubic complexity
- $O(2^n)$: **지수 복잡도** exponential complexity

이 시간 복잡도 함수들 사이에는 다음과 같은 관계가 성립한다. 즉 n이 커짐에 따라 오른쪽으로 갈수록 수행 시간이 급격히 증가한다.

$$O(1) < O(\log n) < O(n) < O(n \log n) < O(n^2) < O(n^3) < \cdots < O(2^n)$$

[그림 11-1]과 [표 11-1]은 이러한 관계를 잘 보여준다. 실제로 $O(n^2)$ 이상인 알고리즘은 n값이 매우 커짐에 따라 수행 시간이 너무 증가하므로 거의 수행 불가능하다고 할 수 있으다. 특히 $O(n^2)$ 알고리즘은 n값이 조금만 커져도 컴퓨터 수행이 거의 불가능하다.

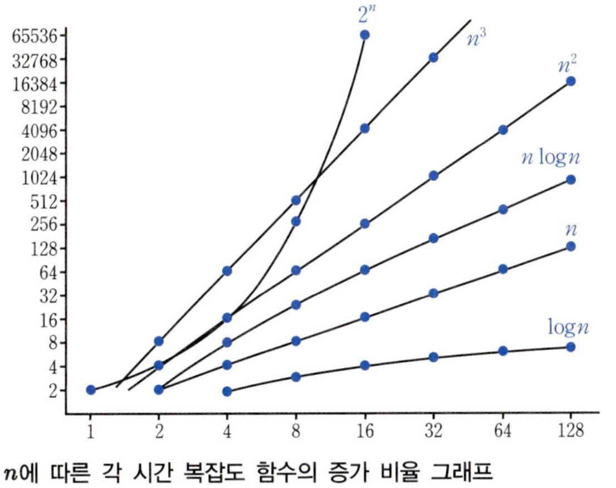

[그림 11-1] **입력 크기 n에 따른 각 시간 복잡도 함수의 증가 비율 그래프**

2 복잡도에서 사용하는 로그는 모두 밑이 2인 로그를 의미한다.

[표 11-1] 입력 크기 n에 따른 각 시간 복잡도 함수의 증가 비율

$\log n$	n	$n\log n$	n^2	n^3	2^n
0	1	0	1	1	2
1	2	2	4	8	4
2	4	8	16	64	16
3	8	24	64	512	256
4	16	64	256	4096	65536
5	32	160	1024	32768	4294967296

예제 11-4 함수의 빅오 표기

다음 함수 $f(n)$을 빅오로 표기하라.

(a) $f(n) = \dfrac{1}{5n} + 6$

(b) $f(n) = rn + kn\log n$

(c) $f(n) = 6n^3 - 5n$

풀이

(a) $O(1)$ (b) $O(n\log n)$ (c) $O(n^3)$

시간 복잡도 함수가 각각 $n \cdot 2^n$과 $n^2 \cdot 2^n$인 두 알고리즘이 있다. n값이 변할 때 각 알고리즘의 연산의 수는 [표 11-2]와 같다.

[표 11-2] n값에 따른 연산의 수

n	$n \cdot 2^n$	$n^2 \cdot 2^n$
5	160	800
10	10240	102400
15	491520	7372800
20	20971520	419430400
30	3.2×10^{10}	9.6×10^{10}

컴퓨터가 1초에 10^6개의 연산을 할 수 있다면 $n=30$일 때 첫 번째 알고리즘은 8.9시간, 두 번째 알고리즘은 11일의 계산 시간이 각각 필요하다. 이때 첫 번째 알고리즘이 두 번째 알고리즘보다 명백히 우수하지만, 첫 번째 알고리즘 역시 너무 많은 수행 시간이 필요하므로 n값이 커지면 두 알고리즘 모두 수행이 거의 불가능하다. 즉 지수 복잡도 알고리즘은 상수 부분에서 많은 개선이 있더라도 n값이 커짐에 따라 수행 시간이 너무 증가하므로 컴퓨터상에서는 큰 의미가 없다.

SECTION 11.4

여러 가지 알고리즘

이 절에서는 방정식의 해를 구하는 알고리즘, RSA 암호화, 재귀적 알고리즘, 탐색과 정렬 등의 여러 가지 알고리즘에 대해 알아본다.

방정식의 해를 구하는 알고리즘

방정식 $ax^2+bx+c=0$을 풀어보자. 만약 '이 방정식의 해가 무엇인가?'라고 물어본다면 대다수가 근의 공식에 넣으면 된다고 말할 것이다. 근의 공식은 이차방정식에서 두 개의 실근을 가질 때 사용하는 방법이다.

주어진 방정식은 이차방정식인지 아닌지 알 수 없다. 왜냐하면 a값에 따라 달라지기 때문이다. 그래서 처음에 a값을 물어봐서 a가 0이 아니라면 이차방정식이 되고, 그렇지 않으면 일차방정식인지 아닌지를 따져봐야 한다. 이차방정식의 경우에는 판별식 b^2-4ac의 값에 따라 해를 구하는 방법이 달라진다. 판별식 b^2-4ac의 값이 0보다 크면 두 개의 실근을 가지며 이 경우에는 근의 공식에 넣으면 된다. 또한 판별식 b^2-4ac의 값이 0이면 하나의 중근을 갖고, 0보다 작으면 허근을 갖는다.

다시 a가 0인 경우를 생각해보자. 이차방정식은 아니지만, 일차방정식인지 아닌지는 알 수 없다. 그래서 b값을 알아봐야 한다. b가 0이 아니면 일차방정식이 된다. 일차방정식의 해는 $x=-\frac{c}{b}$이다. 또한 b가 0인 경우에는 c값에 따라 달라진다. c가 0이면 해가 무한히 많은 부정이 되고, c가 0이 아니라면 방정식을 풀 수 없는 불능이 된다. 이를 알고리즘으로 표현하면 [알고리즘 11-2]와 같다.

[알고리즘 11-2] 방정식의 해를 구하는 알고리즘

```
begin
    계수 a, b, c를 입력받는다.
    if a=0
         then if b=0
                   then if c=0
                             then “부정”을 출력한다.
                             else “불능”을 출력한다.
                   else
                      begin
                          x ← c/b
                          x를 출력한다.
                      end
         else if b^2-4ac > 0
                      then
                           begin
                                x1 ← {-b+sqrt{b^2-4ac}}/2a
                                x2 ← {-b-sqrt{b^2-4ac}}/2a
                                x1과 x2를 출력한다.
                           end
                      else if b^2-4ac = 0
                                   then
                                       begin
                                            x ← -b/2a
                                            x를 출력한다.
                                       end
                                   else
                                       "허근을 출력한다."
end
```

예제 11-5 **방정식의 해 구하기**

[알고리즘 11−2]를 이용해 방정식 $3x^2+7x+2=0$의 해를 구하라.

풀이

우선 $a=3\neq0$이므로 판별식이 $b^2-4ac>0$인지 판단한다. $b^2-4ac=7^2-4\times3\times2=25>0$이므로 두 개의 실근을 갖는다. [알고리즘 11−2]를 적용하면 다음과 같다.

```
x1 = {-b+sqrt{b^2-4ac}}/2a = {-7+5}/2*3 = -1/3
x2 = {-b-sqrt{b^2-4ac}}/2a = {-7-5}/2*3 = -2
```

즉 주어진 방정식의 해는 $x_1=-\frac{1}{3}$, $x_2=-2$이다.

다음으로는 병렬 처리parallel processing 기법과 암호화에서 굉장히 많이 사용되는 정리를 알아보자.

정리 11-3 이원일차방정식에 대한 정수해의 존재성

$\mathrm{GCD}(a, b) = d$라고 하면, 방정식 $ax + by = d$를 만족하는 정수해 x, y가 존재한다.

증명 생략

예제 11-6 이원일차방정식에 대한 정수해

$24x + 17y = 1$을 만족하는 정수해 x, y를 구하라.

풀이

2장의 [알고리즘 2-4]에서 살펴본 유클리드 알고리즘을 역방향으로 반복적으로 풀면 된다. 이를 위해 24와 17의 최대공약수를 먼저 구해보자.

$$\begin{aligned} 24 &= 1 \times 17 + 7 \\ 17 &= 2 \times 7 + 3 \\ 7 &= 2 \times 3 + 1 \\ 3 &= 1 \times 3 \end{aligned}$$

따라서 24와 17의 최대공약수는 1이다. 그러므로 [정리 11-3]으로부터 방정식 $24x + 17y = 1$을 만족하는 정수해 x, y가 존재함을 알 수 있다. 이 과정을 마지막 줄로부터 거꾸로 다시 진행하면 $7 = 2 \times 3 + 1$로부터 다음을 얻는다.

$$1 = 7 - 2 \times 3$$

여기서 3은 $17 - 2 \times 7$이므로 이를 위의 식에 대입하자.

$$\begin{aligned} 1 &= 7 - 2 \times 3 \\ &= 7 - 2 \times (17 - 2 \times 7) \\ &= 7 - 2 \times 17 + 4 \times 7 \\ &= 5 \times 7 - 2 \times 17 \\ &= 5 \times (24 - 1 \times 17) - 2 \times 17 \\ &= 5 \times 24 - 5 \times 17 - 2 \times 17 \\ &= 5 \times 24 - 7 \times 17 \end{aligned}$$

그러므로 $x = 5$, $y = -7$이다.

대표적 부정방정식인 선형 디오판토스 방정식에 대해 살펴보자. 주어진 정수 a, b, n에 대해 이원일차방정식 $ax+by=n$을 만족하는 정수해 x, y를 구하는 문제를 **부정방정식** 또는 **디오판토스 방정식**Diophantine equation [3]이라고 한다. 디오판토스 방정식에 대한 해를 구하는 것은 다비트 힐베르트David Hilbert가 이야기한 23개의 난제 중 하나이다.

예제 11-7 디오판토스 방정식의 정수해 조건

a, b, c를 양의 정수라 하면 디오판토스 방정식 $ax+by=c$가 정수해를 가질 필요충분조건은 $\mathrm{GCD}(a, b) \mid c$임을 보여라.

풀이

a, b, c가 양의 정수이고 디오판토스 방정식 $ax+by=c$의 정수해를 x', y'이라고 하면 $ax'+by'=c$이다. 또한 $\mathrm{GCD}(a, b)$는 a와 b를 나누므로 $\mathrm{GCD}(a, b) \mid c$이다. 역으로 $\mathrm{GCD}(a, b) \mid c$이면 어떤 양의 정수 d에 대해 $c=\mathrm{GCD}(a, b)d$이다. 또한 어떤 정수 s, t에 대해 최대공약수의 정의로부터 $\mathrm{GCD}(a, b)=as+bt$이다. 위의 $c=\mathrm{GCD}(a, b)d$와 $\mathrm{GCD}(a, b)=as+bt$로부터 $c=\mathrm{GCD}(a, b)d=(as+bt)d=a(sd)+b(td)$이다. 만일 $x'=sd$, $y'=td$라고 하면 위 식은 $ax'+by'=c$이므로 디오판토스 방정식 $ax+by=c$가 정수해를 갖는다. 따라서 디오판토스 방정식 $ax+by=c$가 정수해를 가질 필요충분조건은 $\mathrm{GCD}(a, b) \mid c$이다.

RSA 암호화

앞에서 소수, 정수, 최대공약수 등이 모두 암호학에서 사용된다고 했다. 여기서는 간단한 암호학과 RSA 암호화에 대해 설명한다.

암호학cryptology은 통신 보안을 위한 암호 체계를 연구하는 학문이다. 암호 체계에서 송신자는 메시지를 변형시켜 보내고, 권한을 부여받은 수신자만이 원래의 메시지로 다시 구성한다. 송신자는 메시지를 암호화encrypt하고 수신자는 메시지를 해독decrypt한다고 한다.

암호학에서 가장 오래되고 간단한 시스템 중 하나는 송신자와 수신자가 각각 키를 정해 각각의 문자를 다른 문자로 바꾸어 보내는 것이다. 송신자와 수신자는 키를 다른 사람에게 알려주지 않으며 이러한 키를 비밀키라고 한다.

3 고대 그리스 대수학자인 디오판토스(Diophantus)가 처음으로 제시한 정수해를 가지는 선형방정식이다.

예제 11-8 암호화

키를 다음과 같이 규정한다고 하자. 이때 SEND MONEY란 메시지를 암호화하라. 그리고 SKRANEKRELIN로 암호화된 메시지를 해독하라.

원래 문자	blank	A	B	C	D	E	F	G	H	I	J	K	L	M	N	O	P	Q	R	S	T	U	V	W	X	Y	Z
대체 문자	E	I	J	F	U	A	X	V	H	W	P	blank	G	S	R	K	O	B	T	Q	Y	D	M	L	Z	N	G

풀이

- SEND MONEY란 메시지를 암호화하면 QARUESKRAN이다.
- SKRANEKRELIN로 암호화된 메시지를 해독하면 MONEY ON WAY이다.

RSA 암호에 대해 간단히 소개한다. RSA 암호는 1977년에 개발한 암호 체계로 처음으로 상용화되었고, 지금도 널리 쓰이는 대표적인 공개키 암호 체계로서 인터넷 암호화 및 인증 시스템에 사용된다. RSA 암호화 방식은 MIT 공대의 세 학자 로널드 리베스트 Ronald Rivest, 아디 샤미르 Adi Shamir, 레너드 애들먼 Leonard Adleman의 성을 따서 만든 명칭이다.

RSA 암호는 기본적으로 소수를 이용한다. RSA 암호의 아이디어는 중요 정보를 두 개의 큰 소수(보통 140자리 이상의 수)로 표현한 후, 두 소수의 곱과 추가 연산을 통해 하나는 공개키로 구성하고 다른 하나는 개인키로 구성한다. 이렇게 구성된 공개키와 개인키로 인터넷에서 사용하는 정보(특히 전자우편)를 암호화하고 복호화할 수 있는데, 동작 원리는 매우 복잡한 수학이다. 사실 소수는 2,300년 간 연구되었지만 쓸모없는 학문이라고 여겨지기도 했다. 그러나 암호학의 발전에 결정적인 기여를 했다.

개인키의 암호를 해독하려면 슈퍼컴퓨터로도 1만 년 이상이 소요되므로, RSA 암호 체계는 공개키 암호 방식의 대명사로서 거의 모든 분야에 응용되고 있다. 그러나 계산량이 많다는 단점이 있다. 비트 수에 따라 다르나 펜티엄급 컴퓨터에서 공개키와 개인키를 만들려면 짧게는 20여 초, 길게는 몇 분까지 기다려야 한다. 복호화에도 많은 계산량이 요구되고 있어 휴대용 단말기에서는 사용하기 어렵다. 그러나 이런 문제를 해결하기 위해 최근에 타원곡선 알고리즘이 등장하기도 했다.

RSA 암호 체계에서 메시지는 숫자로 표시된다. 예를 들어 각각의 문자는 숫자로 표현된다. 만약 빈칸을 1로, a를 2로, b를 3으로, … 표시하면 SEND MONEY라는 메시지는 20, 6, 15, 5, 1, 14, 16, 15, 6, 26으로 표시된다. 이 메시지는 한 개의 정수인 200615050 11416150626으로 통합될 수 있다.

탐색과 정렬 알고리즘

탐색이란 여러 개의 자료 중 원하는 자료를 찾는 작업이다. 여기서는 이진 탐색 알고리즘과 어떤 기준에 따라 원소들을 나열하는 정렬 중 하나인 버블 정렬 알고리즘에 대해 소개한다.

이진 탐색 알고리즘

이진 탐색 알고리즘 binary search algorithm은 리스트의 항이 오름차순으로 나열되어 있을 때 사용할 수 있다. 이 방법은 찾으려는 원소와 리스트의 중간에 있는 항을 비교함으로써 진행된다. [알고리즘 11-3]은 n개의 원소를 갖는 집합 arr[ ]에서 특정 원소 키를 찾는 이진 탐색 알고리즘이다.

[알고리즘 11-3] 이진 탐색 알고리즘

```
algorithm binary_search(int arr[], int key, int n){
  int left = 1; {left는 탐색 구간의 왼쪽 끝}
  int right = n; {right는 탐색 구간의 오른쪽 끝}
  int mid;
  while (left < right)
     mid = ⌊(left + right) / 2⌋;
     if arr[mid] < key then
           left = mid+1;
     else  if arr[mid] > key then
           right = mid-1;
     else
           return mid;
     endif
  endwhile
  return -1;
}
```

예제 11-9 이진 탐색 알고리즘

[알고리즘 11-3]을 이용해 다음과 같은 원소 집합에서 값 15를 찾으라.

인덱스	1	2	3	4	5	6	7	8	9	10	11	12	13	14	15	16
값	1	2	3	6	7	8	10	11	12	14	15	17	18	19	20	22

풀이

이 리스트는 오름차순으로 잘 정렬되어 있고 16개의 항을 가지므로 리스트의 중간 항은 $\mathrm{mid} = \left\lfloor \frac{1+16}{2} \right\rfloor = 8$이다. 8번째 항의 값이 11이고 $11 < 15$이므로, 찾는 원소는 8번째 항보다 오른쪽에 있고 $\mathrm{left} = \mathrm{mid} + 1 = 9$이다. 다시 리스트의 중간 항은 $\mathrm{mid} = \left\lfloor \frac{9+16}{2} \right\rfloor = 12$이다. 12번째 항의 값이 17이고 $17 > 15$이므로, 찾는 원소는 12번째 항보다 왼쪽에

있고 $right = mid - 1 = 11$이다. 다시 리스트의 중간 항은 $mid = \left\lfloor \frac{9+11}{2} \right\rfloor = 10$이다. 10번째 항의 값이 14이고 $14 < 15$므로, 찾는 원소는 10번째 항보다 오른쪽에 있고 $left = mid + 1 = 11$이다. 다시 리스트의 중간 항은 $mid = \left\lfloor \frac{11+11}{2} \right\rfloor = 11$이다. 11번째 항의 값이 15이므로 탐색을 종료한다.

버블 정렬 알고리즘

이번에는 정렬 알고리즘 중 하나인 **버블 정렬 알고리즘** bubble sort algorithm에 대해 알아보자. 정렬이란 어떤 기준에 따라 원소를 나열하는 것을 말한다. 정렬된 원소들은 탐색이나 처리 순서를 결정할 때 많이 사용된다. 여기서는 오름차순으로 정렬한다.

버블 정렬 알고리즘은 아주 간단한 알고리즘이지만 효율적이진 않다. 이 알고리즘은 인접하는 두 개의 원소를 비교해 기준에 따라 순서를 바꾸는 방법이다. 오름차순 정렬이므로 리스트의 처음부터 끝까지 큰 원소를 바로 뒤의 작은 원소와 맞바꾸는 기본 연산을 수행한다. 정렬이 완료될 때까지 이 과정을 반복한다. 버블 정렬 알고리즘은 [알고리즘 11-4]와 같다.

[알고리즘 11-4] 버블 정렬 알고리즘

```
algorithm bubble(int arr[], int n){
   int i, j;
   int tmp;
   for i=1 to n-1
      for j=1 to n-i
         if arr[j] > arr[j+1] then
           tmp = arr[j];
           arr[j] = arr[j+1];
           arr[j+1] = tmp;
         endif
      next j
    next i
}
```

[알고리즘 11-4]에서 i와 j는 제어 변수로서 정수형 변수이고, tmp는 배열을 임시로 저장하기 위한 임시 변수이다.

예제 11-10 버블 정렬 알고리즘

[알고리즘 11-4]를 이용해 {7, 4, 20, 12, 8}을 오름차순으로 정렬하라.

인덱스	1	2	3	4	5
값	7	4	20	12	8

풀이

먼저 i = 1에 대해 j를 1부터 4까지 수행해보자. i = 1, j = 1에 대해 arr[1] > arr[2]이므로, 오름차순으로 정렬을 바꾸면 tmp = 7, arr[1] = 4, arr[2] = 7이다. 즉 다음과 같다.

인덱스	1	2	3	4	5
값	4	7	20	12	8

i = 1, j = 2에 대해 arr[2] < arr[3]이므로 정렬에 변화가 없다. 다음으로 i = 1, j = 3에 대해 arr[3] > arr[4]이므로, 오름차순으로 정렬을 바꾸면 tmp = 20, arr[3] = 12, arr[4] = 20이다. 즉 다음과 같다.

인덱스	1	2	3	4	5
값	4	7	12	20	8

i = 1, j = 4에 대해 arr[4] > arr[5]이므로, 오름차순으로 정렬을 바꾸면 tmp = 20, arr[4] = 8, arr[5] = 20이다. 즉 다음과 같다.

인덱스	1	2	3	4	5
값	4	7	12	8	20

i = 1일 때, j를 1부터 4까지 수행하니 arr[5]에 가장 큰 값인 20이 저장되었다.

다음으로 i = 2에 대해 j를 1부터 3까지 수행해보자. i = 2, j = 1에 대해 arr[1] < arr[2]이므로 정렬에 변화가 없다. 다음으로 i = 2, j = 2에 대해 arr[2] < arr[3]이므로 마찬가지로 정렬에 변화가 없다.

i = 2, j = 3에 대해 arr[3] > arr[4]이므로 오름차순으로 정렬을 바꾸면 tmp = 12, arr[3] = 8, arr[4] = 12이다. 즉 다음과 같다.

인덱스	1	2	3	4	5
값	4	7	8	12	20

i = 2일 때 j를 1부터 3까지 수행하니 arr[4]에 두 번째로 큰 값인 12가 저장되었다. 다음으로 i = 3에 대해 j를 1부터 2까지 수행해보자. i = 3, j = 1에 대해 arr[1] < arr[2]이

므로 정렬에 변화가 없다. $i=3$, $j=2$에 대해 arr[2] < arr[3]이므로 정렬에 변화가 없다. $i=3$일 때 j를 1부터 2까지 수행하니 arr[3]에 세 번째로 큰 값인 8이 저장되었다.

다음으로 $i=4$에 대해 $j=1$을 수행해보자. $i=4$, $j=1$에 대해 arr[1] < arr[2]이므로 정렬에 변화가 없다. $i=4$일 때 $j=1$을 수행하니 arr[2]에 네 번째로 큰 값인 7이 저장되었고, arr[1]에는 가장 작은 값인 4가 저장되었다.

재귀적 알고리즘

앞에서 언급한 바와 같이 수학적 귀납법은 객체들의 연속을 정의하기 위해 사용되기도 한다. 여기서 **귀납적 정의**inductive definition란 수학적 귀납법의 형태를 따르는 것으로, 연속인 원소들 중 첫 번째 원소를 정의하고 n번째 원소를 앞의 원소들에 의해 정의하는 것이다. 컴퓨터에서는 귀납적 정의를 **재귀적 정의**recursive definition라고도 한다.

정의 11-4 재귀법

연속인 원소들이나 알고리즘 혹은 프로그램이 자기 자신을 정의할 때 스스로를 재참조하는 방법이다. 즉 자기 자신의 함수 프로그램을 호출하여 수행할 때, 이 수행이 완전히 끝나기도 전에 다시 자기 자신의 함수 프로그램을 호출하는 경우를 말한다. 이러한 방법을 **재귀법**recursion이라고 한다.

재귀적 정의의 가장 간단한 예는 정수의 팩토리얼이다. n의 **팩토리얼**factorial은 다음과 같이 정의된다.

$$n! = \begin{cases} 1 & , \quad n=0\text{일 때} \\ n(n-1)(n-2)\cdots 2\cdot 1 , & n \ge 1\text{일 때} \end{cases}$$

즉 $n \ge 1$ 이면 $n!$은 1에서 n까지의 모든 정수를 곱한 것이다. 재귀적 정의에서는 그 조건을 만족하는 가장 작은 값에 대한 정의가 반드시 필요하다. 프로그램에서는 이러한 정의를 재귀법에서 무한 루프를 빠져나가기 위한 조건이라고 한다. 예를 들어 3!과 6!을 계산해보면 다음과 같음을 알 수 있다.

$$3! = 3\cdot 2\cdot 1 = 6$$
$$6! = 6\cdot 5\cdot 4\cdot 3\cdot 2\cdot 1 = 720$$

$n!$은 다르게 표현할 수도 있다. 만약 $n!$에서 n을 떼어내면 $(n-1)!$이 남는다. 즉 $n! = n\cdot(n-1)!$이 된다. 이를 재귀적 표현이라고 한다. [알고리즘 11-5]는 $n!$에 대한 재귀적 알고리즘이다.

[알고리즘 11-5] $n!$에 대한 재귀적 알고리즘

```
FUNCTION FAC(N)
  1. IF (N=1) THEN
     a. A←1
  2. ELSE
     a. A←N×FAC(N-1)
  3. RETURN (A)
 END OF FUNCTION FAC
```

[알고리즘 11-5]에서 먼저 N=1일 경우에는 A에 1이 할당되고, N이 1이 아닐 경우에는 A에 N×FAC(N-1)이 할당된다. N×FAC(N-1)을 계산해야 하는데, FAC(N-1) 값을 모르니 이를 계산하기 위해 함수 FUNCTION FAC(N-1)을 재귀적으로 부르게 된다. 이런 방법으로 FAC(N)에서 N이 1이 될 때까지 계속 재귀적으로 함수를 부르며 프로그램을 수행하여 A에는 N!이 저장된다.

이렇게 재귀법으로 값을 계산하기 위해서는 자료구조 중 스택stack을 사용해야 한다. 스택이란 탑top이라고 하는 한쪽 끝에서 삽입insert과 삭제delete가 일어나는 순서 리스트ordered list이다. 이에 대한 자세한 설명은 자료구조 책을 참고하기 바란다.

예제 11-11 피보나치 수열을 재귀적 알고리즘으로 표현

다음 수열은 [예제 11-1]에서 다룬 피보나치 수열이다. 피보나치 수열에 대한 알고리즘을 작성하라.

$$F_1 = 1$$
$$F_2 = 1$$
$$F_n = F_{n-1} + F_{n-2} \quad (n > 2)$$

풀이

```
FUNCTION FIB(N)
  1. IF (N=1) THEN
     a. A←1
  2. ELSE
     a. IF (N=2) THEN
          A←1
     b. ELSE
          A←FIB(N-1)+FIB(N-2)
  3. RETURN (A)
END OF FUNCTION FIB
```

[예제 11-11]에 의해 피보나치 수열의 N번째 항을 구할 수 있다. [예제 11-11]에서 피보나치 수열의 5번째 항의 값을 구해보자. 또한 스택을 어떻게 사용해서 구하는지를 알아보기 위해 컴퓨터에서 프로그램이 수행되는 순서대로 따라가 보자. 단, 이 순서는 컴퓨터 구조에 따라 약간 달라질 수 있다. 5번째 항의 값을 구하기 위해 주프로그램에서 FIB(5)를 호출한다. 그러면 함수의 부프로그램인 FUNCTION 문에서 FUNCTION FIB(5)를 계산한다. 즉 N=5에 대해 계산한다. 그러면 [예제 11-11]의 의사코드 1.에서 N은 1이 아니므로 의사코드 2.b.를 수행한다. 즉 FIB(4)+FIB(3)을 계산해서 이 결괏값을 주프로그램에 돌려보내야 한다. 이때 FIB(4)+FIB(3)에서 먼저 FIB(4)를 계산하려고 하는데, 이 값을 모르기 때문에 다시 FUNCTION FIB(4)를 호출해서 수행한다. 이것이 바로 재귀법이다. 왜냐하면 하나의 값을 계산하는 데 자기 자신을 다시 불러서 계산하기 때문이다. 이때 처음에 부른 FIB(5)는 의사코드 3.이 수행되어야 완전히 끝나는데, 아직 수행이 완전히 끝나지 않았으므로 지금까지의 수행 결과가 임시로 저장되어야 한다.

이제 FIB(4)를 호출해서 계산해야 하는데, 이때 더 많은 호출 과정을 거쳐야만 FIB(4)를 계산할 수 있다는 점에 주의해야 한다. 이런 과정을 모두 완료하여 FIB(4) 값을 돌려받으면 다음으로는 FIB(3)을 호출해서 계산해야 한다. 이때 FIB(3)을 호출하는 위치로 돌아와야 하는데, 이곳을 **복귀 주소** return address라고 한다. 복귀 주소를 기억하고 있다가 이 주소로 와서 계속 수행해야 한다. 이 과정이 가장 잘 구현될 수 있는 자료구조가 바로 스택이다. 그래서 이제까지의 내용과 복귀 주소를 스택에 저장하는 것이다.

다시 FIB(4)를 계산해보자. 의사코드 1.에서 N이 1이 아니므로 의사코드 2.b.를 다시 수행한다. 즉 FIB(3)+FIB(2)를 계산한다. 그런데 여기서도 FIB(3)을 알지 못하므로 다시 FUNCTION FIB(3)을 호출해서 계산해야 한다. 이런 과정이 계속 스택에서 이루어지므로 스택의 내용물은 계속해서 쌓이기만 한다. 다시 의사코드 1.에서 N이 1이 아니므로 의사코드 2.b.를 수행한다. 즉 FIB(2)+ FIB(1)을 계산한다. 마찬가지로 FIB(2)를 모르므로 FUNCTIO N FIB(2)를 계산한다. 의사코드 2.a.에 의해 FIB(2)는 1이 되고, 이 값을 FIB(2)+FIB(1)의 FIB(2)로 돌려보낸다. 이때 스택에서 FIB(2)를 불러서 FIB(2)를 완전히 계산할 때까지 생성되었던 다른 값들은 모두 삭제된다.

다른 값들이 모두 삭제되고 복귀 주소에 따라 FIB(2)+FIB(1)을 계산하는 곳으로 돌아온다. 결국 FIB(2)를 계산했으므로 FIB(1)을 계산하면 된다. 이를 위해 FUNCTION FIB(1)을 호출해서 계산한다. 의사코드 1.에 의해 FIB(1)은 1이 되고 그 값을 FIB(2)+ FIB(1)의 FIB(1)로 돌려준다. 결국 FIB(2)+FIB(1)을 계산했고, 이 결과를 FIB(3)+FIB(2)를 계산하는 곳으로 돌려보낸다. 결국 FIB(3)을 계산했고, 다시 FIB(2)를 계산하기 위해 FUNCTION FIB(2)를 호출해서 계산한다. 의사코드 2.a.에 의해 FIB(2)가 1이 되며 그 값을 FIB(2)로 돌려준다. 그러면 FIB(3)+FIB(2)를 계산했으므로 그 결과인 FIB(4)는 FIB(4)+FIB(3)을 계산하는 곳으로 돌려보낸다.

다음으로 FIB(3)을 계산하기 위해 FUNCTION FIB(3)을 호출하고 앞의 방법과 같은 방법으로 수행하면 가장 처음에 부른 의사코드 2.a.가 완전히 수행되고 의사코드 3.에 의해 FIB(5)는 5를 돌려받는다.

여기서 몇 가지 사항들을 더 살펴보자. 이제까지 피보나치 수열에 대해 재귀법을 사용해서 계산하는 것만 주로 설명했다. 그런데 어떤 문제들을 해결하는 방법은 많다. 피보나치 수열의 경우에도 재귀법뿐만 아니라 반복문을 이용해서도 해결할 수가 있다. 프로그래머들은 문제를 해결하는 것도 중요하지만 어떤 방법으로 해결했는지가 중요하다. 재귀법을 이용하는 경우와 반복문을 이용하는 경우는 실행 시간과 실행하는 동안의 메모리의 사용량 등이 매우 다르다. 그래서 피보나치 수열에 대해서도 반복문을 이용해 구하는 경우와 재귀법을 이용해 구하는 경우를 모두 구현해보고 각 방법의 장단점을 아는 것이 중요하다.

먼저 반복문을 이용해 계산하는 경우의 함수는 다음과 같다.

```
int iterate_fib(int n)
{
 if(n<2) return n;
 else {
      int i, tmp, current=1, last=0;
      for(i=2; i<=n; i++){
        tmp = current;
        current += last;
        last =tmp;
      }
     return current;
   }
}
```

그리고 재귀법을 이용해 계산하는 경우의 함수는 다음과 같다.

```
int recursive_fib(int n)
{
 if(n==0){
     return 0;
 }
 else if(n==1){
     return 1;
 }
 else{
     return(recursive_fib(n-1)+recursive_fib(n-2));
 }
}
```

두 함수에 실행 시간과 메모리 사용량을 확인하는 프로그램을 추가해서 실행 시간과 메모리 사용량을 비교해 그래프로 그려보면 두 방법의 차이를 확연하게 알 수 있을 것이다.

예제 11-12 **재귀적 알고리즘**

1부터 자연수 n까지의 합을 구하는 재귀 알고리즘을 작성하라.

풀이

```
algorithm sum(n)
begin
   if n = 1 then
      sum = 1
   else
      sum = n+sum(n-1)
end
```

예제 11-13 **최대공약수에 대한 재귀적 알고리즘과 반복적 알고리즘**

[알고리즘 2-3]에서 최대공약수를 구하는 방법에 대해 설명했다. 이 방법들을 재귀적 방법과 반복적 방법으로 처리하는 알고리즘을 각각 작성하라.

풀이

- **반복적 방법**

```
#include <stdio.h>
#include<Windows.h>

void gcd(int, int);
void main()
{
   int x,y;
       printf("두 개의 정수를 입력하라. x, y \n");
       scanf("%d %d",&x,&y);
       gcd(x,y);

   system("PAUSE");
}
void gcd(int x, int y)
{
  int c;
  while(y)
  {
     c = x % y;
     x = y;
     y = c;
  }
  printf("GCD ==> %5d\n",x);
}
```

• **재귀적 방법**

```
#include <stdio.h>
#include<Windows.h>

void gcd(int, int);
void main()
{
   int x,y;
       printf("두 개의 정수를 입력하라. x, y \n");
       scanf("%d %d",&x,&y);
       gcd(x,y);

   system("PAUSE");
}

void gcd(int x, int y)
{
   if(x<y)
     gcd(y,x);
   else
   {
      if(x%y == 0)
         printf("GCD ==> %5d\n",y);
      else
         gcd(y, x%y);
   }
}
```

반복법 iteration은 재귀법과는 달리 하나의 프로그램에서 똑같은 부분이 계속되는 경우를 반복이라고 한다. 반복법은 모든 프로그래밍 언어에서 자주 사용하는데, 재귀법을 이용한 프로그램과 반복법을 이용한 프로그램 사이에는 서로 동등한 프로그램이 존재할 수 있다. 일반적으로 재귀법은 반복법보다 프로그램의 구성이 간단하지만, 실행 시간이나 메모리를 많이 사용한다는 단점이 있다.

CHAPTER

11 연습문제

Section 11.1

1. 점화 관계와 초기 조건을 찾고, 주어진 항으로 시작되는 수열을 생성하라.

(a) 4, 9, 14, 19, ⋯

(b) 2, 4, 6, 10, 16, 26 ⋯

(c) 1, 1, 2, 4, 16, 128, 4096, ⋯

2. $S_0=1$, $S_1=2$, $S_2=3$, $S_n=\dfrac{S_{n-1}+(S_{n-2}\times S_{n-3})}{5}$(단, $n\geq 3$)로 정의된 수열 S_n에 대해 S_3와 S_6를 구하라.

3. 다음 수열의 n항을 구하라.

(a) 1, 3, 5, 7, ⋯

(b) 0, 2, 0, 2, ⋯

(c) 1, $\frac{1}{2}$, $\frac{1}{4}$, $\frac{1}{8}$, $\frac{1}{16}$, ⋯

4. 다음 물음에 답하라.

(a) 첫째 항이 4인 등차수열 $\{a_n\}$에 대해 $a_{10}-a_7=12$일 때, a_5를 구하라.

(b) 세 수 $\frac{16}{5}$, a, 5가 순서대로 등비수열을 이룰 때, 양수 a를 구하라.

Section 11.2

5. 의사코드를 이용해 국어, 영어, 수학 점수를 읽어 각 과목의 합과 평균을 구하는 알고리즘을 작성하라.

6. 의사코드를 이용해 다음을 구하는 알고리즘을 작성하라.

$$1^3-2^3+3^3-4^3+\cdots+(-1)^{N+1}N^3$$

7. 배열 X, Y에 대해 의사코드를 이용해 다음 계산을 하는 알고리즘을 작성하라.

$$X[3]Y[3]+X[4]Y[4]+X[5]Y[5]+X[6]Y[6]+X[7]Y[7]+X[8]Y[8]$$

8. 의사코드를 이용해 다음을 계산하는 알고리즘을 작성하라. 단, n은 자연수이다.

(a) 1부터 n까지 짝수들의 합

(b) 1부터 n까지 홀수들의 합

(c) 수열 $\frac{1}{2n+1}$의 50항까지의 합

(d) 수열의 합 $1+\frac{1}{2}+\frac{1}{3}+\cdots+\frac{1}{n}$이 4를 넘는 가장 작은 n

9. 다음 알고리즘을 수행한 결과를 설명하라.

(a)
```
SUBROUTINE MAX(X, Y; Z)
  1. Z←X
  2. IF(X<Y) THEN
        a. Z←Y
  3. RETURN
```

(b)
```
1. X←0
2. I←1
3. WHILE(X<10)
     a. X←X+1/I
     b. I←I+1
```

(c)
```
FUNCTION F(X)
1. IF(X<0) THEN
    a. R ← -X
2. ELSE
    a. R ← X
3. RETURN
```

10. 다음 알고리즘을 수행하고 난 뒤에 모든 변수에 기억되는 값을 구하라. 단, n은 자연수이다.

(a)
```
1. I←1
2. X←0
3. WHILE(I≤n)
   a. X←X+1
   b. I←I+1
```

(b)
```
1. A←1
2. B←1
3. UNTIL(B>100)
   a. B←2A-2
   b. A←A+3
```

(c)
```
1. FOR I=1 THRU 50 BY 2
   a. X←1
   b. X←X+1
```

```
2. IF(X<50) THEN
   a. X←25
3. ELSE
   a. X←0
```

Section 11.3

11. 다음을 구하라.

(a) 계산기나 컴퓨터를 사용해서 n을 5에서 30까지 5씩 증가시킬 때, $\log n$, n, $n\log n$, n^2, 2^n, $n!$ 함수들의 표를 작성하라.

(b) (a)에서 작성한 표를 보고 결론을 설명하라.

12. 시간 복잡도 표기법인 빅오 표기법에 대해 설명하라.

13. 다음을 증명하라.

(a) $f(n)=O(f(n))$이다.

(b) $f(n)=O(g(n))$이면 임의의 상수 $c\in\mathbb{R}$에서 $c\cdot f(n)=O(g(n))$이다.

(c) $f(n)=O(g(n))$이고 $g(n)=O(h(n))$일 때, $f(n)=O(h(n))$이다.

14. 다음을 증명하라.

(a) $O(1)<O(\log n)$

(b) $O(\log n)<O(n)$

15. 시간 복잡도 함수가 $f(n)=3n^2+5n+50$이고 $g(n)=10n+100$인 두 알고리즘이 있을 때, $f(n)$의 수행 시간이 $g(n)$의 수행 시간보다 작아지는 입력 자료 n의 범위를 찾으라.

16. 다음 두 함수에서 전자의 수행 시간이 후자의 수행 시간보다 작아지는 n의 최솟값을 구하라.

(a) $10n$, n^2

(b) $2n^3$, 2^n

Section 11.4

17. $72x+53y=1$을 만족하는 정수해 x, y에 대한 설명으로 옳은 것은 무엇인가?

① 정수해 x, y는 존재한다.

② 정수해 x, y는 존재하지 않는다.

③ 정수해 x, y는 유한개 존재한다.

④ 정수해는 유일하게 $x=14$, $y=-19$만이 존재한다.

18. $F(N)$이라는 함수를 다음과 같이 재귀적 정의로 정의할 때, $F(5)$는 무엇인가?

$$F(0)=1,\ F(1)=3$$
$$F(N)=F(N-2)+F(N-1),\ N \geq 2$$

① 11　② 15　③ 18　④ 21

19. $F(N)$이라는 함수를 다음과 같이 재귀적 정의로 정의할 때, 6번째 항의 값을 구하라.

$$F(0)=1,\ F(1)=1$$
$$F(N+2)=2F(N)+F(N+1),\ N \geq 0$$

20. $G(N)$이라는 함수를 다음과 같이 재귀적 정의로 정의할 때, $G(3)$을 구하라.

$$G(0)=1,\ G(1)=3$$
$$G(N+2)=G(N)\times G(N+1)^2,\ N \geq 0$$

21. [예제 11–8]의 키를 이용해 I GO TO SCHOOL을 암호화하라.

22. [예제 11–8]의 키를 이용해 UTWR ENKDTEKMIGYWRA를 해독하라.

23. 이진 탐색 알고리즘을 이용해 다음 원소 집합에서 값 36을 찾으라.

인덱스	1	2	3	4	5	6	7	8	9	10	11	12	13
값	6	12	15	18	24	36	42	48	54	60	66	72	78

24. 버블 정렬 알고리즘을 이용해 {18, 36, 66, 72, 15, 42, 7, 4, 20, 60, 48}을 오름차순으로 정렬하라.

CHAPTER

11 프로그래밍 실습

C 코드 파이썬 코드

1. 방정식의 해를 구하는 [알고리즘 11-2]를 프로그래밍하라. 연계: 11.4절

문제 해석

[알고리즘 11-2]는 방정식의 해를 구하는 알고리즘이다. a, b, c를 입력받아서 주어진 방정식이 이차방정식인지, 일차방정식인지, 혹은 부정이 되는지, 불능이 되는지를 판단하는 문제이다.

코딩 실습

【 파이썬 코드 】

```
from __future__ import print_function
from sys import stdin
import math

def printf(str, *args):
    print(str % args, end='')

# 해당 프로그램에 대한 안내 출력
print("\n\t\t\t
\u250c\u2500\u2500\u2500\u2500\u2500\u2500\u2500\u2500\u2500\u2500\u2500\u2500\u2500\u2500\u2
500\u2500\u2500\u2500\u2500\u2500\u2500\u2500\u2500\u2500\u2500\u2500\u2500\u2500\u2500\u2500
\u2500\u2500\u2500\u2500\u2500\u2500\u2500\u2500\u2500\u2500\u2500\u2500\u2500\u2510")
print("\t\t\t    \u2502         방정식의 해를 구하는 프로그램        \u2502")
print("\t\t\t
\u2514\u2500\u2500\u2500\u2500\u2500\u2500\u2500\u2500\u2500\u2500\u2500\u2500\u2500\u2500\u2
500\u2500\u2500\u2500\u2500\u2500\u2500\u2500\u2500\u2500\u2500\u2500\u2500\u2500\u2500\u2500
\u2500\u2500\u2500\u2500\u2500\u2500\u2500\u2500\u2500\u2500\u2500\u2500\u2500\u2518\n")

# 방정식의 계수들을 입력받아 해를 구하는 반복문
while True:
    # 방정식의 계수인 a를 입력받음
    printf("\n\t\t\t     a, b, c 값을 입력하라.\n")
    printf("\n\t\t\t     a = ")
    a = int(stdin.readline())
    # 방정식의 계수인 b를 입력받음
    printf("\n\t\t\t     b = ");
    b = int(stdin.readline())
    # 방정식의 계수인 c를 입력받음
    printf("\n\t\t\t     c = ");
    c = int(stdin.readline())
    # 방정식의 계수인 a가 0인 경우:
    if a==0:
        # 방정식의 계수인 b가 0인 경우:
        if b==0:
```

```
        # 방정식의 계수인 c가 0인 경우:
        if c==0:
            printf("\n\t\t\t        부정\n")
        # 방정식의 계수인 c가 0이 아닌 경우:
        else:
            printf("\n\t\t\t        불능\n")
    # 방정식의 계수인 b가 0이 아닌 경우:
    else:
        x=c/b
        printf("\n\t\t\t      일차방정식 \n\t\t\t      x=%lf\n" % x);
```

2. [예제 11-1]과 [예제 11-11]에서 다룬 피보나치 수열을 계산하는 프로그램을 작성하고, [예제 11-11]에서 구한 피보나치 수열의 결괏값과 비교하라. 연계: 11.1절, 11.4절

문제 해석

이 문제는 피보나치 수열을 계산하는 문제이다. 여기서 우리가 생각해야 할 것은 이 문제를 재귀법을 이용해 해결한다는 것이다. 이 문제를 해결하면서 재귀법에 대해 정확히 알기를 권한다. 프로그램 중 함수 fib_1 프로그램이 재귀법을 이용하고 있다. 또한 주어진 입력에 대해 피보나치 수열의 값이 급방 커져서 정수형에 대한 스택 오버플로우stack overflow가 생기니 이에 대한 해결책도 좋은 공부가 될 것이다. 반복법을 이용해 풀 수 있는지 알아보고, 풀 수 있다면 반복법의 프로그램을 작성해서 결괏값, 실행 시간, 메모리의 사용량 등을 비교하길 바란다. 또한 fib_1에 있는 a값인 1과 2가 왜 있는지도 생각해보길 바란다. 그리고 이 프로그램을 실행하면서 스택을 어떻게 사용하는지 알아보고, 재귀법에 대해 알기 위해 한 단계 한 단계 넘어가는 과정을 잘 살펴보길 바란다.

코딩 실습

【 파이썬 코드 】

```
from __future__ import print_function
from sys import stdin
def printf(str, *args):
    print(str % args, end='')

# 피보나치 수열을 계산하는 함수
def fib_1(a):
    fib = 0
    # a가 0보다 클 때 계속 진행
    if a>0:
        if (a==1) or (a==2):
            fib += 1
        else:
            # 재귀함수 호출
            fib = fib_1(a-1)+fib_1(a-2)
    # a가 0이면 fib를 반환
    return fib
```

3. [연습문제 19]를 계산하는 프로그램을 작성하라. 연계: 11.4절

문제 해석

[프로그래밍 실습 2]와 비슷한 문제로서 재귀법을 이용해 구하면 된다. 이 문제도 항의 값이 바로 커진다는 점을 알아두어야 한다.

코딩 실습

【 파이썬 코드 】

```
from __future__ import print_function
from sys import stdin

def printf(str, *args):
    print(str % args, end='')

# 재귀함수로 정의된 점화 관계
def G_func(n):
    # 항이 0이거나 0보다 클 때 계속 진행
    if n>=0:
        # 항이 1 아니면 0일 때 1을 반환
        if n<=1:
            return 1
        # 점화 관계 2F(N)+F(N+1)을 실행
        return 2 * G_func(n - 2) + G_func(n - 1)
```

4. [예제 11-2]에서 다룬 하노이 탑에 대한 프로그램을 작성하라. 연계: 11.1절, 11.4절

문제 해석

하노이 탑 문제는 이산수학의 전형적인 문제이다. 입력에 따른 하노이 탑의 높이를 지정하며, 그에 따른 분할 정복 방법으로 재귀적으로 함수를 이용해 탑을 이동한다. 입력으로 음수가 들어오면 프로그램을 종료한다.

코딩 실습

【 파이썬 코드 】

```
from __future__ import print_function
from sys import stdin

def printf(str, *args):
    print(str % args, end='')

cnt = 0  # 이동 횟수에 이용되는 전역 변수
# 재귀적으로 정의된 하노이 탑 이동 함수
def moveHanoi(fromP,tempP,toP,n):
    if n == 1:
        global cnt  # 전역 변수에 접근을 가능하게 하는 선언
```

```
            cnt += 1
            printf("\t\t\t    %5d: 막대 %s에서 막대 %s로 원판 %d를 이동\n" % (cnt,fromP,toP,n))
        else:
            moveHanoi(fromP,toP,tempP,n-1)
            cnt += 1
            printf("\t\t\t    %5d: 막대 %s에서 막대 %s로 원판 %d를 이동\n" %(cnt,fromP,toP,n) )
            moveHanoi(tempP,fromP,toP,n-1)
```

5. 이진 탐색 알고리즘을 프로그래밍하고, 이 프로그램을 이용해 다음 원소 집합에서 값 36을 찾으라. 연계 : 11.4절

인덱스	1	2	3	4	5	6	7	8	9	10	11	12	13
값	6	12	15	18	24	36	42	48	54	60	66	72	78

문제 해석

간단한 이진 탐색 알고리즘에 대한 문제이다. 자료가 오름차순으로 정렬되어 있을 때 특정한 값을 찾아내는 방법으로, 오름차순으로 정렬된 배열을 반복적으로 나누어 내가 찾고자 하는 값을 찾을 때까지 탐색한다. 즉 탐색 범위에 있는 자료들의 중간에 있는 항을 찾아서 찾고자 하는 값과 일치하는지 물어보고, 찾고자 하는 값보다 작은지 큰지를 판별하여 왼쪽 혹은 오른쪽을 선택하면서 검색 범위를 절반씩 줄여가며 반복적으로 찾고자 하는 값을 찾아가는 방법이다.

코딩 실습

【 파이썬 코드 】

```
from __future__ import print_function
from sys import stdin

def printf(str, *args):
    print(str % args, end='')

# 반복문 방식으로 정의된 이진 탐색 알고리즘
def binarySearch(array, x, low, high):
    # 배열의 왼쪽 인덱스가 오른쪽 인덱스보다 클 때까지 반복
    while low <= high:
        # 중간의 인덱스를 계산해서 대입
        mid = low + (high - low)//2
        # 중간에 위치한 배열의 값이 x와 같을 때 인덱스를 반환
        if array[mid] == x:
            return mid
        # 중간에 위치한 배열의 값이 x보다 작을 때
        elif array[mid] < x:
            # 왼쪽 인덱스 값을 갱신
            low = mid + 1
        # 중간에 위치한 배열의 값이 x보다 클 때
        else:
```

```
            # 오른쪽 인덱스 값을 갱신
            high = mid - 1
    # 반복문이 끝난 다음에 탐색된 x가 배열에 없는 경우 -1을 반환
    return -1
```

6. 버블 정렬 알고리즘을 프로그래밍하고, 이 프로그램을 이용해 {18, 36, 66, 72, 15, 42, 7, 4, 20, 60, 48}을 오름차순으로 정렬하라. 연계: 11.4절

문제 해석

버블 정렬은 거품 정렬이라고도 하는 정렬 알고리즘 중 하나이다. 이 방법은 정렬하는 데 시간이 많이 걸린다는 단점이 있지만, 가장 단순한 정렬 방법이다. 원소의 이동이 마치 거품이 수면으로 올라오는 듯한 모습을 보여서 붙여진 이름이다. 방법은 두 개의 인접한 원소를 비교해 크기순으로 정렬되어 있지 않으면 서로 교환하는 방식이다. 회전을 수행하고 나면 가장 큰 자료가 맨 뒤로 이동하므로 1회전에서 맨 끝에 있는 자료는 정렬에서 제외된다. 2회전을 수행하고 나면 끝에서 두 번째 자료까지는 정렬에서 제외된다. 이렇게 정렬을 1회전 수행할 때마다 정렬에서 제외되는 자료가 하나씩 늘어나도록 정렬하는 방법이다.

코딩 실습

【 파이썬 코드 】

```
from __future__ import print_function
from sys import stdin


def printf(str, *args):
    print(str % args, end='')

# 버블 정렬을 위한 클래스 선언
class bubbleSort:
    def __init__(self, array):
        self.array = array
        self.length = len(array)

    def __str__(self):
        return " ".join([str(x)
                        for x in self.array])

    # 재귀적인 버블 정렬 함수 정의
    def bubbleSortRecursive(self, n=None):
        if n is None:
            n = self.length
        count = 0

        # 기본 단계
        if n == 1:
```

```
        return
    for i in range(n - 1):
        if self.array[i] > self.array[i + 1]:
            self.array[i], self.array[i +
            1] = self.array[i + 1], self.array[i]
            count = count + 1

    if (count==0):
        return

    # 배열의 나머지 부분에 대해 재귀함수 호출
    self.bubbleSortRecursive(n - 1)
```

CHAPTER

12

형식 언어와 오토마타

Formal Language and Automata

Contents

■ 오토마타를 왜 배워야 하는가?

어떤 문제가 주어질 때 두 가지 질문을 생각해볼 수 있다. 하나는 '컴퓨터를 이용해 이 문제를 해결할 수 있는가?'이고, 다른 하나는 '이 문제를 어떻게 해결할 것인가?'이다. 이와 같은 두 질문에 대해 계산 이론theory of computation이 많은 도움이 될 것이다. 오토마타는 계산 이론의 한 부분으로서, 계산 능력이 있는 추상 기계와 그 기계를 이용해 풀 수 있는 문제들을 연구하는 컴퓨터 분야이다. 어떤 문제를 해결하기 위해서는 반드시 시스템을 구성해야 하는데, 이러한 시스템이 바로 오토마타이다. 따라서 컴퓨터를 이용해 문제를 해결하기 위해서는 반드시 오토마타를 알아야 한다. 또한 오토마타가 구성된 이후에는 문제를 해결할 때 오토마타와 의사소통해야 하므로 의사소통을 위한 언어인 형식 언어를 알아두어야 한다.

■ 오토마타의 응용 분야는?

오토마타는 영국의 천재 수학자 앨런 튜링Alan Turing이 컴퓨터가 만들어지기 전인 1935년에 오토마타 이론을 이용해 컴퓨터의 원조인 튜링 기계Turing machine를 설계한 데서 유래되었다. 오토마타는 '스스로 움직인다'는 뜻의 고대 그리스어 '오토마토스'에 어원을 두고 있어서, 일반적으로 '여러 가지 기계장치로 움직이는 인형이나 조형물'을 지칭한다. 예를 들어 오토마타는 회전목마, 발레리나 음악상자, 양철 로봇에서부터 전기세탁기, 전기밥솥, 자동판매기, 이진 가산기, 언어 인식기 등 여러 종류의 기계를 모델링하는 데 응용된다.

또한 현실 세계에 존재하는 문제들을 해결하는 실용적인 학문인 컴퓨터 분야는 이론적인 토대 위에서 응용성을 가지므로 컴퓨터에 관한 많은 이론을 배워야 한다. 이에 따라 오토마타 이론은 디지털 컴퓨터의 디자인, 프로그래밍 언어론, 컴파일러, 통신 등 다양한 분야에서 직접 활용될 수 있다. 특히 컴파일러나 프로그래밍 언어를 정확하게 이해하기 위해서는 오토마타 이론에 대한 이해가 필수이다.

■ 이 장에서 배우는 내용은?

12장에서는 오토마타 중 가장 간단한 유한 오토마타를 다루고, 이 시스템과 의사소통하기 위한 형식 언어를 살펴본다. 그리고 형식 언어를 만들기 위한 형식 문법과 형식 문법을 표현하는 문법의 표기법 등에 대해 살펴보고, 형식 언어를 인식하기 위한 오토마타에 대해 설명한다.

SECTION 12.1 형식 언어

언어란 의사소통의 수단이다. 언어는 의사소통의 대상이 누구냐에 따라 분류된다. 사람과 사람이 의사소통하기 위한 수단으로서, 한글, 영어와 같은 언어인 **자연 언어**natural language와 사람과 기계 사이의 의사소통을 위한 언어인 **형식 언어**formal language로 분류된다. 우리가 컴퓨터와 의사소통하기 위해 사용하는 C, Java, 파이썬 등의 프로그래밍 언어도 형식 언어에 포함된다. 형식 언어란 우리가 사용할 수 있는 문자(예를 들면 영어 알파벳 소문자, 숫자)로부터 생성할 수 있는 모든 문자열의 부분집합으로 정의하지만 이런 언어를 생성하기 위한 문법이 존재해야 하고, 이 언어를 받아들이는 언어 인식기와 같은 오토마타가 존재해야 한다. 그래서 이 절에서는 형식 언어에 대해 간단히 다룬다.

형식 언어란 알파벳으로부터 생성되는 모든 문자열의 부분집합이라고 정의한다. 형식 언어를 이해하기 위해 알파벳의 개념부터 알아보자. 알파벳은 문장을 이루는 기본적인 기호로 다음과 같이 정의한다.

정의 12-1 알파벳

알파벳alphabet이란 공집합이 아닌 기호들의 유한집합으로, Σ로 표기한다.

일반 프로그래밍 언어에서는 알파벳의 의미를 사용할 수 있는 문자나 기호의 집합으로 설명한다. C 언어의 알파벳은 영문 소문자·대문자, 숫자 0~9, 특수 문자 +, *, −, … 등이다. 다음과 같은 집합은 알파벳이 된다.

$$\Sigma_1 = \{ㄱ,\ ㄴ,\ ㄷ,\ ㄹ,\ \cdots,\ ㅎ\}$$
$$\Sigma_2 = \{a,\ b,\ c,\ \cdots,\ z\}$$
$$\Sigma_3 = \{0,\ 1\}$$

정의 12-2 문자열

알파벳 Σ에 대한 **문자열**string은 알파벳에 있는 기호들을 나열한 유한수열이다.

알파벳 $\Sigma=\{a, b, c\}$에 대해 a, ca, ccba 등은 알파벳 Σ로부터 생성된 문자열이다.

언어 이론에서 문자열은 종종 문장sentence이나 단어word와 동의어로 사용된다. 문자열을 구성하는 문자로는 a, b, c, … 를 주로 사용하고, 문자열의 이름으로는 u, v, w, … 를 주로 사용한다. 예를 들어 w=house의 경우 문자열의 이름은 w이고 문자열은 house이다.

정의 12-3 문자열의 길이

문자열의 길이length는 문자열을 이루는 기호의 개수이며, 어떤 문자열 w의 길이는 $|w|$로 표기한다.

예제 12-1 문자열의 길이 (1)

두 문자열 w_1= orange와 w_2 =racecar의 길이를 구하라.

풀이

문자열의 길이는 각각 $|w_1|=6$, $|w_2|=7$이다.

예제 12-2 문자열의 길이 (2)

문자열 $w=\mathrm{v}_1\mathrm{v}_2\mathrm{v}_3 \cdots \mathrm{v}_k$의 길이를 구하라.

풀이

문자열의 길이는 $|w|=k$이다.

정의 12-4 문자열의 접합

두 문자열의 **접합**concatenation은 두 개의 문자열을 연결해 새로운 문자열을 만드는 연산을 말한다. 즉 문자열 u와 v가 각각 $u=\mathrm{a}_1\mathrm{a}_2\mathrm{a}_3 \cdots \mathrm{a}_n$, $v=\mathrm{b}_1\mathrm{b}_2\mathrm{b}_3 \cdots \mathrm{b}_m$일 때, 두 문자열의 접합은 $u \cdot v$ 혹은 uv로 표기하고 그 결과는 u에 해당하는 문자열이 먼저 오고 바로 이어서 v에 대한 문자열이 오는 것으로 다음과 같다.

$$uv=\mathrm{a}_1\mathrm{a}_2\mathrm{a}_3 \cdots \mathrm{a}_n\mathrm{b}_1\mathrm{b}_2\mathrm{b}_3 \cdots \mathrm{b}_m$$

예제 12-3 문자열의 접합

두 문자열 u =race와 v =car에 대해 $u \cdot v$와 $v \cdot u$를 구하라.

풀이

$u \cdot v$ =racecar이고 $v \cdot u$ =carrace이다.

문자열의 접합 연산에 대한 길이는 $|u \cdot v| = |u| + |v|$이다.

예제 12-4 접합 문자열의 길이

[예제 12-3]에서 $|u \cdot v|$와 $|v \cdot u|$를 구하라.

풀이

$|u \cdot v| = |u| + |v| = 4 + 3 = 7$이고, $|v \cdot u| = |v| + |u| = 3 + 4 = 7$이다.

정의 12-5 공문자열

문자열의 길이가 0인 문자열을 **공문자열**empty string이라 하며 εepsilon이나 λlambda로 표기한다. 어떤 문자열 u, v에 대해 다음과 같은 접합 연산이 성립한다.

$$u\varepsilon = u = \varepsilon u$$

$$u\varepsilon v = uv$$

문자열의 연산 중 접합 연산은 ε을 **항등원**으로 취한다. a^n은 a가 n개 연결된 문자열을 나타내며, a^0은 공문자열이다. 즉 a^n=aaa ⋯ a(a가 n개)이고 $\mathrm{a}^0 = \varepsilon$이 된다.

w^R은 문자열 w의 **역**reverse으로, 문자열 w를 이루는 요소들의 역순으로 얻는다.

예제 12-5 문자열의 역

문자열 w =dog의 역인 w^R을 구하라.

풀이

문자열 w =dog의 역인 w^R은 문자열 w의 역순이므로 w^R =god이다.

정의 12-6 접두사, 접미사

문자열 $w = uv$에서 u를 문자열 w의 **접두사**prefix라 하고, $u \neq \varepsilon$이라면 **진 접두사**proper prefix라고 한다. 또한 v를 문자열 w의 **접미사**suffix라 하고, $v \neq \varepsilon$이라면 **진 접미사**proper suffix라고 한다.

예제 12-6 접두사, 접미사

문자열 w =dream에서 접두사, 진 접두사, 접미사, 진 접미사를 구하라.

풀이

문자열 w의 접두사는 ε, d, dr, dre, drea, dream이고, 진 접두사는 d, dr, dre, drea, dream이다. 또한 w의 접미사는 dream, ream, eam, am, m, ε이고, 진 접미사는 dream, ream, eam, am, m이다.

정의 12-7 알파벳 Σ의 클리니 클로저, 포지티브 클로저

알파벳 Σ에 대해 공문자열을 포함하여 Σ에 대한 접합 연산으로 만들어질 수 있는 모든 문자열의 집합 Σ^*를 **클리니 클로저**kleene closure, reflexive transitive closure 또는 **Σ-스타**star라고 한다. 또한 알파벳 Σ에 대해 Σ^*에서 공문자열을 제외한 모든 문자열의 집합 Σ^+를 **포지티브 클로저**positive closure, transitive closure 또는 **Σ-대거**dagger라 하고, $\Sigma^+ = \Sigma^* - \{\varepsilon\}$이다.

예제 12-7 클리니 클로저, 포지티브 클로저

다음과 같은 알파벳 Σ에 대해 Σ^*와 Σ^+를 구하라.

(a) $\Sigma=\{0, 1\}$ (b) $\Sigma=\{a, b, c\}$

풀이

(a) $\Sigma^*=\{\varepsilon, 0, 1, 00, 01, 10, 11, 000, \cdots\}$

$\Sigma^+=\{0, 1, 00, 01, 10, 11, 000, \cdots\}$

(b) $\Sigma^*=\{\varepsilon, a, b, c, aa, bb, cc, ab, ba, ac, ca, bc, cb, aaa, \cdots\}$

$\Sigma^+=\{a, b, c, aa, bb, cc, ab, ba, ac, ca, bc, cb, aaa, \cdots\}$

정의 12-8 언어 L

알파벳 Σ에 대해 **언어**language L은 Σ^*의 부분집합이다.

언어 L은 형식 언어이므로 문자열에 관한 집합이다. [예제 12-7(b)]에 대해 집합 $L=\{a, b, c, aa, bb, cc\}$는 언어가 되는데, 그 이유는 L이 Σ^*의 부분집합이기 때문이다. 언어에 속하는 문자열의 수가 유한개일 경우에 **유한 언어**finite language라 하고, 무한개일 경우에 **무한 언어**infinite language라고 한다.

예제 12-8 유한 언어와 무한 언어의 판단

알파벳 $\Sigma=\{a, b\}$에 대해 다음 언어들이 유한 언어인지 무한 언어인지 판단하라.

(a) $L_1=\Sigma^*=\{\varepsilon, a, b, aa, ab, ba, bb, aaa, \cdots\}$
(b) $L_2=\{a, b, aa, bb, ab, ba\}$
(c) $L_3=\{aaa, bbb, aba, bba\}$
(d) $L_4=\{a^p \mid p\text{는 소수}\}$
(e) $L_5=\{a^m b^n \mid m, n \geq 1\}$

풀이

(a) L_1은 무한 언어이다.
(b) L_2는 유한 언어이다.
(c) L_3는 유한 언어이다.
(d) L_4는 무한 언어이다.
(e) L_5는 무한 언어이다.

여기서 언어는 의미semantic를 포함하지 않으며, 단지 문자열들의 집합이기 때문에 형식 언어 이론은 문자열 집합의 속성에 관한 이론이다.

SECTION 12.2

형식 문법

앞에서 형식 언어란 알파벳 Σ로부터 만들어질 수 있는 Σ^*의 부분집합이라고 했다. 형식 언어는 형식 문법으로부터 생성된다. 형식 언어를 생성하기 위한 형식 문법을 정의해보자. 형식 문법은 크게 두 가지 방법으로 정의할 수 있는데, 생성 규칙만을 가지고 표현하거나 다음과 같이 네 가지 항목으로 정의한다.

정의 12-9 형식 문법

형식 문법formal grammar $G=(V_N, V_T, P, S)$는 다음 네 가지 항목으로 정의한다.

(1) V_N : **논터미널 기호**non-terminal symbol들의 유한집합이다.

(2) V_T : **터미널 기호**terminal symbol들의 유한집합으로 다음과 같다.

$$V_N \cap V_T = \varnothing, \quad V_N \cup V_T = V$$

(3) P : **생성 규칙**production rule들의 유한집합으로 다음과 같다.

$$\alpha \rightarrow \beta, \quad \alpha \in V^+, \quad \beta \in V^*$$

α를 왼쪽 부분left-hand side이라 하고, β를 오른쪽 부분right-hand side이라고 한다. $\rightarrow$는 왼쪽 부분에 있는 기호가 오른쪽 부분에 있는 기호로 단순히 대체된다는 것을 나타내는 기호이다.

(4) S : V_N에 속하는 기호로서, 다른 논터미널 기호들과 구별하여 **시작 기호**start symbol라고 한다.

형식 문법에서 사용할 수 있는 기호는 터미널 기호와 논터미널 기호이다. 터미널 기호와 논터미널 기호를 합해서 **문법 기호**grammar symbol라 하며 보통 V vocabulary로 표기한다. 터미널 기호는 언어를 구성하는 가장 기본적인 기호로, 다른 기호로 대체되지 않는 기호이다. 일반적으로 우리가 작성하는 프로그램은 모두 터미널 기호만을 사용하여 작성된다. 즉 터미널 기호는 언어를 정의할 때 사용한 알파벳으로, 영어 알파벳 소문자나 아라비아 숫자, 연산자 기호 등이 여기에 속한다. 반면, 논터미널 기호는 언어에서 문자열을 생성하는 데 사용되는 중간 과정의 기호로서 다른 기호로 대체되는 기호이다. 보통 영어 알파벳 대문자로 표기한다.

생성 규칙 $\alpha \rightarrow \beta$는 α가 β로 대체된다는 것을 표시하는 것으로, $\alpha \in V^+$, $\beta \in V^*$를 만족한다. 즉 생성 규칙의 왼쪽 부분에는 공문자열이 올 수 없지만, 생성 규칙의 오른쪽 부분에는 공문자열을 포함한 모든 문자열이 올 수 있다.

형식 문법을 표현하는 다른 방법은 생성 규칙만을 가지고 표현하는 방법이다. [정의 12-9]의 (3)과 같이 생성 규칙만으로 똑같은 언어를 생성할 수 있다. 생성 규칙만을 가지고 문법을 표현할 때의 시작 기호는 첫 번째 생성 규칙의 왼쪽 부분에 있는 기호이다.

앞으로 사용될 기호들의 일반적인 표기법은 다음과 같다.

- A, B, C와 같은 영어 알파벳 대문자로 구성된 기호와 시작 기호를 나타내는 S는 논터미널 기호이다.
- '〈'와 '〉'로 묶어서 나타낸 기호도 논터미널 기호이다.
- a, b, c와 같은 영어 알파벳 소문자로 구성된 기호와 +, −와 같은 연산자 기호, 괄호나 쉼표와 같은 구분자, 0, 1, 2와 같은 아라비아 숫자 등은 터미널 기호이다.
- X, Y, Z와 같은 영어 알파벳 끝부분의 대문자는 문법 기호이다.
- 영어 알파벳 끝부분의 소문자인 u, v, w, x, y, z 등은 터미널 기호들로 이루어진 문자열을 나타낸다.
- α, β, γ와 같은 그리스어 소문자는 문법 기호로 구성된 문자열을 나타낸다.
- 만약 생성 규칙에 대해 아무런 언급이 없으면 첫 번째 생성 규칙의 왼쪽에 있는 기호가 시작 기호이다.

생성 규칙의 왼쪽 부분이 똑같은 기호로 구성된 생성 규칙이 여러 개일 때, 생성 규칙들을 축약해서 사용할 수 있다. 예를 들어 두 개의 생성 규칙 $\alpha \rightarrow \beta_1$, $\alpha \rightarrow \beta_2$가 있을 때, 생성 규칙의 왼쪽 부분이 α로 동일하므로 간단히 $\alpha \rightarrow \beta_1 | \beta_2$로 표현한다.

예제 12-9 형식 문법 (1)

문법 G와 생성 규칙 P가 다음과 같을 때 논터미널 기호, 터미널 기호, 시작 기호를 구하고, 생성 규칙의 개수를 구하라.

$$G = (\{S, A\}, \{a, b\}, P, S)$$
$$P : S \rightarrow aA \quad S \rightarrow bS$$
$$A \rightarrow aA \quad A \rightarrow bA \quad A \rightarrow b$$

풀이

S와 A는 논터미널 기호이고, a와 b는 터미널 기호이며, S는 시작 기호이다. 그리고 생성 규칙의 개수는 5개이다.

생성 규칙은 축약해서 표현할 수 있다고 했다. [예제 12-9]의 생성 규칙을 축약하면 다음과 같다.

$$S \rightarrow aA \mid bS$$
$$A \rightarrow aA \mid bA \mid b$$

예제 12-10 형식 문법 (2)

다음과 같은 생성 규칙을 갖는 문법에 대해 논터미널 기호, 터미널 기호, 시작 기호를 구하고, 생성 규칙의 개수를 구하라.

$$\begin{aligned} P : E &\rightarrow E+T \mid E-T \mid T \\ T &\rightarrow T * F \mid T/F \mid F \\ F &\rightarrow (E) \mid id \end{aligned}$$

풀이

E, T, F는 논터미널 기호이고, +, −, *, /, (,), id는 터미널 기호이며, E는 시작 기호이다. 그리고 생성 규칙의 개수는 8개이다.

이제까지 형식 문법을 정의했다. 정의된 문법으로부터 어떤 언어들이 생성되는지 혹은 어떤 언어들이 그 문법에 맞는지를 알기 위해서는 다음과 같은 유도를 이용해야 한다.

정의 12-10 유도

만약 생성 규칙 $\alpha \rightarrow \beta$가 존재하고 γ, $\delta \in V^*$이면 **유도**derivation $\Rightarrow$를 이용해 다음과 같이 표현한다. 즉 유도는 α가 β로 대체되었음을 의미한다.

$$\gamma\alpha\delta \Rightarrow \gamma\beta\delta$$

$\overset{*}{\Rightarrow}$는 **영 번 이상의 유도**zero or more derivation라 하고, $\overset{+}{\Rightarrow}$는 **한 번 이상의 유도**one or more derivation라고 한다. 한 번 이상의 유도란 직접 유도되는 횟수가 한 번이거나 두 번, 세 번, ⋯임을 의미한다.

만약 α_1, α_2, α_3, ⋯ , α_n이 V^*에 속하고 $\alpha_1 \Rightarrow \alpha_2 \Rightarrow \alpha_3 \Rightarrow \cdots \Rightarrow \alpha_n$이 존재한다면 $\alpha_1 \overset{n}{\Rightarrow} \alpha_n$으로 표기하며, 이는 $\alpha_1 \overset{*}{\Rightarrow} \alpha_n$이라고도 할 수 있다. 이때 α_1은 α_n을 **생성**produce 혹은 **유도**한다고 하고, α_n은 α_1으로 **감축**reduce된다고 한다. →는 생성 규칙에서 사용되는 기호로 **단일 화살표**single arrow라고 한다. ⇒는 유도 과정을 나타내는 기호로 **이중 화살표**double arrow라고 한다.

예제 12-11 유도 (1)

[예제 12-9]의 문법에서 ab, abb, baabb 등이 생성되는지 유도하라.

풀이

① $S \Rightarrow aA \quad (\because S \rightarrow aA)$
$\Rightarrow ab \quad (\because A \rightarrow b)$

이 과정은 $S \overset{*}{\Rightarrow} ab$와 같이 표현할 수도 있다.

② $S \Rightarrow aA \quad (\because S \rightarrow aA)$
$\Rightarrow abA \quad (\because A \rightarrow bA)$
$\Rightarrow abb \quad (\because A \rightarrow b)$

이 과정은 $S \overset{*}{\Rightarrow} abb$와 같이 표현할 수도 있다.

③ $S \Rightarrow bS \quad (\because S \rightarrow bS)$
$\Rightarrow baA \quad (\because S \rightarrow aA)$
$\Rightarrow baaA \quad (\because A \rightarrow aA)$
$\Rightarrow baabA \quad (\because A \rightarrow bA)$
$\Rightarrow baabb \quad (\because A \rightarrow b)$

이 과정은 $S \overset{*}{\Rightarrow} baabb$와 같이 표현할 수도 있다.

따라서 ab, abb, baabb는 유도에 의해 생성되므로 문법에 맞는 문장이다.

예제 12-12 유도 (2)

(id+id) * id가 [예제 12-10]의 문법으로부터 생성되는 문자열인지 확인하라.

풀이

$E \Rightarrow T \quad (\because E \rightarrow T)$
$\Rightarrow T * F \quad (\because T \rightarrow T * F)$
$\Rightarrow F * F \quad (\because T \rightarrow F)$
$\Rightarrow (E) * F \quad (\because F \rightarrow (E))$
$\Rightarrow (E+T) * F \quad (\because E \rightarrow E+T)$
$\Rightarrow (T+T) * F \quad (\because E \rightarrow T)$

$\Rightarrow$ (F+T) * F $\quad$ ($\because$ T $\rightarrow$ F)
$\Rightarrow$ (id+T) * F $\quad$ ($\because$ F $\rightarrow$ id)
$\Rightarrow$ (id+F) * F $\quad$ ($\because$ T $\rightarrow$ F)
$\Rightarrow$ (id+id) * F $\quad$ ($\because$ F $\rightarrow$ id)
$\Rightarrow$ (id+id) * id $\quad$ ($\because$ F $\rightarrow$ id)

이 과정은 E $\overset{*}{\Rightarrow}$ (id+id) * id와 같이 표현할 수도 있다.

따라서 문자열 (id+id) * id는 유도에 의해 생성되므로 문법에 맞는 문장이다.

정의 12-11 문장 형태, 문장

S $\overset{*}{\Rightarrow}$ w이고 w가 V^*에 속하면 w를 **문장 형태**sentential form라 하고, w가 V_T^*에 속하면 w를 **문장**sentence이라고 한다. 즉 문장 형태는 터미널 기호와 논터미널 기호들의 조합으로 구성되고, 문장은 터미널 기호로만 구성된다.

예제 12-13 문장 형태와 문장 (1)

다음과 같은 [예제 12-11]의 ②에서 문장 형태와 문장을 구하라.

$$\begin{aligned} S &\Rightarrow aA & (\because S \rightarrow aA) \\ &\Rightarrow abA & (\because A \rightarrow bA) \\ &\Rightarrow abb & (\because A \rightarrow b) \end{aligned}$$

풀이

유도 과정 중에 있는 문자열 S, aA, abA, abb 등은 문장 형태이고, 터미널 기호로만 구성된 abb는 문장이다.

예제 12-14 문장 형태와 문장 (2)

[예제 12-12]에서 문장 형태와 문장을 구하라.

풀이

문자열 E, T, T * F, F * F, (E) * F, (E+T) * F, (T+T) * F, (F+T) * F, (id+T) * F, (id+F) * F, (id+id) * F, (id+id) * id 등은 문장 형태이고, 터미널 기호로만 구성된 (id+id) * id는 문장이다.

이렇게 문법 G로부터 생성되는 문장들의 집합을 언어라 하고 $L(\mathrm{G})$로 표기한다. 문법 G로부터 생성되는 언어는 시작 기호로부터 유도될 수 있는 모든 문장의 집합이다.

정의 12-12 문법 G에 의해 생성되는 언어

문법 G에 의해 생성되는 **언어**language는 문법 G에 의해 생성되는 문장들의 집합이며 $L(\mathrm{G})$로 표기한다.

$$L(\mathrm{G}) = \{w \mid \mathrm{S} \overset{*}{\Rightarrow} w,\ w \in \mathrm{V_T}^*\}$$

문법으로부터 생성되는 언어를 알아내기 위해서는 문법으로부터 생성되는 문장들을 부분적으로 만들어 내고, 이렇게 만든 문장들로부터 문장들의 형태를 고려하여 일정한 규칙을 찾아내면 된다.

예제 12-15 언어 생성 (1)

다음과 같은 문법 $\mathrm{G_1}$으로부터 생성되는 언어를 구하라.

$$\begin{aligned} \mathrm{G_1} &= (\{\mathrm{S, A, B, C}\}, \{\mathrm{a, b}\}, \mathrm{P, S}) \\ \mathrm{P}: &\ \mathrm{S} \rightarrow \mathrm{A} \\ &\ \mathrm{A} \rightarrow \mathrm{abC} \mid \mathrm{aABC} \\ &\ \mathrm{bB} \rightarrow \mathrm{bbb} \\ &\ \mathrm{bC} \rightarrow \mathrm{bb} \end{aligned}$$

풀이

시작 기호로부터 생성되는 문자열을 살펴보면 다음과 같다.

① $\mathrm{S} \Rightarrow \mathrm{A}$ $(\because \mathrm{S} \rightarrow \mathrm{A})$
$\Rightarrow \mathrm{abC}$ $(\because \mathrm{A} \rightarrow \mathrm{abC})$
$\Rightarrow \mathrm{abb}$ $(\because \mathrm{bC} \rightarrow \mathrm{bb})$

② $\mathrm{S} \Rightarrow \mathrm{A}$ $(\because \mathrm{S} \rightarrow \mathrm{A})$
$\Rightarrow \mathrm{aABC}$ $(\because \mathrm{A} \rightarrow \mathrm{aABC})$
$\Rightarrow \mathrm{aabCBC}$ $(\because \mathrm{A} \rightarrow \mathrm{abC})$
$\Rightarrow \mathrm{aabbBC}$ $(\because \mathrm{bC} \rightarrow \mathrm{bb})$
$\Rightarrow \mathrm{aabbbbC}$ $(\because \mathrm{bB} \rightarrow \mathrm{bbb})$
$\Rightarrow \mathrm{aabbbbb}$ $(\because \mathrm{bC} \rightarrow \mathrm{bb})$

③ $\mathrm{S} \Rightarrow \mathrm{A}$ $(\because \mathrm{S} \rightarrow \mathrm{A})$
$\Rightarrow \mathrm{aABC}$ $(\because \mathrm{A} \rightarrow \mathrm{aABC})$

$\Rightarrow$ aaABCBC　(∵ A → aABC)

$\Rightarrow$ aaabCBCBC　(∵ A → abC)

$\Rightarrow$ aaabbBCBC　(∵ bC → bb)

$\Rightarrow$ aaabbbbCBC　(∵ bB → bbb)

$\Rightarrow$ aaabbbbbBC　(∵ bC → bb)

$\Rightarrow$ aaabbbbbbbC　(∵ bB → bbb)

$\Rightarrow$ aaabbbbbbbb　(∵ bC → bb)

⋮

따라서 $L(G_1) = \{a^n b^{2+(n-1)*3} \mid n \geq 1\}$이다.

예제 12-16 언어 생성 (2)

다음과 같은 문법 G_2로부터 생성되는 언어를 구하라.

$$G_2 = (\{S,\ B,\ C\},\ \{0,\ 1\},\ P,\ S)$$
$$P : S \rightarrow 0S \mid 0B$$
$$B \rightarrow 1C$$
$$C \rightarrow 0C \mid 0$$

풀이

시작 기호로부터 생성되는 문자열을 살펴보면 다음과 같다.

① S $\Rightarrow$ 0B　(∵ S → 0B)

$\Rightarrow$ 01C　(∵ B → 1C)

$\Rightarrow$ 010　(∵ C → 0)

② S $\Rightarrow$ 0B　(∵ S → 0B)

$\Rightarrow$ 01C　(∵ B → 1C)

$\Rightarrow$ 010C　(∵ C → 0C)

$\Rightarrow$ 0100　(∵ C → 0)

③ S $\Rightarrow$ 0S　(∵ S → 0S)

$\Rightarrow$ 00B　(∵ S → 0B)

$\Rightarrow$ 001C　(∵ B → 1C)

$\Rightarrow$ 0010　(∵ C → 0)

⋮

따라서 $L(G_2) = \{0^n 10^m \mid m,\ n \geq 1\}$이다.

문법 G가 주어지면 그 문법으로부터 언어 L(G)를 생성할 수 있으며, 언어 L(G)가 주어지면 문법 G를 만들 수 있다. 하지만 주어진 문법으로부터 언어를 구하는 일과 주어진 언어로부터 그 언어를 생성하는 문법을 만드는 것은 쉬운 일은 아니다.

이제 형식 문법의 종류에 대해 알아보자. 문법의 종류는 미국 영문학자 노엄 촘스키Noam Chomsky가 처음 소개했으며, 형식 문법을 [표 12-1]과 같이 4종류로 나누었다. 이를 **촘스키 계층 구조**Chomsky hierarchy라고 한다.

[표 12-1] 촘스키 계층 구조

유형	이름	생성 규칙 형태	설명
0	무제약unrestricted 문법	$\varphi A \psi \rightarrow \varphi w \psi$	생성 규칙에 어떠한 제한도 두지 않는 경우이다.
1	문맥인식context-sensitive 문법	$\alpha \rightarrow \beta$ 단, $\lvert\alpha\rvert \leq \lvert\beta\rvert$ $\alpha \in V^+,\ \beta \in V^*$	생성 규칙에 $\lvert\alpha\rvert \leq \lvert\beta\rvert$의 제한을 가하는 것으로, α는 공문자열이 될 수 없다.
2	문맥자유context-free 문법	$A \rightarrow \beta$ 단, $A \in V_N,\ \beta \in V^*$	생성 규칙의 왼쪽 부분은 하나의 논터미널 기호이고 오른쪽 부분은 문자열이다.
3	정규regular 문법	$A \rightarrow tB,\ A \rightarrow t$ 또는 $A \rightarrow Bt,\ A \rightarrow t$ 단, $t \in V_T^*$ $A,\ B \in V_N$	생성 규칙에 따라 두 가지 종류가 있다. $A \rightarrow tB$, $A \rightarrow t$와 같은 생성 규칙을 갖는 우선형right-linear 문법과 $A \rightarrow Bt$, $A \rightarrow t$와 같은 생성 규칙을 갖는 좌선형left-linear 문법이 있다.

이제 어떤 문법이 주어질 때, 그 문법이 어디에 속하는지 판별해보자. 문법을 판별하는 방법은 우선 정규 문법인지 판별한 후에, 정규 문법이 아니라면 문맥자유 문법인지 판별하고, 다음으로 문맥인식 문법인지 판별하면 된다.

예제 12-17 문법 판별 (1)

[예제 12-10]의 문법은 [표 12-1]의 4종류 문법 중 어디에 속하는지 판별하라.

풀이

먼저 다음과 같은 [예제 12-10]의 문법이 정규 문법인지 살펴보자.

$$E \rightarrow E+T \mid E-T \mid T$$
$$T \rightarrow T*F \mid T/F \mid F$$
$$F \rightarrow (E) \mid id$$

생성 규칙 $E \rightarrow E+T$에서 오른쪽 부분이 정규 문법에 맞지 않다. 다음으로 문맥자유 문법인지 확인해보자. 생성 규칙의 왼쪽 부분은 E, T, F의 논터미널 하나로 구성되었고, 생성 규칙의 오른쪽 부분은 문자열로 구성되었다. 그러므로 이 문법은 문맥자유 문법이다.

예제 12-18 문법 판별 (2)

[예제 12-15]의 문법은 [표 12-1]의 4종류 문법 중 어디에 속하는지 판별하라.

풀이

먼저 다음과 같은 [예제 12-15]의 문법이 정규 문법인지 살펴보자.

$$
\begin{aligned}
P : S &\rightarrow A \\
A &\rightarrow abC \mid aABC \\
bB &\rightarrow bbb \\
bC &\rightarrow bb
\end{aligned}
$$

첫 번째 생성 규칙 $S \rightarrow A$에서 오른쪽 부분이 논터미널 기호 하나로 되어있으므로 정규 문법에 맞다. 두 번째 생성 규칙 $A \rightarrow abC$에서 오른쪽 부분이 터미널 기호 하나와 논터미널 기호 하나로 구성되어 있지 않으므로 정규 문법에 맞지 않는다. 또한 생성 규칙 $bB \rightarrow bbb$에서 왼쪽 부분이 논터미널 하나로 이루어져 있지 않으므로 문맥자유 문법이 아니다. 이제 문맥인식 문법인지 확인해보자. 모든 생성 규칙 $\alpha \rightarrow \beta$가 $|\alpha| \leq |\beta|$를 만족하므로 이 문법은 문맥인식 문법이다.

예제 12-19 문법 판별 (3)

다음 문법은 [표 12-1]의 4종류 문법 중 어디에 속하는지 판별하라.

$$
\begin{aligned}
P : S &\rightarrow a \mid aE \\
E &\rightarrow aS
\end{aligned}
$$

풀이

우선 주어진 문법이 정규 문법인지 살펴보자. 모든 생성 규칙이 $A \rightarrow tB$, $A \rightarrow t$를 만족해야 한다. 여기서 $t \in V_T^*$, $B \in V_N$이어야 한다. 우선 생성 규칙 $S \rightarrow a$는 $A \rightarrow t$를 만족하고, 생성 규칙 $S \rightarrow aE$도 $A \rightarrow tB$를 만족한다. 또한 생성 규칙 $E \rightarrow aS$도 $A \rightarrow tB$를 만족한다. 그러므로 정규 문법에 맞고, 우선형 문법이다.

SECTION 12.3 문법의 표기법

이제 형식 문법을 표현하는 방법에는 무엇이 있는지 살펴보자. 문법을 표현하는 방법들은 많지만 그중에서 정규 표현, 구문 도표, BNF 표기법, EBNF 표기법에 대해 설명한다.

정규 표현

정규 표현은 정규 언어를 가장 잘 표현할 수 있는 방법이다.

정의 12-13 정규 표현

정규 표현regular expression은 다음과 같이 재귀적으로 정의된다.

(1) **기본 단계** : 기본을 정의하는 세 가지 규칙이 있다.
 ① $\varnothing$은 공집합을 나타내는 정규 표현이다.
 ② ε은 공문자열을 나타내는 정규 표현이다.
 ③ 터미널 기호 a는 집합 {a}를 나타내는 정규 표현이다.

(2) **귀납 단계** : 만일 r과 s가 정규 언어 $L(r)$과 $L(s)$를 나타내는 정규 표현이라 하면,
 ① (r)+(s)는 $L(r) \cup L(s)$를 나타내는 정규 표현이다.
 ② (r)·(s)는 $L(r) \cdot L(s)$를 나타내는 정규 표현이다.
 ③ $(r)^*$는 $(L(r))^* = \varepsilon \cup (L(r))^1 \cup (L(r))^2 \cup (L(r))^3 \cdots$을 나타내는 정규 표현이다.

[정의 12-13]의 정규 표현에서 사용되는 연산자는 *(클리니 클로저), ·(접합), +(합집합) 등이 있으며, 연산자의 연산 순위는 * > · > +이다. 괄호는 연산 순위 때문에 사용한 것이지 연산자는 아니다. 세 개의 연산자에 대한 결합법칙은 모두 왼쪽 결합법칙을 가진다. 정규 표현 $(a+b)^*abb(a+b)$는 [그림 12-1]과 같은 순서로 실행된다.

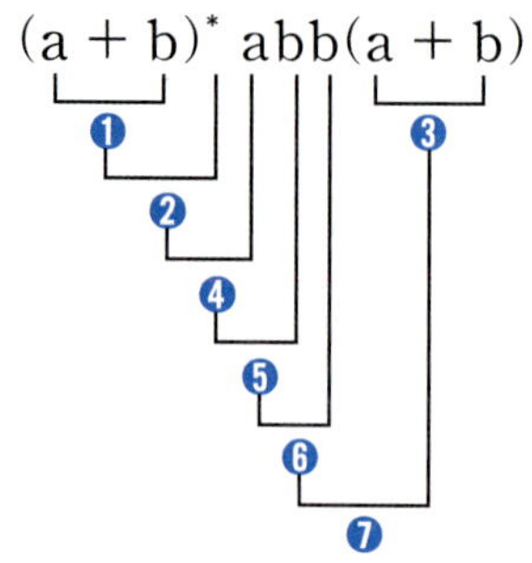

[그림 12-1] **정규 표현 $(a+b)^*abb(a+b)$에 대한 실행 순서**

그래서 어떤 문자열이 정규 표현인지를 판단할 때는 연산자 우선 순위가 높은 문자열부터 정의에 따라 정규 표현인지 판단하고, 그다음부터는 연산자를 적용한 문자열이 정의에 따라 정규 표현인지 판단한다. 계속 같은 방법을 적용하여 주어진 전체 문자열이 정규 표현인지 판단하면 된다.

예제 12-20 정규 표현 (1)

$\Sigma=\{0, 1\}$에 대해 $(0+1)^*$가 정규 표현인지 아닌지 판단하고, 정규 표현이라면 생성되는 언어를 구하라.

풀이

[정의 12-13]의 기본 단계 ③에 의해 0과 1은 터미널 기호이므로 정규 표현이다. 0과 1이 정규 표현이므로 귀납 단계 ①에 의해 $(0+1)$도 정규 표현이다. $(0+1)$이 정규 표현이므로 귀납 단계 ③에 의해 $(0+1)^*$도 정규 표현이다.

정규 표현 $(0+1)^*$가 생성하는 언어는 $\{\varepsilon, 0, 1, 00, 01, 10, 11, 000, \cdots\}$이다. 즉 ε을 포함해서 0과 1로 만들 수 있는 모든 문자열들의 집합이다.

예제 12-21 정규 표현 (2)

정규 표현 $(a+b)^*abb$가 생성하는 언어를 구하라.

풀이

a와 b로 만들어지는 모든 문자열 중 abb로 끝나는 문자열들의 집합이다.

예제 12-22 정규 표현 (3)

$\Sigma=\{a, b\}$에 대해 $bb(a+b)^*aa$가 정규 표현인지 아닌지 판단하고, 정규 표현이라면 생성되는 언어를 구하라.

풀이

[정의 12-13]의 기본 단계 ③에 의해 a와 b는 터미널 기호이므로 정규 표현이고, 귀납 단계 ②에 의해 bb도 정규 표현이다. 이미 [예제 12-21]에서 $(a+b)^*$도 정규 표현임을 확인했다. 다음으로 bb와 $(a+b)^*$가 정규 표현이므로 귀납 단계 ②에 의해 $bb(a+b)^*$도 정규 표현이다. 다음으로 a가 정규 표현이므로 귀납 단계 ②에 의해 $bb(a+b)^*a$도 정규 표현이다. 마지막 a도 정규 표현이므로 귀납 단계 ②에 의해 $bb(a+b)^*aa$도 정규 표현이다. 결국 문자열 $bb(a+b)^*aa$는 정규 표현이다. 주어진 문자열이 정규 표현이므로 언어이다. 따라서 생성되는 언어는 a와 b로 만들 수 있는 모든 문자열 중 bb로 시작하고 aa로 끝나는 문자열이다.

구문 도표

구문 도표syntax chart는 초보자가 쉽게 이해할 수 있도록 문법을 도식화하는 방법으로, 사각형과 원 그리고 이들 사이를 연결하는 간선으로 문법을 표현한다. 다음은 구문 도표를 표현하는 방법을 나타낸 것이다.

- 터미널 기호 b는 원 안에 b를 표기하고, 밖으로 나가는 간선을 그린다.

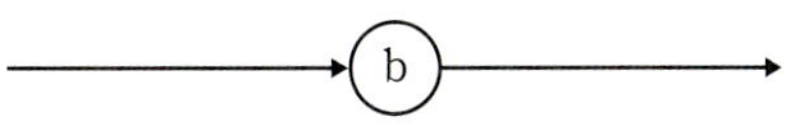

- 논터미널 기호 B는 사각형 안에 B를 표기하고, 밖으로 나가는 간선을 그린다.

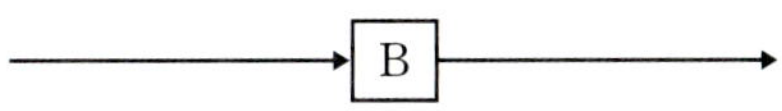

- 생성 규칙 $B \rightarrow X_1X_2 \cdots X_n$은 다음과 같이 표현한다. X_i는 논터미널 기호인 경우이다.

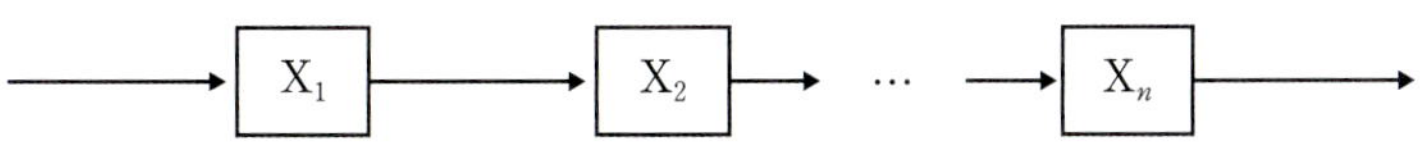

만약 X_i가 터미널 기호라면 사각형 대신에 원을 사용한다.

• 생성 규칙 $B \rightarrow X_1 | X_2 | \cdots | X_n$은 다음과 같이 표현한다. X_i는 논터미널 기호인 경우이다.

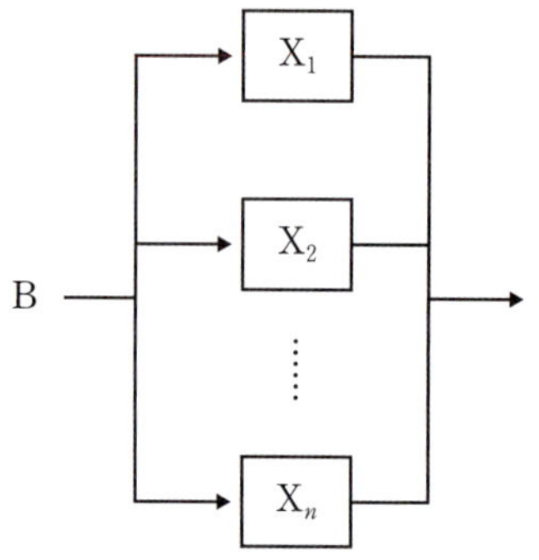

만약 X_i가 터미널 기호라면 사각형 대신에 원을 사용한다.

• 정규 표현 $B \rightarrow \alpha^*$는 다음과 같은 구문 도표로 표현한다.

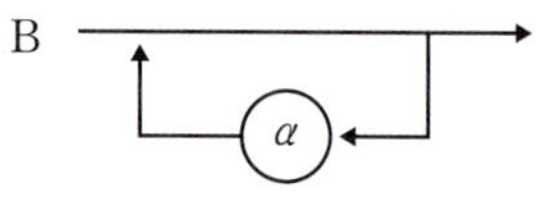

예제 12-23 구문 도표

다음 문법을 구문 도표로 표현하라.

$$
\begin{aligned}
G &= (V_N,\ V_T,\ P,\ S) \\
&V_N = \{A,\ B,\ C\} \\
&V_T = \{a,\ (,\ ),\ b,\ c,\ \{,\ \}\} \\
&P:\ A \rightarrow a \mid (B) \\
&\qquad B \rightarrow bC \\
&\qquad C \rightarrow \{c\} \\
&S = A
\end{aligned}
$$

풀이

각 논터미널에 대한 구문 도표를 그리면 다음과 같다.

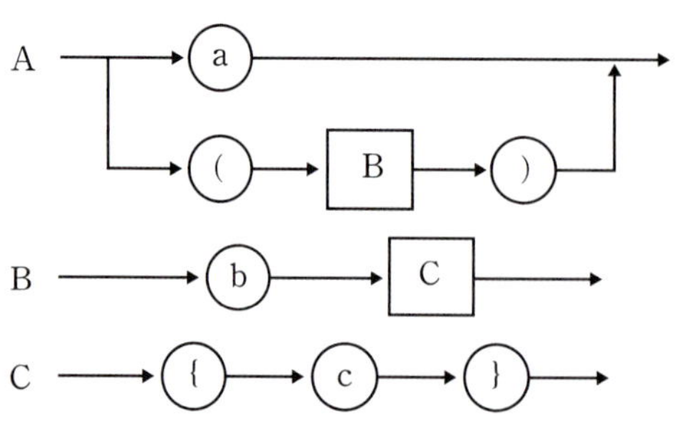

이 구문 도표는 다음 그림과 같이 하나로 표현할 수 있다.

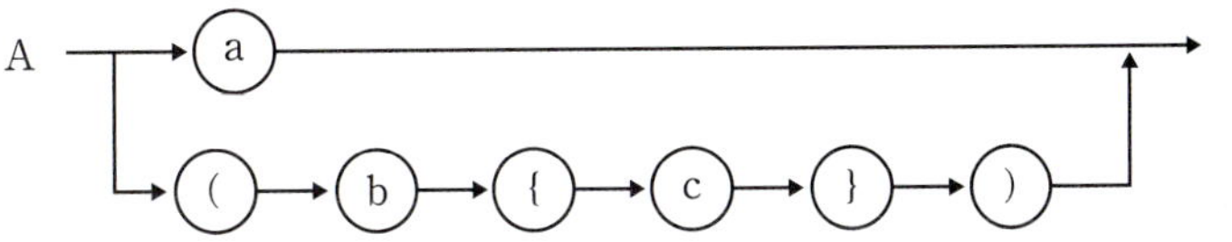

BNF 표기법

BNF[Backus-Naur Form] **표기법**은 가장 널리 사용되는 방법으로, ALGOL 60의 문법을 표현하기 위해 가장 먼저 사용되었다. 이 표기법은 세 가지 메타 기호(표현하려는 언어의 일부분이 아니라, 그 언어를 표현하려고 사용된 특수 기호) 〈, 〉, ::=, | 만을 사용해서 문법을 표현하는 방법이다. 논터미널 기호는 '〈'와 '〉'로 묶어 표기하며, 대체[replacement]는 ::=를, 양자택일은 | 를 사용하는 표기법이다.

예제 12-24 **BNF 표기법 (1)**

[예제 12-23]의 문법을 BNF 표기법으로 표현하라.

풀이

[예제 12-23]의 문법은 다음과 같다.

$$
\begin{aligned}
P :\ & A \rightarrow a \mid (B) \\
& B \rightarrow bC \\
& C \rightarrow \{c\} \\
& S = A
\end{aligned}
$$

논터미널 기호인 A, B, C는 각각 〈A〉, 〈B〉, 〈C〉로 표기하고, 대체인 →는 ::=로 표기하면 된다. 따라서 다음과 같다.

$$
\begin{aligned}
P :\ & \langle A \rangle ::= a \mid (\langle B \rangle) \\
& \langle B \rangle ::= b\langle C \rangle \\
& \langle C \rangle ::= \{c\}
\end{aligned}
$$

예제 12-25 BNF 표기법 (2)

첫 번째 기호가 영어 알파벳 소문자로 시작하고, 두 번째 기호부터는 영어 알파벳 소문자나 숫자이며, 길이에 제한이 없는 식별자를 BNF 표기법으로 표현하라.

풀이

〈식별자〉 ::= 〈영문자〉 | 〈식별자〉〈영문자〉 | 〈식별자〉〈숫자〉
〈영문자〉 ::= a | b | c | ⋯ | z
〈숫자〉 ::= 0 | 1 | 2 | ⋯ | 9

[예제 12-25]에서 정의한 식별자의 길이가 길어야 8이라고 할 때, BNF 표기법을 이용해서 문법을 다시 정의해보자. 반복되는 길이를 제한하여 BNF 표기법으로 문법을 표현하려고 하니 어려움이 따른다. 즉 다음과 같이 표현해야 하는데, 중간에 엄청난 가짓수의 생성 규칙이 존재한다.

〈식별자〉 ::= 〈영문자〉 | 〈영문자〉〈영문자〉 | 〈영문자〉〈숫자〉
　　| 〈영문자〉〈영문자〉〈영문자〉 | 〈영문자〉〈영문자〉〈숫자〉
　　| 〈영문자〉〈숫자〉〈영문자〉 | 〈영문자〉〈숫자〉〈숫자〉 | ⋯
　　| 〈영문자〉〈숫자〉〈숫자〉〈숫자〉〈숫자〉〈숫자〉〈숫자〉〈숫자〉
〈영문자〉 ::= a | b | c | ⋯ | z
〈숫자〉 ::= 0 | 1 | 2 | ⋯ | 9

이와 같이 BNF 표기법은 반복되는 부분을 표현하는 데 어려움이 있다. 이를 쉽게 표현하기 위해 나온 방법이 바로 EBNF 표기법이다.

EBNF 표기법

EBNF[Extended BNF] **표기법**은 반복되는 부분을 BNF 표기법보다 읽기 쉽고 간결하게 표현할 수 있다는 장점을 갖는다.

EBNF 표기법은 BNF 표기법에서 사용하는 세 가지 메타 기호에다 반복을 표현하기 위해 { }와 [ ]를 추가하여 총 다섯 가지의 메타 기호를 사용해 문법을 표현하는 방법이다. 즉 {a}는 a가 0번 이상 반복될 수 있음을 의미하며 정규 표현 a^*와 같은 의미로 생각할 수 있다. EBNF 표기법의 경우 횟수를 제한적으로 표현할 수 있는데, $\{\ \}_0^7$은 괄호 안의 내용을 최소 0번부터 최대 7번까지 반복함을 나타낸다. 또한 선택적인 반복을 표현할 때는 [ ]로 나타낸다. 즉 [a]는 a가 나타나지 않거나 한 번 나타날 수 있음을 의미한다. 따라서 [a]는 $\{a\}_0^1$과 같은 의미이다.

{ }, [ ], |, 〈〉, ::=와 같이 EBNF 표기법에서 사용되는 메타 기호를 터미널 기호로 사용하는 경우 혼동이 생기기도 한다. 이를 피하기 위해 메타 기호를 터미널 기호로 사용하는 경우에는 그 기호를 작은 따옴표인 '와 '로 묶어 표현한다.

예제 12-26 EBNF 표기법 (1)

[예제 12-25]에서 식별자의 길이가 최대 8이라고 할 때, 이를 EBNF 표기법으로 표현하라.

풀이

다음과 같이 간단하게 표현할 수 있다.

〈식별자〉 ::= 〈영문자〉 {〈영문자〉 | 〈숫자〉}$_0^7$
〈영문자〉 ::= a | b | c | ⋯ | z
〈숫자〉 ::= 0 | 1 | 2 | ⋯ | 9

예제 12-27 EBNF 표기법 (2)

if 문장에서 else 부분이 선택적으로 나타날 때, EBNF 표기법으로 표현하라.

풀이

다음과 같이 간단하게 표현할 수 있다.

〈if_st〉 ::= if 〈condition〉 then 〈statement〉 [else 〈statement〉]

메타 기호를 터미널 기호로 사용하는 예를 살펴보자.

〈BNF_rule〉 ::= 〈left_part〉'::='〈right_part〉
〈right_part〉 ::= 〈right_part_element〉{'|'〈right_part_element〉}

여기서 메타 기호 ::=와 |가 터미널 기호로 사용되었음을 알 수 있다.

EBNF 표기법에서 선택적인 반복과 메타 기호를 터미널 기호로 사용하는 예로 다음과 같은 파스칼 언어의 구문이 있다.

〈proc_dcl〉 ::= procedure 〈ident〉 ['('〈formal_param〉')'];〈block〉;

SECTION

12.4 유한 오토마타

유한 오토마타를 설명하기 전에 오토마타를 먼저 간단하게 설명한다. **오토마타**automata는 디지털 컴퓨터의 추상적 모델로서 입력 자료를 읽는 입력 장치, 출력을 하는 출력 장치, 무한개의 기억 소자cell로 이루어진 임시 기억 장치, 유한개의 내부 상태 중 하나의 상태를 항상 유지하는 제어 장치로 구성된다.

제어 장치에서 다음 상태는 **전이함수**transition function로 결정되며, 현재 상태, 현재의 입력 기호, 기억 장치 내의 정보에 의해 다음 상태가 결정된다. 오토마타는 전이가 발생할 때마다 출력을 생성하거나 기억 장치 내의 정보를 변화시킨다. [그림 12-2]는 일반적인 오토마타의 구성도이다.

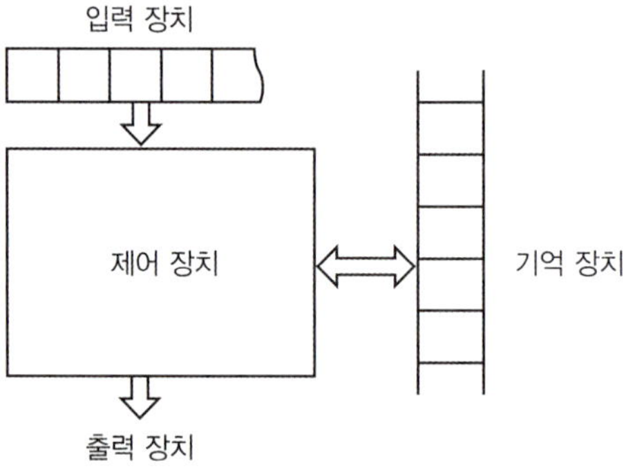

[그림 12-2] 일반적인 오토마타의 구성도

오토마타는 결정적 오토마타와 비결정적 오토마타로 구분된다. **결정적 오토마타**deterministic automata는 어떤 상태에서 하나의 입력을 받았을 때 다음 상태가 유일하지만, **비결정적 오토마타**nondeterministic automata는 어떤 상태에서 하나의 입력을 받았을 때 다음 상태가 2개 이상이다. 또한 오토마타는 기능적인 측면에서 인식기와 변환기로 구분할 수 있다. **인식기**accepter는 입력된 문자열에 대해 인식accept이나 기각reject 중 하나의 결과만을 출력하고, **변환기**transducer는 주어진 입력 문자열에 대응하는 새로운 문자열을 출력한다. 변환기에는 상태에 따른 출력을 내는 **무어 기계**Moore machine와 전이에 따른 출력을 내는 **밀리 기계**Mealy machine 등이 있다.

여기에서는 인식기에 대해 설명한다. 각각의 언어를 받아들이는 인식기와 언어를 생성하는 문법은 서로 동치관계이며 [표 12-2]와 같다.

[표 12-2] 문법과 언어와 인식기

문법	언어	인식기
무제약 문법	재귀열거 언어	튜링 기계
문맥인식 문법	문맥인식 언어	선형한계 오토마타
문맥자유 문법	문맥자유 언어	푸시다운 오토마타
정규 문법	정규 언어	유한 오토마타

인식기 중 가장 간단한 형태인 유한 오토마타에 대해 알아보자.

유한 오토마타의 정의

유한 오토마타finite automata는 형식 언어를 인식하는 시스템의 수학적 모델로, 그 시스템에서 변화할 수 있는 상태가 유한개인 것을 말한다. 유한 오토마타는 컴퓨터의 여러 분야에서 널리 사용되는데, 특히 플립플롭flip-flop을 비롯한 컴퓨터 관련 고안물, 형식 언어의 연구, 그리고 컴파일러의 어휘 분석기 등에 사용된다.

유한 오토마타를 표현하는 방법에는 상태 전이도와 같이 비형식적informal으로 표현하는 방법과 형식적formal으로 표현하는 방법이 있다. 상태 전이도로 표현하는 방법은 유한 오토마타를 유향 그래프로 표현하는 방법으로, 개념을 쉽게 이해할 수 있기 때문에 일반적으로 유한 오토마타를 설명할 때 많이 사용한다. 형식적으로 표현하는 방법은 5가지 구성 요소로 표현하는 방법이다.

이제 상태 전이도에 대해 알아보자. **상태 전이도**state transition diagram는 유한 오토마타의 각 상태를 정점으로 나타내고 전이를 간선으로 나타낸 유향 그래프이다. **최종 상태**final state는 정점을 이중원double circle으로 나타내고, **시작 상태**initial state는 시작 간선으로 나타낸다. 그리고 전이함수 $\delta(q, a)=p$는 상태 q에서 입력 a를 받아 상태 p로 전이하고, 정점 q에서 정점 p로 가는 레이블label이 a인 간선으로 표시한다.

예제 12-28 상태 전이도 (1)

[예제 12-21]에 있는 정규 표현 $(a+b)^*abb$를 인식하는 유한 오토마타를 상태 전이도로 표현하라.

풀이

상태 전이도로 표현하면 다음과 같다.

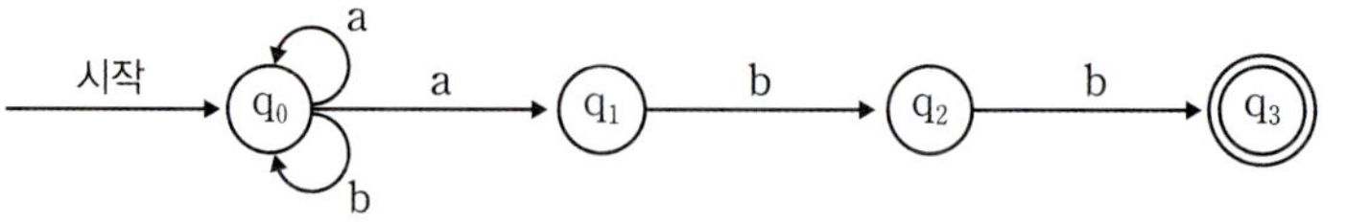

즉 시작 상태 q_0에서 입력 b를 받으면 q_0 상태를 유지하고, 입력 a를 받으면 q_0 상태를 유지하거나 q_1 상태로 전이한다. q_1 상태에서 입력 b를 받으면 q_2 상태로 전이하고, 다시 입력 b를 받으면 상태를 q_3 상태로 전이한다. 입력을 모두 읽은 후의 상태가 q_3이므로 q_3 상태는 최종 상태가 된다.

예를 들어 [예제 12-28]의 유한 오토마타가 문자열 aabb를 인식할 수 있는지 살펴보자. 시작 상태 q_0에서 입력 a를 받으면 q_0 상태를 유지하고, 다음 입력인 a를 받으면 상태를 q_1 상태로 전이한다. 그리고 q_1 상태에서 다음 입력인 b를 받으면 상태를 q_2로 전이하고, 다시 입력 b를 받으면 상태를 q_3로 전이한다. 입력을 모두 읽은 후의 상태가 q_3 상태이므로 문자열 aabb는 주어진 유한 오토마타에 의해 인식된다. 지금 설명한 방법 외에도 다른 상태 전이가 존재하는데, 그 이유는 주어진 상태 전이도가 비결정적 유한 오토마타이기 때문이다.

예제 12-29 상태 전이도 (2)

[예제 12-25]에 있는 식별자를 인식하는 유한 오토마타를 상태 전이도로 표현하라.

풀이

상태 전이도로 표현하면 다음과 같다.

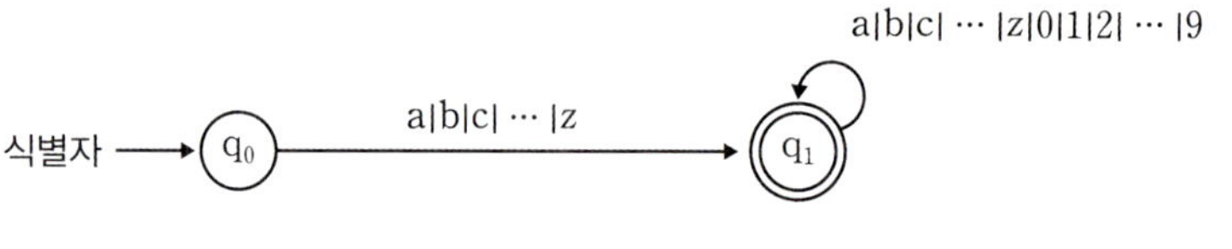

즉 시작 상태인 q_0에서 시작하여 a, b, … , z 등의 영어 알파벳 소문자가 나오면 다음 상태이자 최종 상태인 q_1으로 가서 종료될 수 있으며, 계속해서 영어 알파벳 소문자 a, b, … , z나 숫자 0, 1, 2, 3, … , 9 등이 나오면 다시 반복할 수 있다는 의미이다.

이제 유한 오토마타를 형식적으로 정의하자. 유한 오토마타를 형식적으로 표현하면 5-튜플 tuple로 구성된다.

정의 12-14 유한 오토마타의 형식적 정의

유한 오토마타를 M이라고 하면, 다음과 같이 정의한다.

$$M = (Q,\ \Sigma,\ \delta,\ q_0,\ F)$$

단, Q : 상태들의 유한집합

Σ : 입력 기호들의 유한집합

δ : 전이함수 $Q \times \Sigma \rightarrow 2^Q$(Q의 멱집합)

즉 $\delta(q,\ a) = \{p_1,\ p_2,\ \cdots,\ p_n\}$ (단, $\{p_1,\ p_2,\ \cdots,\ p_n\} \subseteq Q$)

q_0 : 시작 상태 $q_0 \in Q$

F : 최종 상태들의 유한집합 $F \subseteq Q$

예제 12-30 유한 오토마타의 형식적 정의 (1)

[예제 12-28]에 있는 정규 표현 $(a+b)^*abb$를 인식하는 유한 오토마타를 형식적으로 정의하라.

풀이

형식적 정의로 표현하면 다음과 같다.

$$M = (Q,\ \Sigma,\ \delta,\ q_0,\ F)$$

단, $Q = \{q_0,\ q_1,\ q_2,\ q_3\}$

$\Sigma = \{a,\ b\}$

$\delta : \delta(q_0,\ a) = \{q_0,\ q_1\}$

$\delta(q_0,\ b) = \{q_0\}$

$\delta(q_1,\ b) = \{q_2\}$

$\delta(q_2,\ b) = \{q_3\}$

$q_0 = q_0$

$F = \{q_3\}$

예제 12-31 유한 오토마타의 형식적 정의 (2)

[예제 12-29]에 있는 식별자를 인식하는 유한 오토마타를 형식적으로 표현하라.

풀이

형식적 정의로 표현하면 다음과 같다.

$$M = (Q,\ \Sigma,\ \delta,\ q_0,\ F)$$

단, $Q = \{q_0,\ q_1\}$

$\Sigma = \{a,\ b,\ c,\ \cdots,\ z,\ 0,\ 1,\ 2,\ \cdots,\ 9\}$

$\delta : \delta(q_0,\ a) = \{q_1\}$ $\quad\delta(q_0,\ b) = \{q_1\}$

$\delta(q_0,\ c) = \{q_1\}$ $\quad\delta(q_0,\ d) = \{q_1\}$

$\delta(q_0,\ e) = \{q_1\}$ $\quad\delta(q_0,\ f) = \{q_1\}$

$\delta(q_0,\ g) = \{q_1\}$ $\quad\delta(q_0,\ h) = \{q_1\}$

$\delta(q_0,\ i) = \{q_1\}$ $\quad\delta(q_0,\ j) = \{q_1\}$

$\delta(q_0,\ k) = \{q_1\}$ $\quad\delta(q_0,\ l) = \{q_1\}$

$\delta(q_0,\ m) = \{q_1\}$ $\quad\delta(q_0,\ n) = \{q_1\}$

$\delta(q_0,\ o) = \{q_1\}$ $\quad\delta(q_0,\ p) = \{q_1\}$

$\delta(q_0,\ q) = \{q_1\}$ $\quad\delta(q_0,\ r) = \{q_1\}$

$\delta(q_0,\ s) = \{q_1\}$ $\quad\delta(q_0,\ t) = \{q_1\}$

$\delta(q_0,\ u) = \{q_1\}$ $\quad\delta(q_0,\ v) = \{q_1\}$

$\delta(q_0,\ w) = \{q_1\}$ $\quad\delta(q_0,\ x) = \{q_1\}$

$\delta(q_0,\ y) = \{q_1\}$ $\quad\delta(q_0,\ z) = \{q_1\}$

$\delta(q_1,\ a) = \{q_1\}$ $\quad\delta(q_1,\ b) = \{q_1\}$

$\delta(q_1,\ c) = \{q_1\}$ $\quad\delta(q_1,\ d) = \{q_1\}$

$\delta(q_1,\ e) = \{q_1\}$ $\quad\delta(q_1,\ f) = \{q_1\}$

$\delta(q_1,\ g) = \{q_1\}$ $\quad\delta(q_1,\ h) = \{q_1\}$

$\delta(q_1,\ i) = \{q_1\}$ $\quad\delta(q_1,\ j) = \{q_1\}$

$\delta(q_1,\ k) = \{q_1\}$ $\quad\delta(q_1,\ l) = \{q_1\}$

$\delta(q_1,\ m) = \{q_1\}$ $\quad\delta(q_1,\ n) = \{q_1\}$

$\delta(q_1,\ o) = \{q_1\}$ $\quad\delta(q_1,\ p) = \{q_1\}$

$\delta(q_1,\ q) = \{q_1\}$ $\quad\delta(q_1,\ r) = \{q_1\}$

$\delta(q_1,\ s) = \{q_1\}$ $\quad\delta(q_1,\ t) = \{q_1\}$

$\delta(q_1,\ u) = \{q_1\}$ $\quad\delta(q_1,\ v) = \{q_1\}$

$\delta(q_1,\ w) = \{q_1\}$ $\quad\delta(q_1,\ x) = \{q_1\}$

$\delta(q_1,\ y) = \{q_1\}$ $\quad\delta(q_1,\ z) = \{q_1\}$

$\delta(q_1,\ 0) = \{q_1\}$ $\quad\delta(q_1,\ 1) = \{q_1\}$

$\delta(q_1,\ 2) = \{q_1\}$ $\quad\delta(q_1,\ 3) = \{q_1\}$

$\delta(q_1,\ 4) = \{q_1\}$ $\quad\delta(q_1,\ 5) = \{q_1\}$

$\delta(q_1, 6) = \{q_1\}$ $\delta(q_1, 7) = \{q_1\}$

$\delta(q_1, 8) = \{q_1\}$ $\delta(q_1, 9) = \{q_1\}$

$q_0 = q_0$

$F = \{q_1\}$

[예제 12-31]에서 볼 수 있듯이 전이함수 δ는 매우 길다. 전이함수를 간단하게 표현하기 위해 상태 전이표를 도입한다. **상태 전이표**state transition table란 유한 오토마타의 상태 전이를 행렬로 표현하는 것으로, 행렬의 행과 열은 각각 상태 집합과 입력 기호들을 나타내고, 행과 열이 교차하는 위치에는 다음 상태를 기록한다. 만약 전이함수에서 상태와 입력에 해당하는 위치에 값을 갖지 않는다면 상태 전이표에서 해당 위치에 $\varnothing$을 넣는다. [예제 12-31]의 전이함수를 상태 전이표로 표현하면 [표 12-3]과 같다.

[표 12-3] [예제 12-31]의 상태 전이표

δ	a	b	c	…	z	0	1	2	…	9
q_0	q_1	q_1	q_1	…	q_1	$\varnothing$	$\varnothing$	$\varnothing$	…	$\varnothing$
q_1	q_1	q_1	q_1	…	q_1	q_1	q_1	q_1	…	q_1

앞에서 오토마타는 결정적 오토마타와 비결정적 오토마타로 구분된다고 언급했다. 결정적 오토마타는 어떤 상태에서 오직 하나의 다음 상태로만 이동이 결정되지만, 비결정적 오토마타는 어떤 상태에서 여러 개의 다음 상태로 이동이 가능하다. 유한 오토마타도 **결정적 유한 오토마타**(DFA)Deterministic Finite Automata와 **비결정적 유한 오토마타**(NFA)Nondeterministic Finite Automata로 분류한다. 이는 [정의 12-14]에서 살펴본 전이함수 $Q \times \Sigma \rightarrow 2^Q$에 의해 구분된다. 이때 2^Q가 하나의 상태이면 DFA라 하고 2^Q가 두 개 이상의 상태 집합을 나타내면 NFA라고 한다. 즉 $\delta(q, a) = \{p_1, p_2, \cdots, p_n\}$에서 $n = 1$이면 DFA이고, $n \geq 2$인 n이 하나라도 존재하면 NFA이다. 예를 들어 [예제 12-30]은 전이함수 중 $\delta(q_0, a) = \{q_0, q_1\}$이 존재하므로 NFA이고, [예제 12-31]은 모든 전이함수가 하나의 상태만을 가지므로 DFA이다.

먼저 결정적 유한 오토마타(DFA)가 되기 위해 만족해야 하는 조건을 알아보자.

정의 12-15 결정적 유한 오토마타(DFA)가 되기 위한 조건

DFA는 다음과 같은 두 가지 조건을 만족해야 한다.

(1) 공문자열 ε에 의한 상태 전이가 없다. 즉 $\delta(p, \varepsilon)=q$로 가는 상태 전이는 없다.

(2) $\delta(q, a)=\{p_1, p_2, \cdots, p_n\}$에서 $n=1$이다. 즉 $\delta : Q \times \Sigma \rightarrow Q$이다.

다시 말해, DFA는 임의의 상태에서 하나의 입력 기호에 대해 다음 상태가 오직 하나이거나 공문자열 ε에 의한 상태 전이가 없어야 한다.

예제 12-32 DFA인지 판단하기 (1)

[예제 12-31]의 유한 오토마타가 DFA인지 판단하라.

풀이

[예제 12-31]의 유한 오토마타는 공문자열 ε에 의한 상태 전이가 없고, 임의의 상태에서 하나의 입력에 대해 다음 상태가 오직 하나이므로 DFA이다.

예제 12-33 DFA인지 판단하기 (2)

[예제 12-30]의 정규 표현 $(a+b)^*abb$를 인식하는 유한 오토마타는 다음과 같다. 이 유한 오토마타가 DFA인지 판단하라.

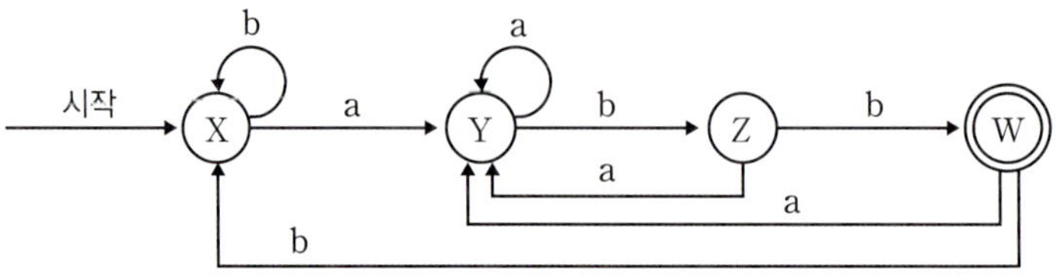

풀이

이 유한 오토마타에 대한 상태 전이표는 다음과 같다.

δ	a	b
X	Y	X
Y	Y	Z
Z	Y	W
W	Y	X

ε에 의한 상태 전이가 없고, 임의의 상태에서 하나의 입력에 대해 다음 상태가 오직 하나이므로 DFA이다.

지금까지 DFA를 정의하고, 어떤 유한 오토마타가 DFA가 되는지 살펴보았다. 이제 DFA에 의해 문장이 인식되는 과정을 살펴보자.

예제 12-34 DFA로부터 문장 인식하기

[예제 12-31]의 식별자를 인식하는 유한 오토마타는 DFA이다. 이 DFA로부터 문장 a12가 인식되는지 확인하라.

풀이

시작 상태가 q_0이므로 다음과 같은 과정을 거친다.

$$\delta(q_0, a) = q_1$$
$$\delta(q_1, 1) = q_1$$
$$\delta(q_1, 2) = q_1$$

입력을 모두 읽은 후 마지막에 도달한 상태가 q_1이고 최종 상태가 q_1이므로, 문장 a12는 주어진 DFA에 의해 인식된다.

이번에는 비결정적 유한 오토마타(NFA)가 되기 위한 조건을 살펴보자.

정의 12-16 비결정적 유한 오토마타(NFA)가 되기 위한 조건

NFA는 다음과 같은 두 가지 조건 중 하나라도 만족해야 한다.

(1) 공문자열 ε에 의한 상태 전이가 있다. 즉 $\delta(p, \varepsilon)=q$이다.

(2) $\delta(q, a)=\{p_1, p_2, \cdots, p_n\}$에서 $n \geq 2$인 n이 하나라도 존재한다.
즉 $\delta : Q\times\Sigma \rightarrow 2^Q$이다.

다시 말해, NFA는 공문자열 ε에 의한 상태 전이가 있거나, 어떤 상태에서 하나의 입력 기호에 대해 다음으로 갈 수 있는 상태가 2개 이상인 것이 하나라도 존재한다.

예제 12-35 NFA인지 판단하기 (1)

[예제 12-30]의 유한 오토마타가 NFA인지 판단하라.

풀이

[예제 12-30]의 유한 오토마타를 형식적 정의로 표현하면 다음과 같다.

$$M = (Q, \Sigma, \delta, q_0, F)$$
$$\text{단, } Q = \{q_0, q_1, q_2, q_3\}$$
$$\Sigma = \{a, b\}$$
$$\delta : \delta(q_0, a) = \{q_0, q_1\}$$
$$\delta(q_0, b) = \{q_0\}$$

$$\delta(q_1, b) = \{q_2\}$$
$$\delta(q_2, b) = \{q_3\}$$
$$q_0 = q_0$$
$$F = \{q_3\}$$

NFA인지 아닌지를 판단하기 위해 [정의 12-16]에 따라 어떤 상태에서 하나의 입력 기호에 대해 다음으로 갈 수 있는 상태가 2개 이상 존재하는지 확인해야 한다. 전이함수 중에서 $\delta(q_0, a) = \{q_0, q_1\}$을 보면 현재 q_0 상태에서 입력 a를 주었을 때, 다음으로 갈 수 있는 상태가 q_0와 q_1으로 2개 존재하므로 NFA이다.

예제 12-36 NFA인지 판단하기 (2)

두 개의 0이 연속적으로 있거나, 두 개의 1이 연속적으로 있는 문자열을 받아들이기 위한 유한 오토마타는 다음과 같다. 이 유한 오타마타가 NFA인지 판단하고, 맞다면 형식적으로 표현하라.

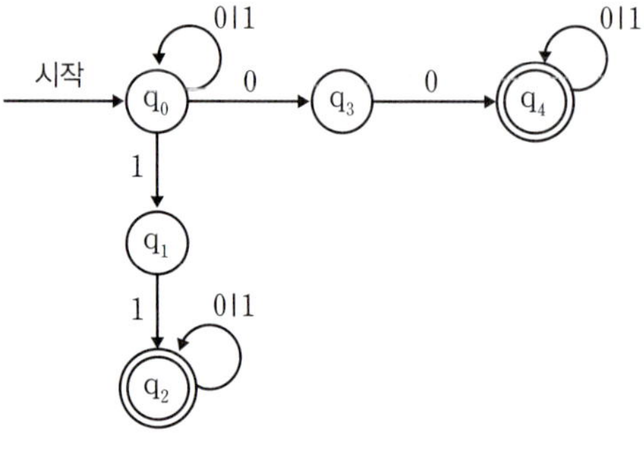

풀이

전이함수 중 $\delta(q_0, 0) = \{q_0, q_3\}$가 존재하므로 NFA이다. 이 NFA를 형식적으로 표현하면 다음과 같다.

$$M = (Q, \Sigma, \delta, q_0, F)$$
단, $Q = \{q_0, q_1, q_2, q_3, q_4\}$
$\Sigma = \{0, 1\}$
δ : 상태 전이표

δ	0	1
q_0	$\{q_0, q_3\}$	$\{q_0, q_1\}$
q_1	$\varnothing$	$\{q_2\}$
q_2	$\{q_2\}$	$\{q_2\}$
q_3	$\{q_4\}$	$\varnothing$
q_4	$\{q_4\}$	$\{q_4\}$

$$q_0 = q_0$$
$$F = \{q_2,\ q_4\}$$

이제 NFA에 의해 문장이 인식되는 과정을 살펴보자.

예제 12-37 NFA로부터 문장 인식하기 (1)

[예제 12-36]의 NFA로부터 문장 0011이 인식되는지 확인하라.

풀이

두 가지 방법으로 확인해보자.

1) 시작 상태가 q_0이므로 다음과 같다.

$$\delta(q_0,\ 0) = \{q_0,\ q_3\} \quad \cdots ①$$

상태가 2개이므로 이 중에서 현재 상태를 q_0 상태로 선택하면 다음과 같다.

$$\delta(q_0,\ 0) = \{q_0,\ q_3\} \quad \cdots ②$$

상태가 2개이므로 이 중에서 현재 상태를 q_0 상태로 선택하면 다음과 같다.

$$\delta(q_0,\ 1) = \{q_0,\ q_1\} \quad \cdots ③$$

상태가 2개이므로 이 중에서 현재 상태를 q_0 상태로 선택하면 다음과 같다.

$$\delta(q_0,\ 1) = \{q_0,\ q_1\} \quad \cdots ④$$

입력을 모두 읽은 후에 마지막에 도달한 상태가 $\{q_0,\ q_1\}$이다. 그런데 [예제 12-36]에 따르면 최종 상태 = $\{q_2,\ q4\}$이므로, 주어진 문자열은 인식되지 않는다.

이번에는 ①에서 q_3 상태를 선택해보자. 그러면 다음과 같은 과정을 거친다.

$$\delta(q_3,\ 0) = \{q_4\}$$
$$\delta(q_4,\ 1) = \{q_4\}$$
$$\delta(q_4,\ 1) = \{q_4\}$$

최종 상태 = $\{q_2,\ q4\}$이므로 주어진 문자열은 인식된다. 같은 방법으로 ②, ③, ④에서 적용해보지 않은 상태들을 적용해볼 수 있다. 따라서 문장 0011은 주어진 NFA에 의해 인식된다.

2) 이번에는 다음과 같이 그림으로 나타내보자.

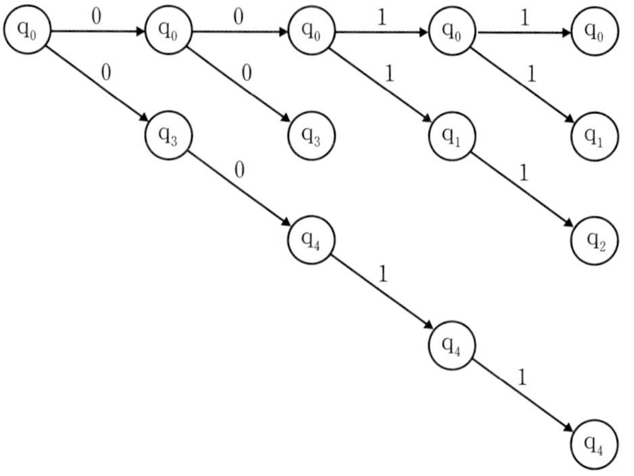

시작 상태 q_0로부터 출발하여 입력 문자열 0011을 모두 읽은 후에 도달할 수 있는 상태는 $\{q_0, q_1, q_2, q_4\}$이다. 따라서 $\{q_0, q_1, q_2, q_4\} \cap F = \{q_2, q_4\}$이다. 그러므로 문자열 0011은 주어진 NFA에 의해 인식된다.

이제까지 DFA와 NFA에 대해 설명했다. 그러나 디지털 컴퓨터는 완벽하게 결정적이다. 즉 어떤 시점에서도 이들의 상태는 초기 상태와 입력에 따라 정확하게 예측될 수 있다. 그렇다면 우리가 왜 NFA를 공부해야 하는지에 대한 의문이 생긴다. NFA는 언어의 구조를 간단하고 쉽게 표현할 수 있지만, DFA보다 프로그램으로 구현하기가 어렵다. 또한 DFA는 NFA보다 프로그램으로 구현했을 때 훨씬 효율적이다. 이와 같은 관계에 따라 일반적인 구현은 DFA로 해야 하지만, NFA가 언어의 구조를 간단하고 쉽게 표현할 수 있어서 서로의 변환이 필요하다.

정규 표현, 정규 문법, 유한 오토마타의 동치관계

이제까지 정규 표현, 정규 문법, 유한 오토마타에 대해 설명했다. 이들은 서로 동치관계이다. 여기서는 정규 표현, 정규 문법, 유한 오토마타가 서로 변환되는 관계를 설명하는 것 대신에 세 가지 변환 '정규 문법 ⇒ 정규 표현', '정규 표현 ⇒ 유한 오토마타', '유한 오토마타 ⇒ 정규 문법'에 대해 설명한다.

정규 문법 ⇒ 정규 표현

주어진 문법 G로부터 생성되는 언어 $L(G)$가 무엇인지 알기 위해서는 정규 문법을 정규 표현으로 변환하면 된다. 이 변환 방법은 정규 문법을 계수coefficient가 정규 표현으로 구성된 방정식인 **정규 표현 방정식**regular expression equation으로 바꾸고 해를 구하는 것이다. 정규 표현 방정식으로부터 해를 구하기 위해서는 [정리 12-1]이 필요하다.

정리 12-1 정규 표현 방정식의 해

α, β가 정규 표현이고, α가 ε을 포함하지 않는다면 정규 표현 방정식 $X = \alpha X + \beta$의 유일한 해는 $X = \alpha^* \beta$이다.

증명

이 정리에 대한 증명은 정규 표현 방정식 $X = \alpha X + \beta$의 해가 $X = \alpha^* \beta$임을 보인 다음, 이 해가 유일함을 보이면 된다. 여기서는 유일하다는 증명은 생략한다. $\alpha^* \beta$가 $X = \alpha X + \beta$의 해가 됨을 보이자.

$$
\begin{aligned}
X &= \alpha X + \beta \\
&= \alpha(\alpha^* \beta) + \beta \\
&= (\alpha\alpha^*)\beta + \beta \quad (\because \text{ 문자열의 결합법칙}) \\
&= \alpha^+ \beta + \beta \\
&= (\alpha^+ + \varepsilon)\beta \\
&= \alpha^* \beta
\end{aligned}
$$

따라서 $X = \alpha X + \beta$의 해가 $X = \alpha^* \beta$임을 알 수 있다. ■

정규 문법 G가 생성하는 언어 $L(G)$를 나타내는 정규 표현을 찾는 과정을 다음 [알고리즘 12-1]을 통해 살펴보자.

[알고리즘 12-1] 정규 문법을 정규 표현으로 변환

[입력] 정규 문법 $G = (V_N, V_T, P, S)$

단, V_N : 논터미널 기호들의 유한집합

V_T : 터미널 기호들의 유한집합

P : 생성 규칙들의 집합

$A \to tB$, $A \to t$ 혹은 $A \to Bt$, $A \to t$

단, $t \in V_T^*$, $A, B \in V_N$

S : 논터미널 기호로서 시작 기호

[출력] 정규 문법 G가 생성하는 언어 $L(G)$를 나타내는 정규 표현

[방법]

(1) 정규 문법으로부터 정규 표현 방정식을 만든다.

(2) 정규 표현 방정식 중 $X = \alpha X + \beta$ 형태의 식은 $X = \alpha^* \beta$로 변환한다.

(3) 시작 기호로부터 출발하여 다른 방정식들을 대입한다. 계산 결과에 $X = \alpha X + \beta$ 형태의 식이 나타날 때, $X = \alpha^* \beta$로 변환하면 정의된 정규 문법 G로부터 생성되는 정규언어 $L(G)$를 나타내는 정규 표현이 된다.

예제 12-38 정규 문법을 정규 표현으로 변환 (1)

정규 문법 $G = (\{S, A, B\}, \{a, b\}, P, S)$가 다음과 같을 때, 문법 G로부터 생성되는 언어 $L(G)$를 정규 표현으로 나타내라.

$$S \to aA \mid bS$$
$$A \to aS \mid bB$$
$$B \to aB \mid bB \mid \varepsilon$$

풀이

생성 규칙을 정규 표현 방정식으로 변환하면 다음과 같다.

$$S = aA + bS \qquad \cdots ①$$
$$A = aS + bB \qquad \cdots ②$$
$$B = aB + bB + \varepsilon \qquad \cdots ③$$

식 ③에서 $B = aB + bB + \varepsilon = (a+b)B + \varepsilon$이므로 $X = \alpha X + \beta$ 형태의 식이 된다. 그러므로 다음과 같다.

$$B = (a+b)^* \varepsilon = (a+b)^* \qquad \cdots ④$$

더 이상 $X = \alpha X+\beta$ 형태가 없고 시작 기호가 S이므로 식 ①로부터 출발한다.

$$\begin{aligned} S &= aA+bS \\ &= a(aS+bB)+bS && (\because \text{ 식 ②에 대입}) \\ &= aaS+abB+bS \\ &= aaS+ab(a+b)^*+bS && (\because \text{ 식 ④에 대입}) \\ &= (aa+b)S+ab(a+b)^* \end{aligned}$$

그런데 이 식은 $X = \alpha X+\beta$ 형태이므로 다음과 같이 표현된다.

$$S = (aa+b)^*ab(a+b)^*$$

예제 12-39 정규 문법을 정규 표현으로 변환 (2)

정규 문법 $G = (\{S, A, B\}, \{a, b\}, P, S)$가 다음과 같을 때, 문법 G로부터 생성되는 언어 $L(G)$를 정규 표현으로 나타내라.

$$\begin{aligned} S &\rightarrow aA \mid bS \\ A &\rightarrow aA \mid bA \mid b \end{aligned}$$

풀이

생성 규칙을 정규 표현 방정식으로 변환하면 다음과 같다.

$$S = aA+bS \qquad \cdots ①$$

$$A = aA+bA+b \qquad \cdots ②$$

먼저 식 ②로부터 다음 식이 유도된다.

$$A = aA+bA+b = (a+b)A+b$$

따라서 $X = \alpha X+\beta$ 형태의 식이 된다. 그러므로 다음과 같이 나타낼 수 있다.

$$A = (a+b)^*b \qquad \cdots ③$$

식 ①에 식 ③을 대입해서 풀면 다음과 같이 표현된다.

$$\begin{aligned} S &= aA+bS = a(a+b)^*b+bS \\ &= bS+a(a+b)^*b = b^*a(a+b)^*b \end{aligned}$$

그러므로 $L(G) = b^*a(a+b)^*b$이다.

정규 표현 ⇒ 유한 오토마타

이번에는 정규 표현으로부터 유한 오토마타로의 변환을 살펴보자. 정규 표현을 인식하는 ε에 의한 전이가 있는 NFA를 얻는 방법은 기본 단계를 인식하는 오토마타를 먼저 구성하고, 다음으로 이들을 적절히 합성하여 복잡한 오토마타를 구성하는 것이다.

• 정규 표현 ∅, ε, a를 인식하는 NFA

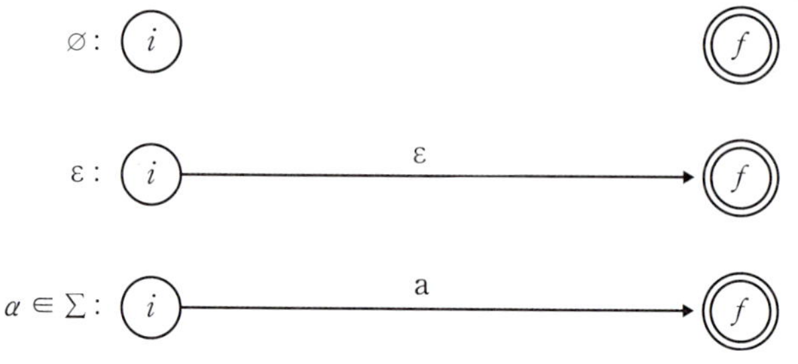

• 정규 표현 N1+N2, N1 · N2, N^*를 인식하는 NFA

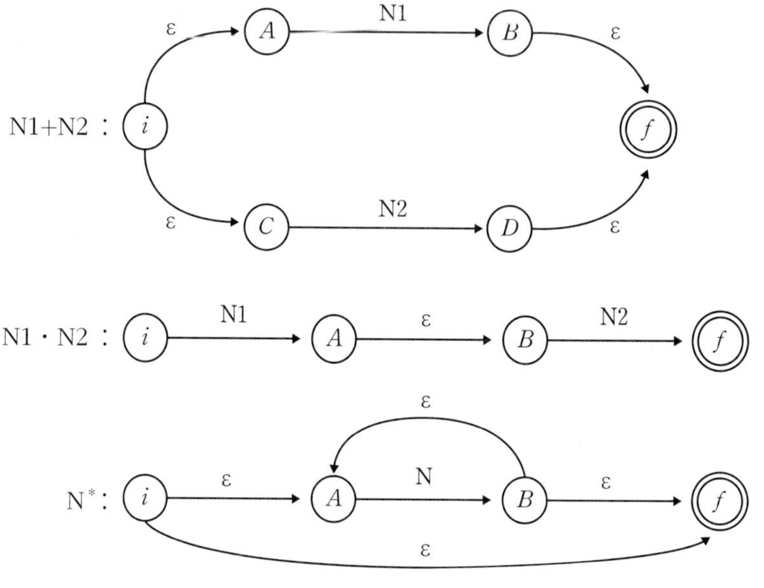

예제 12-40 정규 표현을 인식하는 유한 오토마타로 변환 (1)

정규 표현 $(a+b)^*$를 인식하는 유한 오토마타를 구성하라.

풀이

- a를 인식하는 유한 오토마타 구성

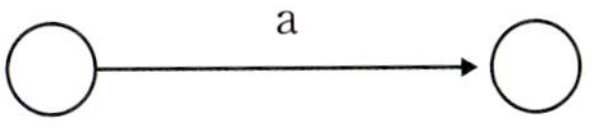

- b를 인식하는 유한 오토마타 구성

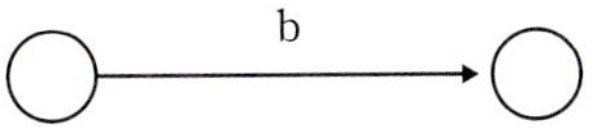

- a+b를 인식하는 유한 오토마타 구성

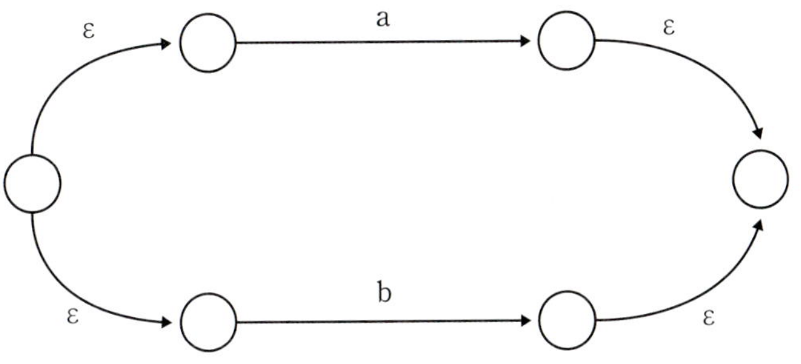

- $(a+b)^*$를 인식하는 유한 오토마타 구성

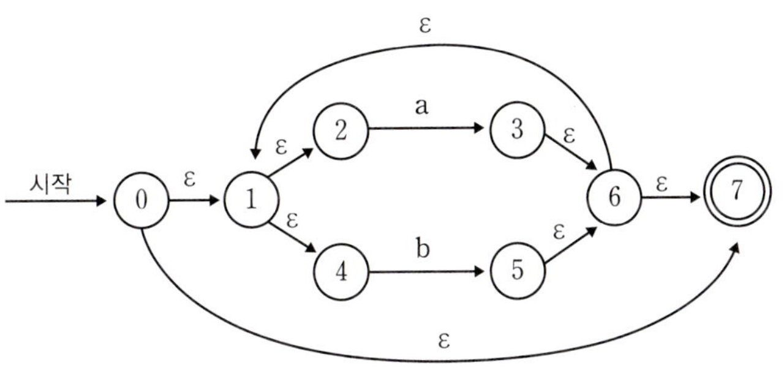

예제 12-41 정규 표현을 인식하는 유한 오토마타로 변환 (2)

[예제 12–21]에 있는 정규 표현 $(a+b)^{*}abb$를 인식하는 NFA를 구성하라.

풀이

NFA를 구성하면 다음과 같다.

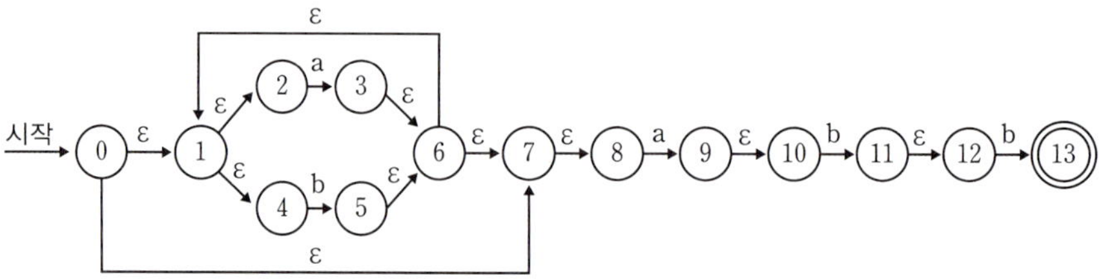

유한 오토마타 ⇒ 정규 문법

마지막으로 유한 오토마타를 정규 문법으로 변환하는 과정을 살펴보자.

[알고리즘 12-2] 유한 오토마타를 정규 문법으로 변환

주어진 유한 오토마타 $M = (Q, \Sigma, \delta, q_0, F)$로부터 정규 문법 $G = (V_N, V_T, P, S)$를 만드는 방법은 다음과 같다. 즉 V_N, V_T, P, S를 Q, Σ, δ, q_0, F로 표현하면 된다.

[입력] 유한 오토마타 $M = (Q, \Sigma, \delta, q_0, F)$

단, Q : 상태들의 유한집합
Σ : 입력 기호들의 유한집합
δ : 상태 전이함수
q_0 : 시작 기호
F : 최종 상태들의 유한집합

[출력] 정규 문법 $G = (V_N, V_T, P, S)$

단, V_N : 논터미널 기호들의 집합
V_T : 터미널 기호들의 집합
P : 생성 규칙의 집합
S : 시작 기호

[방법]

$V_N = Q$
$V_T = \Sigma$
$S = q_0$
P : $\delta(q, a) = r$이면 $q \to ar$;
$q \in F$이면 $q \to \varepsilon$ 추가;

예제 12-42 유한 오토마타를 정규 문법으로 변환

[예제 12−28]의 유한 오토마타를 정규 문법 G로 변환하라.

풀이

[예제 12−28]의 상태 전이도를 유한 오토마타로 나타내면 다음과 같다. 단, 표현을 쉽게 하기 위해 q_0를 A로, q_1을 B로, q_2를 C로, q_3를 D로 표기했다.

$M = (Q,\ \Sigma,\ \delta,\ q_0,\ F)$

단, $Q = \{A,\ B,\ C,\ D\}$

$\Sigma = \{a,\ b\}$

δ : 상태 전이표

δ	a	b
A	A, B	A
B	∅	C
C	∅	D
D	∅	∅

$q_0 = A$

$F = \{D\}$

따라서 정규 문법 G는 다음과 같이 변환된다.

$G = (V_N,\ V_T,\ P,\ S)$

단, $V_N = \{A,\ B,\ C,\ D\}$

$V_T = \{a,\ b\}$

P : $A \rightarrow aA \mid bA \mid aB$

$B \rightarrow bC$

$C \rightarrow bD$

$D \rightarrow \varepsilon$

$S = A$

이상에서 살펴본 바와 같이 L이 어떤 알파벳 위에서 이루어지는 언어라고 할 때, L은 어떤 정규 문법에 의해 생성된다거나, L이 정규 표현에 의해 표현된다거나, L이 유한 오토마타에 의해 인식된다는 것은 모두 동치관계를 이룬다는 사실을 알 수 있다. 또한 이제까지 설명한 내용을 정리해보면 정규 표현이 있으면 정규 표현을 받아들이는 유한 오토마타를 구성할 수 있다.

SECTION 12.5 응용 : 선교사와 식인종 문제

유한 오토마타는 일반적인 문제를 모델링하는 데 이용할 수 있다. 이와 관련한 예로서 선교사와 식인종 문제를 생각해보자. 이 문제는 고전적인 퀴즈 문제로서 컴퓨터 분야에서는 인공지능의 한 문제로 자주 연구되었다.

선교사 3명과 식인종 3명이 나룻배를 타고 강을 건너려고 한다. 나룻배에는 2명만 탈 수 있다. 만일 강의 어느 쪽에서라도 식인종의 수가 선교사의 수보다 많으면 식인종들은 선교사들을 잡아먹는다. 이때 선교사들이 잡아먹히지 않고 6명이 무사히 강을 건너려면 어떻게 해야 할까?

여기에서는 경우의 수를 조금 줄이기 위해 선교사 2명과 식인종 2명이 같은 쪽 강가에 있다고 하자. 이들은 모두 강을 건너가야 한다. 배에는 단 2명만 탈 수 있다. 선교사의 수가 식인종의 수 이상이면 선교사들은 안전하나, 식인종의 수가 많으면 선교사들은 화를 당하게 된다. 선교사들과 식인종들이 별 탈 없이 강을 건널 수 있는 방법을 찾아내야 한다. 처음에는 이 사람들이 오른쪽 강가에 있다고 가정하자.

배 안에 있는 선교사와 식인종의 수를 입력으로 하는 유한 오토마타를 만든다. 오른쪽 강가에 있는 선교사와 식인종의 수 및 배의 위치가 문제의 상태집합이 된다. 시작 상태는 (식인종 2, 선교사 2, 오른쪽)이다. 종결 상태는 (식인종 0, 선교사 0, 왼쪽)이다. 이제 이 문제의 유한 오토마타를 설계하자. 입력 알파벳은 승선 인원수를 나타내는 (m, c)의 집합이다. 여기서 m은 선교사의 수를, c는 식인종의 수를 나타내며, 입력 알파벳은 다음과 같다.

$$\mathrm{A} = \{(0,\ 1),\ (0,\ 2),\ (1,\ 0),\ (1,\ 1),\ (2,\ 0)\}$$

배에는 최소한 1명이 있어야 하고, 선교사가 승선한 경우에는 식인종의 수가 더 많을 수 없으므로, 위의 집합에는 가능한 모든 집합이 포함되어 있다. 유한 오토마타의 상태를 순서쌍 (m, c, p)로 나타낸다. 여기서 m은 오른쪽 강가의 선교사 수, c는 오른쪽 강가의 식인종 수, p는 배의 위치(왼쪽 강가는 L, 오른쪽 강가는 R)를 나타낸다.

따라서 상태 전이표는 [표 12-4]와 같이 만들 수 있다.

[표 12-4] 선교사와 식인종 문제의 상태 전이표

상태	입력 알파벳				
	(0, 1)	**(0, 2)**	**(1, 0)**	**(1, 1)**	**(2, 0)**
(2, 2, R)	(2, 1, L)	(2, 0, L)	(-)	(1, 1, L)	(0, 2, L)
(2, 1, R)	(2, 0, L)	(-)	(1, 1, L)	(1, 0, L)	(0, 1, L)
(2, 0, R)	(-)	(-)	(1, 0, L)	(-)	(0, 0, L)
(1, 1, R)	(1, 0, L)	(-)	(0, 1, L)	(0, 0, L)	(-)
(0, 2, R)	(0, 1, L)	(0, 0, L)	(-)	(-)	(-)
(0, 1, R)	(0, 0, L)	(-)	(-)	(-)	(-)
(2, 1, L)	(2, 2, R)	(-)	(-)	(-)	(-)
(2, 0, L)	(2, 1, R)	(2, 2, R)	(-)	(-)	(-)
(1, 1, L)	(-)	(-)	(2, 1, R)	(2, 2, R)	(-)
(0, 2, L)	(-)	(2, 2, R)	(-)	(-)	(2, 2, R)
(0, 1, L)	(0, 2, R)	(END)	(1, 1, R)	(END)	(1, 1, R)
(0, 0, L)	(0, 1, R)	(0, 2, R)	(1, 0, R)	(1, 1, R)	(2, 0, R)
(-)	(-)	(-)	(-)	(-)	(-)

(−) 상태는 종결이 불가능한 모든 동작을 나타낸다. 이제 시작 상태 (2, 2, R)로부터 종결 상태 (0, 0, L)까지의 경로를 구해야 한다. 그중 하나가 다음과 같다.

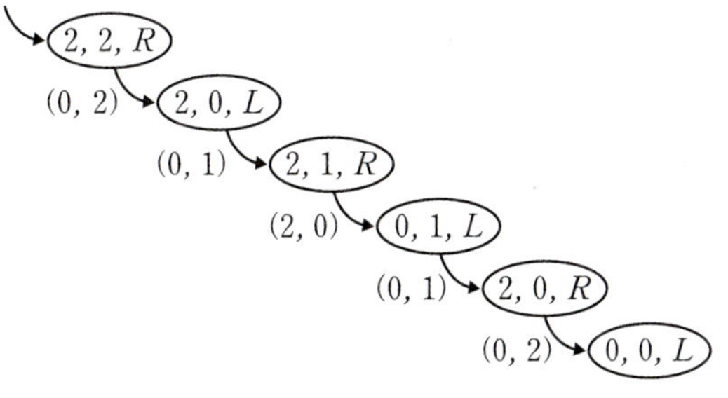

[그림 12-3] 시작 상태 (2, 2, R)로부터 종결 상태 (0, 0, L)까지의 경로

CHAPTER

12 연습문제

Section 12.1

1. 다음 설명 중 옳은 것은 무엇인가?

① 공문자열이란 문자열의 길이가 1인 것을 말한다.
② 알파벳이란 기호들을 나열한 유한수열을 말한다.
③ 논터미널 기호란 다른 기호로 대체되는 기호이다.
④ 항등원이란 문자열 s의 기호 중 앞에서 0개 이상의 기호를 제거한 문자열을 말한다.

2. 다음 문법에 의해 생성되는 언어 $L(G)$로 옳은 것은 무엇인가?

$$G = (\{S,\ C\},\ \{a,\ b\},\ P,\ S)$$
$$P : S \rightarrow aCa$$
$$C \rightarrow aCa \mid b$$

① $\{a^n a^n \mid n \geq 1\}$
② $\{a^n b a^n \mid n \geq 1\}$
③ $\{a^n a^m \mid m,\ n \geq 1\}$
④ $\{a^n b a^m \mid m,\ n \geq 1\}$

3. $\Sigma = \{a\}$이고 $L = \{a^n \mid n$은 소수$\}$로 정의할 때, L의 문장은 무엇인가?

① a
② a^2
③ a^4
④ a^6

4. $\Sigma = \{0,\ 1\}$일 때, Σ^+를 구하라.

5. 문자열 $w =$ happy에서 w의 접두사를 구하라.

6. 다음의 생성 규칙에서 터미널 기호와 논터미널 기호를 나열하라.

$$S \rightarrow (L) \mid a$$
$$L \rightarrow L;\ S \mid S$$

7. 다음의 문법이 촘스키의 계층 구조에 따르면 어디에 속하는가?

$$G = (\{S,\ A,\ B\},\ \{a,\ b\},\ P,\ S)$$
$$P:\ S \rightarrow aS \mid aA$$
$$A \rightarrow bB$$
$$B \rightarrow aB \mid a$$

① 정규 문법
② 무제약 문법
③ 문맥자유 문법
④ 문맥인식 문법

8. 다음 문법에서 생성될 수 있는 문장은 무엇인가?

$$G = (\{S,\ A\},\ \{0\},\ P,\ S)$$
$$P:\ S \rightarrow 0 \mid 0A$$
$$A \rightarrow 0S$$

① 00 ② 0000 ③ 00000 ④ 000000

9. 다음 문법으로부터 문장 bbbb가 좌단 유도되는 과정은 S ⇒ bAS ⇒ bSSS ⇒ bbSS ⇒ bbbS ⇒ bbbb이다. 이 유도 과정에서의 문장 형태를 나열하라.

$$G = (\{S,\ A\},\ \{a,\ b\},\ P,\ S)$$
$$P:\ S \rightarrow bAS \mid b$$
$$A \rightarrow SaA \mid ab \mid SS$$

10. 생성 규칙의 왼쪽 부분은 하나의 논터미널 기호이고, 오른쪽 부분은 문자열로 구성된 문법은 무엇인가?

① 정규 문법
② 무제약 문법
③ 문맥자유 문법
④ 문맥인식 문법

11. 다음 문법으로부터 문장 001001이 생성되는 과정을 좌단 유도하라.

$$
\begin{aligned}
P:\ & S \rightarrow 0S \mid 0B \\
& B \rightarrow 1C \\
& C \rightarrow 0C \mid 1
\end{aligned}
$$

12. 다음 문법으로부터 문장 id+id * id가 생성되는 과정을 우단 유도하라.

$$
\begin{aligned}
P:\ & E \rightarrow E+T \mid E-T \mid T \\
& T \rightarrow T * F \mid F \\
& F \rightarrow (E) \mid id
\end{aligned}
$$

13. 다음 문법으로부터 생성되는 언어를 구하라. 단, 과정을 설명하라.

(a) $G_1 = (\{A, B\}, \{a, b\}, P, A)$

$$
\begin{aligned}
P:\ & A \rightarrow aB \\
& B \rightarrow bB \mid b
\end{aligned}
$$

(b) $G_2 = (\{S, A\}, \{b, d\}, P, S)$

$$
\begin{aligned}
P:\ & S \rightarrow dAd \\
& A \rightarrow dAd \mid b
\end{aligned}
$$

14. 다음 문법이 촘스키의 계층 구조에 따르면 어디에 속하는지 판별하라. 단, 과정을 설명하라.

(a) $G = (\{S\}, \{0, 1\}, P, S)$

$$
P:\ S \rightarrow 0S1 \mid 01
$$

(b) $G = (\{S, A, B\}, \{0, 1\}, P, S)$

$$
\begin{aligned}
P:\ & S \rightarrow 0B \mid 1A \\
& A \rightarrow 1A \mid 0S \mid 0 \\
& B \rightarrow 0B \mid 1
\end{aligned}
$$

Section 12.3

15. 정규 표현 $a(a+b)^*b$로 표현되는 언어의 설명으로 옳은 것은 무엇인가?

① ab가 포함된 문자열

② a로 시작해서 bb로 끝나는 문자열

③ a와 b로 만들어지는 문자열 중 ab로 끝나는 문자열

④ a와 b로 만들어지는 문자열 중 a로 시작하고 b로 끝나는 문자열

16. 다음의 문법의 표기법에 대한 설명으로 옳지 않은 것은 무엇인가?

① 정규 표현은 정규 문법을 가장 잘 표현할 수 있는 방법이다.
② 구문 도표는 초보자가 쉽게 이해할 수 있도록 문법을 도식화하는 방법이다.
③ BNF 표기법은 메타 기호로 |, 〈〉, ::=만을 이용해 문법을 표현하는 방법이다.
④ EBNF 표기법에서 메타 기호를 터미널 기호로 사용하기 위해서는 메타 기호를 연속으로 사용하면 된다.

17. 다음 BNF 표기법 중 식별자의 첫 자가 반드시 숫자로 시작되는 것을 골라라.

〈letter〉 ::= a | b | c
〈digit〉 ::= 0 | 1 | 2 | ⋯ | 9

① 〈식별자〉 ::= 〈digit〉 | 〈식별자〉〈letter〉 | 〈식별자〉〈digit〉
② 〈식별자〉 ::= 〈letter〉 | 〈식별자〉〈letter〉 | 〈식별자〉〈digit〉
③ 〈식별자〉 ::= 〈letter〉 | 〈letter〉〈letter〉 | 〈letter〉〈digit〉
④ 〈식별자〉 ::= 〈letter〉 | 〈letter〉〈digit〉 | 〈식별자〉〈식별자〉

18. 다음 문법을 BNF 표기법, 구문 도표, 정규 표현으로 다시 표현하라.

(a) G : $V_N = \{A, B\}$
$V_T = \{a, b, c\}$
P : A → aA | bB
B → bB | c

(b) G : $V_N = \{A\}$
$V_T = \{a, b\}$
P : A → aaA | a | b

19. BNF 표기법, 구문 도표, 정규 표현에 대해 설명하라.

20. 다음 구문 도표가 나타내는 언어를 정규 표현으로 다시 표현하라.

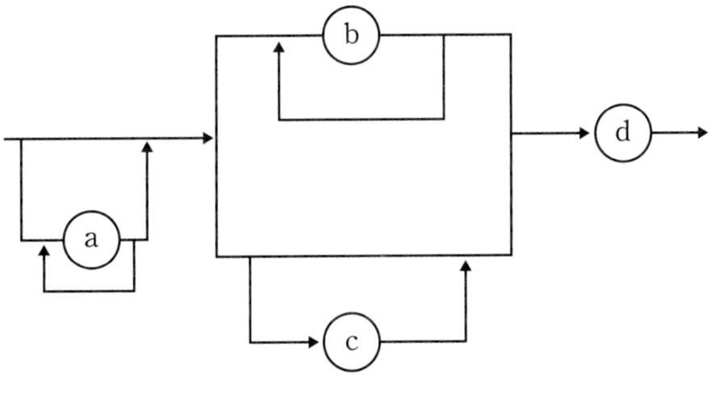

Section 12.4

21. 다음 중 정규 문법과 관련 있는 인식기는 무엇인가?

① 튜링 기계 ② 유한 오토마타

③ 푸시다운 오토마타 ④ 선형한계 오토마타

22. 다음 상태 전이표를 보고 각 경우에 해당하는 유한 오토마타를 상태 전이도로 표현하라.

(a)

	a	b
S_0	S_1	S_0
S_1	S_2	S_1
S_2	S_3	S_2
S_3	S_3	S_3

(b)

	0	1	2
S_0	S_1	S_0	S_2
S_1	S_0	S_0	S_1
S_2	S_2	S_0	S_2

23. 다음과 같은 유한 오토마타의 상태 전이표를 작성하라.

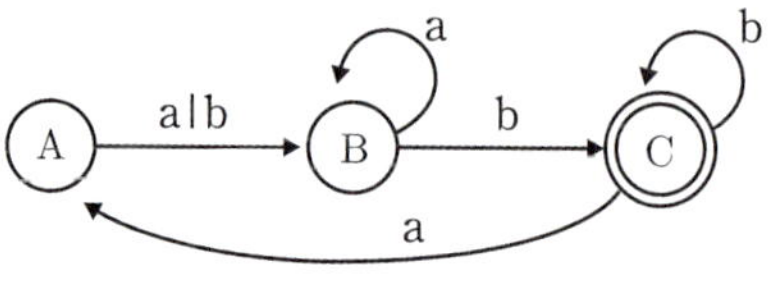

24. 다음 정규 문법을 정규 표현으로 표현하라.

$$G = (\{S, B, C\}, \{0, 1\}, P, A)$$

$$P : S \rightarrow 0S \mid 0B$$

$$B \rightarrow 1C$$

$$C \rightarrow 0C \mid 0$$

25. 다음 정규 문법이 나타내는 언어를 정규 표현으로 다시 표현하라.

(a) $A \rightarrow 0B \mid 1A$

$B \rightarrow 1A \mid 0C$

$C \rightarrow 0C \mid 1C \mid \varepsilon$

(b) $A \rightarrow aB \mid bA$

$B \rightarrow aB \mid bC$

$C \rightarrow bC \mid aB \mid \varepsilon$

26. 다음과 같은 DFA에 의해 문장 aaabb와 aabbab가 인식되는지 판단하라.

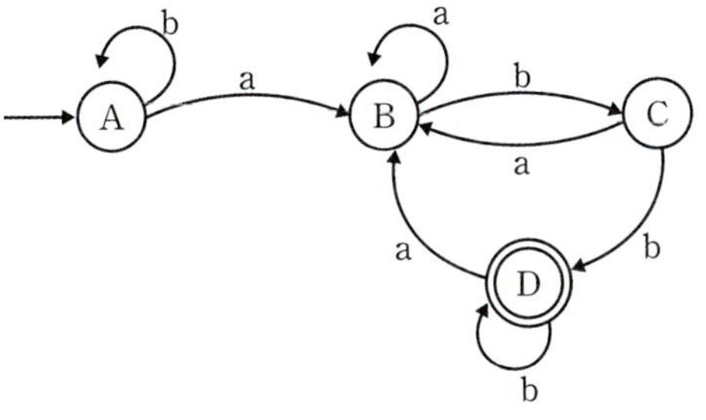

27. 정규 표현 a^*ba^*를 받아들이는 NFA를 구성하라.

28. 다음과 같은 유한 오토마타에 의해 인식되는 언어를 정규 문법으로 표현하라.

(a)

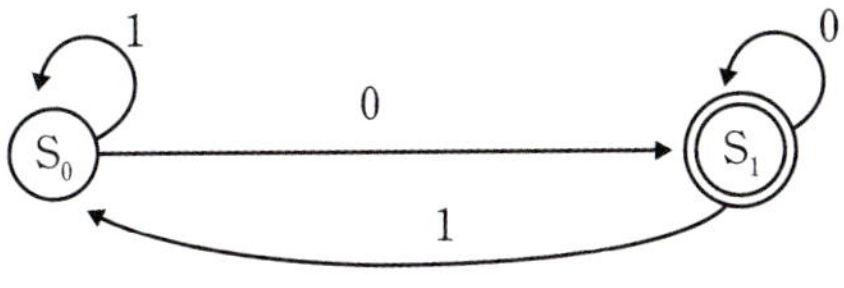

(b)

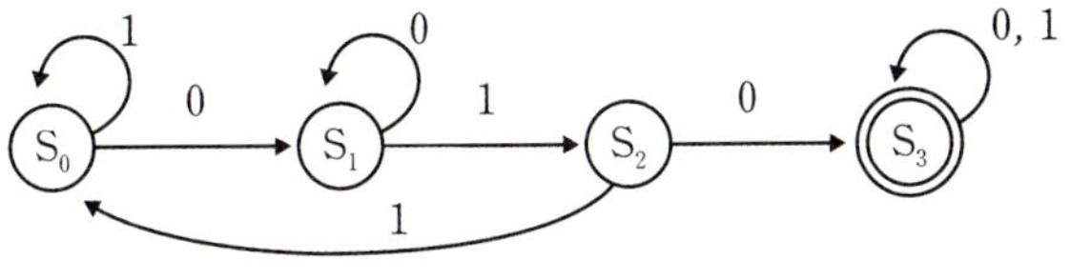

Section 12.5

29. 선교사와 식인종 문제의 답이 될 수 있는 경로들을 구하라.

CHAPTER

12 프로그래밍 실습

C 코드 파이썬 코드

1. T1에 3개의 문자열을 입력하고 T2에 3개의 문자열을 입력해서 문자열들의 접합인 T1 · T2와 T2 · T1을 계산하는 프로그램을 작성하라. 연계: 12.4절

문제 해석

문자열 접합 프로그램이다. 일반적으로 어떤 문자열이 있다면 그 문자열에 대한 접합은 가장 기본적인 연산이다. 두 개의 문자열에 대한 접합은 앞의 문자열에 이어서 다음 문자열이 따라오면 된다. T1에 3개의 문자열이 있고, T2에 3개의 문자열이 있으므로 문자열들의 접합인 T1 · T2와 T2 · T1에는 각각 9개씩의 접합된 결과를 나타내면 된다.

코딩 실습

【 파이썬 코드 】

```
from __future__ import print_function
from sys import stdin

def printf(str, *args):
    print(str % args, end='')

max11 = 3         # T1에 입력될 문장의 개수를 위한 상수
max21 = 3         # T2에 입력될 문장의 개수를 위한 상수

t1=[]             # T1에 입력될 문장을 위한 문자열 선언
t2=[]             # T2에 입력될 문장을 위한 문자열 선언
t1t2=[]           # 접합 T1·T2를 저장하기 위한 문자열 선언
t2t1=[]           # 접합 T2·T1을 저장하기 위한 문자열 선언

# 해당 프로그램에 대한 안내를 출력
print("\n\t\t\t
\u250c\u2500\u2500\u2500\u2500\u2500\u2500\u2500\u2500\u2500\u2500\u2500\u2500\u2500\u2500\u2
500\u2500\u2500\u2500\u2500\u2500\u2500\u2500\u2500\u2500\u2500\u2500\u2500\u2500\u2500\u2500
\u2500\u2500\u2500\u2500\u2500\u2500\u2500\u2500\u2500\u2500\u2500\u2500\u2500\u2510")
print("\t\t\t    \u2502            문자열 접합 프로그램            \u2502")
print("\t\t\t
\u2514\u2500\u2500\u2500\u2500\u2500\u2500\u2500\u2500\u2500\u2500\u2500\u2500\u2500\u2500\u2
500\u2500\u2500\u2500\u2500\u2500\u2500\u2500\u2500\u2500\u2500\u2500\u2500\u2500\u2500\u2500
\u2500\u2500\u2500\u2500\u2500\u2500\u2500\u2500\u2500\u2500\u2500\u2500\u2500\u2518\n")

numbers = ["첫", "두", "세"]

# 3개 문장을 입력받고 T1에 추가
printf("\t\t\t    문자열 T1에 대해 3개의 문자열을 입력하라.\n")

for i in range(0, max11):
```

```
printf("\t\t\t    %s번째 문자열 : "%numbers[i])
printf("\r\r\t\t\t\t\t\t")
t1.append(stdin.readline().strip('\n'))
```

2. T1은 랜덤 함수를 이용해 10만 개의 데이터를 자동 생성하도록 하고, T2는 직접 입력하도록 한다. 접합 T1 · T2를 계산하는 프로그램을 작성하고, 하나는 리턴값을 주는 포인터 없이, 또 다른 하나는 포인터를 주어서 접합하는 시간을 계산하는 프로그램을 각각 작성하라. 연계 : 12.4절

문제 해석

이 문제는 러시아 페인트공 알고리즘으로 알려진 문제이다. 이 알고리즘은 조엘 온 소프트웨어에 나오는 내용으로, 코드의 확장성을 고려하지 않고 프로그램을 작성해서 문제가 되었다. 그래서 코드를 작성할 때 기본으로 돌아가서 작성하자는 것이다. 이러한 예는 많은데, 그중 간단하게 문자열 접합 시 포인터값을 돌려주는 방법에 따라 실행 시간에 많은 차이가 나는 것을 보이고자 한다. T1은 랜덤 함수를 이용해 10만 개의 데이터를 자동 생성하도록 한다. 두 번째 문자열인 T2는 직접 입력한다. 접합 T1 · T2를 계산하는 프로그램을 작성하고, 페인트공 알고리즘처럼 하나는 리턴값을 주는 포인터 없이, 또 다른 하나는 포인터를 주어서 접합하는 시간을 계산하는 프로그램을 작성한다. 실행 시간은 달라질 수 있으므로 100번을 실행해서 100번의 평균값을 계산한 시간이 나타나도록 한다. [그림 12-4]는 페인트공 알고리즘의 결과 화면을 보여준다.

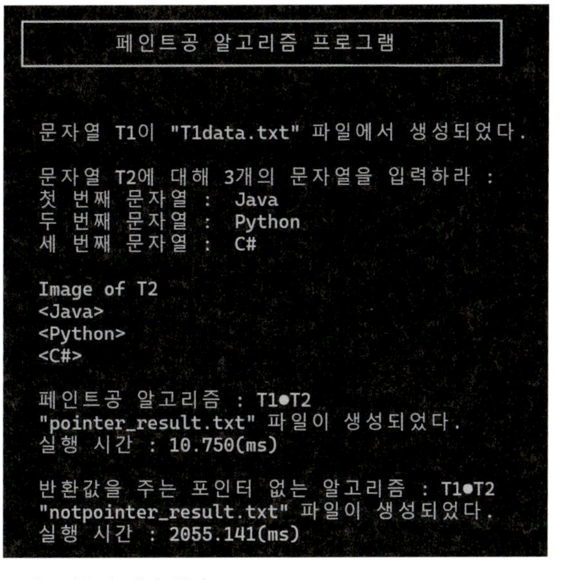

[그림 12-4] 페인트공 알고리즘의 결과 화면

코딩 실습

【 파이썬 코드 】

```
from __future__ import print_function
from sys import stdin
import random
import time

def printf(str, *args):
    print(str % args, end='')

# 해당 프로그램에 대한 안내를 출력
print("\n\t\t\t
\u250c\u2500\u2500\u2500\u2500\u2500\u2500\u2500\u2500\u2500\u2500\u2500\u2500\u2500\u2500\u2
500\u2500\u2500\u2500\u2500\u2500\u2500\u2500\u2500\u2500\u2500\u2500\u2500\u2500\u2500\u2500
\u2500\u2500\u2500\u2500\u2500\u2500\u2500\u2500\u2500\u2500\u2500\u2500\u2500\u2510")
print("\t\t\t    \u2502         페인트공 알고리즘 프로그램          \u2502")
print("\t\t\t
\u2514\u2500\u2500\u2500\u2500\u2500\u2500\u2500\u2500\u2500\u2500\u2500\u2500\u2500\u2500\u2
500\u2500\u2500\u2500\u2500\u2500\u2500\u2500\u2500\u2500\u2500\u2500\u2500\u2500\u2500\u2500
\u2500\u2500\u2500\u2500\u2500\u2500\u2500\u2500\u2500\u2500\u2500\u2500\u2500\u2518\n")


t1= ["" for i in range(5)]          # T1에 입력될 문장 5개를 위한 문자열 선언
t2= []                              # T2에 입력될 문장을 위한 문자열 선언
t1t2=[]                             # 접합 T1·T2를 저장하기 위한 문자열 선언


fp1=open("T1data.txt", 'w')           # 랜덤 데이터를 저장하기 위한 텍스트 파일 생성 및 열기
fp2=open("pointer_result.txt", 'w');  # 첫 번째 알고리즘으로 접합을 저장하기 위한 텍스트 파일
                                        생성 및 열기
fp3=open("notpoint_result.txt", 'w'); # 두 번째 알고리즘으로 접합을 저장하기 위한 텍스트 파일
                                        생성 및 열기

# 길이가 20000인 랜덤 문자열 5개를 생성하고 텍스트 파일에 저장
printf("\n\t\t\t      문자열 T1이 \"T1data.txt\" 파일에서 생성되었다.\n")
```

3. 선교사와 식인종 문제를 구현하는 프로그램을 작성하라. 연계 : 12.5절

문제 해석

선교사와 식인종 문제를 구현하기 위해 선교사와 식인종 각각의 상태를 정하고 입력에 대한 전이를 하는 프로그램을 작성한다. 시작 상태로부터 종결 상태까지의 경로를 구하는 문제이다. [그림 12-5]는 입력에 따른 결과 화면을 보여준다.

```
현재 상태 : (2,2,r)

승선 인원수를 입력하라. : 0 2
입력 : (0,2)

현재 상태 : (2,0,l)

승선 인원수를 입력하라. : 0 1
입력 : (0,1)

현재 상태 : (2,1,r)

승선 인원수를 입력하라. : 2 0
입력 : (2,0)

현재 상태 : (0,1,l)

승선 인원수를 입력하라. : 0 1
입력 : (0,1)

현재 상태 : (0,2,r)

승선 인원수를 입력하라. : 0 2
입력 : (0,2)
무사히 왼쪽 강가에 도달함.:     축하합니다!!!

상태 : (0,0,l)
```

[그림 12-5] 선교사와 식인종 문제 결과 화면

코딩 실습

【 파이썬 코드 】

```
from __future__ import print_function
from sys import stdin

def printf(str, *args):
    print(str % args, end='')

class State:
    # 상태를 표현하기 위한 멤버 변수 선언
    def __init__(self):
        self.m = 0
        self.c = 0
        self.p = ''
    # 상태를 초기화하기 위한 함수
    def state_init(self):
        self.m = 2
        self.c = 2
        self.p = 'r'
# 상태 전이를 진행하는 함수
    def state_moving(self, m, c):
        if self.p == 'r':                       # 배가 오른쪽에 있을 때
            # 현재 상태가 (2, 2, R)일 때
            if self.m == 2 and self.c == 2:
                # 상태 (2, 2, R)로부터 입력 (0, 1)에 따른 상태 (2, 1, L)로의 전이
                if m == 0 and c == 1:
                    self.m = 2
                    self.c = 1
                    self.p = 'l'
                # 상태 (2, 2, R)로부터 입력 (0, 2)에 따른 상태 (2, 0, L)로의 전이
                elif m == 0 and c == 2:
```

```
            self.m = 2
            self.c = 0
            self.p = 'l'
        # 상태 (2, 2, R)로부터 입력 (1, 0)에 따른 상태 종결이 불가능한 경우
        elif m == 1 and c == 0:
            printf("식인종들이 선교사(들)을 잡아먹음!")
            return -1
        # 상태 (2, 2, R)로부터 입력(1, 1)에 따른 상태 (1, 1, L)로의 전이
        elif m == 1 and c == 1:
            self.m = 1
            self.c = 1
            self.p = 'l'
        # 상태 (2, 2, R)로부터 입력(2, 0)에 따른 상태 (0, 2, L)로의 전이
        elif m == 2 and c == 0:
            self.m = 0
            self.c = 2
            self.p = 'l'
```

Appendix

이산수학에서 사용되는 개념의 표기법

논리 logic

¬P (부정)	P가 아니다. negation
P ∨ Q (논리합)	P 혹은 or Q이다.
P ∧ Q (논리곱)	P 그리고 and Q이다.
P → Q (논리 함축)	P는 Q를 함축한다. imply
P ⇔ Q (논리적 동치)	P는 Q의 필요충분조건이다.
∀ (전체 한정자)	모두에 대해
∃ (존재 한정자)	존재한다.
∃! (유일 한정자)	유일하게 존재한다.

수 number

$\lceil x \rceil$ (천장함수)	x보다 크거나 같은 정숫값 중 가장 작은 정숫값
$\lfloor x \rfloor$ (바닥함수)	x보다 작거나 같은 정숫값 중 가장 큰 정숫값
$\mathbb{N}$	자연수의 집합
$\mathbb{Z}$	정수의 집합
$\mathbb{Z}^+$	양의 정수의 집합
$\mathbb{Q}$	유리수의 집합
$\mathbb{R}$	실수의 집합
$\mathbb{C}$	복소수의 집합
(a, b)	a에서 b까지 실수의 개구간, $a < x < b$
$[a, b]$	a에서 b까지 실수의 폐구간, $a \le x \le b$
$(a, b]$	a에서 b까지 실수의 반개구간, $a < x \le b$
$[a, b)$	a에서 b까지 실수의 반개구간, $a \le x < b$
(a, ∞)	$x > a$인 실수
$[a, \infty)$	$x \ge a$인 실수

집합 set

$a \in A$	a는 집합 A의 원소이다.
$a \not\in A$	a는 집합 A의 원소가 아니다.
$A \subseteq B$	집합 A는 집합 B의 부분집합이다.
$A \not\subseteq B$	집합 A는 집합 B의 부분집합이 아니다.
$\varnothing$ (공집합)	하나의 원소도 가지지 않는 집합
$A \cup B$	집합 A와 집합 B의 합집합
$A \cap B$	집합 A와 집합 B의 교집합
$A - B$	집합 A에 대한 집합 B의 차집합
$\overline{A}$	집합 A의 여집합
$\mathscr{P}(A)$	집합 A의 멱집합
$A \times B$	집합 A와 집합 B의 곱집합
$\|A\|$	집합 A의 크기 cardinality

문자열 string

Σ(알파벳)	공집합이 아닌 기호들의 유한집합
ε (공문자열)	문자열의 길이가 0인 문자열
$\|w\|$	문자열 w의 길이
Σ^+(포지티브 클로저)	길이가 0이 아닌 문자열
Σ^*(클리니 클로저)	공문자열을 포함하는 유한 문자열
$u \cdot v$ (접합)	문자열 u와 v의 접합

관계 relation

$x\,R\,y$	원소 x와 원소 y 사이에 관계가 있다.
$x\,\not R\,y$	원소 x와 원소 y 사이에 관계가 없다.
$\leq$(부분순서관계)	반사관계, 반대칭관계, 추이관계를 모두 만족하는 관계

함수 function

$f(a)$	a에 대한 함수 f의 값
$f : A \rightarrow B$	집합 A에서 집합 B로의 함수
$g \circ f$	함수 f와 함수 g의 합성함수

경우의 수 세기와 확률

$P(A)$	사건 A의 확률
${}_n\mathrm{C}_r$	n개에서 r개를 선택하는 조합
${}_n\mathrm{P}_r$	n개에서 r개를 선택하는 순열

찾아보기

기타

ㄱ

ㄴ ㄷ

ㄹ ㅁ

ㅂ

ㅅ

ㅇ

ㅈ

ㅊ

ㅋ ㅌ

ㅍ

ㅎ